Digital Logic & Microprocessor Design with Interfacing

2nd Edition

디지털 논리와 마이크로프로세서 설계

Enoch O. Hwang 지음

김정범 · 김준민

정완영 · 최호용 옮김

Cengage

Australia • Brazil • Canada • Mexico • Singapore • United Kingdom • United States

Cengage

Digital Logic and Microprocessor Design with Interfacing, International Edition,
Second Edition

Enoch O. Hwang

Original edition © 2018 Cengage Engineering, a part of Cengage Learning.
Digital Logic and Microprocessor Design with Interfacing, International Edition, 2nd Edition by Enoch O. Hwang
ISBN: 9781305859470

This edition is translated by license from Cengage Engineering, a part of Cengage Learning, for sale in Korea only.

ISBN: 979-11-5971-334-7

Cengage Learning Korea Ltd.
14F YTN Newsquare 76 Sangamsan-ro
Mapo-gu Seoul 03926 Korea

Printed in Korea
Print Number: 02 Print Year: 2025

사랑하는 아내 윈디에게,

당신의 끝없는 사랑과 응원에

이 책을 바칩니다

차례

CHAPTER 3
조합회로 / 79

CHAPTER 4
표준 조합 구성요소 / 131

CHAPTER 5
순차회로 / 183

CHAPTER 6
유한상태 머신 / 251

CHAPTER 7
전용 마이크로프로세서 / 327

CHAPTER 8
범용 마이크로프로세서 / 415

CHAPTER 9
마이크로프로세서 인터페이싱 / 473

APPENDIX A
Xilinx 개발 사용 지침서 / 551

APPENDIX B
Altera 개발 사용 지침서 / 579

APPENDIX C
Verilog 요약 / 603

APPENDIX D
VHDL 요약 / 627

머리말

이 책은 마이크로프로세서의 디지털 논리 설계에 관한 것으로, 디지털 논리 설계의 기본 원리에 대한 이해와 기본 원리가 현재 기술을 사용하여 복잡한 마이크로프로세서 회로의 구성에 어떻게 적용되는지를 제공하기 위한 것이다. 디지털 논리 설계의 기본 원칙은 변하지 않았지만, 회로의 설계 프로세스와 구현은 변하였다. 논리합성, 시뮬레이션 및 FPGA(Field-Programmable Gate Array)에서 디지털 회로 구현을 위한 완전 통합형 최신 하드웨어 CAD(Computer- Aided Design) 도구가 발전함에 따라, 이제 복잡한 디지털 회로를 매우 쉽고 빠르게 설계하고 구현할 수 있게 되었다.

디지털 논리 설계에 관한 많은 우수한 책들은 디지털 논리 설계의 기본 원리와 이론을 소개하고 별도의 표준 조합 및 순차 구성요소를 구성하는 전통적인 접근방식을 따랐다. 그러나 학생들은 이러한 개별 구성요소의 목적과 실제 전자 장치를 제어하는 데 사용되는 마이크로컨트롤러 및 마이크로프로세서와 같은 보다 복잡한 디지털 회로를 구성 방법에 대해 궁금해하게 된다. 이 책의 주요 목표는 논리 원칙과 기본 표준 구성요소의 구성뿐만 아니라 이 차이를 메우는 것이다. 이 책에서는 기본 구성요소가 함께 결합되어 데이터패스를 형성하는 방법, 제어 유닛을 설계하는 방법, 및 이 두 가지 주요 구성요소(데이터패스 및 제어 유닛)가 함께 연결되어 실제 전용 주문형 마이크로프로세서와 범용 마이크로프로세서를 생성하는 방법에 대해 자세히 설명한다. 이 책은 마이크로프로세서가 실제 장치와 어떻게 인터페이스하는 지에 대한 많은 예를 포함하고 있는 전체 장으로 끝을 맺는다.

디지털 논리 설계와 구현 기법에 관한 많은 본문은 주로 논리 게이트 레벨에 초점을 맞추고 있다. 이렇게 낮은 수준에서는 표준 조합회로와 순차회로를 넘어

선 더 크고 복잡한 회로를 논하기 어렵다. 그러나 데이터패스를 설계하기 위한 레지스터 전송 기술과 제어 유닛을 위한 유한상태 머쉰의 개념의 도입으로, 임의의 알고리즘에 대한 전용 마이크로프로세서를 쉽게 설계하고 해당 알고리즘을 실행하기 위해 FPGA 칩에 구현할 수 있다. 이 책은 기본적인 디지털 구성요소 구축을 시작으로 완전한 회로 다이어그램과 Verilog 및 VHDL 코드가 포함한 이해하기 쉬운 기초 접근방식을 사용한다. 그런 다음 이러한 이 구성요소들은 더 복잡한 구성요소들의 구성에 사용되고, 마지막으로 완전한 전용 마이크로프로세서 회로의 구성에 사용된다. 그러면 범용 마이크로프로세서의 구축은 전용 마이크로프로세서의 일반화로 자연스럽게 이루어진다. 결국 학생들은 완전히 작동하는 주문형 마이크로프로세서를 설계, 구성 및 구현하는 방법을 완전히 이해하게 될 것이다.

Verilog와 VHDL을 이용한 회로 설계

이 책은 모든 회로에 대해 Verilog와 VHDL을 모두 다루지만, 이 정보는 디지털 회로와 그 설계를 이해하면서 완전히 생략할 수 있다. 디지털 논리 설계 입문 과정의 경우 하드웨어 설명 언어(HDL) 사용 방법을 배우는 것보다 기본 원리를 배우는 것이 보다 더 중요하다. 실제로 강사들은 학생들이 동시에 언어를 배우려고 노력하는 동안 원리를 배우는 데 길을 잃을 수 있다는 것을 알 수 있다. 이를 염두에 두고 본문의 Verilog와 VHDL 코드는 각 주제의 표현과 완전히 독립적이며 연속성을 잃지 않고 건너뛸 수 있다.

반면 HDL 코드를 공부함으로써 학생들은 하드웨어 기술 언어의 사용법을 배울 수 있을 뿐만 아니라 논리합성기를 사용하여 디지털 회로를 자동으로 설계할 수 있는 방법을 배울 수 있다. 이 책은 Verilog와 VHDL에 대한 소개를 제공하고 "예제 별 학습" 접근방식을 사용한다. 데이터 흐름 및 행위적 수준에서 Verilog 또는 VHDL 코드를 작성할 때, 학생은 최첨단 하드웨어 CAD 합성 도구의 능력과 유용성을 볼 수 있을 것이다.

이 판의 새로운 내용

새롭게 개정된 2판에서는 마이크로프로세서와 외부장치의 인터페이스에 대한 새로운 장이 추가되었다. 마이크로프로세서를 설계하고 구현하는 방법을 아는 것만으로는 충분하지 않다. 마이크로프로세서의 주요 목적과 용도는 외부장치를 제어하는 것이다. 이 전체 장에는 마이크로프로세서와 외부장치의 인터페이스에 대한 많은 실제 사례가 포함되어 있다. 학생들은 최종 프로젝트를 하는 데 도움을 주기 위해 이 예들을 사용할 수 있다.

이 책을 통해 많은 새로운 예제들이 추가되었고 이전 예제들이 업데이트되었다. 이번 신판은 디지털 회로를 기술하기 위한 업계 표준 하드웨어 기술 언어인 Verilog와 VHDL의 사용법도 다룬다. 모든 회로 예제는 도식도 외에도 VHDL과 Verilog에서 작성된 코드를 포함한다.

Altera FPGA 개발 소프트웨어 외에도 Xilinx FPGA 개발 소프트웨어를 사용하기 위한 부록의 새로운 절이 추가되었다. Altera 또는 Xilinx FPGA 개발 소프트웨어와 각각의 FPGA 하드웨어 개발 보드를 사용하여 학생들은 이러한 마이크로프로세서 회로를 실제로 구현하고 소프트웨어 시뮬레이션과 하드웨어에서 실행되는 것을 볼 수 있다. 이 책에는 하드웨어에 구현하기 위한 완전한 도식도와 Verilog와 VHDL 코드를 포함한 많은 흥미로운 예제가 수록되어 있다. 실습을 통해 학생들은 디지털 논리 설계의 원리뿐만 아니라 실제로 현재 기술을 사용하여 회로를 구현하는 방법을 배울 것이다.

실제로 자신의 마이크로프로세서가 실제 하드웨어에서 실현되고 실제 외부장치를 제어할 수 있다는 것은 흥미로운 경험이다. 바라건대, 이것은 학생들이 배운 것을 기억하는 데 도움이 될 뿐만 아니라 마이크로프로세서 제어기와 디지털 회로 설계의 세계에 관심을 갖게 할 것이다.

이 책의 사용

이 책은 디지털 논리 설계의 입문 과정이나 좀 더 고급 과정에서 사용할 수 있다. 디지털 논리의 사전 배경이 없는 입문 코스의 경우, 1장과 2장은 디지털 논리 설계의 기본 개념을 제공하는 반면, 3장과 4장은 조합회로와 표준 조합 구성요소의 설계를 다룬다. 순차회로 설계에 관한 5장을 도입하여 가볍게 다룰 수 있다.

고급 디지털 논리 설계 과정은 5장에서 순차회로로 시작하고 6장에서 유한 상태 머신의 설계를 한다. 7장과 8장에서는 데이터패스 및 제어 유닛의 설계, 전용 및 범용 마이크로프로세서 구성을 다룬다. 마지막으로 9장은 마이크로프로세서와 외부 세계의 인터페이스로 마무리한다.

강의와 함께 실습 구성요소를 완전히 통합할 것을 강력히 권장한다. 통합된 실습을 통해 학생들은 수업에서 배운 이론적 개념과 함께 실습 경험을 할 수 있다. 사실, 많은 강사들은 실험에 충분한 시간이 주어지지 않는 경우가 너무 많다는 것을 알게 된다. 아마도 우리가 알고 있듯이 이론을 이해하는 것이 더 쉬운 경우가 많지만 실제로 회로를 구현하고 작동하게 하려면 훨씬 더 자세한 내용과 시간이 필요하다. 강의를 보완하는 즉시 사용 가능한 실습은 https://login.cengage.com의 강사 자료 웹 사이트에서 다운로드할 수 있다.

1장 : **마이크로프로세서 설계 소개**에서는 마이크로프로세서 회로의 다양한 구성요소와 디지털 회로를 설계할 수 있는 다양한 추상화 수준에 대한 개요를 제공한다.

2장 : **디지털 회로**의 기초에서는 2진수, 진리표 사용, 부울 대수를 도입하여 디지털 논리 회로를 설계하기 위한 기본 원리와 이론을 제공하고 그 이론이 논리 게이트와 회로 다이어그램으로 변환되는 방법을 제공한다. 또한 Verilog 및 VHDL에 대한 간략한 소개도 제공된다.

3장 : **조합회로**에서는 조합회로의 분석, 합성 및 최적화되는 방법을 보여준다.

4장 : **표준 조합 구성요소**에서는 더 큰 디지털 회로의 구성요소로 사용되는 표준 조합 구성요소에 대해 설명한다. 이러한 구성요소에는 가산기, 감산기, 산술 논리 장치, 복호기, 멀티플렉서, 3-상태 버퍼, 비교기, 시프터 및 곱셈기 등이 포함된다. 계층적 설계에서 이러한 구성요소들은 마이크로프로세서에서 사용되는 데이터패스를 구성하는 데 사용될 것이다.

5장 : **순차회로**에서는 래치와 플립플롭을 기본 저장 요소로 소개한 후 레지스터, 레지스터 파일 및 메모리와 같은 더 큰 저장 구성요소를 사용하여 계속한다. 시프트 레지스터, 카운터 등 특수 순차 구성요소도 다룬다.

6장 : **유한상태 머쉰**에서는 유한상태 머쉰이 어떻게 분석, 합성 및 최적화되는지를 보여준다.

7장 : **전용 마이크로프로세서**에서는 먼저 데이터패스의 필요성을 소개한 다음

유한상태 머신의 형태로 데이터패스를 제어하기 위해 제어 유닛을 사용하는 방법을 설명한다. 이 장에서는 데이터패스와 제어 유닛을 하나의 일관된 회로로 함께 연결하여 전용 마이크로프로세서를 구성하는 방법을 추가로 보여준다.

8장 : 범용 마이크로프로세서에서는 7장부터 계속되어 범용 마이크로프로세서가 실제로 명령을 읽고, 디코딩하고, 실행하는 전용 마이크로프로세서임을 제안한다. 이 장에서는 자체 사용자 지정 명령어 세트가 있는 두 개의 간단한 범용 마이크로프로세서의 전체 설계 및 구성과 기계어로 작성된 프로그램이 실행되는 방법에 대해 논의한다. 이 장과 이 책의 하이라이트는 완전히 동작하는 두 개의 범용 마이크로프로세서를 하드웨어로 구현할 수 있고 그에 의해 프로그램을 실행할 수 있다는 것이다.

9장 : 마이크로프로세서 인터페이싱에서는 마이크로프로세서를 실제 외부 장치와 인터페이스하는 방법에 대한 몇 가지 완전한 예제를 제공한다. I2C 프로토콜을 이용한 실시간 클럭 IC와의 인터페이스, RS-232를 이용한 블루투스 통신, VGA 모니터의 그래픽 그리기 등이 그 예제이다.

부록 에서는 Altera 및 Xilinx 소프트웨어 개발 도구 사용에 대한 자습서와 Verilog 및 VHDL 하드웨어 기술 언어에 대한 요약을 제공한다.

Verilog와 VHDL을 이용한 회로 설계

보충 자료

이 책에 대한 자료는 https://login.cengage.com/에서 찾을 수 있다. 강사 사이트는 비밀번호로 보호되며 사이트에 접속하려면 검증된 강사 로그인이 필요하다.

학생 자료

- 구현 기술에 관한 장
- 각 장에 대한 실습
- VHDL 및 Verilog의 책에 수록된 모든 예제 코드

- Altera FPGA 개발 소프트웨어 다운로드
- Xilinx FPGA 개발 소프트웨어 다운로드

강사 자료

- 구현 기술에 관한 장
- 각 장에 대한 실습
- PowerPoint 강의 슬라이드
- 각 장의 마지막에 있는 문제의 해답
- Altera FPGA 개발 소프트웨어 다운로드
- Xilinx FPGA 개발 소프트웨어 다운로드

감사의 글

이 책을 중국어로 번역해 주신 Zhiguo Shi, 교수와 중국 항저우 Zhejiang University의 많은 대학원생들에게 감사드립니다. 그 과정에서 우리는 영원한 친구가 되었습니다.

또한 건설적인 피드백에 대해 다음 검토자에게 감사드립니다.

Christopher Doss, North Carolina A&T State University

Eric Durant, Milwaukee School of Engineering

Rajiv J. Kapadia, Minnesota State University, Mankato

Emma Regentova, University of Nevada, Las Vegas

Darrin Rothe, Milwaukee School of Engineering

이 새 책에 헌신한 Cengage Learning의 글로벌 엔지니어링 팀에 감사드립니다.

Timothy Anderson, Product Director; Ashley Kaupert, Associate Media Content Developer; Kim Kusnerak, Senior Content Project Manager; Kristin Stine, Marketing Manager; Elizabeth Brown, Learning Solutions Specialist; and Alexander

Sham, Product Assistant.

그분들이 본문의 개발 및 제작의 모든 측면을 능숙하게 성공적으로 완료하도록 안내했습니다.

또한 이 책의 내용을 사용하여 디지털 시스템 설계 과정(영어)을 가르칠 수 있도록 객원 교수로 저를 초대해 주신 Zhejiang University 정보과학 및 전자공학 대학에 감사드립니다. 이 기간 동안 저는 밝고 열정적인 학생들로부터 책을 더 좋게 만드는 방법에 대한 많은 귀중한 아이디어와 피드백을 얻을 수 있었습니다. 그 결과 수많은 변화가 있었습니다. 이 책은 실제로 현장 테스트를 거쳤습니다.

또한 Zhejiang University에 있을 수 있는 시간과 이 책을 작업할 수 있는 시간을 준 La Sierra University in sunny California에 감사드립니다.

마지막으로 이 책에 집중하고 마무리할 수 있도록 지원과 시간을 준 아내 Windy에게 감사드립니다.

Enoch O. Hwang, Ph.D.
Riverside, California

저자에 대하여

*Enoch O. Hwang*은 University of California, Riverside에서 컴퓨터 과학 박사 학위를 받았다. 그는 현재 남부 캘리포니아에 있는 La Sierra University에서 디지털 논리 및 마이크로프로세서 설계를 가르치는 컴퓨터 과학 교수이다. 2015년에는 중국 항저우에 있는 Zhejiang University의 객원 교수로 초청되어 디지털 시스템 설계 과정을 가르쳤다. 그 수업의 많은 새로운 아이디어가 이 책의 판에 통합되었다.

어린 시절부터 그는 전자 회로에 매료되었다. 그의 첫 실험 중 하나에서 그는 이어폰 플러그를 통해 휴대용 라디오 안의 스피커에 마이크를 연결하려고 시도했다. 스피커를 통해 마이크에서 나오는 소리가 들리지 않고 라디오에서 연기가 나오는 것이 보였다. 그리하여 그 실험과 그의 가족의 유일한 라디오는 끝났다. 그는 지금 임베디드 마이크로프로세서 시스템, 제어기 자동화, 전력 최적화 및 로봇 공학에 대한 연구를 통해 디지털 회로에 대한 관심을 계속하고 있다.

CHAPTER 01

마이크로프로세서 설계 입문

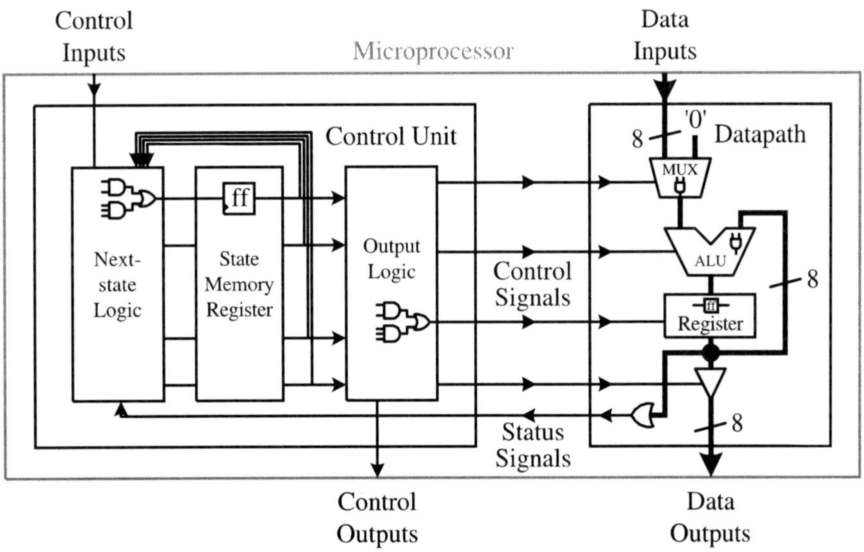

전자기기는 우리 일상생활에 필수적인 부분이다. 우리는 매일, 어디서나 휴대폰으로부터 전자게시판, 자동차, 장난감, TV, 엘리베이터, 음악 인사 카드, 개인용 컴퓨터, 신호등 등에 이르기까지 전자기기를 보고 사용한다. 이 기기들의 내부에는 그들의 동작을 제어하는 마이크로프로세서(microprocessor)가 있다. 마이크로프로세서는 이러한 모든 스마트 장치의 중심에 있다. 스마트함은 마이크로프로세서의 동작으로 인한 직접적인 결과이며, 마이크로프로세서 없이는 이 전자기기들 중 어느 것도 동작할 수 없을 것이다.

일반적으로 마이크로프로세서는 **범용 마이크로프로세서**(general-purpose microprocessor)와 **전용 마이크로프로세서**(dedicated microprocessor)의 두 유형이 있다. 그림 1.1(a)에 표시된 Intel Core™ i7 CPU와 같은 범용 프로세서는 다른 소프트웨어 프로그램의 통제 하에 다른 작업을 수행할 수 있다. 범용 프로세서는 일반적으로 처리 능력과 속도 면에서 훨씬 더 성능이 우수하다. 그러나 범용 프로세서는 일반적으로 메모리 및 입출력(I/O) 주변 장치를 지원하는 외부 구성요소가 필요하다. 범용 프로세서는 모든 개인용 컴퓨터에 사용된다.

반면에, **마이크로컨트롤러**(microcontroller) 혹은 **주문형 반도체**(application-specific integrated circuits, ASICs)로 알려진 전용 마이크로프로세서는 하나의 특정 작업만 수행하도록 설계되었다. 휴대폰 안에는 휴대폰의 전체 동작을 제어하는 것 외에는 아무것도 하지 않는 전용 마이크로컨트롤러가 있다. 따라서 마이

(a)

(b)

그림 1.1 마이크로프로세서: (a) 범용 Intel Core™ i7 CPU (b) 전용 Atmel ATiny13A 마이크로컨트롤러.

크로컨트롤러는 일반적으로(많은 작업을 수행할 필요가 없기 때문에) 마이크로프로세서만큼 성능이 우수하지 않으며 크기는 훨씬 작다. 그러나 마이크로컨트롤러는 일반적으로 메모리와 지원 I/O주변 장치가 칩에 포함되므로 전체 시스템이 단일 칩으로 구성될 수 있다. 예를 들어, 그림 1.1(b)에 표시된 Atmel ATiny13A 마이크로컨트롤러는 내장형 플래시 메모리, EEPROM(electrically erasable programmable read only memory), SRAM(static random-access memory), 범용 I/O, 타이머, 직렬 인터페이스 및 A/D 변환기 등을 내장하고 있다. 전용 마이크로컨트롤러는 거의 모든 스마트 전자기기에 사용된다. 비록 소형의 전용 마이크로컨트롤러가 범용 마이크로프로세서에 비해 성능이 떨어지고 속도가 느리지만, 범용 마이크로프로세서보다 훨씬 더 많이 팔리고 있으며 많은 곳에 사용되고 있다.

이 책에서, 마이크로프로세서를 설계, 구현 및 인터페이스 방법을 자세히 보여 줄 것이다. 마지막에는 여러분은 자신만의 맞춤형 마이크로프로세서를 설계할 수 있을 것이며 이를 자신만의 전자기기를 제어하는데 사용할 수 있을 것이다. 실제 하드웨어에서 구현할 수 있는 완전한 회로로 전체 설계 프로세스를 단계별로 안내해 드리는 실제적 접근법을 사용할 것이다. 흥미로운 점은 결국, 여러분이 실제로 매우 쉽고 저렴한 비용으로 집적회로에 자신만의 맞춤형 마이크로프로세서를 구현할 수 있다는 것이며, 소프트웨어 프로그램을 실행하거나, 불빛을 번쩍이게 하거나, 여러분이 설계한 모든 것을 할 수 있는지 확인할 수 있다는 것이다.

우리는 더 크고 더 복잡한 디지털 회로 만들 수 있는 좋은 토대와 기본적인 빌딩블록을 제공하는 2장의 디지털 논리회로 설계의 기초부터 시작할 것이다. 3장과 4장은 단순한 디지털 회로와 더 큰 회로의 빌딩블록으로 사용되는 공통회로에 대해 논의할 것이다. 5장은 메모리 회로의 설계에 대해 이야기한다. 일반적으로, 디지털 논리회로 설계 과정의 소개는 1장부터 5장가지의 내용만으로 다룬다. 보다 진보된 디지털 논리회로 설계로 가면, 6장은 제어장치 회로에 대해 이야기한다. 7장은 데이터패스(datapath)에 대해 이야기하며 전용 마이크로컨트롤러를 만들기 위해 어떻게 연결되는 지에 대해 이야기한다. 8장은 7장의 전용 마이크로컨트롤러로 범용 마이크로프로세서로 확장한다. 마지막으로 실제 상황에서 마이크로프로세서와 마이크로컨트롤러의 인터페이스 방법의 예로 끝을 맺는다.

1.1 마이크로프로세서 설계의 개요

마이크로프로세서 혹은 마이크로컨트롤러는 IC 칩 안에 구현된 전자 디지털 논리회로이다. 가장 낮은 물리적 수준의 모든 디지털 전자회로는 전기가 있는지 없는지만 이해하고, 이것은 일반적으로 1 또는 0으로 표시된다. 문제는 우리가 어떻게 마이크로프로세서를 설계해서 1과 0을 이해하고, 그 이해에 의미 있는 무엇을 할 수 있는가? 라는 것이다. 마이크로프로세서를 설계하는 것은 의도한 것을 무엇이든 할 수 있도록 논리회로를 설계하는 것이다. 마이크로프로세서를 구현하는 것은 마이크로프로세서의 논리회로를 IC 칩 상으로 옮겨 놓는 것이다.

이전에는, 어떤 회로를 IC 칩으로 만드는 것은 시간이 오래 걸리고 비용이 많이 드는 과정이었다. 대용량 FPGA(Field-Programmable Gate Array) 칩의 발전으로, 거의 모든 크기의 디지털 회로들은 쉽고 빠르게 칩으로 구현될 수 있다. 또한 FPGA 칩은 삭제가 가능하기 때문에 동일한 FPGA 칩을 다시 사용하여 다른 회로를 구현할 수 있다. 만일 가산기 회로를 FPGA 칩에 넣으면 그 칩은 가산기가 될 것이고, 교통신호 제어기 회로를 FPGA 칩에 넣으면 그 칩은 교통신호 제어기가 될 것이다. FPGA 칩에 디지털 회로를 구현하는 것은 매우 단순하다. 이제 문제는 회로를 어떻게 설계할 것인가? 즉, 어떻게 가산기 회로 또는 교통 신호등 제어기를 설계할 것인가? 이다.

마이크로프로세서 회로의 블록 다이어그램이 그림 1.2에 표시되었다. 그림에 나타낸 것처럼, 마이크로프로세서는 "**제어 유닛**"과 "**데이터패스**"의 두개의 주요 부분으로 나누어진다. 데이터패스는 산술논리장치(arithmetic logic unit: ALU) 내의 두 개 숫자의 덧셈과 같은 모든 마이크로프로세서의 데이터 연산의 실행하는 역할을 한다. 또한 데이터패스는 일시적인 데이터 저장을 위한 레지스터와 데이터 값을 테스트하기 위한 비교기를 포함하고 있다. 이러한 많은 기능 장치들은 멀티플렉서(multiplexer)와 데이터 신호 선과 함께 연결되어 있다. 데이터 신호 선은 두 개의 기능 장치 사이에 데이터를 전송한다. 여러 개의 데이터 신호 선들이 그룹화되어 버스(bus)를 형성하곤 한다. 버스의 폭(즉, 그룹에서 데이터 신호 선의 수)은 버스 선 옆에 주석이 붙어 있다. 그림에서, 버스 선은 좀 더 두껍고 8-비트이다. MUX로도 알려진 멀티플렉서는 두 개 이상의 소스에서 하나의 목적지로 이동할 데이터를 선택하기 위한 것이다. 그림에서 2-to-1 멀티플렉서는 입력 데이터와 상수 "0"을 선택하여 ALU의 좌측 오퍼랜드로 보내는데 사용된다.

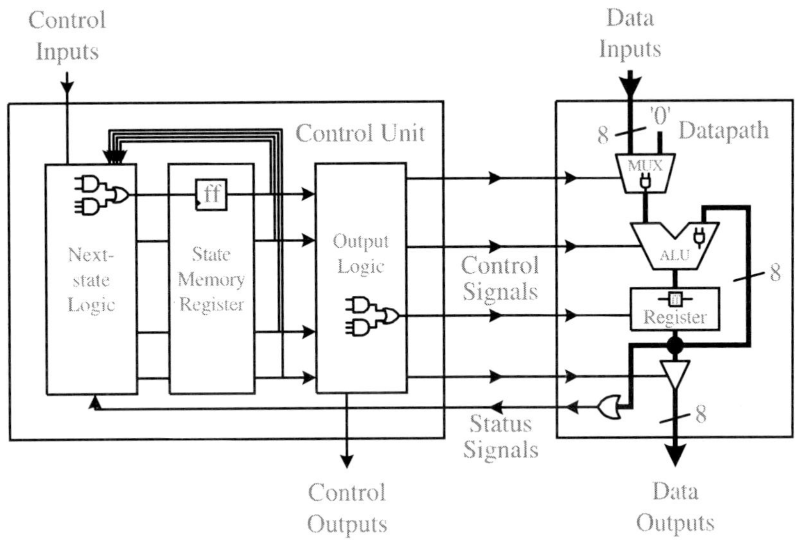

그림 1.2 마이크로프로세서의 내부.

레지스터의 출력은(1) ALU의 우측 오퍼랜드 (2) "0과 같지 않음"을 테스트하기 위한 비교기로서 사용되는 OR 게이트 그리고 (3) 레지스터로부터 데이터의 출력을 제어하는 데 사용되는 3-상태 버퍼 등 세 개의 다른 목적지에 연결되어 있다.

데이터패스가 마이크로프로세서의 모든 데이터 작업을 수행할 수 있다 하더라도, 데이터패스는 스스로 동작 할 수 없다. 데이터패스가 자동적으로 그리고 정확하게 작업을 실행하기 위해서, 제어 유닛이 필요하다. 제어장치는 "제어기"라고도 알려져 있으며, 데이터패스의 모든 작업을 제어하고 그로인해, 모든 마이크로프로세서의 작업을 제어한다. 이 장치는 한 상태에서 다른 상태로 이동함으로써 실행되는 머쉰이며, 이동할 수 있는 상태의 수가 한정되어 있기 때문에, 제어 유닛은 유한상태 머쉰(FSM)으로도 불린다. 제어장치는 (1) 다음상태 논리 (2) 상태 메모리 그리고 (3) 출력 논리의 세 부분으로 이루어져 있다. 상태 메모리의 목적은 FSM이 속해 있는 현재 상태를 기억하는 것이다. 다음상태 논리는 머신의 다음상태를 결정하는 회로이다. 출력 논리는 데이터패스 및/혹은 외부기기를 제어하기 위한 실질적인 제어 신호를 생성하는 회로이다.

논리회로가 제어 유닛 혹은 데이터패스의 일부인지에 상관없이, 모든 디지털 논리회로는 "**조합회로**" 혹은 "**순차회로**"로 분류된다. 조합회로는 회로의 출력이 오직 회로에 현재 입력에 의존하는 것이며, 따라서 전에 발생한 것에 대한 기억이 없다. 예를 들어, 가산기는 어떤 두 개의 입력 숫자가 주어질 때 합을 산출하기 때문에, 가산기는 조합회로이다.

반면에, 순차회로는 현재 입력뿐만 아니라 모든 이전 입력에 의존한다. 다시 말해서, 순차회로는 과거의 일을 기억해야 한다. 예를 들면, 레지스터는 무기한으로 값을 기억할 수 있기 때문에 순차회로이다. 순차회로가 과거의 일에 의존하기 때문에, 순차회로는 과거의 일을 기억할 메모리 요소를 포함해야 한다. 반면에, 조합회로는 과거의 일을 기억할 필요가 없기 때문에 메모리 요소를 가지고 있지 않다.

조합회로와 순차회로의 차이점을 우리가 친숙한 조합 자물쇠에 비유한다. 실제 다른 두 형태의 조합 자물쇠가 그림 1.3에 표시되었다. 그림 1.3(a)의 경우, 원하는 순서대로 올바른 숫자의 세 개 다이얼을 돌리면 자물쇠는 열릴 것이다. 그림 1.3(b)의 경우, 또한 세 개의 숫자를 돌려야 하지만, 세 개의 숫자를 정확한 순서로 돌려야 한다. 만일, 세 개의 숫자를 잘못된 순서로 돌리면 올바른 숫자라 하더라도 자물쇠는 열리지 않을 것이다. 그림 1.3(a)의 자물쇠는 회로에 입력되는 순서가 중요하지 않은 조합회로와 같으며, 반면에 그림 1.3(b)의 자물쇠는 회로에 입력되는 순서가 중요한 순차회로와 같다.

마이크로프로세서 내부의 조합회로의 예는 ALU, 멀티플렉서, 2-상태 버퍼, 데이터패스에 있는 비교기, 다음상태 논리와 출력 논리회로를 포함한다. 순차회

(a) (b)

그림 1.3 두 가지 형태의 조합 자물쇠: (a) 숫자를 입력하는 순서가 중요하지 않음 (b) 숫자를 입력하는 순서가 중요함.

로의 예는 제어장치에서 상태 메모리로 사용되는 레지스터와 데이터패스에 있는 레지스터를 포함한다.

조합 혹은 순차인, 모든 디지털 논리회로는 AND, OR, 그리고 NOT의 세 개의 기본적인 게이트로 이루어졌다. 이러한 세 개의 기본적인 게이트들로부터 가장 우수한 컴퓨터가 만들어 질 수 있다. 더욱이, 이 기본 게이트들은 모든 디지털 논리회로의 기본적인 빌딩블록인 트랜지스터로 만들어진다. 트랜지스터는 온(on) 오프(off) 할 수 있는 단순한 전자 2진 스위치이다. 컴퓨터 과학자처럼 우리가 말하는 1과 0은 트랜지스터의 온 상태와 오프 상태를 나타내는 것으로 사용된다.

요약하자면, 최하위 수준의 빌딩블록으로써 트랜지스터는 기본적인 논리 게이트를 구성하는 데 사용된다. 논리 게이트들은 조합회로나 순차회로를 구성하기 위해 서로 연결된다. 이 두 가지 유형의 회로 사이의 차이는 논리 게이트가 서로 연결되는 방식에만 있다. 어떤 조합회로와 순차회로는 보다 큰 회로를 위한 빌딩블록으로 사용되며, 표준 라이브러리에 포함된다. 이러한 표준 조합 및 순차 구성요소들은 데이터패스나 제어장치를 구성하기 위해서로 연결되어 있다. 마지막으로, 데이터패스와 제어장치를 함께 결합하여 전용이나 범용 마이크로프로세서의 회로를 만들어 낼 것이다.

1.2 설계 개념화 수준

디지털 회로는 여러 가지 개념화 수준의 어떤 하나의 수준으로 설계되어 질 수 있다. 트랜지스터 수준으로 회로를 설계하는 것이 최하위 수준이며, 회로를 구성하기 위해 각각의 트랜지스터를 이용하고 연결한다. 개념화 수준에서 다음 상위 수준은 게이트 수준이다. 게이트 수준에서는 회로를 논리 게이트로 구성한다. 논리 게이트를 사용할 때 설계자는 더 큰 회로를 구성하기 위해서 일반적으로 표준 조합 및 순차 구성요소를 생성한다. 이런 방식으로, 마이크로프로세서와 같은 매우 큰 회로는 계층적 형식으로 구성될 수 있다. 설계 방법론은 계층적으로 문제를 해결하는 것이 처음부터 끝까지 전체 문제를 해결하는 것보다 항상 쉽다는 것을 보여 준다. 이러한 조합 및 순차 구성요소는 마이크로프로세서에서 데이터패스와 제어 유닛을 구성하기위해서 레지스터-전송 수준에서 사용된다. 레지스터-전송 수준에서, 우리는 당면한 문제를 인식하거나 해결하기 위해서 데이터가 다양한 레지스터와 기능장치 사이에 어떻게 전송되는지에 관심이 있다. 마지막으로, 행위적 수준이라 불리는 최상위 수준에서, 우리는 상위 수준 하드웨어 기술 언어를 이용하여 회로의 행위와 동작을 기술하며, 자동적으로 논리회로를 생성하기 위해 컴파일러(compiler)와 같은 합성기(synthesizer)를 사용할 수 있다. 행위적 수준에서의 설계는 합성기가 자동적으로 논리회로를 생성시키기 때문에 하위 수준의 논리 게이트와 회로에 대한 지식이 필요하지 않다. 이것은 컴퓨터 프로그램을 고급 프로그래밍 언어를 이용하여 작성하고, 자동적으로 그 프로그램을 컴퓨터가 실행할 수 있는 기계어로 변환하는 컴파일러를 사용하는 것과 매우 유사하다.

인식해야 할 가장 중요한 점은 동일한 기능의 회로를 생성하는 데 많은 다른 방식이 있다는 것이다. 비록 기능적으로 동일하더라도, 실제 회로(트랜지스터나 게이트가 어떻게 연결되었는지), 크기(회로나 얼마나 큰 지 혹은 트랜지스터나 게이트가 얼마나 사용되었는지), 속도(유효한 출력결과까지 얼마나 걸리는지), 비용(제조비용이 얼마인지) 전력 사용량(전력이 얼마나 소모되는지) 등과 같은 측면에서 서로 다르다. 그래서 회로를 설계할 때, 기능적으로 올바른지에 덧붙여 우리는 경제성과 성능의 타협(trade off)까지 고려해야 한다. 이 책에서, 주로 회로 크기를 최적화하는 방법에 대한 논의와 함께 기능적으로 올바른 회로를 설계하는 방법에 대해 초점을 맞출 것이다.

1.3 2-to-1 멀티플렉서의 예

소개하는 예로서, 다른 개념화 수준으로부터 2-to-1 멀티플렉서의 설계를 살펴보자. 이 시점에서, 모든 회로가 어떻게 구성되어 있는지 자세히 이해하지 못하더라도 너무 걱정하지 말자. 이 예는 단지 다른 개념화 수준에서 회로가 어떤 것인지를 알려 주기 위한 것이다. 자세한 내용은 책의 나머지 부분에서 배울 것이다.

멀티플렉서는 데이터패스에 많이 사용되는 구성요소이다. 2-to-1 멀티플렉서의 동작에 대한 유추는 원칙적으로 두 개의 철도 트랙이 하나의 트랙에 병합되는 철도 스위치와 유사하다. 이 스위치는 두개의 별도 트랙 중에서 어느 열차가 한 트랙으로 이동할지 제어한다. 유사하게, 2-to-1 멀티플렉서는 두 개의 데이터 입력, d_0와 d_1, 한 개의 선택 입력 s가 있다. 선택 입력은 두 데이터 입력에서 출력 y로 전달할 데이터를 결정한다.

그림 1.4는 2-to-1 멀티플렉서의 논리 심볼이라고도 하는 그래픽 심볼을 나타낸다. 논리 심볼을 보면 2-to-11 멀티플렉서의 신호선 수와 각 선에 지정된 이름 또는 기능을 알 수 있다. 2-to-1 멀티플렉서에는 두 개의 데이터 입력, d_0와 d_1, 한 개의 선택 입력신호 s, 그리고 한 개의 출력 신호 y가 있다.

1.3.1 행위적 수준

2-to-1 멀티플렉서의 동작은 다음과 같이 간단히 기술할 수 있다(논리 심볼과 동일한 이름 사용).

if $s = 0$ then d_0 passes to y

그렇지 않으면

d_1 passes to y

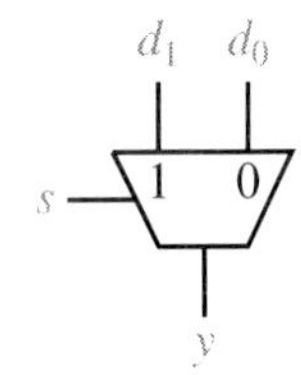

그림 1.4 2-to-1 멀티플렉서에 대한 논리 심볼.

혹은, 보다 자세하게 다음과 같이 기술할 수 있다.

the value is at d_0 passes to y if $s = 0$, and the value that is d_1 passes to y if $s = 1$.

우리는 많은 고급 컴퓨터 프로그래밍 언어와 매우 유사한 하드웨어 기술 언어(HDL)를 사용하여 행위적 수준의 회로를 기술한다. 이 수준에서 회로를 기술할 때 하드웨어 기술 언어에 필요한 올바른 구문을 사용해야 한다는 점을 제외하고는 기본적으로 동일한 내용을 작성한다. 그림 1.5는 Verilog라고 하는 하드웨어 기술 언어를 사용하여 2-to-1 멀티플렉서를 기술한 것이며, 그림 1.6은 VHDL이라고 하는 하드웨어 기술 언어를 사용하여 동일한 2-to-1 멀티플렉서를 기술한 것이다. **VHDL**이란 "VHSIC Hardware Description Language"를 뜻하며 VHSIC는 "Very High Speed Integrated Circuit(초고속집적회로)"의 줄임말이다. Verilog와 VHDL은 디지털 논리회로에 사용되는 두 개의 표준 하드웨어 기술 언어이다.

그림 1.5의 Verilog 코드에서, 구성요소의 선언은 `module` 이라는 키워드로 시작하며, module에 이어서 구성요소의 이름이 따라 오는데 이 예에서는 그 이름은 사용자 식별자인 `multiplexer`이다. Verilog에서 사용되는 모든 단어들은 대

```
module multiplexer (
  input s,
  input d0,
  input d1,
  output reg y
);

  always @ (s or d0 or d1) begin
   if (s == 0) begin
    y = d0;
   end else begin
    y = d1;
   end
  end

endmodule
```

그림 1.5 2-to-1 멀티플렉서에 대한 행위적 Verilog 코드.

/소문자를 구분한다. 입력 및 출력 인터페이스 신호들은 input 및 output이라는 키워드를 사용하여 다음에 열거한다. 쉽게 참조할 수 있도록, 이러한 신호에 사용되는 사용자 정의 이름은 논리 심볼의 앞에 나와 있는 이름과 일치한다. always 블록 뒤에는 괄호 안에 감지 목록이 표시된다. always 블록은 감지 리스트의 신호 중의 하나라도 값이 변하는 각각 및 모든 시간에 실행된다. always 블록 내부의(begin과 end 키워드로 묶여진) 문장들은 순차적으로 실행된다. 이 예에서는 블록 내에 if-then-else 문자 만 있다. 다른 프로그램 언어에서 if 문장과 같이 할당문 y = d0는 "s equals to 0" 조건이 참일 때 실행되며, 그렇지 않으면 할당문 y = d1이 실행된다. 두 개의 할당문의 경우에 등호 표시의 우측에 표시된 값이 등호 표시의 좌측의 신호에 할당된다. always 블록 내의 할당문은 wire 데이터 유형을 구동할 수 없지만 레지스터 혹은 정수 데이터 유형만을 구동할 수 있기 때문에, 등호 표시 좌측의 출력신호 y는 reg로 선언되어 있음을 주목하라. 마지막으로 모듈은 키워드 endmodule로 끝을 맺는다. Verilog 언어의 요약은 부록 C에서 찾을 수 있다.

그림 1.6의 VHDL 코드에서, LIBRARY 와 USE 문은 C++의 "#include"와 "using namespace" 전처리기(preprocessor) 명령어와 유사하다. VHDL에서 사용되는 어떤 단어도 대/소문자를 구분하지 않지만, 이 예에서는 키워드가 대문자로 표시되어 있다. IEEE 라이브러리는 신호 선언에 사용되는 STD_LOGIC에 대한 정의를 포함하고 있다. ENTITY 부분은 회로의 입력 및 출력 신호를 명시하여 회로에 대한 인터페이스를 선언한다. 이 예에서, 세 개의 STD_LOGIC 유형 입력신호와 한

```
LIBRARY IEEE;
USE IEEE.STD_LOGIC_1164.ALL;

ENTITY multiplexer IS PORT (
  s, d0, d1: IN STD_LOGIC;
  y: OUT STD_LOGIC);
END multiplexer;

ARCHITECTURE Behavioral OF multiplexer IS
BEGIN
  PROCESS(s, d0, d1)
  BEGIN
   IF (s = '0') THEN
    y <= d0;
   ELSE
    y <= d1;
   END IF;
  END PROCESS;
END Behavioral;
```

그림 1.6 2-to-1 멀티플렉서에 대한 행위적 VHDL 코드.

개의 출력신호 역시 STD_LOGIC 유형이다. 이번에도, 신호의 이름들은 앞의 논리 심볼과 일치시켰다. ARCHITECTURE 부분은 회로의 실제적인 동작을 정의한다.

ARCHITECTURE 키워드에 이어서 사용자 식별자 이름과 엔티티(entity)가 따라 온다. 감지 리스트가 있는 PROCESS 블록은 Verilog에서 `always` 블록과 같다. 멀티플렉서의 동작은 조건문 IF-THEN-ELSE으로 정의 되었다. 두 개의 신호 할당문은 IF-THEN-ELSE과 함께 신호 할당을 나타내는 기호 <=를 사용하며, s가 0일 경우 신호 y는 d_0 값을 가지고 그렇지 않으면 y는 d_1 값을 갖는다. PROCESS 블록은 END PROCESS 문으로 끝을 맺으며, ARCHITECTURE 블록은 END 키워드에 이어서 아키텍쳐 이름으로 끝을 맺는다. VHDL 언어의 요약은 부록 D에서 찾을 수 있다.

Verilog나 VHDL에서 행위적 코드를 작성하여, 우리는 합성기를 이용하여 코드의 기술내용에 따라 동작하는 넷리스트(netlist, 회로 연결)를 구성한다. 지금까지 본 것처럼, 행위적 수준에서 회로를 설계할 때 우리는 어떤 게이트가 필요한지 혹은 어떻게 연결되는지 알 필요가 없다. 우리는 오직 인터페이스와 기능적인 동작만 알면 된다. 그래서 HDL을 이용하여 기술한다.

1.3.2 게이트 수준

게이트 수준에서는 논리 게이트가 어떻게 연결되어 있는지를 보여 주는 도식도 혹은 회로도를 그릴 수 있다. 2-to-1 멀티플렉서의 두 가지 다른 도식도가 그림 1.7(a)와 (b)에 표시하였다. 그림 1.7(a)에서 회로는 세 개의 인버터(-▷∘-), 네 개의 3-입력 AND 게이트(⊐D-), 및 한 개의 4-입력 OR 게이트(⊐D-)가 사용되었다.

그림 1.7(b)에서는 한 개의 인버터 1개, 두 개의 AND 게이트 및 한 개의 2-입력 OR게이트 만 필요하다. 한 회로가 다른 회로보다(필요한 게이트 수 측면에서) 크지만, 두 회로 모두 동일한 2-to-1 멀티플렉서 기능을 구현하였다. 따라서 실제로 2-to-1 멀티플렉서 회로를 구현할 때, 첫 번째 회로보다는 작은 두 번째 회로를 사용할 것이다.

게이트 수준에서 진리표를 사용하거나 그림 1.8(a) 및 (b)에 표시된 부울 식을 사용하여 2-to-1 멀티플렉서를 설명할 수도 있다. 진리표의 경우, 세 가지 입력 s, d_0 및 d_1에 대해 가능한 2진수의 모든 조합을 나열한 다음, 회로의 기능적 설명을 기반으로 출력 값 y를 결정한다. $s=0$인 표의 처음 4행은 y가 d_0과 동일한값을 갖지만 $s=1$인 마지막 4행은 y가 d_1과 같은 값을 갖는다.

그림 1.8(b)의 부울 식은 도식도 또는 진리표에서 유도할 수 있다. 그림 1.8(b)의 첫 번째 등식은 그림 1.8(a)의 진리표와 일치하며, 또한 그림 1.7(a)의 도식도 일치한다. 그림 1.8(b)의 두 번째 동식은 그림 1.7(b)의 도식도와 일치한다. 진리표에서 첫 번째 등식을 유도하기 위해출력 y가 1인 모든 행을 본다. 각 행들이 등식의 항이 된다. 각 항에 대해 변수 값이 0이면 변수는 프라임(′)이 되

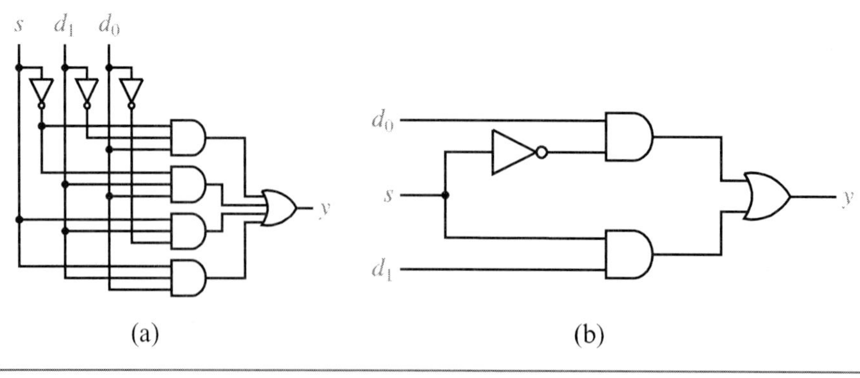

그림 1.7 2-to-1 멀티플렉서에 대한 게이트 수준 회로도: (a) 8 개 게이트를 이용한 회로 (b) 4 개 게이트를 이용한 회로.

s	d_1	d_0	y
0	0	0	0
0	0	1	1
0	1	0	0
0	1	1	1
1	0	0	0
1	0	1	0
1	1	0	1
1	1	1	1

(a)

$$\begin{aligned} y &= s'd_1'd_0 + s'd_1d_0 + sd_1d_0' + sd_1d_0 \\ &= s'd_0 + sd_1 \end{aligned}$$

(b)

그림 1.8 2-to-1 멀티플렉서에 대한 게이트 수준 기술: (a) 진리표 이용 (b) 부울 식 이용.

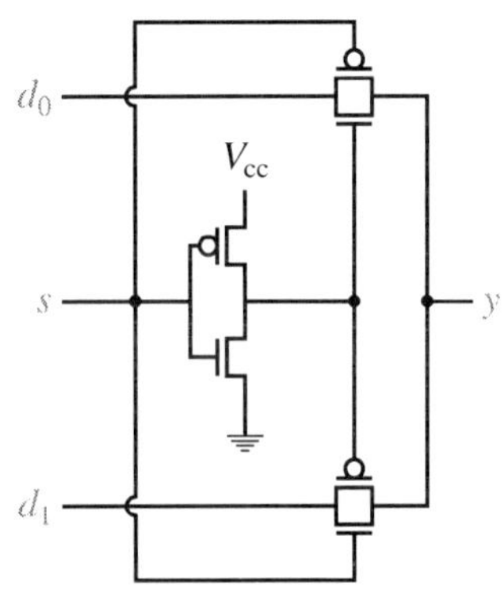

그림 1.9 2-to-1 멀티플렉서의 트랜지스터 회로.

고, 변수 값이 1이면 언-프라임이다. 예를 들어, 식의 첫 번째 항 $s'd_1'd_0$는 $s=0$, $d_1=1$, $d_0=1$ 일 때 $y=1$인 행으로부터 얻어진다.

1.3.3 트랜지스터 수준

트랜지스터 수준에서 2-to-1 멀티플렉서 회로를 그림 1.9에 나타내었다. 회로는 세 개의 PMOS(P-type metal-oxide semiconductor) 트랜지스터( )와 세 개의 NMOS(N-type metal-oxide semiconductor) 트랜지스터( ) 등 총 여섯 개의 트랜지스터를 포함하고 있다. 좌측의 트랜지스터 쌍은 신호 s에 대한 NOT 게이트를 형성하는 반면에, 우측의 트랜지스터의 구개의 쌍은 두 개의 트랜스미션 게이트(transmission gate)를 형성한다. 트랜스미션 게이트는 제어신호 s에 따라, 데이터 신호 d_0 혹은 d_1을 통과시키거나 통과시키지 않는다. 상단의 트랜스미션게이트는 s가 0일 때 켜지고, 하단의 트랜스미션게이트는 s가 1일 때 켜진다. 그래서 s가 0일 때 d_0의 값이 y로 통과되며 s가 1일 때 d_1의 값이 y로 통과된다.

트랜지스터 수준에서 디지털 회로에 대한 보다 자세한 설계 방법에 대한 논의는 구현 기술상의 온라인 장에서 찾을 수 있다.

1.4 하드웨어 기술 언어 입문

하드웨어 기술 언어(HDL)를 사용한 디지털 회로 설계에 대한 관심은 상업적 합성도구의 사용이 가능해진 1990년대 중반에 시작되었다. 오늘날 많은 공학자들이 사용하는 두 개의 유명한 HDL이 VHDL과 Verilog이다. VHDL은 1980년대 중반에 미국 국방성과 국제 전기전자학회(IEEE)의 지원을 받아 개발되었다. VHDL은 1987년에 IEEE에 의해(VHDL-87) 표준화되었으며, 이후 1993년에(VHDL-93)으로 확장되었다. 반면에 Verilog는 1984년에 처음 소개되었으며 1988년에 Synopsys와 Cadence Design System, 두 회사 소유의 하드웨어 기술 언어로 다시 소개되었다.

Verilog와 VHDL은 여러 면에서 C와 같은 정규적인 컴퓨터 프로그래밍 언어와 유사하다. 예를 들어, 이 언어들은 변수 할당, 조건문, 루프, 및 기능(몇 가지 예를 들자면) 등을 구성한다. 컴퓨터 프로그래밍 언어에서, 컴파일러는 상위 수준 소스 코드를 기계 코드로 변형한다. 그러나 HDL에서 합성기는 소스코드를 구현할 실제 하드웨어 회로의 표현으로 변형한다. 넷리스트라고 하는 이 표현은 소스코드로부터 자동적으로 만들어 지는 실제적이고 물리적인 디지털 소자이다. 코드의 정확한 기능과 타이밍 시뮬레이션도 회로의 정확성을 검증하기 위해 가능하다.

우리는 앞 절에서 행위적 수준에서 2-to-1 멀티플렉서의 Verilog 및 VHDL 기술 방법에 대해 보았다. 또한 HDL은 다른 수준에서 회로를 기술하는 데 사용될 수 있다. 그림 1.10은 데이터 흐름적 수준으로 작성된 멀티플레서의 VHDL 코드이다. 그림 1.6에 나타낸 행위적 VHDL 코드와 주요 차이점은, 행위적 코드에서는 PROCESS 블록이 있는 반면에 데이터 흐름적 코드에서는 PROCESS 문이 없다. PROCESS 블록내의 문장들은 컴퓨터 프로그램과 같이 순차적으로 실행되지만, PROCESS 블록 외부의 문장들은(PROCESS 블록 자체를 포함하여) 병행적 혹은 병렬적으로 실행된다. 기호 <=를 이용한 신호 할당문은 그림 1.8(b)에 나타낸 것처럼 내장된 VHDL 연산자, AND, OR, 및 NOT을 이용하여, 멀티플렉서의 부울 식으로부터 직접 유도할 수 있다.

데이터 흐름적 수준으로 작성된 2-to-1 멀티플렉서의 Verilog 코드는 그림 1.11에 나타내었다. Verilog의 경우, assign 키워드는 신호 할당을 위해 사용되며 기호 &, |, ~ 는 각각 논리 연산자 AND, OR, NOT로 사용된다.

행위적 및 데이터 흐름적 수준에 추가로 HDL을 구조적 수준으로 작성할 수 있다.

```
LIBRARY IEEE;
USE IEEE.STD_LOGIC_1164.ALL;

ENTITY multiplexer IS PORT(
  s, d0, d1: IN STD_LOGIC;
  y: OUT STD_LOGIC);
END multiplexer;

ARCHITECTURE Dataflow OF multiplexer IS
BEGIN
  y <= ((NOT s) AND d0) OR (s AND d1);
END Dataflow;
```

그림 1.10 2-to-1 멀티플렉서의 데이터 흐름적 수준 VHDL 기술.

```
module multiplexer (
  input s, d0, d1,
  output y
);

  assign y = ((~s) & d0) | (s & d1);

endmodule
```

그림 1.11 2-to-1 멀티플렉서의 데이터 흐름적 수준 Verilog 기술.

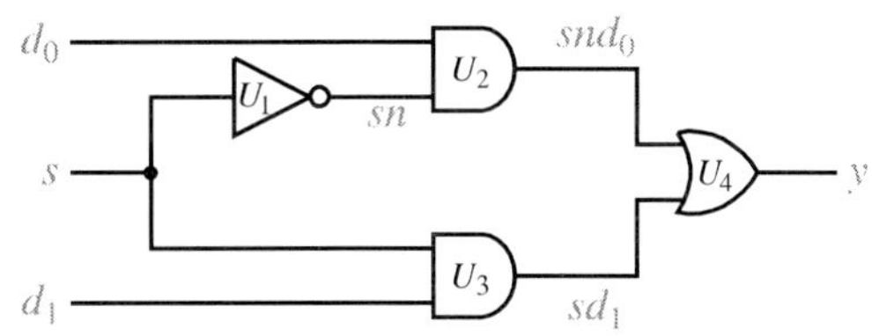

그림 1.12 2-to-1 멀티플렉서 회로.

```
module multiplexer (
  input s, d0, d1,
  output y
);

  wire sn,snd0,sd1;

  // first parameter is the output;
  // remaining parameters are the inputs
  not U1(sn,s);
  and U2(snd0,sn,d0);
  and U3(sd1,s,d1);
  or U4(y,snd0,sd1);

endmodule
```

그림 1.13 2-to-1 멀티플렉서에 대한 구조적 Verilog 코드.

```
----------------- NOT gate -----------------------
LIBRARY IEEE;
USE IEEE.STD_LOGIC_1164.ALL;
ENTITY notgate IS PORT(
  i: IN STD_LOGIC;
  o: OUT STD_LOGIC);
END notgate;

ARCHITECTURE Dataflow OF notgate IS
BEGIN
  o <= NOT i;
END Dataflow;

----------------- 2-input AND gate ---------------
LIBRARY IEEE;
USE IEEE.STD_LOGIC_1164.ALL;
ENTITY and2gate IS PORT(
  i1, i2: IN STD_LOGIC;
  o: OUT STD_LOGIC);
END and2gate;

ARCHITECTURE Dataflow OF and2gate IS
BEGIN
  o <= i1 AND i2;
END Dataflow;

----------------- 2-input OR gate ----------------
LIBRARY IEEE;
USE IEEE.STD_LOGIC_1164.ALL;
ENTITY or2gate IS PORT(
  i1, i2: IN STD_LOGIC;
  o: OUT STD_LOGIC);
```

그림 1.14 2-to-1 멀티플렉서에 대한 구조적 VHDL 코드.

(다음페이지에 계속)

```
END or2gate;

ARCHITECTURE Dataflow OF or2gate IS
BEGIN
  o <= i1 OR i2;
END Dataflow;

----------------- 2-to-1 multiplexer ------------
LIBRARY IEEE;
USE IEEE.STD_LOGIC_1164.ALL;
ENTITY multiplexer IS PORT(
  s, d0, d1: IN STD_LOGIC;
  y: OUT STD_LOGIC);
END multiplexer;

ARCHITECTURE Structural OF multiplexer IS
  COMPONENT notgate PORT(
    i: IN STD_LOGIC;
    o: OUT STD_LOGIC);
  END COMPONENT;
  COMPONENT and2gate PORT(
    i1, i2: IN STD_LOGIC;
    o: OUT STD_LOGIC);
  END COMPONENT;
  COMPONENT or2gate PORT(
    i1, i2: IN STD_LOGIC;
    o: OUT STD_LOGIC);
  END COMPONENT;

  SIGNAL sn, snd0, sd1: STD_LOGIC;

BEGIN
  U1: notgate PORT MAP(s, sn);
  U2: and2gate PORT MAP(d0, sn, snd0);
  U3: and2gate PORT MAP(d1, s, sd1);
  U4: or2gate PORT MAP(snd0, sd1, y);
END Structural;
```

그림 1.14 2-to-1 **멀티플렉서에 대한 구조적** VHDL **코드.**

그림 1.13에 나타낸 구조적 Verilog 코드에서, 다양한 게이트들을 위해 키워드(not, and, or)가 사용된다. 게이트 문장들에 대한 첫 번째 파라미터는 게이트의 출력이다. 문장에서 나머지 파라미터는 게이트의 입력이다. wire 키워드는 도식도를 기반으로 게이트를 함께 연결하기 위해 와이어 데이터 유형을 이용하여 사용자 식별자를 정의한다. 예를 들어, 도식도를 보면, U_1 라벨의 NOT 게이트는 입력으로 s와 출력으로 sn을 갖는다. 그래서 해당하는 코드는 문장 not U1(sn, s)이다. 문자에서 사용자 식별자 명칭 U1은 선택적이며 회로에서 단지 게이트를 쉽게 식별하기 위해 추가된다.

그림 1.14에 나타낸 구조적 VHDL 코드는 Verilog 코드보다 좀 더 복잡해보이지만, 실제는 동일한 것이다. 회로에 사용된 세 개의 다른 게이트(*notgate, and2gate, or2gate*)들은 먼저 ENTITY ARCHITECTURE 문을 각각 이용하여 선언하고 정의하였다. 다음에, 멀티플렉서가(또한 ENTITY 문으로)선언된다. 실제 멀티플렉서의 구조적 정의는 멀티플렉서에 대한 ARCHITECTURE 부분에서 이루어진다. 먼저 COMPONENT문은 회로에서 사용되는 구성요소들을 명시한다. SIGNAL 문은 회로의 연결에 사용되는 세 개의 내부 신호(*sn, snd0, sd1*)들을 선언한다. 마지막으로 PORTMAP 문은 회로에 사용된 게이트의 인스턴스(instance)를 선언하고 외부 및 내부 신호들을 이용한 연결방법을 명시한다. 예비 선언문을 무시한다면, VHDL 코드의 마지막 몇 개 문장들은 Verilog 코드의 문장들과 일치한다.

이 책의 관점은 Verilog나 VHDL 코드의 자세한 작성법을 가르치려는 것이 아니다. 이러한 두 개의 하드웨어 기술 언어들은 이미 친숙해져 있는 C와 같은 고급 컴퓨터 언어와 유사하여 우리는 예제에 의한 학습 접근법을 취할 것이다. 이 책에서 논의한 모든 회로의 Verilog 및 VHDL 코드가 있고 부록에는 두 언어에 대해 참조할 구문 요약이 있다. 예제와 요약 참조를 보면서, 디지털 회로를 기술하기 위해 이러한 언어들을 이용하여 코드를 작성할 수 있어야 한다.

1.5 합성

그림 1.7과 같은 게이트-수준 회로도가 주어지면, 실제로 일부 개별 논리 게이트를 가지고 브레드보드에 선과 함께 손으로 연결할 수 있다. 전통적으로, 이것이 공학자가 디지털 논리회로를 설계하고 구현하는 방법이다. 그러나 이것은 더 이상 전자공학자들이 회로를 설계하는 방법이 아니다. 그들은 그림 1.6에 있는 것처럼 컴퓨터 프로그래머들이 하는 것처럼 프로그램을 작성한다. 그렇다면 회로 동작을 기술하는 프로그램은 실제로 어떻게 물리적 회로로 변환되는가? 여기서 문제는 고급 언어로 작성된 컴퓨터 프로그램을 특정한 컴퓨터가 실행할 수 있도록 기계어로 변환하는 것과 유사하다. 컴퓨터 프로그램의 경우, 변환을 위해서 우리는 컴파일러를 사용한다. 디지털 논리회로를 변환하는 경우, 우리는 합성기를 사용한다. 컴퓨터 프로그램을 기술하기 위해 고급 언어를 사용하는 대신에, 우리는 디지털 논리회로의 동작을 기술하기 위해서 하드웨어 기술 언어(HDL)을 사용한

다. 디지털 논리회로에 대한 설명을 작성하는 것은 다른 언어를 사용한다는 것을 제외하고는 컴퓨터 프로그램을 작성하는 것과 유사하다. 합성기는 HDL 프로그램을 넷리스트로 변환하는 데 사용된다. 넷리스트는 기본 게이트들을 이용하여 회로를 실제로 실현하거나 연결하는 방법에 대한 설명이다. 회로의 HDL 기술을 넷리스트로 변환하는 과정을 합성이라고 한다.

합성기의 출력인 넷리스트는 FPGA IC 칩에서실제 회로를 구현하는데 직접적으로 사용될 수 있다. 최종 단계에서, 완전한 IC 칩으로 구현된 디지털 회로가 쉽게 만들어 질 수 있다. 부록에서, Verilog 혹은 VHDL 코드 작성으로부터 회로를 합성하고 FPGA 개발 보드를 이용하여 넷리스트를 FPGA에 업로드하는, 완전한 과정의 지침서를 제공한다.

1.6 앞으로...

이제 트랜지스터에서 마이크로프로세서와 컴퓨터를 만드는 과정을 시작할 것이다. 그림 1.2는 우리의 길잡이와 지도 역할을 할 것이다. 도중에 길을 잃어 전체 그림에서 특정 구성요소가 전체 그림에서 어디에 적합한지 모르는 경우 이 지도를 참조하기 바란다. 결국에는 자신만의 마이크로프로세서를 설계할 수 있게 될 것이다. 흥미로운 부분은 이것이 단지 말과 이론이 아닌 것이다. 실제 FPGA 칩에서 모든 회로를 구현하고 시험해 볼 수 있게 될 것이다. 불빛을 번쩍이게 하고 모터를 가동시키며 자신이 만든 마이크로프로세서에 자신의 소프트웨어를 실행시킬 수 있을 것이다.

그림 1.15는 Intel Pentium4 CPU 내부의 실제 회로 사진이다. 이 책의 끝에 도달했을 때, 여러분은 리소스의 부족으로 P4의 회로를 설계할 수 없을 지도 모른다. 그러나 여러분이 직접 작동하는 마이크로프로세서를 설계하고 구현할 것이기 때문에 설계 방법을 확실히 알게 될 것이다.

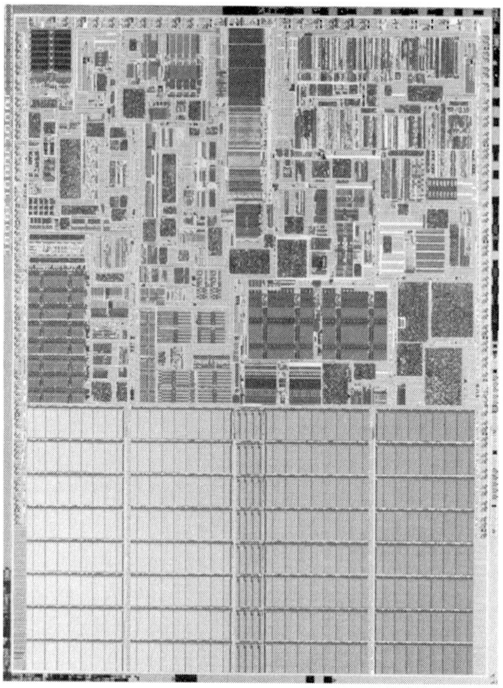

그림 1.15 Intel Pentium 4 CPU의 내부 회로.

1.7 연습문제

1.1 다음 시스템의 입력과 출력은 무엇인가?

a) 교통 신호등
b) 심장 박동 조율기
c) 마이크로 오븐
d) 음악 인사 카드
e) 하드 디스크 드라이버(전체 개인용 컴퓨터가 아닌)

1.2 마이크로프로세서의 속도는 종종 클럭 주파수로 측정된다.
현재 사용되는 가장 빠른 범용 마이크로프로세서의 클럭 주파수는 얼마인가?

1.3 범용 마이크로프로세서와 전용 마이크로프로세서 사이의 일반적인 클럭 속도를 비교하여라.

1.4 전원(배터리 전원 포함)을 사용할 수 없는 경우 일상적인 작업은 어떠한지 설명하여라.

1.5 가장 최근 년도에 당신의 국가에서 판매된 범용 마이크로프로세서와 전용 마이크로프로세서의 대략적인 수를 구하여라.

1.6 하루 동안 사용하는 당신이 사용하는 마이크로프로세서에 의해 제어되는 기기의 목록을 작성하여라.
경우 일상적인 작업은 어떠한지 설명하여라.

1.7 1 세대 PC는 약 29,000개의 트랜지스터가 있는 Intel 8080을 사용한다.
대략, Intel Core i7(Quad) CPU에는 몇 개의 트랜지스터가 있을까?
대략, Xilinx Virtex-7 FPGA에는 몇 개의 트랜지스터가 있을까?
대략, Altera Stratix V FPGA에는 몇 개의 트랜지스터가 있을까?

1.8 개인용 컴퓨터에서 사용되는 Intel 범용 마이크로프로세서의 주류 세대를 8086 CPU부터 시작하여 요약하여라. 소개된 연도, 클럭 속도와 트랜지스터 수를 각각 나열하여라.

1.9 부록 A에 있는 Xilinx ISE 지침서를 실행하여라.

1.10 부록 B에 있는 Altera Quartus 지침서를 실행하여라.

1.11 그림 1.10을 템플릿으로 하여, 그림 1.7(a)에 나타낸 2-to-1 멀티플렉서의 데이터 흐름적 VHDL 코드를 작성하여라.

1.12 그림 1.11을 템플릿으로 하여, 그림 1.7(a)에 나타낸 2-to-1 멀티플렉서의 데이

터 흐름적 Verilog 코드를 작성하여라.

1.13 그림 1.13을 템플릿으로 하여, 그림 1.7(a)에 나타낸 2-to-1 멀티플렉서의 구조적 Verilog 코드를 작성하여라.

1.14 그림 1.14을 템플릿으로 하여, 그림 1.7(a)에 나타낸 2-to-1 멀티플렉서의 구조적 VHDL 코드를 작성하여라.

CHAPTER 02

디지털 회로의 기초

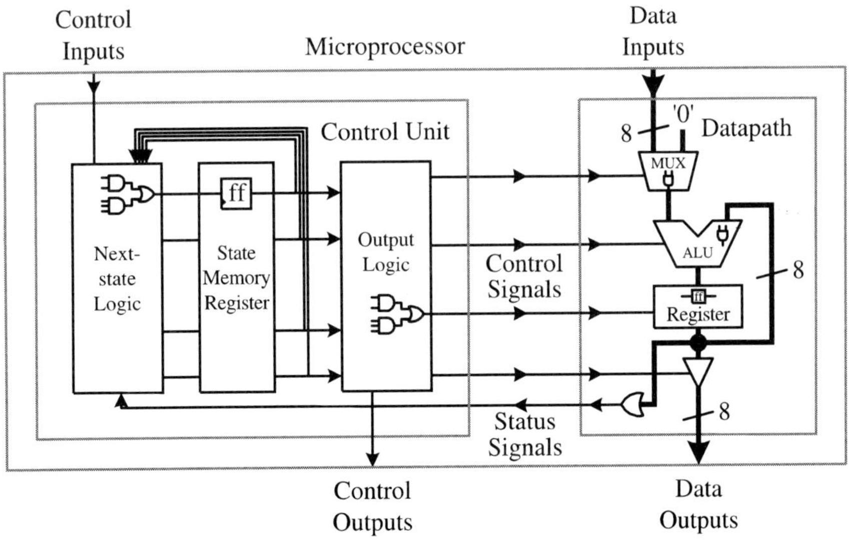

우리의 세계는 아날로그 세계이다. 우리 주변의 물리적인 물체에 대한 측정은 분리된 단위가 아니라 연속적인 범위에 있다. 우리는 2.718281828... 또는 3.141592과 같은 물리적 상수에 대해 이야기한다. 이러한 값을 정확하게 처리할 수 있는 아날로그 기기를 만드는 것은 거의 불가능하다. 간단한 아날로그 라디오를 제작하는 경우에도 회로의 각 부분에서 주파수, 전압 및 전류를 매우 정확하게 조정해야 한다. 만일 우리가 전압을 이용하여 상수 3.14를 표현하려면, 매번 정확히 3.14V의 전압을 낼 수 있는 구성요소를 만들어야 한다. 이것은 제조공정이 불완전하고 생산된 각 구성요소들이 조금씩 다르기 때문에 역시 불가능하다. 비록 제조 공정이 완벽하게 만들어질 수 있다 하더라도, 우리는 여전히 그것을 사용할 때마다 이 구성요소로부터 3.14V를 얻을 수 없을 것이다. 그 이유는 구성요소를 만드는데 사용된 물리적 요소들이(단지 몇 가지만 언급하자면) 온도, 압력, 중력과 같은 다른 환경에서 다르게 행동하기 때문이다. 따라서 제조 공정이 완벽하다고 하더라도 이 구성요소를 다른 환경에서 사용할 경우 매번 정확히 3.14V가 공급되지 않는다.

더 간단하게 만들기 위해, 우리는 아날로그 세계에 대한 디지털 개념화 작업을 한다. 무한한 연속 범위의 값으로 작업하는 대신 디지털 전자회로내의 온(on)과 오프(off) 두 상태를 나타내기 위해 1과 0 값만 사용한다. 무한한 범위의 값보다 두 값으로 제어하고 작업하는 것이 확실히 훨씬 쉽다. 우리는 두 개의 값만 있기 때문에 2진수라고 한다. 단일 0 혹은 단일 1은 2진 **숫자**(binary digit) 혹은 간단히 **비트**(bit)이다.(여기서 "bi"는 단어 "binary"의 처음 두 문자에서 왔으며, "t"는 단어 "digit"의 마지막 문자에서 왔다.) 대단하게 들릴지 모르겠지만, 우리는 디지털 회로의 하부 빌딩블록은 여전히 아날로그 세계에 기반을 두고 있다는 것을 기억해야 한다.

이 장에서는 모든 디지털 회로의 기본 빌딩블록인 논리 게이트를 사용하여 디지털 논리 회로를 구성하기 위한 이론적 기초를 설명한다. 우리는 2진수로 작업하는 것과 2진수로 간단한 산술을 수행하는 것에 대한 소개로 시작한다. 그리고 디지털 회로를 구성하기 위해서 기본적인 논리 게이트들을 소개할 것 이다. 다음으로, 우리는 부울 대수의 기본 이론, 부울 함수, 및 그것들을 사용하고 조작하는 방법을 다룬다. 많은 학생들이 이 이론들을 지루하고 이해하기 어렵다고 할 수 있지만, 끈기 있게 헤쳐 나가도록 격려할 것이다. 좋은 소식으로 가능한 한 짧고 간단하게 하도록 하겠다. 부울 정리는 이미 고등학교 수학시간에 배운 대수 정리와 유사하기 때문에 여러분은 여러 가지 부울 정리와 매우 친숙하다는 것을 알게 될 것이다. 마지막으로, 간단한 디지털 회로를 구축하는 예로 결론을 내린다.

2.1 2진수

디지털 회로는 2진 값을 다루기 때문에, 우리는 2진수의 소개를 시작한다. 0 혹은 1 값을 갖는 비트는 단지 두 가지 혹은 두 종류의 정보를 표시할 수 있다. 따라서 더 많은 정보를 나타내기 위해 많은 비트를 함께 묶을 필요가 있다. n비트의 문자열은 2^n개의 서로 다른 정보를 표현할 수 있다. 예를 들어, 2비트 문자열은 00, 01, 10 및 11의 4가지 조합을 이용하여 4개의 다른 것을 표현한다. 다른 인코딩 기술을 사용하여 비트 그룹은 숫자, 알파벳 문자, 문자 기호 또는 실행할 마이크로프로세서의 명령과 같은 다른 정보를 나타내는 데 사용될 수 있다

보다 친숙한 10진수로 작업하는 대신 우리는 비트 문자열로 구성하는 2진수로 작업한다. 그러나 우리는 비트 그룹을 표현하기 위해서 8진수 10진수, 및 16진수 도 사용할 수 있기 때문에, 2진수의 사용은 비트 문자열의 정보를 표시하는 데 간편하다. 사실, 우리는 종종 16진수가 2진수의 약칭 표기법으로 사용된다는 것을 알고 있다.

2.1.1 2진수의 계산

우리 모두에게 익숙한 10진수 체계는 자리위치 체계이다. 다시 말해, 숫자의 값은 수 안에 숫자의 위치에 따른다. 예를 들어, 10진수 48에서, 숫자 4는 10의 자리에 있는 반면에 숫자 8은 1의 자리에 있기 때문에, 10진 숫자 4는 10진 숫자 8보다 큰 값이다.

2진수 체계도 자리위치 체계이며, 2진 체계는 0부터 9까지 10개의 숫자를 이용하는 기수-10 체계 대신에 단지 0과 1의 숫자를 이용하는 기수-2 체계라는 차이점이 있다. 그래서 2진수 101의 경우, 제일 좌측의 1이 제일 우측의 1보다 큰 값을 갖는다.

2진수의 계산은 10진수에서의 계산과 동일하다. 우리는 10진수를 셀 때 0부터 9(마지막 자릿수)까지 센다. 9가 된 후에 0으로 돌아가고 다음 자릿수를 1 증가시키는 캐리(carry)를 갖는다. 2진수에서 동일하게 하면 0부터 1(이것이 2진수

Decimal	Binary	Octal	Hexadecimal
0	0000	0	0
1	0001	1	1
2	0010	2	2
3	0011	3	3
4	0100	4	4
5	0101	5	5
6	0110	6	6
7	0111	7	7
8	1000	10	8
9	1001	11	9
10	1010	12	A
11	1011	13	B
12	1100	14	C
13	1101	15	D
14	1110	16	E
15	1111	17	F

그림 2.1 0부터 15까지 숫자의 10진수, 2진수, 8진수 및 16진수 체계.

의 마지막 숫자임)까지 센다. 1이 된 후에 0으로 돌아가고 다음 비트를 1 증가시켜서 10이 된다. 두 수 체계에서 수 10을 사용하더라도, 한 체계는 기수가 10이고 다른 체계는 기수가 2이기 때문에 서로 다르고, 다른 값을 갖는다. 혼란을 피하기 위해, 우리는 기수를 나타내기 위해서 첨자를 사용할 것이다. 예를 들어, 10_2 기수 2의 숫자 10이며, 10_{10}은 기수가 10인 동일한 숫자이다. 2진수에서 계수를 계속하면, 배열에서 다음 몇 개 숫자는 11, 100, 101, 110, 111, 및 1000 이다.

0부터 15(10진수)까지의 2진수를 그림 2.1에 나타내었다. 0부터 15까지 범위는 16개 다른 조합을 갖는다. 2^4=16 범위를 표현하기 위해 4-비트 2진수(즉, 4 비트 문자열)가 필요하다. 2진수로 0부터 15까지 계산은 두 번째 열에 나타내었다. 8진수(기수 8) 및 16진(기수 16)에 대한 것도 그림에 나타내었다. 우리는 수 체계를 다음 절에서 더 논의할 것이다.

2.1.2 2진수와 10진수 변환

2진수의 10진 값은, 기수 10의 멱수승이 아닌 기수 2의 멱수승이라는 것을 제외하고, 10진수의 경우와 동일하다. 제일 오른쪽 숫자 혹은 비트는 멱수승 0이고,

다음 좌측 숫자 혹은 비트의 멱수승은 1, 그리고 다음의 멱수승은 2 등등이다. 예를 들어, 10진수 658의 값은 다음과 같다.

$$658_{10} = (6 \times 10^2) + (5 \times 10^1) + (8 \times 10^0) = 600 + 50 + 8 = 658_{10}$$

마찬가지로 2진수 10110112의 10진 값은 다음과 같다.

$$\begin{aligned} 1011011_2 &= (1 \times 2^6) + (0 \times 2^5) + (1 \times 2^4) + (1 \times 2^3) + (0 \times 2^2) + (1 \times 2^1) + (1 \times 2^0) \\ &= 64 + 0 + 16 + 8 + 0 + 2 + 1 = 91_{10} \end{aligned}$$

2진수의 10진 값을 구하기 위해(이것은 2진수를 10진수로 변환하는 것과 동일), 최하위비트(여기서, 제일 우측의 1)는 2^0이 곱해진다. 좌측으로 다음 비트는 2^1이 곱해지고, 등등이다. 마지막으로, 모두 더해서 값 91_{10}이 된다. 항상 0 혹은 1을 곱하기 때문에 계산은 매우 간단하다. 모든 0항은 0이 되기 때문에 무시될 수 있으며, 모든 1항은 2의 멱수승 수가 될 것이다.

10진수 658_{10}에서 첨자 10과 2진수 1011011_2에서 첨자 2를 주목하자. 이 첨자는 기수가 무엇인지 혼란스러울 때마다 기수를 나타내기 위해서 사용된다.
10진수를 2진수로 변환하는 것은 10진수를 연속적으로 나누고 각 단계에서 나머지를 추적하는 것이다. 나머지를(가장 나중 것부터 시작하여) 결합하여 2진수를 만든다. 예를 들어, 10진수 91을 2로 나누면 나머지 1과 45가 된다. 그리고 45를 2로 나누면 나머지 1과 22가 된다. 이런 식으로 다음과 같이 끝까지 계속한다.

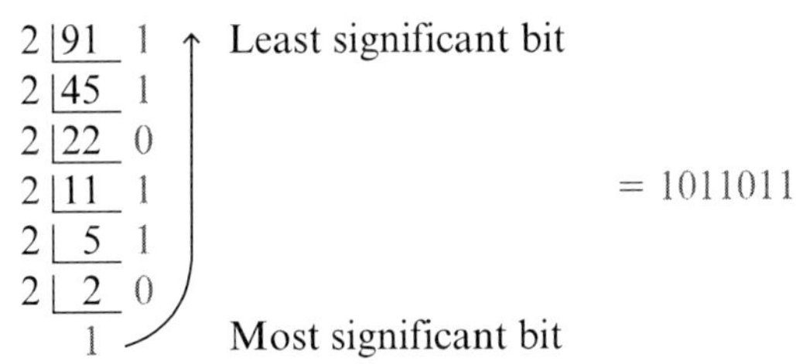

나머지들을 마지막 숫자부터 이어서 정렬하면 2진수 1011011가 된다.

예제 2.1

2진수 100101을 10진수로 변환하여라.

2진수 100101을 10진수로 변환하기 위해서 다음과 같은 계산을 실행한다.

$$100101_2 = (1\times 2^5) + (0\times 2^4) + (0\times 2^3) + (1\times 2^2) + (0\times 2^1) + (1\times 2^0)$$
$$= 32 + 0 + 0 + 4 + 0 + 1 = 37_{10}$$

그래서 100101_2의 등가 10진수는 37이다.

예제 2.2

10진수 58을 2진수로 변환하여라.

10진수 58을 2진수로 변환하기 위해서 다음과 같은 계산을 실행한다.

```
2 |58  0  ↑ Least significant bit
2 |29  1
2 |14  0                              = 111010
2 | 7  1
2 | 3  1
    1      Most significant bit
```

그래서 58의 등가 2진수는 11010_2이다.

2.1.3 8진수와 16진수 표현

2진수는 일반적으로 비트의 긴 문자열로 구성된다. 긴 비트 문자열을 표현하는 간단한 표기법은 8진수나 16진수를 사용하는 것이다. 8진 체계는 기수가 8이고 16진 체계는 기수가 16이기 때문에(모두 2의 멱수승) 2진수는 8진수 혹은 16진수로 쉽게 변환되고, 그 반대로 쉽게 변환될 수 있다.

8진수는 8개의 서로 다른 조합에 0에서 7사이의 숫자만 사용한다. 8진수로 계산할 때 7이후의 숫자는 그림 2.1과 같이 10_8이다.

2진수를 8진수로 변환하기 위해서는, 우측(최하위비트)에서 시작하여, 3비트 그룹으로 묶으면 된다. 그 이유는 $8=2^3$이기 때문이다. 3비트의 각 그룹에 대해, 그림 2.1의 표를 이용하여 그것에 상응하는 8진수 숫자를 쓴다. 예를 들어, 2진수 1110011_2를 8진수 163_8로 변환하면 다음과 같다.

$$\frac{001}{1}\quad\frac{110}{6}\quad\frac{011}{3}$$

원래 2진수가 7비트이므로 가장 좌측 그룹에서 3비트를 얻으려면 두 개의 앞자리 0로 확장이 필요하다. 음수를 처리할 때 0 대신에 1로 앞자리 숫자로 확장해야 할 것이다. 이것은 부호 확장 음수에 대해 이야기 할 때 2.2.2절에서 보다 상세히 논의한다.

8진수를 2진수로 변환하는 것은 아주 단순하다. 8진수에 대하여 그림 2.1의 표를 이용하여 3비트로 쓴다. 2진수를 만들기 위해 3비트 그룹은 이어서 정렬된다. 예를 들어, 8진수 5724_8을 2진수 101111010100_2로 변환은 다음과 같다.

$$\begin{array}{cccc} 5 & 7 & 2 & 4 \\ 101 & 111 & 010 & 100 \end{array}$$

8진수의 10진 값은, 기수 2 혹은 10의 멱수승이 아닌 기수 8의 멱수승이라는 것을 제외하고, 2진수 혹은 10진수의 방식과 동일하게 구할 수 있다. 예를 들어, 8진수 5724_8은 다음 계산 과정과 같이 3028_{10}의 값을 갖는다.

$$\begin{aligned} 5724_8 &= (5\times 8^3)+(7\times 8^2)+(2\times 8^1)+(4\times 8^0) \\ &= 2560+448+16+4 \\ &= 3028_{10} \end{aligned}$$

16진수는 기수를 적절하게 교체하는 것을 제외하고, 기본적으로 8진수와 동일한 방식으로 처리한다. 16진수(간단히, hex)는 기수 16을 사용하여 16개의 다른 기호가 필요하다. 0부터 9까지 10개의 기호에 추가적으로 A부터 F까지 알파벳의 앞 6개 문자를 추가하여 사용한다. 16진수에서 계산을 할 때, 0부터 9까지 세고 9 다음에 A, B 등 F까지 올라간다, F 다음에 10_{16}으로 간다, 16진수에서 0부터 15_{10}까지의 계산은 그림 2.1의 마지막 열에 나타내었다.

2진수를 16진수로 변환하는 것은 $16=2^4$이기 때문에, 4비트 그룹으로 묶으면 된다. 4비트 각 그룹에 대하여, 그림 2.1의 표를 이용하여 등가 16진 숫자를 쓴다. 예를 들어, 2진수 110110111011_2를 16진수 $6DB_{16}$으로 변환은 다음과 같다.

다시, 가장 좌측의 그룹을 4비트로 만들기 위해 앞자리 0으로 확장이 필요하다.

$$\underline{0110}\quad\underline{1101}\quad\underline{1011}$$
$$6\quad\quad D\quad\quad B$$

16진수를 2진수로 변환하기 위해서, 그림 2.1의 표를 이용하여 각각의 16진 숫자의 등가 4비트를 쓰고, 최종 2진수를 만들기 위해 이어서 정렬한다. 예를 들어, 16진수 $5C4A_{16}$의 2진수 0101110001001010_2로의 변환은 다음과 같다.

5	C	4	A
0101	1100	0100	1010

16진수의 10진 값은, 기수 2 혹은 10의 멱수승이 아닌 기수 16의 멱수승이라는 것을 제외하고, 2진수 혹은 10진수의 방식과 동일하게 구할 수 있다. 예를 들어, 16진수 $5CF6_{16}$은 다음 계산 과정과 같이 23798_{10}의 값을 갖는다.

$$\begin{aligned}5CF6_{16} &= (5\times16^3)+(C\times16^2)+(F\times16^1)+(6\times16^0)\\ &= (5\times16^3)+(12\times16^2)+(15\times16^1)+(6\times16^0)\\ &= 20480+3072+240+6\\ &= 23798_{10}\end{aligned}$$

곱셈을 실행하기 전에 16진 숫자 C와 F가 각각 10진수 12와 15로 변환하는 계산을 주목하자.

10진수를 16진수로 변환하는 것은 10진수를 2진수로 변환한 것과 유사하다. 유일한 차이점은 10진수를 2 대신에 16으로 연속해서 나누고, 각 단계에서 나머지를 추적하는 것이다. 나머지는 0부터 F 사이의 어떤 수도 될 수 있다. 예제 2.4는 이 과정을 나타낸다.

예제 2.3

16진수 $C4A_{16}$을 10진수로 변환하여라.

16진수를 10진수로 변환하기 위해서, 기수 16과 적절한 멱수승을 이용한다.

$$\begin{aligned}C4A_{16} &= (C\times16^2)+(4\times16^1)+(A\times16^0)\\ &= (12\times16^2)+(4\times16^1)+(10\times16^0)\end{aligned}$$

$= 3072 + 64 + 10$

$= 3146_{10}$

등가 10진수는 3146_{10}이다.

예제 2.4

10진수 7689_{10}을 16진수로 변환하여라.

10진수 7689_{10}를 16진수로 변환하기 위해서 다음과 같은 계산을 실행한다.

$$\begin{array}{r|rl}16 & 7689 & 9 \quad \uparrow \text{ Least significant bit} \\ 16 & 480 & 0 \\ 16 & 30 & \text{E} \\ & 1 & \quad \text{Most significant bit}\end{array} \quad = 1\text{E}09$$

30을 16으로 나누면 나머지는 14_{10}이지만 16진수 E로 쓴다. 7689_{10}의 등가 16진수는 $1\text{E}09_{16}$이다.

2.1.4 2진수 연산

이제 2진수와 서로 다른 기수 사이를 사이의 상호 변환 방법을 알았으니, 2진수로 간단한 덧셈과 뺄셈을 하는 방법을 배워야 한다. 2진수를 더하는 것은 10진수를 더하는 것과 같다. 우리는 더한 합이 2 혹은 3일 때 캐리 1이 발생하는 것을 명심해야 한다.

예를 들어, 두 개의 4비트 2진수 1001과 0011을 더하는 과정은 다음과 같다.

$$\begin{array}{r} 1\ 0\ 0\ 1 \\ +\,0\ 0_{1}\ 1_{1}\ 1 \\ \hline 1\ 1\ 0\ 0 \end{array}$$

덧셈의 결과는 1100이다. 합이 10진으로 2 혹은 3일 때(2는 2진으로 10, 3은 11이기 때문에) 캐리가 존재한다는 것을 제외하고, 덧셈은 10진수의 같이 실행된다. 10 혹은 11에서 최상위비트는 캐리 발생 비트이다.

가장 우측의 최하위 비트부터 시작해서, $1 + 1 = 2$를 구한다. 합으로 2를 쓰는 대신에, 다음 비트 위치에 캐리 발생 비트로 앞자리 1과 합 비트 0인, 10_2으로 쓴다. 다음 0 + 1을 할 때 전단에서 발생한 캐리도 더해서, 0 + 1 + 1 = 2가 된다. 다시 2를 캐리 발생 비트 1과 합 0의 10으로 쓴다. 다음, 0 + 0 + 1 = 1을 한다. 결과는 캐리가 없는 합 1 이다. 마지막으로, 1 + 0 + 0을 한다. 덧셈의 결과는 1100_2이다. 두 개의 오퍼랜드와 최종 합을 10진수로 변환해서 계산하여 결과 값 1100_2가 올바름을 검증할 수 있다.

예제 2.5

1101_2 + 1011_2 를 계산하여라.

$$\begin{array}{rrrrrrcr} & 1 & 1 & 0 & 1 & & = & 13 \\ + & 1_{1} & 0_{1} & 1_{1} & 1 & & = & +11 \\ \hline 1 & 1 & 0 & 0 & 0 & & = & 24 \end{array}$$

2진수의 뺄셈의 경우, 두 개의 4비트 2진수 1001과 0011의 다음 뺄셈에 나타낸 것처럼 빌려와야 할 때, 10 대신에 2를 빌려온다(borrow).

$$\begin{array}{rrrrrcr} & 1 & {}^{2}0 & {}^{2}0 & 1 & = & 9 \\ - & 0 & 0 & 1 & 1 & = & -3 \\ \hline & 0 & 1 & 1 & 0 & = & 6 \end{array}$$

가장 우측의 최하위 비트부터 시작해서, 1 − 1 = 0. 다음 비트 위치에서, 0 − 1은 부족하기 때문에 2를 빌려와서 2 − 1 = 1을 한다. 다음 비트 위치에서, 또한 2를 빌려와야 한다. 또한 1을 주고 1을 남겨 놓았기 때문에 2를 빌려야 하며, 결국 1 − 0 = 1을 하게 된다. 마지막으로, 가장 좌측 비트의 경우, 원래의 1이 주어져서 0이 되어 0 − 0 = 0을 하게 된다. 뺄셈의 결과는 0110_2이다.

예제 2.6

1101_2 − 1011_2 를 계산하여라.

$$\begin{array}{rrrrrcr} & 1 & 1 & {}^{2}0 & 1 & = & 13 \\ - & 1 & 0 & 1 & 1 & = & -11 \\ \hline & 0 & 0 & 1 & 0 & = & 2 \end{array}$$

2.2 음수

지금까지 우리는 양수만으로 작업을 하였다. 음수로 작업을 위해서, 음수를 2진으로 음수 표현 방법을 알아야 한다. 숫자의 2진 부호화는 부호가 있거나 혹은 없는 수로 해석된다, 부호가 없는 수는 양수와 0 만을 포함하는 반면, 부호가 있는 수는 양수, 음수 및 0을 포함한다. 10진수의 경우, 음수를 표시하기 위해 숫자 앞에 마이너스 표시(−)를 이용한다. 그러나 2진수 경우는 그렇지 않다. 2진수가 양수 혹은 음수에 상관없이, 101010_2와 같은 비트 문자열로 표현된다. 그렇다면 주어진 숫자 101010_2이 양수인지 음수인지 어떻게 알 수 있을까? 그 수를 부호가 있는 혹은 부호가 없는 수로 해석해야 하는지 모른다면 우리는 알 수 없다.

2.2.1 2의 보수 표현

만일 우리가 2진수를 부호없는 수(unsigned number)라고 말한다면, 앞 절에서 설명한 것처럼 값을 이루는 모든 비트들의 값을 정할 것이다.

반면에, 음수 혹은 부호가 있는 2진수는 **2의 보수**(complement) 표현으로 부호화된다. 그래서 우리가 2진수를 부호있는 수(signed number)라고 말한다면, 값을 정하기 위해 2의 보수를 이용해야 한다. 두 개의 용어 "부호있는"과 "2의 보수"는 같은 의미로 구별 없이 사용하는 점을 명심하자. 2의 보수 표현에서, 최상위 비트(MSB)는 양수인지 음수인지를 알려준다. 최상위 비트가 1이면 숫자는 음수이고, 그렇지 않으면 숫자는 양수이다. 이러한 정의로, 10진수 0 역시 2진수에 대한 앞자리 최상위 비트가 0 이기 때문에 양수로 간주된다. 양의 부호있는 수의 값은 앞 절에서 논의된 것처럼 부호없는 수처럼 동일하게 구해진다.

4-bit Binary	Two's Complement
0000	0
0001	1
0010	2
0011	3
0100	4
0101	5
0110	6
0111	7
1000	−8
1001	−7
1010	−6
1011	−5
1100	−4
1101	−3
1110	−2
1111	−1

그림 2.2 4비트 2의 보수.

그러나 음의 부호있는 수의 값을 결정하기 위해서 두 단계의 과정을 실행해야 한다.

1. 모든 1비트를 0으로 그리고 모든 0비트를 1로 바꾼다.
2. 첫 단계에서 얻은 결과에 1을 더한다.

단계 2에서 구한 수는 그 값에 대한 부호없는 수처럼 값이 결정되고, 결과값의 음의 부호를 취한 것이 본래 음의 부호있는 수의 값이다.

그림 2.2는 4비트에 대한 2의 보수를 나타낸다. 범위는 −8부터 7까지 이다. 일반적으로, n비트 2의 보수의 경우, 범위는 -2^{n-1}부터 $2^{n-1}-1$까지 이다.

예제 2.7

부호없는 수 1001_2 값을 구하여라.

부호없는 수 10012의 값은 다음과 같이 값이 정해진다.

$$(1\times 2^3)+(1\times 2^0)=8+1=9_{10}.$$

예제 2.8

부호있는 수 01001_2 값을 구하여라.

부호있는 수 01001_2는 앞자리 최상위 비트가 0 이기 때문에 양수임을 알 수 있다. 그래서 값을 구하기 위해 부호가 없는 수와 같이 값을 정한다.

$$(1\times 2^3)+(1\times 2^0)=8+1=9_{10}.$$

예제 2.9

부호있는 수 1001_2 값을 구하여라.

부호있는 수 1001_2는 앞자리 최상위 비트가 1 이기 때문에 음수임을 알 수 있다. 음의 부호수의 값을 구하기 위해, 다음과 같이 두 단계를 실행한다.

	1001	(원래 수)
(1)	0110	(모든 비트 값을 바꿈)

(2)	0111	(앞의 수에 1을 더함)

부호없는 수 0111_2의 값은 $(1\times2^2)+(1\times2^1)+(1\times2^0)=7$, 그래서 원래 수 1001_2의 값은 음수 7(−7)이다.

예제 2.10

부호있는 수 1000_2 값을 구하여라.

부호있는 수 1000_2는 맨 앞자리 1비트 값 때문에 음수이다. 다음과 같은 두 단계를 적용한다.

	1000	(원래 수)
(1)	0111	(모든 비트 값을 바꿈)
(2)	1000	(앞의 수에 1을 더함)

단계 2의 결과 값 1000_2의 값은 원래 수와 정확히 동일함을 주목하자. 그러나 만약 변환 과정에 대한 지시를 정확하게 따른다면, 혼란스럽지 않을 것이다. 우리는 단계 2의 결과 값을 결정하기 위해서 부호없는 수처럼 해석해야 한다. 결과 값 1000_2을 부호없는 수로 해석하면 값은 $1\times2^3=8$이 된다. 그래서 원래 수(또한 1000_2)의 값은 음수 8(−8)이다.

음의 10진수를 2의 보수 2진수로 변환하기 위해서, 양의 10진수에 대한 부호없는 2진수로 시작한다. 그리고 양의 2진수를 음수로 변환하기 위해서 위에 나타낸 동일한 두 단계 과정을 실행한다.

예제 2.11

10진수 −58에 대한 2의 보수 2진수를 구하여라.

우리는 양의 10진수 58부터 시작한다. 등가의 부호가 없는 2진수는 다음에서 계산된 것처럼 111010이다.

우리는 음수로 만들기 위해 모든 수를 부호있는 수로 해석해야 때문에 부호

2	58	0	↑ Least significant bit
2	29	1	
2	14	0	= 111010
2	7	1	
2	3	1	
	1		Most significant bit

없는 수 111010_2를 부호가 있는 양수로 만들어야 한다. 그래서 양수로 만들기 위해 앞자리 0을 추가해야 한다. 그렇지 않으면, 111010_2를 부호있는 수로 해석하여 앞자리 1 때문에 음수가 될 것이다. 그래서 부호있는 양수 0111010_2로부터 시작한다.

다음, 0111010_2를 음수 -58로 변환하기 위해서 동일한 두 단계 과정을 실행한다.

	0111010	(원래 수)
(1)	1000101	(모든 비트 값을 바꿈)
(2)	1000110	(앞의 수에 1을 더함)

따라서 1000110_2는 -58의 2의 보수(혹은 부호가 있는) 2진수이다.

연습을 통해, 마지막 예제로부터 부호있는 수 1000110_2가 10진수로 다시 변환하면 실제로 -58_{10}이라는 것을 스스로 확인하자.

2.2.2 부호 확장

어떤 수에 값의 변화 없이 비트들을 추가해야 할 때가 있다. 부호없는 수의 경우, 수의 앞에 필요한 만큼 0을 추가한다. 10진수처럼 앞자리 0을 더하는 것은 수의 값이 변하지 않는다. 그러나 부호가 있는 수의 경우, 원래의 수가 음수(즉, 최상위 비트가 1)이면 앞자리 0을 추가해서 수가 양수가 될 수 있기 때문에, 우리는 단지 앞자리 0을 추가할 수 없다.

예를 들어, 원래의 부호있는 수가 $1001_2(-7)$이면, 앞자리 0을 추가하여 01001로 만들면 새로운 수 +9가 될 것이다. 반면에, 앞자리 1을 추가하여 11001을 만들면 이 새로운 수는 다음에 나타낸 것과 같이 여전히 -7이다.

	11001	(원래 수)
(1)	00110	(모든 비트 값을 바꿈)
(2)	00111	(앞의 수에 1을 더함)

단계 2의 결과 값은 +7이며, 따라서 원래의 수는 −7이다. 그래서, 어떤 수가 음수이면(즉, 앞자리 1을 갖으면) 앞자리 1을 몇 개 추가하는 것에 상관없이, 여전히 동일한 값을 갖는다.

결론은 부호없는 수를 확장하려면 항상 앞자리 0을 추가하는 것이다. 그러나 부호있는 수를 확장하려면, 최상위 비트가 0 혹은 1인지에 따라 앞자리 0 혹은 1을 추가해야 한다. 최상위 비트가 0이면 앞자리 0을 추가하여 부호 확장을 한다. 최상위 비트가 1이면 앞자리 1을 추가하여 부호 확장을 한다. 다시 말해서, 부호있는 수를 확장하려면, 최상위 비트가 무엇이던지 항상 추가한다. 부호 확장을 하면, 다음 예제에 나타낸 것처럼 수의 값은 변하지 않는다.

예제 2.12

부호 확장의 실행

주어진 두 개의 부호있는 수 10010_2와 0101_2를 8비트로 부호 확장을 해보자. 10010의 경우 최상위 비트가 1이기 때문에 3개의 앞자리 1을 추가하여 8비트 길이로 만든다. 결과 값은 11110010이다. 0101의 경우 최상위 비트가 0이기 때문에 4개의 앞자리 0을 추가하여 8비트 길이로 만든다. 결과 값은 00000101이다. 다음의 계산은 두 개의 결과 값이 원래의 수와 동일하다는 것을 나타낸다. 첫 번째 수는 음수(앞자리 1 때문에)여서 값을 정하기 위해 두 단계 과정을 실행한다. 두 번째 수는 양수이여서 바로 값을 결정할 수 있다.

	원래의 수	부호 확장	원래의 수	부호 확장
	10010	11110010	0101	00000101
비트 값을 바꿈	01101	00001101		
1을더함	01110	00001110		
값	−14	−14	5	5

2.2.3 부호있는 수의 연산

부호있는 수의 연산을 실행하는 것은 부호없는 수와 동일하다. 그리고 예상대로 우리가 음수를 부호화하기 위해 2의 보수를 사용하면 결과는 덧셈과 뺄셈 모두에서 정확할 것이다.

우리는 지금 몇 가지 예제를 보여 줄 것이다. 이 예제에서 사용된 모든 2진 수들은 2의 보수 표현을 이용한 부호있는 수이다.

예제 2.13

두 개의 부호있는 수 0011 + 1001의 덧셈을 계산하여라.

$$\begin{array}{rcccc} & 0 & 0 & 1 & 1 \\ + & 1 & 0_{1} & 0_{1} & 1 \\ \hline & 1 & 1 & 0 & 0 \end{array} \quad \begin{array}{c} = \\ = \\ = \end{array} \quad \begin{array}{r} 3 \\ +(-7) \\ \hline -4 \end{array}$$

예제 2.14

두 개의 부호있는 수 0011 − 1001의 뺄셈을 계산하여라.

$$\begin{array}{rcccc} & \overset{2}{0} & \overset{2}{0} & 1 & 1 \\ - & 1 & 1 & 1 & 0 \\ \hline & 0 & 1 & 0 & 1 \end{array} \quad \begin{array}{c} = \\ = \\ = \end{array} \quad \begin{array}{r} 3 \\ -(-2) \\ \hline 5 \end{array}$$

최상위 비트 0−1의 뺄셈을 할 때, 4비트 오퍼랜드에서 좌측에 더 이상 비트가 없더라도 좌측에서 2를 항상 빌려 올수 있다는 것을 주목하자. 2를 빌려 왔지만 이미 1을 주고 나서, 1−1＝0으로 남는다.

예제 2.15

4비트 부호있는 수를 이용하여 3+(−3)의 덧셈을 계산하여라.

$$\begin{array}{rcr} 3 & = & 0\ 0\ 1\ 1 \\ +(-3) & = & +\ 1_1\ 1_1\ 0_1\ 1 \\ \hline 0 & = & \not{1}\ 0\ 0\ 0\ 0 \end{array}$$

결과 값 10000은 5비트를 갖는다. 그러나 우리는 4비트 연산(즉, 두 개의 오퍼랜드가 4비트 폭)이므로 결과 또한 4비트이어야 한다. 따라서 결과 값의 앞자리 1은 오버플로우(overflow) 비트이며 무시할 수 있다. 오버플로우 비트를 삭제하면 남은 결과 값 0000이 문제의 올바른 답이다. 이 덧셈이 오버플로우 비트의 결과를 만들었지만, 여분의 비트를 삭제하여 올바른 답을 구한다.

예제 2.16

4비트 부호있는 수를 이용하여 6+3의 덧셈을 계산하여라.

$$\begin{array}{rcr} 6 & = & 0\ 1\ 1\ 0 \\ +\ 3 & = & +\ 0_1\ 0_1\ 1\ 1 \\ \hline 9 & \neq & 1\ 0\ 0\ 1 \end{array}$$

우리가 결과 값을 부호없는 수로 해석한다면, 결과 값 1001은 9이다. 그러나 우리는 부호있는 수의 연산을 실행하기 때문에, 결과 값을 포함하여 모든 수를 부호있는 수로 일관되게 해석하여야 한다. 부호있는 수로 1001을 해석하면 −7이고 물론 올바르지 않다. 여기서 4비트 부호있는 수의 범위는 −8부터 +7이며, +9는 이 범위를 벗어 난 것이 문제다.

예제 2.16에서 덧셈이 오버플로우 비트의 결과는 아니지만, 답은 오버플로우 오류가 발생했다. 오버플로우 오류를 방지하기 위해서, 수의 부호 확장으로(최소한) 하나의 여분의 비트를 추가해야한다. 5비트 부호있는 수의 범위는 −16부터 +15까지이며 +9는 이 범위 안에 있다. 올바른 계산은 다음 예제에 나타내었다.

예제 2.17

5비트 부호있는 수를 이용하여 6 + 3의 덧셈을 계산하여라.

$$\begin{array}{rcrrrrrr} 6 & = & & 0 & 0 & 1 & 1 & 0 \\ +\,3 & = & + & 0 & 0_{1} & 0_{1} & 1 & 1 \\ \hline 9 & = & & 0 & 1 & 0 & 0 & 1 \end{array}$$

결과 값 01001은 부호있는 수로 해석하면 9이다.

2.3 2진 스위치

우리가 2진 값만 가지고 작업을 한다는 것 외에, 디지털 회로는 두 개의 디지털 값 중 하나를 얻기 위해서 스위치를 온 혹은 오프로 하는 단순한 발상을 기반으로 하기 때문에 쉽게 이해할 수 있다. 스위치는 두 상태(온 혹은 오프) 중의 하나일 수 있으므로, 우리는 간단히 **2진 스위치** 혹은 **스위치**라고 부른다. 그림 2.3에 나타낸 것처럼 스위치는 입력, 출력, 및 스위치 켜짐 혹은 꺼짐을 시키는 제어, 등의 세 개의 연결로 이루어져 있다. 그림 2.3(a)처럼, 스위치가 개방되었을 때 꺼짐이고 입력으로부터 출력에 어떤 것도 통과하지 못한다. 그림 2.3(b)처럼, 스위치

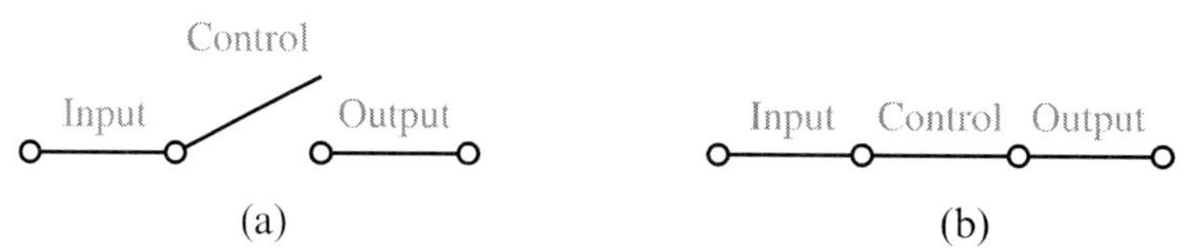

그림 2.3 2진 스위치: (a) 개방 혹은 오프 (b) 단락 혹은 온.

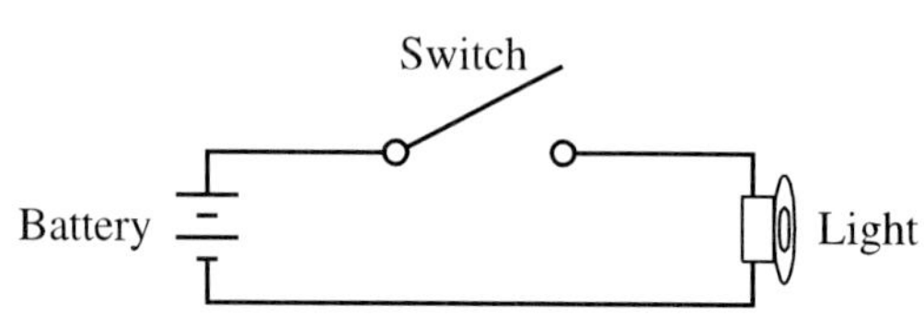

그림 2.4 스위치에 의해 조절되는 광원.

가 단락되었을 때 켜짐이고 무엇이 입력되더라도 출력에 통과한다.

2진 스위치 발상의 이용은 많은 실제 기기들에서 확인할 수 있다. 예를 들어, 그림 2.4에 나타낸 것처럼, 스위치는 입력은 전원에 연결하고 출력을 광원 L에 연결하는 전기적 스위치가 될 수 있다.

스위치가 단락되면 광원은 온 되고, 스위치가 개방되면 광원은 오프 된다. 일반적인 관례는 온의 의미로 1 오프의 의미로 0을 이용한다. 따라서 스위치가 단락되었을 때 출력은 1이고 광원은 켜진다. 우리는 또한 스위치의 상태를 나타내기 위해 변수 x를 사용할 수 있다. $x=1$은 스위치가 단락된 것이고, $x=0$은 스위치가 개방된 것을 의미한다. 관례에 따라, 광원 L의 상태를 단순한 논리 표현을 이용한 스위치 x의 상태로 설명할 수 있다. $x=1$이면 $L=1$이고, $x=0$이면 $L=0$이므로 다음과 같이 쓸 수 있다.

$$L=x$$

이 논리 표현은 출력 L를 입력 변수 x에 관한 것으로 설명하며, 바꾸어 말하면 x가 온 일 때 L이 온 이다.

2.4 기본 논리 연산자 및 논리 표현

그림 2.5에 나타낸 것처럼, 두 개의 2진 스위치들은 직렬 혹은 병렬로 연결될 수 있다. 다이어그램의 좌측이 그림 2.4에에서 배터리에 연결되었던 소스 입력이다. 논의를 목적으로, 전원(논리 1)이 항상 소스에서 유용하다고 가정할 것이다. F 라벨이 있는 다이어그램의 우측이 그림 2.4에서 광원에 해당하는 출력이다.

그림 2.5(a)처럼 두 개의 스위치가 직렬로 연결되면 출력 F가 1이 되기 위해서는 모든 스위치가 온 되어야 한다. 다시 말해서 $x=1$이고 $y=1$이면 $F=1$이다. x 혹은 y 중의 하나가 오프이거나 모두 오프이면 $F=0$이다. 논리 표현으로 번역하면

$$F=x \text{ AND } y$$

그래서 직렬로 연결된 두 개의 스위치는 논리 AND 연산자로 이어진다. 논리 표현을 이용할 때, AND 연산자는 점(·)으로 나타내거나 기호가 없다. 그래서 위 표현은, x와 y가 개별 변수임이 분명할 때, 다음과 같이 다시 쓸 수 있다.

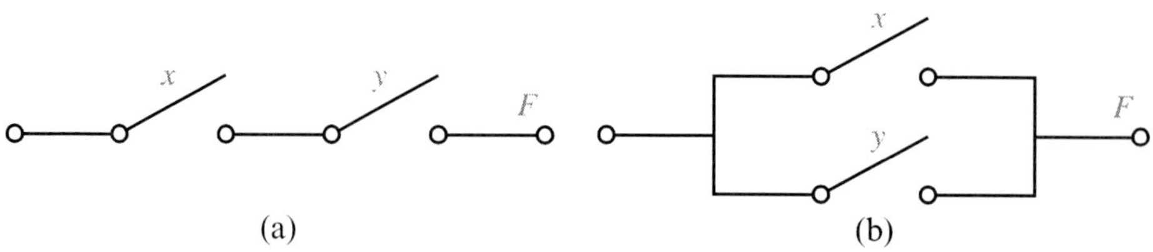

그림 2.5 2진 스위치의 연결: (a) 직렬 (b) 병렬.

$$F = x \cdot y$$

혹은 단순하게

$$F = xy$$

그림 2.5(b)처럼 두 개의 스위치가 병렬로 연결되면 출력 F가 1이 되기 위해서는 단지 한 개의 스위치가 온 되어야 한다. 바꾸어 말하면 $x = 1$이거나 $y = 1$, 및 x와 y가 모두 1이면 $F = 1$이다. 이 것은 x와 y가 모두 0이면 $F = 0$임을 의미한다. 논리 표현으로 번역하면

$$F = x \text{ OR } y$$

이고 이것은 논리 OR 연산자로 이어진다. 논리 표현을 이용할 때, 연산자는 더하기(+)로 나타낸다. 그래서 위 표현을 다음과 같이 다시 쓸 수 있다.

$$F = x + y$$

AND 와 OR 연산자에 추가적으로 또 다른 기본 연산자, 인버터라고 알려진, NOT 연산자가 있다. AND 와 OR 연산자는 여러 개의 입력을 갖는 반면에, NOT 연산자는 오직 한 개의 입력과 한 개의 출력을 갖는다. NOT 연산자는 단순히 입력을 반전시켜서, 0 입력은 1 출력을 만들고, 1은 0이 된다. 논리 표현에서 NOT 연산자는 아포스트로피 기호(′) 혹은 맨 위에 바(¯)로 표시된다.

$$F = x'$$

혹은

$$F = \overline{x}$$

여러 개의 연산자가 동일한 논리 표현에 사용될 때, 연산자에 주어진 우선권

은(최고부터 최저 순으로) NOT, AND, 그리고 OR이다. 평가의 순서는 괄호를 이용하여 변경시킬 수 있다. 예를 들어, 표현

$$F = xy + z'$$

는(x AND y) OR (NOT z)를 의미하며, 표현

$$F = x(y + z)'$$

는 x AND (NOT (y OR z)를 의미한다.

2.5 논리 게이트

논리 게이트는 앞 절에서 논의한 논리 연산자를 구현하는 실제 물리적인 소자이다. 작은 전자 2진 스위치로 동작하는 트랜지스터들이 이 게이트를 형성하기 위해 서로 연결되어 있다. 그래서 AND, OR, 및 NOT 연산자에 해당하는 AND 게이트, OR 게이트, 및 NOT 게이트(인버터로도 알려짐)가 있다. 이 게이트들은 모든 디지털 논리회로의 기본 빌딩블록을 구성한다. 게이트란 이름은 이 소자가 어떤 것(우리의 경우, 전류)을 통과시키거나 시키지 않는, 문이나 게이트처럼 동작하는 데서 유래한다. 트랜지스터에 대한 상세한 논의와 트랜지스터를 이용한 논리 게이트 구성방법에 대해서는 온라인 챕터, "구현 기술"을 참고하길 바란다.

디지털 회로도(도식도 혹은 도식이라 불리는)를 그릴 때, 그림 2.6에 나타낸 것처럼, 게이트를 나타내는 특별한 논리기호를 사용한다. 그림 2.6(a)의 AND 게이트(특별히, 2-입력 AND 게이트)는 좌측으로부터 오는 두 개의 입력 연결과 우측으로 나가는 한 개의 출력 연결을 갖는다. 유사하게, 그림 2.6(b)의 OR 게이트는 두 개의 입력 연결과 한 개의 출력 연결을 갖는다. 그림 2.6(c)의 NOT 게이트 좌측으로부터 오는 한 개의 입력 연결과 우측으로 나가는 한 개의 출력을 갖는다. 물론, 이러한 게이트들의 출력은 입력들에 따라 결정되며 논리 동작에 의해 정의된다.

가끔, 두 개 이상의 입력을 갖는 AND 게이트 혹은 OR 게이트가 필요하다. 그래서 2-입력 AND와 OR 게이트에 추가하여, 필요한 대로, 3-입력, 4-입력, 혹은 다중 입력이 있다. 그러나 실제로 입력 수는 5와 같이 작은 수로 제한된다. 이

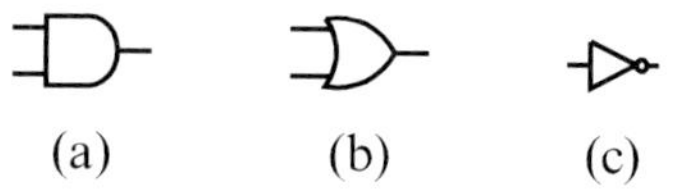

그림 2.6 세 개의 기본 게이트들에 대한 논리 심볼: (a) 2-입력 AND (b) 2-입력 OR (c) NOT.

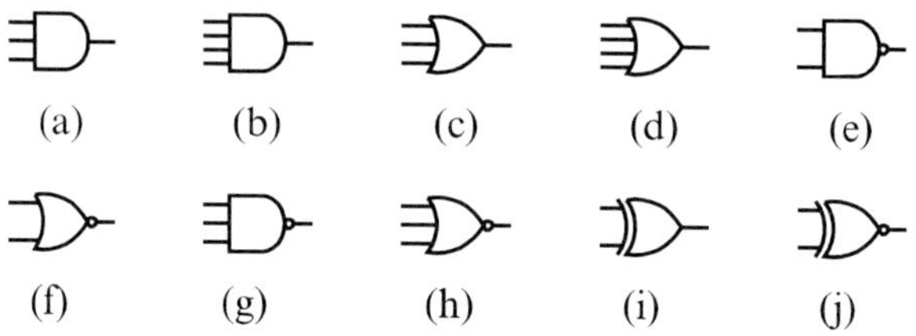

그림 2.7 논리 심볼: (a) 3-입력 AND (b) 4-입력 AND (c) 3-입력 OR (d) 4-입력 OR (e) 2-입력 NAND (f) 2-입력 NOR (g) 2-입력 NAND (h) 3-입력 NOR (i) 2-입력 XOR (f) 2-입력 XNOR.

러한 게이트들의 기호를 그림 2.7(a)부터 (d)까지 나타내었다.

세 개의 기본 게이트들의 변형인 몇 개의 다른 게이트들이 있는데, 이 게이트들은 또한, 디지털 회로에서 자주 사용된다. NAND 게이트, NOR 게이트, XOR 게이트, XNOR 게이트 가 있다. NAND 게이트는 AND 게이트와 NOT 게이트가 직렬로 연결된 것으로 AND 게이트의 출력이 반전된다. NAND라는 이름은 "NOT AND"라는 단어로부터 유래되었다. 마찬가지로, NOR 게이트는 OR 게이트의 출력이 반전 된 것이며, NOR라는 이름은 "NOT OR"라는 단어로부터 유래되었다. XOR 혹은 배타 OR 게이트는 모든 입력이 1일 때 출력이 0인 것을 제외하고 OR 게이트와 동일하다. XNOR(혹은 배타 NOR) 게이트는(두 입력과 같은) 짝수개의 입력이 있을 때, XOR 게이트의 반전과 같다. 그러나 입력이 홀수 개(세 입력과 같은)일 때 XNOR는 XOR와 동일하다. 이러한 게이트들의 기호를 그림 2.7(e)부터 (j)까지 나타내었다.

그림 2.7(e)부터 (j)에서, 게이트 기호의 출력 단에 작은 원 혹은 버블(bubble)을 사용함을 주목하자. 이 버블은 신호의 반전된 값을 나타내는데 사용된다. 예를 들어, NAND 게이트는 AND 게이트의 반전이다. 그래서 NAND 게이트 기호는 출력 단에 여분의 버블을 제외하고 AND 게이트 기호와 동일하다.

논리 표현에서 NAND, NOR, XOR, 및 XNOR에 사용되는 표기법은, 2-입력 NAND 게이트의 경우 $(xy)'$, 2-입력 NOR 게이트의 경우 $(x+y)'$, 2-입력 XOR

게이트의 경우 $x \oplus y$, 2-입력 XNOR 게이트의 경우 $x \odot y$ 이다. 우리는 2-입력 XOR 게이트가 다음 논리 표현과 등가임을 곧 알게 될 것이다.

$$x \oplus y = x'y + xy'$$

그리고 2-입력 XNOR 게이트는 다음 식과 등가이다.

$$x \odot y = x'y' + xy$$

3-입력 게이트의 경우, 3-입력 NAND 게이트의 경우 $(xyz)'$, 3-입력 NOR 게이트의 경우 $(x+y+z)'$, 3-입력 XOR 게이트의 경우 $x \oplus y \oplus z$, 3-입력 XNOR 게이트의 경우 $x \odot y \odot z$이다. 2-입력 XOR와 XNOR 게이트는 서로 반전이어서, $(x \oplus y) = (x \odot y)'$ 이지만, 3-입력 XOR와 XNOR 게이트는 동일하여 $(x \oplus y \oplus z) = (x \odot y \odot z)$이다

2.6 진리표

AND, OR, NOT 논리 연산자의 동작은, 그림 2.8에 나타낸 것처럼 진리표를 이용하여 공식적으로 설명할 수 있다. 진리표는 각 입력에 한 열과 각 출력에 한 열을 갖는 2-차원 배열이다. 우리는 2진 값을 다루기 때문에, 각 입력은 0이거나 1이 된다. 우리는 모든 입력에 대해 0과 1의 모든 가능한 조합을 열거한다. 일반적으로 입력 값을 일반적인 2진 계산 순서로 작성한다. 두 개의 입력일 경우, 2^2 조합이 있어서 표에 네 개의 행이 생긴다. 출력 열의 값은 기능 연산자에 해당하는 입력 값을 적용하여 결정된다. 그림 2.8(a)에 나타낸 AND 진리표의 경우, 전 논의로부터 x와 y가 모두 1일 때만 $F=1$이고 그렇지 않은 경우, $F=0$이라는 것을 알고 있다. 그래서 진리표의 F열에서 첫 번째 세 개의 행이 0이고 마지막 행만 1이다. 그림 2.8(b)에 나타낸 OR 진리표의 경우, x, y 둘 중 하나, 혹은 모두 1일 때 $F=1$이고 그렇지 않은 경우, $F=0$이다. 그래서 진리표의 F열에서 첫 번째 행이 0이고 나머지 세 행이 1이다. 그림 2.8(c)에 나타낸 NOT 진리표의 경우, 출력 F는 입력 x 값의 반전이다.

다른 2-입력 및 3-입력 게이트들의 진리표를 그림 2.9에 나타내었다. 2-입력 XOR 게이트와 2-입력 XNOR 게이트는 서로 반전인 반면, 3-입력 XOR 게이트와 3-입력 XNOR 게이트는 동일하다는 것을 다시 주목하자. 보다 큰 입력에 대

x	y	F
0	0	0
0	1	0
1	0	0
1	1	1

(a)

x	y	F
0	0	0
0	1	1
1	0	1
1	1	1

(b)

x	F
0	1
1	0

(c)

그림 2.8 세 개의 기본 게이트들에 대한 진리표: (a) 2-입력 AND (b) 2-입력 OR (c) NOT.

x	y	2-NAND $(x \cdot y)'$	2-NOR $(x + y)'$	2-XOR $x \oplus y$	2-XNOR $x \odot y$
0	0	1	1	0	1
0	1	1	0	1	0
1	0	1	0	1	0
1	1	0	0	0	1

x	y	z	3-AND $(x \cdot y \cdot z)$	3-OR $(x + y + z)$	3-NAND $(x \cdot y \cdot z)'$	3-NOR $(x + y + z)'$	3-XOR $x \oplus y \oplus z$	3-XNOR $x \odot y \odot z$
0	0	0	0	0	1	1	0	0
0	0	1	0	1	1	0	1	1
0	1	0	0	1	1	0	1	1
0	1	1	0	1	1	0	0	0
1	0	0	0	1	1	0	1	1
1	0	1	0	1	1	0	0	0
1	1	0	0	1	1	0	0	0
1	1	1	1	1	0	0	1	1

그림 2.9 진리표: 2-입력 NAND 2-입력 NOR 2-입력 XOR 2-입력 XNOR 3-입력 AND 3-입력 OR 3-입력 NAND 3-입력 NOR 3-입력 XOR 3-입력 XNOR.

해서, 입력 수가 짝수일 때 XOR는 XNOR의 반전이고 입력 수가 홀수일 때는 동일하다.

진리표를 이용하는 것은 회로 혹은 기능의 동작을 설명하는 하나의 공식적인 방법이다. 주어진 논리 표현식(복잡함과 상관없이) 진리표는 항상 유도할 수 있다. 디지털 회로의 동작을 형식적으로 설명하기 위한 진리표의 사용은 3장에서 논의한다.

2.7 부울 대수 및 부울 식

디지털 회로의 동작을 형식적으로 설명하는 또 하나의 방법은 부울 식을 이용하는 것이다.

2.7.1 부울 대수

1854년에 조지 부울(George Boole)이 우리가 오늘 날 **부울 대수**라고 부르는 수학적 논리 체계를 개발했다. 부울의 생각을 기반으로1938년에 샤논(Shanon)은 2진 스위치로 만든 회로는 부울 대수를 이용하여 쉽게 설명할 수 있다는 것을 보여줬다. 부을 대수를 사용하기 위해 스위치 오프와과 온의 개념화는 다음과 같다. $B = \{0, 1\}$을 요소가 0과 1의 두 개의 값의 하나인 부울 대수라고 하자. 우리는 그림 2.10(a)의 공리(axiom)에 의해서 B의 요소에 대해 AND($\cdot$), OR($+$), 및 NOT ($'$) 연산자를 정의한다. 이 공리들은 AND, OR, 및 NOT 연산자에 대해 앞에서 주어진 진리표에 의한 단순한 정의이다.

x가 B에 있는 값(즉, 0 이거나 1)을 가지면, 변수 x는 **부울 변수**라 부른다.

(a)

1a.	$0 \cdot 0 = 0$	1b.	$1 + 1 = 1$
2a.	$1 \cdot 1 = 1$	2b.	$0 + 0 = 0$
3a.	$0 \cdot 1 = 1 \cdot 0 = 0$	3b.	$1 + 0 = 0 + 1 = 1$
4a.	$0' = 1$	4b.	$1' = 0$

(b)

5a.	$x \cdot 0 = 0$	5b.	$x + 1 = 1$	Null Element
6a.	$x \cdot 1 = 1 \cdot x = x$	6b.	$x + 0 = 0 + x = x$	Identity
7a.	$x \cdot x = x$	7b.	$x + x = x$	Idempotent
8a.	$(x')' = x$			Double Complement
9a.	$x \cdot x' = 0$	9b.	$x + x' = 1$	Inverse

(c)

10a.	$x \cdot y = y \cdot x$	10b.	$x + y = y + x$	Commutative
11a.	$(x \cdot y) \cdot z = x \cdot (y \cdot z)$	11b.	$(x + y) + z = x + (y + z)$	Associative
12a.	$(x \cdot y) + (x \cdot z) = x \cdot (y + z)$	12b.	$(x + y) \cdot (x + z) = x + (y \cdot z)$	Distributive
13a.	$(x \cdot y)' = x' + y'$	13b.	$(x + y)' = x' \cdot y'$	DeMorgan's

그림 2.10 부울 대수 공리와 정리: (a) 공리 (b) 단일 변수 정리 (c) 두 변수 및 세 변수 정리.

따라서 우리는 단일 변수에 대해서 그림 2.10(b), 두, 세 변수에 대해서 그림 2.10(c)에서 정리를 얻는다.

이 책의 의도는 정리를 증명하는 이론적인 측면을 숙고하는 것이 아니다. 단지 디지털 회로가 부울 식을 이용하여 형식적으로 설명할 수 있으며, 때때로 회로도를 그리는 것 보다 식을 쓰는 것이 더 쉽기 때문에, 디지털 회로 설계자로서, 우리는 이러한 정리를 기반으로 한 부울 식의 사용 방법과 조작 방법에 대한 기본적인 이해를 가지고 있어야 한다. 더 나아가, 우리는 부울 식을 회로의 크기를 감소시키는 것에 이용할 수 있다. 그래서 우리는 목적을 위해서, 모든 정리는 참(true)이라고 가정하고, 회로를 단순화하는데 이용할 것이다.

단일 변수 정리 5부터 9는 변수 x에 0이나 1을 대체하여 AND, OR, 및 NOT 게이트를 이용하면 진리표로부터 참이 됨을 알 수 있다. 두, 세 변수 정리 10부터 12는 기본 수학의 교환, 결합, 및 분배 특성과 유사하다.

정리 13은 **드모르간 정리**(DeMorgan's Theorem)라고 부른다. 정리 13a에서 식의 좌측은 AND와 NOT 연산자 만 포함하고 있는 반면에, 식의 우측은 OR와 NOT 연산자만을 포함하고 있다. 이것 때문에, 드모르간 정리는 종종 디지털 회로에서 AND 게이트를 OR게이트로, 혹은 그 반대로 변환하는 데 사용된다. 얼핏 보기에는, 이 등식이 옳다는 것이 확실하지 않다. 이 정리를 이해하기 위해서, 두 입력 x와 y, 및 한 개의 출력 F를 갖는 다음 진리표로부터 회로를 만들어 보자.

x	y	F
0	0	1
0	1	1
1	0	1
1	1	0

이것은 뒤에 NOT 게이트가 있는 AND 게이트인 2-입력 NAND 게이트의 진리표이다. 우리는 앞에서 2-입력 NAND 게이트에 대한 식이 $F = (x \cdot y)'$임을 알았다. 그 대신에 x나 y가 0일 때 F는 1이 되며, 이것은 $F = (x' + y')$로 해석된다. 이것으로 부터, 우리는 드모르간 정리 13a에 대한 등식 $F = (x \cdot y)' = (x' + y')$를 얻는다.

다음 예제는 드모르간 정리가 진리표를 이용해서 참 임을 보여줄 것이다.

예제 2.18

진리표를 이용한 드모르간 정리의 증명

드모르간 정리 13a는 $(x \cdot y)' = (x' + y')$라고 명시한다. 식이 진리표를 이용하여 참 임을 증명하기 위해서, 두 변수 x와 y의 모든 조합에 대해 식의 좌측이 우측과 같다는 것을 보여야 한다.

우리는 먼저 x와 y의 라벨이 있는 두 열로 시작하여, 두 변수에 대한 모든 가능한 조합을 다음에 나타낸 것처럼 네 개의 행을 열거한다.

x	y	$(x \cdot y)$	$(x \cdot y)'$	x'	y'	$x' + y'$
0	0	0	1	1	1	1
0	1	0	1	1	0	1
1	0	0	1	0	1	1
1	1	1	0	0	0	0

각 조합(행)에 대해, 먼저 표현식 $(x \cdot y)$의 값을 정하고, 표의 두 열에 나타낸 것처럼 식의 좌측 표현식 $(x \cdot y)'$의 값을 정한다. 그리고 식의 우측; 먼저 x', y', 그 후 $x' + y'$에 대해 값을 정한다. 마지막으로, 우리는 식 좌측의 $(x \cdot y)'$과 우측의 $x' + y'$, 두 개의 열의 값이 x와 y의 모든 조합에 대해 동일함을 알 수 있으며, 따라서 정리가 참 이라고 결론을 내린다.

드모르간 정리는 또한 두 변수 이상에 적용할 수 있다. 그래서 세 변수에 대한 다음 두 개의 식들도 참 이다.

$$(x \cdot y \cdot z)' = x' + y' + z'$$

그리고

$$(x + y + z)' = x' \cdot y' \cdot z'$$

예제 2.19와 2.20은 부울 정리를 이용한 부울 표현식의 단순화 방법을 나타낸다.

예제 2.19

표현식을 감소시키기 위한 부울 대수 이용

표현식 $x+(x \cdot y)$을 부울 대수를 이용하여 최대한으로 감소시켜라.

$$
\begin{aligned}
x+(x \cdot y) &= (x \cdot 1)+(x \cdot y) && \text{정리 6a} \\
&= x \cdot (1+y) && \text{정리 12a} \\
&= x \cdot (1) && \text{정리 5a} \\
&= x && \text{정리 6a}
\end{aligned}
$$

표현식 $x+(x \cdot y)$은 단지 x로 감소되기 때문에, 회로를 만들 때, 후자에 대한 회로 크기가 훨씬 작기 때문에, 전 표현식보다 나중 표현식을 기반으로 회로를 구현한다.

예제 2.20

표현식 $F=(x'yz)+(xy'z)+(xyz')+(xyz)$을 최대한으로 감소시키기 위한 부울 대수 이용

우리는 동일한 변수를 인수 분해하여 항을 결합하는 분배 정리 12a를 이용할 것이다. 예를 들어, $(x'yz)$와 (xyz) 두 항은 yz를 공통으로 가지고 있기 때문에, yz로 인수 분해하여 $yz(x'+x)$가 된다. 이것은 더 나아가 $(x'+x)=1$(정리 9b)와 $w \cdot 1=w$(정리 6a)이기 때문에 단지 yz로 감소한다. 유사한 방식으로, $(xy'z)+(xyz)$는 단지 xz로, $(xyz')+(xyz)$는 단지 xy로 감소한다. 감소에 대한 전체 세부 단계는 다음과 같다.

$$
\begin{aligned}
F &= (x'yz)+(xy'z)+(xyz')+(xyz) \\
&= (x'yz)+(xy'z)+(xyz')+(xyz)+(xyz)+(xyz) && \text{정리 7b} \\
&= (x'yz)+(xyz)+(xy'z)+(xyz)+(xyz')+(xyz) && \text{정리 10b} \\
&= [(x'yz)+(xyz)]+[(xy'z)+(xyz)]+[(xyz')+(xyz)] && \text{정리 11b} \\
&= yz(x'+x)+xz(y'+y)+xy(z'+z) && \text{정리 12a} \\
&= yz(1)+xz(1)+xy(1) && \text{정리 9b} \\
&= yz+xz+xy && \text{정리 6a} \\
&= z(y+x)+xy && \text{정리 12a}
\end{aligned}
$$

2.7.2 쌍대성 원리

그림 2.10에서 쌍으로 공리와 정리를 열거한 것을 주목하자. 특히, 우리는 + 연산자를 · 연산자로, 혹은 그 반대로 변경하는, 논리 표현식의 **쌍대**(dual)를 정의한다. 예를 들어, 다음 논리 표현식

$$(x \cdot y' \cdot z)+(x \cdot y \cdot z')+(y \cdot z)+0$$

의 쌍대는 다음과 같다.

$$(x+y'+z) \cdot (x+y+z') \cdot (y+z) \cdot 1$$

쌍대성(duality) **원리**는 부울 표현식이 참이면 그 쌍대도 참이라는 것을 말한다. 쌍대성 원리는 부울 표현식이 그 쌍대와 동등함을 말하는 것은 아니다. 예를 들어, 그림 2.10(b)의 정리 5a는 $x \cdot 0=0$이 참이면, 상대성 원리에 의해서, 쌍대 $x+1=1$ 또한 참이다. 그러나 0과 1은 분명히 다르기 때문에 $x \cdot 0=0$이 $x+1=1$과 같은 것은 아니다.

우리는 부울 표현식의 반전(inverse)은 먼저 표현식의 쌍대를 취하고 결과 쌍대 표현식에 있는 각 부울 변수를 보수화함으로써 쉽게 구할 수 있다는 것을 2.7.3절에서 볼 것이다. 이러한 관점에서, 쌍대성 원리는 종종 디지털 회로 설계에 사용된다. 표현식이 구현하기에 복잡할 수 있는 반면에, 그 반전은 더 단순할 수 있고, 그로인해 더 작은 회로가 만들어 지며, 이 회로의 반전 최종 출력은 원래 논리식과 동일한 결과를 나타낼 것이다.

2.7.3 부울 함수 및 반전

어떠한 디지털 회로도 부울 함수로 알려진 논리식으로 설명될 수 있다. 어떠한 부울 함수도 2진 변수와 부울 연산자 ·,+, 및 ′(각각 AND, OR 및, NOT)로 형성될 수 있다. 예를 들어, 다음 부울 함수는 세 개의 변수 x, y, 및 z를 사용한다. 이 함수는 세 개의 AND 항(곱 항이라고도 함)이 있으며, 이 AND 항들은 함께 OR(합으로) 되어 있다. 첫 번째 구 AND 항은 각각 모두 세 개의 변수를 포함하고, 반면에 마지막 AND 항은 단지 두 개의 변수를 포함한다. 정의에 의해서, AND(혹은 곱) 항은 단일 변수이거나 두 개 이상의 변수들이 함께 AND 되어 있다. 상당히

빈번하게, 우리는 함수를 곱의 합(sum-of-product, 혹은 or-of-ands)의 형식으로 나타낸다.

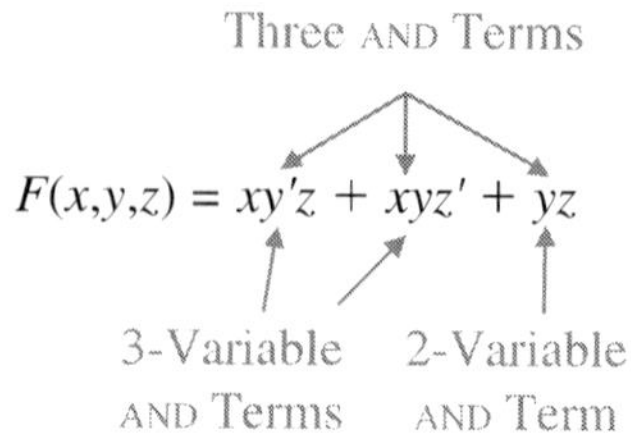

함수의 값은 주어진 변수 값의 집합에 따라 0 또는 1의 값이 된다. 예를 들어, 세 개의 AND 항 중 어느 하나가 1이면, 정리 5b에 의해 1 OR x는 1이므로, 위의 부울 함수는 1이 된다. 첫 번째 AND 항, $xy'z$는

$$x=1,\ y=0,\quad \text{및}\quad z=1$$

면, 변수 x, y, 및 z에 각각 1, 0, 및 1로 대체되기 때문에, 첫 번째 AND 항, $xy'z$는 1이 된다. 마찬가지로, 두 번째 AND 항, xyz'는

$$x=1,\ y=1,\quad \text{및}\quad z=0$$

이면, 1이 된다. 마지막 AND 항, yz는 두 개의 변수만 가지고 있다. 이 항의 값은 빠진 변수에 상관없다는 의미이다. 다시 말해서, x는 0 또는 1일 수 있으나, $y=1$이고 $z=1$인 한, 이 항은 1이 될 것이다.

그래서, 우리는 다음 경우에 F가 1이 되는 것으로 요약할 수 있다.

$$x=1,\ y=0,\quad \text{및}\quad z=1$$

혹은

$$x=1,\ y=1,\quad \text{및}\quad z=0$$

혹은

$$x=0,\ y=1,\quad \text{및}\quad z=1$$

혹은

$$x=1,\ y=1,\quad \text{및}\quad z=1$$

그렇지 않으면 F는 0이 된다.

x	y	z	F	F'
0	0	0	0	1
0	0	1	0	1
0	1	0	0	1
0	1	1	1	0
1	0	0	0	1
1	0	1	1	0
1	1	0	1	0
1	1	1	1	0

그림 2.11 함수 $F=xy'z+xyz'+yz$ 와 F'의 진리표.

그림 2.11 F라벨이 있는 열 아래에 나타낸 것처럼, 진리표로 함수의 언어적 설명을 요약하는 것이 종종 편리하다. 표에서 $F=1$인 네 개의 행은 위에서 설명한 네 가지 경우와 일치함을 주목하자.

F'으로 표시된 함수의 반전은 그림 2.11 F' 라벨이 있는 열 아래의 진리표에 나타낸 것처럼, 모든 0은 1로 그리고 모든 1은 0으로 변환하여 진리표로부터 쉽게 구할 수 있다. 따라서 우리는 F'에 대한 부울 함수를 곱의 합 형식으로 쓸 수 있으며, 여기서 AND 항은 $F'=1$인 행으로부터 얻어진다. 그래서 우리는 다음 식을 구한다.

$$F' = x'y'z' + x'y'z + x'yz' + xy'z'$$

F로부터 대수적으로 F'를 추론하는 것은 드모르간 정리(정리 13a 및 13b)를 두 번 사용해야 한다. 예를 들어, 동일한 함수를 이용하여

$$F = xy'z + xyz' + yz$$

F'를 다음과 같이 구한다.

$$\begin{aligned} F' &= (xy'z + xyz' + yz)' \\ &= (xy'z)' \cdot (xyz')' \cdot (yz)' && \text{정리 13b} \\ &= (x' + y + z') \cdot (x' + y' + z) \cdot (y' + z') && \text{정리 13a} \end{aligned}$$

F'식에 대하여 세 가지 주목할 것이 있다. 첫 번째, F'는 모든 변수가 반전된 F의 쌍대(2.7.2 절에서 정의한 것처럼)이다. 우리는 이것을 반전된 쌍대(inverted dual)라고 부른다. 예를 들어, 첫 번째 항 $xy'z$은$x'+y+z'$가 된다. 두 번째, 곱

의 합 형식 대신에 합의 곱(and-of-ors) 형식이 되며 여기서 세 개의 OR 항(합항으로도 불리는)이 함께 AND 되어 있다. 세 번째, 원래 함수 F로부터, 우리는 F'에 대한 두 가지 식을 얻었다. 그림 2.11의 진리표로부터, 다음 식을 얻는다.

$$F' = x'y'z' + x'y'z + x'yz' + xy'z'$$

F에 드모르간 정리를 적용하여 다음 식을 얻는다.

$$F' = (x' + y + z') \cdot (x' + y' + z) \cdot (y' + z')$$

그래서, 하나는 합의 곱 형식 다른 하나는 곱의 합 형식인, F'에 대한 두 가지 식이 등가임을 결론지어야 한다. 일반적으로, 모든 함수는 곱의 합 형식이나 합의 곱 형식으로 표현할 수 있다.

그래서, 우리는 또한 원래 함수 $F = xy'z + xyz' + yz$를 합의 곱 형식으로 표현할 수 있다. 우리는 이것을 두 가지 방법 중 하나를 이용하여 유도 할 수 있다. 첫 번째 방법에서 우리는 F'로부터 시작하여, F'로부터 F를 구하는 방법과 같이 드모르간 정리를 적용한다.

$$\begin{aligned}
F &= (F')' && \text{정리 8a} \\
&= (x'y'z' + x'y'z + x'yz' + xy'z')' && \\
&= (x'y'z')' \cdot (x'y'z)' \cdot (x'yz')' \cdot (xy'z')' && \text{정리 13b} \\
&= (x + y + z) \cdot (x + y + z') \cdot (x + y' + z) \cdot (x' + y + z) && \text{정리 13a}
\end{aligned}$$

두 번째 방법에서, 우리는 원래 함수 F로부터 시작하여 그림 2.10의 부울 정리를 이용하여 합의 곱 형식으로 변환한다.

$$\begin{aligned}
F &= xy'z + xyz' + yz \\
&= (x + x + y) \cdot (x + x + z) \cdot (x + y + y) \cdot (x + x + z) \cdot (x + z' + y) \cdot && \text{(단계 1)} \\
&\quad \cancel{(x + z' + z)} \cdot \cancel{(y' + x + y)} \cdot (y' + x + z) \cdot \cancel{(y' + y + y)} \cdot \cancel{(y' + y' + z)} \cdot \\
&\quad \cancel{(y' + z' + y)} \cdot \cancel{(y' + z' + z)} \cdot (z + x + y) \cdot (z + x + z) \cdot \\
&\quad (z + y + y) \cdot (z + y + z) \cdot \cancel{(z + z' + y)} \cdot \cancel{(z + z' + z)} \\
&= (x + y) \cdot (x + z) \cdot \cancel{(x + y)} \cdot (x + y + z) \cdot (x + z' + y) \cdot && \text{(단계 2)} \\
&\quad (y' + x + z) \cdot \cancel{(z + x + y)} \cdot \cancel{(z + x)} \cdot \cancel{(z + y)} \cdot (z + y) \\
&= (x + y) \cdot (x + z) \cdot (x + y + z) \cdot (x + y + z') \cdot (x + y' + z) \cdot (y + z) && \text{(단계 3)} \\
&= (x + y + zz') \cdot (x + yy' + z) \cdot (x + y + z) \cdot (x + y + z') \cdot && \text{(단계 4)} \\
&\quad (x + y' + z) \cdot (xx' + y + z)
\end{aligned}$$

$$= (x+y+z)\cdot(x+y+z')\cdot\cancel{(x+y+z)}\cdot(x+y'+z)\cdot\cancel{(x+y+z)}\cdot \quad \text{(단계 5)}$$
$$\cancel{(x+y+z')}\cdot\cancel{(x+y'+z)}\cdot\cancel{(x+y+z)}\cdot(x'+y+z)$$
$$= (x+y+z)\cdot(x+y+z')\cdot(x+y'+z)\cdot(x'+y+z)$$

단계 1에서, 우리는 합 항의 모든 가능한 조합을 구하기 위해서 정리 12b(분배)를 적용한다. 예를 들어, 두 번째 합 항 $(x+x+z)$은 $xy'z$로부터 첫 번째 x, xyz'로부터 두 번째 x, 그리고 yz로부터 z가 얻어진다. 이렇게 모든 조합에 대해 반복된다. 이 단계에서, 형식 $v+v'$의 변수를 포함하고 있는, $(x+z'+z)$와 같은 합 항들은, 정리 9b의 $v+v'=1$와 정리 6a의 $1\cdot x=x$에 의해서, 삭제될 수 있다.

단계 2와 3에서, 중복된 변수와 항들은 삭제된다. 예를 들어, 항 $(x+x+y)$은 $(x+y+y)$은 정리 7b에 의해, $(x+y)$와 같다.

단계 4에서, 변수가 빠진 모든 합 항은 정리 6b 및 9a를 사용하여 변수가 추가되는 데, $x+0=x$ 및 $yy'=0$이므로 $x+yy'=x$가 된다.

단계 5는 분배 정리를 사용해서, 결과로 발생한 중복 항들은 다시 삭제되어 우리가 원하는 최종 형식을 구한다.

합의 곱 형식의 함수(아래에 나타낸 것처럼)는 그 값이 1일 때를 유추하기가 보다 어렵다. 예를 들어, 다음 식을 이용하여

$$F' = (x'+y+z')\cdot(x'+y'+z)\cdot(y'+z')$$

F'는 오직 모든 세 개의 항들이 1일 때 값이 1로 정해진다. 첫 번째 항을 1로 정하기 위해서 x는 0이거나 y가 1 이거나, z가 0이 될 수 있다. 두 번째 항을 1로 정하기 위해서 x가 0이거나, y가 0이거나, z는 1이 될 수 있다. 최종적으로, 마지막 항은 y가 0이거나, z가 0이거나, z가 0이거나 1이 될 수 있다. 결과적으로, 많은 조합들이 중복될 지라도, 결국 많은 조합을 고려하게 된다.

그러나 합의 곱 형식 표현식의 값이 0이 될 때를 결정하는 것이 더 쉽다. 예를 들어, 동일한 표현식을 이용하여

$$F' = (x'+y+z')\cdot(x'+y'+z)\cdot(y'+z')$$

0 AND x 는 0이기 때문에, 세 개의 OR 항 중 하나가 0이면, F'는 0이 되고 다음과 같을 때 발생한다.

첫 번째 OR항의 경우, $x=1$, $y=0$, 및 $z=1$

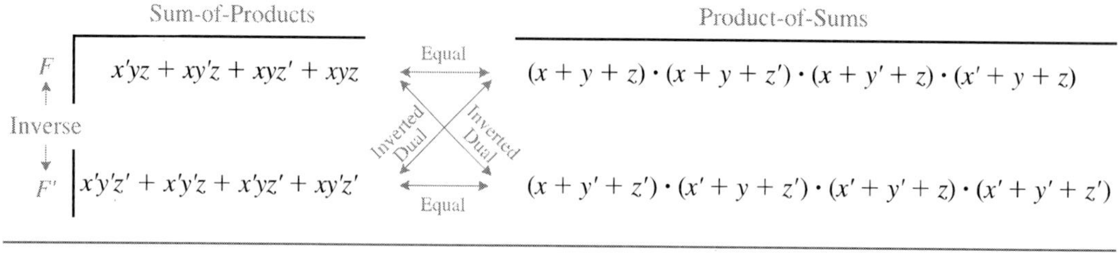

그림 2.12 **함수 $F=xy'z+xyz'+yz$ 와 반전 $BOLDF'$ 사이, 곱의 합과 합의 곱 형식 사이의 관계. "Inverted Dual" 라벨은 쌍대성 원리를 적용하고 변수를 반전시키는 것을 의미한다.**

혹은

두 번째 OR항의 경우, $x=1$, $y=1$, 및 $z=0$

혹은

마지막 OR항의 경우, $x=0$, $y=1$, 및 $z=1$

혹은

또한, 마지막 OR항의 경우, $x=1$, $y=1$, 및 $z=1$

그래서, 예를 들어, $x=1$, $y=0$, 및 $z=1$이라면, 첫 번째 OR 항은 0이 될 것이며, 결국전체 표현식이 0이 될 것이다. F'을 0으로 값을 정하는 네 가지 조건은 그림 2.11에서 $F'=0$ 인 진리표의 네 행과 정확히 일치한다.

곱의 합 형식 표현식의 경우, 값이 1일 때를 정하는 것이 더 쉽지만, 값이 0일 때를 정하는 것이 더 어렵다는 점에서 정 반대이다.

이러한 논의로부터, 일반적으로, 임의의 부울 함수에 대한 특정한 대수 표현식은(1) 진리표에서 함수가 1인 행을 선택하여 곱의 합 형식을 이용하거나(2) 진리표에서 함수가 0인 행을 선택하여 합의 곱 형식을 이용하여 명시할 수 있다고 결론지을 수 있다. 어떤 형식을 사용하기로 결정했든, 기억해야할 것은 우리가 함수를 기반으로 회로를 만들 때, 우리는 함수(혹은 그 반전)가 1과 같을 때 항상 관심이 있다는 것이다.

그림 2.12는 함수 $F=xy'z+xyz'+yz$와 반전 F'에 대한 두 가지 형식을 요약한다. F에 대한 곱의 합 형식은 F'에 대한 변수가 반전된 합의 곱 형식의 쌍대임을 주목하자. 마찬가지로, F에 대한 합의 곱 형식은 F'에 대한 곱의 합 형식에 반전된 쌍대이다.

2.8 최소항 및 최대항

기억하는 것처럼, 곱 항은 단일 변수이거나 두 개 이상의 변수가 서로 AND되어 있는 반면에, 합 항은 단일 변수이거나 두 개 이상의 변수가 서로 OR되어 있다. 함수에서 사용되는 임의의 개수의 변수를 포함한 항과 모든 변수를 포함하는 항을 구분하기 위해서 **최소항**(minterm)과 **최대항**(maxterm)이라는 단어를 사용한다. 우리는 여기서 새로운 개념을 소개하는 것이 아니라, 단지 이미 배운 것의 정의에 관한 새로운 단어와 표기법을 소개한다.

2.8.1 최소항

최소항은 함수에서 사용되는 모든 변수를 포함하는 곱 항이다. n 개 변수를 갖는 함수에 대해서, 표기법 m_i(여기서 $0 \le i < 2^n$)는 인덱스 i가 n 개 변수의 2진 값에 해당하는 최소항을 나타내는 데 사용되는 데, 변수는 값이 0으로 할당되면 보수화되고, 1로 할당되면 보수화 되지 않는다.

이것은 실제보다 훨씬 복잡하게 들릴 수 있다. 그림 2.13(a)는 변수 x, y, z를 이용하여 $n=3$인 경우의 8개의 최소항과 표기법을 나타낸다. 예를 들어, 최소항 표기법 m_3는 변수 xyz가 011(첨자 3에 대한) 항을 표시하는 데 사용된다. 최소항에 대하여, 변수의 값이 0이면 보수화하고 1이면 보수화 되지 않으므로, 표기법 m_3는 최소항 $x'yz$이다.

x	y	z	Minterm	Notation
0	0	0	$x'y'z'$	m_0
0	0	1	$x'y'z$	m_1
0	1	0	$x'yz'$	m_2
0	1	1	$x'yz$	m_3
1	0	0	$xy'z'$	m_4
1	0	1	$xy'z$	m_5
1	1	0	xyz'	m_6
1	1	1	xyz	m_7

(a)

x	y	z	Maxterm	Notation
0	0	0	$x+y+z$	M_0
0	0	1	$x+y+z'$	M_1
0	1	0	$x+y'+z$	M_2
0	1	1	$x+y'+z'$	M_3
1	0	0	$x'+y+z$	M_4
1	0	1	$x'+y+z'$	M_5
1	1	0	$x'+y'+z$	M_6
1	1	1	$x'+y'+z'$	M_7

(b)

그림 2.13 (a) 세 변수에 대한 최소항 (b) 세 변수에 대한 최대항.

함수를 명시할 때, 우리는 일반적으로 함수에서 사용되는 모든 변수를 포함하는 곱 항으로부터 시작한다. 다시 말해, 우리는 최소항의 합을 원하며, 보다 구체적으로, zero-최소항(즉, 함수가 0인 최소항)의 반대인 one-최소항(즉, 함수가 1인 최소항)의 합을 원한다. 우리는 one-최소항을 표기법 1-최소항으로, zero-최소항을 표기법 0-최소항으로 나타낸다.

앞 절에서의 함수를 살펴보자.

$$F = xy'z + xyz' + yz$$
$$= x'yz + xy'z + xyz' + xyz$$

이 식은 1-최소항 m_3, m_5, m_6, 및 m_7을 갖는 다음 진리표로 다시 나타내었다. 그래서 이 함수에 대한 간략한 표기법은 다음과 같다.

$$F(x, y, z) = m_3 + m_5 + m_6 + m_7$$

단지 최소항 표기법만을 사용하여, 우리는 원래의 함수에 몇 개의 변수가 있

x	*y*	*z*	*F*	**Minterm**	**Notation**
0	0	0	0	$x'y'z'$	m_0
0	0	1	0	$x'y'z$	m_1
0	1	0	0	$x'yz'$	m_2
0	1	1	1	$x'yz$	m_3
1	0	0	0	$xy'z'$	m_4
1	0	1	1	$xy'z$	m_5
1	1	0	1	xyz'	m_6
1	1	1	1	xyz	m_7

는지 모른다. 따라서 $F(x, y, z)$처럼 함수에서 사용되는 변수를 명확하게 명시하여야 한다.

우리는 합을 나타내는 표준 대수 기호 Σ 와 최소항 인데스 숫자를 열거하여 더욱 간단히 표기할 수 있다. 그래서 다음과 같이 식을 다시 쓸 수 있다.

$$F(x, y, z) = \Sigma(3, 5, 6, 7)$$

동일한 함수를 표현하는 다른 방식이 있다.

함수는 1-최소항의 합으로 구해지기 때문에, 함수의 반전은 0-최소항의 합이 된다. 이 것은 원래 집합에서 빠져 있던 인덱스로 대치하여 쉽게 구할 수 있

다. 그래서 위 함수의 반전은 다음과 같다.

$$F^{'}(x,y,z)=\sum(0,1,2,4)$$

예제 2.21

부울 대수를 이용하여 함수를 최소항의 합 형식으로 변환

주어진 부울 함수 $F(x,y,z)=y+x'z$에 대해, 부울 대수를 이용하여 함수를 최소항의 합 형식으로 변환하자.

이 함수는 세 개의 변수를 갖는다. 최소항의 합 형식에서, 모든 곱 항들은 모든 변수를 가져야 한다. 곱 합을 최소항으로 변환하기 위해 그 항에서 빠진 모든 변수 v에 대해 $(v+v')$을 AND시켜 각 곱의 항을 확장한다.

$F=y+x'z$	
$=y(x+x')(z+z')+x'z(y+y')$	첫 번째 항에 $(x+x')(z+z')$, 두 번째 항에 $(y+y')$을 AND하여 확장
$=xyz+xyz'+x'yz+x'yz'$	정리 12a
$+$ ~~$x'yz$~~ $+x'y'z$	
$=m_7+m_6+m_3+m_2+m_1$	
$=\sum(1,2,3,6,7)$	1-최소항의 합

예제 2.22

함수의 반전을 최소항의 합 형식으로 변환

주어진 부울 함수 $F(x,y,z)=y+x'z$에 대해, 부울 대수를 이용하여 함수의 반전을 최소항의 합 형식으로 변환하자.

$F'=(y+x'z)'$	반전
$=y'\cdot(x'z)'$	드모르간 정리
$=y'\cdot(x+z')$	드모르간 정리
$=y'x+y'z'$	분배 정리를 이용하여 곱의 합 형식으로 변환
$=y'x(z+z')+y'z'(x+x')$	첫 번째 항에 $(z+z')$, 두 번째 항에

	$(x+x')$을 AND하여 확장
$= xy'z + xy'z' + \cancel{xy'z'} + x'y'z'$	첫 번째 항에 $(z+z')$, 두 번째 항에 $(x+x')$을
$= m_5 + m_4 + m_0$	
$= \Sigma\,(0,4,5)$	0-최소항의 합

2.8.2 최대항

최소항과 유사하게, **최대항**은 함수에서 사용되는 모든 변수가 포함되는 합 항이다. n개 변수를 갖는 함수에 대해서, 표기법 M_i(여기서 $0 \le i < 2^n$)는 인덱스 i가 n개 변수의 2진 값에 해당하는 최대항을 나타내는 데 사용되는 데, 변수는 값이 1로 할당되면 보수화되고, 0으로 할당되면 보수화 되지 않는다.

그림 2.13(b)는 변수 x, y, z를 이용하여 $n=3$인 경우의 8개의 최대항과 표기법을 나타낸다. 예를 들어, 최대항 표기법 M_3는 변수 xyz가 011(첨자 3에 대한) 항을 표시하는 데 사용된다. 최대항에 대하여, 변수의 값이 1이면 보수화하고 0이면 보수화 되지 않으므로, 표기법 M_3는 최대항 $x+y'+z'$이다.

우리는 함수가 최대항의 곱, 혹은 보다 구체적으로, zero-최대항(즉, 함수가 0인 최대항)의 곱으로 명시할 수도 있음을 알았다. 최소항과 같이, 우리는 one-최대항을 표기법 1-**최대항**으로, zero-**최대항**을 표기법 0-**최대항**으로 나타낸다. 그래서 함수:

$$
\begin{aligned}
F(x,y,z) &= xy'z + xyz' + yz \\
&= (x+y+z)\cdot(x+y+z')\cdot(x+y'+z)\cdot(x'+y+z)
\end{aligned}
$$

다음 표에 나타내었으며, 0-최대항 M_0, M_1, M_2, 및 M_4의 곱으로 명시할 수 있다. 이 함수의 간략한 표기법은 다음과 같다.

$$F(x,y,z) = M_0 \cdot M_1 \cdot M_2 \cdot M_4$$

곱을 나타내는 표준 대수 기호 Π 와 최대항 인데스 숫자를 열거하여, 표기법을 더욱 간단히 할 수 있다.

$$F(x,y,z) = \Pi\,(0,1,2,4)$$

x	y	z	F	Maxterm	Notation
0	0	0	0	$x + y + z$	M_0
0	0	1	0	$x + y + z'$	M_1
0	1	0	0	$x + y' + z$	M_2
0	1	1	1	$x + y' + z'$	M_3
1	0	0	0	$x' + y + z$	M_4
1	0	1	1	$x' + y + z'$	M_5
1	1	0	1	$x' + y' + z$	M_6
1	1	1	1	$x' + y' + z'$	M_7

다음은 함수 $F = xy'z + xyz' + yz$와 그 반전에 대한 관계를 요약한다. 그림 2.12와 비교하면, 동일함을 알 수 있다.

$$
\begin{aligned}
F(x, y, z) &= x'yz + xy'z + xyz' + xyz \\
&= m_3 + m_5 + m_6 + m_7 \\
&= \Sigma(3, 5, 6, 7) \\
&= (x+y+z)\,(x+y+z')\,(x+y'+z)\,(x'+y+z) \\
&= M_0 \cdot M_1 \cdot M_2 \cdot M_4 \\
&= \Pi(0, 1, 2, 4)
\end{aligned}
$$

$$
\begin{aligned}
F'(x, y, z) &= x'y'z' + x'y'z + x'yz' + xy'z' \\
&= m_0 + m_1 + m_2 + m_4 \\
&= \Sigma(0, 1, 2, 4) \\
&= (x+y'+z')\,(x'+y+z')\,(x'+y'+z)\,(x'+y'+z') \\
&= M_3 \cdot M_5 \cdot M_6 \cdot M_7 \\
&= \Pi(3, 5, 6, 7)
\end{aligned}
$$

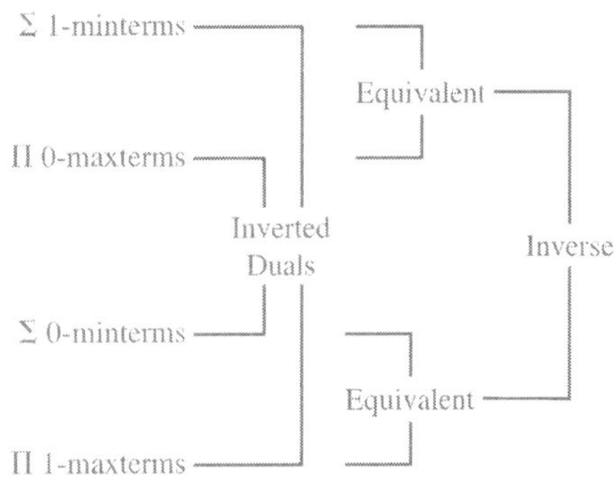

부울 함수는 항상 최소항의 Σ과 최대항의 Π 으로 나타내지며, 최대항의 합 혹은 최소항의 곱으로는 절대 나타내 질 수 없음을 알 수 있다.

예제 2.23

부울 대수를 이용하여 함수를 최대항의 곱 형식으로 변환

주어진 부울 함수 $F(x,y,z)=y+x'z$에 대해, 부울 대수를 이용하여 함수를 최대항의 곱 형식으로 변환하자.

최대항의 곱 형식에서, 모든 합 항들은 모든 변수를 가지고 있어야 한다. 합 항을 최대항으로 변경하기 위해, 이 함수는 세 개의 변수를 갖는다. 최소항의 합 형식에서, 모든 곱 항들은 모든 변수를 가져야 한다. 곱 합을 최소항으로 변환하기 위해 그 항에서 빠진 모든 변수 v에 대해 (vv')을 OR시켜 각 곱의 항을 확장한다. $(vv')=0$이기 때문에, 합 항에 (vv')을 OR하는 것은 항의 값이 변하지 않는다.

$$F=y+x'z$$

$$=y+(x'z)$$

$$=(y+x')(y+z)$$
합의 곱 형식으로 변경하기 위해 분배 정리 이용

$$=(y+x'+zz')(y+z+xx')$$
첫 번째 항에 zz', 두 번째 항에 xx'를 OR하여 확장

$$=(x'+y+z)(x'+y+z')(x+y+z)\cancel{(x'+y+z)}$$

$$=M_4\cdot M_5\cdot M_0$$

$$=\Pi(0,4,5)$$
0-최대항의 곱

예제 2.24

함수의 반전을 최대항의 곱 형식으로 변환

주어진 부울 함수 $F(x,y,z)=y+x'z$에 대해, 부울 대수를 이용하여 함수의 반전을 최소항의 합 형식으로 변환하자.

$$F'=(y+x'z)'$$
반전

$$=y'\cdot(x'z)'$$
드모르간 정리

$$=y'\cdot(x+z')$$
드모르간 정리

$= (y' + xx' + zz') \cdot (x + z' + yy')$ 첫 번째 항에 $(xx' + zz')$, 두 번째 항에 yy'를 OR하여 확장

$= (x + y' + z)(x + y' + z')(x' + y' + z)(x' + y' + z')(x + y + z')$
$\cancel{(x + y' + z')}$

$= M_2 \cdot M_3 \cdot M_6 \cdot M_7 \cdot M_1$

$= \Pi(1,2,3,6,7)$ 1-최대항의 곱

결론적으로, 최소항의 합 형식이거나 최대항의 곱 형식으로 함수가 주어지면, 우리는 연산자 Σ 를 Π 로, 혹은 그 반대로 변경하여, 또는 최소항이나 최대항에 상관없이 원래 집합에 배제되었던 인덱스로 변경하여, 그 반전을 쉽게 구할 수 있다. 이 사실을 이용하여, 다음 예제에 나타낸 것처럼 회로의 크기를 쉽게 감소시킬 수 있다.

예제 2.25

함수의 반전, 최소항의 합 및 최대항의 곱 변환을 이용한 함수 감소

주어진 함수 $F(x,y,z) = \Sigma(1,2,5,6,7)$에 대해, 반전을 구하고 최소항의 합과 최대항의 곱 변환을 이용하여 회로의 크기를 감소시켜라.

이 함수의 반전을 구하기 위해, 우리는 단지 연산자 Σ 를 Π 로 혹은 그 반대로 변경하거나, 인덱스의 집합을 다른 집합으로 변경하면 된다. 그래서 함수 $F(x,y,z) = \Sigma(1,2,5,6,7)$의 반전은 인덱스를 변경하여 $F'(x,y,z) = \Sigma(0,3,4)$이다. 원래 함수로 돌아가기 위해서, 우리는 F'를 연산자를 변경시켜 반전시키면 $F = \Pi(0,3,4)$를 구할 수 있다.

그래서 함수 $\Sigma(1,2,5,6,7)$은 함수 동작 면에서 함수 $\Pi(0,3,4)$와 등가이지만, 크기 면에서 $\Pi(0,3,4)$가 더 작다. AND 게이트 대비 OR 게이트의 크기는 중요하지 않다. 후자 함수가 더 적은 항을 가지고 있어서 더 작다.

2.9 정규형, 표준형 및 비 표준형

최소항의 합, 혹은 최대항의 곱으로 표현된 부울 함수를 **정규형**(canonical form)이라고 한다. 예를 들어, 다음 두 함수는 정규형이다.

$$F = x'yz + xy'z + xyz' + xyz$$
$$F' = (x + y' + z') \cdot (x' + y + z') \cdot (x' + y' + z) \cdot (x' + y' + z')$$

앞 절에서 언급한 것처럼, 부울 함수를 하나의 정규형으로 부터 다른 정규형으로 변환하기 위해, 단지 기호 Σ, Π 와 원래 집합에서 배제되어 있던 인덱스 목록을 변경한다. 예를 들어, 다음 두 식은 함수적으로 등가이다.

$$F_1(x,y,z) = \Sigma(0,1,2,3,4,5)$$
$$F_2(x,y,z) = \Pi(6,7)$$

그러나 크기 면에서 F_2가 훨씬 작다.

부울 함수를 정규형으로 부터 반전으로 변환하기 위해, 단지 기호 Σ, Π 와 원래 집합에서 배제되어 있던 인덱스 목록을 변경한다. 예를 들어, 다음 두 식은 반전이다.

$$F_1(x,y,z) = \Sigma(3,5,6)$$
$$F_2(x,y,z) = \Pi(3,5,6)$$

곱의 합 표현 혹은 합의 곱 표현이 최소한 하나의 항이 각각 최소항, 혹은 최대항이 아니라면, 부울 함수를 **표준형**(standard form)이라고 한다. 다시 말해서, 표현식에 최소 한 개의 항이 최소 한 개의 변수가 빠진 것이다. 예를 들어, 다음 식은 변수 x가 빠졌기 때문에 표준형이다.

$$F = xy'z + xyz' + yz$$

식의 크기를 보다 더 감소시키기 위해, 표준형 표현식에서 공통 변수는 분배 정리를 이용하여 뽑아낼 수 있다. 결과 식은 더 이상 곱이 합 형식도 합의 곱 형식도 아니다. 이러한 표현식이 **비 표준형**이다. 예를 들어, 전 식으로 부터, 첫 번째 두 항으로부터 변수 x를 뽑아내면 다음 식이 되는 데 이 식이 비 표준형이다.

$$F = xy'z + xyz' + yz$$
$$= x(y'z + yz') + yz$$

2.10 디지털 회로

디지털 회로는 두 개 이상의 논리 게이트가 서로 연결되어 있다. 많은 게이트들이 **네트웍**(network)이라고 부르는 크고 복잡한 회로를 만들기 위해 서로 연결되어 있다. 이러한 네트웍은 **도식 회로도**(schematic circuit diagram)를 이용하여 도식적으로, 혹은 부울 식으로 혹은, 진리표로 설명될 수 있다.

예를 들어, 다음은 세 개의 NOT 게이트와 다섯 개의 3-입력 AND 게이트 및 한 개의 5-입력 OR 게이트를 갖는 도식도이다.

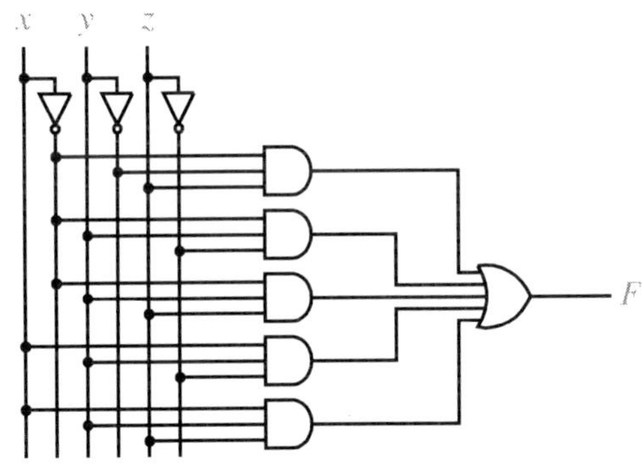

회로는 부울 식으로 공식적으로 설명할 수 있다.

$$F(x, y, z) = x'y'z + x'yz' + x'yz + xyz' + xyz$$

도식도와 식 사이의 관련성을 주목하자. 다섯 개의 AND 게이트는 식에서 다섯 개의 AND 항에 해당하며, 각 AND 게이트의 세 개의 입력은 각 AND 항의 세 개의 변수에 해당하고, 한 개의 5-입력 OR 게이트는 다섯 개의 AND 항을 서로 OR하는 것에 해당한다. AND 게이트의 입력은 변수 x, y, 및 z(혹은 반전된 값)로부터 직접 들어온다. 식에서 여섯 개의 반전된 변수가 있음을 주목하자. 그러나 회로에서 여서 개의 NOT 게이트가 필요하지 않다. 더 정확히 말하면, 각 변수 당 하나씩 단지 세 개의 NOT 게이트가 사용되었다.

또한 회로는 다음에 나타낸 것처럼 진리표를 이용하여 공식적으로 설명할

x	*y*	*z*	*F*
0	0	0	0
0	0	1	1
0	1	0	1
0	1	1	1
1	0	0	0
1	0	1	0
1	1	0	1
1	1	1	1

수 있다.

먼저, 세 입력 변수의 모든 가능한 값이 표에서 8 행으로 열거된다. 그리고 회로의 각 AND 게이트에 대하여, 진리표에서 F 값이 1에 해당하는 행이 있다. 예를 들어, 세 개의 입력이 x', y', 및 z인 첫 번째 AND 게이트의 경우, $x=0$, $y=0$, 및 $z=1$일 때 $F=1$인 첫 번째 행이다.

도식도, 부울 식, 및 진리표 사이의 상호 변환은 3장에서 자세히 논의한다.

2.11 차량 보안 시스템의 설계

우리는 지금 우리가 친숙한 작은 디지털 제어 시스템을 설계하는 과정을 살펴 볼 것이다. 차량 보안 시스템에서, 일반적으로 우리는 한 개 이상의 센서가 트리거될 때 사이렌이 활성화하는 식으로 사이렌을 연결하고자 한다. 추가로 시스템을 키고, 끄는 마스터 스위치가 있다. 문 스위치 D, 진동 감지 스위치 V, 마스터 스위치 M 이 있다고 가정하자. 우리는 문이 열리면 $D=1$, 그렇지 않으면 $D=0$ 이라는 관례를 사용할 것이다. 유사하게, 차량이 흔들리면, $V=1$, 그렇지 않으면 $V=0$ 이다. 그래서 우리는 시스템이 온 일 때(즉, $M=1$일 때), $D=1$이거나 $V=1$, 혹은 $D=1$이고 $V=1$일 때, 사이렌이 온 되는(즉, $S=1$로 놓음) 것을 원한다. 그러나 시스템을 오프 시키면 문 스위치 혹은 진동 스위치 상태에 상관없이 사이렌이 온 되는 것을 원치 않는다. 그래서 $M=0$일 때, D와 V의 값에 상관없이, 사이렌은 오프 상태(즉, $S=0$으로 놓음)를 유지해야 한다.

위에서 설명한 차량 보안 시스템의 설명이 주어지면, 명세(specification)에 맞는 디지털 회로를 만들 수 있다. 우리는 진리표를 만드는 것으로 시작하는데,

이것은 기본적으로 기기의 동작을 시작하는 하나의 방법이다. 그림 2.14(a)에 나타낸 것처럼, 표는 세 개의 입력 열 M, D, 및 V와 한 개의 출력 열 S를 갖는다.

세 개의 입력 열에서, 세 개 입력에 대한 모든 발생 가능한 2진 값을 열거한다. S열 아래의 값은 사이렌이 켜지거나 꺼지기 원할 때의 설명을 해석하여 얻어진다. $M=0$일 때, 우리는 D와 V값에 상관없이, 사이렌이 온 되는 것을 원치 않는다. $M=1$일 때, 우리는 D 혹은 V가 1이거나, 또는 D와 V가 모두 1일 때, 사이렌이 온 되는 것을 원한다.

그림 2.14(a)의 진리표는 다음과 같은 단어로 작성된 논리식으로 공식적으로 설명할 수 있다.

$$S=(M \text{ AND } (\text{NOT } D) \text{ AND } V) \text{ OR } (M \text{ AND } D \text{ AND } (\text{NOT } V)) \text{ OR } (M \text{ AND } D \text{ AND } V)$$

혹은 가급적, 다음의 부울 함수의 간단한 표기법을 이용한다.

$$S=(MD'V)+(MDV')+(MDV)$$

다시, 이 식이 의미하는 것은 다음과 같을 때 사이렌이 활성화(즉, $S=1$로 놓음) 하길 원한다.

M	D	V	S
0	0	0	0
0	0	1	0
0	1	0	0
0	1	1	0
1	0	0	0
1	0	1	1
1	1	0	1
1	1	1	1

(a)

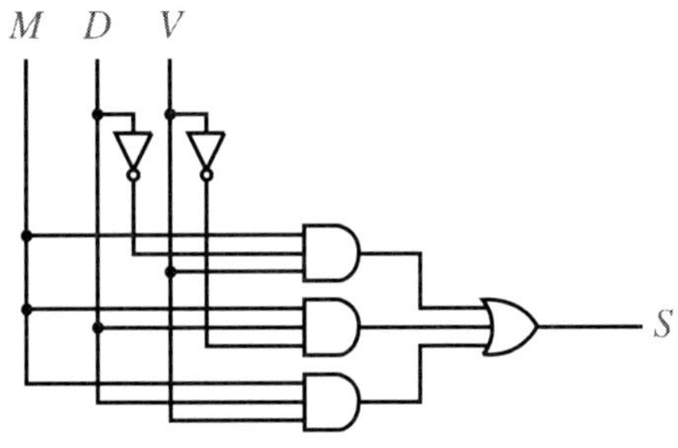

(b)

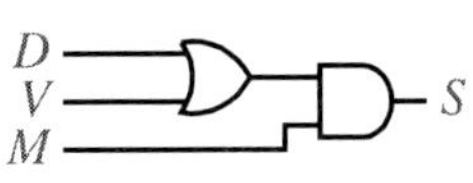

(c)

그림 2.14 차량 보안 시스템: (a) 진리표 (b) 진리표로부터 유도된 회로도 (c) 간략화된 회로도.

- 마스터 스위치가 온 되고 문이 열리지 않고 진동 스위치가 온 되거나
- 마스터 스위치가 온 되고 문이 열리고 진동 스위치가 온 되지 않거나
- 마스터 스위치가 온 되고 문이 열리고 진동 스위치가 온 될 때

우리는 $S=1$인 상황에만 관심이 있다는 것을 주목하자. 우리는 $S=0$인 행은 무시한다. 우리가 진리표로부터 회로를 구성할 때, 항상 출력이 1인 행만을 이용한다.

마지막으로, 이 식을 회로도롤 변환할 수 있다. 변환은 AND 연산자는 AND 게이트로, OR 연산자는 OR 게이트로, NOT 연산자는 NOT 게이트로 변경하는 단순한 일대일 매핑(mapping)이다. 그래서 그림 2.14(b)에 나타낸 차량 보안 시스템에 대한 회로도를 구한다.

신중한 독자는 사이렌이 온 될 때를 설명하기 위해 위에서 나타낸 부울 식이 다음과 같이 단순화되는 것을 주목하였을 것이다.

$$S=M(D+V)$$

이 단순화된 식은 마스터 스위치가 온 되고 문 스위치나 진동 스위치가 온 될 때만 사이렌이 온 된다는 의미이다. 이에 해당하는 단순화된 회로는 그림 2.14(c)에 나타내었다. 간단한 추론을 이용해서, 우리는 단순화된 회로가 그림 2.14(b)의 회로와 정확히 동작하는 것을 알 수 있다. 다시 말해, 두 회로는 기능적으로 등가이다.

보다 공식적으로, 우리는 2.7.1 절의 부울 정리를 이용하여 두 개의 식(따라서 두개의 회로) 이 다음과 같이 기능적으로 등가임을 보인다.

$$\begin{aligned} S &= (MD'V)+(MDV')+(MDV) & \\ &= M(D'V+DV'+DV) & \text{분배 정리 12a} \\ &= M(D'V+DV'+DV+DV) & \text{멱등(Idempotent) 정리 7b} \\ &= M(D(V'+V)+V(D'+D)) & \text{분배 정리 12a} \\ &= M(D(1)+V(1)) & \text{반전 정리 9b} \\ &= M(D+V) & \text{항등식 정리 6a} \end{aligned}$$

그림 2.15는 차량 보안 시스템 회로의 샘플 시뮬레이션 결과를 나타낸다. 그래서 0부터 200n 시간 동안, 마스터 스위치 M은 0여서, D와 V 값에 상관없이 사이렌은 오프 된다.($Siren=0$). 200n부터 600n 시간 동안, $M=1$이다. 마스터

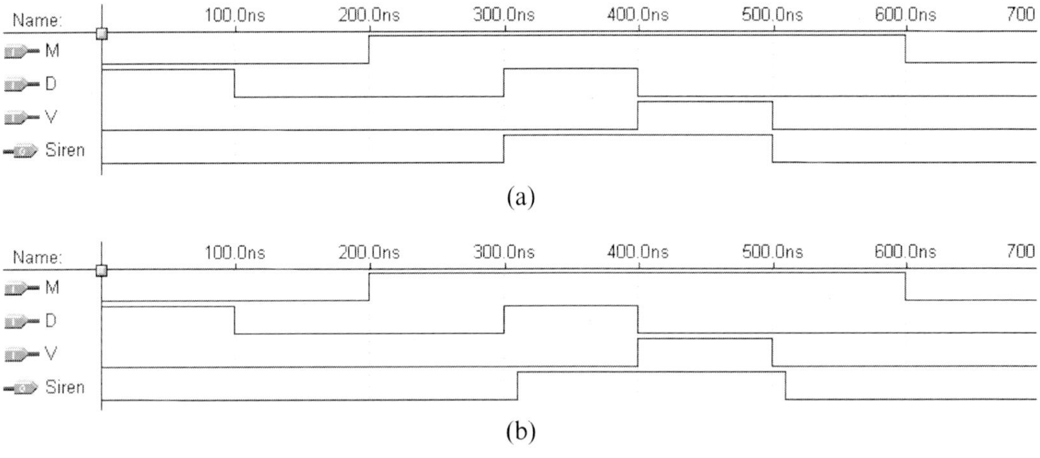

그림 2.15 차량 보안 시스템 회로의 샘플 시뮬레이션 트레이스: (a) 기능 트레이스 (b) 타이밍 트레이스.

스위치 M은 0여서, D와 V 값에 상관없이 사이렌은 오프($Siren=0$) 된다. 이 시간 동안, $D=1$이거나 $V=1$일 때마다 사이렌은 온 된다.

그림 2.15(a)는 이 회로의 기능적 결과이며, 모든 신호 에지는 정확하게 정렬되어, 즉, 출력 신호 에지는 입력 신호 에지가 변할 때, 정확히(지연시간 없이) 같은 시간에 변한다. 반면에 타이밍 결과의 경우, 그림 2.15(b)에 나타낸 것처럼, 출력 신호 에지는 입력 에지가 변한 후 약간의 지연될 것이다.

회로를 만들 때, 기능적으로 정확한 회로에 추가하여, 우리는 크기, 속도, 발열, 및 전력 소모 면에서 최적화가 필요하다. 우리는 향후 절에서 회로 최적화 방법에 대해 배울 것이다.

2.12 디지털 회로의 Verilog 및 VHDL 코드

부울 함수로 기술된 디지털 회로는 데이터 흐름적 모델을 이용하여 Verilog 혹은 VHDL 코드로 쉽게 변환할 수 있다. 데이터 흐름적 모델에서, 회로는 AND, OR 및 NOT 과 같은 내장형 연산자를 이용하여 정의된다. 이러한 연산들은 병행 신호 할당문(concurrent signal assignment statement)을 이용하여 선 혹은 신호에 인가된다.

2.12.1 부울 함수의 Verilog 코드

그림 2.16은 2.11 절에서 논의한 차량 보안 시스템의 Verilog 코드를 나타낸다. 구현된 함수는 $S=(MD'V)+(MDV')+(MDV)$이다. 또한 이것은 Verilog 데이터 흐름적 코드의 기본 템플릿의 역할을 할 것이다. Verilog는 대소문자를 구분함을 명심하자. 두 개의 슬래시(/)로 시작하는 줄은 주석문(comment)이다.

Verilog에서 정의된 모든 구성요소는 키워드 module에 이어서 모듈의 이름이 나오는데, 이 예제에서 *Silren*이란 이름이 사용되었다. 다음, 입력과 출력 신호의 목록이 괄호 안에 명시된다. 이 파라미터 목록은 C++에서 함수 선언과 유사하며, 구성요소와 외부의 인터페이스역할을 한다. 구성요소로 들어오고 나가는 데이터를 명시한다. 이 예제에서, *M*, *D*, 및 *V*라는 세 개의 입력신호와 *S*라는

```
// this is a Verilog dataflow model of the car security system

module Siren (
  input M,
  input D,
  input V,
  output S
);

  wire term1, term2, term3;

  assign term1 = (M & ~D & V);
  assign term2 = (M & D & ~V);
  assign term3 = (M & D & V);
  assign S = term1 | term2 | term3;

endmodule
```

그림 2.16 2.11절의 차량 보안 시스템 회로의 데이터 흐름적 Verilog 코드.

한 개의 출력 신호가 있다.

Wire 키워드는 다른 신호를 연결하는 와이어 신호를 선언한다. 다음 네 개의 assign문은 함수의 동작을 실현한 코드이다. 이 Verilog 코드는 회로의 동작을 실현하기 위해서 내장 Verilog 연산자 & (AND), | (OR), 및 ~ (NOT)으로 병행 assign문을 사용했기 때문에 데이터 흐름적 수준으로 작성되었다. 순차적 순서에 의해 실행되는 C++ 구문과는 다르게, 모듈 본체에서 병행 assign문은 병렬로 실행된다. 그래서 이 문장들의 순서는 상관없다. 기호 =는 할당에 사용된다. = 기호 우측의 표현식은, 값이 변수의 변화(0에서 1 혹은 1에서 0)로 저장될 때

값이 정해지며, 결과는 좌측 신호에 할당된다. 세 개의 와이어 변수, *term1*, *term2*, 및 *term3*는, 불필요하지만, 세 개의 AND 항의 중간 값을 저장하는 데 사용된다. 세 항의 값은 함께 OR되어 출력 신호 S에 할당된다. `endmodule` 키워드는 모듈의 정의를 끝내기 위해 사용된다.

2.12.2 부울 함수의 VHDL 코드

그림 2.17은 2.11 절에서 논의한 차량 보안 시스템의 VHDL 코드를 나타낸다. 구현된 함수는 $S=(MD'V)+(MDV')+(MDV)$이다. 또한 이것은 VHDL 데이터 흐름적 코드의 기본 템플릿의 역할을 할 것이다. VHDL은 대소문자를 구분하지 않음을 명심하자. 두 개의 하이픈 (−)으로 시작하는 줄은 주석문(comment)이다.

LIBRARY와 USE 문은 IEEE 라이브러리가 필요하고 라이브러리 패키지 안의 모든 구성요소를 사용할 수 있다는 것을 명시한다. 이 두 개의 문장은 C++에서 "#include"와 "using namespace" 전처리기와 동일한 역할을 한다. VHDL에서 정의된 모든 구성요소는, 그것이 단순한 게이트이던지 복잡한 마이크로프로세서이던지, ENTITY 부분과 ARCHITECTURE 부분으로 구성된다. ENTITY 부분은 C++ ARCHITECTURE 부분은 ENTITY의 동작을 정의하며, 구성요소의 동작을 실현한다.

```
-- this is a VHDL dataflow model of the car security system

LIBRARY IEEE;
USE IEEE.STD_LOGIC_1164.all;

ENTITY Siren IS PORT (
  M: IN STD_LOGIC;
  D: IN STD_LOGIC;
  V: IN STD_LOGIC;
  S: OUT STD_LOGIC);
END Siren;

ARCHITECTURE Dataflow OF Siren IS
   SIGNAL term1, term2, term3: STD_LOGIC;
BEGIN
   term1 <= M AND (NOT D) AND V;
   term2 <= M AND D AND (NOT V);
   term3 <= M AND D AND V;
   S <= term1 OR term2 OR term3;
END Dataflow;
```

그림 2.17 2.11절의 차량 보안 시스템 회로의 데이터 흐름적 VHDL 코드.

할 코드를 포함한다. 모든 ARCHITECTURE에 이름과 해당하는 ENTITY를 명시해야

이 예제에서, 이름은 *Dataflow*이고 ENTITY *Siren*에 해당하는 것이다. VHDL 코드는(ARCHITECTURE 부분의 이름 "*Dataflow*" 때문이 아니라) 데이터 흐름적 수준으로 작성되었다. 데이터 흐름적 코딩은 회로를 기술하기 위해 논리식을 사용하며, 병행 신호 할당문에서 AND, OR, 및 NOT과 같은 내장형 VHDL 연산자를 사용한다. 이러한 병행문은 ARCHITECTURE의 본체안에 작성된다. 순차적 순서에 의해 실행되는 C++ 구문과는 다르게, 모듈 본체(BEGIN과 END 키워드 사이)에서 병행문은 병렬로 실행된다. 그래서 이 문장들의 순서는 상관없다. 기호 <=는 신호 할당문으로 사용된다. <= 기호 우측의 표현식은, 값이 변수의 변화(0에서 1 혹은 1에서 0)로 저장될 때 값이 정해지며, 결과는 좌측 신호에 할당된다. 세 개의 신호 변수, *term1*, *term2*, 및 *term3*는, 불필요하지만, 세 개의 AND 항의 중간 값을 저장하는 데 사용된다. 세 항의 값은 함께 OR되어 출력 신호 *S*에 할당된다. `endmodule` 키워드는 모듈의 정의를 끝내기 위해 사용된다.

2.13 연습문제

2.1 다음 16진수를 부호가 없는 2진수로 변환하여라.

a) 66
b) E3
c) 2FE8
d) 7C2
e) 5A2D
f) E08B

2.2 다음 10진수를 2진수로 변환하여라.

a) 66
b) 49
c) 513
d) 864
e) 1897
f) 2015

2.3 다음 부호가 없는 2진수를 10진수, 8진수, 및 16진수로 변환하여라.

a) 11110
b) 11010

c) 100100011
d) 1011011
e) 1101101110
f) 10111101010

2.4 다음 2의 보수 2진수를 10진수, 8진수, 및 16진수로 변환하여라.

a) 1001011
b) 011110
c) 101101
d) 1101011001
e) 0110101100

2.5 다음 수를 2의 보수 표현을 이용하여 12비트 부호가 있는 2진수로 변환하여라.

a) 234_{10}
b) -234_{10}
c) 234_{8}
d) $BC4_{16}$
e) -472_{10}

2.6 다음 8비트 부호가 없는 2진 계산을 수행하고, 그 결과 값을 10진수로 명시하여라.

a) 10101010 − 00111011
b) 00111101 − 01110100
c) 11100011 − 11110011
d) 01000111 − 10010110

2.7 다음 8비트 부호가 있는 2진 계산을 수행하고, 그 결과 값을 10진수로 명시하여라.

a) 10101010 + 00111011
b) 00111101 + 01110100
c) 11100011 + 11110011
d) 11000111 + 10010110

2.8 다음 8비트 부호가 없는 2진 계산을 수행하고, 그 결과 값을 10진수로 명시하여라.

a) 10101010 + 00111011
b) 00111101 + 01110100
c) 11100011 + 11110011
d) 11000111 + 10010110

2.9 다음 8비트 부호가 있는 2진 계산을 수행하고, 그 결과 값을 10진수로 명시하여라.

a) 10101010 − 00111011
b) 00111101 − 01110100
c) 11100011 − 11110011
d) 01000111 − 10010110

2.10 다음 부울 함수에 대한 진리표를 작성하여라.

a) $F(x,y,z) = x'y'z' + x'yz + xy'z' + xyz$
b) $F(x,y,z) = xy'z + x'yz' + xyz + xyz'$
c) $F(w,x,y,z) = w'xy'z + w'xyz + wxy'z + wxyz$
d) $F(w,x,y,z) = wxy'z + w'yz' + wxz + xyz'$
e) $F(x,y,z) = xy' + x'y'z + xyz'$
f) $F(w,x,y,z) = w'z' + w'xy + wx'z + wxyz$
g) $F(x,y,z) = [(x+y')(yz)'](xy' + x'y)$
h) $F(N_3,N_2,N_1,N_0) = N_3'N_2'N_1N_0' + N_3'N_2'N_1N_0 + N_3N_2'N_1N_0'$
$+ N_3N_2'N_1N_0 + N_3N_2N_1'N_0 + N_3N_2N_1N_0$

2.11 부울 대수를 이용하여, $x \cdot (x+y) = x$가 참임을 보여라.

2.12 부울 대수를 이용하여, $(x+y) \cdot (x+y') = x$가 참임을 보여라.

2.13 부울 대수를 이용하여, $(x \cdot y) + (x \cdot y') = x$가 참임을 보여라.

2.14 부울 대수를 이용하여, $x + (x \cdot y) = x$가 참임을 보여라.

2.15 다음의 4비트 2진 계산을 수행하여라.(첫 번째 것은 여러분을 위해 한 것이다) 그리고

a) 2진 계산에서 오버플로우가 발생하는 지 명시하여라.
b) 2진수가 부호가 없는 10진수로 해석된다면, 오버플로우 오류가 발생하는 지 명시하여라.
c) 2진수가 부호가 있는 10진수로 해석된다면, 오버플로우 오류가 발생하는 지 명하여라.

Binary calculations	Unsigned decimal calculations	Signed decimal calculations
1001 + 0011 = 1100 No overflow	9 + 3 = 12 No overflow error	−7 + 3 = −4 No overflow error
0110 + 1011 =		
0101 + 0110 =		
0101 − 0110 =		
1011 − 0101 =		

2.16 다음 진리표에 대해 부울 함수를 유도하여라.

a)

a	*b*	*c*	*F*
0	0	0	0
0	0	1	0
0	1	0	1
0	1	1	1
1	0	0	0
1	0	1	0
1	1	0	1
1	1	1	0

b)

w	*x*	*y*	*z*	*F*
0	0	0	0	0
0	0	0	1	0
0	0	1	0	1
0	0	1	1	0
0	1	0	0	1
0	1	0	1	1
0	1	1	0	0
0	1	1	1	1
1	0	0	0	0
1	0	0	1	1
1	0	1	0	1
1	0	1	1	0
1	1	0	0	1
1	1	0	1	1
1	1	1	0	0
1	1	1	1	1

c)

w	*x*	*y*	*z*	F_1	F_2
0	0	0	0	1	1
0	0	0	1	0	1
0	0	1	0	0	1
0	0	1	1	1	1
0	1	0	0	0	0
0	1	0	1	1	1
0	1	1	0	1	0
0	1	1	1	0	0
1	0	0	0	0	1
1	0	0	1	1	1
1	0	1	0	1	0
1	0	1	1	0	0
1	1	0	0	1	1
1	1	0	1	0	1
1	1	1	0	0	1
1	1	1	1	1	1

d)

N_3	N_2	N_1	N_0	*F*
0	0	0	0	0
0	0	0	1	0
0	0	1	0	1
0	0	1	1	1
0	1	0	0	0
0	1	0	1	0
0	1	1	0	1
0	1	1	1	0
1	0	0	0	0
1	0	0	1	0
1	0	1	0	1
1	0	1	1	1
1	1	0	0	1
1	1	0	1	0
1	1	1	0	0
1	1	1	1	1

2.17 드모르간 정리의 다음 변형이 참임을 진리표를 이용하여 보여라.

a) $(x+y)' = x' \cdot y'$

b) $(x+y+z)' = x' \cdot y' \cdot z'$

c) $(x \cdot y \cdot z)' = x' + y' + z'$

d) $(w \cdot x \cdot y \cdot z)' = w' + x' + y' + z'$

2.18 다음 식이 참임을 진리표를 이용하여 보여라.

a) $w'z' + w'xy + wx'z + wxyz = w'z' + xyz + wx'y'z + wyz$

b) $z + y' + yz' = 1$

c) $xy'z' + x' + xyz' = x' + z'$

d) $xy + x'z + yz = xy + x'z$

e) $w'x'yz' + w'x'yz + wx'yz' + wx'yz + wxyz = y(x' + wz)$

f) $w'xy'z + w'xyz + wxy'z + wxyz = xz$

g) $x_iy_i + c_i(x_i + y_i) = x_iy_ic_i + x_iy_ic_i' + x_iy_i'c_i + x_i'y_ic_i$

h) $x_iy_i + c_i(x_i + y_i) = x_iy_i + c_i(x_i \oplus y_i)$

2.19 문제 2.18이 참임을 부울 대수를 이용하여 보여라.

2.20 부울 대수를 이용하여 식 $F(x,y,z) = (x' + y' + x'y' + xy)(x' + yz)$을 최대한 감소시켜라.

2.21 부울 대수를 이용하여 문제 2.10의 함수를 최대한 감소시켜라.

2.22 다음 부울 함수에 대하여 진리표를 유도하여라.

a) $F(w,x,y,z) = [(x \odot y)' + (xyz)'](w' + x + z)$

b) $F(x,y,z) = x \oplus y \oplus z$

c) $F(w,x,y,z) = [w'xy'z + w'z(y \oplus x)]'$

2.23 부울 대수를 이용하여 문제 2.22의 함수를 최대한 감소시켜라.

2.24 부울 대수를 이용하여 문제 2.22의 함수를 다음과 같이 변환하여라.

a) 최소항의 합 형식

b) 최대항의 곱 형식

2.25 다음 논리 게이트의 진리표를 유도하여라.

a) 4 입력 AND 게이트

b) 4 입력 NAND 게이트

c) 4 입력 NOR 게이트

d) 4 입력 XOR 게이트

e) 4 입력 XNOR 게이트

f) 5 입력 XOR 게이트

g) 5 입력 XNOR 게이트

2.26 임의의 함수는 직접적으로 명시된 혹은 최종 출력에 NOT 게이트가 추가된 반전

형식으로 구현할 수 있다. 회로 크기는 AND 게이트와 OR 게이트 수에 비례한다고(즉, 회로 크기를 결정하는 데 NOT 게이트는 무시) 가정하자. 다음 함수에 대해 어떤 형식(반전 혹은 비 반전)이 더 작은 회로 크기가 될지 결정하여라. 이유를 설명하고 더 작은 회로를 구현하는 데 몇 개의 AND 게이트와 OR 게이트가 필요한지 명시하여라.

$$F(x,y,z) = x'y'z' + x'y'z + xy'z + xy'z' + xyz$$

2.27 진리표를 이용하여 다음 식이 참임을 보여라.

a) $(x \oplus y) = (x \odot y)'$

b) $x \oplus y' = x \odot y$

c) $(w \oplus x) \odot (y \oplus z) = (w \odot x) \odot (y \odot z)$
$= (((w \odot x) \odot y) \odot z)$

d) $[((xy)'x)'((xy)'y')]' = x \oplus y$

2.28 부울 대수를 이용하여 문제 2.27의 식이 참임을 보여라.

2.29 부울 대수를 이용하여 세 입력에 대한 XOR = XNOR 임을 보여라.

2.30 다음을 이용하여 문제 2.10의 부울 함수를 표현하여라.

a) Σ 표기법

b) Π 표기법

2.31 부울 대수를 이용하여 $x \oplus y \oplus z = x'y'z + x'yz' + xy'z' + xyz$을 보여라.

2.32 부울 대수를 이용하여 함수 $F(x,y,z) = \Sigma(3,4,5)$을 합의 곱 정규형으로 변환하여라.

2.33 다음 식을 정규형 부울 함수로 작성하여라.

a) $F(x,y,z) = \Sigma(1,3,7)$

b) $F(w,x,y,z) = \Sigma(1,3,7)$

c) $F(x,y,z) = \Pi(1,3,7)$

d) $F(w,x,y,z) = \Pi(1,3,7)$

e) $F'(x,y,z) = \Sigma(1,3,7)$

f) $F'(x,y,z) = \Pi(1,3,7)$

2.34 문제 2.22의 부울 함수에 대한 완전한 데이터 흐름적 Verilog 코드를 작성하여라.

2.35 문제 2.22의 부울 함수에 대한 완전한 데이터 흐름적 VHDL 코드를 작성하여라.

2.36 2.11 절에서 논의한 자동차 보안 시스템에 대한 완전한 데이터 흐름적 Verilog 코드를 작성하여라.

2.37 2.11 절에서 논의한 자동차 보안 시스템에 대한 완전한 데이터 흐름적 VHDL 코드를 작성하여라.

2.38 $F(x,y,z) = xy'z' + xy'z + xyz' + xyz$에 대해 다음 방식을 이용하여 F'를 작성하여라.

a) 합의 곱 형식

b) 곱의 합 형식

2.39 $F'(x,y,z) = \sum(1,3,7)$에 대해 진리표를 이용하여 함수 F를 작성하여라.

2.40 부울 대수를 이용하여, 식 $F = w \odot x \odot y \odot z$를 다음 형식으로 변환하여라.

a) 최소항의 합 형식

b) 최대항의 곱 형식

CHAPTER 03

조합회로

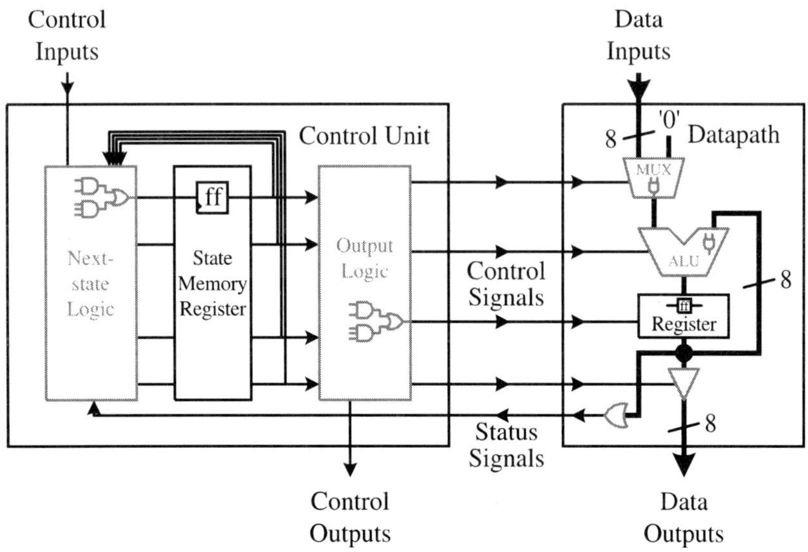

디지털 회로는 제어 유닛 혹은 데이터패스의 부분 회로에 상관없이 조합 혹은 순차의 두 가지 중의 하나로 분류된다. 조합회로는 회로의 출력이 현재 입력에만 종속되는 디지털 회로이다. 다시 말해서, 조합회로는 단순히 현재 입력 값이 무엇인지 안다면 출력을 생성할 수 있다. 반면에 순차회로는 출력이 현재 입력뿐만 아니라 모든 과거 입력에 종속되는 회로이다. 따라서 순차회로가 출력을 생성하려면 현재 입력과 모든 과거 입력을 알아야 한다. 과거 입력에 종속되기 때문에 순차회로에는 과거 입력 값의 기록을 기억하기 위해 메모리 요소가 포함되어야 한다. 조합회로는 과거 입력의 기록을 알 필요가 없으므로 메모리 요소가 필요하지 않다. "대규모" 디지털 회로에는 조합회로와 순차회로가 모두 포함될 수 있다. 그러나 대규모 회로가 조합회로이든 순차회로이든 상관없이 디지털 회로이어서, AND, OR 및 NOT 게이트와 같은 동일한 기본 빌딩블록을 사용한다. 회로를 다르게 만드는 것이 게이트들이 연결되는 방식이다.

2.11절의 차량 보안 시스템은 조합회로의 한 예제이다. 이 예제에서는 마스터 스위치가 온 되어 있고 누군가가 문을 열 때 사이렌이 온 된다. 문을 닫으면 사이렌이 즉시 오프 될 것이다. 이 설정에서는 사이렌인 출력이 마스터 및 도어 스위치인 입력에만 종속된다. 보안 시스템이 더 유용해지려면, 처음 트리거된 후에도 문을 닫은 후에도 사이렌은 계속 온 되어 있어야 한다. 이 새로운 기능을 보안 시스템에 추가하려면 출력이 마스터 및 도어 스위치뿐만 아니라 도어가 이전에 열렸는지 여부에 따라 결정되도록 수정해야 한다. 도어가 이전에 열렸는지 여부를 기억하기 위해 메모리 소자가 필요하며, 이로 인해 순차회로가 필요하다.

이 장과 다음 장에서 우리는 조합회로의 설계에 대해 살펴볼 것이다. 이 장에서는 일반적인 조합회로의 분석과 설계에 대해 알아보겠다. 제4장에서는 대규모 디지털 회로를 만드는데 종종 사용되는 특정한 조합 구성요소의 설계에 대해 살펴보겠다. 순차회로의 설계는 후속 장에서 논의할 것이다.

기능적으로 올바른 회로를 설계할 수 있을 뿐만 아니라, 우리는 크기, 속도 및 전력 소모 측면에서 회로를 최적화할 수 있기를 바란다. 일반적으로 회로 크기를 감소시키면 속도가 증가하고 전력 사용량이 감소한다. 이 장에서는 회로 크기를 줄이는 방법에 대해서만 살펴보겠다. 속도 및 전력 사용에 대한 회로 최적화는 이 책의 범위를 벗어난다.

3.1 조합회로의 해석

디지털 회로가 주어질 때, 우리가 가장 먼저 알고 싶은 것 중 하나는 그것의 동작이다. 조합회로의 해석은 주어진 조합회로에서 회로 동작의 정확한 설명을 유도하는 과정이다. 일반적으로, 조합회로는 진리표나 부울 함수로 정확하게 설명할 수 있다.

3.1.1 진리표 이용

예를 들어, 그림 3.1의 조합회로에서 우리는 회로를 설명하는 진리표를 유도하고자 한다.

먼저 우리는 회로에 나타낸 모든 입력을 열 당 하나의 입력으로 나열하고, 이어서 회로에 나타낸 모든 출력을 다시, 열 당 하나의 출력으로 나열하여 진리표를 작성한다. 샘플 회로의 경우, 그림 3.2에 나타낸 것처럼, 우리는 네 개의 열(입력 x, y, z에 대한 세 개의 열과 출력 f에 대한 한 개의 열)로 시작한다.

다음 단계는 모든 입력 변수에 대해 가능한 모든 0과 1의 조합을 열거하는 것이다. 일반적으로 n개의 입력을 갖는 회로의 경우 0부터 2^{n-1}까지 2^n개의 조합이 있다. 이 예를 계속하면 그림 3.2(b)의 표에 세 변수에 대한 8개의 조합을 순서대로 나열한다.

이제 표의 각 행(즉, 각 입력 값의 조합)에 대해 출력 값이 무엇인지 결정해야 한다. 이는 입력 변수의 값을 대체하고 회로를 통해 출력으로 추적하여 수행된다. 예를 들어, $xyz = 000$을 이용하면, 입력 중의 하나가 z에 연결되어 있고, z

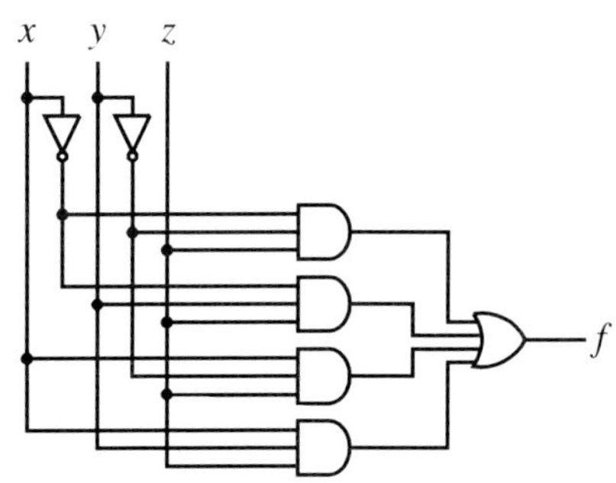

그림 3.1 샘플 조합회로.

x	y	z	f

(a)

x	y	z	f
0	0	0	
0	0	1	
0	1	0	
0	1	1	
1	0	0	
1	0	1	
1	1	0	
1	1	1	

(b)

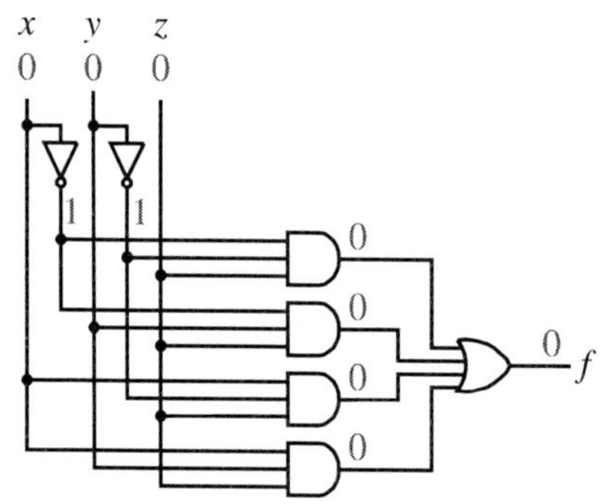

(c)

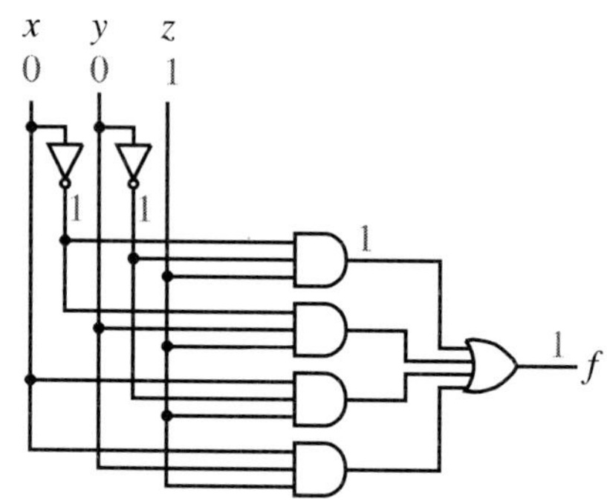

(d)

x	y	z	f
0	0	0	0
0	0	1	1
0	1	0	0
0	1	1	1
1	0	0	0
1	0	1	1
1	1	0	0
1	1	1	1

(e)

그림 3.2 그림 3.1의 샘플 회로에 대한 진리표 유도: (a) 입력과 출력 열들의 목록 작성 (b) 세 입력 변수의 가능한 모든 조합의 열거 (c) 입력 값 xyz = 000의 설명이 덧붙인 회로 (d) 입력 값 xyz = 001의 설명이 덧붙인 회로 (e) 회로에 대한 완벽한 진리표.

가 0이면 이 AND 게이트의 출력은 0(0과 어떤 값을 AND하면 0)이기 때문에, 제일 상단의 AND 게이트의 출력은 0이다. 남은 AND 게이트에 대해 마찬가지로 계속하면, 우리는 모든 AND 게이트의 출력 또한 0임을 알 수 있다. 그래서 x, y 및 z 값의 이 집합의 경우, $f = 0$이다. 이것은 그림 3.2(c)의 설명이 덧붙인 회로와 그림 3.2(e)에 나타낸 진리표의 출력 열에 나타나 있으며, 값 0이 $xyz = 000$인 첫 번째 행에 작성된다.

$xyz = 001$인 두 번째 행의 경우, 그림 3.2(d)의 설명이 덧붙인 회로에 나타낸 것처럼 최상단의 AND 게이트의 출력은 1이 된다. 1과 어떤 값을 OR하면 1이기 때문에, $f = 1$임을 알기 위해서 나머지 AND 게이트의 출력들을 추론할 필요가 없다. 그래서 $xyz = 001$인 두 번째 행의 경우, 우리는 그림 3.2(e)에 나타낸 진리표에서 f 열 아래에 1을 작성한다.

나머지 모든 입력 조합에 대하여 이런 형식으로 계속하면, 그림 3.2(e)에 나타낸 것처럼 회로의 최종 진리표를 완성된다.

출력 신호의 값을 정하기 위한 다른 더 빠른 방법은 역방향으로 작업, 즉 출력에서 입력까지의 회로를 추적하는 것이다. 여러분은 "출력이 언제 1 입니까?"라는 질문하기를 원한다. 그러면 출력이 1이 되기 위해서 입력 값이 어떤 값인지 알기 위해입력을 추적한다.

예를 들어, 그림 3.1의 동일한 회로를 이용하여 네 개의 OR 게이트 입력 중의 하나가 1일 때 f는 1이다. OR 게이트의 첫 번째 입력이 1이 되려면 최상단 AND 게이트의 출력이 1이어야 한다. 이것은 최상단의 AND 게이트의 입력이 모두 1이어야 한다는 의미이다. 이것은 x, y, 및 z가 0이 되면 0이고, 각각 x와 y는 반전되고 z는 반전이 아니면 1이 됨을 의미한다. 그래서 우리는 $xyz = 001$인 진리표의 두 번째 행에서 1을 갖는다. OR 게이트의 나머지 세 개 입력에 대해 이 해석을 반복하고, 그림 3.2(e)의 진리표에 표시된 것처럼 f가 1인 네 가지 입력 조합에 으로 결론을 내린다. 물론, 나머지 입력 조합들은 f가 모두 0이여서 수작업으로 해결할 필요가 없다.

예제 3.1

회로도로부터 진리표 유도

세 개의 입력 A, B, 및 C와 두 개의 출력 P 및 Q를 갖는 다음 회로도에서 진리표를 유도하자.

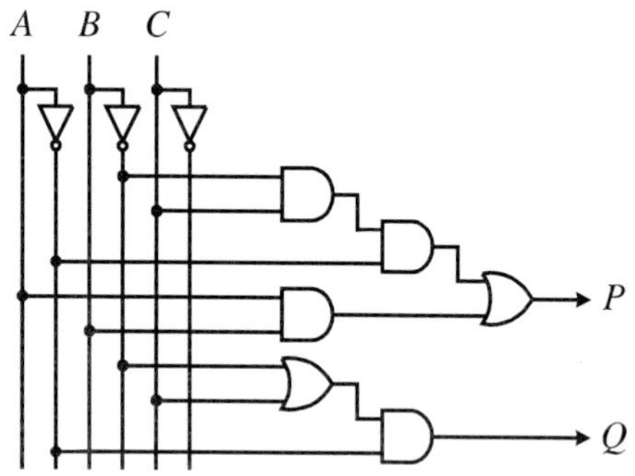

진리표에는 세 개의 입력에 대한 세 개의 열과 두 개의 출력에 대한 두 개의 열이 있다. 세 가지 입력 값의 가능한 모든 조합을 열거하면 표에 8개의 행이 표시된다. 입력 값의 각 조합에 대해 P와 Q의 출력 값을 정해야 한다. 출력으로부터 역추적하면, P는 OR 게이트의 출력에 연결되어 있다. 그래서 P가 1이 되려면 OR 게이트 입력 중의 하나가 1이어야 한다. 이 OR 게이트의 첫 번째 입력은 3-입력 AND 게이트를 만드는 두 개의 2-입력 AND 게이트에 연결되어 있다. AND 게이트의 출력은 $ABC=001$일 때 1이다. A와 B는 인버터에 연결되어 있기 때문에 A와 B는 모두 0이어야 한다. C는 직접 연결되어 있기 때문에 1이다.

OR 게이트의 두 번째 입력은 2-입력 AND 게이트의 출력에 연결되어 있다. 이 AND 게이트의 출력은 두 입력이 A와 B에 직접 연결되어 있기 때문에 $AB=11$일 때 1이다. 이 경우 C는 지정되지 않으므로 C가 0 또는 1일 수 있음을 의미한다. 따라서 다음 진리표에 P 열 아래의 표시된 것처럼 P가 1인 세 가지 입력 조합($ABC=001$, 110 및 111)을 얻는다. 나머지 입력 조합은 P에 대해 0을 생성한다.

출력 Q로부터 역추적하면, AND 게이트의 두 입력은 모두 1이어야 한다. 그래서 A는 0이어야 하며 B는 0이거나 C는 1이어야 한다. 이렇게 하면 다음 진리표에 Q 열 아래의 표시된 것처럼 Q가 1인 세 가지 입력 조합($ABC=000$, 001 및 011)이 제공된다.

A	*B*	*C*	*P*	*Q*
0	0	0	0	1
0	0	1	1	1
0	1	0	0	0
0	1	1	0	1
1	0	0	0	0
1	0	1	0	0
1	1	0	1	0
1	1	1	1	0

3.1.2 부울 함수 이용

조합회로를 자세히 설명하는 두 번째 방법은 부울 함수를 이용하는 것이다. 조합회로를 설명하는 부울 함수를 유도하기 위해, 기본 입력에서 기본 출력까지의 회로를 추적하는 것처럼 각 게이트의 출력에 부울 논리식을 적어 둔다. 이 방법은 진리표를 유도하는 것과 유사하지만, 0과 1의 값을 대체하는 대신에 부울 논리식을 적어 둔다. 2.4절과 2.5절에서 다양한 논리 게이트를 논리식으로 사용하는 표기법을 참조할 수 있다.

각 논리 게이트 출력에서 식을 추적할 수 있도록, 각 논리 게이트의 출력에 중간 논리식을 사용하여 설명을 덧붙일 수 있다. 그림 3.3에 나타낸 샘플 조합회로를 사용하여, 최상단 AND 게이트 출력의 표현식은 첫 번째와 두 번째 입력 모두가 x와 y의 반전된 값으로부터 나오고 마지막 입력은 z로부터 직접 나왔기 때문에 $x'y'z$임을 알 수 있다. 나머지 AND 게이트에 대한 논리 표현식은 각각

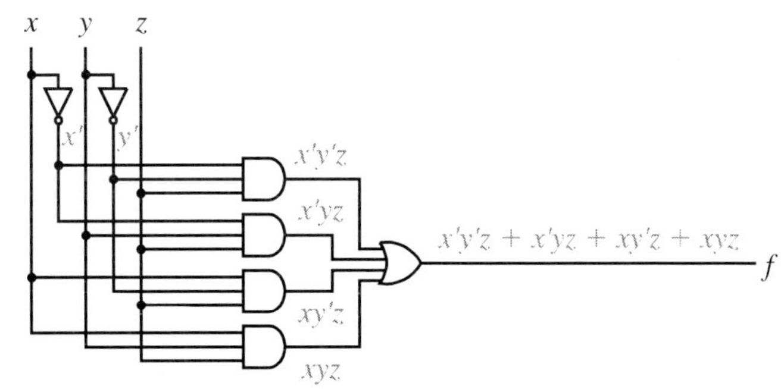

그림 3.3 샘플 조합회로.

$x'yz$, $xy'z$, 및 xyz이다.

최종 식의 모든 변수에 대해 가능한 모든 값의 조합을 대체한다면, 그림 3.2(e)에 나타낸 것처럼 동일한 진리표를 구하게 된다.

회로에 두 개 이상의 출력이 있다면, 각 출력에 하나의 식이 있어야 한다. 그 식은 완전히 서로 독립적으로 유도된다.

예제 3.2

회로도로부터 부울 함수 유도

세 개의 입력 x, y, 및 z와 두 개의 출력 f 및 g를 갖는 다음 회로도에서 부울 함수를 유도하자.

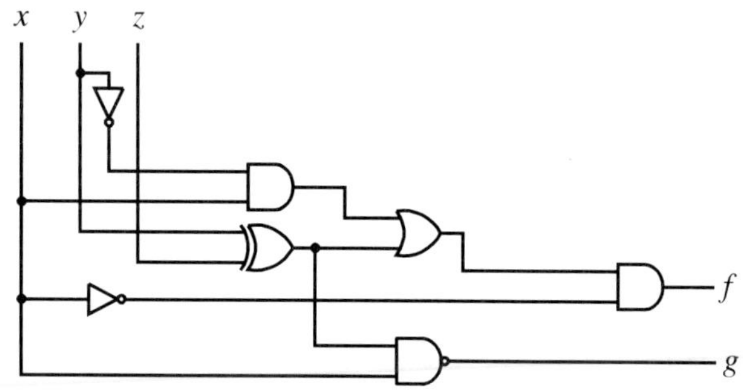

기본 입력 x, y, 및 z부터 시작하여, 각 논리 게이트의 출력에 결과 논리 표현식을 덧붙인다. 그래서 다음과 같은 설명이 덧붙인 회로를 얻는다.

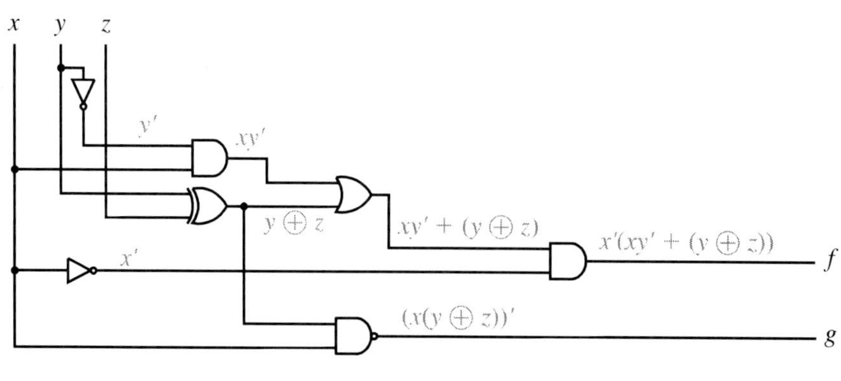

회로에 두 개의 출력 f와 g가 있기 때문에, 회로에 대한 두 개의 해당하는 부울

함수가 있게 된다. 해당 식은 다음과 같다.

$$f = x'(xy' + (y \oplus z))$$
$$g = (x(y \oplus z))'$$

3.2 조합회로의 합성

조합회로의 합성은 조합회로 해석의 역 절차와 같다. 합성에서, 우리는 회로의 동작에 대한 설명을 가지고 그것을 실현하는 회로를 유도하려고 한다. 주어진 설명에서 먼저 회로의 동작을 정확하게 설명하는 진리표 또는 부울 논리 함수를 유도한다. 실제 상황에서, 설명이 모호하여 정확한 진리표를 제시하지 못할 수도 있다. 이런 일이 발생하면, 여러분은 더 이상 모호함이 없을 때까지 당신에게 설명을 해준 사람에게 분명히 해야 할 것이다. 진리표나 부울 함수를 가지면, 우리는 쉽게 회로도로 변환할 수 있다.

예를 들어, "5보다 크거나 같은"을 테스트하기 위한 3-비트 부호없는 비교기 회로를 구성해 보자. 이 회로는 숫자가 5보다 크거나 같으면 1을 출력하고 그렇지 않으면 0을 출력한다. 3-비트 부호없는 수를 사용하므로, 입력 범위는 0부터 7이다. 그래서 회로는 입력이 0과 4(포함) 사이의 수이면 0을 출력하고, 입력이 5와 7(포함) 사이의 수이면 1을 출력한다. 우리는 3-비트 입력 값을 비교기에 표현하기 위해 세 개의 변수 x_2, x_1, 및 x_0를 사용한다. 설명으로부터 우리는 다음과 같은 진리표를 얻는다.

Decimal number	Binary number			Output
	x_2	x_1	x_0	f
0	0	0	0	0
1	0	0	1	0
2	0	1	0	0
3	0	1	1	0
4	1	0	0	0
5	1	0	1	1
6	1	1	0	1
7	1	1	1	1

일단 우리가 진리표를 가지면, 부울 함수와 회로도를 유도하는 것은 간단하다. 회로를 구성하는 데, 우리는 출력이 1(즉, 함수 f가 1일 때)일 때에만 관심이 있다. 다시 말해서, 부울 함수는 단지 2장에서 논의한 1-최소항의 한다.

이전의 진리표로부터, $f=1$인 세 개의 행이 있다는 것을 알 수 있다. $f=1$인 각 행에 대해서, 우리는 모든 입력을 함께 AND 할 것이다. AND 항의 변수는 변수가 0이면 반전되고, 변수가 1이면 반전되지 않는다. 첫 번째 AND 항에서, $x_2=1$, $x_1=0$, 및 $x_0=1$일 때 $f=1$이며 이를 만족하는 표현식이 $x_2x_1'x_0$이다. 마찬가지로, 두 번째와 세 번째 AND 항을 만족하는 표현식은 각각 $x_2x_1x_0'$와 $x_2x_1x_0$이다. 마지막으로, 이 세 개의 AND 항 중의 하나가 1일 때 $f=1$이 된다, 그래서 우리는 세 개의 AND 항들을 OR해서 최종 식을 구한다.

$$f = x_2x_1'x_0 + x_2x_1x_0' + x_2x_1x_0 \tag{3.1}$$

또한, 우리는 이 식을 약칭 최소항의 합 표기법으로 표시하면 다음과 같다.

$$f(x_2, x_1, x_0) = \sum(5,6,7)$$

부울 함수로부터 도식도를 그리기 위해, 우리는 단지 AND 연산자를 AND 게이트로, OR 연산자를 OR 게이트로, 프라임(′)을 NOT 게이트로 변환한다. 이식은 곱의 합 형식으로 곱(AND) 항의 합산(ORing) 한다는 의미이다. 곱의 합 식은 항상 AND 게이트로 구성된 첫 단계와 하나의 OR 게이트로 구성된 두 번째 단계로 이루어 진 2-단계 회로로 변환된다. 각 세 개의 AND 항은 세 개의 변수를 포함하여 각 세 개의 AND 항들을 3-입력 AND 게이트로 사용한다. 세 개의 AND 항들은 서로 OR 되어 있어, 세 개의 AND 게이트의 출력에 연결되는 3-입력 OR 게이트로 사용한다. 각각 반전된 변수의 경우, 인버터가 필요하다. 필요한 인버터의 최대 개수는 항상 함수의 변수 개수임을 주목하자. 식 3.1에서 유도된 도식도는 다음과 같다.

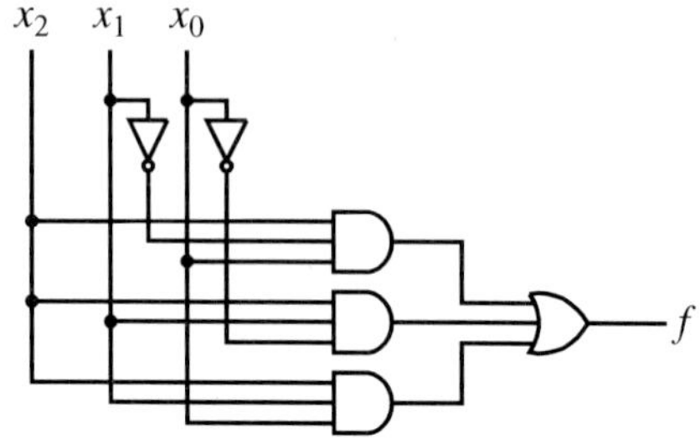

이 논의로부터, 임의의 조합회로는 진리표나 부울 식으로부터 AND, OR, 및 NOT 게이트를 이용하여 구성될 수 있음을 알았다. 진리표를 기반으로 직접, 회로를 구성한다면, 정규형이 될 것이다 일반적으로 이러한 형식의 회로는, 다음 절에서 볼 것처럼, 작은 크기의 회로로 단순화되고 감소된다.

예제 3.3

진리표로부터 조합회로 합성

다음 진리표로부터 조합회로를 합성하자. 세 개의 변수 a, b, 및 c가 입력 신호이며 두 개의 변수 x 및 y가 출력 신호이다.

a	*b*	*c*	*x*	*y*
0	0	0	1	0
0	0	1	0	0
0	1	0	1	1
0	1	1	1	0
1	0	0	0	1
1	0	1	1	1
1	1	0	1	0
1	1	1	0	0

우리는 진리표로부터 부울 식을 유도하여 식으로부터 회로를 유도할 수 있거나, 진리표로부터 직접, 회로를 유도 할 수도 있다. 예를 들어, 먼저 우리는 부울 식을 유도 할 것이다. 두 개의 출력 신호가 있기 때문에, 각각 출력 신호에 하나씩, 두 개의 식이 있을 것이다.

2.8절에서, 함수는 1-최소항을 합산하여 만들어 진다는 것을 알았다. 출력 x의 경우, 다섯 개의 최소항 m_0, m_2, m_3, m_5, 및 m_6이 있다. 이 다섯 개의 최소항은 다섯 개의 AND 항 $a'b'c'$, $a'bc'$, $a'bc$, $ab'c$, 및 abc'을 나타낸다. 그래서 x에 대한 식은 다음과 같다.

$$x = a'b'c' + a'bc' + a'bc + ab'c + abc',$$

마찬가지로, 출력 신호 y는 세 개의 1-최소항을 가지며, $a'bc'$, $ab'c'$, 및 $ab'c$이다. 그래서 y에 대한 식은 다음과 같다.

$$y = a'bc' + ab'c' + ab'c,$$

두 개의 식으로 구성된 조합회로는 그림 3.4(a)에 나타내었다. 각각 3-변수 AND 항은 3-입력 AND 게이트로 대체되었다. AND 게이트의 세 개의 입력은 세 개의 입력 변수 a, b, 및 c가 프라임(′)이 아니면 직접, 혹은 프라임(′)이면 NOT 게이트를 통해서 연결되었다. 출력 x의 경우, 5-입력 OR 게이트는 다섯 개의 AND 항에 해당되는 다섯 개의 AND 게이트의 출력을 연결하는 데 사용되었다. 출력 y의 경우, 3-입력 OR 게이트는 세 개의 AND 게이트의 출력을 연결하는 데 사용되었다.

두 개의 AND 항, $a'bc'$ 및 $ab'c$는 x와 y 식 모두에 나타나 있음을 주목하자. 결과적으로, 두 신호를 두 번 생성하기 위해 두 개의 독립된 AND 게이트가 필요하지 않다. 그림 3.4(b)에 나타낸 것처럼, 두 개의 AND 게이트를 중복하지 않음으로써 단순하게 회로의 크기를 감소시킬 수 있다.

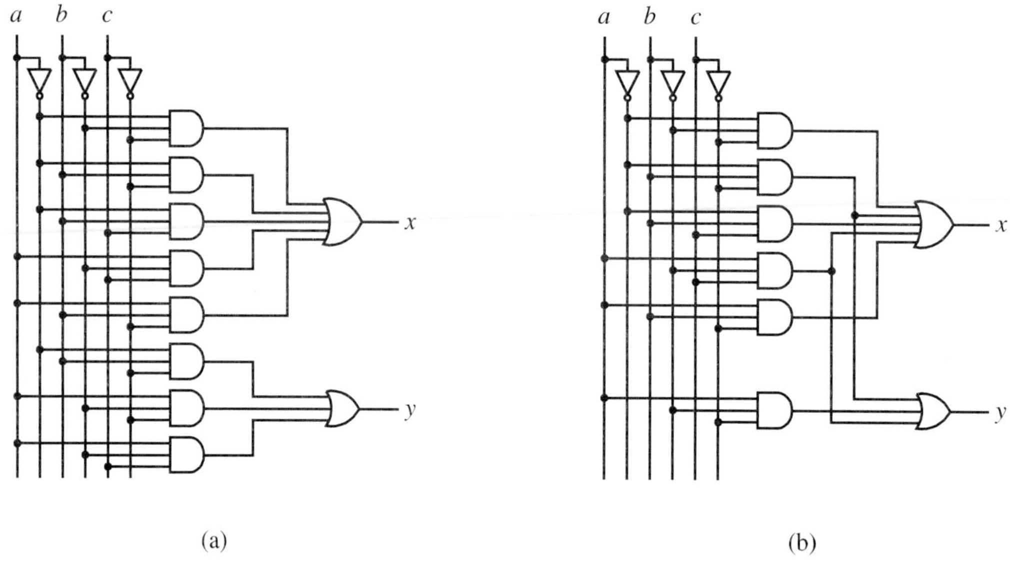

그림 3.4 예제 3.3에 대한 조합회로: (a) 감소시키지 않은 회로 (b) 감소시킨 회로.

3.2.1 NAND 게이트만 사용

1-단계 AND 게이트와 하나의 OR 게이트를 이용하는 2-단계 대신에 곱의 합 형식의 모든 조합회로의 경우, 모든 AND 및 OR 게이트들은 다음예제에 나타낸 것처럼 NAND 게이트로 대체될 수 있다. 실제로, 2-입력 AND 혹은 OR 게이트가 각각 6개 트랜지스터가 사용되는 반면에 2-입력 NAND 게이트는 단지 4개의 트랜지스터를 사용하기 때문에, AND 및 OR 게이트 대신에 NAND 게이트를 사용하는 것은 회로의 트랜지스터 수를 감소시킨다. 기본 게이트를 트랜지스터로 구현하는 자세한 논의는 온라인 챕터 "구현 기술"을 참조하길 바란다.

예제 3.4

2-단계 곱의 합 회로를 NAND 게이트만 사용하여 변환

2-단계 곱의 합 회로를 NAND 게이트만 사용하여 변환하자.

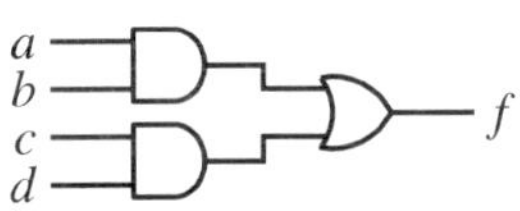

먼저, AND 게이트는 NAND 게이트와 이어서 오는 NOT게이트로 대체할 수 있음을 주목하자. 다음, 부울 대수와 드모르간 정리를 이용하여 다음 OR 게이트의 등식을 얻는다.

$$
\begin{aligned}
x + y &= (x + y)'' \\
&= (x'y')'
\end{aligned}
$$

다시 말해서, OR 게이트는 두 입력이 반전된 NAND 게이트로 대체할 수 있다. 그래서 다음 등가 회로를 구한다.

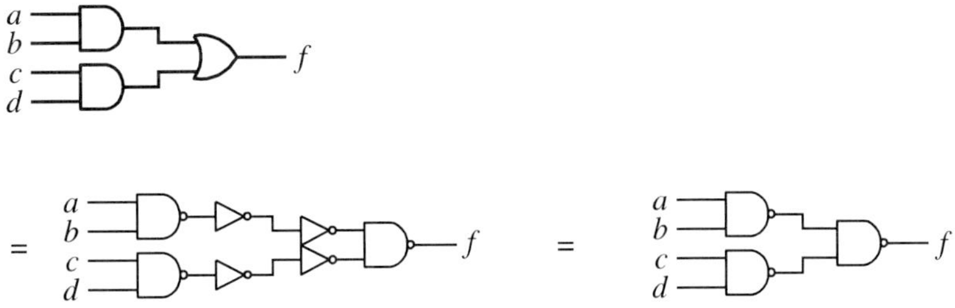

3.3 조합회로의 최소화

디지털 회로를 구성할 때, 기능적으로 올바른 회로를 설계할 수 있을 뿐만 아니라, 우리는 크기, 속도 및 전력 소모 측면에서 회로를 최적화하고 싶다. 이 절에서, 우리는 회로의 크기를 감소시키는 데 초점을 둘 것이다. 회로 크기의 감소는 일반적으로 속도를 증가시키고 전력소모를 감소시킨다. 우리는 전 절에서 조합회로는 부울 함수로 표현할 수 있다는 것을 알았다. 회로의 크기는 함수 표현식의 크기와 복잡도에 직접적으로 비례한다. 사실, 함수 표현식과 회로 크기는 1:1 대응이다. 2.7절에서, 부울 대수 정리를 이용하여 부을 함수를 다른 등가 함수로 변형하는 방법을 알았다. 결과 함수가 본래 함수보다 간단하면, 더 작은 크기로 회로를 구현 할 수 있어서, 더 작은 함수를 기반으로 회로를 구현한다.

부울 대수를 사용하여 더 간단한 함수로 변환하는 것은, 특히 컴퓨터에서 쉬운 일이 아니다. 다음에 사용할 정리를 나타내는 공식은 없다. 다행히도, 부울 함수를 감소시크는 더 쉬운 방법이 있다. 카르노 맵(Karnaugh map) 방법은 방정식을 수작업으로 감소시키는 쉬운 방법이며, 3.4.1 절에서 논의한다. 그러나 이 방법은 적은 변수에만 적합하다. 3.3.4 절에서 논의하는 식을 감소시키는 Quine-McCluskey 혹은 표 작성(tabulation) 방법은 컴퓨터 프로그래밍에 이상적이며 식에 사용되는 변수의 개수에 제한이 없다.

3.3.1 부울 대수

진리표에서 회로를 합성할 때, 일반적으로 우리는 진리표에서 직접 유도되는 정규형 최소항의 합 형식의 부울 식에서 시작한다. 최소항의 합 형식의 부울 식을 최소화하기 위해, 우리는 일반적으로 공통 변수를 인수분해하여 곱의 항을 감소시켜야 한다. 그렇게 하여, 곱 항에서 사용되는 변수의 수를 감소시킨다. 예를 들어, 두 개의 곱 항이 있는 3-변수 함수가 다음과 같이 주어졌다.

$$F = xy'z' + xyz'$$

함수의 두 개의 곱 항은 두 개의 공통 변수 x와 z'를 가지고 있어서 그 항을 인수분해하여 다음과 같이 감소시킨다.

$$F = xy'z' + xyz'$$

$$= xz'(y' + y)$$
$$= xz'1$$
$$= xz'$$

다시 말해서, 한 항에서는 0(프라임), 다른 항에서는 1(언프라임)의 값을 갖는 한 변수만 다른 두 곱 항은 함께 결합되어 변수가 생략되는 1 항으로 만들어질 수 있다. 그래서 곱 항의 개수가 감소하여, 결과적으로 곱 항의 변수가 한 개 줄어든다. 곱 항의 개수를 감소시켜, 필요한 AND 게이트 개수뿐만 아니라 표현식의 OR 연산자의 개수도 감소시켜서 OR 게이트의 입력 개수를 감소시키게 된다. 곱 항의 변수의 개수를 감소시켜, 표현식에서 AND 연산자의 개수를 감소시켜서 AND 게이트의 입력 개수를 감소시키게 된다.

가끔 식에서 한 개 혹은 그 이상의 항을 중복하는 것은 유익할 수 있다. 이것은 더 많은 곱 항들이 결합되어 다음 예제에 나타낸 것처럼 감소될 수 있도록 동일한 식에서 곱 항은 필요한 만큼 여러 번 재사용 될 수 있다.

예제 3.5

부울 대수를 이용하여 부울 식을 감소시킴

부울 대수를 이용하여 3-변수 부울 식 $F = x'yz' + x'yz + xyz'$을 감소시켜라.

우리는 식에서 첫 번째 및 두 번째 항은 동일하게 두 변수 x' 및 y를 가지고 있음을 알 수 있다. 게다가, 첫 번째 및 세 번째 항은 동일하게 두 변수 y 및 z'를 가지고 있다. 첫 번째 항은 식의 감소를 위해 두 번째 항과 한번, 세 번째 항과 한 번, 이렇게 두 번 필요하기 때문에, 식의 변화 없이 첫 번째 항을 중복해서 사용할 수 있다. 그 후 다음과 같이 인수분해하여 식을 감소시킬 수 있다

$F = x'yz' + x'yz + xyz'$	
$= x'yz' + x'yz + xyz' + x'yz'$	멱등 정리 7b에 의해 첫 번째 항을 중복
$= (x'yz' + x'yz) + (x'yz' + xyz')$	교환 정리 10b
$= x'y(z' + z) + yz'(x' + x)$	분배 정리 12b
$= x'y1 + yz'1$	정리 9b
$= x'y + yz'$	정리 6a
$= y(x' + z')$	분배 정리 12b

$= y(xz)'$ 드모르간 정리 13a

원래 식의 회로는 세 개의 3-입력 AND 게일, 한 개의 3-입력 OR 게이트, 및 두 개의 NOT 게이트가 필요하다. 최종 감소된 식은 단지 한 개의 2-입력 AND 게이트와 한 개의 2-입력 NAND 게이트가 필요하다.

3.3.2 카르노 맵

전 절에서, 우리는 두 개 이상의 항에 존재하는 유사한 변수들을 결합하여 부울 식을 감소시키는 방법을 보았다. 그러나 단지 논리함수의 진리표 혹은 식을 보면서, 곱 항이 어떻게 결합되고 최소화될 수 있는지 알기 어렵다. **카르노 맵**(혹은 **K-맵**)은 곱 항들을 결합하는 단순하고 간단한 절차를 제공해 준다. K-맵은 논리함수 진리표의 도식화한 표현이며, 여기서 최소항이 결합될 수 있는 지 쉽게 확인할 수 있도록 최소항들이 그룹화된다. K-맵은 2차원 정사각형 배열이며, 각각은 부울 함수의 하나의 최소항을 나타낸다. 그래서 n-변수 함수의 K-맵은 2^n 정사각형 배열이다.

그림 3.5는 2, 3, 4, 및 5 변수의 함수에 대한 K-맵을 나타낸다. 열과 행의 라벨링은 두 개의 인접한 열 또는 행이 단 한 비트 변경에서만 달라지는 것을 주목하라. 이 조건은 인접한 정사각형의 최소항이 변수 한 개 또는 비트 값만 다르길 원하기 때문에 이 최소항은 함께 결합될 수 있다. 이것은 세 번째와 네 번째 열, 세 번째와 네 번째 행에 대한 레이블이 항상 상호 교환되는 이유이다. K-맵을 읽을 때 두 개의 끝 열이나 행이 겹치는 것처럼 시각화해야 한다. 그래서 첫 번째와 마지막 열과 첫 번째와 마지막 행은, 또한 단 한 비트가 다르기 때문에, 서로 실제로 인접한 것이다.

그림 3.5에서, K-맵 정사각형은 쉽게 참조할 수 있도록 최소항과 최소항의 숫자가 주석이 표시되어 있다. 예를 들어, 2-변수 K-맵에 대한 그림 3.5(a)에서, 파란색으로 강조 표시된 첫 번째 행과 두 번째 열의 항목은 $x'y$로 표시되며 숫자 1로 주석이 달린다. 이것은 첫 번째 행은 변수 x가 0일 때이고 두 번째 열은 변수 y가 1일 때이기 때문이다. 최소항의 경우 값이 0이면 변수에 프라임이고 값이 1이면 프라임을 하지 않기 때문에, 이 항목은 최소항 $x'y$를 나타내며, 최소항 숫자 1이다. 행과 열을 다르게 라벨을 붙이면 최소항과 최소항 숫자는 다른 위치가

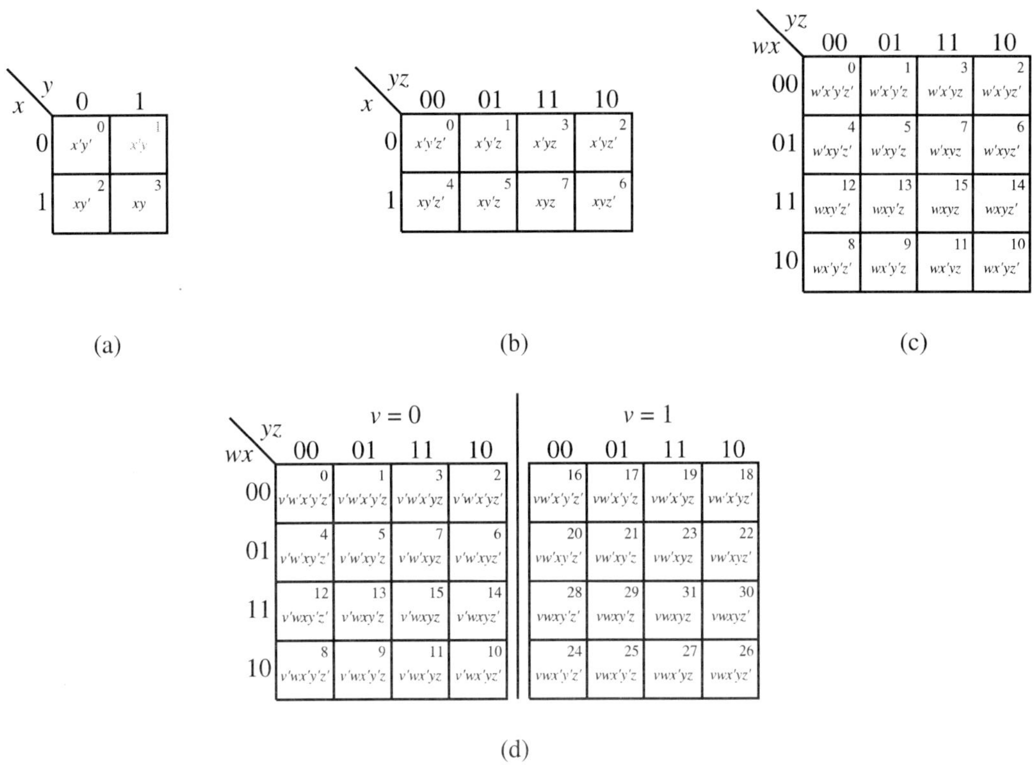

그림 3.5 카르노 맵: (a) 2 변수 (b) 3 변수 (c) 4 변수 (d) 5 변수.

되는 것을 주목하자. K-맵을 이용하여 식을 최소화할 때, 정사각형에 최소항을 쓰지 않고, 대신에 정사각형에 0과 1을 넣는다.

그림 3.5(d)에 나타낸 것처럼, 5-변수 K-맵의 경우, $v=1$인 우측 절반 배열과 $v=0$인 좌측 절반 배열로 나타내야 한다. 다시 말해서, 우리는 K-맵을 3차원으로 볼 필요가 있다. 따라서 최소항 2와 16의 정사가형이 서로 옆에 위치하지만 서로 인접한 것으로 간주되지 않는다. 반면에, 최소항 0과 16은 좌우 배열의 동일한 위치에 있기 때문에, 서로 인접해 있다.

주어진 부울 함수에서, 함수에 대한 최소항이 각각 0-최소항인지 혹은 1-최소항인지에 따라, 각각의 K-맵 정사각형의 값을 0 혹은 1를 정한다. 그러나 우리는 오직 함수의 1-최소항을 이용하는 것에 관심이 있기 때문에, 종종 0-최소항 정사각형은 기록되지 않는다.

예를 들어, 2-변수 함수에 대한 K-맵은 다음과 같다.

$$F=x'y'+x'y+xy$$

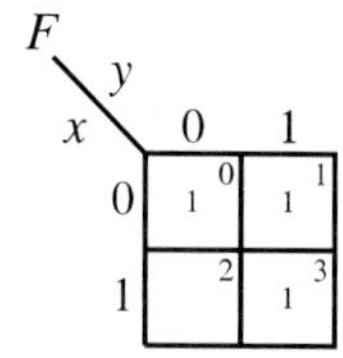

함수에 세 개의 1-최소항 m_0, m_1, 및 m_3이 있으며, 이 항들은 K-맵의 세 개 정사각형에 1로 표시되는 것에 해당된다. 두 개의 1-최소항 m_0 $(x'y')$ 및 m_1 $(x'y)$은 인접한 정사각형에 있으며, 단지 하나의 변수만 다르다는 것을 의미한다. 이 경우에 두 최소항의 경우 x는 0 이나, y는 한 최소항은 0이고 다른 최소항은 1이다. 그래서 변수 y는 삭제될 수 있으며 두 개의 항은 서로 결합하여 x'로 된다. x'에서 프라임은 두 최소항에서 x가 0이기 때문이다. 다음 등식에 해당하는 추론은 다음과 같다.

$$x'y' + x'y = x'(y' + y) = x'(1) = x'$$

마찬가지로, 두 개의 1-최소항 m_1 $(x'y)$ 및 m_3 (xy)은 또한 서로 인접하고, y는 두 개의 최소항에서 동일한 값을 갖는 함수여서다음과 같이 결합된다.

$$x'y + xy = (x' + x)y = (1)y = y$$

이 1-최소항의 결합은 다음 K-맵에 도식적으로 나타내었다.

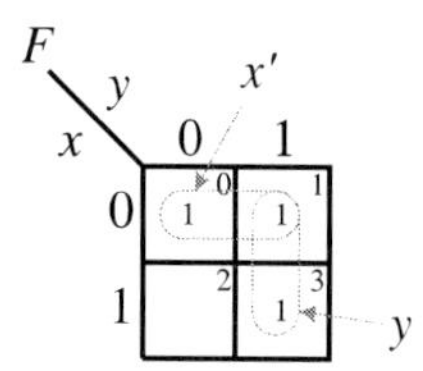

우리는 하나 이상의 인접 1-최소항을 둘러싸거나 덮는 직사각형을 나타내기 위해서 **서브큐브**(subcube)라는 용어를 사용한다. 위의 2-변수 K-맵에서 두 개의 서브큐브 x'와 y가 있다. 서브큐브가 유용하기 위해서는 다음 두 가지 조건을 만족해야 한다.

1. 형태는 직사각형이어야 한다.
2. 둘러싸고 있는 1-최소항의 개수는 2의 멱승이어야 한다.

공식적으로, n-변수 K-맵의 경우, m-서브큐브는 2m 최소항의 집합으로 정의되며, 이 집합에서 변수의 $n-m$은 모든 최소항에서 동일한 값을 가질 것이며, 반면에 남은 변수는 0과 1의 2^m개의 가능한 조합을 가질 것이다. 따라서 모든 1-최소항은 0-서브큐브. 두 개의 인접한 1-최소항은 1-서브큐브 등등 이렇게 부른다. 이전 2-변수 K-맵에는 x' 라벨과 y 라벨이 있는 두 개의 1-서브큐브가 있다.

2-서브큐브는 네 개의 인접한 1-최소항을 가지며, 그림 3.6(a)부터(e)까지 나타낸 형태 중의 하나가 될 수 있다. 네 개의 1-최소항이 서로 물리적으로 인접하지 않아도, 그림 3.6(d) 및(e) 또한 2-서브큐브를 형성하는 것을 주목하자. K-맵에서 첫 번째와 마지막 행 및 첫 번째와 마지막 열을 둘러싸기 때문에 이들은 인접하다고 고려된다. 3.6(f)에서, 1-최소항들이 서로 물리적으로 인접하지만 정사각형을 형성하지 못하기 때문에, 네 개의 1-최소항은 2-서브큐브를 형성할 수 없다. 그러나 이 1-최소항들은 세 개의 1-서브큐브($y'z$,$x'y'$, 및 $x'z$)를 형성하기 위해 분리될 수 있다. 우리는 서브큐브는 해당 서브큐브의 모든 최소항에 대해 동일한 값을 갖는 변수에 의해 특성화된다고 말한다. 일반적으로 n-변수 K-맵에 대한 m-서브큐브는 n-m 변수로 특성화된다. 모든 변수에 대해 유사한 값이 1인 경우, 해당 변수는 언프라임인 반면 모든 변수에 대해 유사한 값이 0이면 해당 변수는 프라임이 된다. 부울 표현식에서, 최소항이 인수분해로 서로 결합될 때 발생하는 더 작은 곱 항과 동일하다.

예를 들어, 그림 3.6(d)의 2-서브큐브는 모든 1-최소항에 대해 z값이 0인 반면에 x와 y에 대한 값은 모든 1-최소항에 대해 동일하지 않기 때문에, z'로 특성화된다. 마찬가지로, 그림 3.6(e)의 2-서브큐브는 $x'z'$로 특성화된다. 그림 3.6(d)와 (e)는 모두 2-서브큐브를 형성하는 네 개의 1-최소항을 갖지만, 그림 3.6(d)의 서브큐브는 단 하나의 변수 z'로 특성화되는 반면에, 그림 3.6(e)의 서브큐브는 두 개의 변수 $x'z'$로 특성화된다. 이것은 첫 번째 K-맵의 함수는 단지 세 개의 변수를 갖는 반면에, 두 번째 K-맵의 함수는 네 개의 변수를 갖기 때문이다.

그림 3.7에 나타낸 5-변수 K-맵의 경우, 우리는 우측 절반 배열($v=1$)이 좌측 절반 배열($v=0$)의 위에 있다고 시각화해야 한다. 그래서 예를 들어, 최소항 20은 최소항 4 위에 있기 때문에 두 항은 인접해 있어서 1-서브큐브 $w'xy'z'$를 형성한다. 최소항 6은 최소항 20과 맵 상에서 물리적으로 인접해 있지만, 서로 결합될 수 없다. 왜냐하면, 우측 절반을 좌측 절반의 위에 있는 것으로 시각화하면 두 항은 실제로 서로 위에 있지 않기 때문이다. 대신에 최송항 6은 최소항 4에

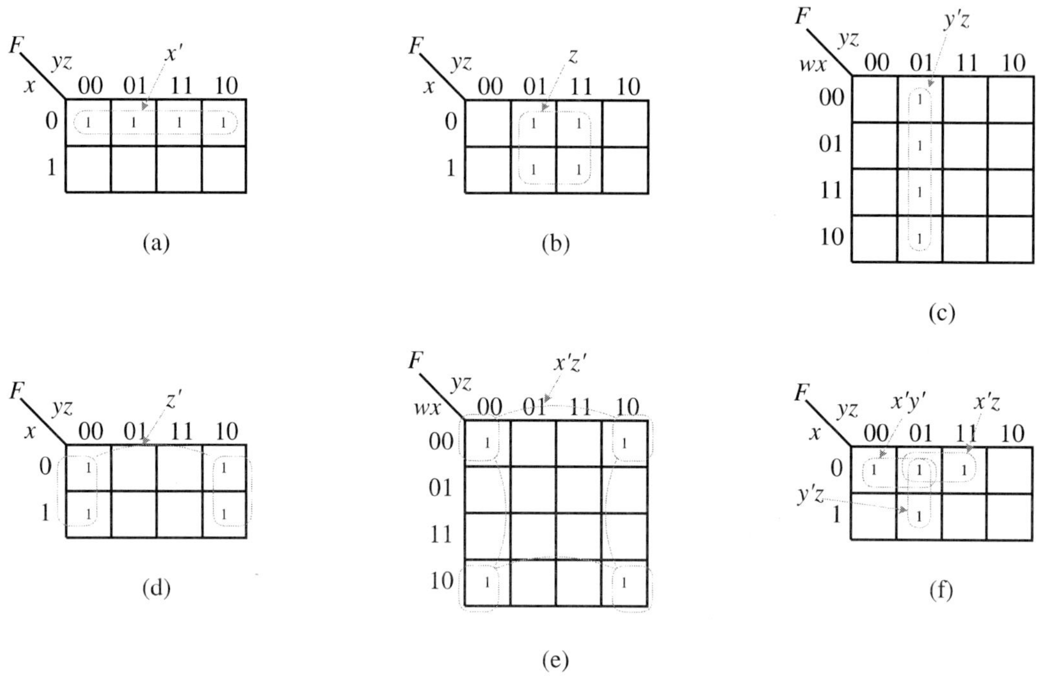

그림 3.6 2-서브큐브를 K-맵의 예: (a) 3 변수 (b) 3 변수 (c) 4 변수 (d) 순환 서브큐브가 있는 3 변수 (e) 순환 서브큐브가 있는 4 변수 (f) 2-서브큐브를 형성할 수 없는 네 개의 인접한 최소항.

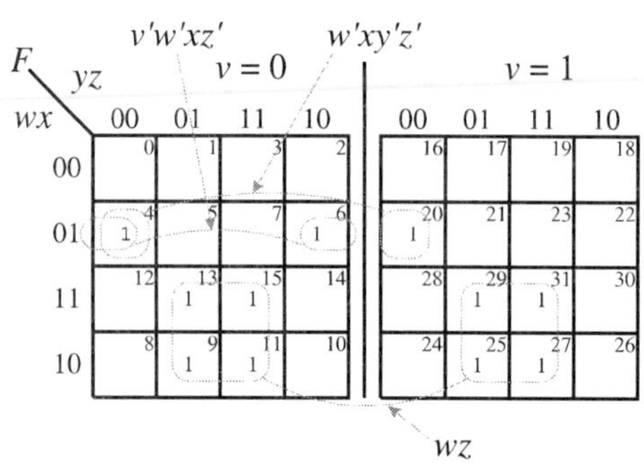

그림 3.7 세 개의 순환 서브큐브를 갖는 5-변수 K-맵.

열이 둘러싸기 때문에 인접해 있으며, 서브큐브 $v'w'xz'$를 형성한다. 최소항 9, 11, 13, 15, 25, 27, 29, 및 31은 모두 인접해 있어서, 이들은 함께 4-서브큐브 wz를 형성한다. 5-변수 K-맵을 3 차원으로 볼 때, 서브큐브의 형태를 3 차원 정사각형이 되도록 변경해야 함을 주목하자.

이러한 시각화 기술은 변수의 수가 더 증가하면 거의 작업이 불가능하다는 것을 알 수 있다. 그래서 K-맵은 많은 변수를 이용한 보다 실제적인 설계에 적합하지 않으며, 대신에 표 작성방법(tabulation method) 방법이 식의 크기를 감소시키는 데 사용된다.

K-맵은 정규형의 부울 함수를 표준형으로 감소시킨다. K-맵 방법이 목적은 주어진 함수에서 가능한 모든 1-최소항을 포함하는 적은 서브큐브를 찾는 것이다. 이것은 자연스럽게 서브큐브의 크기가 가능한 한 커야 한다는 것을 의미한다. 이것은 각 서브큐브가 곱 항에 해당하며, 모든 서브큐브 (또는 곱 항)는 함수를 구현하기 위해 함께 OR 되어야하기 때문이다. 더 큰 서브큐브는 곱 항의 변수가 적기 때문에 더 적은 AND 게이트가 필요하며, 더 적은 서브큐브는 OR 게이트에 더 적은 입력을 요구하게 될 것이다.

K-맵을 이용한 절차는 다음과 같다.

1. 주어진 함수에 대해 적절히 K-맵을 그리고, 함수의 1-최소항에 해당하는 정사각형에 1을 배치한다.
2. 각 1-최소항에 대해 이 1-최소항을 포함하는 가장 큰 서브큐브를 구한다. 이 가장 큰 서브큐브는 **주항**(PI: prime implicant)으로 알려져 있다. 정의에 의해서, 주항은 다른 서브큐브 내에 포함되지 않은 서브큐브이다. 만약 가장 큰 서브큐브와 동일한 크기의 서브큐브가 하나 이상 있다면, 그것들은 모두 주항이다.
3. 단 하나의 주항에 포함되어 있는 1-최소항을 찾아라. 이 주항은 특정한 1-최소항을 포함하는 유일한 서브큐브이므로, 이 주항은 최종 답에 있어야 한다. 이 주항은 **필수 주항**(EPI: essential prime implicant)라고 한다. 정의에 따르면, 필수 주항은 다른 주항에 포함되지 않은 1-최소항을 포함하는 주항이다.
4. 모든 1-최소항은 최소한 하나의 주항에 포함되도록 가능한 최소 수의 주항을 선택하여 최소 커버 목록(cover list)을 작성한다. 이 커버 목록에는 모든 필수 주항 및 나머지 주항 중 0개 이상이 포함되어야 한다. 특정 1-최소항은 하나 이상의 주항에 포함되는 것은 허용되지만 모든 1-최소항은 포함되어야 한다.
5. 최종 최소 함수는 최소 커버 목록에서 모든 주항들을 OR해서 구한다.

K-맵 방법으로 구한 최종 최소 함수는 가장 감소된 형식이 아닐 수 있다는 것을 주목하자. K-맵 방법으로 구한 최종 최소 함수는 가장 축소된 표준형일 뿐이다. 때로는 부울 대수를 이용하여 표준형을 비표준형으로 더 감소시키는 것이 가능하다.

예제 3.6

K-맵을 이용한 4-변수 함수 최소화

K-맵을 이용하여 1-최소항 m_0, m_2, m_5, m_7, m_{10}, m_{13}, m_{14}, 및 m_{15}를 갖는 4-변수(w, x, y, 및 z) 함수 F를 최소화하자.

우리는 각 여덟 개 최소항 정사각형에 1을 배치한 다음 4-변수 K-맵으로 시작한다.

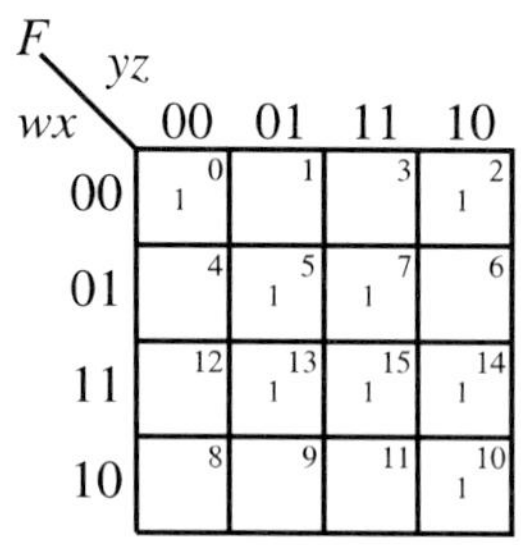

각 1-최소항의 주항은 다음 K-맵과 표에 나타내었다.

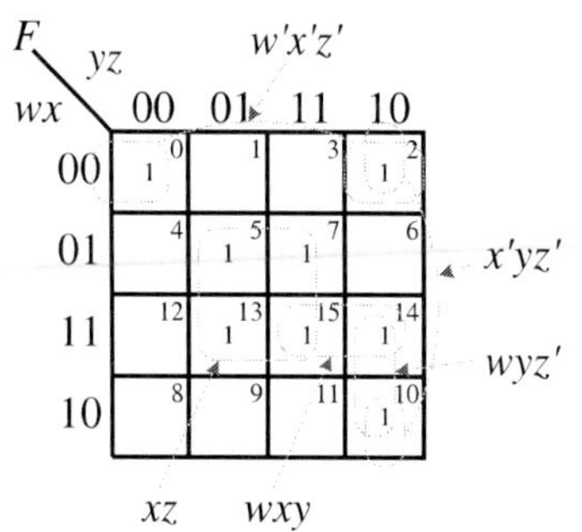

1-minterm	Prime Implicant	Essential PI
m_0	$w'x'z'$	$w'x'z'$
m_2	$w'x'z'$, $x'yz'$	
m_5	xz	xz
m_7	xz	xz
m_{10}	$x'yz'$, wyz'	
m_{13}	xz	xz
m_{14}	wyz', wxy	
m_{15}	xz	

최소항 m_0의 경우, 단 한 개의 주항, $w'x'z'$만 있다. 최소항 m_2의 경우, m_2를 포함하는 두 개의 1-서브큐브가 있으며 가장 큰 것이다. 그래서 m_2는 두 개의 주항 $w'x'z'$와 $x'yz'$를 갖는다. m_{14}를 고려해 보면, m_{14}를 포함하는 두 개의 1-서브큐브가 있으며 가장 큰 것이다. 그래서 m_{14} 또한 두 개의 주항을 갖는다. 그러나 최소항 m_{15}는 단 한 개의 주항 xz를 갖는다. 비록 1-서브큐브 wxy 또한 m_{15}를 포함하지만, 2-서브큐브 xz보다 작기 때문에 주항이 아니다.

K-맵에서 다섯 개의 주항 $w'x'z'$, $x'yz'$, xz, wyz', 및 wxy이 있다는 것을 알 수 있다. m_0는 $w'x'z'$에만 포함되고 m_5, m_7, 및 m_{13}은 xz에만 포함되기 때

문에, 다섯 개의 주항에서 $w'x'z'$와 xz는 필수 주항이다.

우리는 두 개의 필수 주항 $w'x'z'$와 xz를 포함하는 최소 커버 목록으로 시작한다. 이 두 개의 서브큐브는 최소항 m_0, m_2, m_5, m_7, m_{13}, 및 m_{15}를 포함한다. 남은 두 개의 포함되지 않은 최소항 m_{10}와 m_{14}를 포함하기 위해, 가능한 적은 주항을 사용해야 한다. 그래서 두 최소항을 포함하는 wyz'를 주항으로 선택한다.

마지막으로, 다음의 감소된 표준형 식은 최소 커버 목록에서 두 개의 필수 주항과 한 대의 주항을 OR해서 구한다.

$F = w'x'z' + xz + wyz'$

표준형 식은 첫 번째와 마지막 항에서 z'로 인수분해하여 비 표준형 식으로 더 감소시킬 수 있다는 것을 주목하자.

$F = z'(w'x' + wy) + xz$

예제 3.7

K-맵을 이용한 5-변수 함수 최소화

K-맵을 이용하여 1-최소항 $v'w'x'yz'$, $v'w'x'yz$, $v'w'xy'z$, $v'w'xyz$, $vw'x'yz'$, $vw'x'yz$, $vw'xyz'$, $vw'xyz$, $vwx'y'z$, $vwx'yz$, $vwxy'z$, 및 $vwxyz$를 갖는 5-변수(v, w, x, y, 및 z) 함수 F를 최소화하자.

먼저 다음 K-맵을 구한다.

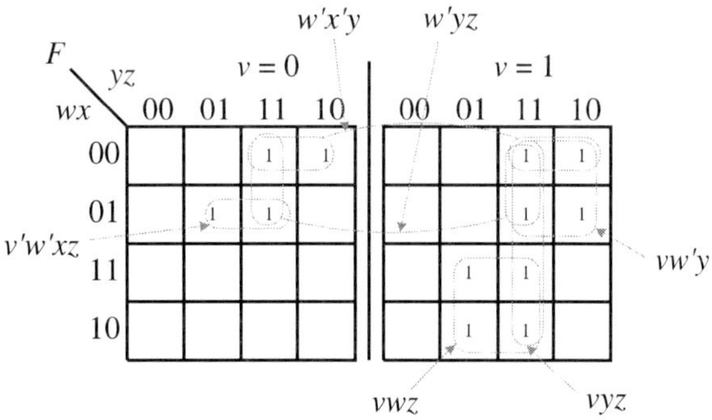

주항의 목록은 $v'w'xz$, $w'x'y$, $w'yz$, $vw'y$, vyz, 및 vwz 이다. 이 주항 목록에서 네 개 $v'w'xz$, $w'x'y$, 및 $vw'y$가 필수 주항이다. 네 개의 필수 주항은 모든 1-최소항을 포함할 수 있다. 그래서 표준형의 답은 다음과 같다.

$$F = v'w'xz + w'x'y + vw'y + vwz$$

3.3.3 무정의(Don't-Cares)

함수가 모든 경우에 규정되지 않을 때가 있다. 다시 말해서, 가끔, 값이 0 혹은 1이던지 상관없는 함수에 대한 최소항이 있다. 이러한 "**무정의**(don't-care)" 최소항에 대한 K-맵을 그릴 때 0 또는 1 대신에 해당 사각형에 "x"를 지정한다. 일반적으로 이러한 ×가 0 또는 1이 될 수 있다는 것을 기억한다면 함수는 더욱 감소될 수 있다. K-맵을 그릴 때를 떠올리면서, 서브큐브를 확대하면 해당 항의 변수 수가 감소한다. 따라서 서브큐브를 그릴 때 이러한 × 중 일부를 1로 취급하면 일부 서브큐브는 확대될 수 있다. 반면에, 만약 이런 ×들 중 일부가 서브큐브를 확대하는 데 도움이 되지 않는다면, ×들을 0으로 취급하여 포함할 필요가 없도록 한다. 모든 ×를 1 또는 0으로 처리할 필요는 없다. 일부 ×는 0으로, 일부는 1로 지정할 수 있다.

예를 들어, 다음 1-최소항과 무정의 항을 갖는 4-변수 함수(w, x, y, z)에서

1-최소항: m_0, m_1, m_2, m_3, m_4, m_7, m_8, 및 m_9

×-최소항: m_{10}, m_{11}, m_{12}, m_{13}, m_{14}, 및 m_{15}

주항 x', yz, 및 $y'z'$를 갖는 다음 K-맵을 구한다.

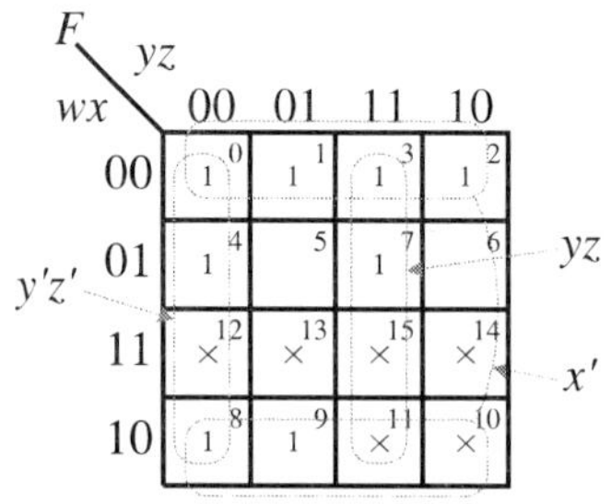

x'로 특성화된 4-서브큐브를 구하기 위해서, 두 개의 무정의 최소항 m_{10}과 m_{11}은 1값을 가졌음을 주목하자. 마찬가지로, 무정의 최소항 m_{12}과 m_{15}는 서브큐브 $y'z'$와 yz를 위해 각각 1로 할당되었다. 반면에, 무정의 최소항 m_{13}과 m_{14}는 0 값을 가지되 되어 두 무정의 항은 답에 포함되지 않는다. 감소된 표준형 함

수는 K-맵에서 다음과 같이 구해진다.

$$F = x' + yz + y'z'$$

이 식은 $yz + y'z' = y \odot z$ 임을 인식하면 더욱 감소될 수 있다. 그래서

$$F = x' + y \odot z$$

3.3.4 표 작성 방법(Tabulation Method)

K-맵은 최대 다섯 개의 변수에 대해 최소 표준형 부울 함수를 수작업으로 구하는 데 유용하다. 그러나 변수가 다섯 개 이상인 함수의 경우, 최소항을 서브큐브로 결합하는 방법을 시각화하기가 어려워진다. 더욱이, K-맵 알고리즘은 컴퓨터 프로그램으로 변환하는 데 간단하지 않다. 컴퓨터 프로그래밍에 더 적합한 **표 작성 방법**이 있으며, 따라서 변수가 많은 정규형으로 주어진 임의의 함수를 해결할 수 있다. 표 작성 방법은 Quine–McCluskey 방법으로 알려져 있다.

예제 3.8

Quine–McCluskey 알고리즘의 설명

이제 예제 3.6의 동일한 4-변수 함수를 사용하여 Quine-McCluskey 알고리즘을 설명한다.

$$F(w,x,y,z) = \sum (0,2,5,7,10,13,14,15)$$

초기 표를 구성하기 위하여, 최소항은 해당 최소항 숫자의 2진 표현에서 1의 수에 따라 그룹화 된다. 예를 들어, m_0(0000)은 1이 없고, m_2(0010)는 한 개의 1이 있고, m_5(0101)는 두 개의 1이 있다. 따라서 위에서 설명한 함수에서 구한 0-서브큐브(즉, 단 한 개의 최소항만 있는 서브큐브)의 초기 표는 다음과 같다.

그룹 G_0는 1이 없는(m_0) 모든 최소항을 포함하며, 그룹 G_1는 한 개의 1이 있는(m_2) 모든 최소항을 포함하며, 그룹 G_2는 두 개의 1이 있는(m_5 및 m_{10}) 모든 최소항을 포함하며, 그룹 G_3는 세 개의 1이 있는(m_7, m_{13}, 및 m_{14}) 모든 최소항을 포함하며, 마지막으로 그룹 G_4는 네 개의 1이 있는(m_{15}) 모든 최소항을 포함한다. "서브큐브 값" 열은 각 서브큐브 최소항에 대한 변수의 2진 값을 열거

Group	Subcube Minterms	Subcube Value				Subcube Covered
		w	*x*	*y*	*z*	
G_0	m_0	0	0	0	0	✔
G_1	m_2	0	0	1	0	✔
G_2	m_5	0	1	0	1	✔
	m_{10}	1	0	1	0	✔
G_3	m_7	0	1	1	1	✔
	m_{13}	1	1	0	1	✔
	m_{14}	1	1	1	0	✔
G_4	m_{15}	1	1	1	1	✔

한다. "커버된 서브큐브(Subcube Covered)" 열은 다음 단계에서 채워진다.

단계 2에서, 다음에서 나타낸 것처럼 첫 번째 표에서 한 비트 위치만 다른 인접한 그룹의 서브큐브(최소항)를 결합하여 두 번째 표를 구성한다. 예를 들어, m_0와 m_2는 y 비트에서만 다르다. 그래서 두 번째 표에 두 개의 m_0와 m_2를 포함하는 1-서브큐브에 대한 항목이 있다. 하이픈(−)은 두 개의 최소항에서 다른 비트 위치에 사용된다. 이 1-서브큐브는 두 개의 개별 최소항 m_0와 m_2를 포함하므로, 이전 표의 "커버된 서브큐브" 열에서 이 두 개의 최소항들을 확인하여 표시한다. 이 과정은 $m_0(w'x'y'z')$와 $m_2(w'x'yz')$가 함께 결합될 수 있으며 한 개의 항 $w'x'z'$로 감소될 수 있다는 것과 같다. y열 아래의 하이픈은 y가 0 또는 1일 수 있으므로 y는 삭제될 수 있음을 의미한다. 결합되는 서브큐브를 찾는 이 매칭(matching) 과정은 모든 인접한 그룹에서 모든 조합의 서브큐브에서 실행된다. 다시 한번, 두 번째 표의 "커버된 서브큐브" 열은 세 번째 단계부터 채워진다.

Group	Subcube Minterms	Subcube Value				Subcube Covered
		w	*x*	*y*	*z*	
G_0	m_0m_2	0	0	–	0	
G_1	m_2m_{10}	–	0	1	0	
G_2	m_5m_7	0	1	–	1	✔
	m_5m_{13}	–	1	0	1	✔
	$m_{10}m_{14}$	1	–	1	0	
G_3	m_7m_{15}	–	1	1	1	✔
	$m_{13}m_{15}$	1	1	–	1	✔
	$m_{14}m_{15}$	1	1	1	–	

단계 3에서, 이전과 동일한 매칭 프로세스를 두 번째 테이블에서 수행한다. 우리는 인접한 그룹에서 하나의 비트 위치만 다른 서브큐브를 찾는다. 매칭에서 하이픈도 일치해야 한다. 이러한 서브큐브는 다음 서브큐브 표를 만들기 위해 결합된다. 그러나 결과표는 2-서브큐브를 포함하는 표이다. 위의 1-서브큐브 표에서 다음과 같은 2-서브큐브 표를 구한다.

Group	Subcube Minterms	Subcube Value				Subcube Covered
		w	x	y	z	
G_2	$m_5m_7m_{13}m_{15}$	–	1	–	1	

1-서브큐브 표에서, 서브큐브 m_5m_7과 $m_{13}m_{15}$는 y 비트만 다르기 때문에, 결합하여 2-서브큐브 표에서 서브큐브 $m_5m_7m_{13}m_{15}$를 형성할 수 있다. 마찬가지로, 1-서브큐브 표에서 서브큐브 m_5m_{13}과 m_7m_{15}도 y 비트만 다르기 때문에, 결합하여 $m_5m_7m_{13}m_{15}$를 형성할 수 있다. 이러한 두 조합에서 결과 서브큐브는 동일하다. 따라서 1-서브큐브 표에는 네 개의 확인을 했지만, 2-서브큐브 표에는 한 개의 결과 서브큐브만 있다. 서브큐브 $m_5m_7m_{13}m_{15}$에는 두 가지 하이픈이 있으며, 하나는 단계 2에서 가져온 것이고 다른 하나는 현재 단계에서 비트가 다른 곳임을 주목하자.

우리는 하나의 비트 위치에서만 다른 인접한 서브큐브가 있는 한 매칭을 계속 반복한다. 우리는 결합할 수 있는 더 이상의 서브큐브가 없을 때 멈춘다. 주항은 포함되지 않은(즉, 모든 표의 "커버된 서브큐브" 열에서 확인 표시가 없는) 서브큐브이다. 2-서브큐브 표에는 확인 표시가 없는 한 개의 서브큐브가 있으며, 그 서브큐브는 $x=1$ 및 $z=1$ 값을 가지므로, 이 서브큐브는 주항 xz로 특성화된다. 1-서브큐브 표에는 확인 표시가 없는 네 개의 서브큐브 $w'x'z'$, $x'yz'$, wyz', 및 wxy가 있다. 이 다섯 개의 주항(xz, $w'x'z'$, $x'yz'$, wyz', 및 wxy)은 예제 3.6에서 구한 것과 정확하게 동일하다.

예제 3.6에 나타낸 것처럼, 구한 모든 주항들이 최종 감소된 표준형 식에 필요한 것이 아님을 주목하자. 우리는 원래 함수에서 최종 최소화된 표준형 식이 되도록 모든 최소항을 포함하는 필수 주항과 최소 커버 목록을 찾아야 한다. 다섯 개의 주항에서 세 개($w'x'z'$, xz, 및 wyz')만이 최종 최소화된 표준형 식에 필요하다.

3.4 타이밍 해저드 및 글리치

아는 바와 같이, 실제로 모든 것들이 학교에서 배우는 것에 따라 항상 동작하는 것은 아니다. 회로에서 해저드(hazard)와 글리치(glitch)가 잘못될 수 있는 상황의 예이다. 조합회로 분석에서, 우리는 기능 분석만을 수행해왔다. 기능 분석은 신호가 입력에서 게이트 출력으로 전달되는 데 지연이 없다고 가정한다. 다시 말해서, 부울 이론에 의해 정의된 것처럼 논리적 동작에 관해서만 회로를 본다. 우리는 회로의 타이밍을 고려하지 않았다. 회로가 실제로 구현되면 회로 타이밍(즉, 신호가 논리 게이트 입력에서 출력으로 전달되는 시간)이 매우 중요하며 주의하여 처리해야 한다. 그렇지 않으면, 회로의 실제 구현은 기능 분석에 따라 동작하지 않을 수 있다. 타이밍 해저드는 타이밍 문제로 인해 회로에서 발생하는 문제이다. 이러한 문제는 회로 타이밍 분석 또는 회로의 실제 구현에서만 확인할 수 있다. 회로를 기능적으로 분석해도 **타이밍 해저드** 문제가 드러나지 않는다.

글리치는 신호가 안정적일 것으로 예상되는 순간(기능 분석에서)이지만 짧은 시간 동안 값을 변경하고 예상되는 값으로 돌아가는 것이다. 예를 들어, 신호가 안정적인 0일 것으로 예상되지만 대신에 1로 올라가고 매우 빠르게 0으로 돌아가는 것이다. 이러한 갑작스러운 예기치 않은 **신호 천이**(transition)는 글리치이며, 이 동작을 하는 회로는 해저드를 포함한다.

그림 3.8(a)에 표시된 간단한 2-to-1 멀티플렉서 회로를 예로 들 수 있다. d_0와 d_1이 모두 상수 1이고 s가 1에서 0으로 된다고 가정하자. 회로에 대한 기능 분석의 경우, 출력 y는 상수 1로 유지되어야 한다. 그러나 회로 타이밍 분석을 수행하면 타이밍 다이어그램에 다른 것이 표시된다. 회로에 있는 모든 논리 게이트가 한 개의 시간 단위로 지연된다고 가정하자. 결과 타이밍 트레이스가 그림 3.8(b)에 나타나 있다. t_0 시간에서 s는 0으로 떨어진다. s가 NOT 게이트를 통해 반전되는 데 한 개의 시간 단위가 소요되기 때문에, s'는 하나의 시간 단위 후 t_1 시간에 1로 변한다. 동시에, 하단 AND 게이트는 출력 sd_1이 t_1 시간에 0으로 변경되기 위해서도 하나의 시간 단위가 필요하다. 그러나 상단 AND 게이트는 t_1 시간까지 어떠한 입력 변경을 볼 수 없으며, 출력 $s'd_0$이 t_2 시간에 1로 상승하는 데 또 다른 시간 단위가 필요하다. t_1 시간부터 시작하여 OR 게이트의 두 입력은 모두 0이므로, 한 개의 시간 단위 후에 OR 게이트는 t_2 시간에 0을 출력한다. t_2 시

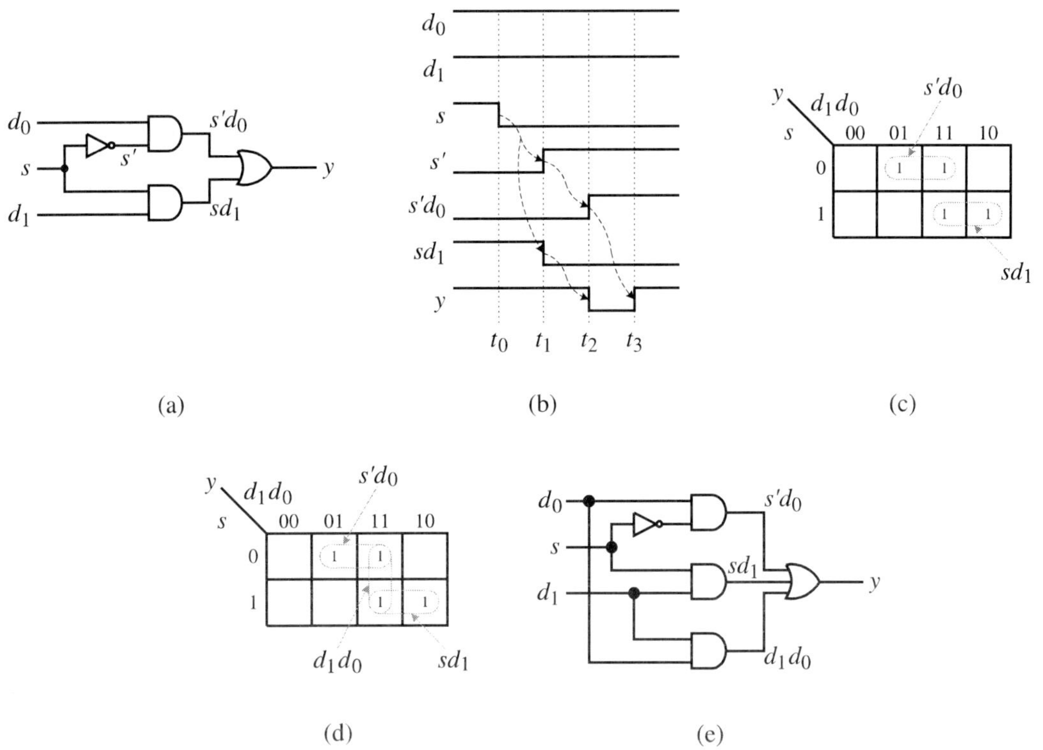

그림 3.8 글리치의 예: (a) 글리치가 있는 2-to-1 멀티플렉서 (b) 타이밍 트레이스 (c) 글리치가 있는 K-맵 (d) 글리치가 없는 K-맵 (e) 글리치가 없는 2-to-1 멀티플렉서.

간에 상단 AND 게이트가 1을 출력하면 OR 게이트는 이 1 입력을 받고 1을 한 개의 시간 단위 후 t_3에서 출력한다. 그래서 t_2와 t_3 시간 사이에, 출력 y는 한 개의 시간 단위 동안 예상치 않게 0으로 떨어지고 다시 1로 올라간다. 따라서 출력 신호 y는 글리치가 발생하며, 회로는 해저드를 갖는다.

이미 알고 있는 봐와 같이, 신호의 글리치는 신호를 구동하는 다른 지연 경로를 가진 여러 소스에서 발생한다. 이러한 유형의 글리치는 K-맵을 사용하여 쉽게 해결할 수 있다. 글리치는 일반적으로 한 입력의 단순한 변경에 의해, K-맵에서 하나의 주항에서 나와 인접한 다른 주항으로(즉, 하나의 서브큐브에서 다른 서브큐브로) 이동해야하는 경우에 발생한다. 글리치는 추가 주항을 더하여 제거할 수 있으며, 하나의 주항에서 인접한 주항으로 이동할 때 세 번째 주항 안에 남아있게 된다.

그림 3.8(c)에는 그림 3.8(a)의 회로에 해당하는 두 개의 원래 주항 $s'd_0$ 및 sd_1이 포함된 K-맵을 나타낸다. s가 1에서 0으로 변경될 때, 우리는 주항 sd_1을

나와 주항 $s'd_0$으로 이동해야 한다. 그림 3.8(d)는 추가 주항 d_1d_0을 더한 것을 나타낸다. 이번에는, 주항 sd_1을 나와 주항 $s'd_0$으로 이동할 때, 우리는 주항 d_1d_0 안에 남아있게 된다. 그림 3.8(e)에 나타낸 것처럼 추가 주항 d_1d_0이 더해진 2-to-1 멀티플렉서 회로는 글리치 발생을 방지할 것이다.

3.4.1 글리치 사용

때로는 다음 예제와 같이 글리치를 활용할 수 있다.

예제 3.9

글리치를 이용한 one-shot 회로

임의의 시간 길이의 입력이 주어지면 단일의 짧은 펄스를 출력하는 회로를 one-shot이라고 한다. 예를 들어, 키를 누를 때 단일의 짧은 펄스를 생성하기 위하여 one-shot 회로가 사용된다. 때로는, 키를 누를 때 키를 누르는 동안에 연속적인 1 신호를 생성하는 것을 원치 않고, 대신에, 키를 계속 누르고 있더라도 출력 신호가 단일의 짧은 펄스가 되길 원한다.

논리 게이트에는 고유한 신호 지연이 있기 때문에, 이 지연을 사용하여 원하는 짧은 펄스의 지속 시간을 결정할 수 있다. 물론 이 짧은 펄스는 회로에서 글리치일 뿐이다. 그림 3.9(a)에는 세 개의 인버터를 통한 신호 지연을 사용하는 샘플 one-shot 회로를 나타내며, 그림 3.9(b)는 이 회로에 대한 샘플 타이밍 트레이스를 나타낸다.

초기에, *Input* 값이 0이고 A 지점이 1이라고 가정하면, AND 게이트 출력은 0이다. *Input* 을 순간적으로 1로 설정하면 AND 게이트의 두 입력은 모두 1이 되며, AND 게이트를 통과하는 지연 후, 출력이 1이 될 것이다. 세 개의 NOT 게이트를 통과하는 지연 후, *Input* 값은 여전히 1이고 *A* 지점은 0이 되어 *Output*은 0으로 되돌아간다. *Input*을 0으로 다시 설정하면 *Output*은 0이 계속 0이 된다. *A* 지점이 1로 되돌아갈 때, NOT 게이트를 통과하는 지연 후, *Output*은 0으로 유지된다

결과적으로, 글리치는 세 개의 NOT 게이트를 통한 신호 지연에 의해 생성된다. 그러나 이 글리치는 우리가 원하는 짧은 1 펄스이며, 이 펄스의 길이는 NOT 게이트를 통과하는 지연에 의해 결정된다. 이 one-shot 회로에서는 입력 키를 얼

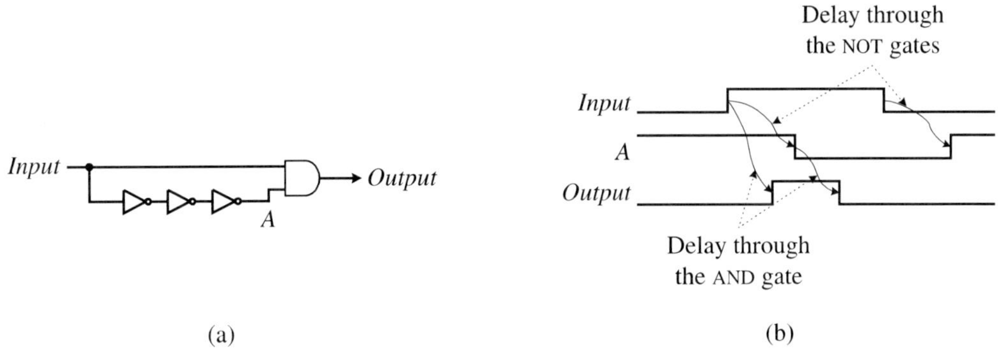

그림 3.9 one-shot 회로: (a) 세 개의 NOT 게이트를 통한 신호 지연을 이용 (b) 타이밍 도.

마나 오래 누르고 있느냐에 상관없이, 키를 누를 때마다 출력 신호가 항상 동일한 1 펄스가 될 것이다.

3.5 BCD to 7-세그먼트 복호기

이제 7-세그먼트 LED 디스플레이를 구동하기 위한 BCD to 7-세그먼트 복호기(decoder) 회로를 설계 할 것이다. 이 복호기는 7-세그먼트 LED 디스플레이에서 7개의 LED를 켜기 위해, 4-비트 2진화 10진(BCD) 입력을 7 개의 출력 신호로 변환한다. 4-비트 입력은 10진수의 2진 표현을 부호화(encode) 한다. 10진수 입력이 주어지면 7-세그먼트 LED가 0부터 9까지에 해당하는 10진수를 표시하도록 7개의 출력 라인이 켜진다. 각 세그먼트의 이름이 표시된 7-세그먼트 LED 디스플레이의 도시도가 다음에 나타내었다.

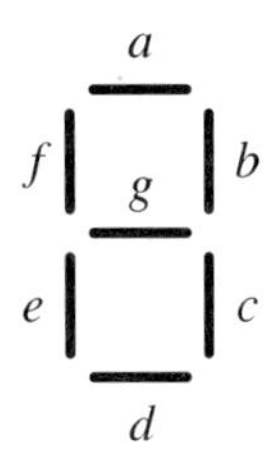

BCD to 7-세그먼트 복호기의 동작은 그림 3.10에 나타낸 진리표에 명시되었다. 복호기의 네 가지 입력은 i_3, i_2, i_1 및 i_0이며, 7개 LED 세그먼트 각각에

Inputs				Decimal Digit	Display	*a*	*b*	*c*	*d*	*e*	*f*	*g*
i_3	i_2	i_1	i_0									
0	0	0	0	0		1	1	1	1	1	1	0
0	0	0	1	1		0	1	1	0	0	0	0
0	0	1	0	2		1	1	0	1	1	0	1
0	0	1	1	3		1	1	1	1	0	0	1
0	1	0	0	4		0	1	1	0	0	1	1
0	1	0	1	5		1	0	1	1	0	1	1
0	1	1	0	6		1	0	1	1	1	1	1
0	1	1	1	7		1	1	1	0	0	0	0
1	0	0	0	8		1	1	1	1	1	1	1
1	0	0	1	9		1	1	1	0	0	1	1
Rest of the Combinations						×	×	×	×	×	×	×

그림 3.10 BCD to 7 세그먼트 복호기의 진리표.

대한 7개 출력에는 a, b, c, d, e, f, 및 g 레이블이 지정되었다. 각 입력 조합에 대해 7-세그먼트 LED에 표시할 해당 자릿수가 “Display” 열에 표시되었다. 해당 자릿수에 대해 켜야 하는 세그먼트는 1이고, 해당 자릿수에 대해 꺼야 하는 세그먼트는 0이다. 예를 들어, 10진수 0에 해당하는 4-비트 입력 0000의 경우, 세그먼트 a, b, c, d, e, 및 f는 온 시켜야 하며 세그먼트 g는 오프 시켜야 한다.

1010부터 1111까지의 입력 조합은 사용되지 않으므로 이 여섯 가지 조합에 대한 모든 세그먼트에 무정의 값이 할당되는 것을 주목하자. 대신에, 사용하지 않는 조합을 모든 LED를 끄거나 A부터 F까지의 16진수를 복호화(decode)하기 위해서 0을 할당할 수 있다.

그림 3.10의 진리표에서 7개 세그먼트 각각에 대해 네 개 입력에 의존하는 7개의 식을 명시할 수 있다. 예를 들어, 세그먼트 a에 대한 정규형 식은 다음과 같다.

$$a = i_3'i_2'i_1'i_0' + i_3'i_2'i_1i_0' + i_3'i_2'i_1i_0 + i_3'i_2i_1'i_0 + i_3'i_2i_1i_0'$$
$$+ i_3'i_2i_1i_0 + i_3i_2'i_1i_0' + i_3i_2'i_1'i_0$$

회로에서 직접 이 식을 구현하기 전에, 먼저 K-맵 방법을 사용하여 이 식을 단순화하고자 한다. 세그먼트 a 식에 대한 K-맵은 다음과 같다.

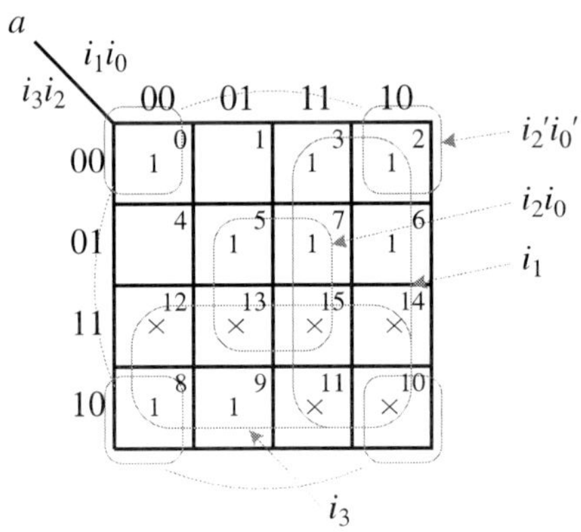

K-맵을 평가할 때, 세그먼트 a에 대한 보다 간단한 식은 다음과 같이 유도된다.

$$a = i_3 + i_1 + i_2'i_0' + i_2i_0 = i_3 + i_1 + (i_2 \odot i_0)$$

유사한 방식으로 진행하면, 우리는 다음의 여섯 개의 식을 얻는다.

$$b = i_2' + (i_1 \odot i_0)$$
$$c = i_2 + i_1' + i_0$$
$$d = i_1i_0' + i_2'i_0' + i_2'i_1 + i_2i_1'i_0$$
$$e = i_1i_0' + i_2'i_0'$$
$$f = i_3 + i_2i_1' + i_2i_0' + i_1'i_0'$$
$$g = i_3 + (i_2 \oplus i_1) + i_1i_0'$$

이 일곱 개의 단순화한 식으로부터, 그림 3.11에 나타낸 것처럼, 회로를 구현할 수 있다. 도면에서 노드와 게이트의 라벨링은 3.6절에서 설명하고 사용될 것이다.

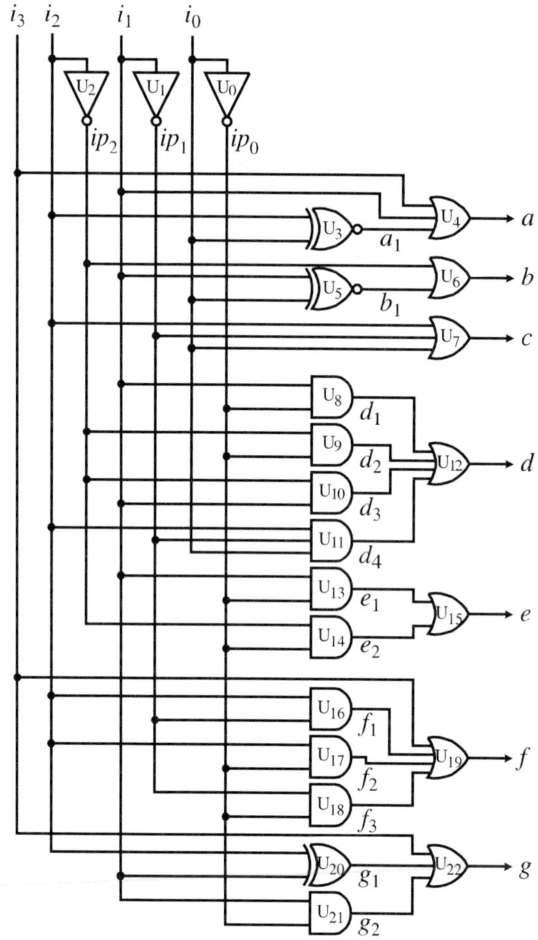

그림 3.11 BCD to 7 세그먼트 복호기의 회로.

3.6 조합회로의 Verilog 및 VHDL 코드

디지털 회로를 기술하기 위해 Verilog 혹은 VHDL 코드를 작성하는 것은 구조적, 데이터 흐름적 혹은 행위적의 세 가지 코딩 형식 혹은 수준 중 하나를 사용하여 수행할 수 있다. 사용할 코딩 형식의 선택은 일반적으로 회로에 대해 알려진 것과 합성기에 의해 생성된 최종 넷리스트에서 얼마나 많이 제어를 할 수 있는 지에 따라 달라진다. 구조적 및 데이터 흐름적 수준에서 코드 작성은 디지털 논리회로에 대한 좋은 이해가 필요한 반면에, 행위적 수준에서 코드 작성은 회로의 기능성에 대한 이해만 필요하다.

가장 하위 수준인 구조적 수준에서, 먼저 회로를 수작업으로 설계해야 한다. 회로를 그리고 Verilog 혹은 VHDL을 사용하여 회로에 필요한 구성요소 및 게이트를 지정하고 회로를 정확히 따라 가면서 이들이 어떻게 연결되는지를 지정한다. 회로의 구조적 HDL 설명의 합성은 원래 회로와 같이 정확히 넷리스트를 생성할 것이다. 구조적 수준에서 작업의 장점은 어떤 구성요소가 사용되고 어떻게 서로 연결되는지 완벽하게 제어할 수 있다는 것이다. 물론 단점은 회로를 수작업으로 만들어야 한다는 것이며, 그래서 합성기의 전체 기능이 활용되지 않는다는 것이다.

데이터 흐름적 수준에서, 회로는 입력 신호에 인가되는 내장형 논리 연산자 AND, OR 및 NOT을 이용하여 정의된다. 데이터 흐름적 수준에서 작업하기 위해서, 일반적으로 회로에 대한 부울 식을 가지고 있어야 한다. 그래서 데이터 흐름적 수준은 이미 부울 함수로 표현된 회로를 기술하기에 가장 적합하다. 식은 신호할당문(signal-assignment statement)을 이용하여 필요한 HDL 구문으로 쉽게 변환된다. 구조적 및 데이터 흐름적 수준에서 사용되는 모든 문장은, 일반적으로 순차적으로 실행되는 컴퓨터 프로그램의 문장과 반대로, 병행적으로 실행된다. 다시 말해서, 구조적 및 데이터 흐름적 수준에서 작성된 병행적 HDL 문장의 순서는 상관이 없으며, 결과는 정확히 동일하게 된다.

행위적 수준에서 회로를 기술하는 것은 컴퓨터 프로그램을 작성하는 것과 유사하다. FOR LOOP, WHILE LOOP, IF THEN ELSE, CASE 및 변수 지정과 같은 모든 표준 고급 프로그래밍 구조를 갖추고 있다. 문장은 순차 블록에 포함되어 있으며 순차적으로 실행된다.

3.6.1 구조적 Verilog 코드

그림 3.12는 그림 3.11에 나타낸 회로를 기반으로 한 BCD to 7-세그먼트 복호기에 대한 구조적 Verilog 코드를 나타낸다. 문장에 사용된 모든 이름과 라벨은 그림 3.11에 나타낸 회로도의 라벨에 해당한다. 코드는 복호기의 입력 및 출력 신호의 선언으로 시작한다. `Wire` 명령어는 다양한 게이트들의 상호연결을 하는 데 사용되는 내부 신호 이름을 선언한다. 표준 내장형 논리 게이트들만 사용된다. 각 게이트 문장의 경우, 첫 번째 파라미터는 게이트의 출력이고 나머지 파라미터는 게이트의 입력이다. 보인 것처럼, 게이트 문의 목록은 도식 회로에서 직접적인 변형이다. 예를 들어, 코드의 첫 번째 `NOT` 게이트 문은 i0을 입력으로, ip0을 출력

```
module bcd (
  input i0, i1, i2, i3,
  output a, b, c, d, e, f, g
);
  wire ip0,ip1,ip2,a1,b1,d1,d2,d3,d4,e1,e2,f1,f2,f3,g1,g2;

  // first parameter is the output
  // remaining parameters are the inputs
  not U0(ip0,i0);
  not U1(ip1,i1);
  not U2(ip2,i2);
  xnor U3(a1,i2,i0);
  or U4(a,i3,i1,a1);
  xnor U5(b1,i1,i0);
  or U6(b,ip2,b1);
  or U7(c,i2,ip1,i0);
  and U8(d1,i1,ip0);
  and U9(d2,ip2,ip0);
  and U10(d3,ip2,i1);
  and U11(d4,i2,ip1,i0);
  or U12(d,d1,d2,d3,d4);
  and U13(e1,i1,ip0);
  and U14(e2,ip2,ip0);
  or U15(e,e1,e2);
  and U16(f1,i2,ip1);
  and U17(f2,i2,ip0);
  and U18(f3,ip1,ip0);
  or U19(f,i3,f1,f2,f3);
  xor U20(g1,i2,i1);
  and U21(g2,i1,ip0);
  or U22(g,i3,g1,g2);
endmodule
```

그림 3.12 BCD to 7-세그먼트 복호기에 대한 구조적 Verilog 코드.

으로 사용한다. 이것은 회로도에서 U_0 라벨이 있는 NOT 게이트와 일치한다. 나머지 게이트 문들은 회로도를 기반으로 유사하게 연결되어 있다.

모든 게이트 문들은 병행적으로 실행되어, 문장의 순서는 상관없다. 다시 말해서, 이 문장들의 순서를 바꿔도 동일한 결과를 산출할 것이다. 게이트 문에서 입력 신호의 값이 변할 때(즉, 0에서 1, 혹은 그 반대로) 해당 문장은 출력 값을 산출하기 위해서 실행된다.

3.6.2 구조적 VHDL 코드

그림 3.13는 그림 3.11에 나타낸 회로를 기반으로 한 BCD to 7-세그먼트 복호기

```
---------------- NOT gate ----------------------
LIBRARY IEEE;
USE IEEE.STD_LOGIC_1164.ALL;
ENTITY notgate IS PORT(
  i: IN STD_LOGIC;
  o: OUT STD_LOGIC);
END notgate;
ARCHITECTURE Dataflow OF notgate IS
BEGIN
  o <= NOT i;
END Dataflow;
---------------- 2-input AND gate --------------
LIBRARY IEEE;
USE IEEE.STD_LOGIC_1164.ALL;
ENTITY and2gate IS PORT(
  i1, i2: IN STD_LOGIC;
  o: OUT STD_LOGIC);
END and2gate;
ARCHITECTURE Dataflow OF and2gate IS
BEGIN
  o <= i1 AND i2;
END Dataflow;
---------------- 3-input AND gate --------------
LIBRARY IEEE;
USE IEEE.STD_LOGIC_1164.ALL;
ENTITY and3gate IS PORT(
  i1, i2, i3: IN STD_LOGIC;
  o: OUT STD_LOGIC);
END and3gate;
ARCHITECTURE Dataflow OF and3gate IS
BEGIN
  o <= (i1 AND i2 AND i3);
END Dataflow;
---------------- 2-input OR gate ---------------
LIBRARY IEEE;
USE IEEE.STD_LOGIC_1164.ALL;

ENTITY or2gate IS PORT(
  i1, i2: IN STD_LOGIC;
  o: OUT STD_LOGIC);
END or2gate;
ARCHITECTURE Dataflow OF or2gate IS
BEGIN
  o <= i1 OR i2;
END Dataflow;
---------------- 3-input OR gate ---------------
LIBRARY IEEE;
USE IEEE.STD_LOGIC_1164.ALL;
```

그림 3.13 BCD to 7-세그먼트 복호기에 대한 구조적 VHDL 코드.

(다음페이지에 계속)

```
ENTITY or3gate IS PORT(
  i1, i2, i3: IN STD_LOGIC;
  o: OUT STD_LOGIC);
END or3gate;
ARCHITECTURE Dataflow OF or3gate IS
BEGIN
  o <= i1 OR i2 OR i3;
END Dataflow;
----------------- 4-input OR gate ----------------
LIBRARY IEEE;
USE IEEE.STD_LOGIC_1164.ALL;
ENTITY or4gate IS PORT(
  i1, i2, i3, i4: IN STD_LOGIC;
  o: OUT STD_LOGIC);
END or4gate;
ARCHITECTURE Dataflow OF or4gate IS
BEGIN
  o <= i1 OR i2 OR i3 OR i4;
END Dataflow;
----------------- 2-input XOR gate ---------------
LIBRARY IEEE;
USE IEEE.STD_LOGIC_1164.ALL;
ENTITY xor2gate IS PORT(
  i1, i2: IN STD_LOGIC;
  o: OUT STD_LOGIC);
END xor2gate;
ARCHITECTURE Dataflow OF xor2gate IS
BEGIN
  o <= i1 XOR i2;
END Dataflow;
----------------- 2-input XNOR gate --------------
LIBRARY IEEE;
USE IEEE.STD_LOGIC_1164.ALL;
ENTITY xnor2gate IS PORT(
  i1, i2: IN STD_LOGIC;
  o: OUT STD_LOGIC);
END xnor2gate;
ARCHITECTURE Dataflow OF xnor2gate IS
BEGIN
  o <= NOT(i1 XOR i2);
END Dataflow;
----------------- bcd entity ---------------------
LIBRARY IEEE;
USE IEEE.STD_LOGIC_1164.ALL;
ENTITY bcd IS PORT(
  i0, i1, i2, i3: IN STD_LOGIC;
```

그림 3.13 BCD to 7-세그먼트 복호기에 대한 구조적 VHDL 코드.

(다음페이지에 계속)

```
  a, b, c, d, e, f, g: OUT STD_LOGIC);
END bcd;

ARCHITECTURE Structural OF bcd IS
  COMPONENT notgate PORT(
    i: IN STD_LOGIC;
    o: OUT STD_LOGIC);
  END COMPONENT;
  COMPONENT and2gate PORT(
    i1, i2: IN STD_LOGIC;
    o: OUT STD_LOGIC);
  END COMPONENT;
  COMPONENT and3gate PORT(
    i1, i2, i3: IN STD_LOGIC;
    o: OUT STD_LOGIC);
  END COMPONENT;
  COMPONENT or2gate PORT(
    i1, i2: IN STD_LOGIC;
    o: OUT STD_LOGIC);
  END COMPONENT;
  COMPONENT or3gate PORT(
    i1, i2, i3: IN STD_LOGIC;
    o: OUT STD_LOGIC);
  END COMPONENT;
  COMPONENT or4gate PORT(
    i1, i2, i3, i4: IN STD_LOGIC;
    o: OUT STD_LOGIC);
  END COMPONENT;
  COMPONENT xor2gate PORT(
    i1, i2: IN STD_LOGIC;
    o: OUT STD_LOGIC);
  END COMPONENT;
  COMPONENT xnor2gate PORT(
    i1, i2: IN STD_LOGIC;
    o: OUT STD_LOGIC);
  END COMPONENT;

  SIGNAL ip0,ip1,ip2,a1,b1,d1,d2,d3,d4: STD_LOGIC;
  SIGNAL e1,e2,f1,f2,f3,g1,g2: STD_LOGIC;

BEGIN
  -- last parameter is the output
  -- remaining parameters are the inputs
  U0: notgate PORT MAP(i0,ip0);
  U1: notgate PORT MAP(i1,ip1);
  U2: notgate PORT MAP(i2,ip2);
  U3: xnor2gate PORT MAP(i2, i0, a1);
  U4: or3gate PORT MAP(i3, i1, a1, a);
  U5: xnor2gate PORT MAP(i1, i0, b1);
```

그림 3.13 BCD to 7-세그먼트 복호기에 대한 구조적 VHDL 코드.

(다음페이지에 계속)

```
    U6: or2gate PORT MAP(ip2, b1, b);
    U7: or3gate PORT MAP(i2, ip1, i0, c);
    U8: and2gate PORT MAP(i1, ip0, d1);
    U9: and2gate PORT MAP(ip2, ip0, d2);
    U10: and2gate PORT MAP(ip2, i1, d3);
    U11: and3gate PORT MAP(i2, ip1, i0, d4);
    U12: or4gate PORT MAP(d1, d2, d3, d4, d);
    U13: and2gate PORT MAP(i1, ip0, e1);
    U14: and2gate PORT MAP(ip2, ip0, e2);
    U15: or2gate PORT MAP(e1, e2, e);
    U16: and2gate PORT MAP(i2, ip1, f1);
    U17: and2gate PORT MAP(i2, ip0, f2);
    U18: and2gate PORT MAP(ip1, ip0, f3);
    U19: or4gate PORT MAP(i3, f1, f2, f3, f);
    U20: xor2gate PORT MAP(i2, i1, g1);
    U21: and2gate PORT MAP(i1, ip0, g2);
    U22: or3gate PORT MAP(i3, g1, g2, g);
  END Structural;
```

그림 3.13 BCD to 7-세그먼트 복호기에 대한 구조적 VHDL 코드.

에 대한 구조적 VHDL 코드를 나타낸다. 이 코드는 회로에 필요한 모든 구성요소를 선언하고 정의하는 것으로 시작한다. 이 복호기 회로의 경우, 기본 게이트(NOT 게이트, 2-입력 AND 게이트, 3-입력 AND 게이트 등과 같은)만을 사용한다. ENTITY 문은 모든 구성요소를 선언하는 데 사용되며, ARCHITECTURE 문은 구성요소의 동작을 정의하는 데 사용된다. 우리는 단순한 게이트들만 사용하기 때문에, 데이터 흐름적 모델을 사용하여 구성요소를 정의하는 것이 가장 간단하다. 보다 복잡한 구성요소의 경우(다음 장에서 볼 것처럼), 우리는 회로에 사용할 수 있는 정보에 가장 적합한 모델을 선택하여야 한다. 그림 3.13의 코드가 구조적인 이유는 이들 구성요소의 정의되는 방법 때문이 아니라, 오히려 이들 구성요소들이 어떻게 서로 연결되어 엔티티(이 경우, *bcd* 엔티티)를 형성하는 방법에 있기 때문이다. 모든 ENTITY 선언에 대해 LIBRARY 및 USE 문을 반복해야 한다는 것을 주목하자.

실제 구조적 코드는 *bcd* ENTITY 선언으로 시작한다. 그림 3.11에 나타낸 *bcd* 회로는 네 개의 입력 신호 i_3, i_2, i_1 및 i_0와 일곱 개의 출력 신호 a, b, c, d, e, f, 및 g가 있다. 이 신호들은 입력 신호의 경우 키워드 IN을 사용하여 PORT에서 선언되며, 출력 신호의 경우 OUT으로 선언되며, 이 두 가지 모두 STD_LOGIC 유형이다.

ARCHITECTURE 부분은 COMPONENT문을 사용하여 회로에서 필요한 구성요소를 명시하는 것으로 시작한다. COMPONENT에서 포트(port) 목록은 구성요소의 엔티티 선언에 포트 목록과 정확히 일치하여야 한다. 이 포트 목록은 신호의 개수, 방향, 및 유형뿐만 아니라 신호에 주어진 이름까지 일치해야 한다. 또한 구성요소 포트 목록의 이름은 *bcd* 엔티티 포트 목록의 이름과 같을 수 있지만, 동일한 신호가 아니라는 것을 주목하자. 예를 들어, *and2gate* 구성요소 포트 목록과 *bcd* 엔티티 포트 목록은 모두 i_1 및 i_2의 두 개의 신호를 가지고 있다. *bcd* 구조의 본문에서 두 신호에 대한 참조는 *bcd* 엔티티에서 선언된 신호에 대한 것이다.

COMPONENT문 뒤에 SIGNAL문을 사용하여 내부 노드 신호들이 선언된다. 열거된 이름들은 쉽게 참조 할 수 있도록 그림 3.11의 회로에서 사용된 내부 노드 이름과 동일하다.

모든 선언 다음에는 아키텍처 본문이 키워드 BEGIN으로 시작된다. 회로에 사용된 각 게이트에는 해당 PORT MAP문이 있다. 각 PORT MAP 문은 선택적 라벨(즉, U_1, U_2 등)에 이어서 사용할 구성요소 이름(이전에 COMPONENT 문으로 선언된 것처럼)으로 시작한다. 다시, PORT MAP문에 사용된 라벨은 그림 3.11의 회로에 있는 게이트의 라벨과 일치한다. PORT MAP문의 매개변수 목록은 구성요소 선언의 포트 목록과 일치한다. 예를 들어, U_0는 구성요소 *notgate*로 사례화(instantiated)되었다. PORT MAP 문의 첫 번째 매개변수는 입력 신호 i_0이고 두 번째 매개변수는 출력 신호 ip_0이다. U_4는 3-입력 OR 게이트로 사례화되었다. 세 개의 입력은 i_3, i_1 및 a_1이고 출력은 a이다. 여기서 a_1은 U_3의 2-입력 XNOR 게이트의 출력이다. 프로그램의 나머지 PORT MAP문도 유사한 방식으로 구한다.

모든 PORT MAP문은 동시에 실행되므로, 명령문의 순서는 상관없다. 다시 말해서, 이 문장들의 순서를 바꿔도 동일한 결과를 산출할 것이다. PORT MAP문의 신호가 변할 때(즉, 0에서 1, 혹은 그 반대로), 해당 PORT MAP문이 실행된다.

3.6.3 데이터 흐름적 Verilog 코드

그림 3.14는 BCD to 7-세그먼트 복호기에 대한 데이터 흐름적 Verilog 코드를 나타낸다. 이 코드는 3.5절에서 회로에 유도된 부울 식을 기반으로 출력 신호에 값을 할당하기 위해서 병행적 `assign`문을 사용한다. 내장형 논리 연산자 기호 &, |, ~, 및 ^는 AND, OR, NOT, 및 XOR 연산자에 해당하여 사용된다. *a*부터 *g*까지 일곱 개의 LED 세스먼트에 해당하는 각각의 일곱 개 부을 식에 대해 일곱 개

의 assign문이 사용되었다. 예를 들어 세그먼트 a에 대한 식은 다음과 같다.

$$a = i_3 + i_1 + (i_2 \odot i_0)$$

```
module bcd (
  input i0, i1, i2, i3,
  output a, b, c, d, e, f, g
);
  // bitwise ~=NOT; &=AND; |=OR; ^=XOR
  assign a = i3 | i1 | (i2 ~^ i0);
  assign b = ~i2 | ~(i1 ^ i0);
  assign c = i2 | ~i1 | i0;
  assign d = (i1 & ~i0) | (~i2 & ~i0) | (~i2 & i1) |
             (i2 & ~i1 & i0);
  assign e = (i1 & ~i0) | (~i2 & ~i0);
  assign f = i3 | (i2 & ~i1) | (i2 & ~i0) | (~i1 & ~i0) |
             (i2 & ~i0) | (~i1 & ~i0);
  assign g = i3 | (i2 ^ i1) | (i1 & ~i0);
endmodule
```

그림 3.14 BCD to 7-세그먼트 복호기에 대한 데이터 흐름적 Verilog 코드.

이 식은 다음 문장으로 변환된다.

assign $a = i3 \mid i1 \mid (i2\ \sim\hat{}\, i0);$

유사한 방식으로 진행하여, 나머지 여섯 개 식에 대하여 데이터 흐름적 코드의 신호 할당문을 구한다.

구조적 수준에서 사용된 gate문처럼, 이 병행적 assign문은 병행적으로 실행되며, 이 문장의 순서는 상관없다. 이 문장들은 입력 값의 하나가 변할 때 마다 실행되어, 결과는 등호 기호 좌측이 있는 출력 신호에 할당된다.

3.6.4 데이터 흐름적 VHDL 코드

그림 3.15는 3.5절에서 유도된 부울 식을 기반으로 한 BCD to 7-세그먼트 복호기에 대한 데이터 흐름적 VHDL 코드를 나타낸다. 이 데이터 흐름적 코드에 대한 ENTITY 선언은 복호기의 인터페이스가 동일하기 때문에, 구조적 코드와 정확히 동일하다.

ARCHITECTURE 부분에서, 일곱 개의 LED 세스먼트에 해당하는 각각의 일곱 개 부울 식에 대해, 일곱 개의 병행적 신호 할당문이 사용되었다. 예를 들어 세그먼트 a에 대한 식은 다음과 같다.

$$a = i_3 + i_1 + (i_2 \odot i_0)$$

이 식은 다음과 같이 신호 할당문으로 변환된다.

a <= i3 OR i1 OR (i2 XNOR i0);

```
LIBRARY IEEE;
USE IEEE.STD_LOGIC_1164.ALL;

ENTITY bcd IS PORT(
  i0, i1, i2, i3: IN STD_LOGIC;
  a, b, c, d, e, f, g: OUT STD_LOGIC);
END bcd;

ARCHITECTURE Dataflow OF bcd IS
BEGIN
  a <= i3 OR i1 OR (i2 XNOR i0);                          -- seg
  b <= (NOT i2) OR NOT (i1 XOR i0);                       -- seg
  c <= i2 OR (NOT i1) OR i0;                              -- seg
  d <= (i1 AND NOT i0) OR (NOT i2 AND NOT i0)             -- seg
       OR (NOT i2 AND i1) OR (i2 AND NOT i1 AND i0);
  e <= (i1 AND NOT i0) OR (NOT i2 AND NOT i0);            -- seg
  f <= i3 OR (i2 AND NOT i1)                              -- seg
       OR (i2 AND NOT i0) OR (NOT i1 AND NOT i0);
  g <= i3 OR (i2 XOR i1) OR (i1 AND NOT i0);              -- seg
END Dataflow;
```

그림 3.15 BCD to 7-세그먼트 복호기에 대한 데이터 흐름적 VHDL 코드.

유사한 방식으로 진행하여, 나머지 여섯 개 식에 대하여 데이터 흐름적 코드의 신호 할당문을 구한다.

모든 신호 할당문은 병행적으로 실행되며, 이 문장의 순서는 상관없다. 다시 말해서, 이 문장들의 순서를 바꿔도 동일한 결과를 산출할 것이다. 할당문의 우측에 있는 신호가 변할 때(즉, 0에서 1, 혹은 그 반대로), 해당 할당문이 실행된다.

3.6.5 행위적 Verilog 코드

BCD to 7-세그먼트 복호기에 대한 행위적 Verilog 코드는 그림 3.16에 나타내었다. 일부 변경의 경우, 입력 및 출력 신호는 이전 절의 신호와 약간 다르게 표시된다. 개별적인 입력 및 출력 신호를 갖는 대신에, 입력 및 출력 신호는 벡터로 선언되었다. 입력 벡터 I는 3부터 0까지 범위의 크기 4의 배열로 선언된 반면에,

```
module bcd (
  input [3:0] I,
  output reg [0:6] Segs
);

  always @ (I) begin
   case (I)
   0: Segs = 7'b1111110;
   1: Segs = 7'b0110000;
   2: Segs = 7'b1101101;
   3: Segs = 7'b1111001;
   4: Segs = 7'b0110011;
   5: Segs = 7'b1011011;
   6: Segs = 7'b1011111;
   7: Segs = 7'b1110000;
   8: Segs = 7'b1111111;
   9: Segs = 7'b1110011;
   default: Segs = 7'b0000000;
   endcase
 end
endmodule
```

그림 3.16 BCD to 7-세그먼트 복호기에 대한 행위적 Verilog 코드.

출력 벡터 *Segs*는 0부터 6까지 범위의 크기 7의 배열로 선언 되었다. 출력 벡터 *Segs*의 경우, 인덱스 0을 갖는 최좌측 비트는 세그먼트 a에 해당하고, 인덱스 1을 갖는 다음 비트는 세그먼트 b에 해당하며, 등등, 인덱스 6을 갖는 최우측 비트에 이르러 세그먼트 g에 해당된다.

always문은 블록내의 문장이 순차적으로 실행되는 프로세스 블록을 선언한다. 이 블록내의 문장의 순서의 변화는 다른 결과를 산출할 것이다. 비록 이 블록내의 고급 문장이 순차적으로 실행되더라도, 이 코드의 합성으로 생성된 결과 회로는 본질적으로 병렬로 동작한다. 이것은 회로에서 게이트들의 연결하는 방법에 상관없이 전원이 공급 될 때 함께 동작하기 때문이다.

always문에서 감지 리스트(sensitivity list)는 always문에서 괄호 안에 열거된 변수로 구성된다. always 블록은 감지 리스트내의 변수 중의 하나가 값이 변할 때 마다 실행된다. 코드에서, case문만 always 블록 내에 있다. 10진수에 대한 열 가지 경우가 열거되어 있으며, 각 경우에 대해 7-비트 값이 출력 신호 *Segs*에 할당된다. 1비트는 LED를 온 시키고, 0비트는 오프시킨다. 0 경우, 우리는 10진수 0을 표시하고자 하므로, 세그먼트 g를 제외한 모든 세그먼트를 온 시킨다. 그래서 비트 열 1111110이 출력 신호 *Segs*에 할당된다. 이것이 7-비트 2

진 값임을 지정하기 위해, 표기법 7'b 다음에 실제 7비트 문자열을 사용한다. `default` 경우는 I가 0과 9사이의 숫자가 아니면, 모든 세그먼트는 오프될 것이다.

Verilog에서, `always` 블록 내에 사용되는 두 가지 다른 할당문, 블록킹(blocking) 할당문(= 표기 사용)과 넌 블록킹(non-blocking) 할당문(<= 표기 사용)이 있다. 블록킹 할당문(=)은 `always` 블록 내에서 조합회로를 모델링 할 때 사용해야 한다. 두 가지 할당문은 데이터 흐름적 모델에서 사용되는 `assign`문과 다르다.

3.6.6 행위적 VHDL 코드

BCD to 7-세그먼트 복호기에 대한 행위적 VHDL 코드는 그림 3.17에 나타내었다. 일부 변경의 경우, 엔티티에 대한 포트 목록이 이전 절의 두 개의 엔티티와 약간 다르게 표시된다. 내 개의 분리된 신호 i_0, i_1, i_2, 및 i_3 대신에 길이가 4인 벡터 I를 선언한다. 벡터 I는 유형 키워드 STD_LOGIC_VECTOR, 즉 STD_LOGIC 유형의 벡터로 선언된다. 벡터의 길이는(3 DOWNTO 0) 범위로 지정된다. 범위에서 첫 번째 숫자 3은 벡터의 최상위 비트의 인덱스를 나타내며, 두 번째 숫자 0은 벡터의 최하위 비트의 인덱스를 나타낸다. 마찬가지로, 일곱 개의 출력 신호 a부터 g는 길이 7의 STD_LOGIC_VECTOR $Segs$로 대체된다, 그러나 여기서, 벡터의 최상위 비트가 인덱스 0이고 벡터의 최하위 비트가 인덱스 6이라는 것을 의미하기 위해서 키워드 TO가 범위에 사용되었다.

아키텍쳐 부분에서, PROCESS문이 사용되었다. 프로세스 블록 내의 모든 문장들은 순차적으로 실행되어 문장의 순서의 변화는 다른 결과를 산출할 것이다. 비록 이 블록내의 고급 문장이 순차적으로 실행되더라도, 이 코드의 합성으로 생성된 결과 회로는 본질적으로 병렬로 동작한다. 이것은 회로에서 게이트들의 연결하는 방법에 상관없이 전원이 공급 될 때 함께 동작하기 때문이다. 그러나 프로세서 블록 그 자체는 하나의 병행적 문장으로 취급된다. 그래서 아키텍쳐 부분은 다른 병행적 문장과 함께 두 개 이상의 프로세스 블록을 가질 수 있으며, 이것들은 병행적으로 실행될 것이다.

PROCESS 키워드 다음에 괄호로 묶인 신호 목록을 감지 목록이라고 한다. 감지 목록의 목적은 열거된 신호에서 하나의 값이 변경되면 전체 프로세스 블록이 처음부터 끝까지 실행된다는 것이다.

```
LIBRARY IEEE;
USE IEEE.STD_LOGIC_1164.ALL;

ENTITY bcd IS PORT (
  I: IN STD_LOGIC_VECTOR (3 DOWNTO 0);
  Segs: OUT STD_LOGIC_VECTOR (0 TO 6));
END bcd;

ARCHITECTURE Behavioral OF bcd IS
BEGIN
  PROCESS(I)
  BEGIN
    CASE I IS
    WHEN "0000" => Segs <= "1111110";
    WHEN "0001" => Segs <= "0110000";
    WHEN "0010" => Segs <= "1101101";
    WHEN "0011" => Segs <= "1111001";
    WHEN "0100" => Segs <= "0110011";
    WHEN "0101" => Segs <= "1011011";
    WHEN "0110" => Segs <= "1011111";
    WHEN "0111" => Segs <= "1110000";
    WHEN "1000" => Segs <= "1111111";
    WHEN "1001" => Segs <= "1110011";
    WHEN OTHERS => Segs <= "0000000";
    END CASE;
  END PROCESS;
END Behavioral;
```

그림 3.17 BCD to 7-세그먼트 복호기에 대한 행위적 VHDL 코드.

이 코드에서 프로세스 블록 내에 CASE문이 있다. I 값에 따라 WHEN 부분의 하나가 실행된다. WHEN 부분은 키워드 WHEN 다음에 일치 할 변수 I에 대한 상수 값, 다음에 기호 =>로 구성된다. 기호 => 다음에 나오는 문장은 I가 해당 상수와 일치 할 때 실행된다. 코드에서 모든 WHEN 부분은 하나의 신호 할당문을 포함한다. 모든 신호 할당문은 7-비트의 문자열을 출력 신호 $Segs$에 할당한다.

일곱 비트의 문자열은 그림 3.10의 7-세그먼트 복호기 진리표에 표시된 것처럼 일곱 개의 세그먼트 a부터 g의 온-오프 값에 해당한다. 예를 들어, 진리표를 보면, $I=$ "0000"(즉, 10진수 0) 일 때 세그먼트 g를 제외한 모든 세그먼트를 온 시키고자 한다. $Segs$ 벡터의 선언에서, 비트 열의 최좌측 비트인 최상위 비트는 인덱스 0이며 최우측 비트 인 최하위 비트는 인덱스 6이라는 것을 상기하자. VHDL에서, 표기법 $Segs(n)$은 $Segs$ 벡터의 인덱스 n을 나타내는 데 사용된다. 이 코드에서 세그먼트 a에 $Segs(0)$, 세그먼트 b에 $Segs(1)$, 등등 세그먼트 g에 $Segs(6)$을 지정했다. 그래서 10진수 0을 표시하기 위해서, 비트 문자열

"1111110"을 $Segs$에 할당해야 한다.

I 값이 WHEN 부분의 어떤 값과도 일치하지 않으면, WHEN OTHERS 부분이 선택된다. 이 경우 모든 세그먼트가 오프 될 것이다. 구조적 코드와 데이터 흐름적 코드 모두의 경우, I가 이 값 중 하나 일 때 세그먼트가 모두 오프되지 않는다는 것을 주목하자. 그 대신에, K-맵이 무정의 항 일부를 1로 할당하기 때문에 LED의 특정 조합이 온 된다. 모든 무정의 항을 0으로 지정하면 모든 LED는 오프 될 것이다. 나머지 여섯 가지 경우에 대해 모든 세그먼트를 오프시키는 대안은 여섯 개의 16진수에 대해 A, b, C, d, E 및 F의 여섯 개의 영문자를 표시하는 것이다. 두 개의 문자 b와 d는 소문자로 표시해야 한다. 그렇지 않으면 각각 숫자 8과 0과 같을 것이기 때문이다.

3.7 연습문제

3.1 다음 식을 구현하는 회로도를 그려라.

a) $F(x,y,z) = \Sigma(0,1,6)$
b) $F(w,x,y,z) = \Sigma(0,1,6)$
c) $F(w,x,y,z) = \Sigma(2,6,10,11,14,15)$
d) $F(x,y,z) = \Pi(0,1,6)$
e) $F(w,x,y,z) = \Pi(0,1,6)$
f) $F(w,x,y,z) = \Pi(2,6,10,11,14,15)$

3.2 가능한 한 적은 기본 게이트를 사용하고 식의 변형없이, 다음 부울 식을 구현하는 회로도를 그려라.

a) $F = xy' + x'y'z + xyz'$
b) $F = w'z' + w'xy + wx'z + wxyz$
c) $F = w'xy'z + w'xyz + wxy'z + wxyz$
d) $F = N_3'N_2'N_1N_0' + N_3'N_2'N_1N_0 + N_3N_2'N_1N_0' + N_3N_2'N_1N_0 + N_3N_2N_1'N_0' + N_3N_2N_1N_0$
e) $F = [(x \odot y)' + (xyz)'](w' + x + z)$
f) $F = x \oplus y \oplus z$
g) $F = [w'xy'z + w'z(y \oplus z)]'$

3.3 2-입력 AND, 2-입력 OR 및 NOT 게이트만을 사용하여, 문제 3.2의 부울 식을 구현하는 회로도를 그려라.

3.4 다음 진리표를 구현하는 회로도를 그려라.

a)

a	*b*	*c*	*F*
0	0	0	0
0	0	1	0
0	1	0	1
0	1	1	1
1	0	0	0
1	0	1	0
1	1	0	1
1	1	1	0

b)

w	*x*	*y*	*z*	*F*
0	0	0	0	0
0	0	0	1	0
0	0	1	0	1
0	0	1	1	0
0	1	0	0	1
0	1	0	1	1
0	1	1	0	0
0	1	1	1	1
1	0	0	0	0
1	0	0	1	1
1	0	1	0	1
1	0	1	1	0
1	1	0	0	1
1	1	0	1	1
1	1	1	0	0
1	1	1	1	1

c)

a	*b*	*c*	*F*
0	0	0	0
0	0	1	0
0	1	0	1
0	1	1	1
1	0	0	0
1	0	1	0
1	1	0	1
1	1	1	0

d)

w	*x*	*y*	*z*	*F*
0	0	0	0	0
0	0	0	1	0
0	0	1	0	1
0	0	1	1	0
0	1	0	0	1
0	1	0	1	1
0	1	1	0	0
0	1	1	1	1
1	0	0	0	0
1	0	0	1	1
1	0	1	0	1
1	0	1	1	0
1	1	0	0	1
1	1	0	1	1
1	1	1	0	0
1	1	1	1	1

3.5. 다음 회로에 대한 진리표를 유도하여라.

a) 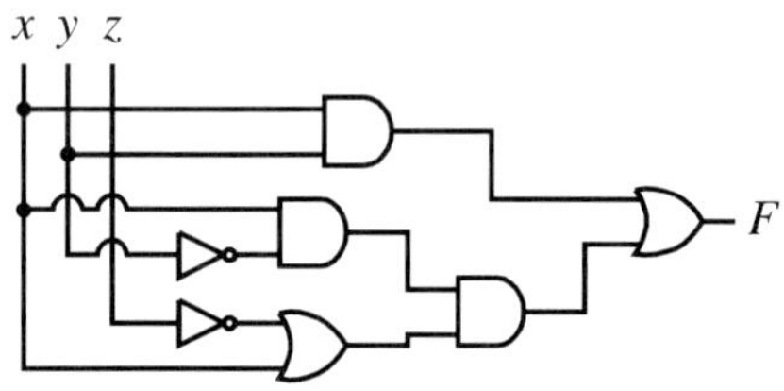

b) 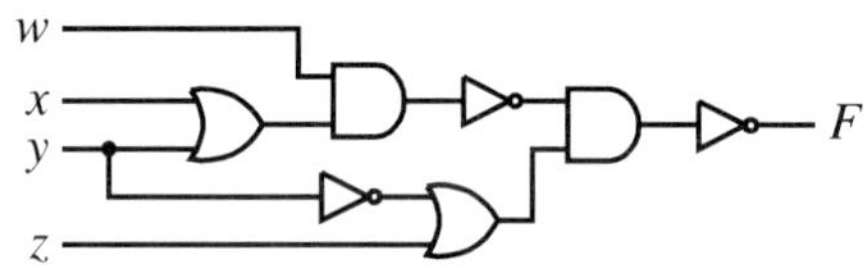

c) 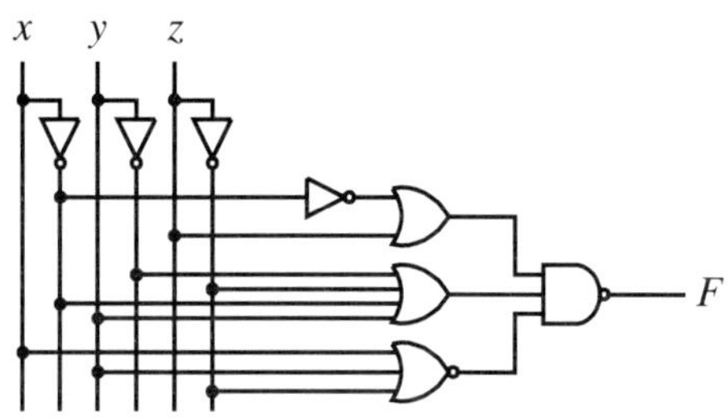

d) 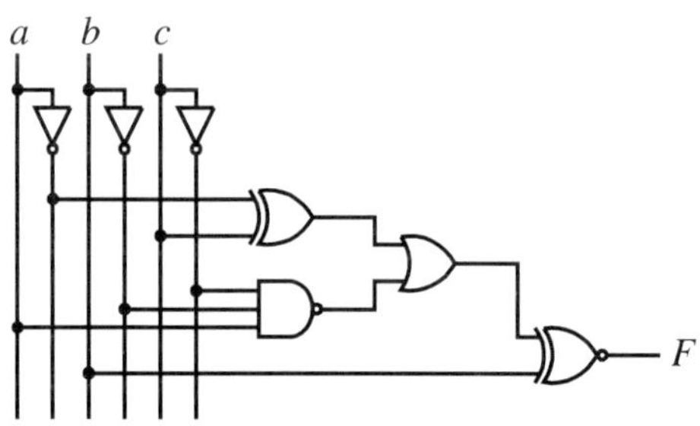

3.6 문제 3.5의 회로에서 직접 부울 함수를 유도하여라.

3.7 4-비트 수가 입력되는 회로를 설계하여라. 회로는 입력 숫자가 5보다 크거나 같으면 1을 출력한다. 그렇지 않으면 0을 출력한다.

3.8 4-비트 수가 입력되는 회로를 설계하자. 회로는 입력 숫자가 2, 3, 10, 11, 12 및 15 중의 하나면 1을 출력한다. 그렇지 않으면 0을 출력한다.

3.9 4-비트 수가 입력되는 회로를 설계하자. 회로는 입력 숫자가 짝수 개의 0을 갖는다면 1을 출력한다. 그렇지 않으면 0을 출력한다.

3.10 다음 회로가 NOT 게이트와 동일하다는 것을 부울 대수를 이용하여 보여라.

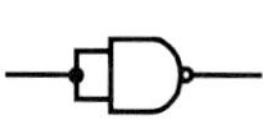

3.11 2-입력 NAND 게이트만을 시용하여 문제 3.2의 부울 함수를 구현하는 회로도를 그려라.

3.12 3-입력 NOR 게이트만을 시용하여 문제 3.2의 부울 함수를 구현하는 회로도를 그려라.

3.13 2-입력 NAND 게이트만을 시용하여 문제 3.2의 부울 함수를 구현하는 회로도를 그려라.

3.14 두 개의 2-비트 수가 입력되는 가장 작은 회로를 그려라. 회로는 입력에 짝수의 개수를 계산하여 2-비트 숫자를 출력한다. 숫자 0은 짝수로 취급한다. 예를 들어, 두 개의 입력 숫자가 0과 3이면, 회로는 2진수로 숫자 1을 출력한다. 두 개의 입력 숫자가 0과 2면, 회로는 2진수로 숫자 2를 출력한다. 진리표, 식, 및 최종적으로 회로를 유도하여 작업 내용을 나타내어라. 가능한 식을 최소화 하여라

3.15 2-입력 NAND 게이트만을 시용하여 4-입력 NAND 게이트를 구성하여라

3.16 두 개의 2-비트 부호없는 수가 입력되는 회로를 유도하고 그려라. 회로는 두 입력 숫자의 차이를 나타내는 3-비트 부호있는 수를 출력한다(즉, 첫 번째 수에서 두 번째 수를 뺀 결과). 진리표와 정규형으로 식을 유도하여라.

3.17 다음 회로를 구성하자. 회로는 다섯 개의 입력 신호와 한 개의 출력 신호가 있다. 다섯 개 입력 선은 W, X, Y, Z, 및 E의 라벨이 붙어있고, 출력 선은 F의 라벨이 붙어있다. E는 회로를 활성화(enable, 온) 혹은 비활성화(disable, 오프) 시키는 데 사용되어, $E=0$이면 회로는 비활성화되고 F는 항상 0이다. $E=1$이면 회로는 활성화되고 F는 네 개의 입력 신호 W, X, Y, 및 Z의 값으로 결정되는 데, W는 최상위 비트이다. 입력신호의 값이 홀수이면 $F=1$, 그렇지 않으면 $F=0$이다.

3.18 가능한 한 적은 NAND 게이트(입력 수에 상관없이)를 이용하여 다음 회로를 구현하여라.

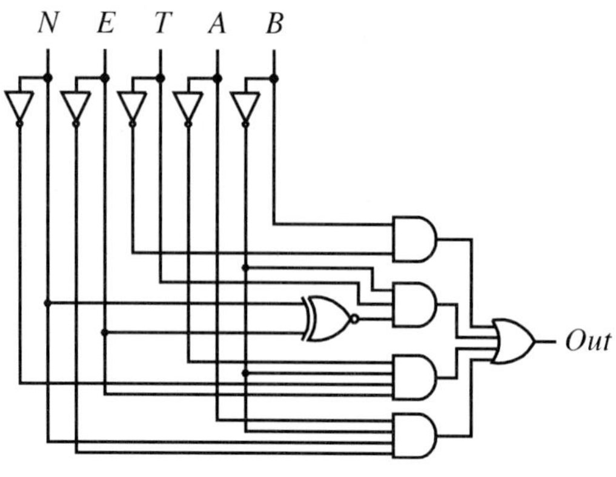

3.19 다음 전가산기 회로를 11개의 2-입력 NAND 게이트만을 사용하여 변환하여라.

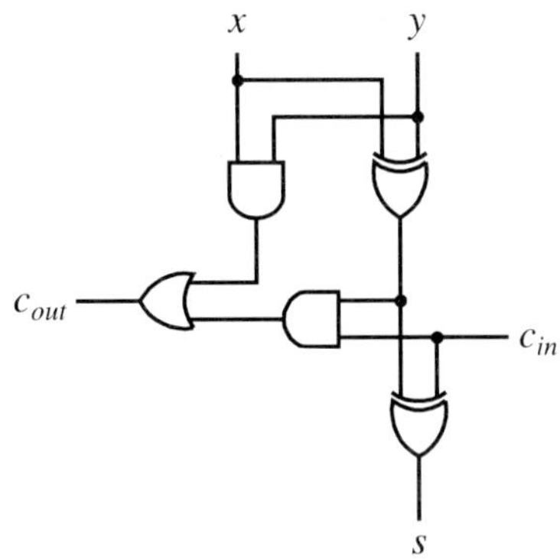

3.20 다음 회로를 2-입력 NOR 게이트만을 사용하여 그대로(즉, 먼저 감소시키지 말고) 변환하여라.

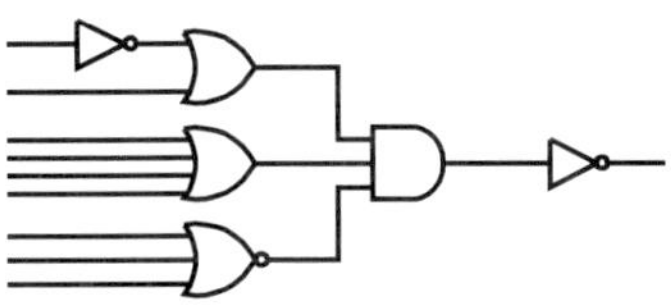

3.21 문제 3.1의 부울 함수를 K-맵을 사용하여 표준형으로 감소시켜라.

3.22 문제 3.2의 부울 함수를 K-맵을 사용하여 표준형으로 감소시켜라.

3.23 문제 3.4의 진리표에 표현된 부울 함수를 K-맵을 사용하여 표준형으로 감소시켜라.

3.24 다음 식에 대해, 모든 주항(PI), 필수 주항(EPI), 및 최소화된 표준형 답을 열거하여라.

$$F(v,w,x,y,z) = \Pi\,(2,3,4,5,6,7,8,9,11,13,15,18,19,20,21,22,29,30,31)$$

3.25 2-입력 NAND 게이트만을 사용한 2-입력 XOR 게이트에 대한 회로를 유도하여라.

3.26 Quine-McCluskey 방법을 사용하여 $F(w,x,y,z) = \Sigma\,(0,2,5,7,13,15)$을 간략화하자. 모든 주항(PI), 필수 주항(EPI), 커버 목록, 및 답을 열거하여라.

3.27 문제 3.1의 부울 함수를 Quine-McCluskey 방법을 사용하여 표준형으로 감소시켜라.

3.28 문제 3.1의 부울 함수에 대한 완전한 구조적 Verilog 코드를 작성하여라.

3.29 문제 3.1의 부울 함수에 대한 완전한 구조적 VHDL 코드를 작성하여라.

3.30 문제 3.1의 부울 함수에 대한 완전한 데이터 흐름적 Verilog 코드를 작성하여라.

3.31 문제 3.1의 부울 함수에 대한 완전한 데이터 흐름적 VHDL 코드를 작성하여라

3.32 다음 4-변수 부울 함수 $F(w,x,y,z)$을 K-맵을 사용하여 정규형으로 감소시켜라.

a) 1-최소항: m_2, m_3, m_4, m_5
무정의 최소항: m_{10}, m_{11}, m_{12}, m_{13}, m_{14}, m_{15}

b) 1-최소항: 1, 3, 4, 7, 9
무정의 최소항: 0, 2, 13, 14, 15

c) 1-최소항: 2, 3, 8, 9
무정의 최소항: 1, 5, 6, 7, 13, 15

3.33 다음 5-변수 부울 함수 $F(v,w,x,y,z)$을 K-맵을 사용하여 정규형으로 감소시켜라.

a) 1-최소항: 1, 3, 4, 7, 9
무정의 최소항: 0, 2, 13, 14, 15

b) 1-최소항: 2, 4, 10, 15, 16, 21, 26, 29
무정의 최소항: 5, 7, 13, 18, 23, 24, 31

3.34 8-비트 2진수를 세 개의 7-세그먼트 LED에 표시하기 위해 3-자리 10진수로 변환하는 행위적 Verilog 코드를 작성하자. 다른 입력 신호 *signednumber*는 2진수가 부호있는 수인지 혹은 부호없는 수인지 결정하는 데 사용된다. *signednumber*가 1이면, 2진수는 부호있는 수로 인식되며, 그렇지 않으면 부호없는 수로 인식된다. 선택적 음의 부호는 7-세그먼트 LED에 표시된다. 이 회로는 나중 장에서 많은 설계의 출력 회로로 사용된다.

3.35 문제 3.34에 대한 행위적 VHDL 코드를 작성하여라.

3.36 함수 $F = y'z' + wz + w'x'y$에서 정적 해저드를 제거하는 함수를 작성하여라.

3.37 함수 $F = w'z + xyz' + wx'y$에서 정적 해저드를 제거하는 함수를 작성하여라.

CHAPTER 04

표준 조합 구성요소

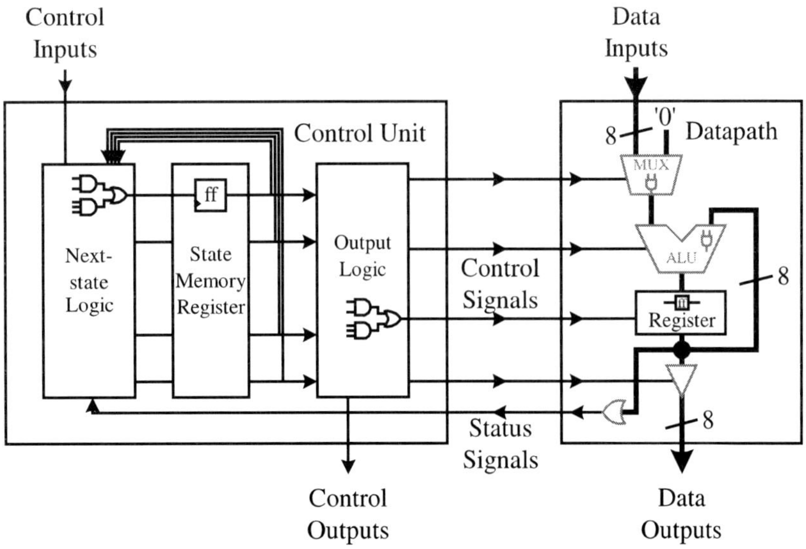

많은 건설 프로젝트와 마찬가지로 계층적 방식으로 디지털 회로를 구축하는 것이 더 쉽다. 처음에는 매우 기본적인 빌딩블록을 사용하여 약간 더 큰 빌딩블록을 만든 다음, 더 큰 빌딩블록에서 더 큰 빌딩블록을 만드는 등의 작업을 수행한다. 마찬가지로 대규모 디지털 회로를 구성할 때, 매번 기본 논리 게이트를 빌딩블록으로 시작하는 대신, 더 큰 빌딩블록으로 시작하는 경우가 많다. 이러한 대형 빌딩블록 중 상당수는 종종 서로 다른 디지털 회로에서 반복적으로 사용되기 때문에 대형 디지털 회로의 표준 구성요소로 간주된다. 설계 시간을 감소시키기 위해, 이러한 표준 구성요소는 종종 표준 라이브러리에서 사용할 수 있도록 만들어져 필요할 때마다 다시 설계할 필요가 없다. 예를 들어, 많은 디지털 회로에는 두 개의 숫자의 덧셈이 필요하므로 가산기 회로는 표준 구성요소로 간주되며 대부분의 표준 라이브러리에서 사용할 수 있다.

표준 **조합 구성요소**는 표준 라이브러리에서 사용할 수 있는 조합회로이다. 이러한 결합 구성요소는 주로 데이터패스의 구성에 사용된다. 일반적으로 마이크로프로세서 내부에 사용되는 표준 조합 구성요소는 멀티플렉서, 가산기, 감산기, ALU, 비교기, 3-상태 버퍼, 및 곱셈기가 포함된다. 다음상태 논리(next-state logic) 및 출력 논리회로는 조합회로이지만 특정 제어 유닛이 특정 문제를 해결하기 위해 고유하게 설계되었기 때문에 표준 조합 구성요소로 간주되지 않으며 일반적으로 다른 설계에 재사용되지 않는다.

이 장에서는 표준 조합 구성요소를 설계할 것이다. 이 구성요소는 마이크로프로세서의 데이터패스를 구성하기 위해 이후 장에서 사용될 것이다.

4.1 신호의 이름을 정하는 규칙

지금까지 논의에서, 우리는 항상 "높음"과 "낮음"이라는 단어를 각각 1이나 0, 또는 "온" 또는 "오프"이라는 의미로 사용해 왔다. 그러나 이것은 다소 임의적이며 0이 높거나 1이 오프라고 말할 수 없는 이유가 없다. 사실, 많은 표준 규격의 구성요소는 0은 "온"이고 1은 "오프"의 **부논리**(negative logic)라고 부르는 것을 사용한다. 우리는 1은 온, 0은 오프인 **정논리**(positive logic)를 사용하기 때문에 부논리를 사용하는 것은 대개 이해하기 어렵다. 모든 논의에서 우리는 보다 자연스러운 정논리를 사용할 것이다.

그럼에도 불구하고, 정논리를 사용하고 있는지 아니면 부논리를 사용하는지에 대한 혼란을 피하기 위해, 우리는 종종, "어써트(Asset)", "디어써트(de-Assert)", "고레벨 활성(active-high)", 및 "저레벨 활성(active-low)"라는 단어를 사용한다. 우리가 정논리 또는 부논리를 사용하는지 여부에 관계없이 1(즉, 고레벨)은 신호가 활성 또는 사용하게 하고 0은 신호를 비활성 또는 사용하지 않게 만드는 것을 항상 의미한다. 예를 들어, *add* 라고 하는 고레벨 활성 신호가 있고 이 신호를 사용하게 하려면(즉, 의도 한대로 동작하게 하려면, 이 경우 무언가를 더하는),이 신호 선을 1로 설정해야 한다. 이 신호를 0으로 설정하는 것은 신호가 사용하지 않거나 비활성화된다. 그래서 신호 *add*가 저레벨 활성 신호이면, 무언가를 더하기 위해서는 0으로 설정해야한다. 저레벨 활성 신호로 이름을 정할 때 우리는 일반적으로 *add'* 과 같이 이름 다음에 프라임(') 기호를 덧붙인다. 이름을 보고 더 이상의 설명이 필요없는 이런 방식에서, 우리는 신호가 고레벨 혹은 저레벨 활성인지 알게 될 것이다. 예를 들어, *count*라는 이름의 신호는 고레벨 활성이어서 1은 회로를 계산하게 하고 0은 회로를 계산하지 않도록 한다. 반면에 *stop'* 라는 이름의 신호는 프라임 기호가 있기 때문에 저레벨 활성이어서 0은 회로를 중단하게 하고 1은 회로를 진행하게 한다.

또한 신호를 활성화하거나 신호를 사용한다는 의미로 "어써트"라는 단어를 사용한다. 신호를 "디어써트"하는 것은 신호를 상용하지 않거나 비활성화하는 것이다. 예를 들어 고레벨 활성 *add* 신호를 "어써트"하는 것은 *add* 신호를 1로 설정하는 것을 의미한다. 저레벨 활성 선을 "디어써트"하는 것은 선을 1로 설정하는 것을 의미한다. – 이것은 0은 선(저레벨 활성)을 사용하게 하고, 우리는 사용하지 않는 것(de-assert)을 원하기 때문이다.

4.2 멀티플렉서

멀티플렉서(multiplexer) 혹은 간단히 **먹스**(mux)는 n 신호 중 하나의 입력 신호를 선택할 수 있으며, 여기서 $n>1$이며 2의 제곱이다. 멀티플렉서에 연결된 선택 선은 어떤 입력 신호가 선택되어 멀티플렉서의 출력으로 전달되는지 결정한다. 일반적으로, n-to-1 멀티플렉서는 n 개의 데이터 입력 선, $2^m = n$인 m 개의 선택 선 및 하나의 출력 선을 갖는다. 2-to-1 멀티플렉서의 경우, 두 개의 데이터 입력 선 d_0 및 d_1, 두 개의 데이터 선 사이에서 선택하기 위해 하나의($2^1 = 2$이므로) 선택 선 s가 있다. $s = 0$일 때, 입력 선 d_0이 선택되고 d_0에 있는 데이터가 출력 y로 전달된다. $s = 1$일 때, 입력 선 d_1이 선택되고 d_1에 있는 데이터가 출력 y로 전달된다. 2-to-1 먹스의 설명과 전 장에서 이미 배운 내용으로부터, 우리는 그림 4.1(a), (b), 및 (c) 각각에 나타낸 진리표, 식, 및 회로도를 쉽게 구성할 수 있다. 2-to-1 먹스의 논리 심볼은 그림 4.1 (d)에 나타내었다. 보다 상위 수준의 도식 회로도에서 2-to-1 먹스나 다른 구성요소를 사용할 때, 우리는 구성요소에 대한 상세한 회로를 그리는 대신에 논리 심볼을 사용한다. 이렇게 하면 구성요소의 상세 내역이 이 상위 수준에서 숨겨진다.

종종, 우리는 더 큰 멀티플렉서를 사용해야 할 수도 있다. 8-to-1 멀티플렉서와 같이, 더 큰 크기의 멀티플렉서를 설계하는 것은 유사하게 실행될 수 있다. d_0부터 d_7까지 여덟 개의 데이터 입력 선을 갖는 것에 더하여 8-to-1 멀티플렉서는 세 개($2^3 = 8$)의 선택 선 s_0, s_1, 및 s_2를 갖는다. 세 개의 선택선의 값에 따라, 여덟 개 데이터 입력 선 중의 하나가 선택되어 해당 입력 선의 데이터가 출력으로 전송될 것이다. 예를 들어, 선택 선이 101(10진수 5)이면, 데이터 입력 선 d_5가 선택되어 d_5에 있는 데이터가 출력으로 전송될 것이다.

8-to-1 멀티플렉서의 진리표, 회로도, 및 논리 심볼은 그림 4.2에 나타내었다. 진리표는 약간 다른 형식으로 작성되었다. 입력 열에 d를 포함하고 모든 $2^{11} = 2048$행(11개의 변수는 여덟 개의 d와 세 개의 s로 인한 11개 변수)을 열거하는 대신에, d는 출력 열 아래 항목에 작성된다. 예를 들어, 선택 선의 값이 101이면 출력 열 아래의 항목은 d_5이며, 이는 y가 입력 선 d_5의 값을 가짐을 의미한다.

그림 4.2(b)의 회로를 이해하기 위하여, 각 AND 게이트가 스위치로 동작하고 세 개의 선택 선 중 하나의 조합으로 온 되는 것을 주목하자. 특정 AND 게이트가 온 되면, 해당 d 입력의 데이터가 해당 AND 게이트를 통과한다. 나머지 AND 게이트의 출력은 모두 0이다. 모든 AND 게이트의 출력은 최종 출력을 산출하기 위해서 함께 OR 된다. 그래서 AND 게이트 중 한 개만 온 되기 때문에, 해당 AND 게이트의 값만이 최종 y 출력으로 통과된다.

더 큰 멀티플렉서는 작은 멀티플렉서로도 구성할 수 있다. 예를 들어, 그림 4.3과 같이 8-to-1 멀티플렉서는 일곱 개의 2-to-1 멀티플렉서를 사용하여 구성

s	d_1	d_0	y
0	0	0	0
0	0	1	1
0	1	0	0
0	1	1	1
1	0	0	0
1	0	1	0
1	1	0	1
1	1	1	1

(a)

$$\begin{aligned} y &= s'd_1'd_0 + s'd_1d_0 + sd_1d_0' + sd_1d \\ &= s'd_0(d_1' + d_1) + sd_1(d_0' + d_0) \\ &= s'd_0 + sd_1 \end{aligned}$$

(b)

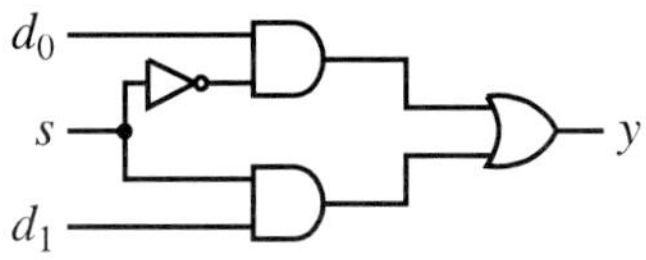

(c)

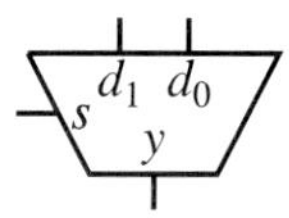

(d)

그림 4.1 2-to-1 멀티플렉서: (a) 진리표 (b) 식 (c) 회로 (d) 논리 심볼.

s_2	s_1	s_0	y
0	0	0	d_0
0	0	1	d_1
0	1	0	d_2
0	1	1	d_3
1	0	0	d_4
1	0	1	d_5
1	1	0	d_6
1	1	1	d_7

(a)

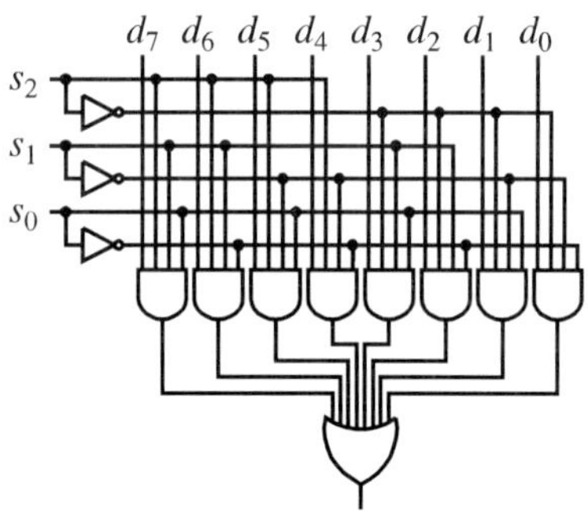

(b)

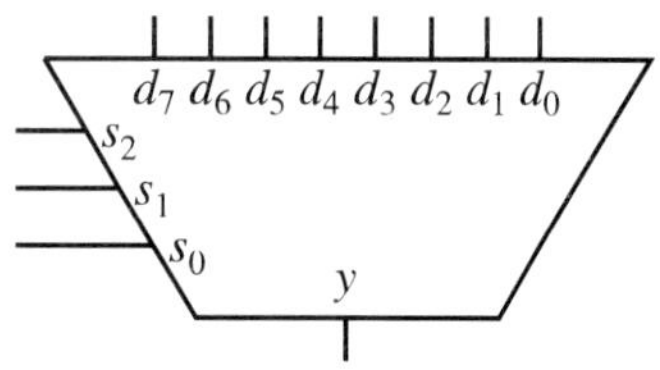

(c)

그림 4.2 8-to-1 멀티플렉서: (a) 진리표 (b) 식 (c) 회로 (d) 논리 심볼.

할 수 있다. 네 개의 최상위 2-to-1 멀티플렉서는 여덟 개의 데이터 입력을 제공하며, 모두 동일한 최하위 선택 선 s_0에 의해 스위칭된다. 이 최상위 수준은 두 데이터 입력의 각 그룹에서 하나를 선택한다. 그런 다음 중간 수준은 상위 수준 네 개의 출력을 다시 2개의 그룹으로 그룹화하고 s_1 선택 선을 사용하여 각 그룹에서 하나를 선택한다. 마지막으로, 최하위 수준에서 멀티플렉서는 최상위 선택

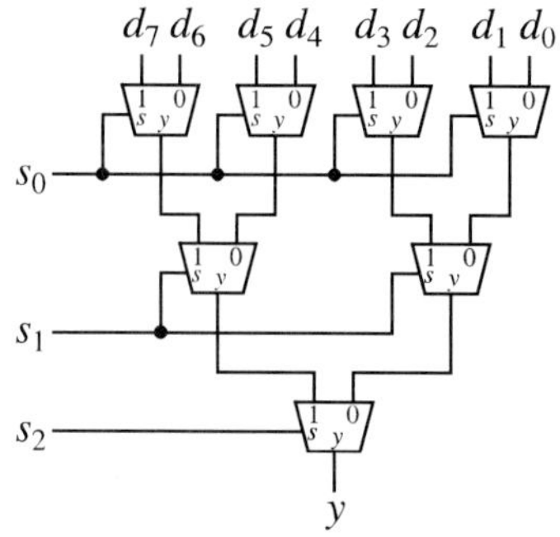

그림 4.3 일곱 개의 2-to-1 멀티플렉서를 사용한 8-to-1 멀티플렉서.

선 s_2를 사용하여 중간 수준 멀티플렉서에서 두 출력 중 하나를 선택한다.

멀티플렉서의 Verilog 코드

그림 4.4는 8-비트 폭의 4-to-1 멀티플렉서의 행위적 Verilog 코드를 나타낸다. 두 개의 선택 선 S 및 각 8비트 폭의 네 개의 입력 선이 있다. 데이터 출력 선 Y도 8 비트 폭이다. 데이터 출력 선 Y는 reg 키워드로 선언되어 있는 반면에 입력 선은 선언되어 있지 않다는 것을 주목하자. always문은 감지 리스트내의 신호 중의 하나의 값이 변할 때 마다 실행된다. always 블록 내의 문장은 순차적으로 실행된다. case 문은 S 신호의 값을 선택하고 네 가지 경우 중의 하나를 실행한다. 일치하는 경우가 없다면, default 경우가 선택된다.

```
// A 4-to-1 8-bit wide multiplexer
module Multiplexer (
 input [1:0] S,        // 2 select lines
 input [7:0] D0,       // 4 data inputs, each is 8 bits wide
 input [7:0] D1,
 input [7:0] D2,
 input [7:0] D3,
 output reg [7:0] Y    // 8-bit wide output
);
 always @ (S or D0 or D1 or D2 or D3) begin
  case (S)
  0: Y = D0;
  1: Y = D1;
  2: Y = D2;
```

그림 4.4 8-비트 폭의 4-to-1 멀티플렉서의 행위적 Verilog 코드.

(다음페이지에 계속)

```
    default:
      Y = D3;
    endcase
  end
endmodule
```

그림 4.4 8-비트 폭의 4-to-1 멀티플렉서의 행위적 Verilog 코드.

멀티플렉서의 VHDL 코드

8-비트 폭의 4-to-1 멀티플렉서의 행위적 VHDL 코드가 그림 4.5에 나타내었다. PROCESS 블록은 감지 리스트내의 신호 중의 하나의 값이 변할 때 마다 실행된다. PROCESS 블록내의 문장은 순차적으로 실행된다. CASE문은 *S*의 네 가지 경우 중에서 선택한다. *S*가 00이면 값 *D*0이 *Y*에 할당된다. *S*가 00, 01, 혹은 10 중의 하나와 일치하지 않으면, WHEN OTHERS 항목이 선택된다.

```
-- A 4-to-1 8-bit wide multiplexer
LIBRARY IEEE;
USE IEEE.STD_LOGIC_1164.ALL;

ENTITY Multiplexer IS PORT (
 S: IN STD_LOGIC_VECTOR(1 DOWNTO 0);        -- select lines
 D0: IN STD_LOGIC_VECTOR(7 DOWNTO 0);       -- data bus D0 input
 D1: IN STD_LOGIC_VECTOR(7 DOWNTO 0);       -- data bus D1 input
 D2: IN STD_LOGIC_VECTOR(7 DOWNTO 0);       -- data bus D2 input
 D3: IN STD_LOGIC_VECTOR(7 DOWNTO 0);       -- data bus D3 input
 Y: OUT STD_LOGIC_VECTOR(7 DOWNTO 0));      -- data bus output
END Multiplexer;

-- Behavioral level code
ARCHITECTURE Behavioral OF Multiplexer IS
BEGIN
 PROCESS (S,D0,D1,D2,D3)
 BEGIN
  CASE S IS
   WHEN "00" => Y <= D0;
   WHEN "01" => Y <= D1;
   WHEN "10" => Y <= D2;
   WHEN OTHERS => Y <= D3
  END CASE;
 END PROCESS;
END Behavioral;
```

그림 4.5 8-비트 폭의 4-to-1 멀티플렉서의 행위적 VHDL 코드.

4.3 가산기

가산기는 합을 산출하기 위해서 두 개의 n-비트 2진수를 서로 더하는 것이다.

4.3.1 전가산기

두 개의 n-비트 2진수 $X = x_{n-1} \cdots x_0$와 $Y = y_{n-1} \cdots y_0$를 더하는 가산기를 구성하기 위해서, 먼저 오른쪽의 이전 비트 위치에서 캐리-입력 비트 c_i와 함께 x_i 및 y_i의 단일 비트 슬라이스(bit slice)의 덧셈을 고려해야 한다. 이 덧셈의 결과는 합 비트 s_i와 다음 비트 위치로 가는 캐리-출력 비트 c_{i+1}이다. 다시 말해서, $s_i = x_i + y_i + c_i$이며, 덧셈에서 좌측의 다음 비트로 캐리가 있으면, $c_{i+1} = 1$이고, 그렇지 않으면 $c_{i+1} = 0$이다. 이 식에서 + 연산자는 논리 OR 연산자가 아닌 덧셈임을 주목하자.

예를 들어, 다음 두 개의 4-비트 2진수 $X = 1001$와 $Y = 0011$의 덧셈을 고려해 보자.

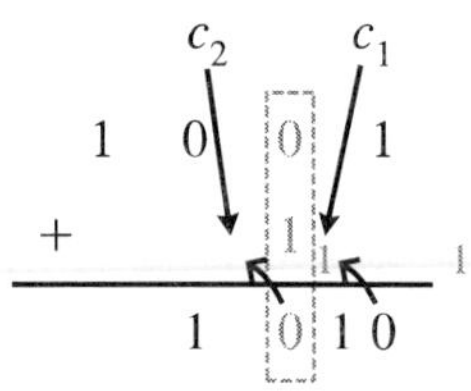

덧셈의 결과는 1100이다. 덧셈은 합이 10진수로 2 혹은 3일 때마다(2는 2진수로 10이고 3은 11이므로) 캐리가 발생하는 것을 제외하곤 10진수의 덧셈과 동일하게 실행된다. 10 혹은 11의 최상위 비트는 캐리-출력 비트이다. 파란색으로 강조된 비트 슬라이스를 보면, 이 비트 슬라이스에서 여기서 $x_1 = 0$, $y_1 = 1$, 및 $c_1 = 1$이고 이 비트 슬라이스의 덧셈은 $x_1 + y_1 + c_1 = 0 + 1 + 1 = 10$이다. 그래서 합 비트는 $s_1 = 0$이고 캐리-출력 비트는 $c_2 = 1$이다.

단일 비트 슬라이스의 덧셈 회로는 **전가산기**(full adder: FA)라고 알려져 있으며 진리표는 그림 4.6(a)에 나타내었다. 진리표의 각 행의 경우, 결합된 두 개의 출력 비트 $c_{i+1}s_i$는 세 개의 입력 비트를 더하여 $c_{i+1}s_i = x_i + y_i + c_i$로 구해진다. s_i와 c_{i+1} 식의 유도와 간략화는 그림 4.6(b)에 나타내었다. 이 두 개의 식에서 그림 4.6(c)에 나타낸 전가산기의 회로를, 그림 4.6(d)에 나타낸 전가산기의 논

x_i	y_i	c_i	c_{i+1}	s_i
0	0	0	0	0
0	0	1	0	1
0	1	0	0	1
0	1	1	1	0
1	0	0	0	1
1	0	1	1	0
1	1	0	1	0
1	1	1	1	1

(a)

$$
\begin{aligned}
s_i &= x_i'y_i'c_i + x_i'y_ic_i' + x_iy_i'c_i' + x_iy_ic_i \\
&= (x_i'y_i + x_iy_i')c_i' + (x_i'y_i' + x_iy_i)c_i \\
&= (x_i \oplus y_i)c_i' + (x_i \oplus y_i)'c_i \\
&= x_i \oplus y_i \oplus c_i \\
c_{i+1} &= x_i'y_ic_i + x_iy_i'c_i + x_iy_ic_i' + x_iy_ic_i \\
&= x_iy_i(c_i' + c_i) + c_i(x_i'y_i + x_iy_i') \\
&= x_iy_i + c_i(x_i \oplus y_i)
\end{aligned}
$$

(b)

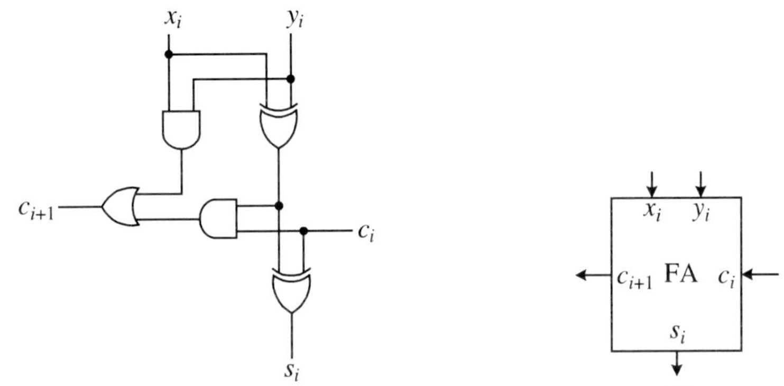

(c) (d)

그림 4.6 전가산기: (a) 진리표 (b) s_i와 c_{i+1} 식 (c) 회로 (d) 논리 심볼.

```
module fa (
 input ci, xi, yi,
 output ci1, si
);
 // using the equations derived for the FA
 // bitwise &=AND; |=OR; ^=XOR
 assign ci1 = (xi & yi) | (ci & (xi ^ yi));
 assign si = xi ^ yi ^ ci;
endmodule
```

그림 4.7 1-비트 전가산기의 데이터 흐름적 Verilog 코드.

리 기호를 구한다. 전가산기의 데이터 흐름적 Verilog 및 VHDL 코드는 그림 4.7과 4.8에 각각 나타내었다.

```
LIBRARY IEEE;
USE IEEE.STD_LOGIC_1164.ALL;
ENTITY fa IS PORT (
 ci, xi, yi: IN STD_LOGIC;
 ci1, si: OUT STD_LOGIC);
END fa;

ARCHITECTURE Dataflow OF fa IS
BEGIN
 ci1 <= (xi AND yi) OR (ci AND (xi XOR yi));
 si <= xi XOR yi XOR ci;
END Dataflow;
```

그림 4.8 1-비트 전가산기의 데이터 흐름적 VHDL 코드.

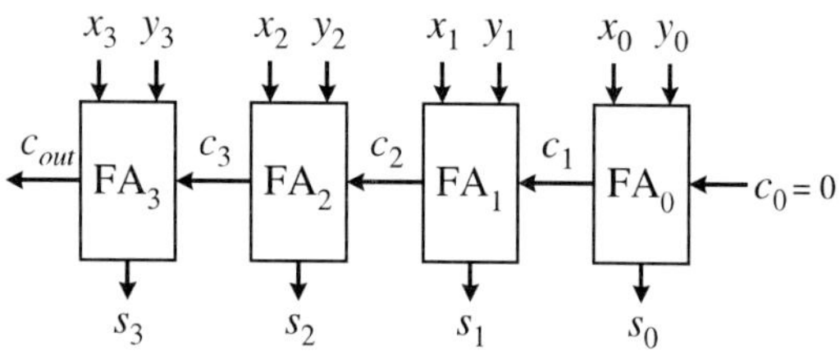

그림 4.9 리플-캐리 가산기.

```
module Adder4 (
 input [3:0] A, B,
 output [3:0] Sum,
 output Cout
 );
 assign {Cout,Sum} = A + B;
endmodule
```

그림 4.10 4-비트 가산기의 행위적 Verilog 코드.

4.3.2 리플-캐리 가산기

전가산기는 단지 1비트 폭인 두 개의 오퍼랜드(operand)를 더하는 것이다. 네 비트 폭의 두 오퍼랜드를 더하려면 네 개의 전가산기를 캐리-입력 및 캐리-출력 신호를 통해 직렬로 연결한다. 그림 4.9 나타낸 결과 회로는 두 개의 4-비트 오퍼랜드를 더하는 **리플-캐리 가산기**라고 부른다.

하나의 캐리-입력 선의 입력은 전단의 FA의 캐리-출력 선에 연결된다. FA는 세 개의 비트 x_i, y_i, 및 c_i를 함께 더하기 때문에, 첫 번째 캐리-입력 비트 c_0

는 정확한 덧셈을 위해서 0으로 설정해야 하며, 그렇지 않으면, 합은 항상 정확한 결과에 1을 더한 것이 될 것이다. 더욱이 출력 신호 c_{out}은 오버프로우(overflow) 신호 역할을 하여 덧셈에서 오버플로우가 발생하면 1이 된다.

4-비트 가산기의 Verilog 코드

4-비트 가산기의 행위적 Verilog 코드가 그림 4.10에 나타내었다. 신호 선언의 구문 [3:0]는 신호가 4-비트 넓이라는 것을 나타낸다. `assign`문의 좌측에 $Cout$ 및 Sum는 구문 `{Cout, Sum}`을 사용하여 서로 연결되어 결과적으로 5-비트 출력이 됨을 주목하자.

4-비트 가산기의 VHDL 코드

4-비트 가산기의 행위적 VHDL 코드가 그림 4.11에 나타내었다. Verilog와는 달리, VHDL은 결과의 연결을 제공하지 않아서 먼저 두 입력 오퍼랜드를 0 확장을 하여 5-비트 벡터 $Temp$에 결과를 저장할 수 있도록 5-비트 덧셈을 수행한다. 기호 &는 4-비트 벡터 A 혹은 B에 0을 연결하는 데 사용되어 결과적으로 덧셈에 대한 5-비트 벡터가 된다. 그런 다음 $Cout$을 $Temp$의 최상위 비트에서 추출하고 Sum을 $Temp$의 마지막 4 비트에서 추출한다.

```
LIBRARY IEEE;
USE IEEE.STD_LOGIC_1164.ALL;
ENTITY Adder4 IS PORT (
 A, B: IN STD_LOGIC_VECTOR(3 DOWNTO 0);
 Sum: OUT STD_LOGIC_VECTOR(3 DOWNTO 0);
 Cout: OUT STD_LOGIC);
END Adder4;
ARCHITECTURE Behavioral OF Adder4 IS
 SIGNAL Temp : STD_LOGIC_VECTOR (4 DOWNTO 0);
BEGIN
 Temp <= ('0' & A) + ('0' & B);
 Cout <= Temp(4);
 Sum <= Temp(3 DOWNTO 0);
END Behavioral;
```

그림 4.11 4-비트 가산기의 행위적 VHDL 코드.

4.3.3 캐리 미리보기 가산기

리플-캐리 가산기는 각 FA에 대한 캐리-입력 신호가 전단 FA의 캐리-출력 신호에 의존하기 때문에 느리다. 그래서 FA_i가 유효한 데이터를 출력하기 전에 FA_{i-1}의 유효한 데이터를 기다려야 한다. 이런 이유로 가산기가 유효한 데이터를 출력하는 데 필요한 시간은 가산기의 비트 수에 의해 결정된다. **캐리 미리보기 가산기**(carry-lookahead adder)에서, 각각의 비트 슬라이스는 이전 캐리-출력 신호에 대한 이 의존성을 없애고 대신 두 입력 오퍼랜드 X와 Y의 값을 사용하여 필요한 신호를 직접 추론한다. 이것은 캐리-출력 신호에 관한 다음 관찰에서 가능하다. 각 FA_i에 대해, 다음 두 조건 중 하나가 참이면 캐리 출력 신호 c_{i+1}이 1로 설정된다.

$$x_i = 1 \text{ and } y_i = 1$$

혹은

$$(x_i = 1 \text{ or } y_i = 1) \text{ and } c_i = 1$$

다시 말해서

$$c_{i+1} = x_i y_i + c_i(x_i + y_i) \tag{4.1}$$

언뜻 보기에는 이 캐리-출력 식은 전가산기에 대한 그림 4.6(b)에서 추론된 다음 캐리-출력 식과 다르게 보인다.

$$c_{i+1} = x_i y_i + c_i(x_i \oplus y_i)$$

그러나 이 두식은 기능적으로 등가이다.(문제 4.18 참조)

만일, $g_i = x_i y_i$ 그리고 $p_i = x_i + y_i$으로 놓으면 식 4.1은 다음과 같이 다시 작성할 수 있다.

$$c_{i+1} = g_i + p_i c_i \tag{4.2}$$

c_{i+1}에 대해 식 4.2를 사용하여, 우리는 반복적으로 확장하여 오직 두 개의 입력 오퍼랜드 X와 Y, 그리고 초기 캐리-입력 비트 c_0에만 의존하는 임의의 비트 슬라이스 c_i에 대한 캐리-출력 식을 얻을 수 있다. 이 기술을 사용하여 처음 네 비트 슬라이스에 대해 다음과 같은 캐리-출력 식을 얻는다.

$$c_1 = g_0 + p_0c_0 \tag{4.3}$$

$$\begin{aligned} c_2 &= g_1 + p_1c_1 \\ &= g_1 + p_1(g_0 + p_0c_0) \\ &= g_1 + p_1g_0 + p_1p_0c_0 \end{aligned} \tag{4.4}$$

$$\begin{aligned} c_3 &= g_2 + p_2c_2 \\ &= g_2 + p_2(g_1 + p_1g_0 + p_1p_0c_0) \\ &= g_2 + p_2g_1 + p_2p_1g_0 + p_2p_1p_0c_0 \end{aligned} \tag{4.5}$$

$$\begin{aligned} c_4 &= g_3 + p_3c_3 \\ &= g_3 + p_3(g_2 + p_2g_1 + p_2p_1g_0 + p_2p_1p_0c_0) \\ &= g_3 + p_3g_2 + p_3p_2g_1 + p_3p_2p_1g_0 + p_3p_2p_1p_0c_0 \end{aligned} \tag{4.6}$$

식 4.3부터 4.6을 사용하여, 그림 4.12(a)에 나타낸 것처럼 c_1에서 c_4에 대한 캐리 미리보기 신호를 생성하는 회로를 구한다. 각 식은 세 단계의 조합 논리(g_i와 p_i를 생성하는 1 단계와 c_i 표현식을 생성하기 위한 합의 곱 형식의 2 단계)로 해석되었음을 주목하자. 덧셈을 실행할 때 c_0가 0이며 각 식의 최우측 곱 항은 삭제될 수 있기 때문에, 캐리 미리보기 회로는 더 간단히 될 수 있다.(문제 4.17 참조)

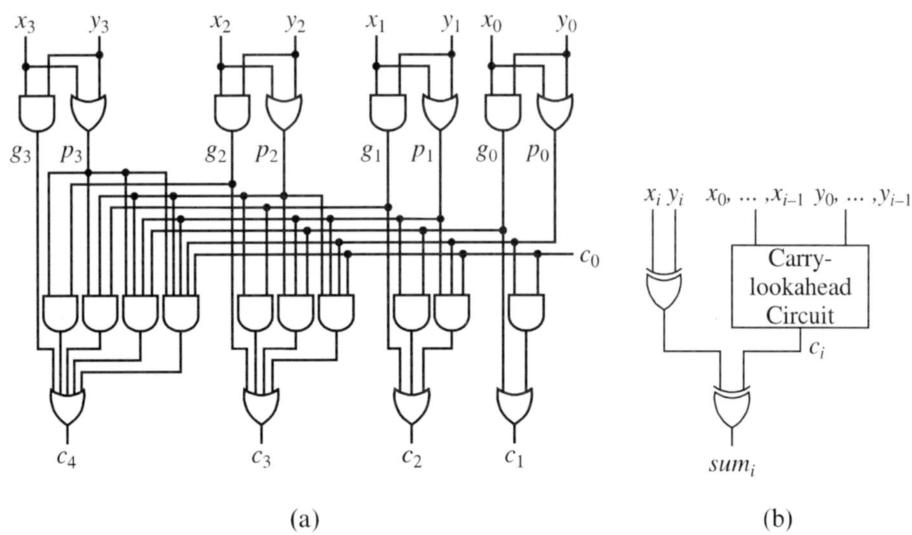

그림 4.12 (a) 캐리 미리보기 신호 c_1부터 c_4를 생성하는 회로 (b) 캐리 미리보기 가산기의 한 비트 슬라이스.

또한 캐리 미리보기 가산기에 대한 FA도, 다음 비트 슬라이스로 캐리-출력 신호를 생성할 필요가 없기 때문에, 더 단순하게 만들 수 있다. 다시 말해서, 지금 FA에 대한 캐리-입력 신호는 이전 비트 슬라이스의 캐리-출력 신호로부터 오는 것이 아니라 새로운 캐리 미리보기 회로에서 오는 것이다. 그래서 이 FA는 단지 sum_i 신호만 생성해야 한다. 그림 4.12(b)는 캐리 미리보기 가산기의 한 비트 슬라이스를 나타낸다. n-비트 캐리 미리보기 가산기의 경우, n 비트 슬라이스를 사용한다. 이러한 n-비트 슬라이스는 리플 캐리 가산기처럼 직렬로 연결되지 않으며, 그렇지 않은 경우 더 복잡한 캐리-출력 회로가 필요하지 않다.

4.4 감산기

우리는 전가산기를 구성 하는데 사용한 방법과 유사한 1-비트 감산기 회로를 구성할 수 있다. 그러나 덧셈에서 합 비트 s_i 대신에 뺄셈에서는 차(difference) 비트 d_i를 가지고 있으며, 덧셈에서 캐리-입력 및 출력 신호 대신에 뺄셈에서는 바로우-입력(borrow-in) b_i와 바로우-출력(borrow-out) b_{i+1}신호를 갖는다. 그래서 두 오퍼랜드 x_i 및 y_i의 i^{th}번째 비트에서 뺄셈을 할 때, 차 $d_i = x_i - y_i$를 구한다. 그러나 만일, 우측의 이전 비트가 i^{th}번째 비트에서 빌려와야 한다면, 입력 b_i는 1로 설정될 것이며, 차에 관한 식은 $d_i = x_i - b_i - y_i$가 될 것이다. 반면에, i^{th}번째 비트가 뺄셈을 위해서 좌측의 다음 비트에서 빌려와야 한다면, 출력 b_{i+1}은 1로 설정될 것이다. 빌려온 값은 2이며 차에 대한 결과 식은 $d_i = x_i - b_i + 2b_{i+1} - y_i$가 될 것이다. 식에서 기호 +와 −는 덧셈과 뺄셈이며 논리 연산자가 아님을 주목하자. 항 $2b_{i+1}$은 2에 b_{i+1}을 곱한 것이다. b_{i+1}은 빌려야 할 때 1이므로, 매번 2를 빌려오므로, 빌림(borrow)이 있을 때 식은 단지 2를 더한다. 빌림이 없으면 b_{i+1}은 0이므로 $2b_{i+1}$ 항은 0으로 취소된다.

예를 들어, 두 개의 4-비트 2진수 $X = 0100$과 $Y = 0011$에 대한 다름 뺄셈

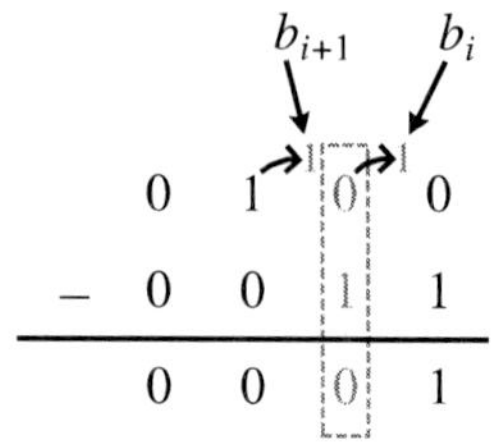

을 고려해 보자.

흐리게 표시된 비트 위치를 고려해 보자. 우측의 이전 비트에 대한 뺄셈은 빌려와야 하기 때문에 b_i는 1이다. 게다가 현재 비트도 좌측의 다음 비트에서 빌려와야 하므로, b_{i+1} 또한 1이다. 빌려올 때 2를 얻기 때문에 $d_i = x_i - b_i + 2b_{i+1} - y_i = 0 - 1 + 2(1) - 1 = 0$이다.

1-비트 감산기의 진리표는 그림 4.13(a)에 나타내었으며, 그림 4.13(b)에 나타낸 d_i 및 b_{i+1} 식이 유도되었다. 이 두 식에서, 그림 4.13(c)에 나타낸 감산기

x_i	y_i	b_i	b_{i+1}	d_i
0	0	0	0	0
0	0	1	1	1
0	1	0	1	1
0	1	1	1	0
1	0	0	0	1
1	0	1	0	0
1	1	0	0	0
1	1	1	1	1

(a)

$$\begin{aligned} d_i &= x_i'y_i'b_i + x_i'y_ib_i' + x_iy_i'b_i' + x_iy_ib_i \\ &= (x_i'y_i + x_iy_i')b_i' + (x_i'y_i' + x_iy_i)b_i \\ &= (x_i \oplus y_i)b_i' + (x_i \oplus y_i)'b_i \\ &= x_i \oplus y_i \oplus b_i \\ b_{i+1} &= x_i'y_i'b_i + x_i'y_ib_i' + x_i'y_ib_i + x_iy_ib_i \\ &= x_i'b_i(y_i' + y_i) + x_i'y_i(b_i' + b_i) + y_ib_i(x_i' + x_i) \\ &= x_i'b_i + x_i'y_i + y_ib_i \end{aligned}$$

(b)

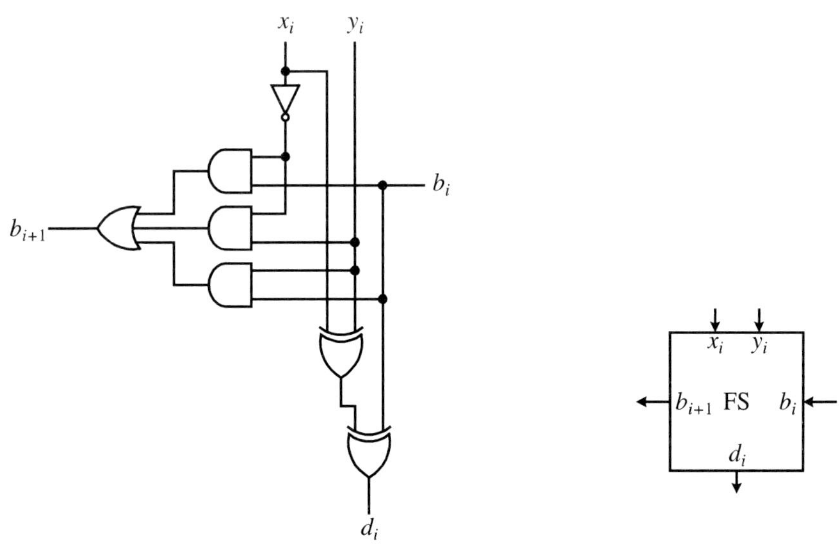

(c) (d)

그림 4.13 1-비트 감산기: (a) 진리표 (b) d_i 및 b_{i+1}의 식 (c) 회로 (d) 논리 심볼.

회로를 구한다. 그림 4.13(d)는 감산기의 논리 심볼을 나타낸다.

n-비트 오퍼랜드 뺄셈에 대한 감산기 회로를 구성하는 것은 그림 4.9에 나타낸 리플-캐리 가산기와 유사하게 데이지-체이닝(daisy-chaining) 1-비트 감산기 회로에 의해서 구성될수 있다. 가산기와 마찬가지로, 초기 바로우 비트 b_0는 0으로 설정되어야 한다. 입력 오퍼랜드는 부호없는 수로 설명되며, 마지막 오버플로우 비트 b_n은 뺄셈이 음수일 때 활성화된다. 그러나 다음 절에 나타낸 것처럼, 훨씬 우수한 감산기 회로가 있다.

4.5 가산기-감산기 조합

별도의 가산기 및 감산기를 구성하는 대신에 리플-캐리 가산기(혹은 캐리 미리보기 가산기)를 약간 변형하여 두 가지 작업을 모두 수행할 수 있다. 변형된 회로는 두 번째 오퍼랜드의 부정값(negated value)을 더하여 뺄셈을 수행한다. 다시 말해서, 뺄셈 $A-B$를 수행하는 대신에, 덧셈 연산 $A+(-B)$가 수행된다.

2의 보수 표현에서, 부정 값을 구하는 것은 모든 0을 1로, 모든 1을 0으로 반전시키고 1을 더한다는 것을 상기하자. 따라서 우리는 다음 두 가지 중 하나를 선택적으로 수행할 수 있도록 가산기 회로를 변형해야 한다. 1) 덧셈을 위하여 비트를 두집지 않고 추가 1을 더하지 않음. 2) 뺄셈을 위하여 B 오퍼랜드의 비트를 뒤집고 추가로 1을 더함.

두 개의 입력 오퍼랜드 A 및 B의 가산기-감산기 조합회로의 경우, 선택 신호 s는 실행할 동작을 선택하는 데 필요하다. 선택 신호 s가 선택하는 두 가지 동작의 할당은 그림 4.14(a)에 나타내었다. $s=0$일 때 덧셈을 실행하고, $s=1$일 때 뺄셈을 실행한다. $s=0$일 때 B는 변형되지 않고, 4.3.2절의 가산기 회로처럼, 초기 캐리-입력 신호 c_0는 0으로 설정된다. 반면에, $s=1$일 때 B 비트는 반전되고 1을 더해야 한다. 1을 더하는 것은 초기 캐리-입력 신호 c_0를 1로 설정하여 수행한다. B 비트를 반전시키고 c_0를 1로 설정하는, 이 상황을 처리할 두 회로가 필요하다.

이 두 회로의 진리표는 그림 4.14(b)에 나타내었다. 이 진리표에서, 입력 변수 b_i는 B 오퍼랜드의 i^{th}번째 비트이다. 출력 변수 y_i는 B에서 비트가 반전되거나 혹은 반전되지 않는 회로의 출력이다. 그래서 s가 0일 때 y_i는 b_i와 같지만, s가

s	Function	Operation
0	Add	$F = A + B$
1	Subtract	$F = A + B' + 1$

(a)

s	b_i	y_i	c_0
0	0	0	0
0	1	1	0
1	0	1	1
1	1	0	1

(b)

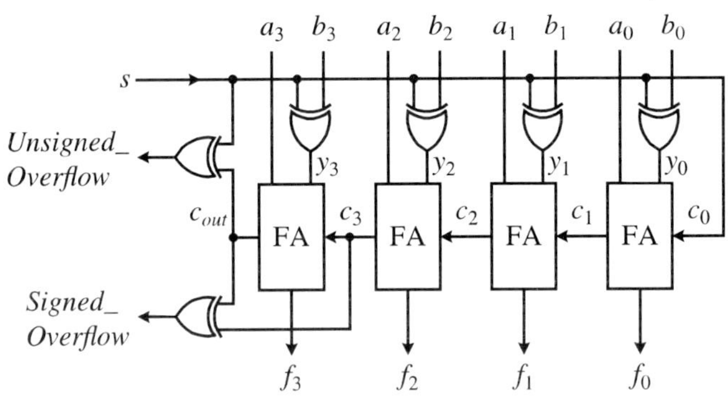

(c)

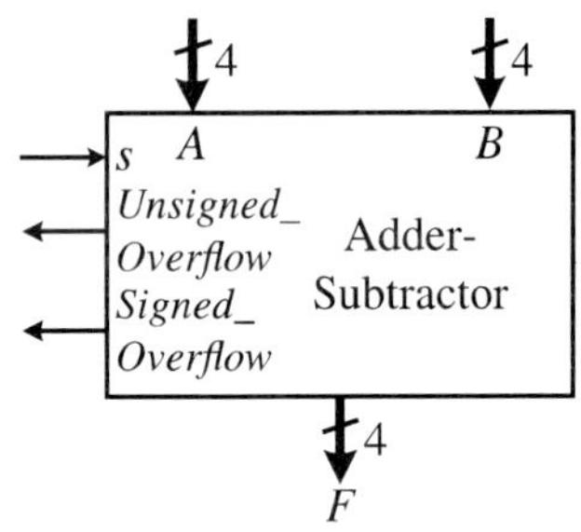

(d)

그림 4.14 가산기-감산기 조합: (a) 동작표 (b) y_i 및 c_0의 진리표 (c) 회로 (d) 논리 심볼.

1일 때 y_i는 b_i의 반전이다. 더욱이, $c_0 = s$이다. 진리표에서 우리는 y_i에 대한 회로는 단지 2-입력 XOR 게이트이고 반면에 c_0에 대한 회로는 단지 s로부터 직접 연결이라고 결론지을 수 있다. 모든 것을 함께 하여, 그림 4.14.(c)에 나타낸 것처럼,(4-비트) 가산기-감산기 조합회로가 구해진다. 회로의 논리 심볼은 그림 4.14(d)에 나타내었다.

그림 4.14.(c)의 가산기-감산기 회로는 두 개의 다른 오버플로우 신호 *Unsigned_Overflow* 및 *Signed_Overflow*가 있다. 이것은 부호있는 수와 부호없는 수 모두를 취급하기 때문이다. 부호없는 수에서 오버플로우가 있는 지 결정하기 위해서 *Unsigned_Overflow* 신호는 C_{out}과 s를 XOR하여 구한다. 왜냐하면 덧셈의 경우 *Unsigned_Overflow* 신호는 C_{out}과 같고, 뺄셈의 경우 C_{out}의 반전과 같기 때문이다. 그러나 부호있는 수에서 오버플로우가 있는 지 결정하기 위해서는 *Signed_Overflow* 신호는 C_{out}과 c_3를 XOR하여 구한다. 이유는 다음과 같다.

예를 들어, 4-비트 부호있는 수의 유효 범위는 -2^3부터 2^3-1(즉, -8부터 7까지) 이다. 두 수를 더할 때, $4+5=9$는 9가 범위 밖이므로 부호있는 수 오버플로우를 발생한다. 그러나 4-비트 부호없는 수의 유효 범위는 0부터 2^4-1(즉, 0부터 15까지)이다. 부호없는 수로 두 수 4 와 5를 처리하면, 두 개의 부호없는 수를 더한 결과, 9는 범위 안에 있다. 그래서 두 수를 더할 때 *Unsigned_Overflow* 신호는 디어써트 해야 하고 반면에 *Signed_Overflow* 신호는 어써트 해야 한다. 다음과 같이 2진수로 $4+5$의 덧셈을 실행한다.

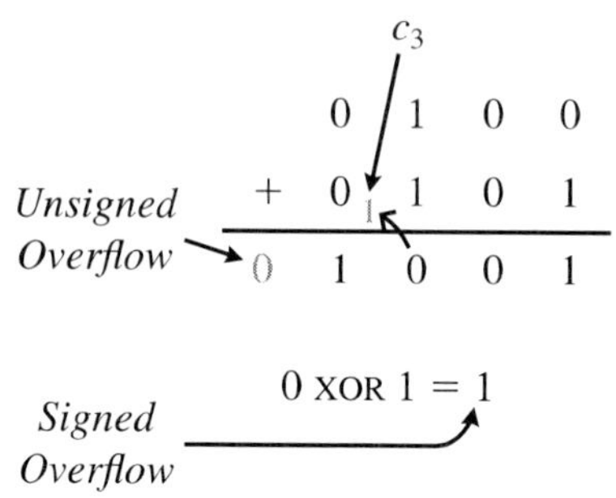

우리는 $0100+0101=1001$을 구하고 *Unsigned_Overflow*에 대해 0을 산출한다. 그러나 덧셈은 c_3에 1을 산출하고, 두 값을 XOR하여 *Unsigned_Overflow*에 대해 0 및 c_3에 대해 1로 *Signed_Overflow* 신호는 1이 된다.

다른 예의 경우, 두 개의 4-비트 부호있는 수를 더하면, $-4+(-3)=-7$은 부호있는 오버플로우가 발생하지 않는다. 다음과 같이 2진수로 $-4=1100$ 및 $-3=1101$의 연산을 실행한다.

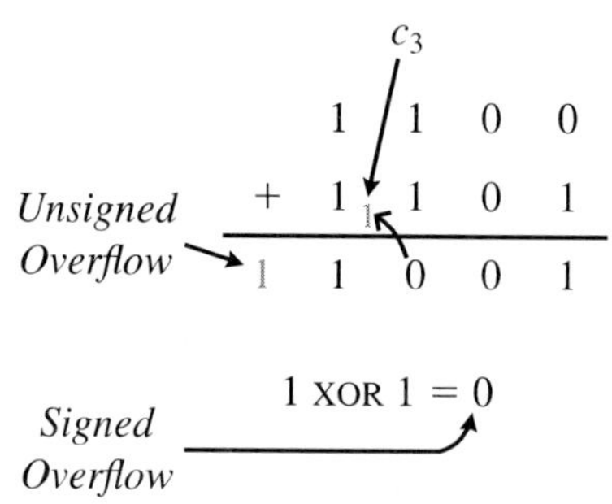

우리는 $1100+1101=1101$을 구하고 *Unsigned_Overflow*와 c_3는 모두 1을 산출한다. 이 두 값을 함께 XOR하여 *Signed_Overflow* 신호가 0이 된다. 반면에, 부호없는 수로써 두 개의 2진수 1100 및 1101을 처리하면 더해서 $12+13=25$가 된다. 25는 부호없는 수의 범위 밖 이므로 *Unsigned_Overflow*는 1로 수정된다.

가산기-감산기 조합의 HDL 코드

4-비트 가산기-감산기 조합회로에 대한 행위적 Verilog 및 VHDL 코드가 그림 4.15와 4.16에 각각 나타내었다. 코드의 기본 구조는, 덧셈 혹은 뺄셈을 수행할지 검사하는 if-else 문이 있는 것을 제외하고, 그림 4.11에 나타낸 가산기의 코드와 유사하다.

Unsigned_Overflow 비트는 $n+1$ 비트를 사용하여 덧셈 혹은 뺄셈 연산을 실행하여 구한다. 먼저 두 개의 오퍼랜드 A 및 B는 연산을 실행하기 전에 zero 확장을 한다. 연산의 결과는 $n+1$ 비트 벡터 *TempF*에 저장된다. 이 벡터의 최상위 비트 *TempF*(n)은 덧셈과 뺄셈 모두에 대해 정확한 *Unsigned_Overflow* 신호이다. 코드는 실제로 뺄셈을 실행하고 음수의 덧셈이 아니기 때문에 그림 4.14에 나타낸 회로처럼 오버플로우 비트를 선택 신호와 XOR할 필요가 없다.(문제

```
module AddSub (
 input S, // select 0=add, 1=subtract
 input [3:0] A, B,
 output reg [3:0] F,
 output reg Unsigned_Overflow,
 output reg Signed_Overflow
);
 reg [4:0] TempF;

 always @ (S or A or B) begin
  if (S == 0) begin // addition
   // zero extend A and B before add
   TempF = {1'b0,A} + {1'b0,B};
   F = TempF[3:0];
   Unsigned_Overflow = TempF[4];
    // Signed overflow = MSB of A'B'F + ABF'
   Signed_Overflow = ((!A[3]) & (!B[3]) & (TempF[3])) +
      ((A[3]) & (B[3]) & (!TempF[3]));
  end else begin  // subtract
   // zero extend A and B before subtract
   TempF = {1'b0,A} - {1'b0,B};
   F = TempF[3:0];
   Unsigned_Overflow = TempF[4];
    // Signed overflow = MSB of AB'F' + A'BF
   Signed_Overflow = ((A[3]) & (!B[3]) & (!TempF[3])) +
      ((!A[3]) & (B[3]) & (TempF[3]));
  end
 end
endmodule
```

그림 4.15 4-비트 가산기-감산기 조합 구성요소의 행위적 Verilog 코드.

4.12 참조)

그림 4.14에 나타낸 회로에서, *Signed_Overflow* 비트는 c_{out} 및 c_3을 XOR해서 구한다. 그러나 Verilog 및 VHDL 모두는 비트 벡터의 중간에 있는 캐리 비트 c_3을 쉽게 추출할 수 있는 구조를 제공하지 않아서 다른 방법을 사용한다. 덧셈의 경우, 부호있는 오버플로우는 $A_n'B_n'F_n$ 혹은 $A_nB_nF_n'$이 1일 때만 발생하며, 여기서 A_n, B_n, 및 F_n은 두 입력 오퍼랜드 A 및 B의 최상위 비트이며, F는 덧셈의 결과이다. 그래서 덧셈에 대한 *Signed_Overflow* 비트의 부울 식은 다음과 같다.

$$Signed\_Overflow = (A_n' \cdot B_n' \cdot F_n) + (A_n \cdot B_n \cdot F_n')$$

```
LIBRARY IEEE;
USE IEEE.STD_LOGIC_1164.ALL;
USE IEEE.STD_LOGIC_UNSIGNED.ALL; -- need this to do + and -
ENTITY AddSub IS
PORT(S: IN STD_LOGIC; -- select subtract signal
 A, B: IN STD_LOGIC_VECTOR(3 DOWNTO 0);
 F: OUT STD_LOGIC_VECTOR(3 DOWNTO 0);
 Unsigned_Overflow: OUT STD_LOGIC;
 Signed_Overflow: OUT STD_LOGIC);
END AddSub;
ARCHITECTURE Behavioral OF AddSub IS
 SIGNAL TempF : STD_LOGIC_VECTOR(4 DOWNTO 0);
BEGIN
 PROCESS(S, A, B)
 BEGIN
  IF (S = '0') THEN   -- addition
   TempF <= ('0' & A) + ('0' & B);
   F <= TempF(3 DOWNTO 0);
   Unsigned_Overflow <= TempF(4);
    -- Signed overflow = most significant bit of A'B'F + ABF'
   Signed_Overflow <= ((NOT A(3)) AND (NOT B(3)) AND
        (TempF(3))) OR ((A(3)) AND (B(3)) AND (NOT TempF(3)));
  ELSE      -- subtraction
   TempF <= ('0' & A) - ('0' & B);
   F <= TempF(3 DOWNTO 0);
   Unsigned_Overflow <= TempF(4);
    -- Signed overflow = most significant bit of AB'F' + A'BF
   Signed_Overflow <= ((A(3)) AND (NOT B(3)) AND
        (NOT TempF(3))) OR ((NOT A(3)) AND (B(3)) AND
(TempF(3)));
  END IF;
 END PROCESS;
END Behavioral;
```

그림 4.16 4-비트 가산기-감산기 조합 구성요소의 행위적 VHDL 코드.

마찬가지로, 뺄셈에 대해서 부호있는 오버플로우는 $A_nB_n'F_n$ 혹은 $A_n'B_nF_n$이 1일 때만 발생한다. 그래서 뺄셈에 대한 *Signed_Overflow* 비트의 부울 식은 다음과 같다.

$$Signed\_Overflow = (A_n \cdot B_n' \cdot F_n) + (A_n' \cdot B_n \cdot F_n)$$

4.6 산술논리장치

산술논리장치(arithmetic logic unit: ALU)는 마이크로프로세서 내부의 중요한 구성요소 중의 하나이다. 이 장치는 덧셈, 뺄셈, 논리 AND, 및 논리 OR 등과 같은 산술 및 논리 연산을 실행한다. 그러나 곱셈 혹은 나눗셈 연산들은 훨씬 복잡하기 때문에, ALU는 이 연산들을 실행하는 데 사용되지 않는데. ALU 회로를 구성하는데, 전 절에서 논의한 것처럼 가산기-감산기 조합회로를 구성하는 것과 동일한 방안을 사용할 수 있다. 다시, 구성 블록으로 리플-캐리 가산기를 사용할 것이며, 각 전가산기에 두 입력 오퍼랜드의 앞에 약간의 조합 논리 회로를 삽입한다. 이렇게 하면 전가산기로 전달되기 전에 수행되는 작업에 따라 기본 입력이 그에 따라 변형된다. 4-비트 ALU의 일반적인 전체 회로는 그림 4.17(a)에, 논리 심볼은 그림 4.17(b)에 나타내었다.

그림 4.17(b)에서 볼 수 있듯이, 각 FA 위에 두 개의 조합회로에는 LE 및 AE 라벨이 붙어있다. 논리 확장장치(logic extender: LE)는 모든 논리 연산을 다루고, 반면에 산술 확장장치(arithmetic extender: AE)는 모든 산술 연산을 다룬다. FA의 첫 번째 오퍼랜드에 결과를 전달하기 전에 LE는 두 개의 기본 오퍼랜드 a_i 및 b_i의 실제 논리 연산을 실행한다. 반면에, AE는 두 번째 오퍼랜드 b_i만을 변형하여 실제 산술 연산이 실행되는 FA의 두 번째 오퍼랜드 y_i에 전달한다.

가산기-감산기 회로에서 덧셈 및 뺄셈을 실행하기 위해서 y_i(FA의 두 번째 오퍼랜드)만 변형하여 모든 동작을 덧셈으로 실행할 수 있음을 알고 있다. 그래서 AE는 입력으로 기본 입력의 두 번째 오퍼랜드 b_i만 가지고 실행될 연산에 따라 값을 변형한다. AE의 출력은 y_i이고 FA의 두 번째 오퍼랜드 입력에 연결된다. 가산기-감산기 회로처럼, 덧셈은 FA에서 실행된다. 산술 연산이 실행될 때, LE는 변하지 않은 첫 번째 오퍼랜드를 기본 입력 a_i에서 출력 x_i로 전달해야 한다.

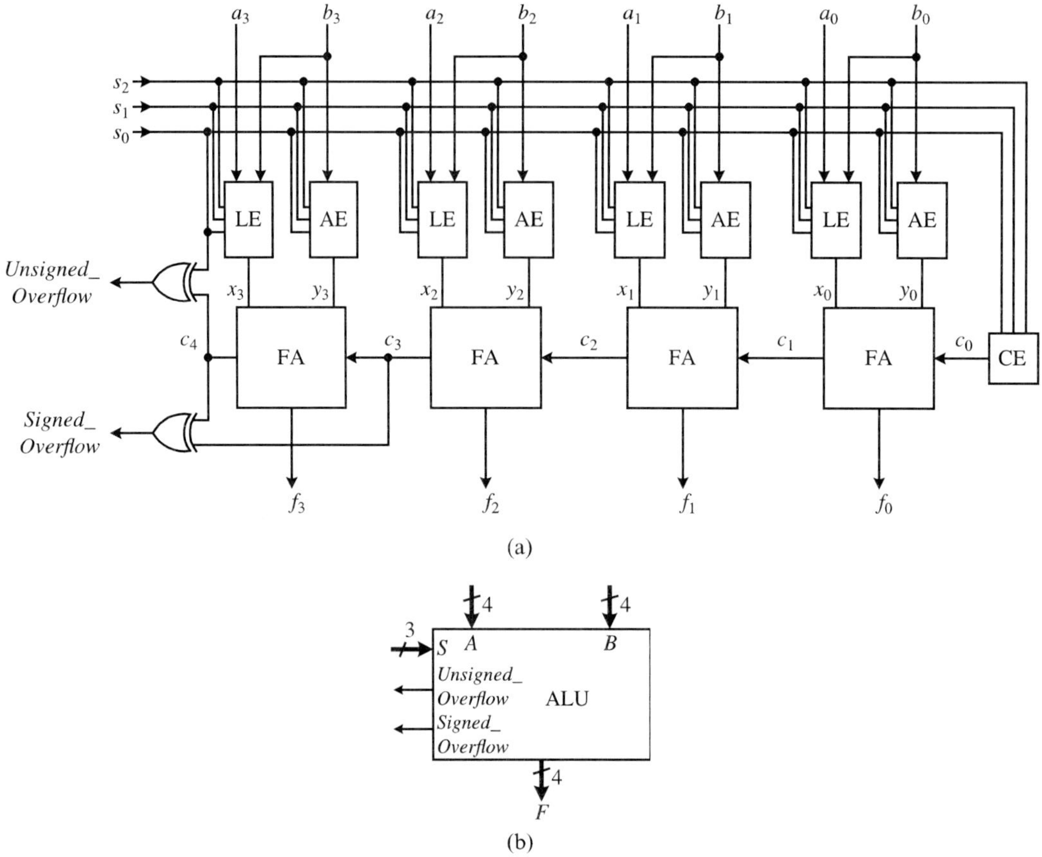

그림 4.17 4-비트 ALU: (a) 회로 (b) 논리 심볼.

AE(B 오퍼랜드만 변형되는)와 달리, LE는 실제 논리 연산을 실행한다. 그래서 예를 들어, A OR B 연산을 실행하려면, 각 비트 슬라이스에 대한 LE는 해당 비트 a_i 및 b_i를 받아 OR 한다. 그래서 두 오퍼랜드 비트 a_i 및 b_i 모두 LE에 입력된다. LE의 출력은 FA의 첫 번째 오퍼랜드 x_i로 전달된다. 이 값은 이미 논리 연산의 결과이기 때문에, FA는 그 값을 변형하지 않고 단지 기본 출력 f_i로 전달한다. 이것은 FA의 두 번째 오퍼랜드 y_i와 c_0에 모두 0을 설정하여 이루어지며, 이것은 0을 더해도 결과 값이 변하지 않기 때문이다.

CE(carry extender) 라벨의 조합회로는 기본 캐리-입력 신호 c_0를 변형하기 위한 것으로, 산술 연산이 정확하게 실행된다. 논리 연산은 캐리 신호를 사용하지 않아서 모든 논리 연산에 c_0는 0으로 설정된다.

그림 4.17에 나타낸 회로에서, 세 개의 선택 선 s_2, s_1, 및 s_0가 ALU의 연산

을 선택하기 위해서 사용되었다. 세 개의 선택 선으로 ALU 회로는 여덟 개까지 다른 연산을 구현 할 수 있다. ALU에서 구현하려는 연산들이 그림 4.18(a)에 정의되어 있다고 가정하자. x_i 열은 LE가 다른 연산에서 생성해야 하는 값을 나타낸다. y_i 열은 AE가 생성해야 하는 값을 나타낸다. c_0 열은 CE가 생성해야 하는 값을 나타낸다.

예를 들어 "pass-through" 연산의 경우, a_i 값은 어떠한 변형없이 x_i로 지나간다. AND 연산의 경우, x_i는 a_i AND b_i의 결과를 갖는다. 앞에서 언급한 것처럼, 논리 연산에서는 FA가 결과를 변화시키지 않기 때문에, 모든 논리 연산의 경우

s_2	s_1	s_0	Operation Name	Operation	x_i (LE)	y_i (AE)	c_0 (CE)
0	0	0	Pass	Pass A to output	a_i	0	0
0	0	1		A B	a_i b_i	0	0
0	1	0		A B	a_i b_i	0	0
0	1	1		A'	a_i'	0	0
1	0	0	Addition	$A + B$	a_i	b_i	0
1	0	1	Subtraction	$A - B$	a_i	b_i'	1
1	1	0	Increment	$A + 1$	a_i	0	1
1	1	1	Decrement	$A - 1$	a_i	1	0

(a)

s_2	s_1	s_0	x_i
0	0	0	a_i
0	0	1	$a_i b_i$
0	1	0	$a_i + b_i$
0	1	1	a_i'
1	×	×	a_i

(b)

s_2	s_1	s_0	b_i	y_i
0	×	×	×	0
1	0	0	0	0
1	0	0	1	1
1	0	1	0	1
1	0	1	1	0
1	1	0	0	0
1	1	0	1	0
1	1	1	0	1
1	1	1	1	1

(c)

s_2	s_1	s_0	c_0
0	×	×	0
1	0	0	0
1	0	1	1
1	1	0	1
1	1	1	0

(d)

그림 4.18 ALU 동작: (a) 동작표 (b) LE 진리표 (c) AE 진리표 (d) CE 진리표.

y_i와 c_0에 모두 0을 설정한다. FA는 LE로부터 결과를 출력 F로 바로 전달하는데 만 사용된다. 뺄셈 연산의 경우, B를 빼는 대신에 $-B$를 더한다. 2의 보수 형식에서 B를 $-B$로 변환하는 것은 B의 비트를 뒤집고 1을 더해야 한다. 그래서 y_i는 b_i의 반전 값을 가지며 캐리-입력 c_0을 통해 1이 더해진다. "Increment A"를 위해서, y_i는 모두 0으로 설정하고 캐리-입력 c_0을 통해 1을 더한다. "Decrement A"를 위해서, -1을 더한다. 2의 보수 형식에서 음수 1은 모든 비트열이 1이다. 그래서 y_i는 모두 1로, 캐리-입력 c_0을 0으로 설정한다. 모든 산술 연산의 경우, 첫 번째 오퍼랜드 A는 그대로 FA로 전달되어야 한다. 그래서 모든 산술 연산에서 x_i는 a_i 값을 갖는다.

그림 4.18(b), (c), 및 (d)는 각각, LE, AE, 및 CE의 진리표이다. LE 회로는 그림 4.18(b)의 x_i열에서 유도되었으며, AE 회로는 그림 4.18(c)의 y_i열에서 유도되었으며, CE 회로는 그림 4.18(d)의 c_0열에서 유도되었다, x_i는 다섯 개 변수 s_2, s_1, s_0, a_i, 및 b_i에 따라 결정되는 반면에 y_i는 단지 네 개의 변수 s_2, s_1, s_0, 및 b_i에 따라 결정되고 c_0는 단지 세 개의 선택 선 s_2, s_1, 및 s_0에 따라 결정된다. 세 회로에 대한 K-맵, 식, 및 도식도는 그림 4.19에 나타내었다.

Unsigned_Overflow 신호는 가산기-감산기 조합회로와 유사하게 정확히 선택 선과 XOR 되어야 한다. 그림 4.18(a)의 동작 표에 세 개의 선택 선 s_2, s_1, 및 s_0이 있다. 덧셈 및 뺄셈 연산의 경우 s_0 비트만 다르다는 것을 알 수 있다. 그래서 *Unsigned_Overflow* 신호는 c_4 XOR s_0이다. 물론, 이것은 다른 연산을 선택 선에 할당한다면 달라 질 것이다.

Signed_Overflow 신호는 C_{out} 비트가 c_3 비트와 XOR 된 가산기-감산기 조합회로와 정확히 동일하게 구해진다.

ALU의 Verilog 코드

우리는 ALU에 대한 두 가지 버전(행위적 수준의 첫 번째 버전, 데이터 흐름적 및 구조적 수준의 두 번째 버전)을 작성할 것이다. ALU에 대한 행위적 Verilog 코드는 그림 4.20에 나타내었다. 이 코드는 오버플로우 신호를 생성하지 않아서 매우 간단하다.

그림 4.21은 ALU에 대한 두 번째 버전 Verilog 코드를 나열한다. 여기서, AE, LE, 및 CE는 데이터 흐름적 형식을 사용하여 세 개의 분리된 모듈로 정의

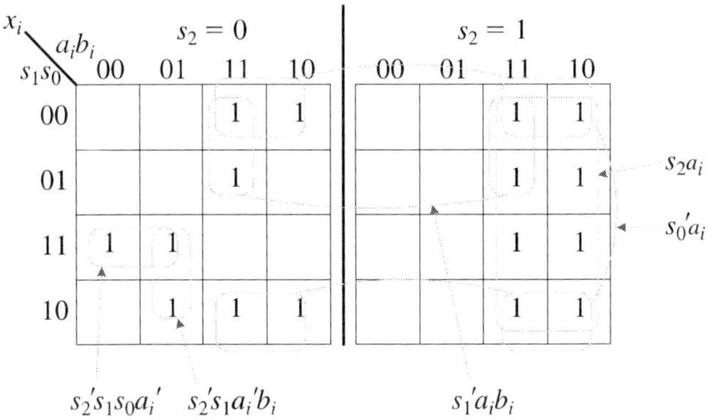

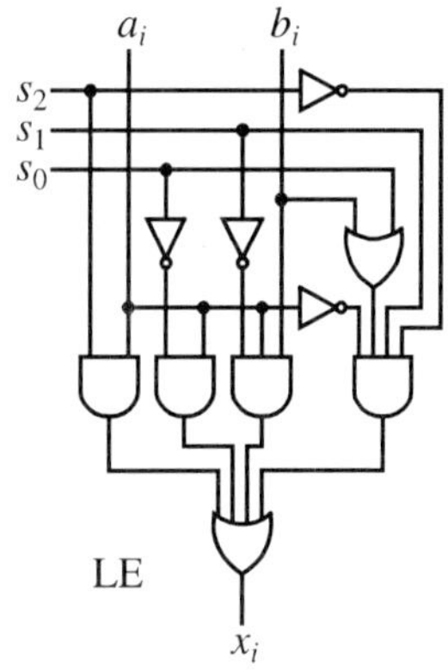

$$x_i = s_2a_i + s_0'a_i + s_1'a_ib_i + s_2's_1a_i'b_i + s_2's_1s_0a_1'$$
$$= s_2a_i + s_0'a_i + s_1'a_ib_i + s_2's_1a_i'(b_i + s_0)$$

(a)

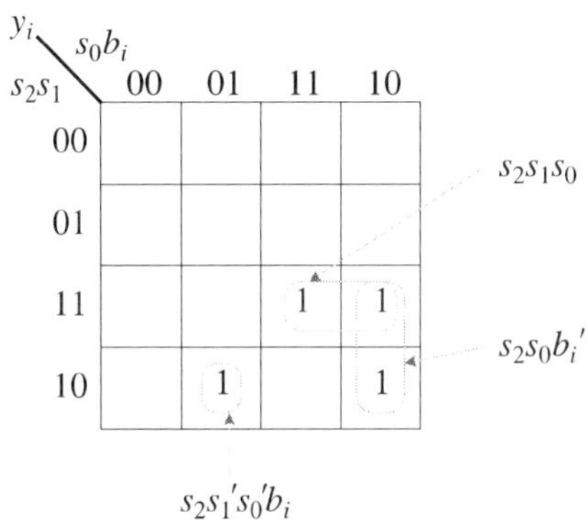

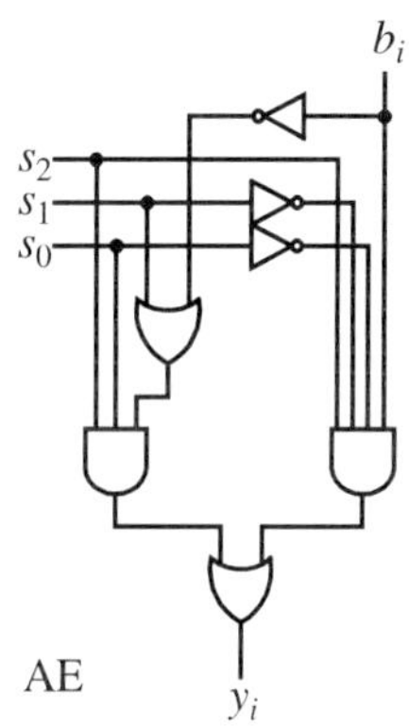

$$y_i = s_2s_1s_0 + s_2s_0b_i' + s_2s_1's_0'b_i$$
$$= s_2s_0(s_1 + b_i') + s_2s_1's_0b_i$$

(b)

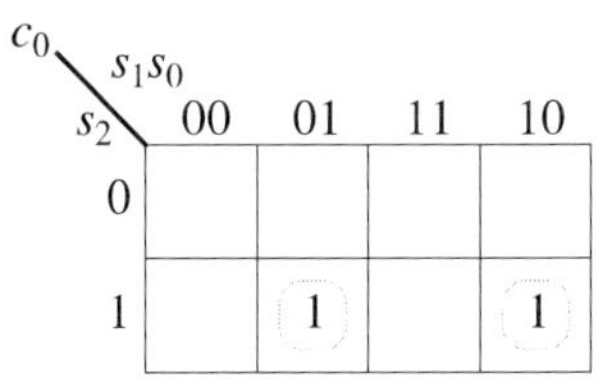

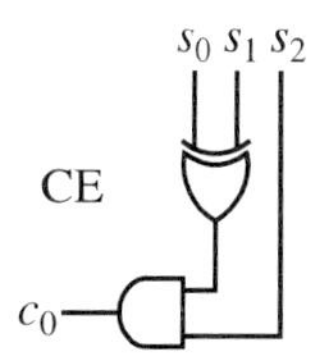

$$c_0 = s_2s_1's_0 + s_2s_1s_0'$$
$$= s_2(s_1 \oplus s_0)$$

(c)

그림 4.19 K-맵, 식, 및 도식도 (a) LE (b) AE 및 (c) CE.

하였다.

세 개 모듈에 대해 앞에서 유도한 식은 각각 `assign` 문을 사용하였다. 구조적 수준은 각 비트 슬라이스에 대해 AE, LE, 및 FA를 함께 연결하기 위해 사용되었다. 마지막으로, 네 비트 슬라이스와 CE는 구조적 수준을 사용하여 함께 연결된다. *Unsigned_Overflow* 신호는 C[4] XOR S[0]의 값으로 할당된다. 덧셈과 뺄셈 연산은 S[0] 비트만 다르기 때문에, 이것은 그림 4.18(a)에 나타낸 것처럼 ALU에 대한 주어진 일련의 동작에만 적절하다.

```
module alu (
 input [2:0] S,
 input [n-1:0] A, B,
 output reg [n-1:0] F
);
 parameter n = 4;

 always @ (S or A or B) begin
  case (S)
  0: F = A;
  1: F = A & B;
  2: F = A | B;
  3: F = ~A;     // bitwise NOT
  4: F = A + B;
  5: F = A - B;
  6: F = A + 1;
  7: F = A - 1;
  endcase
 end
endmodule
```

그림 4.20 4-비트 ALU의 행위적 Verilog 코드.

```
module LE (
 input [2:0] s,
 input ai, bi,
 output xi
);
 // using the equation derived for the LE
 assign xi = (s[2] & ai) | (~s[0] & ai) | (~s[1] & ai & bi) |
    (~s[2] & s[1] & ~ai & (bi | s[0]));
endmodule

module AE (
 input [2:0] s,
```

그림 4.21 4-비트 ALU의 데이터 흐름적 및 구조적 Verilog 코드.

(다음페이지에 계속)

```
  input bi,
  output yi
 );
  // using the equation derived for the AE
  assign yi = (s[2] & s[0] & (s[1] | ~bi)) | (s[2] & ~s[1]
     & ~s[0] & bi);
 endmodule
 module CE (
  input [2:0] s,
  output c0
 );
  // using the equation derived for the CE
  assign c0 = (s[2] & (s[1] ^ s[0]));
 endmodule
 module FA (
  input ci, xi, yi,
  output ci1, fi
 );
  // using the equations derived for the FA
  // bitwise &=AND; |=OR; ^=XOR
  assign ci1 = (xi & yi) | (ci & (xi ^ yi));
  assign fi = xi ^ yi ^ ci;
 endmodule
 module bitslice (
  input [2:0] s,
  input ai, bi,
  input ci,
  output ci1, fi
 );
  wire xi, yi;
  // each bit slice consists of the LE, AE and FA
  LE U2(s, ai, bi, xi);
  AE U1(s, bi, yi);
  FA U0(ci, xi, yi, ci1, fi);
 endmodule
 module alu (
  input [2:0] S,
  input [n-1:0] A, B,
  output [n-1:0] F,
  output Unsigned_Overflow, Signed_Overflow
 );
  parameter n = 4;

  wire [n:0] C;
  // only correct for this one
  assign Unsigned_Overflow = C[4] ^ S[0];
  assign Signed_Overflow = C[4] ^ C[3];

  // top level: connect the four bit slices and the CE together
```

그림 4.21 4-비트 ALU의 데이터 흐름적 및 수조적 Verilog 코드.

(다음페이지에 계속)

```
 bitslice U3(S, A[3], B[3], C[3], C[4], F[3]);
 bitslice U2(S, A[2], B[2], C[2], C[3], F[2]);
 bitslice U1(S, A[1], B[1], C[1], C[2], F[1]);
 bitslice U0(S, A[0], B[0], C[0], C[1], F[0]);
 CE U4(S, C[0]);
endmodule
```

그림 4.21 4-비트 ALU의 데이터 흐름적 및 수조적 Verilog 코드.

ALU의 VHDL 코드

ALU에 대한 행위적 VHDL 코드는 그림 4.22에 나타내었으며, 두 개의 입력 5 및 3을 사용한 모든 동작에 대한 시뮬레이션 결과는 그림 4.23에 나타내었다.

```
LIBRARY IEEE;
USE IEEE.STD_LOGIC_1164.ALL;
USE IEEE.STD_LOGIC_UNSIGNED.ALL; -- needed for doing + and -
ENTITY alu IS PORT (
 S: IN STD_LOGIC_VECTOR(2 DOWNTO 0); -- select for operations
 A, B: IN STD_LOGIC_VECTOR(3 DOWNTO 0); -- input operands
 F: OUT STD_LOGIC_VECTOR(3 DOWNTO 0)); -- output
END alu;
ARCHITECTURE Behavioral OF alu IS
BEGIN
 PROCESS(S, A, B)
 BEGIN
   CASE S IS
   WHEN "000" =>  -- pass A through
    F <= A;
   WHEN "001" =>  -- AND
    F <= A AND B;
   WHEN "010" =>  -- OR
    F <= A OR B;
   WHEN "011" =>  -- NOT A
    F <= NOT A;
   WHEN "100" =>  -- add
    F <= A + B;
   WHEN "101" =>  -- subtract
    F <= A - B;
   WHEN "110" =>  -- increment
    F <= A + 1;
   WHEN OTHERS => -- decrement
    F <= A - 1;
   END CASE;
 END PROCESS;
END Behavioral;
```

그림 4.22 4-비트 ALU의 행위적 VHDL 코드.

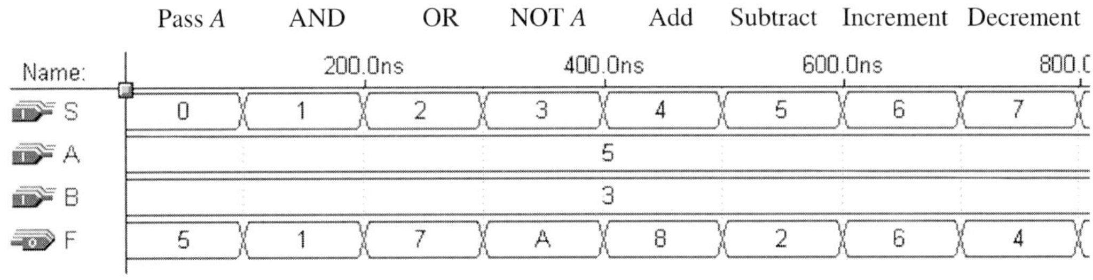

그림 4.23 두 개의 입력 오퍼랜드 5 및 3으로 여덟 개의 모든 동작에 대한 샘플 시뮬레이션 트레이스.

4.7 복호기

디멀티플렉서(demultiplexer)로도 알려진 **복호기**(decoder)는 m-비트 2진 입력 데이터의 값에 따라 n 개 출력 선 중의 하나를 어써트(assert)한다. 일반적으로, m-to-n 복호기는 m개 입력 선 $A_{m-1}, \ldots, A_0$ 와 n개 출력 선 $Y_{n-1}, \ldots, Y_0$(여기서 $n = 2^m$)을 갖는다. 추가로 복호기를 사용할 수 있게 하는 인에이블(enable) 선 E를 갖는다. E가 0으로 설정되어 복호기가 디스에이블(disable) 될 때 모든 출력 선은 디어써트(de-assert)된다. 복호기가 인에이블되면 인덱스(index)가 입력 2진 데이터의 값과 같은 출력 선이 활성화된다. 예를 들어 3-to-8 복호기의 경우, 입력 어드레스가 101이면 출력 선 Y_5가 활성화(고레벨활성의 경우, 1로 설정)되는 반면에 나머지 출력 선들은 비활성화(고레벨활성의 경우, 0으로 설정)된다.

복호기는 여러개의 구성요소를 갖는 시스템에 사용되며, 한 번에 하나의 구성요소만 선택하거나 인에이블 시킨다. 예를 들어 여러 개의 메모리 칩으로 구성된 큰 메모리에서, 한 번에 하나의 칩만이 인에이블 된다. 복호기에서 출력 선은 각 메모리 칩의 인에이블 입력에 연결된다. 그래서 복호기에 표시된 어드레스는 해당 메모리 칩을 인에이블 시킬 것이다. 3-to-8 복호기에 대한 진리표, 회로 및 논리 심볼은 그림 4.24에 나타내었다.

대규모의 복호기는 여러 개의 작은 복호기들을 사용하여 구현할 수 있다. 예를 들어, 그림 4.25는 3-to-8 복호기를 구현하기 위해 일곱 개의 1-to-2 복호기를 사용한다. 이 회로의 정확한 동작은 독자에게 연습으로 남겨둔다.

E	A_2	A_1	A_0	Y_7	Y_6	Y_5	Y_4	Y_3	Y_2	Y_1	Y_0
0	x	x	x	0	0	0	0	0	0	0	0
1	0	0	0	0	0	0	0	0	0	0	1
1	0	0	1	0	0	0	0	0	0	1	0
1	0	1	0	0	0	0	0	0	1	0	0
1	0	1	1	0	0	0	0	1	0	0	0
1	1	0	0	0	0	0	1	0	0	0	0
1	1	0	1	0	0	1	0	0	0	0	0
1	1	1	0	0	1	0	0	0	0	0	0
1	1	1	1	1	0	0	0	0	0	0	0

(a)

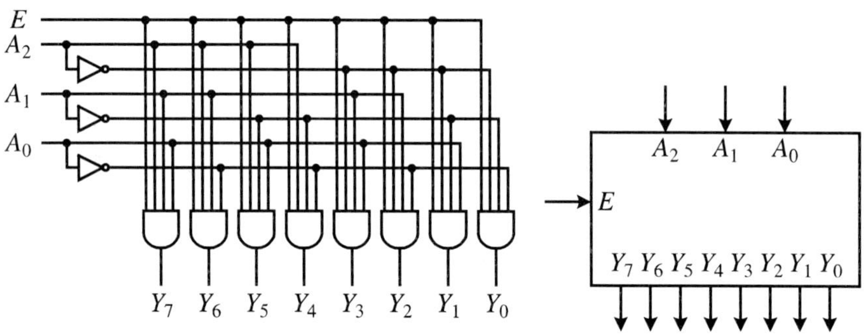

(b) (c)

그림 4.24 3-to-8 복호기: (a) 진리표 (b) 회로 (c) 논리 심볼.

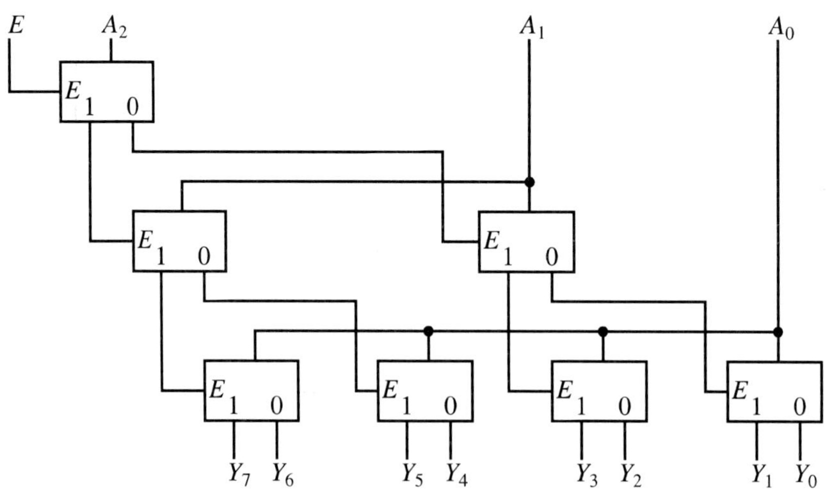

그림 4.25 일곱 개의 1-to-2 복호기로 구현된 3-to-8 복호기.

복호기의 HDL 코드

3-to-8 복호기에 대한 행위적 Verilog 및 VHDL 코드가 그림 4.27과 4.27에 각각 나타내었다.

```
module Decoder (
 input E,
 input [2:0] A,
 output reg [7:0] Y
);
 always @ (E or A) begin
  if (E) begin
   case (A)
   0: Y = 8'b00000001;
   1: Y = 8'b00000010;
   2: Y = 8'b00000100;
   3: Y = 8'b00001000;
   4: Y = 8'b00010000;
   5: Y = 8'b00100000;
   6: Y = 8'b01000000;
   7: Y = 8'b10000000;
   endcase
  end else begin
   Y = 0;
  end
 end
endmodule
```

그림 4.26 3-to-8 복호기의 행위적 Verilog 코드.

```
LIBRARY IEEE;
USE IEEE.STD_LOGIC_1164.ALL;
ENTITY Decoder IS PORT(
 E: IN STD_LOGIC;       -- enable
 A: IN STD_LOGIC_VECTOR(2 DOWNTO 0);
 Y: OUT STD_LOGIC_VECTOR(7 DOWNTO 0));
END Decoder;
ARCHITECTURE Behavioral OF Decoder IS
BEGIN
 PROCESS (E, A)
 BEGIN
  IF (E = '0') THEN            -- disabled
   Y <= (OTHERS => '0');       -- 8-bit vector of 0
  ELSE
   CASE A IS                   -- enabled
```

그림 4.27 3-to-8 복호기의 행위적 VHDL 코드.

(다음페이지에 계속)

```
        WHEN "000" => Y <= "00000001";
        WHEN "001" => Y <= "00000010";
        WHEN "010" => Y <= "00000100";
        WHEN "011" => Y <= "00001000";
        WHEN "100" => Y <= "00010000";
        WHEN "101" => Y <= "00100000";
        WHEN "110" => Y <= "01000000";
        WHEN "111" => Y <= "10000000";
        WHEN OTHERS => NULL;
      END CASE;
    END IF;
  END PROCESS;
END Behavioral;
```

그림 4.27 3-to-8 복호기의 행위적 VHDL 코드.

4.8 3-상태 버퍼

이름에서 알 수 있듯이, **3-상태 버퍼**(tri-state buffer)는 0, 1, 및 Z 로 나타내는 세 번째 상태를 갖는다. Z 값은 고 임피던스 상태(high-impedance state)를 나타내는 데, 실제적으로, 단락된 스위치 혹은 잘린 선과 같이 동작한다. 3-상태 버퍼는 여러 개의 기기를 동일한 버스(bus)에 연결하는 데 사용된다. 버스는 신호를 전송하는 하나 혹은 그 이상의 선이다. 두 개이상의 기기가 3-상태 버퍼를 사용하지 않고 버스에 직접 연결된다면, 기기는 항상 0 혹은 1을 출력하기 때문에 신호는 버스에서 오류가 발생할 것이다. 그러나 그 사이에 3-상태 버퍼를 사용하여, 버스를 사용하지 않는 기기는 3-상태 버퍼를 디스에이블시켜서 해당 기기가 물리적으로 버스와 단절된 것처럼 동작한다. 한 번에 단 하나의 활성 기기만이 3-상태 버퍼를 인에블시켜서 버스를 사용한다.

3-상태 버퍼의 진리표와 기호는 그림 4.28(a)와 (b)에 나타내었다. 고레벨활성 인에이블 신호 선 E는 버퍼를 온 시키거나 오프시킨다. E가 0으로 디어써트(de-assert)되면 3-상태 버퍼는 디스에이블 되고 출력 y는 고 임피던스 상태가 된다. E가 1로 어써트(assert)되면 버퍼는 인에이블 되고 출력 y는 입력 d를 따라간다.

논리 게이트는 0 혹은 1만을 출력하기 때문에, 논리 게이트로만 구성된 회로는 3-상태 버퍼에 이해 필요한 고 임피던스 상태를 산출할 수 없다. 고 임피던스 상태를 제공하기 위해서 3-상태 버퍼는 그림 4.28(c)에 나타낸 것처럼, 논리 게이트와 함께 두 개의 트랜지스터를 사용한다. 상단의 PMOS 트랜지스터는 A 라벨의 노드에 0으로 인에이블되어 V_{CC}로부터 1 신호가 트랜지스터를 통해 y로 전달된다. 하단의 NMOS 트랜지스터는 B 라벨의 노드에 1로 인에이블되어 접지로부터 0 신호가 트랜지스터를 통해 y로 전달된다. 두 개의 트랜지스터가 디스에이블($A = 1$ 및 $B = 0$)될 때, 두 트랜지스터는 고 임피던스 상태 Z를 출력하여 y는 Z 값을 갖게 된다. 트랜지스터의 동작 방법에 대한 상세한 논의는 온라인 챕터 "구현 기술"을 참조하길 바란다.

두 개의 트랜지스터를 가지고 있어서, 함께 3-상태 버퍼의 기능을 실현하도록 두 개의 트랜지스터를 제어할 회로가 필요하다. 이 제어 회로의 진리표는 그림 4.28(d)에 나타내었다. 진리표는 다음과 같이 유도되었다. $E = 0$일 때(입력 d 값에 상관없이) 두 개의 트랜지스터는 모두 디스에이블되어 출력 y는 Z값을 갖는다. PMOS 트랜지스터는 입력 $A = 1$일 때 디스에이블되는 반면에, NMOS 트랜지스터는 입력 $B = 0$일 때 디스에이블된다. $E = 1$이고 $d = 0$일 때, 출력 y는 0이 된다. y에 0을 얻으려면, 하단 NMOS 트랜지스터를 인에이블(B를 1로 설정)시키고 상단 PMOS 트랜지스터를 디스에이블(A를 1로 설정)시키면 0은 NMOS 트랜지스터를 통과하여 y로 전달된다. $E = 1$이고 $d = 1$일 때 y에 1을 얻으려면, 상단 PMOS 트랜지스터를 인에이블(A를 0으로 설정)시키고 하단 NMOS 트랜지스터를 디스에이블(B를 0으로 설정)시켜야 한다.

진리표로부터 그림 4.28(c)에 나타낸 결과 회로를 구한다. $E = 0$일 때, 다른 입력 값에 상관없이 NAND 게이트의 출력은 1이 되어 상단의 PMOS 트랜지스터는 오프 된다. 그래서 $E = 0$일 때 두 개의 트랜지스터는 모두 오프되어 출력 y는

E	y
0	Z
1	d

(a)

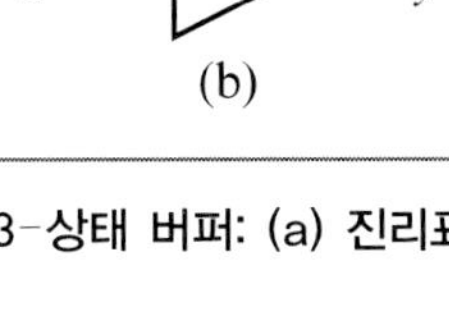

(b)

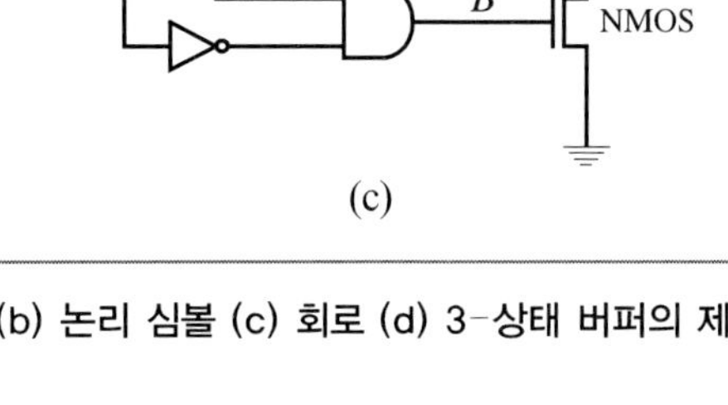

(c)

E	d	A	B	y
0	0	1	0	Z
0	1	1	0	Z
1	0	1	1	0
1	1	0	0	1

(d)

그림 4.28 3-상태 버퍼: (a) 진리표 (b) 논리 심볼 (c) 회로 (d) 3-상태 버퍼의 제어 부분에 대한 진리표.

Z 상태에 있게 된다.

$E=1$일 때, NAND 및 AND 게이트의 출력은 d'과 같게 된다. 그래서 $d=0$이라면 게이트의 출력은 모두 1이 되어 하단 트랜지스터는 온 되는 반면 상단 트랜지스터는 오프 된다. 그래서 y는 1 값을 갖게 되며, 이것은 다시 d와 같다.

3-상태 버퍼의 HDL 코드

3-상태 버퍼에 대한 행위적 Verilog 코드가 그림 4.29에 나타내었다. 조건적 `assign`문은 출력 신호를 생성하기 위해 사용되었다. 조건(`E`)가 참이면, 즉 $E=1$이면 첫 번째 값 D가 Y에 할당되며 그렇지 않으면 두 번째 값 `{n{1'bz}}`이 Y에 할당된다. 항 `{n{1'bz}}`은 n 비트의 Z 값을 의미한다. `parameter`문은 n과 n 값이 4로 초기화한 것을 선언한다.

3-상태 버퍼에 대한 행위적 VHDL 코드가 그림 4.30에 나타내었다. 조건적

```
module TriState_Buffer
#(parameter n = 4)   // allow n to be changed externally
(
 input E,
 input [n-1:0] D,
 output [n-1:0] Y
);
 assign Y = (E) ? D : {n{1'bz}};
endmodule
```

그림 4.29 3-상태 버퍼의 행위적 Verilog 코드.

```
LIBRARY IEEE;
USE IEEE.STD_LOGIC_1164.ALL;
ENTITY TriState_Buffer IS
GENERIC (n: INTEGER := 4);
PORT (
 E: IN STD_LOGIC;
 D: IN STD_LOGIC_VECTOR(n-1 DOWNTO 0);
 Y: OUT STD_LOGIC_VECTOR(n-1 DOWNTO 0));
END TriState_Buffer;
ARCHITECTURE Behavioral OF TriState_Buffer IS
BEGIN
 Y <= D WHEN (E = '1') ELSE (OTHERS => 'Z');
END Behavioral;
```

그림 4.30 3-상태 버퍼의 행위적 VHDL 코드.

할당문이 출력 신호를 생성하기 위해 사용되었다. 조건($E='1'$)가 참이면, 값 D가 Y에 할당되며 그렇지 않으면 `ELSE` 부분에 있는 값(`OTHERS => 'z'`)이 Y에 할당된다. 절(`OTHERS => 'z'`)은 Z 값을 갖는 벡터를 의미한다. `GENERIC`문은 n과 n 값이 4로 초기화한 것을 선언한다.

4.9 비교기

종종, 우리는 산술 관계(등가, 큼, 작음 등)에 대한 두 개의 값을 비교할 필요가 있다. 비교기는 두 개의 2진수를 비교하고 관계가 참(true) 혹은 거짓(false)인지를 나타내는 회로이다. 값이 상수 값과 같거나 혹은 같지 않은 지를 비교하기 위해, 단순한 AND 게이트가 사용될 수 있다. 예를 들어, 4-비트 변수 x가 상수 3과 비교하기 위해서, 그림 4.31(a)의 회로가 사용될 수 있다. AND 게이트는 입력이 3과 같을 때 1을 출력한다. 3은 2진수로 0011이기 때문에 x_3 및 x_2는 반전되어야 한다. 또한, 변수 x가 0인지를 검증하기 위해 NOR 게이트가 사용될 수 있다.

XOR 및 XNOR 게이트는 두 값이 각각 부등식(inequality)인지 등식(equality)인지를 비교하는 데 사용될 수 있다. XOR 게이트는 두 개의 입력 값이 다를 때 1을 출력한다. 그래서 두 개의 오퍼랜드의 각 비트 쌍을 비교하기 위해 하나의 XOR 게이트가 사용될 수 있다. 4-비트 부등식 비교기는 그림 4.31(b)에 나타내었다. 두 개의 오퍼랜드의 동일한 비트를 각자 비교하려고 네 개의 XOR 게이트가 사용되었다. XOR 게이트의 출력은 함께 OR로 연결되어 한 비트 쌍이라도 다르면 두 개의 오퍼랜드는 달라서 결과 출력은 1이다. 마찬가지로, XNOR 게이트는 두 개의 입력 값이 같을 때 1을 출력하기 때문에, 등식 비교기는 XOR 게이트 대신에 XNOR 게이트를 사용하여 구성할 수 있다.

"보다 큰(greater-than)" 혹은 "보다 작은(less-than)" 관계를 비교하기 위해서 진리표를 구성하여 회로를 구성할 수 있다. 예를 들어 4-비트 값 X가 5보다 작은 지를 비교하기 위해서 그림 4.31(c)에 나타낸 진리표, 식, 및 회로를 구한다.

입력 값의 비트 수가 고정된 경우의 비교기 대신에, 1-비트 슬라이스 비교기를 구성하여 n-비트 비교기를 만들기 위해 n 데이지-체인으로 반복 회로(iterative circuit)를 구성하는 것이 좋다. 1-비트 슬라이스 비교기는(두 입력 오퍼랜드 비트 x_i 및 y_i 이외에) 지금까지 비교 된 모든 이전 비트 쌍이 해당 특정

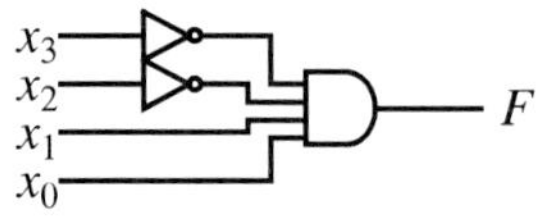

(a)

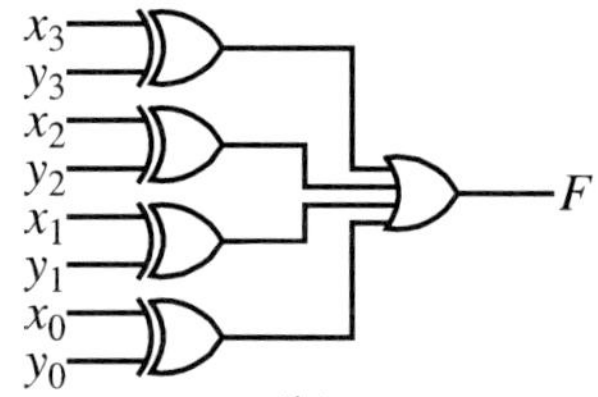

(b)

x_3	x_2	x_1	x_0	$(X < 5)$
0	0	0	0	1
0	0	0	1	1
0	0	1	0	1
0	0	1	1	1
0	1	0	0	1
0	1	0	1	0
0	1	1	0	0
0	1	1	1	0
1	x	x	x	0

$$(X < 5) = x_3'x_2' + x_3'x_2x_1'x_0'$$

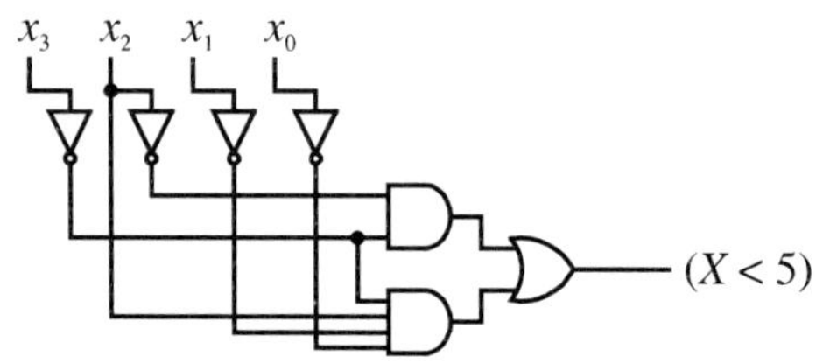

(c)

그림 4.31 (a) $X = 3$ (b) $X \neq Y$ (c) $X < 5$**에 대한 단순한 4-비트 비교기.**

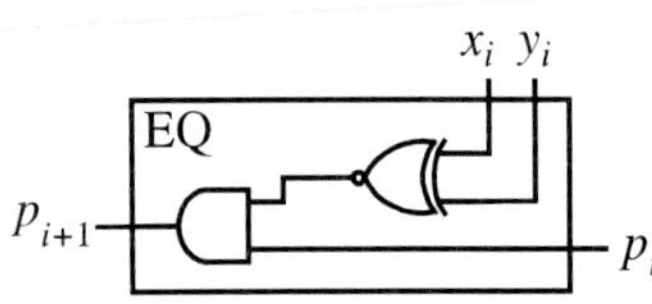

(a)

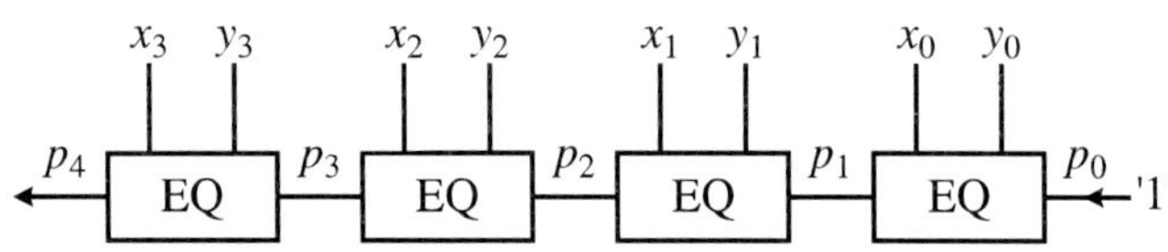

(b)

그림 4.32 반복 비교기: (a) $x_i = y_i$**의 1-비트 슬라이스** (b) **4-비트** $X = Y$.

관계에 대해 참인지 여부를 추적하는 p_i 비트를 갖는다. $p_i = 1$이면 회로는 1을 출력하고, 현재 비트 쌍 x_i 및 y_i에 대해 관계는 참이다. 그림 4.32(a)는 등가 관계에 대한 1-비트 슬라이스 비교기를 나타낸다. 현재 비트 쌍 x_i 및 y_i가 등가이면, XNOR 게이트는 1을 출력할 것이다. 그래서 현재 비트 쌍이 등가이고 전 비트 쌍 p_i가 1이면, $p_{i+1} = 1$이다. 4-비트 반복 등가 비교기를 구하기 위해, 그림 4.32(b)에 나타낸 것처럼 네 개의 1-비트 등식 비교기를 직렬로 연결한다. 초기

p_0 비트는 1로 설정되어야 한다. 그래서 모든 네 개의 비트 쌍이 등가이면, 마지막 비트 p_4는 1이 될 것이며, 그렇지 않으면 p_4는 0이 될 것이다.

"보다 큰(greater-than)" 관계($X > Y$)에 대한 반복 비교기를 구성하는 것은 약간 더 어렵다. 조건 $x_i > y_i$에 대한 1-비트 슬라이스비교기 회로는 다음과

g_{in}	e_{in}	x_i	y_i	Meaning	g_{out}	e_{out}
0	0	×	×	<	0	0
0	1	0	0	=	0	1
0	1	0	1	<	0	0
0	1	1	0	>	1	0
0	1	1	1	=	0	1
1	0	×	×	>	1	0
1	1	×	×	Invalid	1	1

(a)

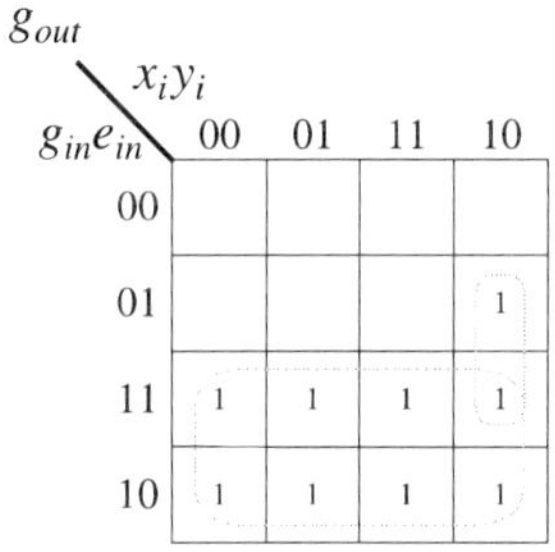

$g_{out} = g_{in} + e_{in}x_iy_i'$

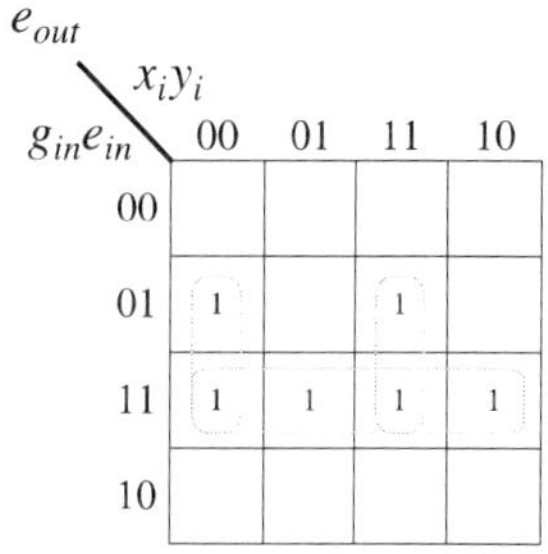

$e_{out} = g_{in}e_{in} + e_{in}x_i'y_i' + e_{in}x_iy_i$

(b)

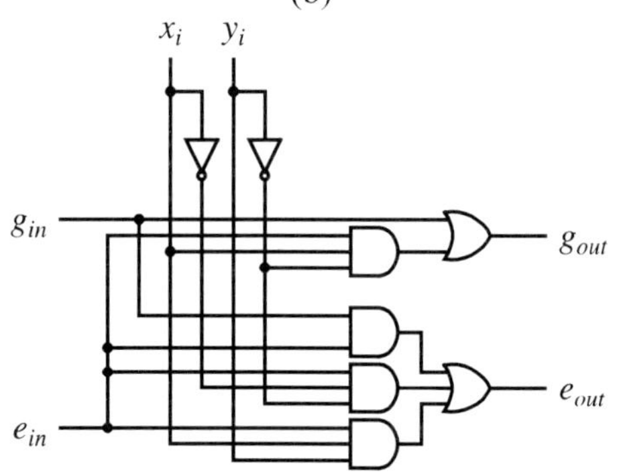

(c)

그림 4.33 $X > Y$의 비교기: (a) 1-비트 슬라이스의 진리표 (b) g_{out} 및 e_{out}의 K-맵 및 식 (c) 1-비트 슬라이스의 회로 (d) 4-비트 $X > Y$ 비교기 회로 (e) 동작표.

(다음페이지에 계속)

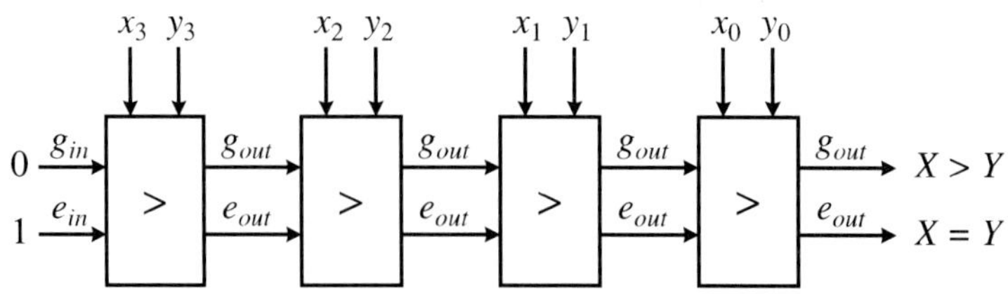

(d)

Condition	e_{out}	g_{out}
Invalid	1	1
$X = Y$	1	0
$X > Y$	0	1
$X < Y$	0	0

(e)

그림 4.33 $X > Y$의 비교기: (a) 1-비트 슬라이스의 진리표 (b) g_{out} 및 e_{out}의 K-맵 및 식 (c) 1-비트 슬라이스의 회로 (d) 4-비트 $X > Y$ 비교기 회로 (e) 동작표.

같이 구성된다. 두 입력 오퍼랜드 비트 x_i 및 y_i 이외에, 두 개의 상태 입력 비트 g_{in} 및 e_{in}이 있다. 그래서 조건 $x_i > y_i$가 전 비트 슬라이스에 대해 참이면 g_{in}은 1이고, 그렇지 않으면 g_{in}은 0이다. 더욱이 조건 $x_i = y_i$이 참이면 e_{in}은 1이고, 그렇지 않으면 e_{in}은 0이다. 이 회로는 또한 g_{in} 및 e_{in} 신호와 같은 의미를 갖는 두 개의 상태 비트 g_{out} 및 e_{out}을 갖는다. 이 두 개의 입력 및 출력 상태 비트는 비트 슬라이스를 함께 데이지 체인으로 연결할 수 있다. 위의 1-비트 슬라이스 회로의 설명에 이어서, 그림 4.33(a)에 나타낸 진리표를 구한다. e_{out} 및 g_{out} 식은 그림 4.33(b)에, 1-비트 슬라이스 회로는 그림 4.33(c)에 나타내었다.

비트 슬라이스가 정확히 동작하려면, 최상위 비트로부터 최하위 비트로 비교를 실행해야 한다. 조건 $X > Y$에 대한 완전한 4-비트 반복 비교기 회로는 그림 4.33(d)에 나타내었다. g_{in} 및 e_{in}의 초기 값은 $g_{in} = 0$ 및 $e_{in} = 1$으로 설정되어야 한다.

$X = Y$이면, 마지막 e_{out}은 1이고, 그렇지 않으면 e_{out}은 0이다. 마지막 e_{out}이 0 이면 마지막 g_{out}은 1 혹은 0이 될 수 있다. $X > Y$이면 g_{out}은 1이고, 그렇지 않으면 g_{out}은 0 이다. e_{out} 및 g_{out} 모두는 1이 될 수 없음을 주목하자. 이 비교기 회로의 동작은 그림 4.33(e)에 요약하였다.

```
module greater (
 input [3:0] X,Y,
 output G
);
 assign G = (X > Y) ? 1'b1 : 1'b0;
endmodule
```

그림 4.34 4-비트 "보다 큰(greater-than)" 비교기의 Verilog 코드.

```
LIBRARY IEEE;
USE IEEE.STD_LOGIC_1164.ALL;
USE IEEE.STD_LOGIC_UNSIGNED.ALL;
ENTITY greater IS PORT (
 X, Y: IN STD_LOGIC_VECTOR(3 DOWNTO 0);
 G: OUT STD_LOGIC);
END VHDL;
ARCHITECTURE Dataflow OF greater IS
BEGIN
  G <= '1' WHEN (X > Y) ELSE '0';
END Dataflow;
```

그림 4.35 4-비트 "보다 큰(greater-than)" 비교기의 VHDL 코드.

4-비트 "보다 큰(greater-than)" 비교기의 HDL 코드

그림 4.34는 4-비트 "보다 큰(greater-than) 비교기에 대한 행위적 Verilog 코드를 나타낸다. 조건적 assign문이 사용되었다. 구문 1'b1은 한 개의 1 비트를 의미하며, 1'b0은 한 개의 0 비트를 의미한다.

그림 4.35는 4-비트 "보다 큰(greater-than) 비교기에 대한 행위적 VHDL 코드를 나타낸다. 조건적 신호 할당문이 사용되었다. 조건($X > Y$)이 참이면 값 '1'은 G에 할당되며, 그렇지 않으면 값 '0'이 G에 할당된다.

4.10 시프터

시프터(shifter)는 2진 문자열에서 비트를 좌측 혹은 우측으로 한 위치를 시프트 하는데 사용된다. 시프터의 동작은 마지막 비트가 어떻게 시프트 되는 가에 의해 **시프팅** 혹은 **순환**(rotating)이라고 한다. 시프트 동작의 경우, 최종 단의 비트는 버려지고 순환되지 않는다. 순환 동작의 경우, 최종 단의 비트는 다른 단으로 순환된다. 그림 4.36은 여섯 개의 다른 시프트 및 순환 동작을 나타낸다.

예를 들어, “Shift left with 0”의 경우, 모든 비트는 좌측으로 한 위치 시프트한다. 원래의 최좌측 비트(leftmost bit)는 버려지고 최우측 비트(rightmost bit)는 0으로 채워진다. “Rotate left”의 경우, 모든 비트는 좌측으로 한 위치 시프트한다. 그러나 최좌측 비트가 버려지는 대신에 최우측 비트로 채워진다.(즉, 회전한다.)

각 비트 위치에 대하여, 비트를 현재 위치에서 좌측 혹은 우측으로 이동하기 위해 멀티플렉서가 사용되었다. 멀티플렉서의 크기는 그림 4.37(a)에 나타낸 동작표에 명시된 바와 같이 구현된 동작의 수에 따라 결정된다. 두 개의 선택 선 s_1 및 s_0은 네 개의 다른 종작을 선택하는 데 필요하다. 4-비트 오퍼랜드에 대해, 그림 4.37(b)에 나타낸 것처럼 4-to-1 멀티플렉서가 필요하다. 멀티플렉서에 대한 입력 연결 방법은 주어진 동작에 따라 달라진다.

이 예제에서, $s_1 = s_0 = 0$일 때, 시프트없이 비트를 직접 통과(즉, in_i의 값을 out_i로 전달)시킨다. $s_1 = s_0 = 0$이 주어지면 멀티플렉서의 d_0가 선택되어 in_i는 MUX_i의 d_0에 연결되어 out_i로 출력된다. $s_1 = 1$ 및 $s_0 = 0$인 경우, 좌측으로

Operation	Comment	Example
Shift left with 0	Shift bits one position to the left. The leftmost bit is discarded and the rightmost bit is filled with a 0.	10110100 X01101000←
Shift left with 1	Same as above, except that the rightmost bit is filled with a 1.	10110100 X01101001←
Shift right with 0	Shift bits one position to the right. The rightmost bit is discarded and the leftmost bit is filled with a 0.	10110100 →01011010X
Shift right with 1	Same as above, except that the leftmost bit is filled with a 1.	10110100 →11011010X
Rotate left	Shift bits one position to the left. The leftmost bit is moved to the rightmost bit position.	10110100 01101001
Rotate right	Shift bits one position to the right. The rightmost bit is moved to the leftmost bit position.	10110100 01011010

그림 4.36 시프터 및 순환기(rotator) 동작.

시프트(즉, in_i의 값을 out_{i+1}로 전달)시킨다. 한다. $s_1 = 0$ 및 $s_0 = 1$이면, 멀티플렉서의 d_1이 선택되어 in_i는 MUX_{i+1}의 d_1에 연결되어 out_{i+1}로 출력한다. 이 선택의 경우, 또한 0 비트로 시프트 하고자 하므로 MUX_0의 d_1에 직접 0을 연결한다. 두 개의 나머지 동작들은 유사한 방식으로 연결된다.

시프터의 HDL 코드

그림 4.37(a)에 정의된 기능을 갖는 8-비트 시프터에 대한 행위적 Verilog 코드는 그림 4.38에 보여준다.

s_1	s_0	Operation
0	0	Pass through
0	1	Shift left and fill with 0
1	0	Shift right and fill with 0
1	1	Rotate right

(a)

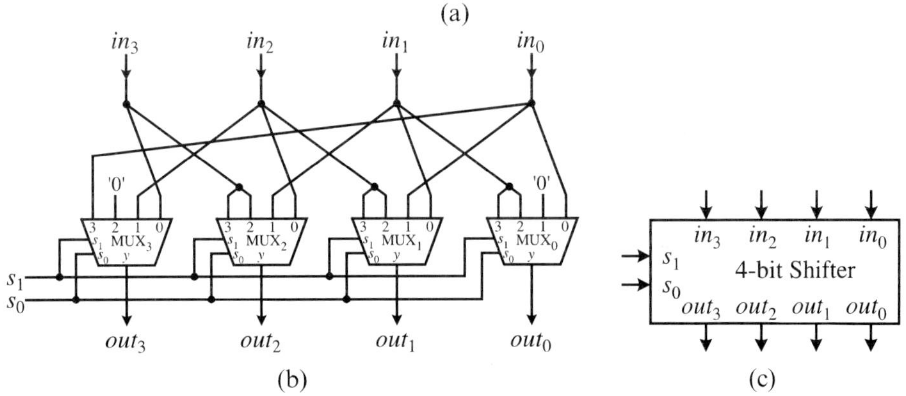

그림 4.37 4-비트 시프터: (a) 동작 표 (b) 회로 (c) 논리 심볼.

```
module shifter (
 input [1:0] S,
 input [7:0] data_in,
 output reg [7:0] data_out
);
 always @ (S or data_in) begin
  case (S)
```

그림 4.38 그림 4.37(a)에 정의된 동작을 갖는 8−비트 시프터의 행위적 Verilog 코드.

(다음페이지에 계속)

```
    0: data_out = data_in;      // pass through
    1: data_out = data_in << 1;   // shift left
    2: data_out = data_in >> 1;   // shift right
    3: data_out = {data_in[0], data_in[7:1]}; // rotate right
    endcase
  end

endmodule
```

그림 4.38 그림 4.37(a)에 정의된 동작을 갖는 8-비트 시프터의 행위적 Verilog 코드.

```
LIBRARY IEEE;
USE IEEE.STD_LOGIC_1164.ALL;
USE IEEE.STD_LOGIC_UNSIGNED.ALL;
ENTITY shifter IS PORT (
 S: IN STD_LOGIC_VECTOR(1 DOWNTO 0); -- select for operations
 data_in: IN STD_LOGIC_VECTOR(7 DOWNTO 0); -- input
 data_out: OUT STD_LOGIC_VECTOR(7 DOWNTO 0)); -- output
END shifter;
ARCHITECTURE Behavioral OF shifter IS
BEGIN
 PROCESS(S, data_in)
 BEGIN
   CASE S IS
   WHEN "00" =>                              -- pass through
    data_out <= data_in;
   WHEN "01" =>                              -- shift left with (
    data_out <= data_in(6 DOWNTO 0) & '0';
   WHEN "10" =>                              -- shift right with (
    data_out <= '0' & data_in(7 DOWNTO 1);
   WHEN OTHERS =>                            -- rotate right
    data_out <= data_in(0) & data_in(7 DOWNTO 1);
   END CASE;
 END PROCESS;
END Behavioral;
```

그림 4.39 그림 4.37(a)에 정의된 동작을 갖는 8-비트 시프터의 행위적 VHDL 코드.

그림 4.37(a)에 정의된 기능을 갖는 8-비트 시프터에 대한 행위적 VHDL 코드는 그림 4.39에 보여준다.

4.11 곱셈기

초등학교에서는, "시프트-더하기"(shift-and-add) 절차를 사용하여 두 수를 곱하는 법을 배웠다. 두 수가 10진수인지 혹은 2진수인지에 상관없이 두 수를 곱하는 경우 동일한 "시프트-더하기" 절차를 사용한다. 사실 2진수의 곱셈은 항상 0 혹은 1로 곱하기 때문에 더 쉽다. 그림 4.40(a)는 두 개의 4-비트 부호없는 2진수의 나타낸다. 여기서, $M(m_3m_2m_1m_0)$은 피승수(multiplicand), $Q(q_3q_2q_1q_0)$는 승수(multiplier), 및 $P(p_7p_6p_5p_4p_3p_2p_1p_0)$는 결과 곱이다. 곱 P의 비트 폭은 항상 오퍼랜드 비트 폭의 두 배이다. 2진수로 작업하고 있기 때문에, 항상 0 혹은 1로 곱해서 중간 곱은 항상 피승수(승수 비트가 1인 경우)와 같거나 0(승수 비트가 0인 경우)이 된다.

그림 4.40(b)에 나타낸 것처럼 "시프트-더하기" 절차를 기반으로 조합 곱셈 회로를 유도할 수 있다. 각 중간 곱은 피승수 M과 승수의 한 비트 q_i를 AND해서 구한다. q_i는 항상 1 혹은 0 이므로 AND 게이트의 출력은 항상 m_i 혹은 0 이다. 예를 들어, 첫 번째 중간 곱의 네 비트는 m_0와 q_0를 AND해서 구하며, 비트 1은 m_1과 q_0를 AND해서 등등으로 구한다. 그래서 첫 번째 중간 곱의 네 비트는 m_3q_0, m_2q_0, m_1q_0, 및 m_0q_0이며, 두 번째 중간 곱의 네 비트는 m_3q_1, m_2q_1, m_1q_1, 및 m_0q_1 등등이 된다.

최종 곱을 제공하기 위해 중간 곱을 함께 더하기 위해서, 여러 개의 가산기가 사용되었다. 각각의 중간 곱은 덧셈을 위해 정확한 비트 위치로 시프트된다. 예를 들어, p_0는 m_0q_0, p_1은 m_1q_0 및 m_0q_1의 합, p_2는 m_2q_0, m_1q_1 및 m_0q_2의 합, 등등이다. 각 행의 네 개 FA(1-비트 가산기)는 각 캐리-출력 신호가 다음 단의 캐리-입력으로 연결되는 리플-캐리 가산기처럼 연결된다. 마지막 FA의 캐리-출력은 아래 행에 있는 마지막 FA의 입력에 연결된다. 마지막 행 FA의 캐리-출력은 최종 값의 p_7 값이다. 리플-캐리 가산기처럼, 모든 초기 캐리-입력 c_0는 0으로 설정된다.

곱셈기의 HDL 코드

8-비트 곱 P를 제공하는 4-비트 곱셈기 $M \times Q$에 대한 행위적 Verilog 코드가 그림 4.41에 나타내었다.

Multiplicand (M)		1101
Multiplier (Q)		× 1011
		1101
Intermediate products		1101
		0000
		+ 1101
Product (P)		10001111

				m_3	m_2	m_1	m_0
			×	q_3	q_2	q_1	q_0
				m_3q_0	m_2q_0	m_1q_0	m_0q_0
			m_3q_1	m_2q_1	m_1q_1	m_0q_1	
		m_3q_2	m_2q_2	m_1q_2	m_0q_2		
+	m_3q_3	m_2q_3	m_1q_3	m_0q_3			
p_7	p_6	p_5	p_4	p_3	p_2	p_1	p_0

(a)

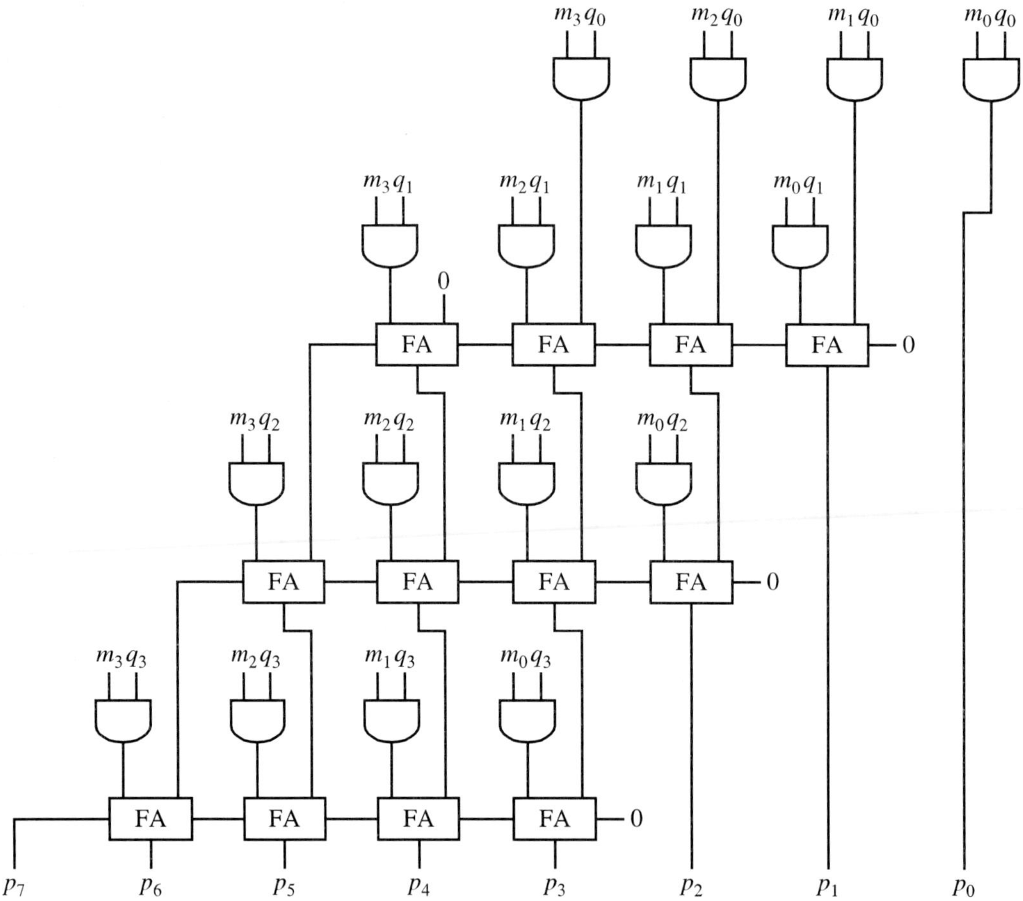

(b)

그림 4.40 곱셈: (a) 방식 (b) 회로.

```
module multiplier (
 input [3:0] M, Q,
 output [7:0] P
);
 assign P = M * Q;

endmodule
```

그림 4.41 4-비트 곱셈기의 Verilog 코드.

```
LIBRARY IEEE;
USE IEEE.STD_LOGIC_1164.ALL;
USE IEEE.NUMERIC_STD.ALL; -- needed for UNSIGNED
ENTITY multiplier IS PORT (
 M, Q: IN STD_LOGIC_VECTOR(3 DOWNTO 0);
 P: OUT STD_LOGIC_VECTOR(7 DOWNTO 0));
END multiplier;
ARCHITECTURE Behavioral OF multiplier IS
BEGIN
 P <= STD_LOGIC_VECTOR(UNSIGNED(M) * UNSIGNED(Q));
END Behavioral;
```

그림 4.42 4-비트 곱셈기의 VHDL 코드.

8-비트 곱 P를 제공하는 4-비트 곱셈기 $M \times Q$에 대한 행위적 VHDL 코드가 그림 4.42에 나타내었다.

4.12 연습문제

4.1 8-비트 폭 4-to-1 멀티플렉서 회로에 대한 완전한 데이터 흐름적 Verilog 코드를 작성하여라.

4.2 그림 4.6(c)에 나타낸 FA 회로에 대한 완전한 구조적 Verilog 코드를 작성하여라.

4.3 8-비트 폭 4-to-1 멀티플렉서 회로에 대한 완전한 데이터 흐름적 VHDL 코드를 작성하여라.

4.4 그림 4.6(c)에 나타낸 FA 회로에 대한 완전한 구조적 VHDL 코드를 작성하여라.

4.5 AND, OR, 및 NOT 게이트만을 이용하여 4-비트 폭 4-to-1 멀티플렉서 회로의 완전한 회로를 그려라. 4-비트 폭은 각 데이터 입력 신호가 네 비트이고 출력

Y가 네 비트 인 것을 의미한다.

4.6 2-to-1 멀티플렉서를 사용하여 16-to-1 멀티플렉서에 대한 회로를 그려라.

4.7 4-to-1 멀티플렉서를 사용하여 16-to-1 멀티플렉서에 대한 회로를 그려라.

4.8 4-비트 가산기-감산기 조합회로의 *Signed_ Overflow* 비트를 구하기 위해, *Unsigned_ Overflow*를 두 번째에서 마지막 비트 슬라이스까지의 캐리 비트 c_3와 XOR 해야 한다. 먼저 c_3 비트를 가져오고 *Signed_ Overflow* 신호를 출력하는 Verilog 코드 세그먼트를 작성하여라.

4.9 문제 4.8을 VHDL을 사용하여 반복하여라.

4.10 다음은 여덟 개의 다른 4-비트 2진 계산과 2진수가 부호있는 혹은 부호없는 수로 해석된다면 오버플로우 오류가 있는 지 여부를 나타낸다.

	4-bit Calculations	Signed Interpretation	Range is −8 to 7 Overflow	Unsigned Interpretation	Range is 0 to 15 Overflow
a.	0011 + 0100 = 0111	3 + 4 = 7 ✔	0	3 + 4 = 7 ✔	0
b.	1111 + 1110 = 1101	−1 + (−2) = −3 ✔	0	15 + 14 = 13 ✘	1
c.	0111 + 0110 = 1101	7 + 6 = −3 ✘	1	7 + 6 = 13 ✔	0
d.	1000 + 1001 = 0001	−8 + (−7) = 1 ✘	1	8 + 9 = 1 ✘	1
e.	0111 − 0110 = 0001	7 − 6 = 1 ✔	0	7 − 6 = 1 ✔	0
f.	0000 − 0111 = 1001	0 − 7 = −7 ✔	0	0 − 7 = 9 ✘	1
g.	1000 − 0001 = 0111	(−8) − (1) = 7 ✘	1	8 − 1 = 7 ✔	0
h.	0001 − 1000 = 1001	1 − (−8) = −7 ✘	1	1 − 8 = 9 ✘	1

a) 오퍼랜드를 다섯 개 비트로 0 확장하고 동일한 연산을 수행하자. 결과의 최상위 비트가 이미 올바른 부호없는 오버플로우 비트임을 검증하여라.

b) 오퍼랜드를 다섯 개 비트로 0 확장하고 동일한 연산을 수행하자. 결과의 두 개 최상위 비트를 XOR 한 것이 올바른 부호있는 오버플로우 비트임을 검증하여라.

c) 4-비트 계산에서, 부호있는 오버플로우 비트는 다음 부울 식에 의해 구해질 수 있음을 검증하여라.

$Signed\_Overflow = (A_n' \cdot B_n' \cdot F_n) + (A_n \cdot B_n \cdot F_n')$: 덧셈의 경우

$Signed\_Overflow = (A_n \cdot B_n' \cdot F_n') + (A_n' \cdot B_n \cdot F_n)$: 뺄셈의 경우

여기서 A_n, B_n, 및 F_n은 A, B, 및 F의 최상위 비트이다.

d) 그림 4.14에 나타낸 가산기-감산기 조합회로를 사용하여 동일한 연산을 수행하면, 부호있는 오버플로우 비트는 결과의 최상위 비트와 선택 신호와

XOR 되어야 한다. 이것이 옳음을 검증하여라.

4.11 두 개의 n-비트 부호있는 수 $A_{n-1}, \cdots, A_0$ 및 $B_{n-1}, \cdots, B_0$를 더할 때, 결과 $S_{n-1}, \cdots, S_0$을 산출하고 부호있는 오버플로우 플래그는 다음 부울 식에 의해 추론될 수 있음을 보여라.

$$Signed\_Overflow = A_{n-1} \text{ XOR } B_{n-1} \text{ XOR } S_{n-1} \text{ XOR } S_n$$

4.12 4.4절에서 논의한 감산기 회로의 경우, 뺄셈의 결과가 음수일 때, 마지막 오버플로우 비트 b_n은 1이다. 이 오버플로우 비트는 입력 오퍼랜드가 부호없는 수로 해석될 때 참임을 검증하자. 네 개 비트를 사용하여, 입력 오퍼랜드가 부호있는 수로 해석될 때 이 오버플로우 비트는 옳지 않은 예를 보여라.

4.13 다음 동작을 갖는 완전한 4-비트 ALU 회로를 그려라. K-맵을 사용하여 모든 식을 표준형으로 감소시켜라.

s_2	s_1	s_0	Operations
0	0	0	$B - 1$
0	0	1	A NOR B
0	1	0	$A - B$
0	1	1	A XNOR B
1	0	0	1
1	0	1	A NAND B
1	1	0	$A + B$
1	1	1	A'

4.14 2-비트 캐리 미리보기 가산기에 대해 가장 작은 완전한 회로를 그려라.

4.15 4-비트 캐리 미리보기 가산기에 대해 완전한 회로를 그려라.

4.16 $c5$에 대해 캐리 미리보기 식과 회로를 유도하여라.

4.17 그림 4.12(a)에 나타낸 캐리 미리보기 회로는 c_0가 0이기 때문에 감소될 수 있다. c_1부터 c_4에 대한 캐리 미리보기 식을 유도하고 c_0가 0일 때 더 단순화된 회로를 그려라.

4.18 진리표를 사용하여 다음 식이 참임을 보여라.

$$x_i y_i + c_i(x_i + y_i) = x_i y_i + c_i(x_i \oplus y_i)$$

4.19 다음 동작을 하는 완전한 4-비트 ALU를 그려라. K-맵을 사용하여 모든 식을 표준형으로 감소시켜라.

s_2	s_1	s_0	Operations
0	0	0	Pass *A*
0	0	1	Pass *B* through the AE
0	1	0	*A* plus *B*
0	1	1	*A'*
1	0	0	*A* *B*
1	0	1	*A* *B*
1	1	0	$A - 1$
1	1	1	$A - B$

4.20 다음 동작을 하는 완전한 4-비트 ALU를 그려라. K-맵을 사용하여 모든 식을 표준형으로 감소시켜라.

s_2	s_1	s_0	Operations
0	0	0	*A* plus *B*
0	0	1	Increment *A*
0	1	0	Increment *B*
0	1	1	Pass *A*
1	0	0	$A - B$
1	0	1	*A* XOR *B*
1	1	0	*A* AND *B*

4.21 다음 동작을 하는 완전한 4-비트 ALU를 그려라. 무정의 값은 사용하지 않는 선택 조합에 할당된다. K-맵을 사용하여 모든 식을 표준형으로 감소시켜라.

s_2	s_1	s_0	Operations
0	0	0	Pass *A* through the LE
0	0	1	Pass *B* through the LE
0	1	0	NOT *A*
0	1	1	NOT *B*
1	0	0	$A - B$
1	0	1	$B - A$
1	1	0	$B + 1$

4.22 인에이블이 있는 2-to-4 복호기의 회로를 그려라.

4.23 2-to-4 복호기만을 사용하여 4-to-16 복호기의 회로를 그려라.

4.24 인에이블과 출력 신호가 부 논리(negative logic)이고 어드레스 입력이 정 논리(positive logic)를 사용하는 인에이블이 있는 3-to-8 복호기의 진리표를 유도하

여라.

4.25 "보다-작은" 관계에 대해서 두 개의 부호없는 2-비트 오퍼랜드를 비교하는 진리표, 식, 및 회로를 유도하여라.

4.26 네 개 기능의 ALU는 LE, AE, 및 CE에 대해 다음 식을 가지고 있다.

$$x_i = a_i + s_1{}'s_0b_1$$

$$y_i = s_1{}'s_0{}' + s_1s_0b_i{}'$$

$$c_0 = s_1s_0$$

이 ALU에서 구현된 네가지 기능을 올바른 순서로 결정하자. 모든 작업 내용을 보여라.

4.27 주어진 다음 ALU의 LE, AE, 및 CE에 대한 K-맵에서, 각 선택 선 조합에 할당된 ALU 동작을 결정하여라.

LE

s_1s_0 \ a_ib_i	$s_2 = 0$: 00	01	11	10	$s_2 = 1$: 00	01	11	10
00		1	1					
01	1				1	1		1
11	1		1		1	1		
10			1	1			1	1

AE

s_1s_0 \ s_2b_i	00	01	11	10
00	1	1		
01				
11				
10	1		1	

CE

s_2 \ s_1s_0	00	01	11	10
0				1
1	1			

4.28 "보다 큰 혹은 같은(greater-than-or equal-to) 관계를 검사하는 4-비트 반복 비교기를 그려라.

4.29 여섯 개의 2-to-1 멀티플렉서만을 사용하여 다음 동작 표에 대한 4-비트 시프터 회로를 그려라.

s_1	s_0	Operation
0	0	Shift left and fill with 0
0	1	Shift right and fill with 0
1	0	Rotate left
1	1	Rotate right

4.30. 다음 동작 표에 대한 4-비트 시프터 회로를 그려라.

s_2	s_1	s_0	Operation
0	0	0	Pass through
0	0	1	Rotate left
0	1	0	Shift right and fill with 1
0	1	1	Not used
1	0	0	Shift left and fill with 0
1	0	1	Pass through
1	1	0	Rotate right
1	1	1	Shift right and fill with 0

4.31 다음 동작 표에 대한 4-비트 시프터 회로를 그려라. 기본 게이트 AND, OR, 및 NOT 만을 사용하여라.

s_1	s_0	Operation
0	0	Shift left and fill with 0
0	1	Shift right and fill with 0
1	0	Rotate left
1	1	Rotate right

4.32 그림 4.40(b)에 나타낸 4-비트 곱셈기를 구현하고 올바르게 동작하는 지 검증하여라.

4.33 **배럴 시프터**(barrel shifter)는 데이터를 한 동작으로 임의의 비트 수 만큼 시프트하거나 순환할 수 있는 시프터이다. 배럴 시프터의 선택 선이 사용되며, 일반적인 시프터처럼 수행할 동작(시프트 혹은 순환)의 종류를 결정하는 것이 아니라 몇 비트 움직일 것인가를 결정한다. 다음 동작 표에 따라서 좌측 순환 동작을 하는 4-비트 배럴 시프터 회로를 그려라.

Select $s_1\ s_0$	Operation	Output $out_3\ out_2\ out_1\ out_0$
00	No rotation	$in_3\ in_2\ in_1\ in_0$
01	Rotate left by 1 bit position	$in_2\ in_1\ in_0\ in_3$
10	Rotate left by 2 bit positions	$in_1\ in_0\ in_3\ in_2$
11	Rotate left by 3 bit positions	$in_0\ in_3\ in_2\ in_1$

4.34 문제 4.33처럼 우측 순환 동작을 하는 4-비트 배럴 시프터를 그려라.

4.35 다음 조합회로에 대한 진리표를 유도하자. 또한, 표의 각 행에 대한 동작 이름을 작성하여라.

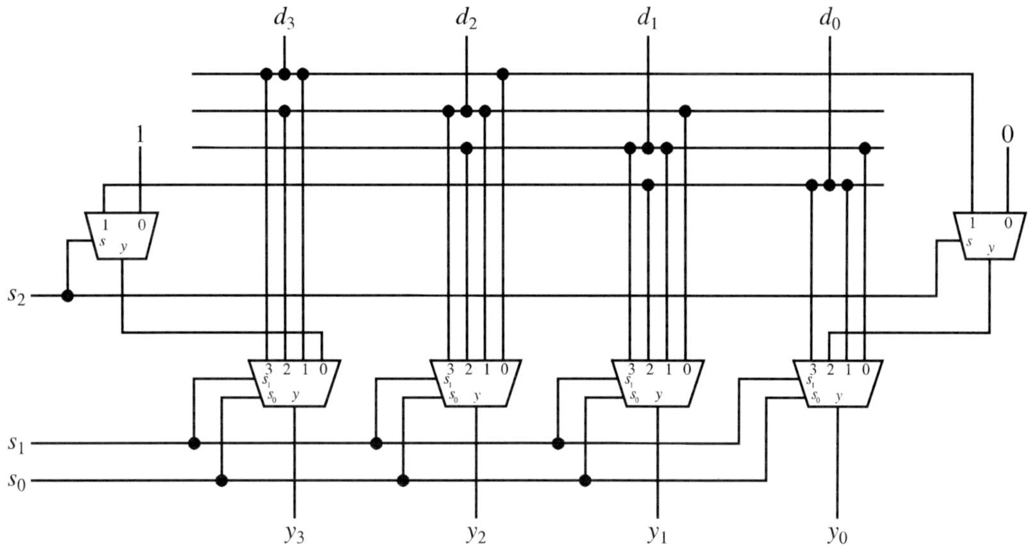

CHAPTER 05

순차회로

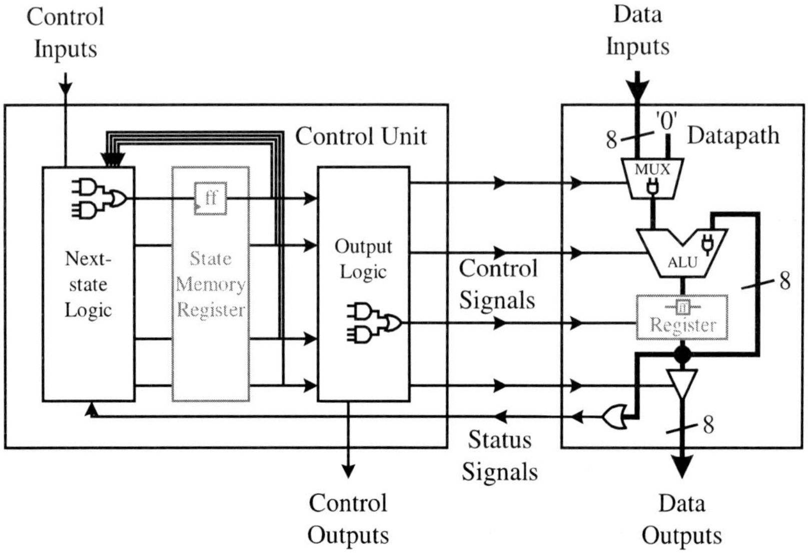

지금까지 우리는 조합회로 설계를 살펴보았다. 이제는 관심을 **순차회로**(sequential circuits) 설계에 돌려 보자. 순차회로의 출력은 현재 입력뿐만(조합회로에서처럼) 아니라 과거 모든 입력에 의해서도 결정된다. 입력의 이력을 기억할 필요가 있어 순차회로는 메모리 소자를 포함하여야 한다.

2.11절의 자동차 보안시스템은 조합회로의 한 예이다. 그 예에서, 마스터 스위치가 온 되고 누구인가 문을 연다면 경보는 켜진다. 그 후에 문을 닫으면 경보는 즉시 꺼진다. 더 현실적인 자동차 보안시스템에서는, 경보가 처음 시작된 후 문을 닫는다 하더라도, 경보가 지속된 채로 되는 것이 좋을 것이다. 이 수정시스템이 제대로 동작하게 하기 위해서는 경보는 마스터, 문, 바이브레이션 스위치 뿐만 아니라, 경보가 현재 켜져 있느냐 꺼져 있느냐에 따라서도 결정된다. 다른 말로 하면 이 수정시스템은 현재 입력과 과거의 입력에 종속적인 하나의 순차회로이다.

이 입력의 이력을 기억하기 위해서는, 순차회로는 메모리 소자를 가져야만 한다. 그러나 메모리 소자는 동일한 기본적인 논리 게이트들로 구성된다는 의미에서 마치 조합회로와 같다. 차이점은 이 논리 게이트들이 함께 연결되는 방식에 있다. 회로가 현재의 값을 "기억하기" 위해서는 논리 게이트의 출력이 직간접적으로 동일한 게이트 입력에 연결되어야만 한다. 우리는 이를 **피드백 루프**(feedback loop) 회로라 하고, 그것은 모든 메모리 소자의 근간을 이룬다. 조합회로는 어떠한 피드백 루프를 가지고 있지 않다.

래치(latch)와 **플립플롭**(flip-flop)은 정보를 저장하는 기본 메모리 소자이다. 여기서, 그것들은 모든 순차회로용 기본 빌딩블록이다. 하나의 단일 래치나 플립플롭은 오직 한 비트의 정보를 저장할 수 있다. 이 래치나 플립플롭에 저장된 비트 정보를 그 래치나 플립플롭의 **상태**(state)라 한다. 여기서 하나의 단일 래치나 플립플롭은 두 상태, 0과 1 중 하나로 될 수 있다. 우리는 그 내용물이 0에서 1로, 혹은 반대로 변할 때 래치나 플립플롭은 상태가 변한다고 말한다. 이 상태 값은 항상 출력에서 이용가능하다. 결과적으로 래치나 플립플롭의 내용은 상태값이고, 항상 그 출력값과 동일하다.

래치와 플립플롭의 주된 차이점은 래치는 **인에이블**(enable) 신호가 어써트(assert) 되는 한, 상태나 출력이 입력에 의해 지속적으로 영향을 받는다는 것이다. 다른 말로 하면, 래치가 인에이블 되면, 입력이 변할 때 상태는 즉시 변한다. 래치가 디스에이블(disable)되면, 상태는 일정하게 유지하고, 따라서 이전의 값을 기억하고 있다. 한편 플립플롭은 인에이블 신호의 활성화 에지에서만, 즉 정확히 말하면 인에이블 신호가 0에서 1(신호의 상승 에지라 함)로, 혹은 1에서 0(하강 에지)으로 변하는 순간에 상태를 바꾼다. 그러나, 인에이블 신호의 상승 혹은 하강 에지 후, 인에이블 신호가 일정한 1이나 0인 시간 동안에 플립플롭의 상태는 입력이 변한다 하더라도 일정하게 유지된다.

마이크로프로세서 시스템에서는 정확히 동일 순간에 변화가 일어나기를 원한다. 따라서 인에이블 신호의 활성화 에지에서만 동기화 되어 변하기 때문에, 래치보다는 플립플롭이 더 자주 사용된다. 이 플립플롭의 인에이블 신호는 보통 전체의 제어 클럭신호가 된다. 따라서 시스템 내에 있는 모든 플립플롭의 상태는 클럭의 활성화 에지에서 동기적으로 변한다.

역사적으로 플립플롭에는 4개의 주요 타입이 있다: SR, D, JK, T. 이들 사이의 주된 차이는 그것들이 가지고 있는 입력 수와 입력에 기반하여 값이 어떻게 변화하는 가이다. 어떠한 순차회로가 주어진다 하더라도 어떠한 타입의 플립플롭(혹은 이들의 조합)을 사용하여 구성할 수 있다. 그러나, 특정 순차회로에서 다른 타입 대신에 어느 한 타입을 선택하여 사용하는 것은 회로 전체 크기에 영향을 줄 수 있다. 오늘 날 순차회로는 사용의 용이성 때문에 주로 D 플립플롭으로 설계되고 있다. 이것은 단순하게는 회로 설계의 용이함과 회로 크기 사이와의 타협(tradeoff) 이슈이다. **초 대용량 FPGA**(field-programmable gate array)가 이용 가능한 오늘날에, 회로 크기를 약간 줄인다는 것은 사소한 일이고, 회로 설계 과정에서의 불필요한 복잡도 증가를 정당화 하지 않는다. 그러므로 오직 D 플립플롭에만 집중하고, 어떻게 그것을 사용하여 더 큰 순차회로를 만들 것인가에만 집중할 것이다.

이 장에서는 래치와 플립플롭이 어떻게 설계되고, 그것들이 어떻게 동작하는지 살펴본다. 플립플롭은 모든 순차회로의 심장이기 때문에, 그것들의 설계와 동작을 잘 이해한다는 것은 마이크로프로세서 설계에서 매우 중요하다. 그 다음에 플립플롭을 사용하여 레지스터나 카운터와 같은 더 큰 구성요소를 만든다.

5.1 쌍안정 소자

인버터를 살펴보자. 인버터 입력을 1로 하면 인버터는 0을 출력할 것이다. 인버터가 한 입력 값을 갖지 않으면(즉 0이나 1도 아님), 인버터는 출력 값을 갖지 않을 것이다. 인버터를 사용하여 메모리 회로를 만들려면, 인버터는 심지어 입력 1을 제거한다 하더라도 계속 0을 출력하여야 할 것이다(즉, 0을 기억하기 위해). 인버터가 계속해서 0을 출력하기 위해서는, 그 자신의 입력을 자체 제공하는 인버터이어야 한다. 다시 말하면, 입력에 0을 피드백 하는 출력이어야 한다. 그러나 인버터 출력을 직접 입력에 되돌려 직접 연결할 수는 없다. 이는 0이 1에 연결 되어지게 되고, 따라서 단락 회로를 만들기 때문이다.

해결책은 그림 5.1에 보인 것처럼, 2개 인버터를 루프로 하여 직렬로 연결하는 것이다. 이 회로를 **쌍안정 소자**(bistable element)라 부르고, 이는 가장 간단한 메모리 회로이다. 쌍안정 소자는 Q와 Q'로 라벨된 2개의 대칭 노드를 가지고 있고, 양쪽 모두 입력 혹은 출력 신호로 볼 수 있다. Q와 Q'이 대칭이기 때문에, 임의로 Q를 상태 변수로 사용할 수 있고, 따라서 회로 상태는 Q의 값이 된다. 전원이 회로에 처음 인가되면, Q는 초기에 값 0을 갖는다고 가정하자. Q는 아래 인버터의 입력이기 때문에, 따라서 Q'은 1이 된다. 위 인버터의 입력이 1로 되면, 출력 Q는 0으로 되는데, 이는 무엇을 가지고 시작했느냐에 따른 것이다. 여기서 Q 값은 무한정 0으로 남을 것이다. 비슷하게 회로에 전원을 넣어 $Q = 1$로 하면, $Q' = 0$가 되고, 다시 Q는 무한정 1로 남아 안정된 상태가 된다. 그러므로 회로는 2개의 안정 상태를 가진다: $Q = 0$ 그리고 $Q' = 1$; 여기서 이름이 "쌍안정"으로 된 것이다.

쌍안정 소자는 상태를 무한정 기억할 수 있기 때문에(즉 Q 값을 일정하게 유지한다), 메모리를 가진다고 말한다. 불행히 상태를 바꿀 수는 없다(즉 Q 값을 바꿀 수 없다). 0을 1에 연결하면 단락 회로를 만들기 때문에, Q에 바로 다른 값을 입력할 수는 없다. 예를 들어 Q가 현재 0이라 가정하자. 상태를 바꾸려면, Q를 1로 설정하는 것이 필요하나, 그렇게 하려면 1을 0에 연결하여야 하고 따라서 단락이 된다. 이 문제를 보는 다른 방법으로, Q와 Q'를 외부 출력으로 생각할 수 있으나, 이것은 회로가 어떤 외부 입력도 가지고 있지 못하다는 것을 의미한

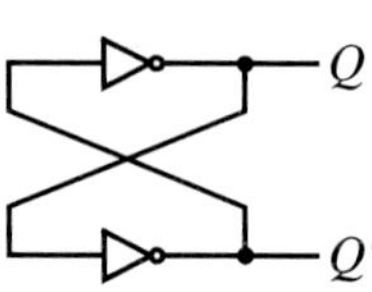

그림 5.1 쌍안정 소자 회로.

다. 그러므로 다른 값을 입력할 방법이 없다.

5.2 SR 래치

쌍안경 소자 상태를 변화시키기 위해 회로에 외부입력을 추가할 필요가 있다. 가장 쉽게 외부 입력을 추가하는 방법은 그림 5.2(a)에 보인 것처럼, 2개의 인버터를 2개의 NAND 게이트로 대체하는 것이다. 이 회로를 **SR 래치**(SR latch)라고 한다. 2개의 출력 Q 과 Q'에 추가하여, 각각 set 와 reset 을 위한 2개의 입력 S'와 R'를 가진다. 쌍안정 소자처럼 똑같이, SR 래치는 2개의 상태 중 하나에 있을 수 있다: $Q=1$ 일 때 셋 상태, 혹은 $Q=0$ 일 때 리셋 상태. 신호 명명 규칙에 따라, S와 R에 붙인 프라임(')은 이 입력들이 **저레벨활성**(active low)이라는 것을 뜻한다(즉, 0이 그것들을 어써트 하고, 1이 그것들을 디어써트 한다).

SR 래치를 셋 상태(즉 Q 를 1로 셋 한다)로 하기 위해서는, 단순히 S를 0으로 함으로써 S' 입력을 어써트 한다(그리고 R'을 디어써트(de-assert) 한다). (0 NAND 어떤 값)은 1이므로, 위 NAND 게이트의 다른 입력은 무엇이든 상관없이,

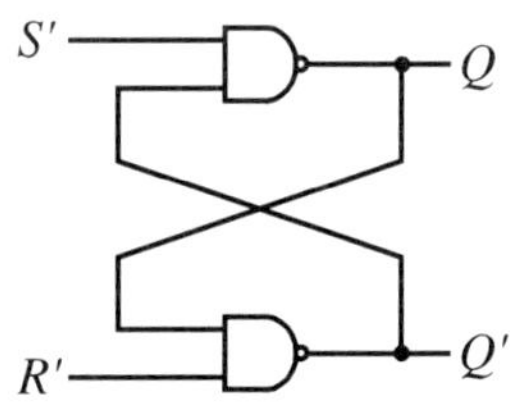

(a)

S'	R'	Q	Q_{next}	Q_{next}'
0	0	×	1	1
0	1	×	1	0
1	0	×	0	1
1	1	0	0	1
1	1	1	1	0

(b)

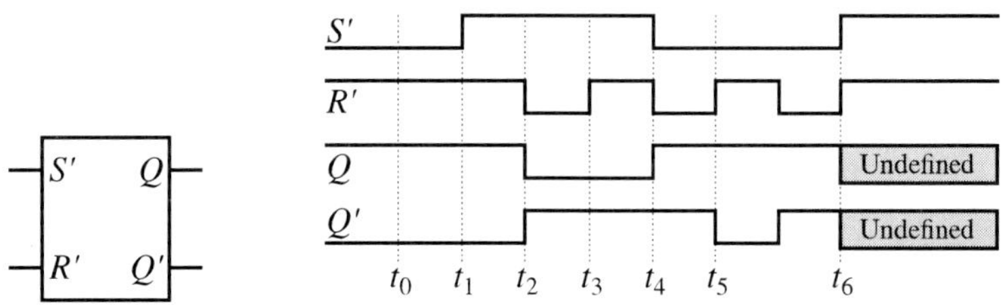

(c) (d)

그림 5.2 SR 래치: (a) NAND 게이트를 이용한 회로 (b) 진리표 (c) 논리 심볼 (d) 예시 트레이스.

Q =1이고, 래치는 셋이 된다. Q (이것은 아래 NAND 게이트의 한 입력에 연결되어 있음)가 1로 남아있게 하기 위해, S'이 0으로 유지하고 R'을 디어써트 하면(즉 R'을 1로 설정한다), 아래 NAND 게이트 출력은 0이고, 따라서 Q' =0이다. 이 상황을 그림 5.2(d)의 시간 t0에 나타냈다. 이런 현재 상황에서, 시간 t_1에 보인 것처럼, 지금 S'을 디어써트 하여 $S'= R'=$ 1로 하면, Q'(위 NAND게이트의 두 번째 입력)은 0이고, Q =1을 유지하기 때문에, 래치는 셋 상태로 남아 있을 것이다. 시간 t_2에서는, R' =0(그리고 S'은 1로 남아 있다)으로 함으로써, 래치를 리셋 한다. R'을 0으로 하면, Q'은 1로 된다. 위 NAND 게이트에서(1 NAND 1)은 0이 되어, Q는 0으로 된다. 다음에 시간 t_3에 보인 바와 같이 R'을 디어써트 하여 다시 $S'= R'=$ 1로 하면, 이번에는 래치는 리셋 상태로 남아 있는다.

S'과 R' 모두 디어써트 되는(즉, $S'= R'=$ 1) 두 시간 t_1과 t_3을 주목하라. t_1에서는 Q가 1이고; 반면에 t_3에서는 Q는 0이다. 왜 이것은 그렇게 될까? 이 두 시간에서의 차이는 무엇인가? 이 차이는 이들 시간 직전 Q 값에 있다. t_1 직전의 Q 값은 1인 반면에, t_3 직전의 Q 값은 0이다. 두 입력이 디어써트 되면, SR 래치는 전 상태를 기억한다. t_1 전에 Q는 값 1을 가지고 있어, t_1에서는 Q는 1로 남아 있다. 비슷하게 t_3 전에 Q는 값 0을 가지고 있어 t_1에서는 Q는 0로 남아 있다.

S'과 R' 모두 어써트 되면(즉 $S'=R'=0$), 시간 t_4에서 보인 바와 같이, Q와 Q'는(0 NAND 어떤 것)은 1이기 때문에 모두 1로 된다. Q가 Q'과 같다는 것은 잘못된 것은 아니라는 것을 메모하라. 우리가 두 단자를 Q와 Q'으로 명명하였기 때문에, 그것들이 서로 역 관계 이기를 희망하나, 또 다른 이름, 예로 Q' 대신에 P를 사용할 수도 있다.

시간 t_4 후에, 시간 t_5에서 보인 것처럼 입력 신호 하나가 다른 것보다 앞서 디어써트 되면, 후에 디어써트 되는 신호에 의해 래치는 강제된 상태로 끝날 것이다. t_5에서 R'가 먼저 디어써트 되어, 래치는 Q =1이고 Q' =0인 셋 상태로 된다.

시간 t_6에 보인 바와 같이, S'과 R' 모두가 정확히 동시에 디어써트 되면 문제가 생긴다. 잠시 양쪽 게이트가 정확히 같은 지연을 가지고 있고, 한 게이트의 출력과 다른 게이트 간의 2개의 선 연결 또한 정확히 같은 지연을 가진다고 가정하자. 시간 t_6 직전, Q와 Q' 모두 1에 있다. 시간 t_6에, 정확히 같은 시간에 S'과 R'을 1로 설정하면, 양쪽 NAND 게이트는(1 NAND 1) 을 수행하여 정확히 동시에 양쪽 0을 출력할 것이다. 2개의 0은 2개 와이어 연결이 동일 지연을 가지기 때문에, 2개의 게이트 입력을 정확히 동시에 피드백 할 것이다. 이 시간 쯤에, 2개의 NAND 게이트는 1 NAND 0을 수행하여 다시 정확히 동시에 양쪽 모두 1을 만들어 낼 것이다. 이 때 2개의 1은 입력으로 피드백 하여, 다시 출력에 0을 만들어 내고, 등등. critical race라 부르는 이 오실레이터 동작은 하나가 다른 것을 앞설 때까지 무한정 계속 할 것이다. 2개 게이트나 2개 연결 선이 정확히 같은 지연을 가지지 않으면 다른 것에 앞서 한 출력을 디어써트 하는 것과 비슷한 상황이 되어, 래치는 한 상태나 혹은 다른 상태를 가질 것이다. 그러나, 어느 게이트가 혹은 어느 선이 짧은 지연을 갖는지 알지 못하여, 따라서 래치가 어떤 상태로 끝날지 모른다. 그러므로 래치의 다음상태는 정의되지 않는다.

물론 실제로 2개 게이트를 제조하여 2개의 연결을 하여 정확히 같은 지연을 가지게 한다는 것은 불가능에 가깝다. 더욱이 S'과 R' 모두 정확히 동일 시간에 디어써트 하여야 한다. 그럼에도 불구하고, 이 회로가 크리티컬 해야 하는 소자를 제어하기 위해 사용된다면, 이 희박한 가능성조차 일어나지 않아야 한다.

비 결정적(non-deterministic)인 동작을 피하기 위해서는, 2개 입력이 동시에 디어써트 되지 않도록 해야만 한다. 그러나 회로가 현재 값을 기억할 수 있게 하기 위하여, 시간 t_1과 t_3에 양쪽 모두 디어써트 되는 상황을 원한다. 한 입력을 디어써드 하고, 이어서 다른 입력을 디어써트 되게, 그러나 이 2개 신호 모두가 정확히 동시에 디어써트 되지 않도록 해야한다. 실제로 이 2개 신호를 절대로 동시에 디어써트 되지 않도록 보장하는 것은 매우 어려워, 조건을 조금 완화하여 그것들 모두가 함께 어써트 되지 않게 하는 것으로 한다. 다른 말로 하면, 하나가 어써트 되면 다른 것은 어써트 될 수 없다. 그러므로, 그것들 모두가 결코 동시에 어써트 되지 않는다면, 그것들은 동시에 디어써트 될 수 없다. 그것 모두를 함께 어써트 하지 않음으로써 얻는 부수적인 이익은 Q와 Q'이 절대로 서로 같지 않게 된다는 것이다. 이 2개의 노드에게 부여한 이름으로부터 그것들이 서로의 역이 되어야 한다는 것을 기억하라.

위의 분석을 통해, 그림 5.2(b)의 표를 얻어 NAND로 SR 래치를 구현한다. 진리표에서 Q와 Q_{next}는 실제로 회로에서는 같은 점을 나타낸다. 차이는 Q는 그 점에서의 현재 값인 반면에, Q_{next}는 다음 시간 주기에 갱신되는 새 값이다.

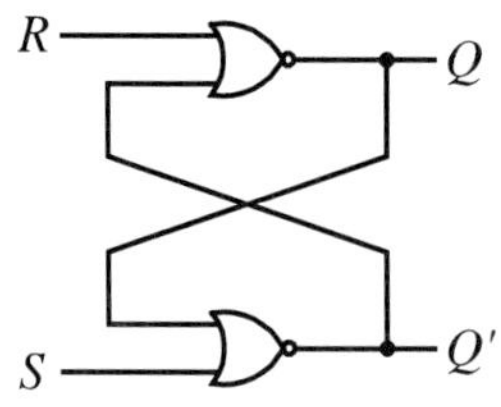

(a)

S	R	Q	Q_{next}	Q_{next}'
0	0	0	0	1
0	0	1	1	0
0	1	×	0	1
1	0	×	1	0
1	1	×	0	0

(b)

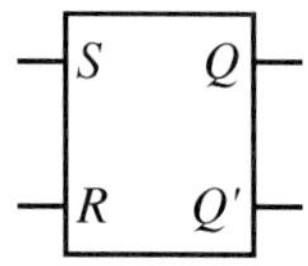

(c)

그림 5.3 SR 래치: (a) NOR 게이트 이용한 회로 (b) 진리표 (c) 논리 심볼.

다른 관점에서 보면, Q는 게이트 입력이고, Q_{next}는 게이트 출력이다. 다른 말로 하면, 신호 Q가 한 게이트로 들어가 2개의 게이트를 통해 전파되고, 뒤돌아 Q에 도달하여 새 신호 Q_{next}로 된다. 그림 5.2(c)는 SR 래치의 논리 심볼을 보여준다.

SR 래치는 또한 그림 5.3(a)에 보인 바와 같이, NOR 게이트를 사용하여 구현될 수 있다. 이 구현을 위한 진리표를 그림 5.3(b)에 보였다. 이 진리표로부터 알 수 있듯이, 이 구현과 NAND 구현과의 주요 차이는 NOR에 대해서는 S와 R 입력들이 고레벨활성(active-high)으로, S를 1로 하여 래치를 셋하고, R을 1로 하여 리셋 한다. 마치 NAND 구현과 같이 래치는 $Q=1$ 때 셋이 되고 $Q=0$ 때 리셋 된다. 래치는 $S=R=0$ 일 때 전 상태를 기억한다. $S=R=1$ 일 때, Q와 Q' 모두 0 이다.

그림 5.3(c)는 NOR 구현을 이용한 SR 래치의 논리 심볼을 보여준다. 이 심볼에서 오직 차이는 S나 R 모두 이름에 프라임이 붙여져 있지 않다는 것이다.

5.3 자동차 보안 시스템-버전 2

2.11절에서 마스터 스위치가 온 되고, 문 스위치나 진동 스위치가 온 될 때, 경보가 켜지는 자동차 보안시스템용 조합회로를 설계하였다. 그러나 마스터 스위치가 계속 온이 된다 하더라도, 문 스위치와 진동 스위치 모두 오프 되면, 경보는 즉시 오프 된다. 실제로 우리가 원하는 것은 문 스위치와 진동 스위치 모두가 오프 된다 하더라도, 경보가 켜진 이후에는 계속 경보가 켜지게 하는 것이다. 그렇게 하기 위해서는, 경보의 상태를 기억할 필요가 있다. 다른 말로 하면, 경보가 계속 켜

지도록 하게 하기 위해서는, 문 스위치나 진동 스위치가 온 되게 하는 것 뿐만 아니라 경보가 현재 켜져 있느냐 하는 사실에도 종속되어야 한다.

SR 래치의 상태를 이용하여 경보의 상태를 기억할 수 있다(즉, 래치 출력이 경보를 구동할 것이다). 래치의 상태는 입력 스위치의 상태에 의해 구동된다. 그림 5.4에 보인 것처럼, 수정 회로는 경보의 현재 상태를 기억하기 위해, 원래의 조합회로에 추가하여 SR 래치를 가진다. 래치는 조합회로의 출력 S 로부터 설정된다. 조합회로의 출력 S 는 고레벨활성이고 래치의 셋 신호 S' 는 저레벨활성이기 때문에, 이 두 점 사이를 연결하기 위한 인버터가 필요하다. 경보가 마스터 스위치에 의해 즉시 꺼질 수 있도록 하기 위해 래치의 리셋은 마스터 스위치에 연결된다. 경보는 지금 조합회로의 출력 S 대신에 래치의 출력 Q 에 연결된다.

그림 5.5는 이 회로 동작에 대한 예시 타이밍 트레이스를 보여준다. 시간 0에서는 문 스위치가 온 된다 하더라도 마스터 스위치가 오프 되어 있기 때문에 Siren은 오프 된다. 시간 200 ns에서는 마스터 스위치가 온 되나, Siren은 오프에 머물러 있다. 또한 시간 300 ns에서는 마스터 스위치가 온 되어 있기 때문에 Siren은 문 스위치에 의해 온 된다. 시간 500 ns에서는 문 스위치와 진동 스위치 모두 오프 이나, Siren이 이전에 온 되었고 마스터 스위치가 여전히 온 되어 있기 때문에 Siren은 계속 온 으로 유지된다. 마지막으로 시간 600 ns에서는 Siren은 마스터 스위치에 의해 오프 된다.

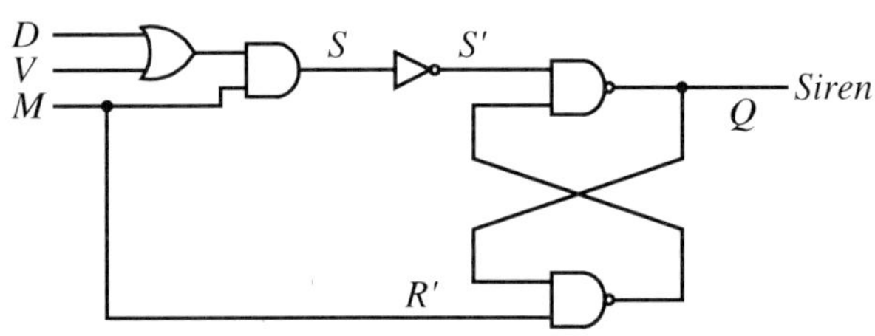

그림 5.4 메모리를 가진 자동차 보안 시스템 수정 회로.

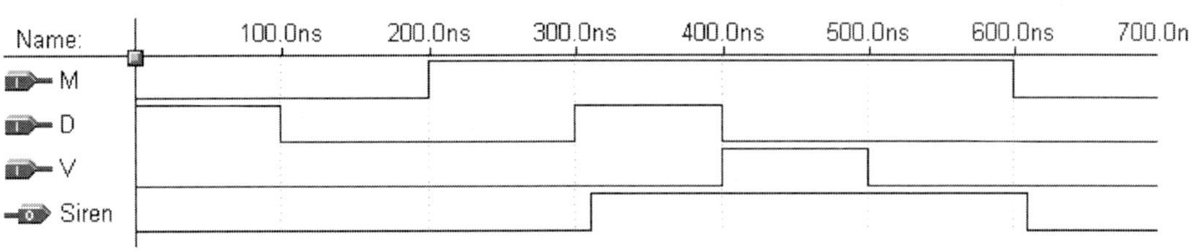

그림 5.5 메모리를 가진 자동차 보안 시스템 수정 회로에 대한 예시 타이밍 트레이스.

5.4 인에이블을 가진 SR 래치

SR 래치는 항상 입력에 센시티브(sensitive)하다. 다른 말로 하면, Q는 S나 R이 어써트 되면 항상 변한다. 입력을 어써트 해도 래치가 상태를 바꾸지 않고 현재 상태를 유지하도록 입력을 디스에이블 할 수 있으면 때때로 유용하다. 이것은 S와 R를 디어써트 하여 가능하게 하기 때문에, 우리가 원하는 것은 그것들 모두를 디어써트 하는 인에이블 신호를 갖는 것이다.

그림 5.6(a)에 보인 **인에이블을 가진 SR 래치**(또한 **게이트 형 SR 래치**(gated SR latch)로 알려짐)는 원래의 NAND 게이트로 구현한 래치에 2개의 여분 NAND 게이트를 부가함으로써 이 목표를 이룰 수 있다. 이 2개의 새 NAND 게이트를 인에이블 입력 E로 제어하여, 래치가 인에이블 되느냐 혹은 디스에이블 되느냐를 결정한다. $E = 1$이면, 래치는 인에이블 되어, 새 입력 S와 R이 저레벨활성 보다는 고레벨활성 이라는 점을 제외하고는, 회로는 SR 래치가 보통 NAND 게이트로 구현한 것과 같이 동작한다. E = 0 이면, $S' = R' = 1$로 되기 때문에, 래치는 디스에이블 되어, S와 R 입력에 상관없이 전 상태로 남아 있는다. 그림 5.6(b)와 (c)는 각각 인에이블을 가진 SR 래치에 대한 진리표와 로직 심볼을 나타낸다.

전형적인 래치 동작을 그림 5.6(d)에 보인 예시 타이밍 트레이스로 나타냈다. t_0와 t_1 사이에는 $E = 0$로, S와 R 입력을 바꾼다 하더라도 출력에 영향을 미치지 않는다. t_1와 t_2 사이에는 $E = 1$로, 트레이스는 입력 신호가 반전된 것을 제외하고는 그림 5.2(d)의 트레이스와 비슷하다.

5.5 D 래치

5.2절에서 SR 래치의 단점이 두 입력 S'와 R'을 정확하게 동시에 디어써트 되지 않도록 보장해 주어야 한다는 것을 상기하라. 우리는 그것 모두를 동시에 어써트 되지 않게 함으로써 이것을 보장할 수 있다고 하였다. 이 상황은 **D 래치** 안에 원래의 S'과 R' 입력 사이에 인버터를 부가함으로써 방지할 수 있다. 이 방법은 S'과 R'는 항상 서로 반대값을 가져 결코 그것들이 함께 어써트 되지 않을 것이다. 그림 5.7(a)는 NAND 게이트와 인버터를 사용한 회로를 보여준다.

지금은 오직 하나의 입력 D(데이터용)가 있다. $D = 0$이면 $S' = 1$이고 R'

$= 0$이므로, $Q = 0$을 만듦으로써 SR 래치를 리셋 하는 것과 비슷하다. 마찬가지로, $D = 1$이면 $S' = 0$이고 $R' = 1$이므로, Q는 1로 셋 된다. 이것으로부터 Q_{next}는 항상 현재의 Q 값에 상관없이 입력 D와 항상 동일한 값을 얻는다는 것을 알 수 있다. 여기서 그림 5.7(b)에 보인 것처럼 D 래치에 대한 진리표를 얻는다.

그림 5.7(b)에 보인 D 래치에 대한 진리표와 그림 5.2(b)에 보인 SR 래치에 대한 진리표를 비교하면, 명백히 $S' = R'$인 행을 단지 1개가 아니라, 3개를 제

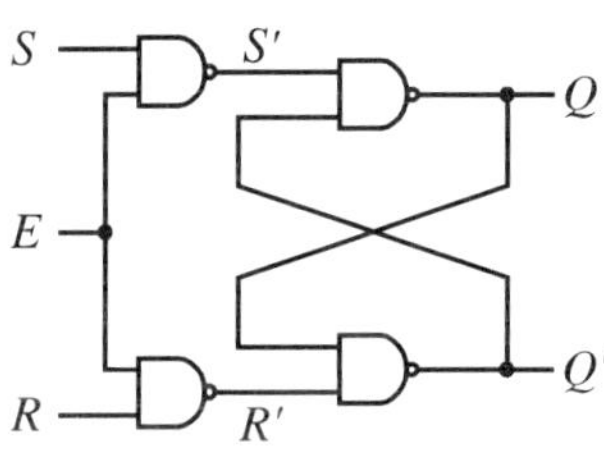

(a)

E	S	R	Q	Q_{next}	Q_{next}'
0	×	×	0	0	1
0	×	×	1	1	0
1	0	0	0	0	1
1	0	0	1	1	0
1	0	1	×	0	1
1	1	0	×	1	0
1	1	1	×	1	1

(b)

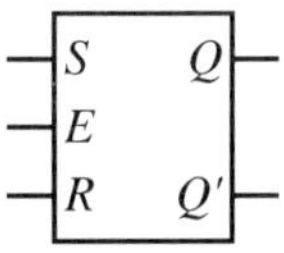

(c)

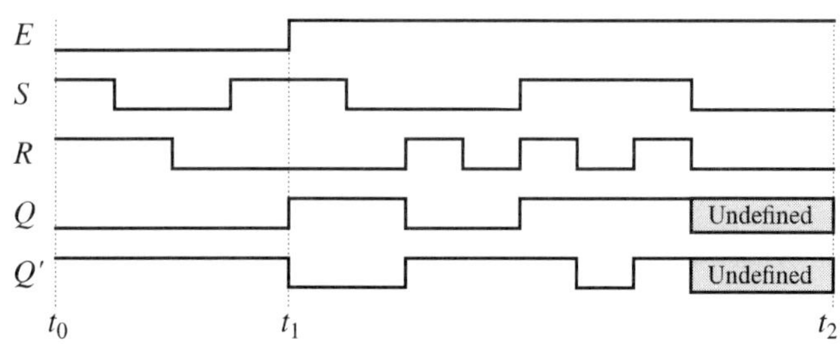

(d)

그림 5.6 인에이블을 가진 SR 래치: (a) NAND 게이트를 사용한 회로 (b) 진리표 (c) 논리 심볼 (d) 예시 트레이스.

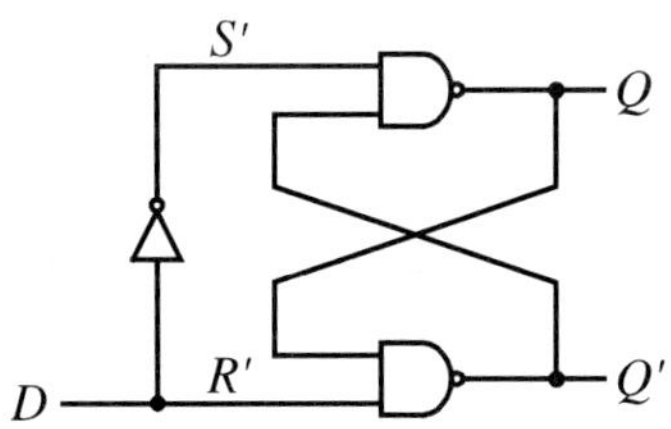

(a)

D	Q	Q_{next}	Q_{next}'
0	×	0	1
1	×	1	0

(b)

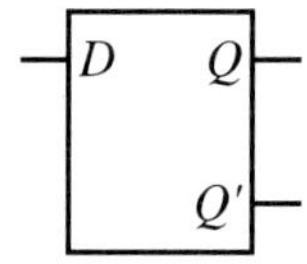

(c)

그림 5.7 D 래치: (a) NAND 게이트를 이용한 회로 (b) 진리표 (c) 논리 심볼.

거할 수 있다. SR 래치에 인버터를 부가한 이유는 $S' = R' = 0$ 의 행을 제거하기 위함이었다. 그러나, 여전히 회로가 현재의 값을 기억하기 위해서는, $S' = R' = 1$의 다른 2개의 행을 가질 필요가 있다. S'와 R' 모두 1로 세트 할 수 없어, 이 D 래치 회로는 기억 능력을 상실한다. Q_{next}는 Q의 현재값을 기억할 수 없다. 대신에 Q의 현재값은 항상 D를 따를 것이다. 결과는 마치 메모리를 가지지 않는 하나의 와이어를 가진 것과 같다 – 출력은 항상 입력과 동일하다.

5.6 인에이블을 가진 D 래치

D 래치가 현재의 값을 기억하게 하기 위해서는, 또 다른 피드백 루프를 만들면서 Q (현재 상태값)를 입력 D로 되돌려 연결해야 한다. 더 나아가서, Q를 D로 뒤돌리면서 루프로 하거나 혹은 D에 새 값을 입력하거나 하는 것을 선택 할 수 있어야 한다. 그렇지 않으면 쌍안정 소자처럼 회로의 상태를 변경시킬 수는 없을 것이다. SR 래치에서 하였던 것과 비슷하지만 그러나 약간은 다른 무언가를 할 수 있을 것이다. 이를 위한 한 방법으로 2 입력 멀티플렉서를 사용하여 원래의 D에 Q의 현재 값을 피드백 시키거나 혹은 외부 입력을 통과시키거나 하는 선택을 하는 것이다. 그림 5.8(a)는 **인에이블을 가진 D 래치**(D latch with enable)(**게이트형 D 래치**(gated D latch)로도 알려짐) 회로를 보여준다. 외부 입력은 새 D 입력이 되고, 멀티플렉서 출력은 원래의 D 입력에 연결되고, 멀티플렉서 선택선은 인에이블 신호 E로 된다.

인에이블 신호 E가 어써드 되면($E = 1$), 외부 입력 D는 멀티플렉서를 패스하여 Q_{next}(즉 출력 Q)는 D 입력을 따른다. 한편 E가 디어써드 되면($E = 0$), 현재값 Q는 회로의 입력으로 되돌려, Q_{next}는 D 입력에 무관하게 마지막 값을 유지한다.

래치가 인에이블 되면 래치는 개방되었다고 하고, 입력 D에서 출력 Q에 이르는 통로는 투명하다(transparent). 다른 말로 하면, Q는 D를 따른다. 이 특성 때문에 인에이블 회로를 가진 D 래치는 자주 **투명 래치**(transparent latch)로 언급된다. 래치가 디스에이블 되면, 래치는 닫히고, 현재 값을 기억한다. 그림 5.8(b)와 (c)는 인에이블을 가진 D 래치에 대한 진리표와 논리 심볼을 보여준다. 그림 5.8(d)는 인에이블을 가진 D 래치 동작에 대한 예시 트레이스를 보여준다.

t_0와 t_1 사이에서는 래치는 $E=1$ 로 인에이블 되어, 출력 Q는 D를 따른다. t_1와 t_2 사이에서는 래치는 디스에이블 되어, 출력 Q는 D가 변한다 하더라도 안정되게 유지된다.

그림 5.9는 인에이블 회로를 가진 D 래치를 구성한 또 다른 회로를 나타낸다. 그림 5.8(a)에 보인 것처럼 2입력 멀티플렉서를 사용하는 대신에, 그림 5.6(a) 인에이블 회로를 가진 SR 래치에 S와 R 입력을 인버터와 함께 연결한 것이다. 이 두 회로(5.8(a)와 그림 5.9)의 기능적인 동작은 동일하다.

5.7 메모리 소자에 대한 Verilog와 VHDL

Verilog나 VHDL 어느 것도 메모리 소자를 정의하기 위한 명시적인 객체를 가지고 있지 않고 있다. 대신에 신호가 메모리 소자로 해석되도록 언어적 시맨틱(semantic)이 마련되어 있다. 다른 말로 하면, 이 신호들을 어떻게 지정하느냐에 따라 메모리 소자가 선언된다.

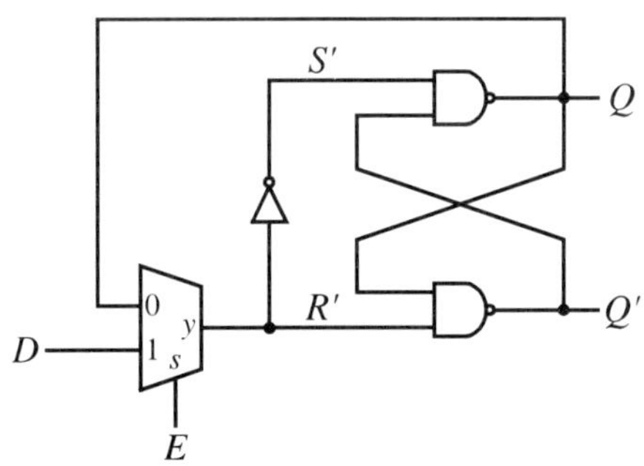

(a)

E	D	Q	Q_{next}	Q_{next}'
0	×	0	0	1
0	×	1	1	0
1	0	×	0	1
1	1	×	1	0

(b)

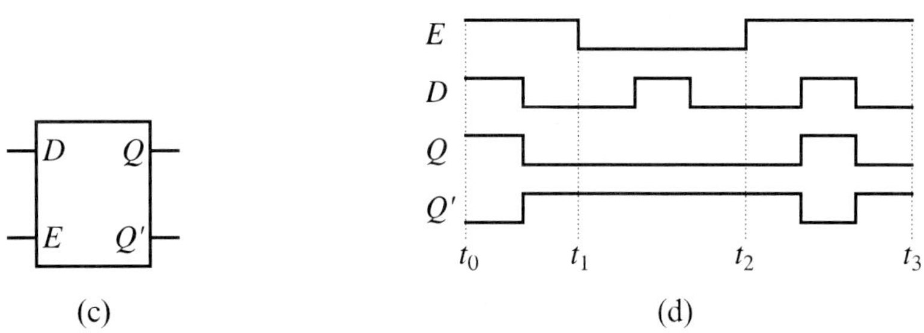

(c) (d)

그림 5.8 인에이블을 가진 D 래치: (a) 회로 (b) 진리표 (c) 논리 심볼 (d) 예시 트레이스.

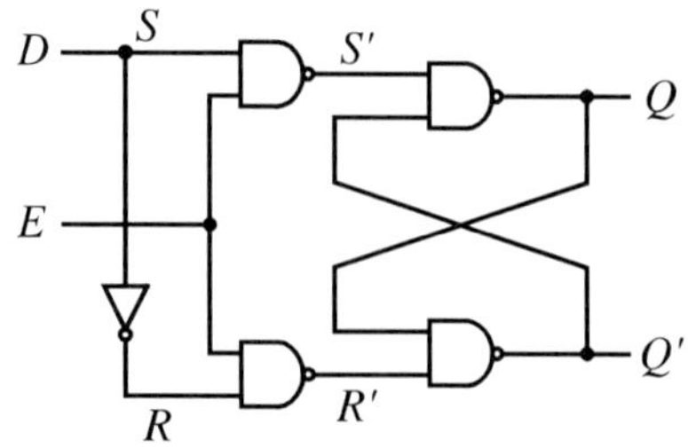

그림 5.9 네 개의 NAND 게이트를 이용한 인에이블을 가진 D 래치 회로.

그림 5.10의 VHDL 코드를 보자. *Enable*이 1이면 Q는 D의 값을 가진다. 그렇지 않으면, Q는 0을 가진다. 이 코드에서 Q는 IF 문 안에 모든 가능한 테스트 결과에 대한 값이 설정된다. 이 구조로 조합회로(2-to-1 mux)가 만들어진다.

만약 우리가 그림 5.11에 보인 바와 같이, ELSE와 ELSE 부분에 있는 문을 없애면, *Enable*이 1이 아니면 어떤 값도 Q에 설정되지 않는 상황이 된다. 여기서 키 포인트는 VHDL 시맨틱은 코드가 신호 값을 명시하지 않는 경우에는 신호는 현재값을 보유한다고 규정한다는 것이다. 다른 말로 하면 신호는 현재 값을 기억하여야 하고, 그렇게 하기 위해서는 메모리 소자가 포함된다.

```
LIBRARY IEEE;
USE IEEE.STD_LOGIC_1164.ALL;

ENTITY no_memory_element IS PORT (
  D, Enable: IN STD_LOGIC;
  Q: OUT STD_LOGIC);
END no_memory_element;

ARCHITECTURE Behavior OF no_memory_element IS
BEGIN
  PROCESS(D, Enable)
  BEGIN
    IF (Enable = '1') THEN
      Q <= D;
    ELSE
      Q <= '0';
    END IF;
  END PROCESS;
END Behavior;
```

그림 5.10 조합회로의 VHDL 기술 예시.

5.7.1 인에이블을 가진 D 래치에 대한 VHDL 코드

그림 5.11은 인에이블을 가진 D 래치에 대한 VHDL 코드를 보여준다. *Enable*이 1이면 *Q*는 *D*의 값을 가진다. 그러나, *Enable*이 1이 아니면 코드는 *Q*가 무엇인지를 명기하지 않고 있으므로, *Q*는 메모리 소자를 이용하여 현재 값을 보유한다. 이 프로세스 감지 리스트(sensitivity list)는 *D*와 *Enable* 모두를 포함한다. 왜냐하면 이 신호들 중 어느 하나가 출력 *Q* 값에 변화를 줄 수 있기 때문이다.

```
LIBRARY IEEE;
USE IEEE.STD_LOGIC_1164.ALL;
ENTITY D_latch_with_enable IS PORT (
  D, Enable: IN STD_LOGIC;
  Q: OUT STD_LOGIC);
END D_latch_with_enable;
ARCHITECTURE Behavior OF D_latch_with_enable IS
BEGIN
  PROCESS(D, Enable)
  BEGIN
    IF (Enable = '1') THEN
      Q <= D;
    END IF;
  END PROCESS;
END Behavior;
```

그림 5.11 인에이블을 가진 D 래치에 대한 VHDL 코드.

```
module D_latch_with_enable (
  input D,
  input Enable,
  output reg Q
  );
  always @(D or Enable)
    if (Enable == 1'b1) begin
     Q <= D;// assign value from D to Q
    end
endmodule
```

그림 5.12 인에이블을 가진 D 래치에 대한 Verilog 코드.

5.7.2 인에이블을 가진 D 래치에 대한 Verilog 코드

그림 5.12는 인에이블을 가진 D 래치에 대한 Verilog 코드를 보여준다. `always`

문에 있는 감지 리스트는 D 와 $Enable$ 을 포함하고 있다. 왜냐하면 이들 중 한 신호가 출력 Q 값을 변화시키기 때문이다. VHDL 처럼 Verilog 는 메모리 소자를 정의하기 위한 어떠한 명시적인 객체를 가지고 있지 않는다. 문 Q <= D 는 Q 에 D 값을 설정한다. `if` 문 때문에 $Enable$ 신호가 1일 때만 이 설정이 수행된다. $Enable$ 신호가 0이면 어떤 값도 Q 에 설정되지 않아, 이것은 현재 Q 값을 기억하기 위해서 메모리 소자(이 경우에는 래치)가 필요하다는 것을 내포한다.

한편, `if` 문에 `else` 부분이 있고, Q 가 또한 `else` 부분에 어떤 값이 설정되면, Q 에 대한 조합회로(이 경우에는 2-to-1 mux)가 사용될 것이다. `always` 블록 안에서 구동되는 신호는 `reg` type 이 되어야 한다. 신호 Q 선언 시 `reg` 키워드를 사용하는 것은 Q 가 항상 메모리 소자를 사용한다 라는 것을 의미하지는 않는다. Q 가 메모리 소자를 사용할 지는 오직 `if` 문 구조에 따른다.

또한 `always` 블록 안에 순차회로를 모델링 할 때 사용되는 non-blocking 설정(<=) 문을 유념하여 사용하라.

5.8 클럭

래치들은 인에이블 되는 한에 있어서는 출력이 입력에 의해 영향을 받기 때문에 **레벨 센시티브**(level-sensitive)로 알려져 있다. 인에이블 신호가 어써트 되는 전체 시간 동안 메모리 상태가 변할 수 있다. 그러나, 컴퓨터 회로에서는, 메모리 상태가 인에이블 신호가 어써트 되지 않는 시간에는 변화되기를 원치 않는다. 대신에 모든 상태 변화가 동기화되어 정확하게 동일한 시점에 규칙적인 간격으로 일어나게 하길 원한다. 이를 이루기 위해 두 가지가 필요하다: (1) 동기화 신호, (2) 레벨 센시티브가 아닌 메모리 회로. 물론 동기화 신호는 **클럭**(clock)이고, 레벨 센시티브가 아닌 메모리 회로는 플립플립이다.

클럭은 그림 5.13에 보인 것처럼 단순히 매우 정규적인 구형파 신호이다. 클럭 신호 에지가 0에서 1로 변할 때를 **상승 에지**(rising edge)라 부른다, 역으로, 클럭의 **하강 에지**(falling edge)란 신호가 1에서 0으로 변할 때의 에지이다.
상승 에지를 나 타내기 위해서 심볼 ↑를, 하강 에지로 ↓를 사용한다. 컴퓨터 회로에서는 클럭의 상승 에지나 하강 에지가 데이터를 메모리 소자로 써넣기 위한

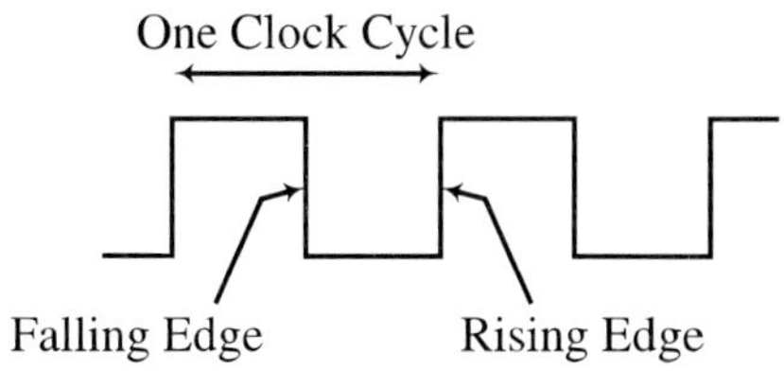

그림 5.13 클럭 신호.

동기화 신호로 사용될 수 있고, 이 에지 신호를 클럭의 **활성화 에지**(active edge)라 한다. 모든 예에서 활성화 에지로 상승 클럭 에지를 사용할 것이다. 그러므로, 모든 상승 에지에서 데이터가 클럭화 되는, 즉 메모리 소자 안으로 저장될 것이다.

클럭 주기(clock cycle)는 한 상승 에지로부터 다음 상승 에지까지 혹은 한 하강 에지로부터 다음 하강 에지까지의 시간이다. 헤르츠(Hz)로 측정되는 클럭 **스피드**(speed)는 초당 클럭 사이클 수이다. 일반적으로 임베디드시스템에서의 마이크로프로세서의 클럭 스피드는 약 50 MHz로 동작한다. 반면에 PC에서의 마이크로프로세서의 클럭 스피드는 약 2 GHz 이상으로 동작한다. 클럭 **주기**(period)는 한 클럭 사이클 시간이고, 그래서 그것은 바로 클럭 스피드의 역수이다.

클럭의 최대 스피드는 한 회로가 얼마나 빨리 유효한 결과를 만들어 낼 수 있느냐에 따라 결정된다. 예를 들면, 2-to-1 Mux 는, 가령 ALU가 가질 수 있는 것보다 훨씬 빨리 유효한 출력 결과를 줄 것이다. 물론 가능한 한 클럭 스피드가 빠르기를 원하나, 시스템 전체에서 가장 느린 회로 만큼만 빠를 수가 있다. 그림 5.14에 보인 것처럼, 클럭 주기가 가장 느리게 데이터 처리하는 회로(ALU 같은)가, 메모리 소자로부터 입력 받아, 데이터를 연산하고, 데이터를 다시 메모리 소자로 써넣는 데 걸리는 시간이 되기를 원한다.

그러므로 상승 클럭 에지에서 데이터를 메모리 소자에 써넣기 때문에, 모든 데이터 처리는 결과를 올바르게 저장하게 하기 위해서는 상승 클럭 에지 전에 끝나야만 한다. 더 나아가서, 데이터를 상승 클럭 에지에서 써넣은 바로 후, 읽기는 상승 클럭 에지 후 바로 이용가능 할 것이다. 이 연속적인 이벤트를 레지스터(혹은 메모리 소자)로부터 읽은 데이터를 연산하고 다음에 다시 레지스터로 써넣기 때문에 **레지스터 전송**(register transfer)이라 한다. 다음 절에 이것을 더 자세히 다룰 것이다.

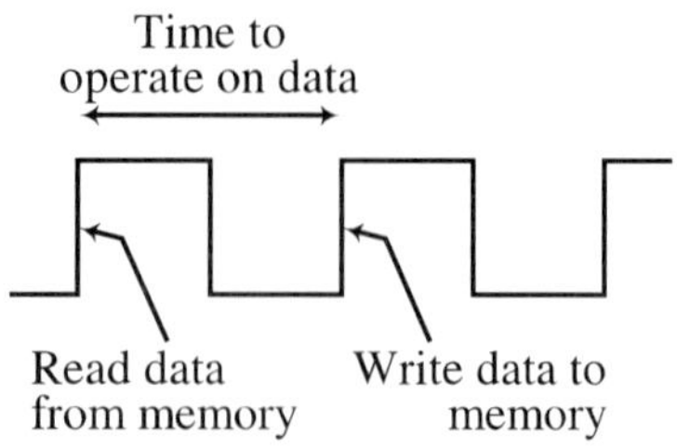

그림 5.14 클럭 주기와 데이터 연산 시간 사이의 관계.

```
module clock_divider
// 50M/8 = 4 Hz output clock
#(parameter [24:0] half = 25'd6250000)
(
  input clock_in,          // 50MHz input clock
  output reg clock
  );
  reg [24:0] count;
  always @(posedge clock_in) begin
    if (count == half) begin
      count <= 25'd0;
      clock <= ~clock;
      end
    else begin
      count <= count+1;
      end
  end
endmodule
```

그림 5.15 클럭 분주기의 행위적 Verilog 코드.

클럭 분주기의 Verilog 코드

그림 5.15는 50 MHz 입력 클럭 신호를 4 Hz로 낮추는 클럭 분주 회로의 행위적 Verilog 기술을 보여준다.

클럭 분주기의 VHDL 코드

그림 5.16는 행위적 VHDL로 작성한 동일 클럭 분주 회로를 보여준다.

5.9 D 플립플롭

마지막 절에 컴퓨터 시스템에서는 모든 메모리 상태 변화가 정확하게 동일한 순간에 발생되도록 동기화할 필요가 있다고 언급하였다. **플립플롭**(flip-flop)은 바로 그것을 할 수 있다. 래치와 달리 플립플롭은 레벨 센시티브가 아니라 오히려 에지 트리거드(edge-triggered)이다. 다른 말로 하면, 데이터가 클럭의 활성화 에지에서만 얻어져 플립플롭에 저장된다. 에지 트리거드 D 플립플롭은 D 래치 쌍을 직렬로 조합하여 얻어진다. 그림 5.17(a)는 2개 의 D 래치가 직렬로 연결된 **정에지 트리거드 D 플립플롭**(positive edge-triggered flip-flop)을 보여준다.

클럭 신호 Clk는 2개의 래치 입력 E에 연결된다: 하나는 직접, 다른 하나는 인버터를 통한다. 첫 래치를 마스터 래치라 한다. 마스터 래치는 인버터로 인해 $Clk=0$일 때 인에이블 되어, QM은 외부 입력 D를 따른다. 그러나, QM 신호는 $Clk=0$ 일 때, 두 번째 래치(슬레이브 래치라 함)가 디스에이블 되기 때문에, 외부 출력 Q 너머로 전달할 수 없다. $Clk=1$이면 마스터 래치는 디스에이블 되

```
LIBRARY IEEE;
USE  IEEE.STD_LOGIC_1164.ALL;

ENTITY clock_divider IS
-- 50M/8 = 4 Hz output clock
GENERIC (half: INTEGER := 50000000/8);
PORT (
  clock_in: IN STD_LOGIC;     -- 50MHz input clock
  clock: BUFFER STD_LOGIC);
END clock_divider;

ARCHITECTURE Behavior OF clock_divider IS
  SIGNAL count: INTEGER RANGE 0 TO half;
BEGIN
  PROCESS
  BEGIN
    WAIT UNTIL clock_in'EVENT and clock_in = '1';
    IF (count = half) THEN
      count <= 0;
      clock <= NOT clock;  -- toggle the clock
    ELSE
      count <= count + 1;
    END IF;
  END PROCESS;
END Behavior;
```

그림 5.16 클럭 분주 회로에 대한 VHDL 행위적 기술.

나, 슬레이브 래치는 인에이블 되어, 마스터 래치 QM 출력은 외부 출력 Q 로 전달된다.

슬레이브 래치는 $Clk=1$ 인 동안 항상 인에이블 되나, 한번 Clk이 1이 되면 마스터 래치는 디스에이블 되고 슬레이브 래치 QM 의 입력은 일정하기 때문에, 값은 클럭의 상승 에지에서만 변한다. 그러므로, $Clk=1$ 이고 슬레이브 래치가 인에이블 되면, 외부 출력 Q 는 입력 QM 이 변하지 않기 때문에, 외부 출력 Q 는 변하지 않는다.

그림 5.17(a)에 보인 회로는 슬레이브 래치의 외부 출력 Q 가 오로지 클럭의 상승 에지에서만 변하기 때문에, 정에지 트리거드 D 플립플롭이라 한다. 만약 슬레이브 래치가 클럭이 저레벨 일 때(즉, 인버터 출력을 슬레이브 래치 E에 연결함) 인에이블 되면, 그것을 부에지 트리거드 D 플립플롭(negative edge-triggered flip-flop)이라 한다. 또한 2개의 D 래치가 회로에 사용되었기 때문에, 그 회로를 마스터 슬레이브 D 플립플롭이라 한다.

그림 5.17(b)는 D 플립플롭의 동작 표를 보여준다. 심볼 ↑는 클럭의 상승 에지를 뜻한다. Clk이 0이나 1에 있으면, 플롭플롭은 현재값을 유지한다(즉 Q_{next}

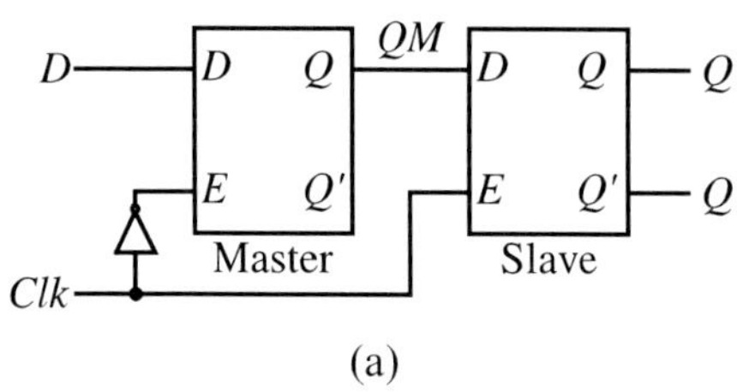

(a)

Clk	*D*	*Q*	Q_{next}	Q_{next}'
0	×	0	0	1
0	×	1	1	0
1	×	0	0	1
1	×	1	1	0
↑	0	×	0	1
↑	1	×	1	0

(b)

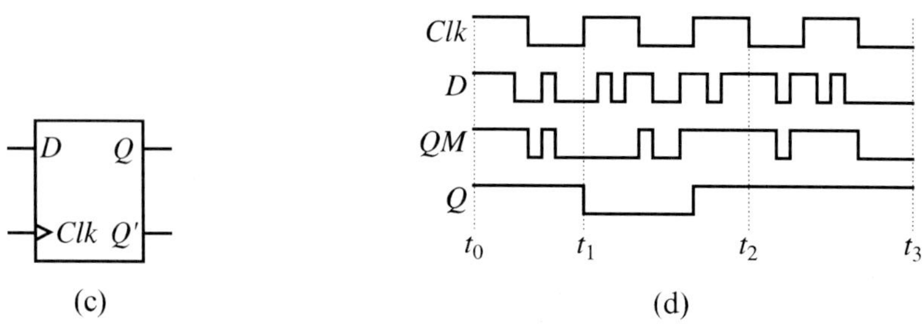

(c) (d)

그림 5.17 마스터 슬레이브 정에지 트리거드 D 플립플롭: (a) D 래치를 이용한 회로 (b) 동작 표 (c) 논리 심볼 (d) 예시 트레이스.

$=Q$). Q_{next}는 클럭의 상승 에지에서만 변하고 외부 입력 D값을 따른다. 클럭 입력에 작은 삼각형은 회로가 신호 에지에 의해 트리거 된다는 것을 의미한다. 작은 삼각형 없는 심볼은 래치가 될 것이다.

클럭 라인 앞부분에 원이 있다면, 플립플롭은 클럭의 하강 에지에 의해 트리거 되는 부에지 트리거드 D 플립플롭을 만든다. 그림 5.17(d)는 D 플립플롭의 예시 트레이스이다. $Clk=0$ 일 때, QM은 D를 따르고, 슬레이브 래치 출력 Q는 일정하게 유지한다. 한편, $Clk=1$일 때, Q는 QM을 따르고, 마스터 래치 출력 QM은 일정하게 유지한다.

D 플립플롭 Verilog 코드

그림 5.18은 정에지 트리거드 D 플립플롭에 대한 행위적 Verilog 코드를 보여준다. 정에지 트리거드 D 플립플롭이 되기 위하여, Q는 `always @ (posedge Clock)` 문에 의해 명시되었듯이 오로지 클럭의 상승 에지에서만 D를 따라야 한다. 키워드 `posedge`는 *Clock* 신호 상승 에지를 뜻한다. 이 `always` 문 본체 안에 있는 문은 클럭의 매 상승 에지에서 실행된다. 이 `always` 블록 안에는 오직 한 문이 있고, 그것은 D 입력을 Q 출력으로 설정하는 것이다.

D 플립플롭 VHDL 코드

그림 5.19는 정에지 트리거드 D 플립플롭에 대한 행위적 VHDL 코드를 보여준다. 정에지 트리거드 D 플립플롭이 되기 위하여, Q는 "*Clock*' EVENT AND *Clock* = '1'." 조건에 의해 명시되었듯이 오로지 클럭의 상승 에지에서만 D를 따

```
module D_flipflop (
  input Clock,
  input D,
  output reg Q
);

  // execute on rising clock edge
  always @(posedge Clock) begin
      // assign value from D to Q at every rising clock edge
      Q <= D;
  end

endmodule
```

그림 5.18 D 플립플롭에 대한 행위적 Verilog 코드.

```
LIBRARY IEEE;
USE IEEE.STD_LOGIC_1164.ALL;

ENTITY D_flipflop IS PORT (
  Clock: IN STD_LOGIC;
  D: IN STD_LOGIC;
  Q: OUT STD_LOGIC);
END D_flipflop;

ARCHITECTURE Behavior OF D_flipflop IS
BEGIN
  PROCESS(Clock)                       -- sensitivity list is used
  BEGIN
    IF (Clock'EVENT AND Clock = '1') THEN
      Q <= D;
    END IF;
  END PROCESS;
END Behavior;
```

그림 5.19 정에지 트리거드 D 플립플롭에 대한 행위적 VHDL 코드.

라야 한다. 'EVENT 속성은 자격 있는 *Clock* 신호에서의 어떠한 변화를 칭한다. 그러므로, 이벤트가 발생하고 *Clock* 결과 값이 1이면, 실제적으로 정 혹은 상승 클럭 에지 조건을 가진다.

다시, 코드는 IF문 안에 있는 조건이 거짓일 때 Q에 무엇이 설정되는 지를 명시하지 않아, 그것은 메모리 소자를 사용한다는 것을 암시한다

또한 클럭 신호가 출력 Q를 변화시킬 수 있는 유일한 신호이기 때문에, 프로세스 센시티비티 리스트에는 오직 클럭 신호만이 포함되어 있다는 것을 주목하라.

그림 5.20에서는 래치와 플립플롭의 동작의 다름을 비교해 준다. 그림 5.20(a)에서는 모두 같은 D 입력을 가지고 동일 클럭 신호로 제어되는 인에이블을 가진 D 래치, 정에지 트리거드 D 플립플롭, 부에지 트리거드 D 플립플롭을 보여준다. 그림 5.20(b)는 회로 동작의 예시 트레이스를 보여준다. 게이트형 D 래치 Q_a는 클럭이 고레벨인 한 D를 따른다(시간 t_0와 t_1 사이와 시간 t_2와 t_3). 정에지 트리거드 플립플롭 Q_b는 시간 t_2 클럭의 상승 에지에서만 D 입력을 따르고, 반면에 부에지 트리거드 플립플롭 Q_c는 시간 t_1과 t_3의 클럭의 하강 에지에서만 D 입력을 따른다.

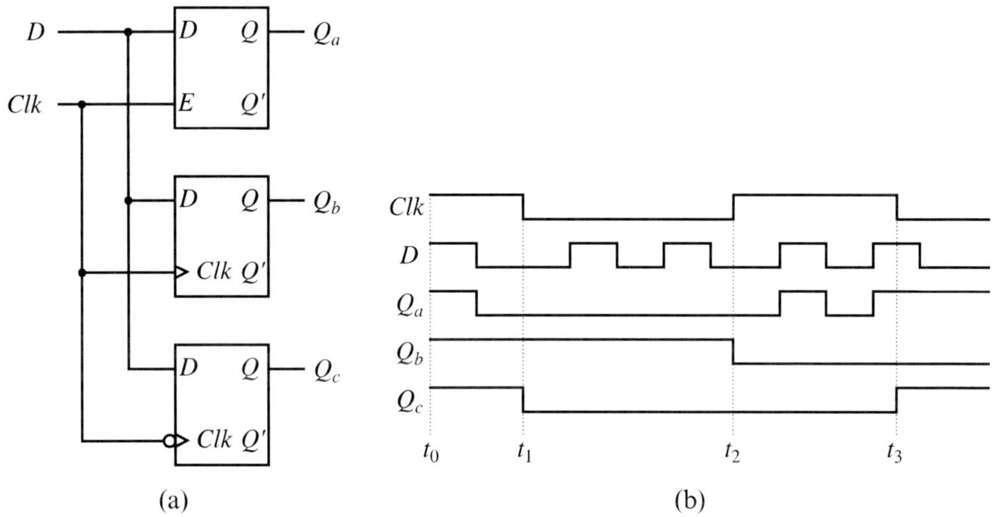

그림 5.20 게이트형 D 래치, 정에지 트리거드 D 플립플롭, 부에지 트리거드 D 플립플롭 비교: (a) 회로 (b) 예시 트레이스.

5.9.1 그 밖의 저면적 회로

모든 마스터 슬레이브 플립플롭은 에지 트리거형은 아니다. 예를 들면, 2개의 SR 래치를 이용하여 마스터 슬레이브 플립플롭을 구성하여 레벨 센시티브 플립플롭이 되게 할 수 있다. 역으로 에지 트리거드 D 플립플롭을 마스터 슬레이브 D 래치 대신에 SR 래치를 사용하여 구성할 수 있다.

그림 5.21에 보인 회로는 어떻게 정에지 트리거드 D 플립플롭을 상호연결된 3개의 SR 래치를 이용하여 구성될 수 있는 지를 보여준다. 이 회로의 장점은 그림 5.17(a)에 보인 마스터 슬레이브 D 플립플롭은 11 게이트를 사용한데 비해, 단지 6개의 게이트만을 사용한다는 것이다. 회로의 동작은 다음과 같다. $Clk = 0$이면 Gate 2와 3 출력은 1이 된다(0 NAND $x = 1$이기 때문). $n_2 = n_3 = 1$로 되어 출력 래치(Gate 5와 6으로 구성)는 현재 상태가 유지된다. 동시에 Gate 4의 한 입력은 n_3 이고, 이는 1이기 때문에 $n_4 = D'$이다(1 NAND $x = x'$). 비슷하게 $n_2 = 1$ 이고 Gate 1의 다른 입력은 n_4, 이것은 D'이기 때문에 $n_1 = D$이다(다시 1 NAND $x = x'$).

Clk이 1로 변하면, n_2는(1 NAND $n_1 = n_1'$)이므로 D'으로 되고, $n_1 = D$이다. 비슷하게 Gate 3의 다른 2개 입력은 D'이기 때문에 Clk이 1로 변할 때 n_3는

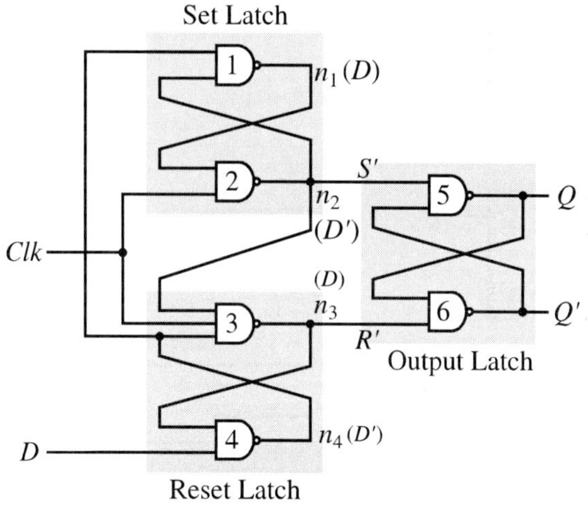

그림 5.21 SR 래치를 이용한 정에지 트리거드 D 플립플롭.

D가 된다. 그러므로, $Clk=1$이고 $D=0$이면, n_2(D'임)가 1로 되고 n_3(D임)는 0으로 된다. $n_2=1$ 그리고 $n_3=0$ 은 S'를 디어써트 하고 R'을 어써트 하여 출력 래치 Q를 0으로 리셋 한다. 한편, $Clk=1$이고 $D=1$ 이면, n_2(D'임)는 0으로 되고 n_3(D이다)는 1로 된다. 이것은 S'를 어써트 하고 R'을 디어써트하여 출력 래치 Q를 1으로 셋 한다. 그래서 Clk 신호의 상승 에지에서 Q는 D를 따른다.

출력 래치가 셋과 리셋 되는 것은 Clk이 1이 되어 1이 유지되면, D의 변화가 n_2나 n_3를 변화 시키지 않기 때문에, 오직 Clk 신호의 상승 에지에서만 일어난다.

이 이유는 앞 문단에서 언급한 바와 같이, n_2와 n_3가 항상 서로의 역이기 때문이다. 더욱이, 다음 논의에서 n_2와 n_3 모두 D가 변한다 하더라도 일정하게 유지된다는 것을 보여준다. 먼저 $n_2=0$ 이라 가정하자. 만약 $n_2=0$ 이면, n_4 (Gate 3의 제3 입력)가 어떤 값을 갖든지 n_3(Gate 3 출력)는 항상 1이다(0 NAND $x=1$). n_4(Gate 4의 출력)가 n_3에 영향을 미칠 수 없다면, D(Gate 4의 입력)는 또한 n_2나 n_3에도 영향을 미칠 수 없다. 한편, $n_2=1$ 이면, $n_3=0$($n_3=n_2'$). Gate 4의 입력이 되는 n_3가 0이 되면, D가 어떤 값을 가진다 하더라도 이와 무관하게, n_4의 Gate 4의 출력은 항상 1이 된다(0 NAND $x=1$). Gate 3에 3개 입력 모두가 1이면, n_3는 계속 0이 될 것이다. 그러므로 $Clk=1$ 이 되는 한,

D를 변화시킨다 하더라도 n_2나 n_3는 변하지는 않는다. 그리고 n_2와 n_3가 안정되게 유지되면, Q 또한 Clk이 1인 전체 시간 동안에는 안정되게 유지될 것이다.

5.10 인에이블을 가진 D 플립플롭

지금까지 여러 메모리 소자를 구성하면서, 새로운 특성을 추가할 때마다 우리가 필요로 하는 특성을 또한 잃는 것처럼 보인다. 주의 깊은 독자는 D 플립플롭을 만들면서, 다시 메모리 소자의 가장 중요한 성질을 잃어 버렸다고 생각했을 것이다. 그것은 더 이상 현재의 값을 기억할 수 없다. 클럭의 매 활성화 에지마다, D 플립플롭에는 새 값이 실릴 것이다. 그러면 우리는 어떻게 현재 값을 기억하게 하고 새 값을 싣지 않게 할 수 있나?

물론 답은 D 래치에서 했던 것과 정확히 동일하게 하는 것으로, 그림 5.22(a)에 보인 것처럼 2-입력 멀티플렉서를 통해 인에이블 입력 E를 부가하는 것이다. $E=1$ 이면 외부 입력 D 신호는 플립플롭의 D 입력으로 통과하여 활성화 에지에서 플립플롭 값을 갱신한다. $E=0$이면 플립플롭 현재 값 Q가 플립플롭의 D 입력으로 다시 통과되어 현재 값이 유지된다.

플립플롭 값은 클럭의 활성화 에지에서만 변한다는 것을 주목하라. 여기서 우리는 활성화 에지로 상승 클럭 에지를 사용한다. 그림 5.22(b)와 (c)는 각각 인에이블을 가진 D 플립플롭에 대한 동작표와 논리 심볼을 나타낸다.

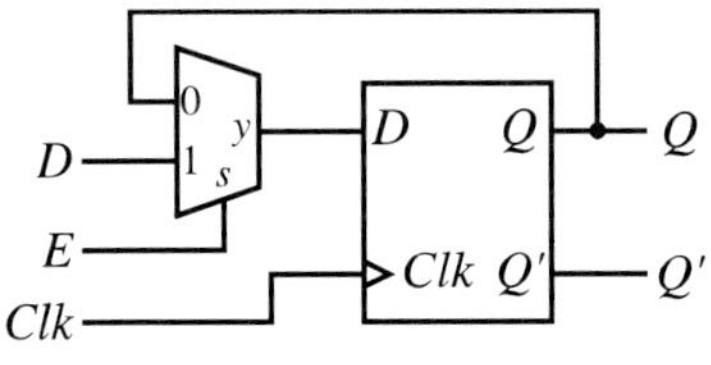

(a)

Clk	*E*	*D*	*Q*	Q_{next}	Q_{next}'
0	×	×	0	0	1
0	×	×	1	1	0
1	×	×	0	0	1
1	×	×	1	1	0
↑	0	×	0	0	1
↑	0	×	1	1	0
↑	1	0	×	0	1
↑	1	1	×	1	0

(b)

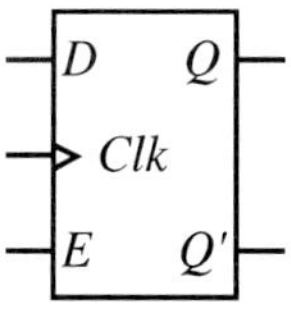

(c)

그림 5.22 인에이블을 가진 D 플립플롭: (a) 회로 (b) 동작 표 (c) 논리 심볼.

5.10.1 비동기 입력

플립플롭은(지금까지 보아왔듯이) 동기 클럭 신호의 상승 에지 혹은 하강 에지에서만 상태가 변한다. 많은 회로에서는 클럭 신호와는 관계없이, 알고 있는 상태로의 플립플롭 초기화가 필요하다. 클럭과 무관하게 입력 값에 변화가 있을 때마다 상태를 바꾸는 순차회로를 **비동기**(asynchronous) 순차회로라 한다. 한편 **동기**(synchronous) 순차회로는 오직 클럭 신호의 활성화 에지에서만 변한다, 비동기 입력은 보통 플립플롭과 래치 모두에 이용할 수 있고, 그것들은 클럭과 무관하게 저장 소자의 내용을 셋 혹은 클리어 시키는 데 사용된다.

그림 5.23(a)는 비동기 저레벨활성 *Set'* 와 *Clear'* 를 가진 게이트형 D 래치를 보여주고, (b)는 논리 심볼이다. 그림 5.23(c)는 비동기 *Set'* 와 *Clear'* 입력을

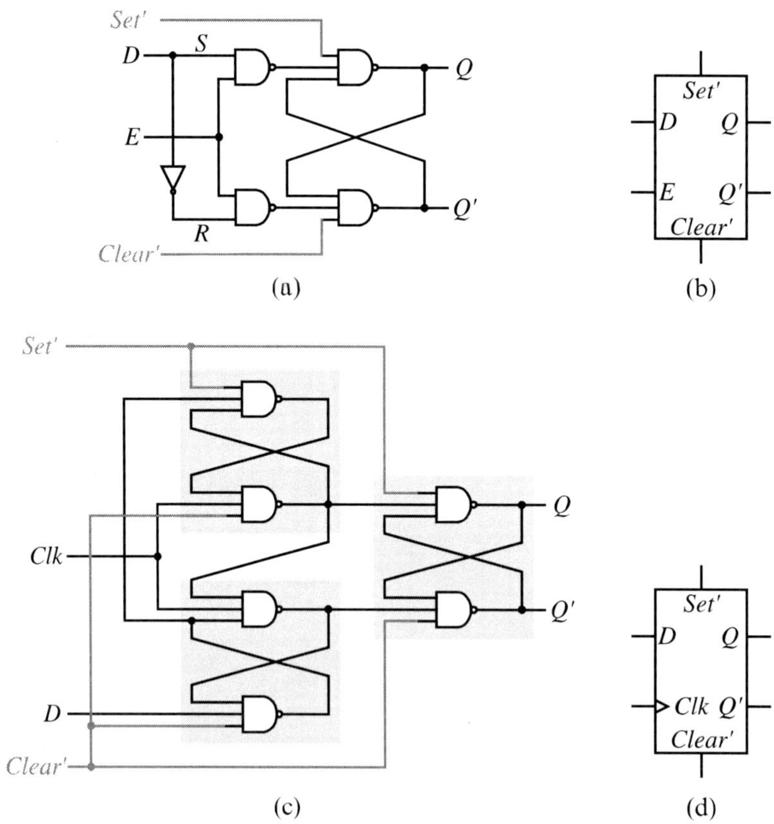

(a) (b) (c) (d)

그림 5.23 비동기 입력을 가진 저장 소자: (a) 비동기 저레벨활성 Set' 와 *Clear'* 를 가진 게이트형 D 래치 (b) (a)의 논리 심볼 (c) 저레벨활성 Set' 와 *Clear'* 를 가진 에지 트리거드 D 플립플롭 (d) (c)의 논리 심볼.

가진 에지 트리거드 D 플립플롭 회로이고, (d)는 논리 심볼이다. Set'가 어써트 되면(0으로 설정) 저장 소자의 값은 즉시 1로(즉 다음 상승 에지를 기다림 없이) 셋 되고, *Clear'*가 어써트 되면(0으로 설정), 저장 소자의 값은 즉시 0으로 된다.

인에이블과 클리어를 가진 D 플립플롭 Verilog 코드

그림 5.24는 동기 *Enable*과 비동기 고레벨활성 *Clear*를 가진 정에지 트리거드 D 플립플롭에 대한 Verilog 코드를 보여준다. *Clear* 신호가 비동기인 이유는 감지 리스트에 포함되기 때문이고, 반면에 *Enable* 신호는 감지 리스트에 포함되어 있지 않기 때문에 동기형이다.

Clear 신호의 값이 바뀌면, `always` 블록은 *Q*를 클리어 하는 대입문과 함께 즉시 실행될 것이다. 한편, *Enable* 신호의 값이 바뀌면, `always` 블록은 즉시 실행하지 않고 오히려 상승 클럭 에지에서 실행한다. 여기서 D를 *Q*로 대입하는 것은 오직 상승 클럭 에지에서 *Enable*이 어써트 되면 일어난다.

인에이블과 클리어를 가진 D 플립플롭 VHDL 코드

그림 5.25는 동기 Enable과 비동기 고레벨활성 *Clear*를 가진 정에지 트리거드 D 플립플롭에 대한 VHDL 코드를 보여준다. 비동기 *Clear* 입력은 클럭 이벤트에

```
module D_flipflop (
  input Clock,
  input Clear,
  input Enable,
  input D,
  output reg Q
);

  // execute on rising clock edge or Clear
  always @(posedge Clock or posedge Clear) begin
    if (Clear) begin
      Q <= 0;      // assign 0 to Q on clear
    end else if (Enable) begin
      // assign value from D to Q only if Enable is asserted
      Q <= D;
    end
  end
endmodule
```

그림 5.24 동기 고레벨활성 Enable과 비동기 *Clear* 입력에 대한 D 플립플롭 행위적 Verilog 코드.

```
LIBRARY IEEE;
USE IEEE.STD_LOGIC_1164.ALL;
ENTITY D_flipflop IS PORT (
  Clock: IN STD_LOGIC;
  Clear: IN STD_LOGIC;
  Enable: IN STD_LOGIC;
  D: IN STD_LOGIC;
  Q: OUT STD_LOGIC);
END D_flipflop;
ARCHITECTURE Behavioral OF D_flipflop IS
BEGIN
  PROCESS(Clock,Clear)
  BEGIN
    IF (Clear = '1') THEN
      Q <= '0';
    ELSIF (Clock'EVENT AND Clock = '1') THEN
      IF (Enable = '1') THEN
        Q <= D;
      END IF;
    END IF;
  END PROCESS;
END Behavioral;
```

그림 5.25 동기 고레벨활성 Enable과 비동기 *Clear* 입력에 대한 정에지 트리거드 D 플립플롭 행위적 VHDL 코드.

상관없이 체크된다. $Clear$ 입력이 1로 어써트 되면(고레벨활성) Q 는 즉시 0으로 리셋 된다. $Enable$이 1로 어써트 되면, Q 는 클럭 상승 에지에서 D를 따른다. 그렇지 않으면 Q 는 전 상태를 유지한다.

5.11 플립플롭의 기술

조합회로는 진리표나 부울 식으로 기술될 수 있다. 다음 절에서는 일반적으로 플립플롭 즉, 어떤 순차회로의 동작을 기술하기 위하여, 특성표, 특성식, 혹은 상태도에 대해 논의한다.

5.11.1 특성표

특성표(characteristic table)는 플립플롭의 함수적 동작을 명시한다. 이는 상태가 그림 5.26(a)에 보인 바와 같이, 활성화 클럭 에지에서 단지 어떻게 변화하는 지를 리스트 함으로써, 플립플롭의 동작 표를 단순화 한 버전이다. 표에는 입력 열에는 입력 신호 D와 현재 상태 Q가 열거되고, 출력 열에는 다음상태 Q_{next}가 열거된다. Q_{next}'은 항상 Q_{next}의 역이라 가정되어, 출력 열에는 반드시 포함될 필요는 없다. 클럭 신호도 수정되지 않는 자동 신호이기 때문에, 표에 포함시킬 필요가 없다.

그림에도 불구하고 클럭 신호는 항상 존재한다고 가정한다. 더욱이 플립플롭의 상태 변화는(즉 Q_{next}로 변화한다) 클럭의 활성 에지에서 일어나기 때문에, 클럭이 일정한 값을 가지고 있을 동안에는, 동작 표에 상황을 반드시 리스트 할 필요는 없다. 그림 5.17(b)에 보인 D 플립플롭의 동작 표로부터, 상승 클럭 에지 동안에 Q_{next}가 영향을 받는 행은 오직 2개 있다. 그래서 오직 2개만의 행이 특성표에 삽입되었다.

순차회로의 분석에서는 현재 상태 Q와 입력신호 D(D 플립플롭에 대한)가 주어졌을 때, 다음상태가 무엇인지 질문에 답하기 위해 특성표를 사용한다.

5.11.2 특성식

특성식(characteristic equation)은 특성표로부터 직접 유도된 단순한 부울 식이다. 특성표와 같이 특성식은 현재 상태 Q와 입력 신호 D의 함수로서 플립플롭의 다음상태 Q_{next}를 명기한다, D 플립플롭 특성표는 오직 하나의 1-최소항을 가져, 그림 5.26(b)에 보인 D 플립플롭의 단순 특성식 결과를 준다. Q는 오직 don't care 값을 포함하고 있기 때문에, 이 식에서는 변수 Q가 포함되지 않는다.

5.11.3 상태도

상태도(state diagram)는 그림 5.26(c)에 보인 바와 같이, 노드와 노드를 연결하는 유향 에지를 갖는 그래프이다. 상태도는 플립플롭의 동작을 그래프로 묘사하고 있다. 노드는 플립플롭의 상태로 라벨되고, 유향 에지는 플립플롭의 한 상태에서 다음상태로 천이하게 하는 입력 신호로 라벨된다. D 플립플롭의 상태도는 두개의 상태 $Q = 0$와 $Q = 1$를 가지고 있고, 이는 플립플롭이 가질 수 있는 두 값에 대응한다. D 플립플롭의 동작은 상태 0에 있을 때 입력 D가 1이면 상태 1로 변한다; 그렇지 않으면 입력 D가 0이면 상태 0으로 남아 있는다.

여기서, 상태 $Q = 0$에서 $Q = 1$로 이동하는 $D = 1$의 라벨된 에지가 있다.

$D = 0$으로 라벨된 두 번째 에지는 $Q = 0$ 자기자신으로 되돌아간다. 플립플롭이 상태 1에 있을 때, 입

D	Q	Q_{next}
0	×	0
1	×	1

(a)

$$Q_{next} = D$$

(b)

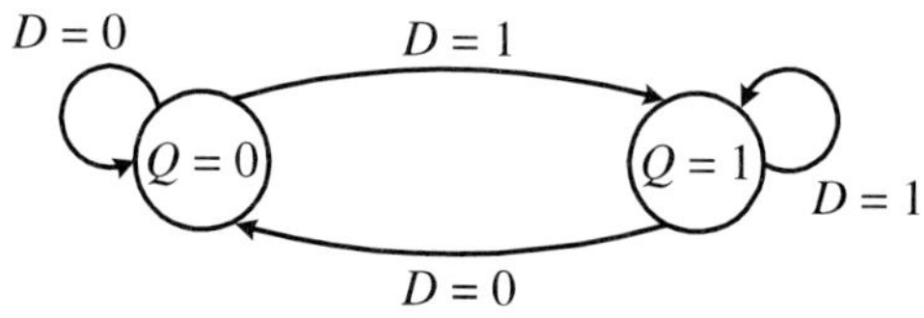

그림 5.26 D 플립플롭의 기술: (a) 특성표 (b) 특성식 (c) 상태도.

력 D가 0이면 상태 0으로 변한다; 그렇지 않으면 상태 1로 남는다. 이 두 조건들은 상태도에서 상태 $Q = 1$ 로부터 밖으로 나가는 나머지 두 에지에 대응된다; 하나는 라벨 $D = 0$ 을 가지고 상태 $Q = 0$으로 이동하는 에지와 다른 하나는 $D = 1$ 라벨을 가지고 자기자신으로 되돌아가는 에지이다.

5.12 레지스터

하나의 플립플롭은 한 비트의 데이터를 저장할 수 있다. 1 바이트의 데이터를 저장하려면, 8개의 플립플롭을 함께 연결하여 한 유닛으로 작동하도록 하여야 한다. 레지스터는 2개 이상의 플립플롭이 함께 연결된 회로로, 그것들 모두를 한 유닛으로 작동하여 동일 클럭과 인에이블 신호를 동기화 하도록 한 것이다. 오직 차이는 그룹 안에 있는 각 플립플롭이 각각의 비트 데이터를 저장하는 데 사용된다는 점이다.

그림 5.27(a)는 *Load*와 비동기 *Clear*를 가진 4-비트 레지스터를 보여준다. 고레벨활성 인에이블과 비동기 클리어를 가진 4개의 플립플롭들이 사용된다. 회로는 모든 플립플롭의 제어 입력 *Clk*, E, 와 *Clear* 각각이 레지스터 신호 *Clock*, *Load*, *Clear*와 공통으로 연결되어 있다는 것을 주목하라; 그러므로 특정 입력이 어써트 되면 모든 플립플롭들은 정확하게 동일한 방식으로 동작한다. 4-비트 입

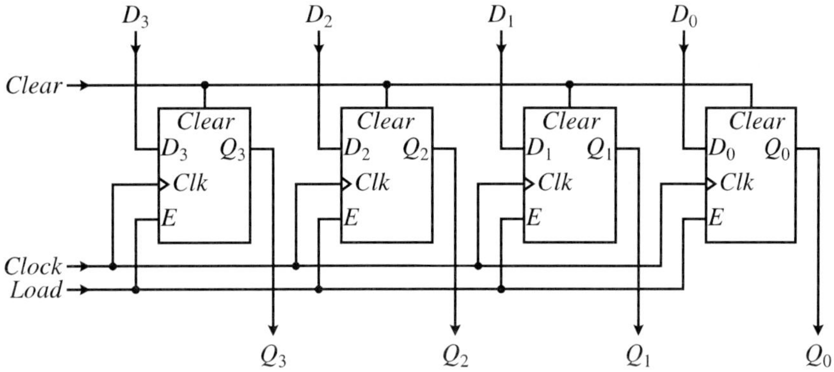

(a)

Clear	***Load***	**Operation**
1	×	Reset register to zero asynchronously
0	0	No change
0	1	Load in *D* value at rising clock edge

(b)

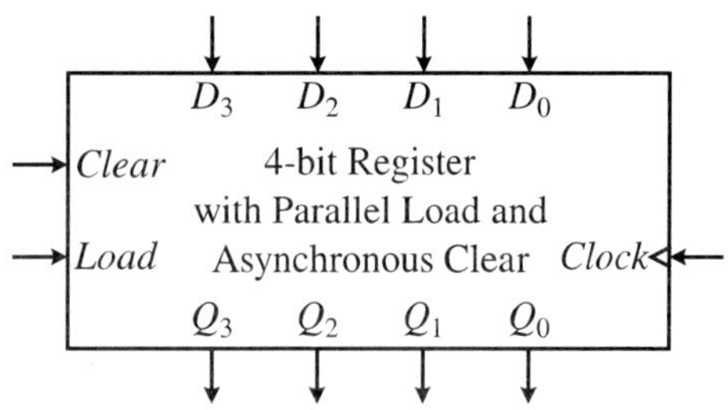

(c)

그림 5.27 Load와 비동기 Clear를 가진 4-비트 레지스터: (a) 회로 (b) 동작 표 (c) 논리 심볼.

력 데이터는 D_0 에서부터 D_3 으로 연결되고, 반면에 Q_0 에서부터 Q_3 는 레지스터의 4-비트 출력 데이터 역할을 한다.

고레벨활성 *Load* 신호가 어써트 되면(즉*Load* = 1), D 선에 실린 데이터는 다음 클럭의 상승 에지 신호에서 레지스터(4개 플립플롭)로 저장된다. *Load*가 디어써트 되면 레지스터의 내용은 변화하지 않는다. 레지스터는 *Clear*선을 어써트 함으로써 비동기로(즉 다음 활성 클럭 에지를 기다리지 않고 모든 Q_i 를 즉시 0으로 설정한다) 클리어 될 수 있다. 레지스터 값은 항상 Q 출력 선에서 이용가능하여, 레지스터로부터 데이터를 읽는데 어떠한 제어선도 필요하지 않다. 그림 5.27(b)와 (c)는 4-비트 레지스터의 동작표와 논리 심볼을 나타낸다.

레지스터 Verilog 코드

그림 5.28은 고레벨활성 동기 *Load*와 비동기 *Clear* 신호를 가진 4-비트 레지스터의 Verilog 코드이다. 코딩은 단일 D 플립플롭의 것과 비슷하다는 것을 주목하라; 주된 차이는 데이터 입력과 출력이 4-비트 폭을 가진다는 점이다.

```
module register
#(parameter n = 4)      // allow n to be changed
(
  input Clock, Clear, Load,
  input [n-1:0] D,
  output reg [n-1:0] Q
);

  always @ (posedge Clock or posedge Clear) begin
    if (Clear == 1) begin
      Q <= {n{1'b0}}; // n bits of 0
    end else if (Load) begin
      Q <= D;
    end
  end

endmodule
```

그림 5.28 4-비트 레지스터 행위적 Verilog 코드.

```
LIBRARY IEEE;
USE IEEE.STD_LOGIC_1164.ALL;

ENTITY Reg IS
GENERIC (n: INTEGER := 4);
PORT (
  Clock, Clear, Load: IN STD_LOGIC;
  D: IN STD_LOGIC_VECTOR(n-1 DOWNTO 0);
  Q: OUT STD_LOGIC_VECTOR(n-1 DOWNTO 0));
END Reg;

ARCHITECTURE Behavior OF Reg IS
BEGIN
  PROCESS(Clock, Clear)
  BEGIN
    IF (Clear = '1') THEN
      Q <= (OTHERS => '0');
    ELSIF (Clock'EVENT AND Clock = '1') THEN
      IF (Load = '1') THEN
        Q <= D;
      END IF;
    END IF;
  END PROCESS;
END Behavior;
```

그림 5.29 4-비트 레지스터 행위적 VHDL 코드.

레지스터 VHDL 코드

그림 5.29는 고레벨활성 동기 *Load*와 비동기 *Clear* 신호를 가진 4-비트 레지스터의 VHDL 코드이다.

5.13 레지스터 파일

디지털 회로에서 여러 수 등을 동시에 저장하려고 할 때, 회로에 있는 여러 개별 레지스터를 사용할 수 있다. 그러나 어레이나 메모리의 개별 위치를 어드레싱 하는 것과 비슷하게, 이런 레지스터를 한 유닛으로 취급하고자 할 때가 있다.

그래서 개별 레지스터를 여러 개 가지지 않고 레지스터의 어레이로 가지길 원한다. 이 어레이 레지스터는 레지스터 파일로 알려져 있다. 레지스터 파일에서는 개별 레지스터의 각각의 제어신호 모두 공통으로 연결되어 있다. 더욱이 모든 개별 데이터 입력과 출력 선들은 또한 공통으로 연결되어 있다.

예를 들면 모든 레지스터의 *Load* 선이 함께 연결되고, 모든 레지스터의 모든 데이터 선이 함께 연결된다. 그래서 레지스터 파일은 모든 레지스터의 오직 한 세트의 입력선과 한 세트의 출력선을 가진다. 추가적으로, 주소선을 사용하여 레지스터 파일 안에 있는 어느 레지스터가 억세스 될 지를 명기한다.

ALU를 필요로 하는 마이크로프로세서 회로에서, 레지스터 파일은 보통 ALU의 소스 오퍼랜드로 사용된다. ALU는 보통 2개의 입력 오퍼랜드를 취하기 때문에, 동시에 2개의 다른 위치의 레지스터 파일로부터 2개의 출력을 낼 수 있는 레지스터 파일을 택한다. 그래서 전형적인 레지스터 파일은 쓰기 포트 1개와 읽기 포트 2개를 가진다. 3개 포트 모두는 자신의 인에이블과 어드레스 선을 가진다, 읽기 인에이블 선이 디어써트 되면 읽기 포트는 0을 출력한다. 반면에 읽기 인에이블 선이 어써트 되면 읽기 어드레스 선에 의해서 명기된 레지스터 값을 출력 포트로 전달한다. 쓰기 인에이블 선은 쓰기 어드레스 선에 의해 명기된 레지스터로 값을 로드하는 데 사용된다.

그림 5.30은 4×8 레지스터 파일(각각이 8-비트 폭을 가진 4개 레지스터)의 논리 심볼을 보여준다. 8-비트 쓰기 포트에는 In으로 라벨되어 있고, 2개의 8-비트 읽기 포트에는 *Port A*와 *Port B*로 라벨되어 있다. *WE*는 고레벨활성 쓰기 인에이블 선이다. 레지스터 파일에 값을 쓰기 위해서는 이 선이 어써트 되어야 한다. WA_1과 WA_0는 쓰기 장소를 선택하기 위한 2개의 주소선이다. 레지스터 파일에는 4개의 장소가 있기 때문에 2개의 주소선이 필요하다. RAE 선은 *Port A* 용 읽기 인에이블 선이다. RAA_1과 RAA_0은 *Port A*를 위한 2개의 읽기 주소선이다. *Port B*에 대해서는 *Port B* 인에이블 선 *RBE*와 2개의 주소선 RBA_1과

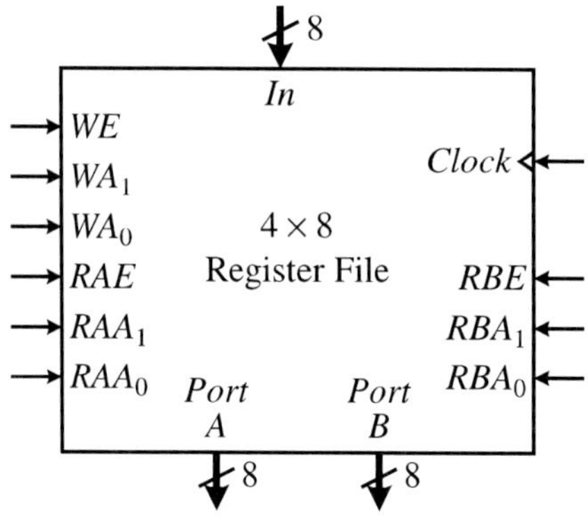

그림 5.30 4×8 레지스터 파일 심볼.

RBA_0을 가진다.

그림 5.27의 레지스터 회로는 데이터를 출력 포트로 읽기 위해 아무것도 제어하지 않는다. 데이터 출력을 제어하기 위해서는 2-입력 AND 게이트를 사용하여 데이터 출력선 Q_i 각각을 인에이블과 디스에이블 할 수 있다. 모든 데이터 출력선을 함께 제어하기를 원하여, 모든 2-입력 AND 게이트의 한 입력은 공통으로 연결된다. 이 공통 입력이 0으로 지정되면, 모든 AND 게이트 출력은 0이다. 공통 입력이 1로 지정되면 모든 AND 게이트 출력은 다른 입력값이 된다. 읽기 포트를 제어하기 위해 AND 게이트를 사용하는 대안으로, 3-상태 버퍼(tri-state buffer)를 사용한다. 디스에이블 될 때에는, 3-상태 버퍼는 0을 출력하는 대신에 고 임피던스를 가져 Z 값을 출력한다.

레지스터 파일은 2개의 읽기 포트, 즉 각 레지스터에 대하여 2개의 출력 제어를 가진다. 그래서, 출력선 Q_i 당 단지 하나의 2-입력 AND 게이트를 갖는 대신에, 2개의 AND 게이트를 각 출력선에 연결해야 한다: 하나는 *Port A*와 하나는 *Port B*. 그림 5.31에 보인 것처럼, 8-비트 폭 레지스터 셀 회로는 *Port A*에 대해서 8개의 AND 게이트와 *Port B*에 대해서 또 다른 8개의 AND 게이트를 가진다. *AE*와 *BE*는 각각 *Port A*와 *Port B*에 대한 읽기 인에이블 신호이다. 각 read 포트에 대해, 읽기 인에이블 신호는 모든 8개 AND 게이트의 한 입력에 공통으로 연결되어 있다. 8개 AND 게이트 각각의 2번째 입력은 8개 출력선 Q_0 부터 Q_7 까지 연결되어 있다.

4×8 레지스터 파일에 대해서는 8-비트 레지스터 파일 셀 4개를 사용하여야 한다. 억세스 하고자 하는 레지스터 파일 셀 하나를 선택하기 위하여, 3개의

복호기를 사용하여 주소를 복호기 한다: WA_1, WA_0, RAA_1, RAA_0, RBA_1, RBA_0. 복호기 하나는 쓰기 주소 WA_1, WA_0 용으로 사용한다; 하나는 *Port A* 읽기 주소 RAA_1, RAA_0 용으로 하나는 *Port B* 읽기 주소 RBA_1, RBA_0 용으로. 복호기 출력은 개별 레지스터 파일 셀의 쓰기 선 *Load* 와 읽기 인에이블 선 *AE*와 *BE*를 어써트 하기 위해 사용된다. 그림 5.32는 4×8 레지스터 파일에 대한 전체 회로이다. 각 레지스터 파일 셀로부터 읽기 포트 각각은 4-입력×8-비트 OR 게이트를 통해 외부 읽기 포트에 연결된다.

예를 들면, Register 3으로부터 *Port B*를 통해 읽기 위해서는, *RBE* 선이 어써트 되어야 하고, *Port B* 주소선 RBA_1, RBA_0이 11로 설정되어야 한다(Register 3에 대해). Register 3으로부터 데이터가 즉시 *Port B*에 이용 가능하여야 한다. Register 2에 값을 써넣기 위해서는, 쓰기 주소선 WA_1, WA_0선은 10으로 설정되고, 쓰기 인에이블선 *WE*가 어써트 되어야 한다. 입력 *D*에 있는 데이터는 다음 활성화(상승) 클럭 에지에서 Register 2에 써진다. 3개의 모든 복호기들이 동시에 인에이블 될 수 있기 때문에, 2개의 읽기 동작과 쓰기 동작이 동시에 일어 날 수 있다.

시간 이슈면에 있어서, 읽기 포트 상에 있는 데이터는 읽기 인에이블 선이 어써트 되자마자 즉시 이용 가능하고, 반면에 다음 활성화(상승) 클럭 에지에서 쓰기가 일어난다. 이 때문에, 동일 레지스터가 읽기와 쓰기를 위하여 동시에 억세스 될 수 있다; 다른 말로 하면, 읽기와 쓰기 인에이블 선들이 동일 읽기와 쓰기 주소를 사용하여 동시에 어써트 될 수 있다. 이것이 발생하면, 현재 레지스터에 있는 값이 읽기 포트를 통하여 읽혀지고, 새 값은 다음 상승 클럭 에지에서 레지스터에 써진다. 이 타이밍이 그림 5.33에 보여진다. 기억할 중요한 점은 읽기와 쓰기 동작이 동일 클럭에서 동일 레지스터에 어써트 되면, 읽기 동작은 항상 레지스터에 저장된 현재의 값을 읽지, 결코 쓰기 동작에 의해서 써진 새 값을 읽지 않는다.
써 넣어질 새 값은 오직 다음 상승 클럭 에지 후 에서만 이용 가능하다.

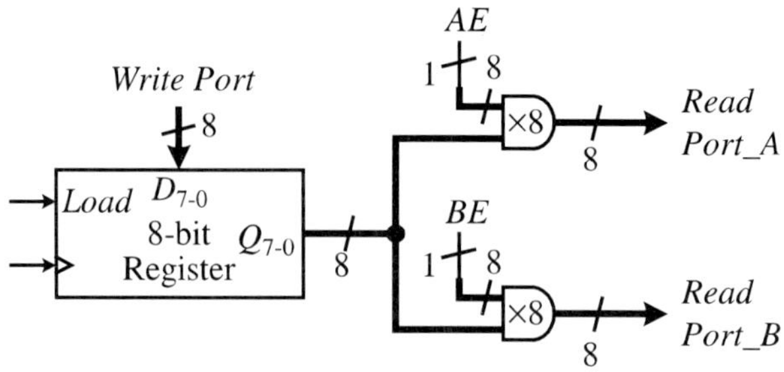

그림 5.31 1개의 쓰기 포트와 2개의 읽기 포트를 가진 8-비트 폭 레지스터 파일 셀.

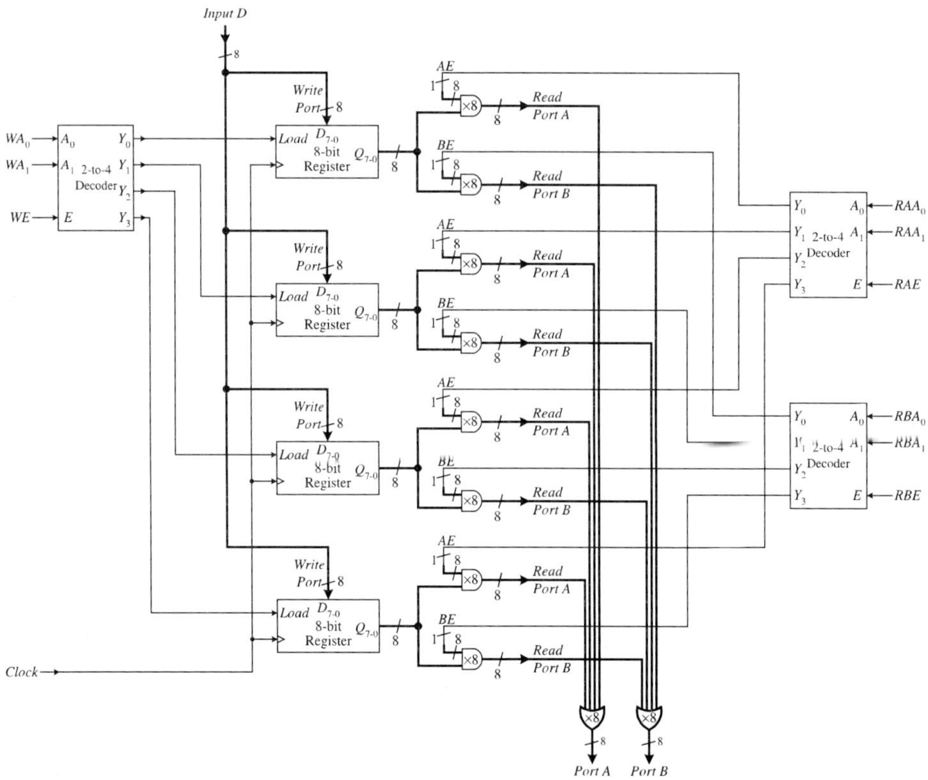

그림 5.32 1개의 쓰기 포트와 2개의 읽기 포트를 가진 4 x 8 레지스터 파일 회로.

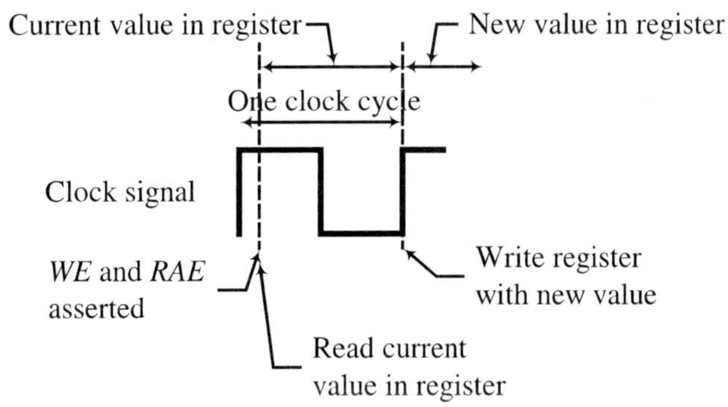

그림 5.33 레지스터 파일 셀에 대한 읽기와 쓰기 타이밍.

레지스터 파일에 대한 Verilog 코드

그림 5.34는 4×8 레지스터 파일에 대한 Verilog 코드를 나타낸다. 4개의 내부 레지스터를 사용하여, 4개의 레지스터 파일 위치 값을 저장한다. 메인 코드는 3개의 `always` 블록으로 구성된다: 읽기 포트용 2개와 쓰기 포트용 1개.

이 3개의 `always` 블록은 병렬로 실행되는 3개의 동시 문과 비슷하다.

```
// a 4-location x 8-bit register file
module regfile (
  input Clock,
  input WE,
  input [1:0] WA,
  input [7:0] D,
  input RAE, RBE,
  input [1:0] RAA, RBA,
  output reg [7:0] PortA,
  output reg [7:0] PortB
);
  reg [7:0]    reg0, reg1, reg2, reg3;
  // write
  always @ (posedge clock) begin
    if (WE)
      case (WA)
        0: reg0 <= D;
        1: reg1 <= D;
        2: reg2 <= D;
```

그림 5.34 1개의 쓰기 포트와 2개의 읽기 포트를 가진 4 x 8 레지스터 파일에 대한 Verilog 코드.
(다음페이지에 계속)

```
        3: reg3 <= D;
      endcase
  end

  // continuously output Port A
  always @ (RAA, RAE) begin
    if (RAE) begin
      case (RAA)
        0: PortA <= reg0;
        1: PortA <= reg1;
        2: PortA <= reg2;
        3: PortA <= reg3;
        default: PortA <= 8'h00;
      endcase
    end else begin
      PortA <= 8'h00;
    end
  end

  // output Port B
  always @ (RBA, RBE) begin
    if (RBE) begin
      case (RBA)
        0: PortB <= reg0;
        1: PortB <= reg1;
        2: PortB <= reg2;
        3: PortB <= reg3;
        default: PortB <= 8'h00;
      endcase
    end else begin
      PortB <= 8'h00;
    end
  end

endmodule
```

그림 5.34 1개의 쓰기 포트와 2개의 읽기 포트를 가진 4 x 8 레지스터 파일에 대한 Verilog 코드.

레지스터 파일에 대한 VHDL 코드

그림 5.35은 4×8 레지스터 파일에 대한 VHDL 코드를 나타낸다. 메인 코드는 3개의 프로세스로 구성된다: 1개의 쓰기 프로세스와 2개의 읽기 포트 프로세스. 이 3개의 프로세스는 병렬로 실행되는 3개의 동시 문과 비슷하다. 쓰기 프로세스는 클럭에 센시티브 하고, 프로세스 내에 있는 IF *clock* 문 때문에, 쓰기는 오로지 클럭 신호의 상승 에지에서만 일어난다. 2개의 읽기 포트 프로세스는 클럭에는 센시티브 하지 않으나, 오직 읽기 인에이블와 읽기 주소 신호에만 센시티브 한다. 그래서 읽기 데이터는 이 선들이 어써트 되면 즉시 이용 가능하다. 함수 CONV_INTEGER(WA)는 주소가 *RF* 어레이의 인덱스로 사용될 수 있기 위해서

STD_LOGIC_VECTOR WA를 정수로 변환한다.

5.14 메모리

메모리는 데이터와 명령어를 저장하기 위해 컴퓨터 시스템에 사용되는 대규모 저장 영역이다. 그것은 보통은 마이크로프로세서 외부에 위치한 별도의 컴포넌트이다. 한편 레지스터와 레지스터 파일은 보통 용량면에서는 훨씬 작아, 마이크로프로세서 내부의 데이터패스 부분에 통합되어 있다. 기본적으로 메모리는 휘발성과 비휘발성의 2개 타입으로 나누어진다. 휘발성 메모리는 전원이 제거되면 내용물을 잃어버리는 반면에, 비휘발성 메모리는 전원 없이 내용물을 유지한다. 보통의 비휘발성 메모리에는 read only memory(ROM), electrically programmable read only memory(EEPROM), 플래쉬 메모리가 있다. 보통 휘발성 메모리에는 static random access memory(SRAM)와 dynamic random access memory(DRAM)이 있다. 컴퓨터 시스템에서는 보통 양쪽 타입의 메모리 모두가 필요하다.

```
LIBRARY IEEE;
USE IEEE.STD_LOGIC_1164.ALL;
USE IEEE.STD_LOGIC_UNSIGNED.ALL; -- needed for CONV_INTEGER()

ENTITY regfile IS PORT(
  Clock: IN STD_LOGIC;                                --clock
  WE: IN STD_LOGIC;                                   --write enable
  WA: IN STD_LOGIC_VECTOR(1 DOWNTO 0);                --write address
  D: IN STD_LOGIC_VECTOR(7 DOWNTO 0);                 --input
  RAE, RBE: IN STD_LOGIC;                   --read enable ports A & B
                                            --read address ports A &
  RAA, RBA: IN STD_LOGIC_VECTOR(1 DOWNTO 0);
  --output ports A & B
  PortA, PortB: OUT STD_LOGIC_VECTOR(7 DOWNTO 0));
END regfile;

ARCHITECTURE Behavioral OF regfile IS
  SUBTYPE reg  IS STD_LOGIC_VECTOR(7 DOWNTO 0);
  TYPE  regArray IS ARRAY(0 TO 3) OF reg;
  SIGNAL  RF: regArray;                     --register file contents
```

그림 5.35 1개의 쓰기 포트와 2개의 읽기 포트를 가진 4 x 8 레지스터 파일에 대한 VHDL 코드.

(다음페이지에 계속)

```
BEGIN
  WritePort: PROCESS (clock)
  BEGIN
    IF (clock'EVENT AND clock = '1') THEN
      IF (WE = '1') THEN
        -- fn to convert from vector to integer
        RF(CONV_INTEGER(WA)) <= D;
      END IF;
    END IF;
  END PROCESS;

  ReadPortA: PROCESS (RAA, RAE)
  BEGIN
   -- Read Port A
   IF (RAE = '1') THEN
      -- fn to convert from vector to integer
      PortA <= RF(CONV_INTEGER(RAA));
   ELSE
      PortA <= (OTHERS => '0');
    END IF;
  END PROCESS;

  ReadPortB: PROCESS (RBE, RBA)
  BEGIN
    -- Read Port B
    IF (RBE = '1') THEN
      -- fn to convert from vector to integer
      PortB <= RF(CONV_INTEGER(RBA));
    ELSE
      PortB <= (OTHERS => '0');
    END IF;
  END PROCESS;
END Behavioral;
```

그림 5.35 1개의 쓰기 포트와 2개의 읽기 포트를 가진 4 x 8 레지스터 파일에 대한 VHDL 코드.

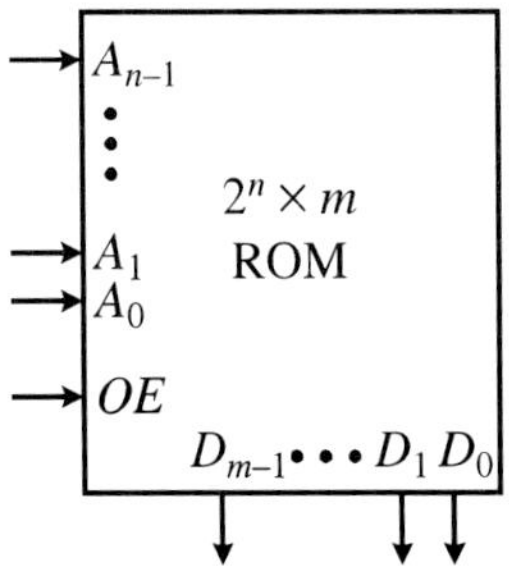

(a)

OE	Operation
0	Output *Z*
1	Output data from memory location selected by address lines

(b)

그림 5.36 2^n x m ROM 칩: (a) 논리 심볼 (b) 동작 표.

레지스터 파일을 만든 동일한 방법으로, 더 많은 저장 공간을 갖는 메모리를 만들 수 있다. 그러나 이렇게 하지 않는 여러 이유가 있다. 하나의 이유는 많은 메모리를 비싸지 않게 만들기를 원해, 메모리 셀은 가능한 한 작게 만들 필요가 있다. 이것에 대한 타협으로는 메모리 억세스가 레지스터 억세스 보다 보통 훨씬 느리다는 것이다. 또 다른 이유는 메모리로에서 데이터를 읽거나 메모리로 데이터를 쓰는 공통의 쌍방향 데이터 버스를 사용하길 원한다는 것이다. 이는 메모리 회로가 바로 하나의 데이터 포트를(레지스터 파일처럼 2-3개가 아니라) 가져야 한다는 것을 암시한다.

5.14.1 ROM

ROM은 비휘발성이다. ROM은 전원이 제거된다 하더라도 메모리 내용을 유지하고 있기 때문에, 전형적으로 운영시스템용 **부트 로더**(boot loader)나 혹은 작은 크기라면 전체 운영 시스템을 저장하기 위해 사용된다. 컴퓨터 시스템이 일단 온 되면, 우선 실행할 명령어를 가질 필요가 있고, 따라서 컴퓨터 시스템은 초기 수행할 명령어를 포함하기 위한 비휘발성 메모리를 가질 필요가 있다.
이 메모리 주소는 리셋이나 혹은 초기화 될 때 프로그램 카운터(PC)의 값이기 때문에, 0에서 시작할 필요가 있다. ROM은 읽을 수만 있다: 어떠한 쓰기 동작도 실행될 수 없다.

그림 36(a)는 전형적인 ROM 칩에 대한 논리 심볼을 보여준다. 그것은 1개 세트의 데이터 선 D_i와 1개 세트의 주소선 A_i를 가지고 있다. 데이터 선의 수는 각 메모리 위치에 데이터를 저장하는데 얼마나 많은 비트가 사용될 것인가에 따라 정해진다. 주소선 수는 메모리 칩에 얼마나 많은 공간이 있는지에 따라 정해진다. 예를 들면, 512-바이트 메모리 칩은 8개의 데이터 라인(8비트 = 1바이트)과 9개의 주소선($2^9 = 512$)을 가진다.

데이터 선은 어드레스 선에 의해 정해진 메모리 위치로부터 데이터를 출력한다. 데이터 선과 주소선에 추가해서, 출력 인에이블 *OE*(output enable) 제어선이 있다. *OE*가 어써트 될 때만 데이터가 메모리 위치로부터 데이터 선에 이용 가능하다. 클럭 신호가 없어, 데이터 출력은 클럭에 동기화 되지는 않는다.

ROM에 대한 HDL 코드

그림 5.37과 5.38은 각각 ROM 칩의 Verilog와 VHDL 행위적 기술을 보여준다. 행위적 수준에서 HDL 코드는 ROM을 만들고 사이즈를 명기하기 위해 단순히 2-차원 어레이를 사용한다. 두 그림에서 16-공간×8-비트 폭 ROM이 생성된다. 대입 문을 사용하여 8-비트의 비트 스트링을 가진 각 메모리 공간을 초기화 한다. 이 ROM 기술에서는, 8장에서 논의될 EC-1 마이크로프로세서에 의해 수행될 명령어를 가지고 ROM을 초기화 해 왔다.

```
module rom
#(parameter size=4)
(
  input [size-1:0] Address,
  input OE,
  output [7:0] Data
);

  reg [7:0] mem[0:2**size-1];

  // initialize ROM with EC-1 countdown program
  initial begin
    mem[0] <= 8'b01100000;  // IN A
    mem[1] <= 8'b10000000;  // OUT A
    mem[2] <= 8'b10100000;  // DEC A
    mem[3] <= 8'b11000001;  // JNZ 0001
    mem[4] <= 8'b11111111;  // HALT
  end

  assign Data = (OE) ? mem[Address] : 8'bz;

endmodule
```

그림 5.37 16 x 8 ROM에 대한 Verilog 코드.

```
LIBRARY IEEE;
USE IEEE.STD_LOGIC_1164.ALL;
USE IEEE.STD_LOGIC_UNSIGNED.ALL;    -- needed for CONV_INTEGER()

ENTITY rom IS
GENERIC (size: INTEGER := 4);
PORT(
  Address: IN STD_LOGIC_VECTOR(size-1 DOWNTO 0);
  OE: IN STD_LOGIC;
  Data: OUT STD_LOGIC_VECTOR(7 DOWNTO 0));
END rom;
```

그림 5.38 16 x 8 ROM에 대한 VHDL 코드.

(다음페이지에 계속)

```
ARCHITECTURE Behavioral OF rom IS
  TYPE mem_array IS ARRAY(0 TO (2**size)-1)OF
    STD_LOGIC_VECTOR(7 DOWNTO 0);
  -- initialize ROM with EC-1 countdown program
  CONSTANT mem: mem_array := (
        "01100000",  -- IN A
        "10000000",  -- OUT A
        "10100000",  -- DEC A
        "11000001",  -- JNZ 0001
        "11111111",  -- HALT
        "00000000","00000000","00000000","00000000","00000000",
        "00000000","00000000","00000000","00000000","00000000",
        "00000000"
        );
BEGIN
  Data <= mem(CONV_INTEGER(Address)) WHEN OE = '1' ELSE
    (OTHERS => 'Z');
END Behavioral;
```

그림 5.38 16 x 8 ROM에 대한 VHDL 코드.

5.14.2 RAM

RAM은 ROM과 달리 휘발성이고 데이터를 읽고 쓸 수 있다. 그림 5.39(a)는 전형적인 RAM 칩의 단자를 보여주는 논리 심볼을 나타낸다. 1개 세트의 데이터 선 D_i와 1개 세트의 주소선 A_i가 있다. 쌍방향 데이터 선은 어드레스 선에 명기된 위치에 데이터 입출력을 담당한다. 데이터 선의 수는 각 메모리 위치에 데이터를 저장하는데 얼마나 많은 비트가 사용될 것인가에 따라 정해진다. 주소선 수는 메모리 칩에 얼마나 많은 위치를 가질 것인가를 결정있다. 예를 들면 512-바이트 메모리 칩은 8개의 데이터 선(8비트 = 1바이트)과 9개의 주소선($2^9 = 512$)을 가진다.

그림 5.39(b)는 RAM 칩 동작을 보여준다. 데이터 선과 주소선에 추가하여 제어선이 있다: 칩 인에이블 *CE*과 쓰기 인에이블 *WR*. 마이크로프로세서가 메모리를 억세스 하기 위해서는, 읽기 동작과 쓰기 동작과 함께 *CE* 선이 먼저 어써트되어야만 한다. *CE* 선을 어써트 하면 전체 메모리 칩을 인에이블 시킨다. 고레벨 활성 *WR* 선은 두 개의 메모리 동작 중 어느 것을 수행할 것인가를 선택한다.

*WR*을 0으로 설정하면 읽기 동작이 선택되어 메모리로부터 데이터를 가져온다. *WR*을 1로 설정하면 쓰기 동작이 선택되어 마이크로프로세서로부터 데이터를 꺼내 메모리에 써넣는다. 주소선 값에 의해 읽기 쓰기 동작을 하는 메모리 위

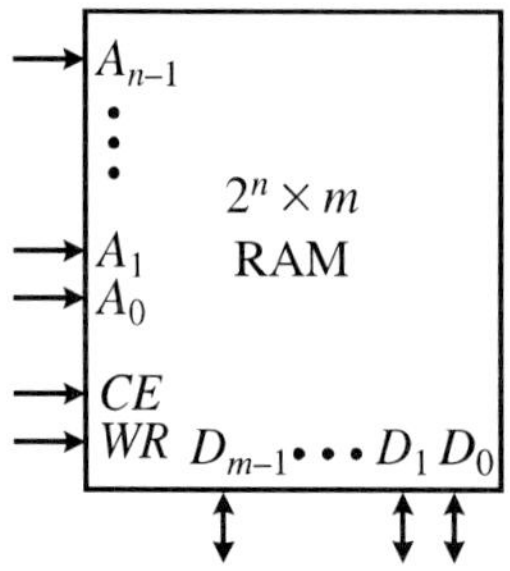

(a)

CE	WR	Operation
0	×	None
1	0	Read from memory location selected by address lines
1	1	Write to memory location selected by address lines

(b)

그림 5.39 $2^n \times m$ RAM 칩: (a) 논리 심볼 (b) 동작 표.

치가 선택된다.

그림 5.39(a)에서는 읽기 동작이나 쓰기 동작이 전체 시스템 클럭과 동기되지 않기 때문에, RAM 칩은 클럭 신호를 필요하지 않는다는 것을 주의하라. 그 대신 데이터 동작은 2개의 제어 라인 *CE*와 *WR*에 동기화 된다. 그림 5.40(a)는 메모리 쓰기 동작에 대한 타이밍도를 나타낸다. 쓰기 동작은 *CE* 선이 어서트 된 직후 주소선 상의 유효 주소를 가지고 시작한다. 직후 유효 데이터가 데이터 선에 나타나고, 그다음 *WR* 선이 어써트 된다. *WR* 선이 어써트 되자마자 데이터 선에 있는 데이터는 주소선에 의해서 지정된 메모리 위치에 써진다.

메모리 읽기 동작은 *CE*가 고레벨로 된 후, 주소선 상에 있는 유효 주소를 설정하는 것으로 시작한다. *WR* 선이 저레벨로 되면, 직후에 지정된 메모리 장소로부터 유효한 데이터가 데이터 선에 이용 가능하다. 그림 5.40(b)는 읽기 동작에 대한 타이밍도를 나타낸다.

SRAM 칩에서 각 비트는 그림 5.41(a)에 보인 회로와 비슷한 메모리 셀에 저장된다. 셀 안에 있는 메인 회로는 인에이블을 가진 D 래치이다. 선택적으로 읽을 수 있게 하기 위해, 3-상태 버퍼가 D 래치의 출력에 연결되어 있다. 읽기 위해서는 *Cell enable* 신호를 사용하여 3-상태 버퍼를 인에이블 한다. 쓰기 위해서는 *Cell enable*과 *Write enable* 신호를 함께 사용하고, D 래치를 인에이블 하여, *Input* 선에 실린 데이터를 셀 안으로 래치한다. 그림 5.41(b)는 메모리 셀에 대한 논리 심볼을 보여준다.

4×4 SRAM 칩을 만들기 위해서는, 그림 5.52에 보인 바와 같이 4×4 그리드를 형성하는 16개의 메모리 셀이 필요하다. 각 행은 단일 저장 위치를 형성하고, 행에 있는 메모리 셀 수는 각 위치의 비트 폭을 결정한다. 그래서 한 행에 있

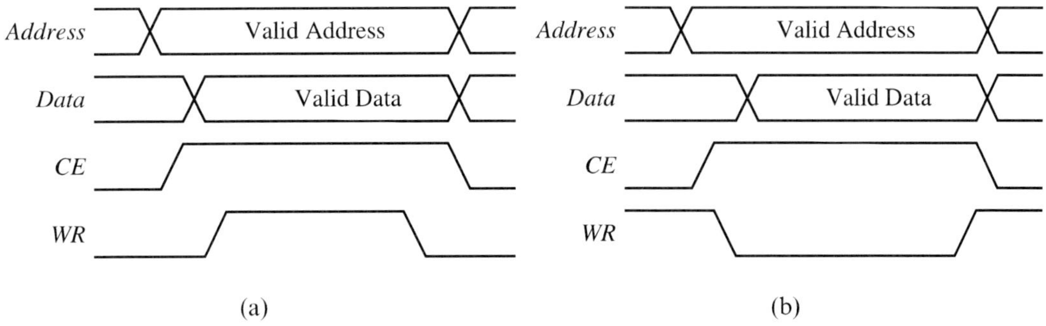

그림 5.40 메모리 타이밍도: (a) 쓰기 동작 (b) 읽기 동작.

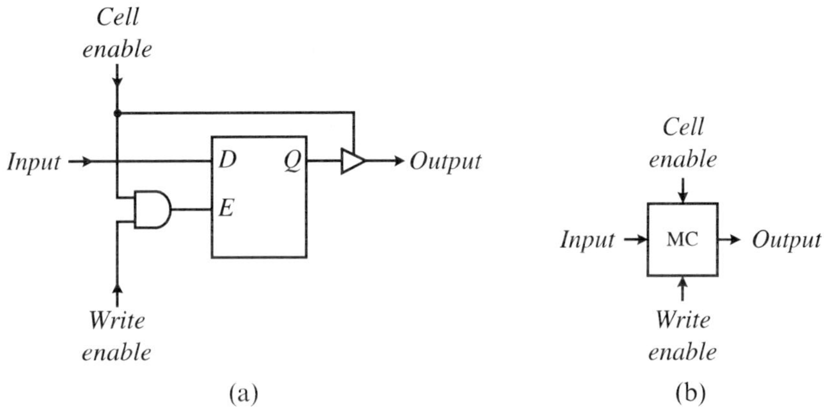

그림 5.41 메모리 셀: (a) 회로 (b) 논리 심볼.

는 모든 메모리 셀은 동일 주소로 인에이블 된다. 다시 복호기를 사용하여 주소선 A_0와 A_1을 디코드 한다. 이 예에서는, 2-to-4 복호기는 4개의 주소 위치를 디코드 하는데 사용된다. *CE* 신호는 칩을 인에이블 하는 데, 특히 2개의 AND 게이트를 통해 특별히 읽기와 쓰기 기능을 인에이블 하기 위하여 사용한다.

*CE*와 *WR* 신호 모두 어써트 하면, 어써트 되는 내부 *WE* 신호를 사용하여 메모리 셀 모두에 대해 *Write enable* 신호를 어써트 한다. 데이터는 외부 데이터 버스 D_i로부터 입력 버퍼를 통해서 각 메모리 셀의 *Input* 선으로 들어간다. 각 데이터 선에 대해 입력 버퍼를 사용함으로써 들어오는 외부 신호가 한 소자(버퍼)를 오직 구동하여 여러 소자(즉, 동일 열에 있는 모든 메모리 셀)를 구동하도록 한다. 데이터가 실제로 써 넣어지는 메모리 셀 행은 주어진 주소에 달려있다. 읽기 동작은 *CE*가 어써트 되고, *WR*은 디어써트 되어야 한다. 이것은 내부 *RE* 신

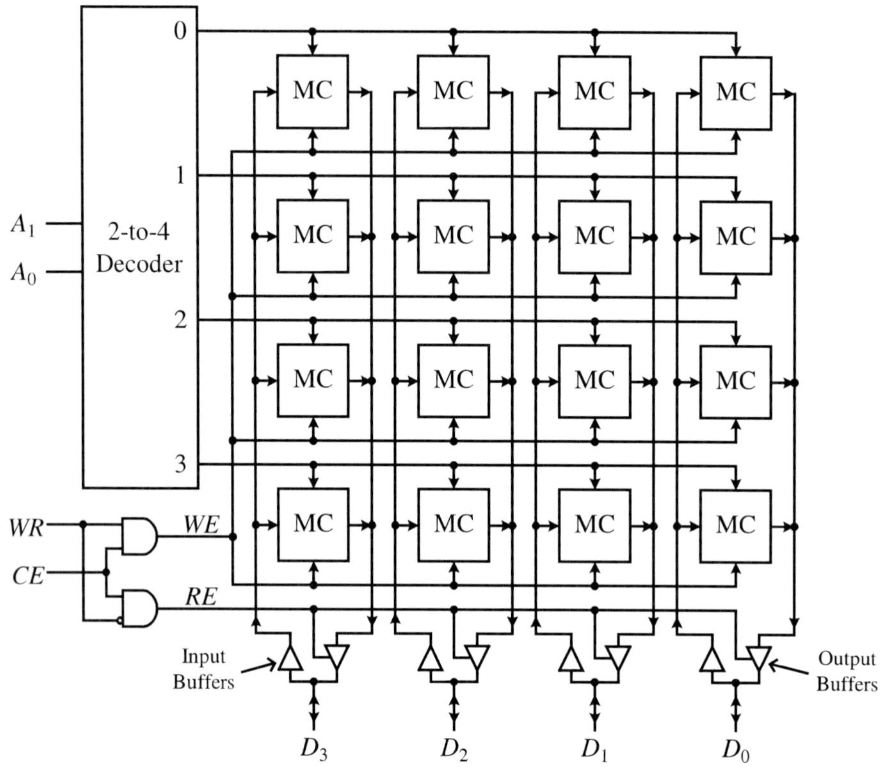

그림 5.42 4 x 4 RAM 칩 회로.

호를 어써트 하고, 계속해서 회로도 하부에 있는 4개의 출력 3-상태 버퍼를 인에이블 한다. 다시, 읽히는 위치는 주소선에 의해 선택된다.

RAM에 대한 HDL 코드

그림 5.43과 5.44는 각각 단일쌍방향 버스를 가진 전형적인 RAM에 대한 행위적 Verilog와 VHDL 코드를 보여준다. 쌍방향 데이터 버스는 `inout`로 선언되고 있다. 쌍방향 데이터 버스는 RAM이 $CE=0$로 디스에이블 될 때 3-상태로 된다.

```
module ram
#(parameter size=5)
(
  input CE, WR, OE,  // chip enable; write; output enable
  input [size-1:0] Address,
```

그림 5.43 전형적인 RAM에 대한 Verilog 코드.

(다음페이지에 계속)

```
  inout [7:0] Data  // bi-directional data bus
);

  reg [7:0] mem[0:2**size-1];
  reg [7:0] data_out;  // internal data

  // Tri-state buffer control
  assign Data = (CE && OE && ~WR) ? data_out : 8'bz;

  // write block
  always @(CE or WR or Data or Address) begin
    if (CE && WR) begin
      mem[Address] = Data;
    end
  end

  // read
  always @(CE or WR or OE or Address) begin
    if (CE && ~WR && OE) begin
      data_out = mem[Address];
    end
  end
endmodule
```

그림 5.43 전형적인 RAM에 대한 Verilog 코드.

```
LIBRARY IEEE;
USE IEEE.STD_LOGIC_1164.ALL;
USE IEEE.STD_LOGIC_unsigned.ALL;  -- needed for CONV_INTEGER()

ENTITY ram IS
GENERIC (size: INTEGER := 5);
PORT (
  CE, WR:  IN STD_LOGIC;
  Address: IN STD_LOGIC_VECTOR(size-1 DOWNTO 0);
  Data: INOUT STD_LOGIC_VECTOR(7 DOWNTO 0));
END ram;

ARCHITECTURE Behavioral OF ram IS
  TYPE memtype IS ARRAY(0 TO 2**size-1) OF
    STD_LOGIC_VECTOR(7 DOWNTO 0);
  -- initialize all bits to 0
  SIGNAL mem: memtype := (OTHERS => (OTHERS => '0'));
BEGIN
  PROCESS(CE,WR,Address)
  BEGIN
    IF (CE = '0') THEN
      Data <= (OTHERS => 'Z');
    ELSE
```

그림 5.44 전형적인 RAM에 대한 VHDL 코드.

(다음페이지에 계속)

```
      IF (WR'EVENT AND WR = '0') THEN
        mem(CONV_INTEGER(Address)) <= Data;   -- write
      END IF;
      IF (WR = '0') THEN
        Data <= mem(CONV_INTEGER(Address));   -- read
      ELSE
        Data <= (OTHERS => 'Z');
      END IF;
    END IF;
  END PROCESS;
END Behavioral;
```

그림 5.44 전형적인 RAM에 대한 VHDL 코드.

운영시스템을 가진 컴퓨터 시스템으로 사용자가 프로그램 명령어를 RAM에 넣고, 그 다음에 프로그램을 실행하게 한다. 그러나 8장에서 논의할 EC-2 컴퓨터 시스템은 운영시스템을 가지고 있지 않아, RAM이 리세트 프로그램 명령어로 초기화 될 필요가 있다. 더욱이, EC-2 마이크로프로세서의 구성을 간단히 하기 위해, RAM을 읽기 쓰기가 분리된 데이터 포트를 가진 RAM을 사용한다.
그림 5.45과 5.46은 각각 EC-2에서 사용된 RAM에 대한 행위적 Verilog와 VHDL 코드를 보여준다.

5.15 시프트 레지스터

조합 시프터와 로테이터 회로와 비슷하게, 등가의 순차 시프터와 로테이터 회로가 있다. 시프터와 로테이터 동작을 위한 회로는 정확히 동일하게 구성된다. 순차 버전에서의 차이는 동작이 직접 입력 값 보다는 오히려 레지스터에 저장된 값으로 수행된다는 점이다.

```
module ram(
#(parameter size=5)
  input Clock,
  input Reset,
  input WE,
  input [size-1:0] Address,
```

그림 5.45 EC-2에서 사용된 32 x 8 RAM에 대한 Verilog 코드.

(다음페이지에 계속)

```
    input [7:0] D,
    output reg [7:0] Q
  );
    reg [7:0] mem[2**size-1:0];

    always @(posedge Clock or posedge Reset) begin
      // this reset block and the Reset signal
      // is only needed to initialize the RAM locations
      if (Reset) begin
        // initialize RAM with EC-2 countdown program
        mem[0] <= 8'b10000000;  // IN A
        mem[1] <= 8'b01111111;  // SUB A,11111
        mem[2] <= 8'b10100100;  // JZ 00100
        mem[3] <= 8'b11000001;  // JPOS 00001
        mem[4] <= 8'b11111111;  // HALT
        mem[31]<= 8'b00000001;  // storage for the constant 1
      end else begin
        // write
        if (WE)
          mem[Address] <= D;
      end
    end  // always

    // read
    always @ (Address) begin
      Q <= mem[Address];
    end
  endmodule
```

그림 5.45 EC-2에서 사용된 32 x 8 RAM에 대한 Verilog 코드.

시프터 레지스터에 대한 주요 용도는 직렬-데이터 입력 스트림을 병렬-데이터 출력으로, 혹은 반대로 변환하는 것이다. 직렬-병렬 데이터 변환에서는 비트들이 각 클럭 사이클마다 레지스터로 쉬프트 되고, 모든 비트들이(보통은 8-비트) 시프트 입력 될 때, 8-비트 레지스터를 읽어 8-비트 병렬 출력을 생성할 수 있다. 병렬-직렬 변환에서는 먼저 8비트 레지스터에 입력 데이터를 로드한다. 다음에, 직렬 출력선에 비트들이 매 클럭 사이클마다 한 비트씩 개별적으로 시프트 출력된다.

```
LIBRARY IEEE;
USE IEEE.STD_LOGIC_1164.ALL;
USE IEEE.STD_LOGIC_UNSIGNED.ALL;   -- needed for CONV_INTEGER()

ENTITY ram IS
GENERIC (size: INTEGER := 5);
PORT(
  Clock: IN STD_LOGIC;
  Reset: IN STD_LOGIC;
  WE: IN STD_LOGIC;
  Address: IN STD_LOGIC_VECTOR(size-1 DOWNTO 0);
  D: IN STD_LOGIC_VECTOR(7 DOWNTO 0);
  Q: OUT STD_LOGIC_VECTOR(7 DOWNTO 0));
END ram;

ARCHITECTURE Behavioral OF ram IS
  TYPE mem_type IS ARRAY(0 to (2**size)-1) OF
    STD_LOGIC_VECTOR(7 DOWNTO 0);
  SIGNAL mem: mem_type;
BEGIN
  PROCESS (Clock, Reset) IS
  BEGIN
    -- this reset block and the Reset signal
    -- is only needed to initialize the RAM locations
    IF (Reset = '1') THEN
      -- initialize RAM with EC-2 countdown program
      mem(0) <= "10000000";    -- IN A
      mem(1) <= "01111111";    -- SUB A, 11111
      mem(2) <= "10100100";    -- JZ 00100
      mem(3) <= "11000001";    -- JPOS 00001
      mem(4) <= "11111111";    -- HALT
      mem(31) <= "00000001";   -- storage for the constant 1
    ELSIF RISING_EDGE(Clock) THEN
      -- write
      IF (WE = '1') THEN
        mem(CONV_INTEGER(Address)) <= D;
      END IF;
    END IF;
  END PROCESS;

  -- read
  Q <= mem(CONV_INTEGER(Address));
END Behavioral;
```

그림 5.46 EC-2에서 사용된 32 x 8 RAM에 대한 행위적 VHDL 코드.

5.15.1 직렬-병렬 시프트 레지스터

그림 5.47(a)는 4-비트 직렬-병렬 시프트 레지스터를 보여준다. 입력 데이터 비트는 클럭 사이클마다 한 비트 속도로 *Serial_in* 선에 들어온다. *Shift*가 어써트되면, 데이터 비트는 한 번에 한 비트씩 로드된다. 첫 클럭 사이클에, 직렬 입력

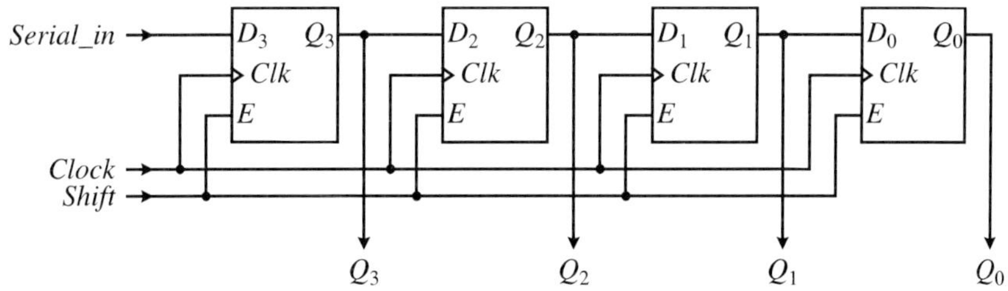

(a)

Shift	Operation
0	No change
1	One bit from *Serial_in* is shifted in

(b)

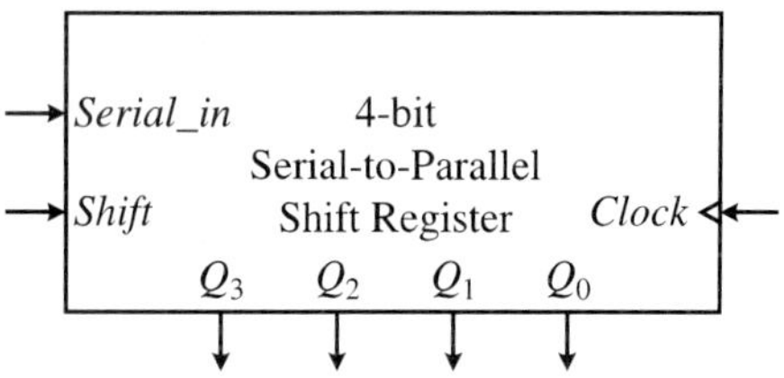

(c)

그림 5.47 4-비트 직렬-병렬 시프트 레지스터: (a) 회로 (b) 동작 표 (c) 논리 심볼.

스트림 *Serial_in* 으로부터 첫 비트가 Q_3 으로 로드되고, 반면에 Q_3 에 있던 원래의 비트는 Q_2 로 로드되고, Q_2 는 Q_1 에 로드 되고, 등등. 두 번째 클럭 사이클에서는, Q_3 에 있는 비트(즉 *Serial_in* 선부터 첫 번째 비트)는 Q_2 로 로드되고, 반면에 Q_3 는 *Serial_in* 선부터 2번째 비트로 로드된다. 이 동작이 4개 클럭 사이클 동안 4개 비트가 4개 플립플롭으로 시프트 될 때까지 계속되어, 첫 번째 비트는 Q_0, 두 번째 비트는 Q_1 등등을 가진다. 그러면 이 4개의 비트는 출력 Q 를 통하여 병렬 읽기가 가능하다. 그림 5.47(b)와 (c)는 각각 시프트 레지스터에 대한 동작 표와 논리 심볼을 보여준다.

시프트 레지스터에 대한 HDL 코드

그림 5.48은 4-비트 시프트 레지스터에 대한 행위적 Verilog 코드를 보여준다. 실제 시프팅 코드는 concatenation 연산 {*Serial_in*, Q [3:1]}으로 수행된다. 여기서 최상위비트(MSB) *Serial_in* 은 Q 의 상위 3비트와 concatenation 된다. Q 의 최하위비트(LSB)는 버려진다.

그림 5.49는 4-비트 직렬-병렬 시프트 레지스터에 대한 구조적 VHDL 코드를 보여준다. 코드는 구조적 수준으로 기술되어 있다. 먼저 인에이블을 가진 D

```
module ShiftReg (
  input Serial_in,
  input Clock,
  input Shift,
  output reg [3:0] Q
);

  always @(posedge Clock) begin
    if (Shift) begin
      Q <= { Serial_in, Q[3:1] };
    end
  end // always

endmodule
```

그림 5.48 4-비트 시프트 레지스터에 대한 행위적 Verilog 코드.

플립플롭의 동작이 정의되어 있다. *ShiftReg* 엔티티(entity)에 대한 ARCHITECTURE 부분은 4개의 PORT MAP 문을 사용하여 4개의 D 플립플롭을 초기화 한다. 다음에 이 4개 플립플롭은 하나의 플립플롭의 출력이 다음 플립플롭의 입력으로 연결되도록 내부 신호 N_0, N_1, N_2, N_3를 사용하여 함께 연결된다. 또한 4개의 내부 신호는 레지스터 출력을 위해 4개의 출력 신호 $Q_0 - Q_3$에 연결된다. 출력 신호는 읽혀질 수 없기 때문에 출력 신호 $Q_0 - Q_3$를 사용하여 4개 플립플롭을 직접 함께 연결시킬 수는 없다.

그림 5.50은 직렬-병렬 시프트 레지스터의 예시 시뮬레이션 트레이스를 보여준다. 시간 100 ns의 첫 상승 클럭 에지에, *Serial_in* 비트는 0이고, Q 의 4-비트에는 0으로 초기화 되었기 때문에 변화가 없다. 다음 상승 클럭 에지 300 ns 에서는 *Serial_in* 비트가 0이고, 이것이 Q 의 최좌측비트로 시프트 된다. 여기서, Q 는 1000 값을 가진다. 시간 500 ns 에서는 또 다른 1비트가 시프트 입력되어 Q 는 1100 값이 된다. 시간 700 ns 에서는 0비트가 시프트 입력되어 Q 는 0110 값이 된다. 비트가 시프트 입력됨에 따라 최우측비트는 잃게 된다는 것을 주의하라. 시간 900 ns 에서는 *Shift*가 디어써트 되어, *Serial_in* 라인에 있는 1비트는 시프트 입력되지 않는다. 마지막으로 시가 1.1 μs 에서는 또 다른 1ㅣ트가 시프트 입력된다.

5.15.2 직렬-병렬과 병렬-직렬 시프트 레지스터

직렬-병렬과 병렬-직렬 양 동작에 대해, 레지스터를 통해서 동일한 비트의 좌-

```
-- D flip-flop with enable
LIBRARY IEEE;
USE IEEE.STD_LOGIC_1164.ALL;

ENTITY D_flipflop IS
  PORT(D, Clock, E : IN STD_LOGIC;
      Q : OUT STD_LOGIC);
END D_flipflop;

ARCHITECTURE Behavior OF D_flipflop IS
BEGIN
  PROCESS(Clock)
  BEGIN
    IF (Clock'EVENT AND Clock = '1') THEN
      IF (E = '1') THEN
        Q <= D;
      END IF;
    END IF;
  END PROCESS;
END Behavior;

-- 4-bit shift register
LIBRARY IEEE;
USE IEEE.STD_LOGIC_1164.ALL;

ENTITY ShiftReg IS
  PORT(Serial_in, Clock, Shift : IN STD_LOGIC;
    Q : OUT STD_LOGIC_VECTOR(3 DOWNTO 0));
END ShiftReg;

ARCHITECTURE Structural OF ShiftReg IS
  SIGNAL N0, N1, N2, N3 : STD_LOGIC;
  COMPONENT D_flipflop PORT (D, Clock, E : IN STD_LOGIC;
      Q : OUT STD_LOGIC);
  END COMPONENT;

BEGIN
  U1: D_flipflop PORT MAP (Serial_in, Clock, Shift, N3);
  U2: D_flipflop PORT MAP (N3, Clock, Shift, N2);
  U3: D_flipflop PORT MAP (N2, Clock, Shift, N1);
  U4: D_flipflop PORT MAP (N1, Clock, Shift, N0);
  Q(3) <= N3;
  Q(2) <= N2;
  Q(1) <= N1;
  Q(0) <= N0;
END Structural;
```

그림 5.49 4-비트 직렬-병렬 시프트 레지스터 구조적 VHDL 코드.

우 시프팅을 수행한다. 두 동작 간의 오직 차이는 시프트 후에 병렬 읽기를 수행하느냐 아니면 시프트 전에 병렬 쓰기를 하느냐 하는 것이다. 직렬-병렬 동작을 위해서는 비트가 시프트 입력된 후에 병렬 읽기를 수행한다. 한편 병렬-직렬 동

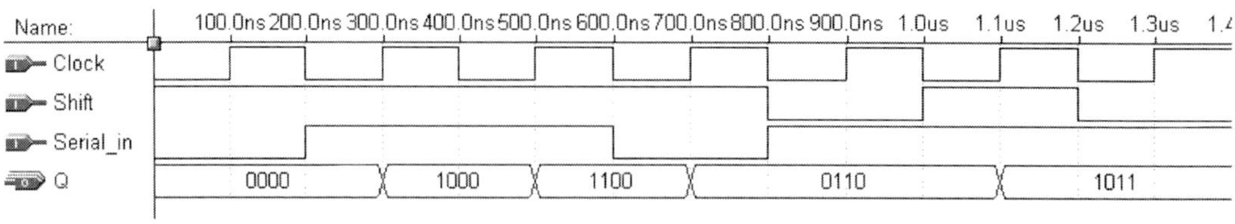

그림 5.50 직렬-병렬 시프트 레지스터의 예시 시뮬레이션 트레이스.

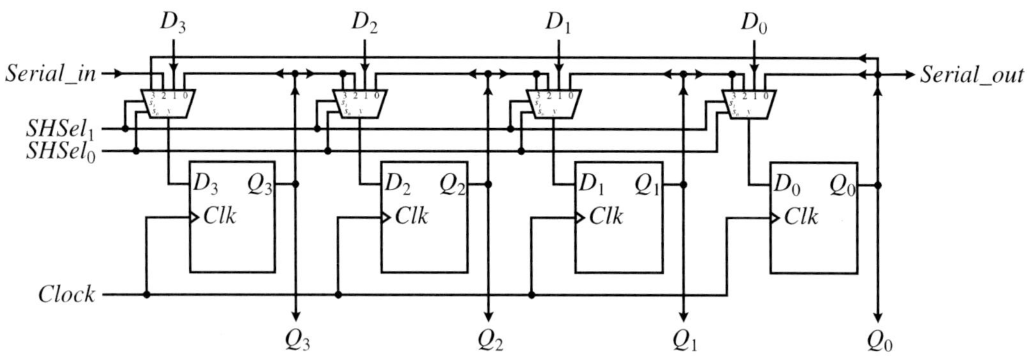

(a)

$SHSel_1$	$SHSel_0$	Operation
0	0	No operation (i.e., retain current value)
0	1	Parallel load in new value
1	0	Shift right
1	1	Rotate right

(b)

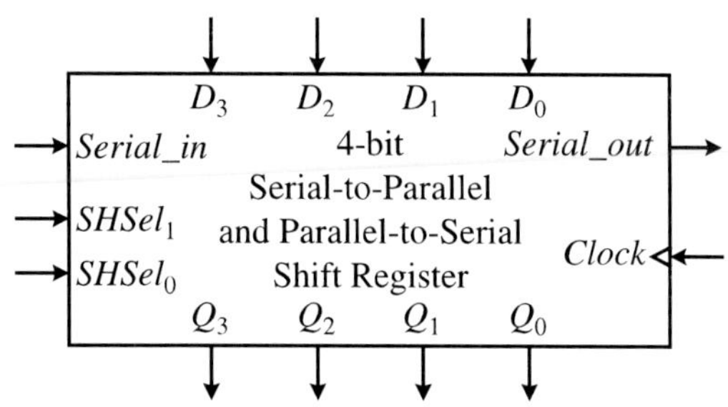

(c)

그림 5.51 4-비트 직렬-병렬과 병렬-직렬 시프트 레지스터: (a) 회로 (b) 동작 표 (c) 논리 심볼.

작을 위해서는 먼저 병렬 쓰기를 하고 그 다음에 직렬 스트림으로 비트를 시프트 출력한다.

그림 5.51(a)에 보인 것처럼, 앞 절의 직렬-병렬 회로에서 단순 병렬 로드 기능을 부가함으로써 양쪽 동작을 구현할 수 있다. 4개의 멀티플렉서가 함께 동작하여 플립플롭이 현재의 값을 유지하거나, 새 값으로 로드하거나, 비트를 1 비트씩 우측으로 시프트 할 지를 선택한다. 이 회로 동작은 어느 멀티플렉서 입력을 선택할 것인가를 제어하는 2개의 선택선 $SHSel_1$과 $SHSel_2$에 의해 결정된다. 그림 5.51(b) 와 (c)는 각각 동작 표와 논리 심볼을 보여준다. 그림 5.52와 5.53은

각각 이 시프트 레지스터의 행위적 VHDL 코드와 예시 시뮬레이션 트레이스를 보여준다.

5.15.3 선형 피드백 시프트 레지스터

선형 피드백 시프트 레지스터(linear feedback shift register, LFSR)은 시프트 레지스터의 특별한 형태이다. 여기서 시프트 될 입력값은 현재의 레지스터 값에 의해 결정된다. LFSR은 디지털 회로에서 유사 랜덤 수를 생성하는 데 사용된다. 레지스터의 초기값을 씨앗(seed)이라 하고, 0이 아닌 값을 가져야 한다. 시프트 입력된 입력값은 전체 시프트 레지스터 값에 있는 몇 개 비트들의 XOR에 의해 구동된다.

```
LIBRARY IEEE;
USE IEEE.STD_LOGIC_1164.ALL;

ENTITY shiftreg IS PORT (
  Clock: IN STD_LOGIC;
  SHSel: IN STD_LOGIC_VECTOR(1 DOWNTO 0);
  Serial_in: IN STD_LOGIC;
  D: IN STD_LOGIC_VECTOR(3 DOWNTO 0);
  Serial_out: OUT STD_LOGIC;
  Q: OUT STD_LOGIC_VECTOR(3 DOWNTO 0));
END shiftreg;

ARCHITECTURE Behavioral OF shiftreg IS
  SIGNAL content: STD_LOGIC_VECTOR(3 DOWNTO 0);
BEGIN
  PROCESS(Clock)
  BEGIN
    IF (Clock'EVENT AND Clock='1') THEN
      CASE SHSel IS
      WHEN "01" =>  -- load
        content <= D;
      WHEN "10" =>  -- shift right, pad with bit from Serial_in
        content <= Serial_in & content(3 DOWNTO 1);
      WHEN OTHERS =>
        NULL;
      END CASE;
    END IF;
  END PROCESS;

  Q <= content;
  Serial_out <= content(0);
END Behavioral;
```

그림 5.52 4-비트 직렬-병렬과 병렬-직렬 시프트 레지스터의 행위적 VHDL 코드.

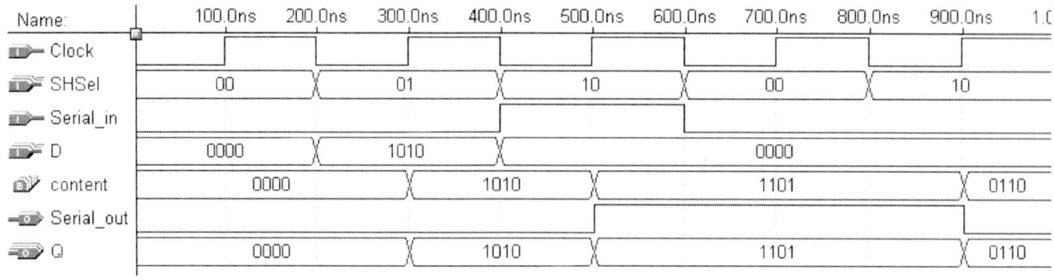

그림 5.53 4-비트 직렬-병렬과 병렬-직렬 시프트 레지스터의 예시 트레이스.

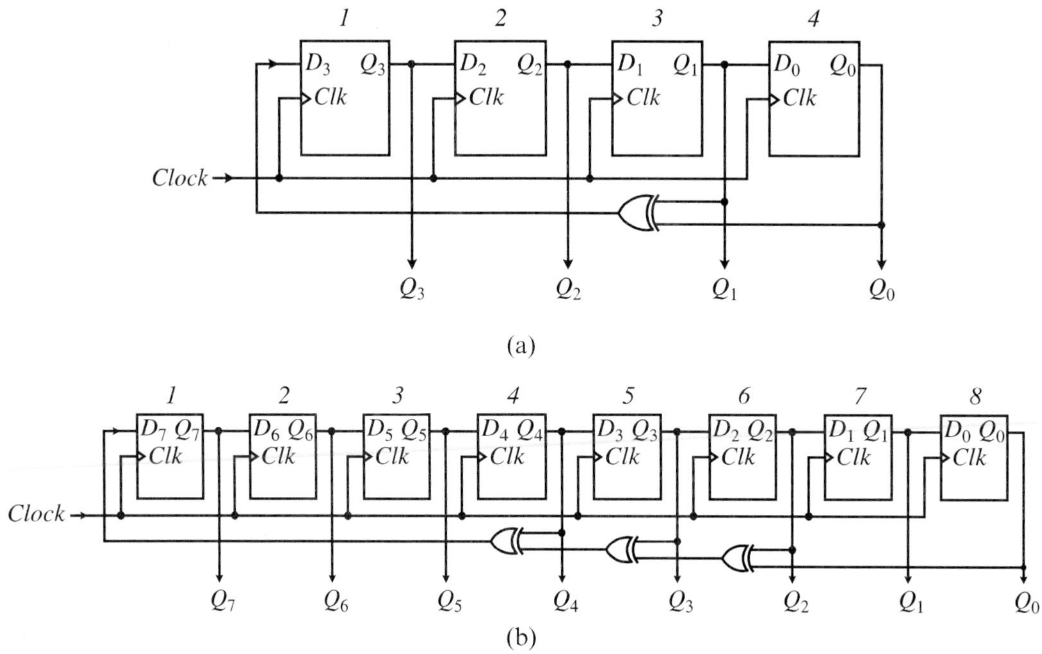

그림 5.54 선형 피드백 시프트 레지스터 회로: (a) 4-비트 LFSR (b) 8비트 LFSR.

수 계열을 랜덤으로 나타내고, 그리고 매우 긴 사이클을 가지도록 만들기 위해, XOR 될 비트를 잘 선택하여야 한다. n-비트 LFSR는 모두 0을 포함하지 않는다면(이 경우는 0 XOR 0 은 0 이기 때문에 결코 변하지 않는 경우로) 최대 주기 길이가 2^n-1 개인 다른 조합을 가진다.

그림 5.54(a) 와 (b)는 각각 4-비트 LFSR과 8-비트 LFSR 회로를 보여준다. 최대 주기 길이를 얻기 위해 4-비트 LFSR은 비트 3과 4를 XOR 하여야 하고, 반면에 8-비트 LFSR은 비트 4, 5, 6, 8을 XOR 하여야 한다.

비트 번호 부여는 좌측 1로 부터 우측으로 옮기면서 카운트를 시작하나, 레지스터로부터 값을 읽을 때는 여전히 전과 동일하게 최우측비트가 최하위로 된다는 것을 주의하라.

4-비트 LFSR에 대해 초기 씨앗으로 0101이 주어졌을 때, 4-비트 LFSR에 의해 생성되는 수열은 다음과 같다:

0101, 1010, 1101, 1110, 1111, 0111, 0011, 0001, 1000, 0100, 0010, 1001, 1100, 0110, 1011.

1011 후에, 수열은 다음 수로 0101로 반복된다. 이 수열은 최대 주기 길이 15를 가진다. 다른 비트들로 XOR 한다면, 회로는 다른 열을 생성하여 최대 주기 길이는 갖지 않을 수 있다.

다음 표는 길이가 빈 비트에 대해 최대 주기 길이를 얻기 위해 XOR 되어야 할 항을 보여준다.

Bit length	Terms to XOR	Bit length	Terms to XOR
8	4, 5, 6, and 8	14	2, 12, 13, and 14
9	5 and 9	15	14 and 15
10	7 and 10	16	11, 13, 14, and 16
11	9 and 11	17	14 and 17
12	4, 10, 11, and 12	18	11 and 18
13	8, 11, 12, and 13	19	14, 17, 18, and 19

5.16 카운터

카운터는 이름 그대로, 연속적 값을 세기 위한 것이다. 그러나, 카운트 값의 총 개수, 출력하는 연속적 값, 업으로 혹은 다운으로 세느냐, 등등에 따라, 많은 다양한 종류의 카운터 형태가 있다. 가장 간단한 것은 10진수 순서 0, 1, 2, ..., $n-1$ 까지 그리고 0으로 되돌려 세는 모듈로-n 카운터이다.

5.16.1 2진 업 카운터

레지스터의 데이터 입력을 가산기로부터 얻은 수정된 n-비트 레지스터를 이용하여 n-비트 2진 업 카운터를 만들 수 있다. 레지스터에 저장된 값으로부터 다음

업 카운트 순서를 얻기 위해서는, 그것에 단지 1을 더하기만 하면 된다. 레지스터의 입력으로서 4.2.1절에서 논의된 전가산기를 사용할 수 있으나, 그것을 더 작게 만들 수 있으면 더 좋다. 전가산기는 2개의 오퍼랜드에 캐리까지 포함하여 가산한다. 그러나 우리가 원하는 것은 단지 1을 더하면 되므로, 전가산기의 2번째 오퍼랜드는 항상 1이다. 또한 1은 가산기의 캐리 인 신호를 통해 더해질 수 있기 때문에, 실제로 2번째 오퍼랜드 입력은 필요하지 않을 수 있다.

오직 하나의 오퍼랜드를 carry-in 과 더하는 이 수정 가산기를 **반 가산기**(half adder, HA)라 한다; 진리표는 그림 5.55(a)에 보였다. a는 오직 입력 오퍼랜드, c_{in}과 c_{out}는 각각 캐리-입력과 캐리-출력 신호이고, s는 가산의 합이다. 진리표에서는 단순하게 a와 c_{in}을 더해, 합 s와 캐리-출력 c_{out}을 준다. 진리표로부터 그림 5.55(b)에 보인 c_{out}과 s에 대한 2개의 식을 얻는다. 그림 5.55(c)에는 HA 회로를, (d)에는 논리 심볼을 보여준다.

전가산기를 마치 n-비트 가산기로 만들었듯이 여러 HA가 함께 데이지-체인화 될 수 있다. 단일 오퍼랜드 입력 a는 레지스터로부터 온다. 초기 캐리-인 신호 c_0는 카운터 인에이블 신호로 사용된다. 왜냐하면 c_0의 1은 레지스터 값을 1 증가시키는 결과가 되고, 0은 그렇지 않기 때문이다. 그림 5.56(a)는 결과적인 4-비트 2진 업카운터 회로를 보여주고, (b)와 (c)는 동작 표와 논리 심볼을 각각 보여준다. *Count*가 어써트 되는 한, 카운터는 *Count*가 디어써트 될 때까지 각 클럭 펄스마다 1씩 증가한다.

a	c_{in}	c_{out}	s
0	0	0	0
0	1	0	1
1	0	0	1
1	1	1	0

(a)

$$c_{out} = a\, c_{in}$$
$$s = a \oplus c_{in}$$

(b)

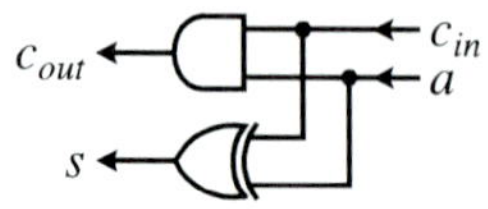

(c)

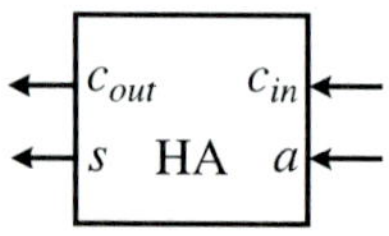

(d)

그림 5.55 반 가산기: (a) 진리표 (b) 수식 (c) 회로 (d) 논리 심볼.

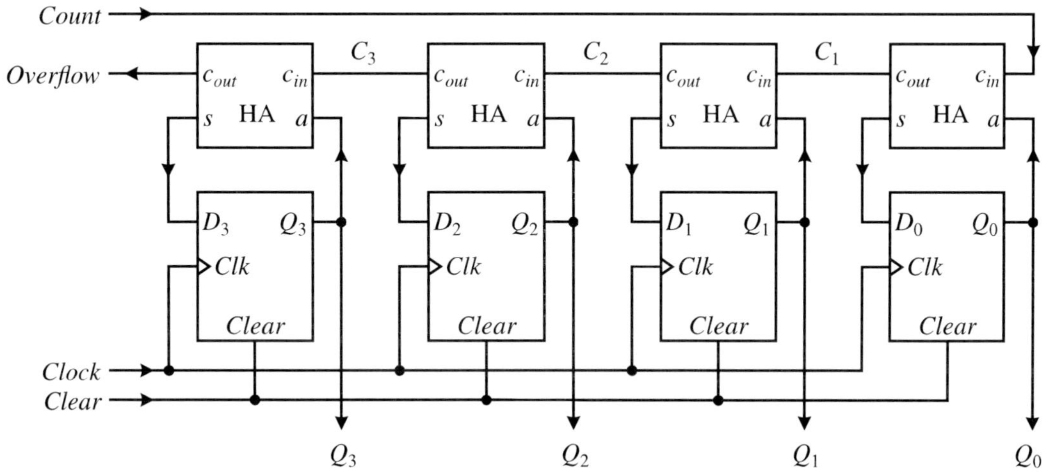

(a)

Clear	***Count***	**Operation**
1	×	Reset counter to zero
0	0	No change
0	1	Count up

(b)

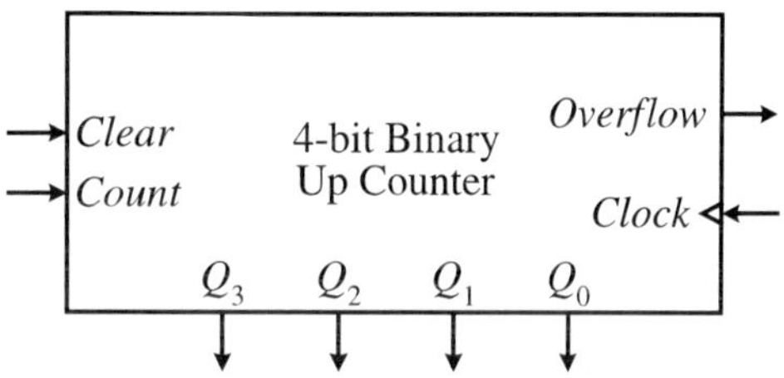

(c)

그림 5.56 비동기 Clear를 가진 4-비트 2진 업 카운터 회로: (a) 회로 (b) 동작 표 (c) 로직 심볼.

카운트가 $2^n - 1$(모두 1을 가진 2진수 수에 해당한다)에 도달하면, 다음 카운트는 0으로 돌아간다. 왜냐하면 모두 1을 가진 2진수 수에 1을 더하면 *Overflow* 비트에 오버플로우 결과를 내고 모든 카운터 비트는 0으로 리셋 되기 때문이다. *Clear* 신호는 카운터의 비동기 리셋으로 0이 되게 한다.

5.16.2 병렬 로드를 가진 4-비트 2진 업 카운터

더 다양한 2진 카운터를 만들기 위해, 카운트 순서를 0이 아닌 수로 시작할 필요가 있다. 이것은 카운터 회로를 수정하여 초기 값을 로드함으로써 손쉽게 이룰 수 있다. 레지스터에 값을 로드하여, 이 새로운 값부터 시작하여 카운트 할 수 있다. 그림 5.57(a)는 수정 카운터 회로를 보여준다. 이 회로와 그림 5.56(a)에 보인 업 카운터 회로 사이의 유일한 차이는 플립플롭의 HA의 s 출력과 플립플롭의 D_i 입력 사이에 2-입력 멀티플렉서가 추가해져 있다는 것이다.

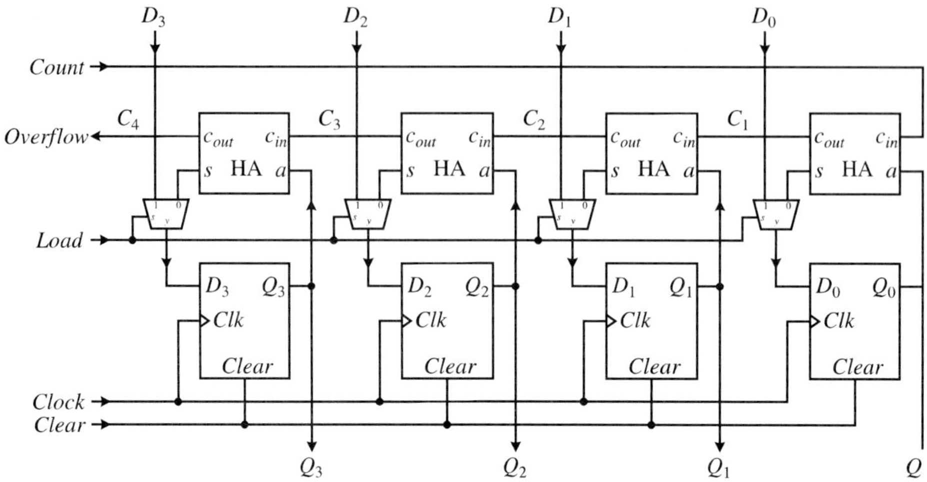

(a)

Clear	Load	Count	Operation
1	×	×	Reset counter to zero
0	0	0	No change
0	0	1	Count
0	1	×	Load value

(b)

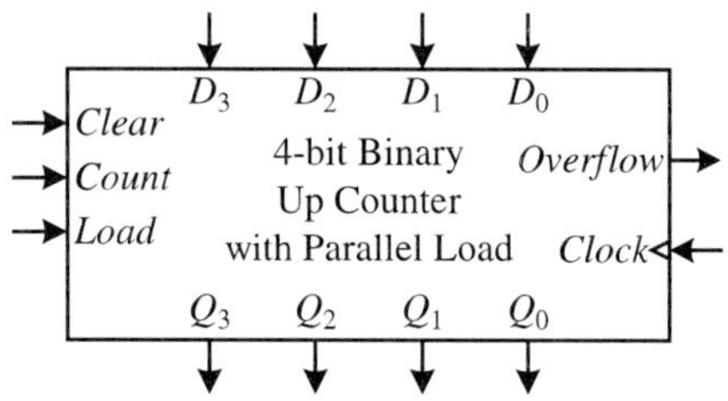

(c)

그림 5.57 병렬 로드와 비동기 Clear를 가진 4-비트 2진 업카운터: (a) 회로 (b) 동작 표 (c) 로직 심볼.

이것을 행함으로써, 플립플롭의 D_i 입력은 외부 입력값(*Load* 가 어써트 되면)이나 혹은 HA 출력에서 나온 차기 카운트 값(*Load* 가 디어써트 되면) 중에서 선택될 수 있다. HA 출력이 선택되면, 회로는 똑같이 전처럼 동작한다. 외부 입력이 선택되면, 입력 데이터 선에 어떤 값이 나타나 있든지 간에 레지스터에 로드될 것이다. 그림 5.57(b)와 (c)는 각각 동작 표와 논리 심볼을 보여준다.

카운터가 언제라도 0으로 초기화 될 수 있게 하기 위하여 *Clear* 선을 유지해 왔다. 그러나, 카운터를 0으로 리셋하기 위해, *Clear* 선을 어써트 하는 것과, 대신에 *Load* 선을 어써트 하여 데이터 입력을 0으로 설정하여 0을 로드하는 것과는 타이밍 차이가 있다. 전자는 카운터가 *Clear*를 어써트 하면 즉시 0으로 리셋 되는 반면에, 후자는 클럭 다음 상승 에지에서 카운터가 0 으로 리셋 된다.

이 카운터는 레지스터에 어떤 값이든지 로드된 채로 시작될 수 있으나, 항상 $2^n - 1$ 까지(여기서 n은 레지스터의 비트 수이다) 카운트 업 할 수 있다. 이것은 레지스터가 모두 1을 가질 때이다. 카운터가 카운트 시퀀스 끝에 도달하면, 로드되었던 초기값이 아니라, 0으로 되돌아간다. 그러나, 이 카운터 회로 출력 Q_i 에 단순 비교기를 추가하여, 카운트 시퀀스가 양쪽 사이에 있는 임의의 수로 시작하거나 마칠 수 있고, 새로운 시작 값으로도 되돌아 갈 수 있다.

카운터 HDL 코드

그림 5.58은 4-비트 2진 업-다운 카운터에 대한 행위적 Verilog 코드를 보여준다. 이 카운터는 *Up* 입력 신호로 계속하여 카운트 업 하거나 다운 할 수 있다. 카운터의 실제 카운트는 내부 레지스터 값에 저장된다. 매 상승 클럭 에지마다 카운터 값은 1씩 증가하거나 감소한다. 내부 카운터 값은 출력 신호 Q 에 대입된다. 카운터 값은 비동기 *Clear* 신호가 어세트 되면 또한 0으로 리셋 된다.

그림 5.59는 4-비트 2진 업 카운터에 대한 행위적 VHDL 코드이다. 문 USE IEEE.STD_LOGIC_UNSIGNED.ALL은 STD_LOGIC_VECTORS에서 가산을 수행하기 위해 필요하다. 내부 신호 *value*는 현재 카운트를 저장하기 위해 사용된다. *Clear*가 어써트 되면 *value*는 표현식 OTHERS => '0'을 사용하여 "0000"값이 대입된다. 그렇지 않으면, *Count*가 어써트 될 때, *value*가 다음 상승 클럭 에지마다 1씩 증가된다. 더욱이 *value*안에 있는 카운트는 PROCESS 블록 밖에 있기 때문에, 동시문

```
module counter(
  input Clock,
  input Clear,
  input Up,
  output [3:0] Q
);

  reg [3:0] value = 0;

  always @(posedge Clock or posedge Clear) begin
    if (Clear)
      value <= 0;
    else if (Up)
      value <= value + 1;
    else
      value <= value - 1;
  end

  assign Q = value;

endmodule
```

그림 5.58 4-비트 2진 업-다운 카운터에 대한 행위적 Verilog 코드.

```
LIBRARY IEEE;
USE IEEE.STD_LOGIC_1164.ALL;
-- need this to add STD_LOGIC_VECTORs
USE IEEE.STD_LOGIC_UNSIGNED.ALL;

ENTITY counter IS PORT (
  Clock: IN STD_LOGIC;
  Clear: IN STD_LOGIC;
  Count: IN STD_LOGIC;
  Q   : OUT STD_LOGIC_VECTOR(3 DOWNTO 0));
END counter;

ARCHITECTURE Behavioral OF counter IS
  SIGNAL value: STD_LOGIC_VECTOR(3 DOWNTO 0);
BEGIN
  PROCESS (Clock, Clear)
  BEGIN
    IF (Clear = '1') THEN
      -- 4-bit vector of 0, same as "0000"
      value <= (OTHERS => '0');
    ELSIF (Clock'EVENT AND Clock='1') THEN
      IF (Count = '1') THEN
        value <= value + 1;
      END IF;
    END IF;
  END PROCESS;

  Q <= value;
END Behavioral;
```

그림 5.59 4-비트 2진 업 카운터에 대한 행위적 VHDL 코드.

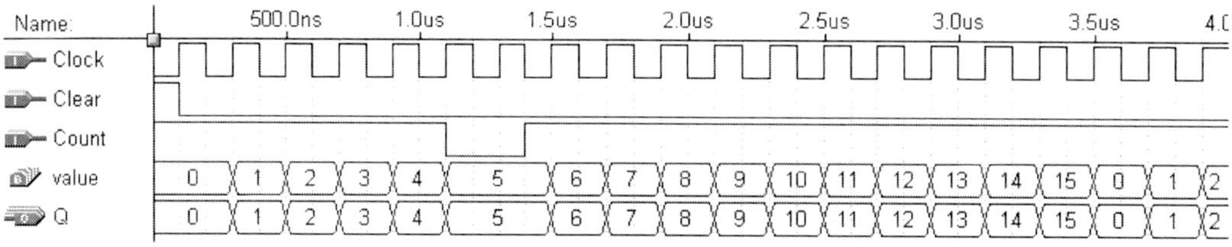

그림 5.60 4-비트 2진 업 카운터에 대한 시뮬레이션 트레이스.

Q <= *value* 사용하여 카운터 출력 *Q* 에 대입된다. 그림 5.60은 예시 시뮬레이션 트레이스를 나타낸다.

5.17 타이밍 이슈

지금까지 래치와 플립플롭 논의에서는, 타이밍 이슈와 전파 지연 효과를 무시해 왔다. 실제로, 타이밍 이슈는 순차회로를 정확하게 설계할 시 매우 중요하다. 5.6 절의 인에이블 회로를 가진 D 래치를 고려하여, 회로를 그림 5.61(a)에 보인 바와 같이 다시 그렸다. 입력 신호가 게이트를 통과 전파하여 마침내 출력에 도착하는데는 어느 정도 지연이 필요하다.

인버터의 전파 지연은 1 ns이고, NAND 게이트는 2 ns라고 가정하면, 신호지연을 고려한 타이밍 트레이스 도는 그림 5.61(b)와 같을 것이다. 화살표는 어느 신호 에지가 다른 신호 에지를 유발시키는 지 표시한다. 화살표 옆의 숫자는 신호가 변화하는 데 걸리는 지연시간을 ns 수로 나타낸 것이다.

시간 t_1에서 신호 D는 0으로 떨어진다. 이것은 R이 인버터를 통과해 1 ns 지연 뒤에 1로 상승한다. D 에지는 또한 S' 이 NAND 게이트를 통과해 2 ns 지연 뒤에 1로 상승한다. 그 후에 R'는 R이 1로 된 후 2 ns 에서 0으로 떨어진다. 계속하여 이것은 Q'을 2 ns 후에 1로 떨어지게 하고, 뒤이어 Q 를 0으로 떨어뜨린다.

시간 t_2에서 신호 E는 0으로 떨어뜨려 회로는 디스에이블로 된다. 따라서 시간 t_3에서 D가 1로 상승하더라도 Q 나 Q' 어느 것도 영향을 받지 않는다.

시간 t_4에서 신호 E는 1로 상승하여 회로를 재 인에이블 시킨다. 이것은 S'

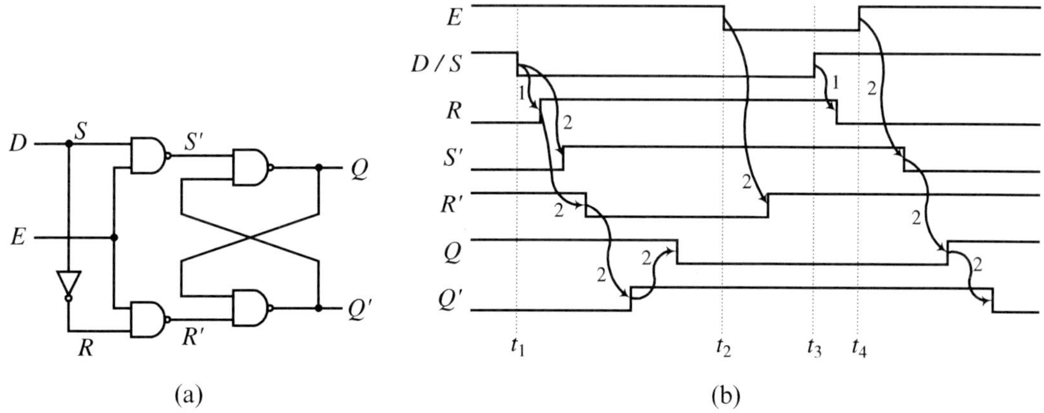

그림 5.61 인에이블 회로를 가진 D 래치: (a) 회로 (b) 지연을 가진 타이밍 도.

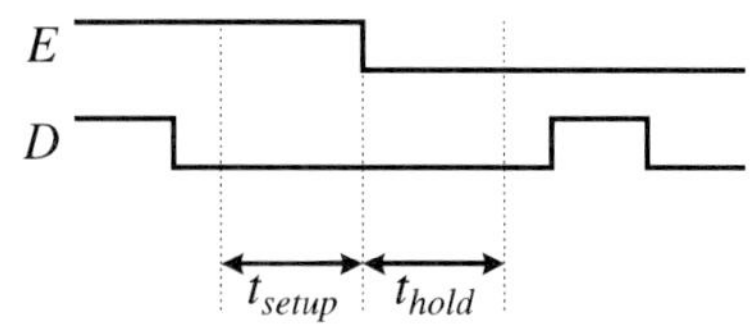

그림 5.62 게이트 D 래치의 셋업 타임과 홀드 타임.

을 2 ns 뒤에 0으로 떨어뜨린다. R'는 NAND 게이트 2개 입력 E와 R이 각각 1과 0이기 때문에, 변하지 않고 상태가 유지된다. S'가 어써트 되고 R'가 디어써트 되면, 래치는 S'이 0으로 떨어진 후 2 ns 에서 Q가 1로 상승되어 세트된다. 다음에 다시 2 ns 후에 Q'가 0으로 떨어진다.

더욱이 D 래치 회로가 입력 D로부터 제대로 래치하기 위해서, 인에이블 신호 E의 하강 에지 직후에 관찰되어야 할 시간의 임계 창(critical window of time)이 있다.

이 시간 프레임 안에 입력 신호 D는 변화하지 않아야 한다. 그림 5.62에 보인 것처럼, E의 하강 에지 전 시간이 **셋업 타임**(setup time), t_{setup}이라 하고, E의 하강 에지 후 시간을 **홀드 타임**(hold time), t_{hold}라 한다. 이 2개 시간 길이는 구현과 제조 공정에 의존되고, 소자 데이터 시트로부터 얻을 수 있다.

5.18 연습문제

5.1 일반적으로 D 플립플롭 외에, 3개의 다른 타입의 플립플롭이 있다: SR, JK, T. 이들 이름은 그것이 가진 입력 신호에 따라 주어진다. 예를 들면, JK 플립플롭은 2개의 입력 J와 K를 가진다. 이들 플립플롭의 특성표, 식, 상태도를 다음 그림에 나타냈다. 이 3개 플립플롭 각각에 대한 회로를 그려라. 그것들은 D-FF에 D에 올바른 입력 신호를 생성하는 조합회로(각각의 특성식에 기반 됨)를 추가하여 사용한다. 힌트: D 플립플롭 특성식은 바로 $Q_{next} = D$가 되므로, 외부 D 입력은 D 플립플롭의 입력 D에 직접 연결된다.

SR flip-flop

S	R	Q	Q_{next}	Q_{next}'
0	0	0	0	1
0	0	1	1	0
0	1	0	0	1
0	1	1	0	1
1	0	0	1	0
1	0	1	1	0
1	1	0	×	×
1	1	1	×	×

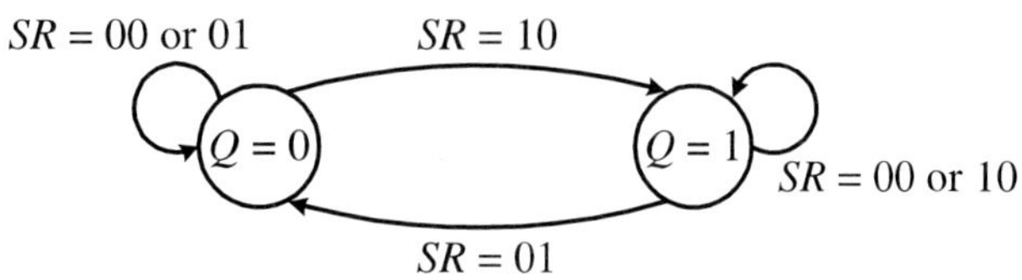

$$Q_{next} = S + R'Q$$

JK flip-flop

J	K	Q	Q_{next}	Q_{next}'
0	0	0	0	1
0	0	1	1	0
0	1	0	0	1
0	1	1	0	1
1	0	0	1	0
1	0	1	1	0
1	1	0	1	0
1	1	1	0	1

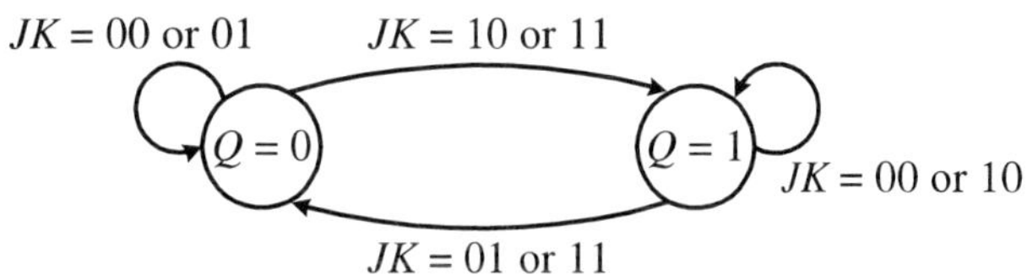

$$Q_{next} = K'Q + JQ'$$

T flip-flop

T	Q	Q_{next}	Q_{next}'
0	0	0	1
0	1	1	0
1	0	1	0
1	1	0	1

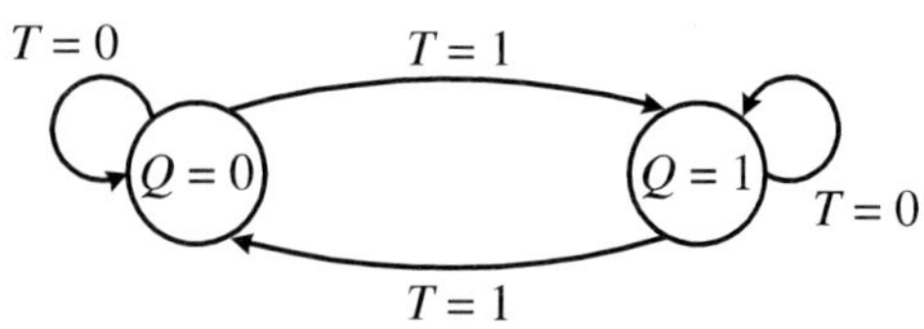

$$Q_{next} = TQ' + T'Q = T \oplus Q$$

5.2 다음 회로에 대해 다음 타이밍 도를 완성하라. NOR 게이트의 신호 지연은 3 ns이고, NOT 게이트의 지연은 1 ns라 가정하라.

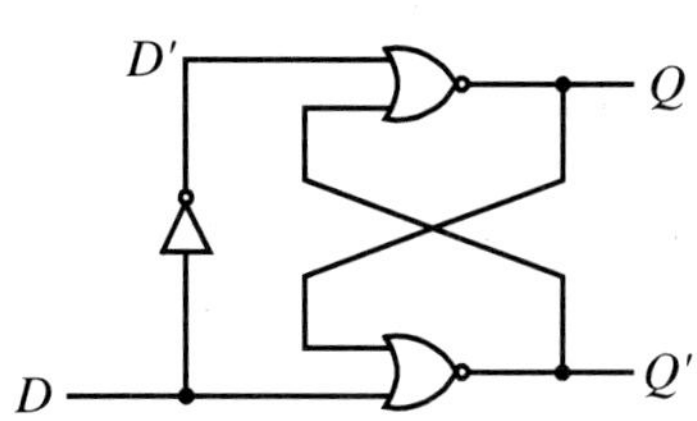

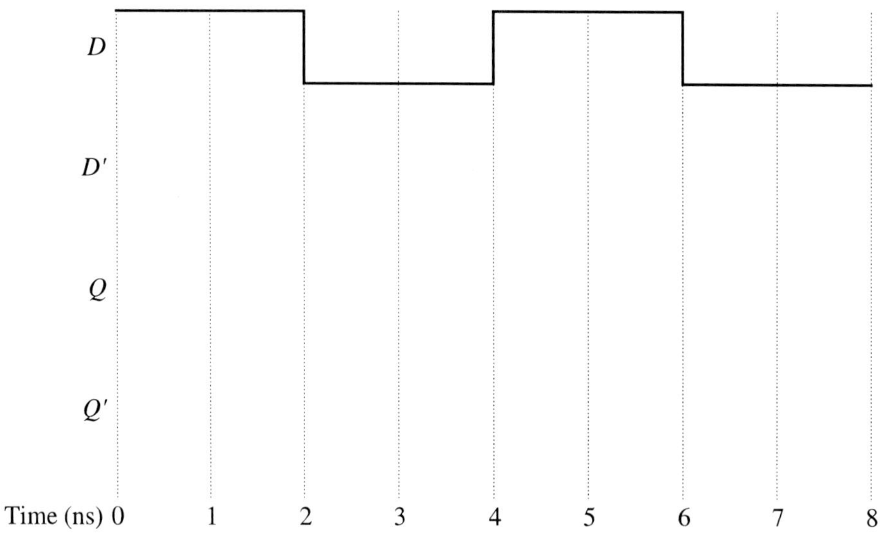

5.3 5.8 절에 보인 클럭 분주기 HDL 코드에서, 다음을 생성하기 위해 half 값은 얼마가 되어야 하나?:

a) 50 MHz 입력 클럭 소스로부터 4 Hz 출력 클럭?

b) 50 MHz 입력 클럭 소스로부터 1 MHz 출력 클럭?

5.4 그림 23(a)에 보인 비동기 *Set'* 과 *Clear'* 회로를 가진 D 래치에 대한 다음 진리표를 완성하라.

Clear'	*Set'*	*E*	*D*	*Q*	*Q'*
1	0	0	×		
0	1	0	×		
1	0	1	0		
0	1	1	1		
1	1	1	0		
1	1	1	1		
0	0	×	×		

5.5 NOR 게이트를 사용하여 D 래치를 그려라.

5.6 마스터-슬레이브 하강 에지트리거 D 플립플롭 회로를 그려라.

5.7 SR 래치를 구현하기 위해 그림 5.6에 보인 것과 비슷하게 NOR 게이트를 사용하여 인에이블을 가진 SR 래치를 그려라. 회로에 대한 진리표를 구하라.

5.8 하강 에지 트리거드 D 플립플롭의 진리표를 그려라.

5.9 3부터 8, 그리고 다시 3으로 돌아가는 BCD 카운터를 구성하라.

5.10 그림 5.43에 보인 RAM에 대한 Verilog 코드를 작성하고 올바르게 동작하는 지 검증하라.

5.11 그림 5.44에 보인 RAM에 대한 VHDL 코드를 작성하고 올바르게 동작하는 지 검증하라.

5.12 2진화 10진(BCD) 업 카운터는 4-비트를 사용하여 0부터 9까지의 10진수를 카운트 하고 다시 0으로 순환한다.

a) BCD 카운터가 되도록 그림 5.57에 보인 병렬 로드 회로를 가진 4-비트 업 카운터에 부가회로를 추가하여 설계하라.

b) *Clear* 신호를 사용하는 것과 *Load* 신호를 사용하는 것 간의 차이는 무엇인가?

5.13 카운트 업 혹은 다운 될 수 있게 하기 위하여, 그림 5.56에 보인 4-비트 2진 업 카운터 회로를 수정하라. 반가산기 대신에 반가산기/감산기를 이용하라.

CHAPTER 06

유한상태 머쉰

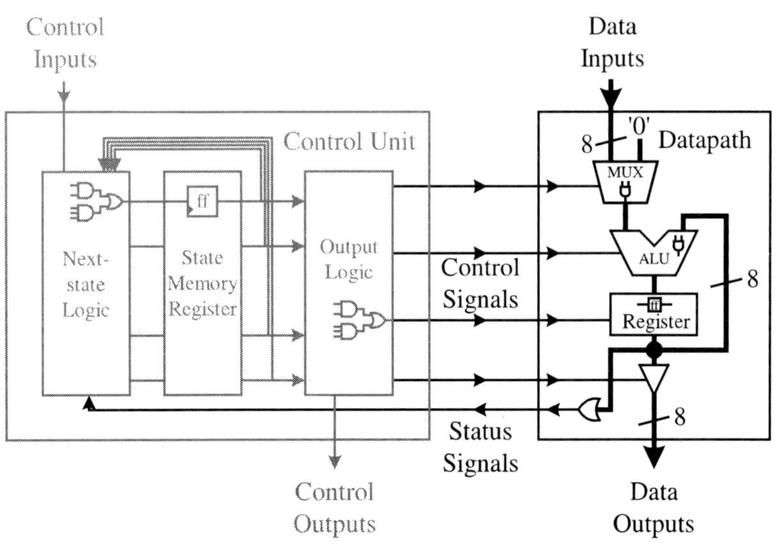

5장에서는 플립플롭-마이크로프로세서 회로에 사용되는 가장 기본적인 메모리 소자-의 설계 및 동작에 대해 살펴보았다. 하나의 플립플롭에는 한 비트의 정보 혹은 한 비트의 이력만 저장할 수 있다는 것을 알았다. 마이크로프로세서 회로가 더 많은 입력과 더 긴 이력을 기억하기 위해서는 더 많은 플립플롭을 포함해야 한다. 과거 입력들의 완전한 이력을 기억하기 위해 사용된 (D) 플립플롭의 집합을 **상태 메모리**(state memory)라 한다. 특정한 시점에서 상태 메모리의 모든 내용들은 해당 시간까지 있었던 입력들의 모든 이력을 나타내는 고유한 2진 인코딩을 만든다. 어떠한 시점에서의 2진 인코딩을 그 시간에서의 시스템의 **상태**라 한다; 그러므로, 인코딩이 다르면 상태가 다르다.

상태 메모리는 모든 마이크로프로세서의 내부에 있는 제어기 회로의 세 가지 주요 구성요소 중 하나이다. 상태 메모리 크기는 유한하므로, 그것이 나타낼 수 있는 서로 다른 상태들의 총 수도 유한하다; 여기서 이 제어기 회로를 **유한상태 머신**(finite state machine: FSM)이라 부른다. 그림 6.1은 FSM의 전체적인 개요를 보여준다. FSM은 마이크로프로세서의 전체 동작을 제어하는 회로이고, 컴퓨터 시스템의 전체 동작을 제어하는 것이 마이크로프로세서이기 때문에, 모든 마이크로프로세서의 심장이다.

FSM은 일련의 상태들을 계속해서 천이하면서 동작한다. 각 상태에서, FSM은 그 상태에 할당된 동작을 수행한다. 유한개의 상태밖에 없지만, FSM은 이 상태들 중 어디에서나 여러 번 접근할 수 있으므로, FSM이 거쳐 갈 수 있는 일련의 상태 순서는 무한히 길어질 수 있다.

예를 들어, FSM이 4개의 다른 동작을 수행하고자 하는 경우에는 4개의 상태-상태 당 하나의 동작-가 필요하다. 만약 동작이 병렬로 수행될 수 있다면, 한 상태에 하나 이상의 동작을 할당함으로써 상태의 개수를 줄일 수 있다. 하지만 당분간 단순하게, 하나의 상태에 하나의 동작만을 할당할 것이다. 한편, 100번 정도 반복하고 싶은 동작이 있을 수도 있다. 100개의 다른 상태에 동일한 동작을 할당하는 것 대신에, 단지 하나의 상태를 이용해서 그 상태를 100번 반복할 수 있는 루핑 능력을 가진 형태로 가질 수도 있을 것이다.

FSM이 수행하는 동작은 **출력 논리회로**(output logic circuit)가 생성하는 출력 신호에 의해 구현된다. 순차회로의 출력은 회로의 과거 및 현재 입력에 의존하고 있고, 그리고 모든 입력들이 상태 메모리 내에 상태의 형태로 저장되어 있기 때문에 출력은 상태 메모리의 내용에 의존한다는 것을 상기하라.

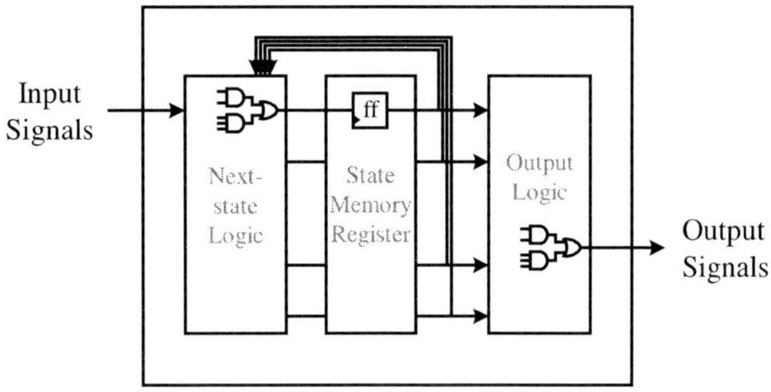

그림 6.1 유한상태 머신 개요.

그러므로 출력 논리회로는 상태 메모리의 내용에 의존하고, 현재 입력에는 의존할 수도 있고 그렇지 않을 수도 있다. 출력 논리회로는 조합회로이며, 그것이 생성하는 출력 신호는 FSM에 의해 수행되는 행위 또는 동작을 구성한다. 따라서 FSM은 단순히 다른 출력 신호를 생성함으로써 다른 상태에서 다른 동작을 수행할 수 있다.

그러므로 FSM은 한 상태에서 다음상태로 천이하여 동작하고, 각 상태에서 다른 출력 신호를 생성한다. FSM 내부의 **다음상태 논리회로**(next-state logic circuit)는 다음에 천이할 상태를 결정하는 역할을 한다. FSM이 있는 현재 상태(즉, 과거의 입력들) 및 현재 입력에 기반하여, 다음상태 논리가 다음상태가 무엇인지를 결정한다. 이 말은 사실, 상태가 과거의 입력을 기억하는 데 사용되고, 그리고 또한 생성될 출력을 결정하기 때문에, 출력이 과거와 현재의 입력에 의존한다고 말하는 것과 같다. 다음상태 논리회로는 입력으로 상태 메모리 플립플롭의 내용과 현재의 입력을 가지는 조합회로이다. 다음상태 논리회로의 출력을 이용하여 상태 메모리 플립플롭의 내용을 변경한다. FSM은 상태 메모리의 내용이 변하면 상태를 바꾸고, 그리고 값들은 활성화 클럭 에지에서 플립플롭 내에 기록되기 때문에, 이는 매 클럭 사이클의 활성(상승) 에지에서 일어난다.

FSM이 상태를 통하여 순차화 되는 속도는 클럭 신호의 속도에 의해 결정된다. 상태 메모리 플립플롭은 항상 인에이블 되어 있어, 클럭의 모든 활성 에지에서 새 값이 플립플롭에 저장된다. 클럭 속도의 제한 요인은 특정 상태에 할당된 모든 동작을 수행하는 데 걸리는 시간이다. 상태에 할당된 모든 데이터 동작은 다음 활성 클럭 에지에서 결과가 레지스터에 써질 수 있도록 한 클럭 주기 내에 동작을 완료해야 한다.

FSM은 어떻게 마이크로프로세서가 이처럼 많고 다양한 것들을 제어할 수 있는 지를 이해하는 열쇠인 것이다. 그것은 다양한 데이터 조작을 언제 실행할 지, 제어 신호를 언제 생성할 지, 그리고 동작이 실행되는 순서를 결정하는 역할을 한다. 마이크로프로세서를 설계하고 구성하기 위해서는, FSM의 동작과 구성을 이해하는 것이 중요하다. 이 장에서는 상태도를 사용하여 어떻게 FSM의 동작을 정확하게 기술할 것인가를 먼저 살펴본다. 다음에 FSM의 분석 및 합성을 살피기로 한다. 마지막으로, 몇 가지 FSM 전체 구성 예를 제시한다.

6.1 유한상태 머쉰 모델

서론에서, 출력 논리회로가 상태 메모리의 내용에 의존하고 있고, 현재의 입력에 의존할 수도 있고 혹은 의존하지 않는 수도 있다고 언급하였다. 출력 논리가 현재 입력에 의존하느냐 아니면 의존하지 않느냐 라는 사실에 따라 그림 6.2에 보인 바와 같은 2개의 다른 FSM 모델이 제시된다.

그림 6.2(a)는 출력이 현재 상태(즉 상태 메모리의 내용)에만 의존하는 **무어**

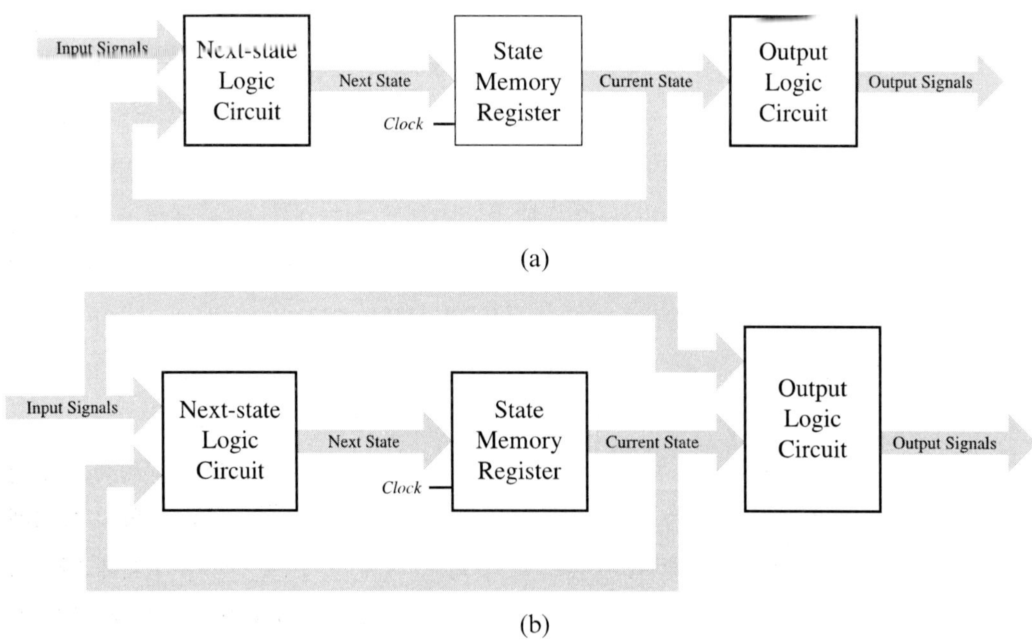

그림 6.2 유한상태 머쉰 모델: (a) 무어 FSM (b) 밀리 FSM.

(Moore) FSM의 블록도를 보여준다. 그림 6.2(b)는 출력이 현재 상태와 현재 입력 모두에 의존하는 **밀리**(Mealy) FSM의 블록도를 보여준다. 이 두 그림 사이의 유일한 차이점은 무어 FSM의 경우 출력 논리회로는 현재의 상태만을 입력으로 가지고 있는 반면, 밀리 FSM의 경우 출력 논리회로는 현재 상태와 입력 신호 모두를 입력으로 가진다.

두 모델은 다음상태 논리회로, 상태 메모리, 출력 논리회로의 3가지 구성요소를 가진다. 다음상태 논리회로와 출력 논리회로는 조합회로이며, 상태 메모리는 하나 이상의 D 플립플롭으로 구성된 순차회로이다.

다음상태 논리회로의 입력은 외부입력 신호와 FSM의 현재 상태이다. 다음상태 논리회로는 상태 메모리의 내용을 변경시킬 값을 생성한다. 상태 메모리는 하나 이상의 D 플립플롭으로 구성되고, D 플립플롭의 내용은 D 입력에 무슨 값이 있느냐에 따라 변하기 때문에, 상태를 바꾸기 위해서는 다음상태 논리회로가 단순히 모든 플립플롭에 대한 모든 D 입력 값을 생성해야 한다. 이러한 D 입력 값을 "여기(excite)" 즉 D 플립플롭이 상태를 변화하게 하기 때문에 **여기**(excitation) 값이라고 한다.

D 플립플롭은 클럭 신호의 모든 활성 에지마다 새 값을 저장하므로, 상태 메모리에 저장된 내용은 모든 활성 클럭 에지에서 변한다는 점에 유의하라. 이것은 매 클럭 사이클이 시작될 때마다 FSM이 새로운 상태로 변한다는 것을 뜻한다.

D 플립플롭의 상태는 바로 Q 출력 값이므로, FSM의 현재 상태에 대한 2진 코딩은 모든 D 플립플롭의 Q 값으로 구성된다.

무어 모델에 대해서는 현재 상태 정보, 밀리 모델에 대해서는 현재 상태와 입력 신호 모두가 주어지기만 하면, 출력 논리회로는 적절한 제어 출력 신호를 생성하여, 그 상태 동안 FSM이 의도한 다양한 동작을 제어한다.

그림 6.3(a)와 (b)는 각각 무어 FSM과 밀리 FSM의 예시 회로를 보여준다. 두 회로는 출력을 제외하면 동일하다. 무어 FSM에서는, 출력 회로는 2개의 D 플립플롭의 출력으로부터 입력 값을 얻는 2-입력 AND 게이트이다. FSM의 상태는 상태 메모리의 내용으로 대표되며, 이는 출력 Q (및 Q') 값에 의해 나타낸 D 플립플롭의 내용이다. 여기서 이 출력 회로는 FSM의 현재 상태에만 의존한다.

밀리 FSM에서는, 출력 회로는 3입력 게이트이다. D 플립플롭에서 나온 2개 입력 이외에, AND 게이트의 3번째 입력은 외부 입력 C에 연결되어 있다.
이 하나의 추가 연결로, 출력 회로는 현재 상태와 외부 입력 모두에 의존하므로,

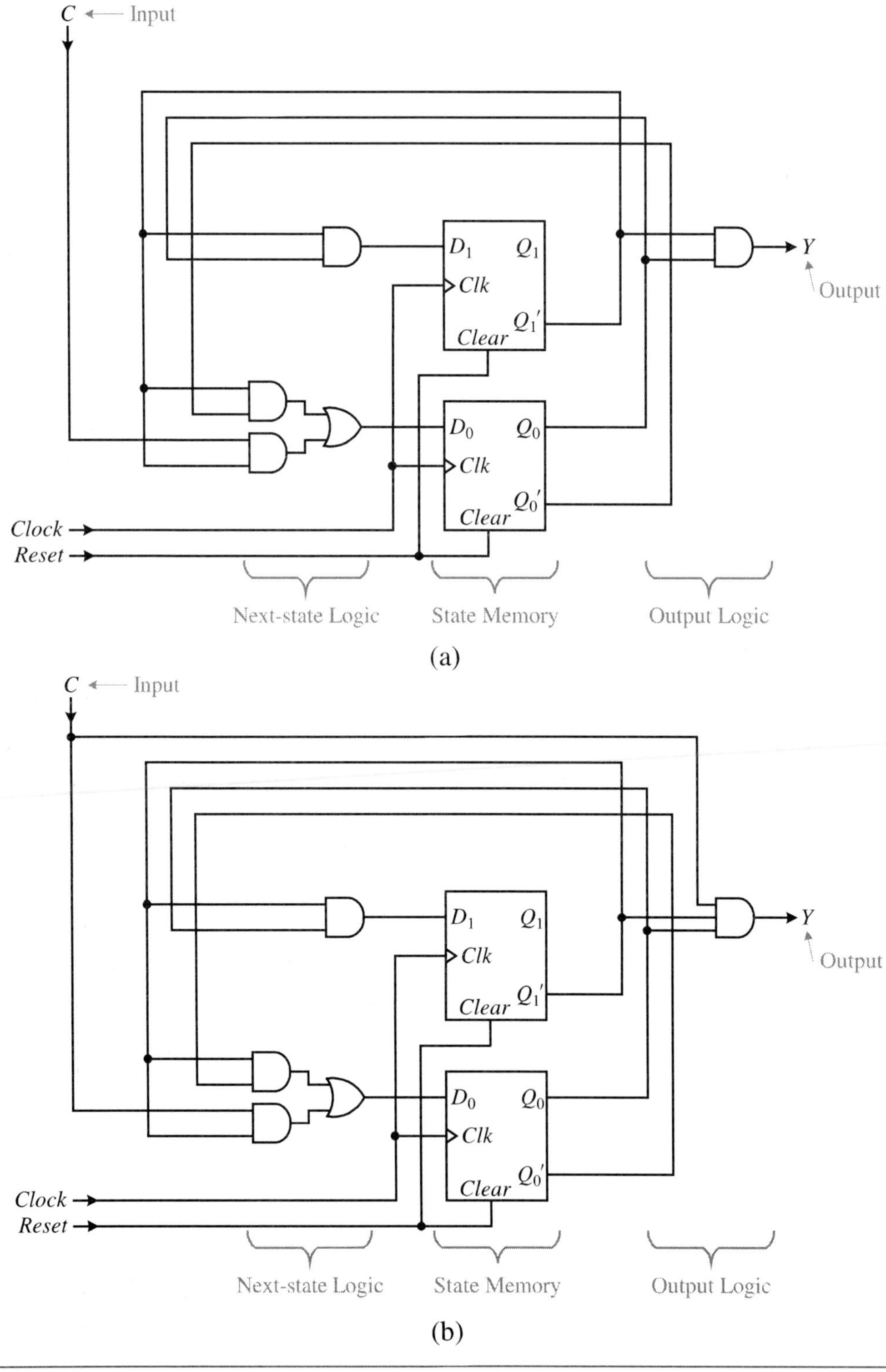

그림 6.3 유한상태 머신 예시: (a) 무어 FSM (b) 밀리 FSM.

밀리 FSM이 된다.

양쪽 회로에서 상태 메모리는 2개의 D 플립플롭으로 구성되어 있다. 2개의 플립플롭은 4개의 다른 값 조합들을 나타낼 수 있다. 여기서, 이 FSM이 다음으로 이동할 상태는 플립플롭의 D 입력 값에 의해 결정된다. 왜냐하면 D 입력에 어떤 값이 있더라도 다음 활성 클럭 에지에서 플립플롭에 저장되고, 새로운 상태 값으로 Q 출력에 이용 가능하기 때문이다.

상태 메모리에 있는 모든 D 플립플롭은 D 입력에 대한 다음상태 값을 생성하기 위해 다음상태 조합회로가 필요하다. 2개 D 플립플롭 (각각 D 입력을 가짐)을 가지고 있으므로, 다음상태 논리회로는 2개의 조합회로로 이루어진다: 하나는 입력 D_0 용, 또 하나는 입력 D_1 용. 이 2개의 조합회로에 대한 입력은 플립플롭의 현재 상태를 나타내는 플립플롭의 Q 출력과 외부 입력 C이다. 입력 C는 모든 다음상태 조합회로의 입력이 될 필요는 없다는 점을 유의하라. 이 예시 회로에서는, 아래 조합회로만이 입력 C에 의존하고 있다.
3장에서 논의하였던 다른 조합회로와 같이, 다음상태 회로 및 출력 논리회로는 진리표 및 부울 식에 의해 유도된다.

이 시점에서 우리가 왜 무어와 밀리 FSM를 구별하여야 하는지는 분명하지 않다. 알고 보면 이 두 모델은 상태 메모리 및 다음상태 논리회로의 크기와, 출력 논리회로의 크기 사이의 타협을 요구한다. 2개의 FSM을 비교하면 무어 FSM은 일반적으로 더 큰 상태 메모리를 가져 더 큰 다음상태 논리회로를 가지며, 반면에 밀리 FSM은 일반적으로 더 큰 출력 논리회로를 가진다. 이 타협의 예는 후의 6.6.5절과 6.6.6절에서 보여줄 것이다.

6.2 상태도

FSM의 동작을 정확하게 설명하는 데 **상태도**(state diagrams)를 사용한다. 상태도는 **노드**(node)와 노드 연결을 위한 **유향 에지**(directed edge)가 포함된 결정론적 그래프이다. FSM의 각 상태에 대해 하나의 노드가 있고, 각 노드에는 상태명 또는 상태 인코딩으로 라벨된다. FSM의 모든 상태 천이에는 두 노드를 연결하는 유향 에지가 있다. 유향 에지는 FSM이 천이할 현재 상태의 노드에서 시작하여 FSM이 천이될 다음상태의 노드로 간다. 에지는 라벨을 가질 수도 있고 가지지 않을 수도 있다. 한 상태에서 다른 상태로 무조건 천이를 하는 에지는 라벨을 가지지 않는다. 이 경우 그 노드에서는 하나의 에지만 가질 수 있다. 한 상태에서 조건부 천이는 각 입력 신호 조건에 대해 2개의 밖으로 나가는 에지가 있다. 이 노드의 두 에지에는 해당 입력 신호 조건과 함께 라벨 되어져야 한다: 조건이 참일 때에 대해 라벨된 한 에지와 조건이 거짓일 때에 대해 라벨된 다른 에지. 입력 신호가 1개 보다 더 많으면, 노드에서 밖으로 나가는 에지에 모든 가능한 입력 조건들이 라벨 되어져야 한다. 상태도는 어떤 노드에서든 입력 조합에 대해 다음으로 이동할 노드를 정확하게 제시해야 하기 때문에 결정론적이다.

그림 6.4(a)는 4개의 상태, 1개의 입력 신호 C, 1개의 출력 신호 Y를 포함하는 상태도의 예시를 보여준다. 4개의 상태에는 4개의 인코딩 된 2진 값 00, 01, 10 및 11로 라벨되어 있다. 상태 00에서 01, 10에서 00, 11에서 00으로 천이하는 3개의 무조건 천이(즉, 라벨이 없는 에지)가 있다. 입력 조건 C에 따라 상태 01에서 10 또는 11로 천이하는 조건부 천이가 하나 있다. 이 책에서는, 에지에 대한 조건부 라벨을 나타내기 위해 괄호 안에 조건부 테스트를 포함하는 표기를 사용한다. 그림 6.4(a)에 상태 01에서 10으로 천이하는 에지는 조건부 라벨$(C=0)$을 가진다. 이것은 입력 조건$(C=0)$ 이 참이면, 상태 01에서 10으로 천이된다는 것을 뜻한다. 그렇지 않으면, $(C=0)$ 이 거짓이면, 즉$(C=1)$ 이 참이면, 01에서 11로 천이된다. 조건부 라벨$(C=0)'$ 과 $(C=1)$ 은 동일한 것을 의미하며 상호 교환하여 사용될 수 있다.

그림 6.4(a)에는 출력 신호 Y가 출력이 현재 상태에만 의존한다는 것을 나타내면서, 각 노드 내부에 또는 옆에 라벨되어 있다. 예를 들어, FSM이 01 상태이면 출력 Y는 1로 설정되고, 상태 11에서는 Y가 0으로 설정되어 있다.

그림 6.4(a)의 상태도에 기반한 FSM의 동작은 다음과 같이 진행된다. 리셋 후 FSM은 상태 00에서 시작된다. 이 책에서는 달리 명시되지 않은 한, 항상 상태 0을 시작 또는 리셋 상태로 사용할 것이다.

상태 00에 있으면 Y에 0을 출력한다. 다음 활성 클럭 에지에서, FSM은 조건 없이 상태 01로 천이되고 Y에 1을 출력한다. 다음에, FSM은 조건 $(C=0)$ 에 따라 다음 활성 클럭에지에서 상태 10 또는 11 로 천이한다. 조건$(C=0)$ 이 참이면 FSM은 상태 10으로 진행하고 Y에 0을 출력한다; 그렇지 않으면 상태 11로 진행하고 Y에 0을 출력한다. 상태 10 또는 11에서 FSM은 다음 클럭 사이클에서 무조건 상태 00으로 천이한다. FSM은 항상 다음 활성 클럭에지 시작에서 새 상

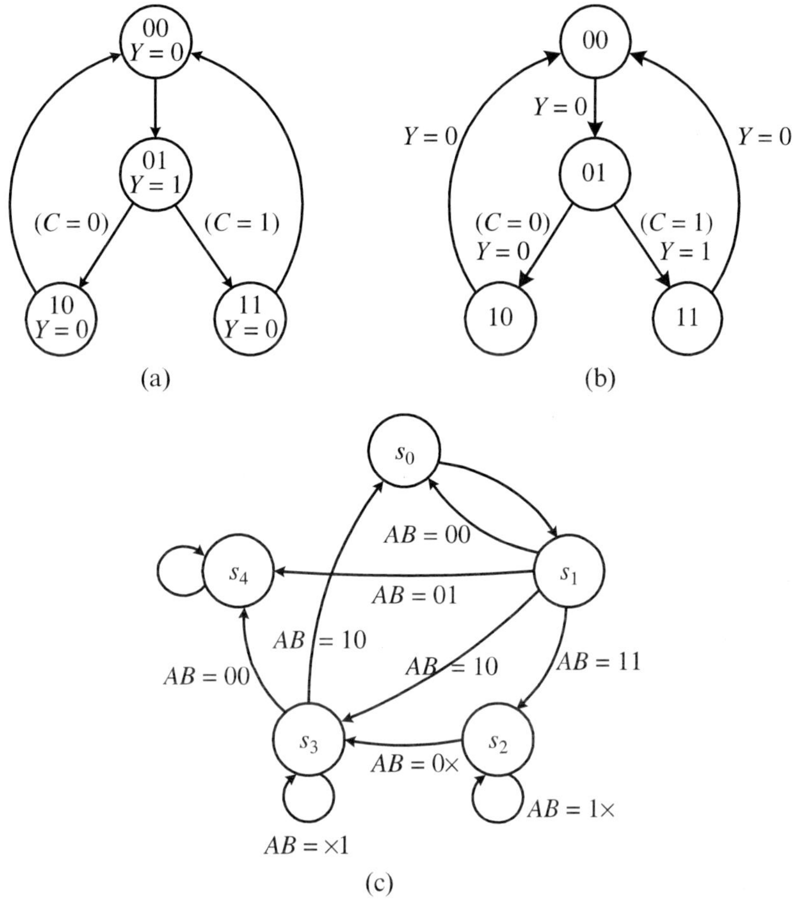

그림 6.4 상태도 예시: (a) 4개의 상태, 1개의 입력 신호 C, 1개의 출력 신호 Y를 갖는 무어 FSM (b) 4개의 상태, 1개의 입력 신호 C, 1개의 출력 신호 Y를 갖는 밀리 FSM (c) 5개의 상태와 2개의 입력 신호 A, B를 갖는 FSM.

태로 이동한다.

그림 6.4(b)는 그림 6.4(a)와 약간 다른 상태도를 보여준다. 출력 신호 Y를 노드 내부 또는 옆에 라벨하는 대신에 에지 위에 라벨한다.

이것이 의미하는 것은 출력이 현재 상태(즉, 에지가 시작하는 상태)와 입력 신호 C에 모두 의존한다는 것이다. 예를 들어, FSM이 01 상태에 있을 때, FSM이 조건$(C=0)$의 왼쪽 에지를 취해 상태 10으로 가면, Y를 0으로 출력한다. 그러나, FSM이 조건$(C=1)$의 오른쪽 에지를 취해 상태 11로 가면, Y를 1로 출력한다.

그림 6.4(c)는 5개의 상태, 2개의 입력 신호, 그리고 출력 신호가 없는 상태

도를 보여준다. 실제로 모든 FSM은 출력 신호를 가졌어야 한다; 그렇지 않으면 쓸모 있는 어떤 것도 행하지 않는 것이 된다. 이 상태도의 5개 상태는 s_0, s_1, s_2, s_3 및 s_4의 심볼 상태명으로 주어졌다. 두 입력 신호는 A와 B이다. 다시, 첨자 0을 가진 상태명, 즉 s_0를 시작 상태로 사용한다.

상태 s_0에서 상태 s_1로 이동하는 하나의 무조건적인 에지가 있다. 이 라벨되지 않은 에지는 $AB = \times\times$(여기서 $\times$는 "무정의 를 나타낸다) 라벨을 갖는 것과 같다. 즉, A는 0 또는 1일 수 있고, B 또한 0 또는 1일 수 있다; 이 에지는 어떤 조합의 두 입력 신호라도 취할 수 있다. 상태 s_1에서 두 입력 신호의 네 가지 조합으로 라벨된 밖으로 향하는 4개의 에지가 있다. 예를 들어, s_1 상태에서 입력 신호 AB가 11이라면(즉, $A = 1$이고 $B = 1$), 그러면 다음 클럭 사이클에서 FSM은 s_2 상태로 천이한다. 상태 s_2에는 밖으로 향하는 오직 2개의 에지만 있다. 그러나 2개의 라벨은 B가 두 경우 모두 무정의($\times$로 표시됨)이기 때문에, 4개의 가능한 입력 조건을 나타낸다. 상태 s_3에는 밖으로 향하는 3개의 에지가 있지만, 그러나, 그 라벨에는 역시 4개의 입력 조건이 모두 포함되어 있다.

보다시피, 상태도는 컴퓨터 프로그램 순서도와 비슷하고, 그 안에 노드는 문이나 데이터 연산을 위한 것이고, 에지는 프로그램 시퀀스를 제어하기 위한 것이다. 이러한 유사성 때문에 어떤 프로그램도 상태도로 전환할 수 있을 것이다. 예제 6.1은 간단한 C-스타일 의사 코드를 상태도로 변환하는 방법을 보여준다.

예제 6.1

의사 코드를 상태도로 변환하기

다음 의사 코드에 기반된 상태도를 유도하라.

```
x = 5
WHILE (x ≠ 0){
  OUTPUT x
  x = x - 1
  }
```

의사 코드에는 3개의 데이터 연산 문과 하나의 조건 테스트를 가지고 있다. 각 데이터 연산 문은 그림 6.5(a)와 같이 노드(상태)에 할당된다. 각 노드에는 상태에 대한 심볼명이 주어지며, 해당 상태에서 실행될 문으로 주석이 달려진다.

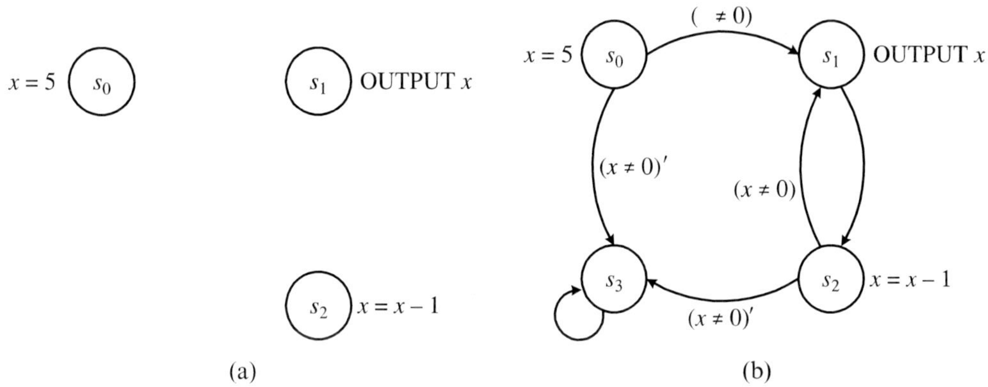

그림 6.5 예제 6.1의 상태도: (a) 노드에 할당된 데이터 연산 (b) 천이 에지를 포함한 전체 상태도.

이 때 노드를 실제 2진 인코딩으로 라벨하는 대신, 이름을 부여하는 것이 좋다. 상태의 실제적인 인코딩은 나중에 합성 프로세스 중에 수행될 수 있다.

다음에, 실행 순서에 기반한 상태도에 방향성 에지를 지정한다. 상태 s0에서 (여기서, 문 $x = 5$가 실행된다) 시작하여, 프로그램은 조건($x \neq 0$) 를 테스트 한다. 조건이 참이면 출력 문이 실행된다; 그렇지 않으면 루프(와 프로그램)는 종료된다. 그림 6.5(b)를 참조하면, 상태 s_0 에서 밖으로 향하는 두 개의 에지가 있다. s_0 에서 s_1 로 향하는 에지에는 라벨($x \neq 0$) 이 있고, 이는 조건($x \neq 0$) 이 참이면, 이 에지가 선택되어 상태 s_1 로 이동하여 출력문을 실행한다는 것을 의미한다. 한편, 조건이 거짓이면 루프는 종료된다. 루프 후에 문이 없으므로, 상태도에 추가적인 no-operation 상태 s_3 을 추가해야 한다. s_0 에서 s_3 까지의 에지에는($x \neq 0$) 이 되어 있고, 이것은 에지가 조건($x \neq 0$) 이 거짓일 때 선택된다는 것을 의미한다.

상태 s_1 에서 출력문을 실행한 후 감소 명령이 실행된다. 이 시퀀스는 상태 s_1 에서 s_2 로 이동하는 무조건 에지에서 반영된다. s_2 에서 감소 명령을 실행한 후에는, WHILE 루프에 있는 조건($x \neq 0$) 이 다시 테스트 된다. 조건이 참이면 라벨($x \neq 0$) 를 가진 에지를 취해 다시 상태 s_1 로 돌아가 루프를 반복한다. 조건이 거짓이면, 라벨($x \neq 0)'$ 를 가진 에지를 취해 s_3 으로 간다. 상태 s_3 에서는 무조건적으로 자기 자신으로 루프되어 돌아간다; 그러므로, 어느 장소라도 이동하지 않고 아무 것도 하지 않아 프로그램이 중단되었음을 나타낸다.

6.3 유한상태 머쉰의 분석

FSM 회로가 자주 주어지게 되어 그 동작을 알 필요가 있다. **유한상태 머쉰 분석**(analysis of finite-state machines)은 FSM 회로(그림 6.3 회로와 같은)가 주어지면, 이에 대한 상태도를 유도하여 회로의 동작을 정확히 기술하는 과정이다. FSM 회로 분석 단계는 다음과 같다.

1. 다음상태 조합 논리회로에서 다음상태 식을 구한다.
2. 다음상태 식에서 다음상태 표를 구한다.
3. 출력 조합 논리회로에서 출력식을 구한다.
4. 출력 식에서 출력표를 구한다.
5. 다음상태 표와 출력표에서 상태도를 그린다.

다음 하위 절에서는 이러한 단계를 자세히 설명한다.

6.3.1 다음상태 식

다음상태 식(next-state equations)은 FSM의 다음상태 논리회로에서 유도된 식이다. 다음상태 논리회로는 조합회로이므로, 다음상태 식을 유도하는 것은 3장에서 논의한 것과 같이 단순 조합회로의 분석과 같다. 이 식은 D 플립플롭의 D 입력신호 값을 제공하고, FSM의 현재 상태 및 외부 입력에 따라 달라진다. 현재 상태는 D 플립플롭의 현재 내용(즉, 플립플롭의 출력 신호 Q와 Q')에 따라 결정된다. D 플립플롭에는 오직 하나의 데이터 입력 D만 있기 때문에, 상태 메모리의 각 D 플립플롭에 대한 하나의 식이 있다.

그림 6.6에 보인 FSM 회로가 주어졌다면, 회로에 사용된 2개의 D 플립플롭에 대한 다음상태 논리회로에서 유도된 다음 2개의 상태식을 얻는다. 식 6.1은 플립플롭 1(위의 플립플롭)의 입력 D_1을 위한 다음상태 논리회로에서 유도된 것이며, 식 6.2는 플립플롭 0(아래 플립플롭)의 입력 D_0을 위한 다음상태 회로에서 유도된 것이다.

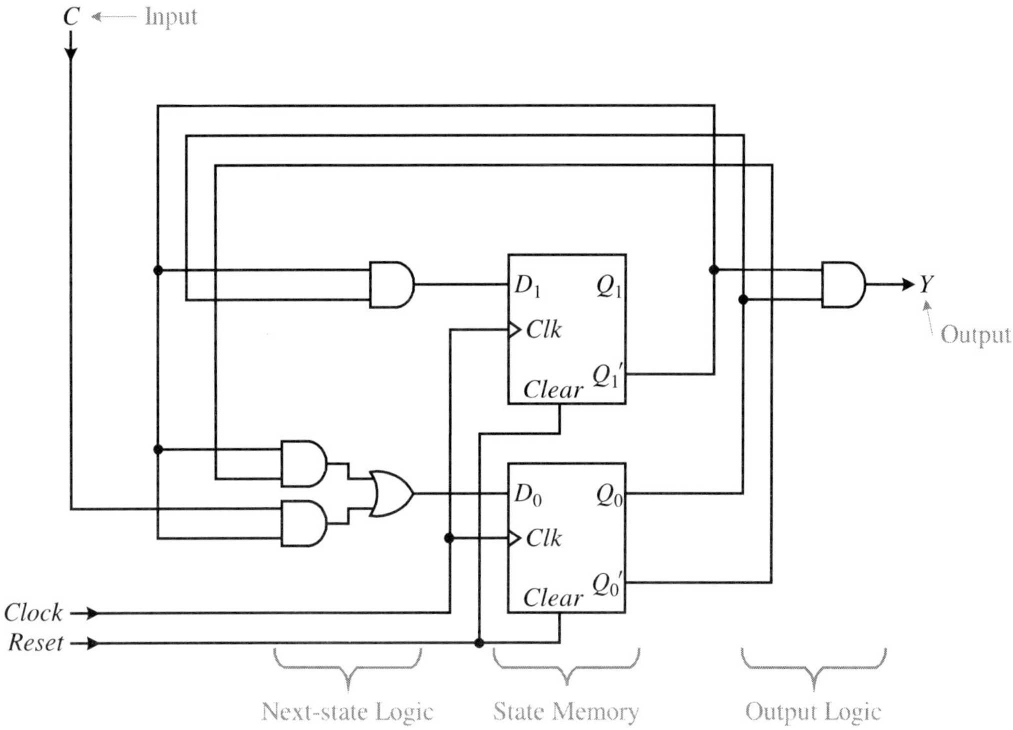

그림 6.6 유한상태 머신 회로 예시.

$$D_1 = Q_1{}' Q_0 \tag{6.1}$$

$$D_0 = Q_1{}' Q_0{}' + CQ_1{}' \tag{6.2}$$

5장에서 다룬 D 플립플롭의 상태식을 상기하라.

$$Q_{next} = D$$

따라서, 대입하여 다음과 같은 2개의 최종 다음상태 식을 얻는다:

$$Q_{1next} = D_1 = Q_1{}' Q_0 \tag{6.3}$$

$$Q_{0next} = D_0 = Q_1{}' Q_0{}' + CQ_1{}' \tag{6.4}$$

6.3.2 다음상태 표

다음상태 표(next-state table)는 다음상태 식에서 유도되는 단순 진리표이다. 현재 상태값(Q)과 입력값의 모든 조합에 대해 다음 상태값(Q_{next})이 무엇이 될 것

CQ_1Q_0	$Q_{1next}Q_{0next}$
000	01
001	10
010	00
011	00
100	01
101	11
110	00
111	00

(a)

Current State Q_1Q_0	Next State $Q_{1next}Q_{0next}$	
	$C = 0$	$C = 1$
00	01	01
01	10	11
10	00	00
11	00	00

(b)

그림 6.7 4개의 상태와 1개의 입력 신호 C를 갖는 다음상태 진리표: (a) 원 형식 (b) 새 형식.

인지를 열거한 것이다. 이 다음상태 값은 현재 상태와 입력 값을 적절한 다음상태 식에 대입하여 얻을 수 있다.

그림 6.7(a)는 2개의 다음상태 식 6.3과 6.4에서 얻은 진리표를 나타낸다. 3개 입력 변수 C, Q_1와 Q_0와 2개 출력 변수 Q_{1next}와 Q_{0next}가 있다. 다음상태 표에 대해 그림 6.7(b)에 보인 것처럼 약간 다른 형식의 진리표를 사용한다. 이 새 형식은 현재 상태와 입력값이 주어지면 다음상태가 무엇인지 더 쉽게 알 수 있게 해 준다.

양쪽 표 모두 동일한 정보를 나타내지만, 진리표의 행과 열을 단지 재정렬함으로써 다음상태 표를 얻는다. 다음상태 표 안의 행은 현재 상태로 라벨되고 열은 입력으로 라벨되고, 표 안의 엔트리(entry)은 다음상태 값이다. 이 새 형식을 사용하여 다음상태 표를 나타낸다.

FSM의 상태 메모리에 2개 플립플롭 Q_1과 Q_0을 가지면, 현재 상태에 대해 4개의 인코딩 00, 01, 10, 11이 있게 된다. 두 개의 가능한 값 0과 1을 가진 입력 신호 C가 있다. 따라서 3개의 입력 변수(Q_1, Q_0, C) 를 가지면 표에는 총 8 개 (2^3) 엔트리가 있게 된다. 표의 각 엔트리는 두 비트로 구성된다: 최좌측 비트 Q_{1next} 는 Q_1 플립플롭의 다음 값이고, 최우측 비트인 Q_{0next}는 Q_0 플립플롭의 다음 값이다. 각 엔트리에 대해 이 두 비트를 함께 쓰는 것은 2개의 개별 진리표를 갖는 것과 같다. 그것들을 서로 조합함으로써 다음상태 인코딩을 보는 것이 더 쉽다. 또한 표의 엔트리 각각에 있는 두 비트 $Q_{1next}Q_{0next}$는 두 플립플롭에 대한 다음상태 값을 나타낸다. 이 다음상태 값은 현재 상태 값 Q_1Q_0와 입력 값

C를 다음상태 식 6.3과 6.4에 대입하여 얻는다.

예를 들어, 좌측 상단 엔트리에 대한 Q_{1next}(색 표시된 엔트리의 좌측 비트) 값을 얻으려면, 수식 6.3에 현재 상태값 $Q_1 = 0$, $Q_0 = 0$과 입력 값 $C = 0$을 대입하여 다음을 얻는다.

$$\begin{aligned} Q_{1next} &= Q_1' Q_0 \\ &= 0' \cdot 0 \\ &= 1 \cdot 0 \\ &= 0 \end{aligned}$$

마찬가지로, Q_1, Q_0, C에 대해 동일한 값을 식 6.4에 대입하면 동일 좌측 상단 엔트리에 대한 Q_{0next} 값을 얻는다.

$$\begin{aligned} Q_{0next} &= Q_1' Q_0' + C Q_1' \\ &= 0' \cdot 0' + 0 \cdot 0' \\ &= 1 + 0 \\ &= 1 \end{aligned}$$

그러므로, 좌측상단 엔트리는 $Q_{1next} Q_{0next}$에 대해 다음상태 값 01을 갖는다. 다음상태 표의 나머지 엔트리는 Q_1, Q_0, C에 대응하는 값을 2개의 다음상태 식 6.3 과 6.4에 대입함으로써 동일한 방식으로 얻어진다.

좌측상단 엔트리는 현재 상태 $Q_1 Q_0$가 00이고 입력 신호 C가 0이면, FSM이 이동하는 다음상태 $Q_{1next} Q_{0next}$ 는 01 이라는 것을 나타낸다. 우측상단 엔트리는 만약 현재 상태가 00이고 입력 신호 C가 1이면 다음상태 또한 01 이다 라는 것을 말해 준다. 즉, 상태 00에서 01로의 천이는 입력 조건 C에 종속되지 않으므로 이는 무조건적인 천이다 라는 것을 말해준다. 상태 01에서 2개의 조건부 천이가 있다: 조건($C = 0$) 이 참이면, FSM은 상태 10으로 천이한다; 만약($C = 1$) 이 참이면 상태 11로 천이한다. 상태 10 또는 11에서는 FSM은 무조건 상태 00으로 천이한다.

6.3.3 출력식

출력식(output equations)은 FSM의 조합 출력 논리회로로부터 유도된 식이다.

FSM(무어 또는 밀리)의 유형에 따라 출력식은 단지 현재 상태 또는 현재 상태와 입력 모두에 의존할 수 있다.

그림 6.3(a)의 무어 회로의 경우, 출력식은

$$Y = Q_1{}' \, Q_0 \tag{6.5}$$

그림 6.3(b)의 밀리 회로의 경우 출력식은

$$Y = CQ_1{}' \, Q_0 \tag{6.6}$$

일반적인 FSM은 여러 출력 신호를 가지며 모든 출력 신호에는 하나의 식을 가진다.

6.3.4 출력표

출력표(output table)는 출력식에서 유도된 진리표이다. 무어와 밀리 FSM의 출력표는 서로 약간 다르다. 무어 FSM의에 대해서는 출력표에는 현재 상태의 모든 조합에 대한 출력값을 열거한다. 그러나 밀리 FSM에 대해서는 출력표에는 현재 상태와 입력 값의 모든 조합에 대한 출력값을 열거한다. 이 출력값은 현재 상태와 입력값을 적절한 출력식에 대입하여 얻어진다.

그림 6.8(a)와 (b)는 각각 출력식 6.5와 6.6에서 유도된 무어와 밀리 FSM의 출력표를 보여준다. 무어 FSM의 경우, 출력 신호 Y는 현재 상태값 $Q_1\ Q_0$ 에만 종속적이다; 밀리 FSM의 경우 출력 신호 Y는 현재 상태와 입력 C에 종속적이다.

Current State Q_1Q_0	Output Y
00	0
01	1
10	0
11	0

(a)

Current State Q_1Q_0	Output Y	
	$C = 0$	$C = 1$
00	0	0
01	0	1
10	0	0
11	0	0

(b)

그림 6.8 출력표: (a) 무어 FSM의 경우 (b) 밀리 FSM의 경우.

6.3.5 상태도

FSM 회로 분석의 마지막 단계는 상태도를 유도하는 것이다. 상태도는 다음상태 표와 출력표를 직접 해석하여 얻을 수 있다.

그림 6.6의 FSM 회로는 상태 메모리로 2개의 플립플롭을 사용한다. 2개의 플립플롭에는 4개의 다른 상태 인코딩을 가질 수 있다; 그러므로, 상태도는 4개의 노드를 가진다. 먼저 시작으로 그림 6.9(a)에 보인 바와 같이, 4개의 노드를 그리고, 상태 인코딩의 4개의 서로 다른 조합으로 라벨하는 것으로 시작한다.

다음으로, 다음상태 표에 있는 정보를 기반으로 에지를 그린다. 그림 6.7(b)에 보인 다음상태표의 다음상태 엔트리에 각각에 대해, 현재 상태에서 다음상태로 향하는 해당 유향 에지가 있다. 그 천이에 대한 해당 입력 조건은 그 에지에

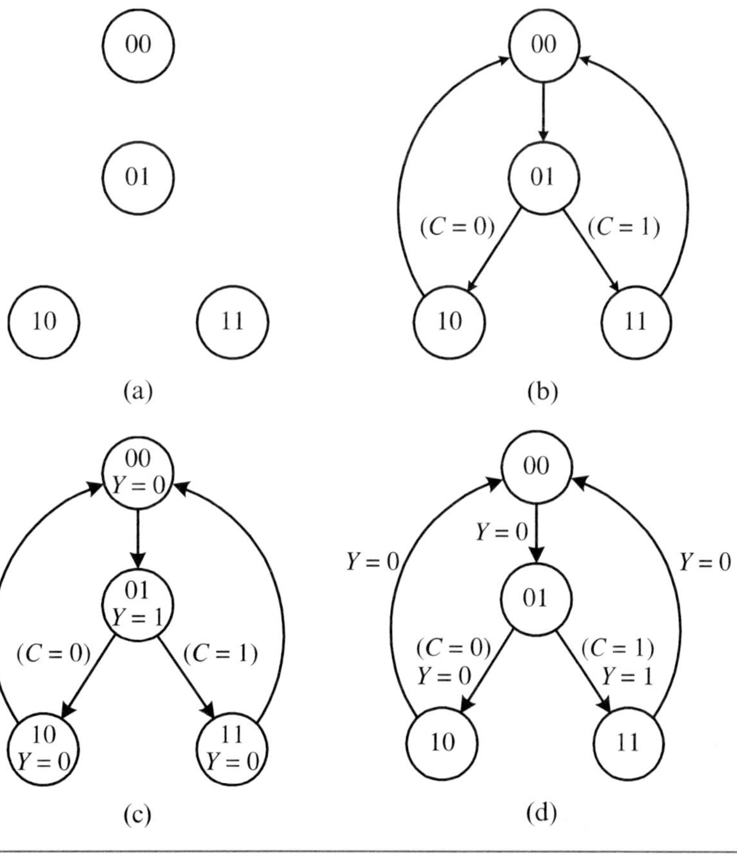

그림 6.9 상태도 구성: (a) 노드만 가진 초기 도 (b) 에지가 추가된 도 (c) 무어 FSM의 최종 상태도 (d) 밀리 FSM의 최종 상태도.

라벨이 붙여진다. 예를 들어, 현재 상태 $Q_1\,Q_0$ 이 01이면, 다음상태 Q_{1next} Q_{0next}는 C가 0일 때 10이므로, 01로 라벨이 붙여진 노드에서 10으로 라벨 된 노드로 천이하는 유향 에지가 있다.
이 천이는 입력 신호 C가 0일 때만 발생하므로, 에지는 그림 6.9(b)에 보인 바와 같이 조건($C=0$) 으로 라벨된다.

모든 가능한 입력 조건에 대해 현재 상태에서 다음상태로 동일한 천이가 발생하면, 이는 무조건적인 천이이다. 이것을 나타나게 하기 위해 오직 한 에지만 그려지고, 그 에지에는 어 떤 라벨도 필요하지 않다. 예를 들면, 현재 상태 00에서 다음상태는 모든 가능한 C 값에 대해 01이며, 무조건적인 천이가 된다. 따라서 상태 00에서 상태 01로 이동하는 오직 한 에지만 있으며, 그 위에 조건 라벨을 갖지 않는다.

무어 FSM에 대해서는 출력 신호는 출력표에 기반하여 노드 내부 또는 노드 옆에 라벨된다. 예를 들면, 그림 6.8(a)의 출력표를 보면 FSM이 00 상태에 있을 때 출력 신호 Y가 0임을 알 수 있다. 따라서 그림 6.9(c)에 보인 바와 같이, 출력 신호 라벨 $Y=0$ 을 노드 00 안에 추가한다. 이를 출력표의 모든 엔트리에 대해 반복한다. 밀리 FSM의 경우, 출력 신호도 입력 신호에 의존하기 때문에, 출력 신호가 에지 위에 라벨된다. 예를 들면, 출력 신호 Y는 현재 상태가 01이고 신호 C가 1일 때 1이다; 그러므로, 그림 6.9(d)에 보인 바와 같이 01에서 11로 이동하는 에지에는 출력 신호 $Y=1$ 로 라벨된다.

그림 6.9(c)에 보인 전체 무어 상태표는 그림 6.7(b)의 다음상태 표와 그림 6.8(a)의 무어 출력표로부터 유도된다. 이 상태도에서, 출력 신호는 현재 상태에만 의존하므로 출력값은 상태 내부 또는 옆에 라벨된다. 그림 6.9(d)에 보인 밀리 상태도는 그림 6.7(b)의 동일한 다음상태 표에서 그리고 그림 6.8(b)의 밀리 출력표를 사용하여 유도되었다. 이 상태도에서 출력 신호는 현재 상태와 입력 조건 모두에 의존하기 때문에 출력값은 에지 옆에 라벨된다.

6.3.6 예제

예제 6.2는 FSM을 분석하는 전체 과정을 보여준다.

예제 6.2

FSM 분석

앞에서 설명한 스텝에 따라 그림 6.10에 보인 FSM 회로에 대해 자세히 분석하자. 이 FSM에는 상태 메모리용 2개 D 플립플롭, 1개 입력 신호 C, 그리고 2개 출력 신호 X, Y가 포함된다. 출력 신호 X는 현재 상태 $Q_1 Q_0$ 와 입력 신호 C에 의존하며, 반면에 출력 신호 Y는 현재 상태 $Q_1 Q_0$ 에만 의존한다. 출력 신호 X가 입력 신호 C에 의존하므로 밀리 FSM이 된다. 분석 과정을 시작하기 전에, FSM에 2개 플립플롭이 있으므로 상태도에는 4개 노드가 있다는 결론을 내릴 수 있다.

분석에서 Step 1은 다음상태 조합 논리회로에서 유도된 다음 상태식을 유도하는 것이다. 이 식은 플립플롭의 현재 상태 Q_1과 Q_0 그리고 입력 C에 의존한다.

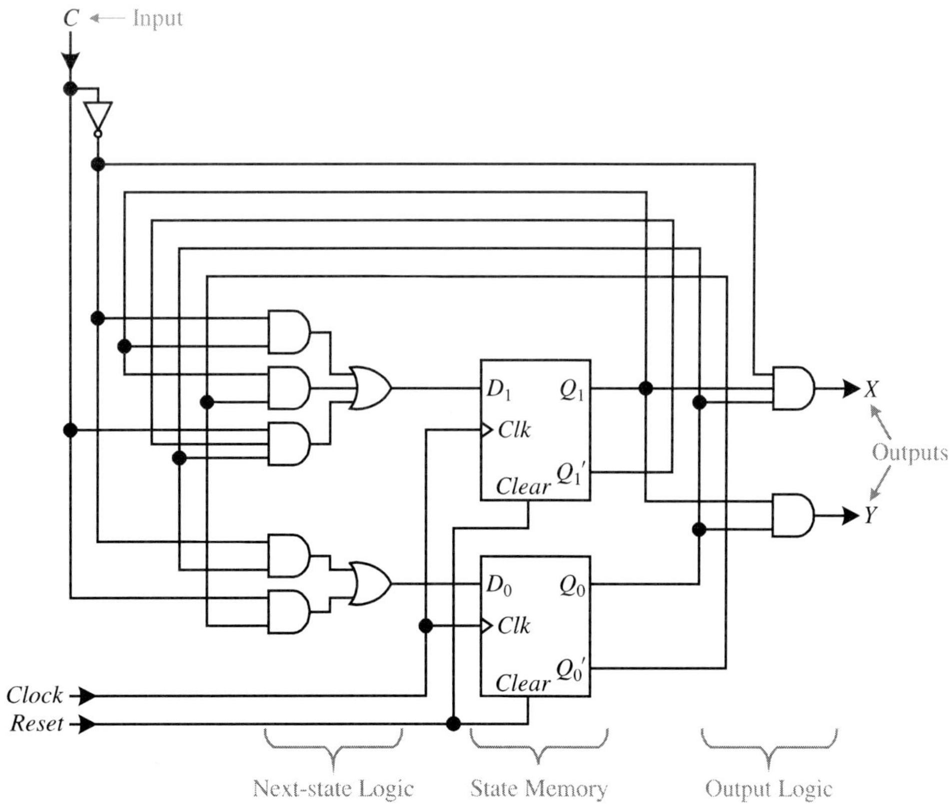

그림 6.10 예시 FSM.

상태 메모리에 있는 모든 플립플롭의 각 데이터 입력마다 하나의 식이 필요하다. 예시 회로에는 2개의 데이터 입력 D_1 및 D_0 을 갖는 2개의 플립플롭이 있으므로, 2개의 다음상태 식을 갖는다. D_1 값을 출력하는 상단의 다음상태 조합회로를 분석하여 다음의 다음상태 식을 얻는다.

$$Q_{1next} = D_1 = C'Q_1 + Q_1 Q_0' + CQ_1' Q_0$$

D_0 값을 출력하는 하단의 다음상태 조합회로를 분석하여 다음상태 식을 얻는다.

$$Q_{0next} = D_0 = C'Q_0 + CQ_0'$$

Step 2는 다음상태 식에서 다음상태 표를 유도하는 것이다. 다음상태 표에 있는 현재 상태 수는 FSM 회로의 상태 메모리에 있는 플립플롭 수로부터 추정된다.

예시 FSM 회로에는, 2개의 플립플롭 Q_1 과 Q_0 이 있으므로, 4개의 다른 조합으로 4개의 다른 상태를 제공한다. 다음상태 표의 다음상태 값 $Q_{1next} Q_{0next}$ 는 Step 1에서 얻은 다음상태 식에 현재 상태 $Q_1 Q_0$ 의 모든 조합과 입력값 C를 대입함으로써 구한다. 세 변수 Q_1, Q_0, C는 다음상태 표에 8개의 다음상태 엔트리를 갖는다. 각 항은 두 비트를 가진다. 첫 번째 비트는 Q_{1next} 이고 두 번째 비트는 Q_{0next} 이다. 이 두 비트를 각 엔트리에 대해 함께 써 넣는 것은 2개의 분리된 진리표를 갖는 것과 같다. 이 둘을 결합하면 상태 인코딩을 보다 쉽게 볼 수 있다. 다음상태 표 결과는 다음과 같다.

Current State Q_1Q_0	Next State $Q_{1next}Q_{0next}$	
	$C = 0$	$C = 1$
00	00	01
01	01	10
10	10	11
11	11	00

예를 들어, 현재 상태 $Q_1 Q_0 = 00$ 와 $C = 1$(표의 칼라 엔트리)에 대한 Q_{1next} 값을 구하려면, $Q_1 = 0$, $Q_0 = 0$, $C = 1$ 값을 식에 대입하여 $Q_{1next} = C'Q_1 + Q_1 Q_0' + CQ_1' Q_0 = (1' \cdot 0) + (0 \cdot 0') + (1 \cdot 0' \cdot 0) = 0$ 의 값을 얻

는다. 마찬가지로, Q_1, Q_0, C에 같은 값을 대입하여 $Q_{0next} = C' Q_0 + CQ_0'$ $= (1' \cdot 0) + (1 \cdot 0') = 1$의 값을 얻는다. 따라서 $Q_{1next} Q_{0next} = 01$이 된다.

Step 3은 출력 조합 논리회로로부터 출력 식을 유도하는 것이다. 모든 출력 신호에 대해 하나의 출력 식이 필요하다. 이 예제에서는, 2개의 출력 신호 X, Y가 있다. 출력 신호 X는 현재 상태 $Q_1 Q_0$와 입력 신호 C에 의존한다. 출력 신호 Y는 현재 상태 $Q_1 Q_0$에만 의존한다. 출력 신호 X와 Y에 대한 출력 논리회로의 조합적 분석을 통해 다음 2개의 출력 식을 얻는다.

$$X = C' Q_1 Q_0$$

$$Y = Q_1 Q_0$$

Step 4는 출력표를 유도하는 것이다. 다음상태 표와 마찬가지로, 출력 표는 현재 상태와 입력 신호 값의 모든 가능한 조합을 출력 식에 대입하여 얻는다. 다음은 이 예제에 대한 출력표를 보여준다. 출력 X는 현재 상태 $Q_1 Q_0$와 입력 C 모두에 의존되기 때문에, 2개의 열, 즉 하나는 $C = 0$ 열, 또 하나는 $C = 1$ 열을 가진다. 출력 Y는 현재 상태 $Q_1 Q_0$에만 의존하므로, 하나의 열만 가진다. 다음은 X와 Y에 대한 결과 출력표를 보여준다.

Current State Q_1Q_0	Output X		Output Y
	$C = 0$	$C = 1$	
00	0	0	0
01	0	0	0
10	0	0	0
11	1	0	1

Step 5는 다음상태 및 출력 표로부터 직접 유도하여 상태도를 이끌어 내는 것이다. 다음상태 표에 있는 모든 현재 상태는, 현재 상태의 인코딩으로 라벨된 상태도에서 대응된 노드를 가진다. 이 예제에서 상태도에는 4개의 노드가 있다. 다음상태 표에 있는 다음상태 모든 엔트리에는 대응되는 유향 에지가 있다. 이 에지는 현재 상태로 라벨된 노드에서 시작하여 다음상태 엔트리로 라벨된 노드로 끝난다. 에지에는 대응되는 입력 조건으로 라벨된다.

예를 들어, 다음상태 표에서 현재 상태 $Q_1 Q_0$가 00이면 다음상태 Q_{1next} Q_{0next}는 입력 $C = 1$에 대해 01이다. 여기서, 상태도에는($C = 1$)로 라벨 되어 노드 00에서 노드 11로 향하는 유향 에지가 있다. 출력 신호 Y는 현재 상태에만 의존하기 때문에, 노드 내부에 라벨된 반면에, 출력 신호 X는 또한 입력 조건에 따라 서로 달라지기 때문에, 에지에 라벨된다. 다음은 이 예제의 전체 상태도를 보여준다.

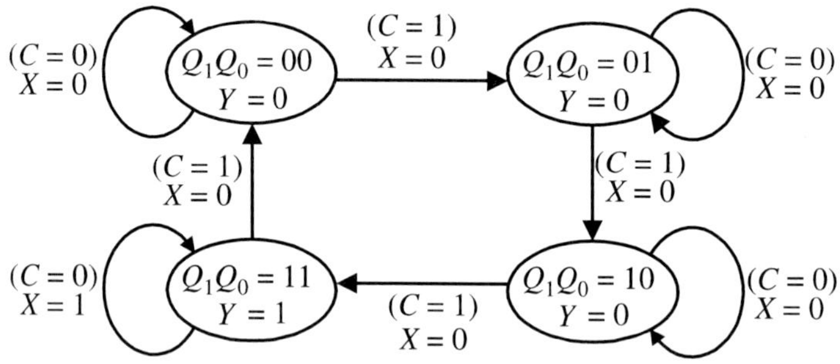

다음은 이 FSM 회로 실행에 대한 예시 타이밍도이다.

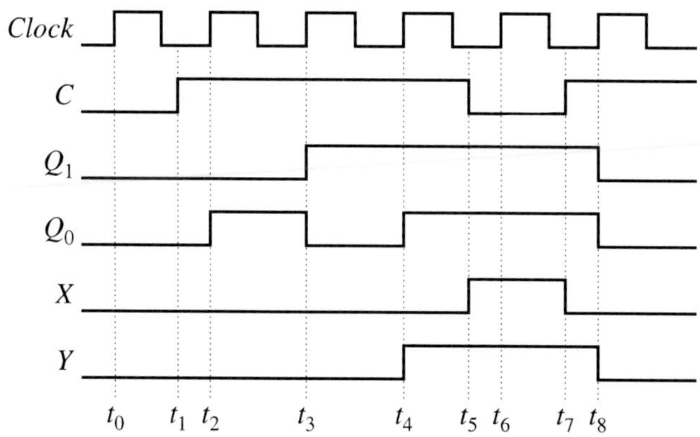

리셋 시에, 두 플립플롭 값은 모두 0으로 설정되므로, FSM은 상태 00에서 실행을 시작한다. 회로에 사용되는 2개의 D 플립플롭은 정에지 트리거드 플리플롭이므로, 매 클럭의 상승 에지에서 상태가 변한다. 첫 번째 상승 클럭 에지 시간은 t_0이다. 그러나 일반적으로 플립플롭은 이 시간에 변하나, C가 0이기 때문에 플립플롭의 값은 0으로 유지된다. 시간 t_1에서 입력 C는 1로 변하므로, 다음 상승 클럭 에지 t_2에서 플립플롭 $Q_1\ Q_0$ 값은 01로 변한다. 다음 두 상승 클럭 에지 t_3, t_4에서 C는 여전히 1이므로 $Q_1\ Q_0$ 값은 각각 10 및 11로 변한다. 시간 t_4에서 $Q_1\ Q_0 = 11$ 이면 $Y = Q_1\ Q_0$ 이기 때문에 출력 Y 또한 1로 변한다. 그러나 출력 X는 현재 상태뿐만 아니라 입력 C에 의존하기 때문에 0으로 유지된다. 시간 t_5에서 C는 0으로 변하지만, Y는 C에 종속되지 않기 때문에 1로 유지된다. 그러나 시간 t_4에서 출력 $X = C' Q_1 Q_0$ 이기 때문에 1로 변한다. 시간 t_5에서 C가 아직 0이기 때문에, $Q_1 Q_0$은 다음 상승 클럭 에지 t_6까지 11로 동일하게 유지된다. 시간 t_7에서, C는 1로 다시 변하고, 이는 출력 X를 다시 0으로 변한다. 더 나아가, 상태 메모리 $Q_1 Q_0$는 시간 t8의 다음 상승 클럭 에지에서 다시 00으로 변경되고 사이클은 반복된다.

$C = 1$일 때 FSM은 4개 상태를 순차적으로 반복 순환한다. $C = 0$이면 C가 다시 어써트 될 때까지 FSM은 현재 상태에 머문다. 4개의 상태 인코딩을 10진수로 바꾸면, 그림 6.10 회로는 4개의 값 0, 1, 2, 3을 순환하는 모듈러-4 업 카운터로 결론 내릴 수 있다. 입력 C는 카운팅을 인에이블 하거나 디스에이블 한다.

6.4 유한상태 머쉰 합성

유한상태 머쉰 합성(synthesis of finite-state machine)은 FSM 분석과는 정반대이다. 합성에서는, 보통 우리가 원하는 회로의 모호한 기능적 기술로부터 시작한다. 이 기술로부터 상태도를 사용하여 회로의 동작을 정확히 찾아내야 한다. 상태도를 사용하여 다음상태 표 및 출력 표를 구성할 수 있다. 이 2개 표에서 다음상태 식 및 출력식을, 마지막으로는 전체 FSM 회로를 유도할 수 있다.

합성 과정 동안 회로의 크기, 속도 및 전력 소모 면에서 가능한 한 많은 회로 최적화가 수행 될 수 있다. 회로 최적화에 대해서는 다음 절에서 논의하기로 한다. 이 절에서는 기능적으로 FSM을 올바르게 합성하는 데에만 초점을 맞출 것이다.

FSM 회로 합성을 위한 단계는 다음과 같다.

1. 회로의 기능 기술로부터 상태도를 작성한다.
2. 상태도로부터 다음상태 표를 유도한다.
3. 다음상태 표로부터 다음상태 식을 유도한다.
4. 상태도로부터 출력표를 유도한다.
5. 출력표로부터 출력 식을 유도한다.

6. 다음상태 식 및 출력식으로부터 FSM 회로를 그린다.

다음 절에서는 이 단계를 상세히 설명한다.

6.4.1 상태도

FSM 합성의 첫 단계는 상태도를 유도하는 것이다. 회로에 대한 기능이 모호하거나 불완전하게 기술되어져 있을 수 있으며, 이는 이벤트 또는 동작 가능한 모든 상황이 명시되지 않은 경우에 일어난다. 모호한 기술을 정확한 상태도로 변환하려면, 설계자는 문제가 되는 회로의 기능 동작을 완전히 이해해야 한다. 덧붙여서, 설계자는 빠진 갭을 메우기 위해 어느 정도의 독창성과 창의성이 필요할지도 모른다. 의미 있는 가정이 명확하게 상술되어야 하며, 애매한 상황이 명확하게 되어져야 한다. 이것은 명확한 답이 없는 설계 과정의 한 단계인 것이다. 이 단계에서 정확하고 의미 있는 상태도를 만들기 위해서는 설계자의 지식과 전문성에 의존하게 된다.

그림 6.11에 보인 C 스타일 의사 코드(pseudo code)에 기반된 FSM 회로에 대한 합성을 설명하자. 의미 있는 어떠한 것도 실행하지 않기 때문에, 굳이 코드의 논리적 실행을 해석하려고 하지 마라. 또한 이 절에서는, 코드를 최적화하는 것은 더 작은 FSM 회로를 만들어낼 수 있지만, 코드를 수정하여 짧게 함으로써 코드를 최적화 하는 것에 대해서는 다루지 않는다. 이 절에서는 주어진 의사 코드가 어떻게 이를 구현하는 FSM 회로로 변환되는 지를 학습하는 데 초점을 맞춘다.

6.2절에서는 이미 주어진 의사 코드를 기반으로 상태도를 어떻게 생성하는지에 대해 자세히 논의하였다. 각각의 무조건적인 데이터 처리는 상태도에 하나의 노드에 할당된다. 조건부 데이터 처리는 하나의 노드 또는 조건부 에지에 할당될 수 있다(결과적으로 무어 또는 밀리 FSM으로 됨). 2개의 데이터 처리를 동시에 수행할 수 있는 경우에는, 두 처리 모두를 동일한 노드에 할당할 수 있어 상태도의 총 노드 수를 줄일 수 있다. 2개의 데이터 처리를 순차적으로(차례로) 수행해야 하는 경우에는 다른 두 노드에 할당해야 한다.

그림 6.11에 보인 의사 코드는 4개의 신호 지정문을 포함하고 있다. (2개의 $Y = 0$ 및 2개의 $Y = 1$). 4개의 신호 지정문 각각에 상태 하나씩 할당한다. 의사 코드의 코멘트에 보인 바와 같이, 첫 번째 $Y = 0$ 은 상태 s_0 에 할당되고, 두 번째 $Y = 0$은 상태 s_1 에 할당되고, 등등. 첫 번째 $Y = 0$ 문 후에, IF 문은 조건부

```
REPEAT {
  Y = 0                  // s0
  IF (B = 0) THEN
    Y = 0                // s1
  ELSE
    Y = 1                // s2
  END IF
  Y = 1                  // s3
}
```

그림 6.11 FSM 합성용 C 스타일 의사 코드를 사용한 기능 기술.

로 두 번째 $Y=0$ 문을 실행할 지 혹은 $Y=1$ 문을 실행할 지를 결정한다. 따라서 상태 s_0 에서부터 한 에지는 상태 s_1 로 가고, 한 에지는 상태 s_2 로 간다. 이 2개 에지에 있는 라벨은 IF 문에 대한 조건들이다. 상태 s_1 로 가는 에지는 라벨(B $=0$)을 가지고, 상태 s_2 로 가는 에지는 라벨$(B=1)$ 을 가진다.

모든 조건 테스트의 가능한 모든 결과는 노드로부터 나가는 에지 상에 라벨되어 결정적으로 만들어야 한다는 것을 기억하라. 다른 말로 하면, 어떤 조건 결과에 대해서도, 어느 노드가 다음에 어디로 갈지 정확히 알아야 한다. 연산 $Y=0$ 은 상태 s_1 에서 수행되고 연산 $Y=1$ 은 상태 s_2 에서 수행된다. 상태 s_1 또는 상태 s_2 를 실행한 후 상태 s_3 이 실행되므로, 두 상태 s_1 과 s_2 모두는 이 두 상태에서 s_3 으로 가는 무조건 에지를 가진다. 마지막으로, 무조건 REPEAT 루프로 인해, s_3 에서 상태로 되돌아가는 무조건 에지가 있다. 결과적으로 상태도는 다음과 같다.

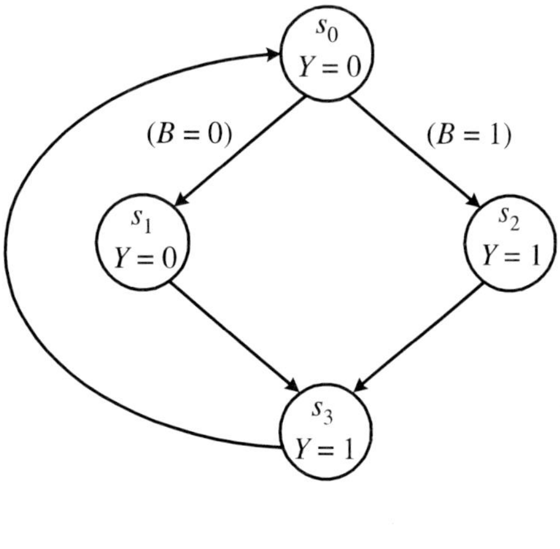

6.4.2 다음상태 표

상태도를 유도해 놓으면, 다음상태와 출력 표 모두를 쉽게 유도할 수 있다. 다음상태와 출력 표, 그리고 상태표는 동일한 정보를 나타내지만, 서로 다른 형식으로 표현되기 때문에, 하나에서 다른 것으로 곧바로 변환하기만 하면 된다. 상태도에서 유도된 다음상태 표는 결과적으로 다음과 같다.

Current State Q_1Q_0	Next State $Q_{1next}Q_{0next}$	
	$B=0$	$B=1$
s_0 00	s_1 01	s_2 10
s_1 01	s_3 11	s_3 11
s_2 10	s_3 11	s_3 11
s_3 11	s_0 00	s_0 00

행 라벨은 현재 상태 $Q_1\ Q_0$ 이고 열 라벨은 B에 대한 입력 조건이다. 표 엔트리는 다음상태 $Q_{1next}\,Q_{0next}$ 이다. 상태도의 현재 상태 s_0 에서 직접 변환하면, 입력 조건($B=0$)이 참이면 다음상태는 s_1 이다. 상대적으로, 다음상태 표에서는 현재 상태 s_0 와 입력 $B=0$(표안의 색 엔트리)의 교차점에 대한 엔트리는 s_1 이 된다.

다음상태 표에는 상태에 대한 실제 인코딩도 주어져 있다. 4개의 상태를 인코딩하려면 두 개의 플립플롭 Q_1 과 Q_0 이 필요하다. 이 예에서, 4개의 상태(s_0, s_1, s_2, s_3)에 대한 인코딩은, 각각 2개의 플립플롭 값에 대한 4개의 상이한 조합인 00, 01, 10, 11로 주어졌다. 그러나 꼭 이 인코딩 할당이 될 필요는 없다. 다른 인코딩 방식을 사용하면 회로의 크기, 속도 및 전력 소모면에서 다른 결과를 얻을 수 있다. 이 최적화 기법은 6.5.2 절에서 더 자세히 논의한다.

6.4.3 다음상태 식

다음상태 식은 다음상태 표로부터 유도된다. 상태도에서 4개의 상태를 인코딩하기 위해서는 2개의 D 플립플롭이 필요하기 때문에, D 플립플롭의 각각의 D 입력에 대해 하나씩, 2개의 다음상태 식을 가지게 된다. 다음상태 표의 각 엔트리는 2 비트 $Q_{1next}\,Q_{0next}$ 를 가진다. 다음상태 식을 유도할 때에는, 이 2 비트를 분리해서, 그것들을 2개의 분리된 진리표로 하여 개별적으로 볼 필요가 있다. 표의 모든 엔트리에서 가장 왼쪽 비트들을 추출하면 Q_{1next} 식에 대한 진리표가 작성되고, 표의 모든 엔트리에서 가장 오른쪽 비트를 추출하면 Q_{0next} 식에 대한 진리표가 작성된다. D 플립플롭의 특성식은 $Q_{next} = D$ 이므로 Q_{next}와 D 값은 동일하다. K-맵의 형태로 된 분리된 진리표와 Q_{1next} 및 Q_{0next}에 해당하는 다음상태 식은 다음과 같다.

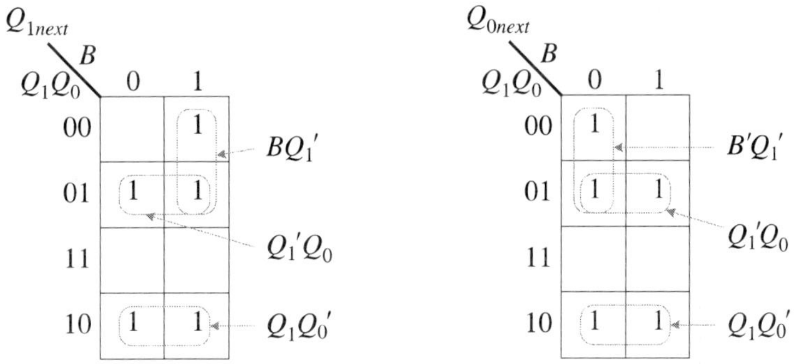

$Q_{1next} = D_1 = (Q_1 \oplus Q_0) + BQ_1'$ $\qquad$ $Q_{0next} = D_0 = (Q_1 \oplus Q_0) + B'Q_1'$

이 2개 식을 통해 상태 메모리에 있는 2개의 D 플립플롭의 D 입력에 대한 다음상태 조합 논리회로를 구성할 수 있다.

6.4.4 출력표와 출력식

출력표와 출력식은 FSM의 출력 논리회로를 유도하는 데 사용된다. 출력표는 직접 상태도에서 얻는다. 이 상태도에서, 출력 신호 Y는 상태에만 종속되어 있음을 알 수 있다. 상태 s_0 및 s_1 에서는 Y는 값 0으로 할당되고, 상태 s_2 및 s_3 에서는 Y는 값 1로 할당된다. 따라서 결과적으로 출력표는 다음과 같다.

Current State Q_1Q_0	Output Y
s_0 00	0
s_1 01	0
s_2 10	1
s_3 11	1

출력 진리표로부터 유도된 출력식은 간단히 다음과 같다.

$Y = Q_1$

6.4.5 FSM 회로

본보기로 그림 6.3에 보인 예시 FSM 회로를 사용하자. 상태 메모리에 사용할 D 플립플롭의 수는 상태가 인코딩 되었을 때 결정된다. 앞서 언급한 바와 같이, FSM 회로에는 상태 메모리용 D 플립플롭 2개가 필요하다. 2개의 플립플롭으로 들어가는 2개의 *Clk* 신호는 주 *Clock* 입력 신호에 연결된다. 2개의 플립플롭으로 들어가는 *Clear* 신호 2개는 *Reset* 입력 신호에 연결된다. 다음상태 논리회로는 6.4.3절에서 구한 2개의 다음상태 식에서 유도되고, 그리고 출력 논리회로는 6.4절에서 구한 출력식에서 유도된다. 이 세 부분 즉 다음상태 회로, 상태 메모리, 출력 회로를 함께 연결하면 다음에 보인 최종 FSM 회로가 된다.

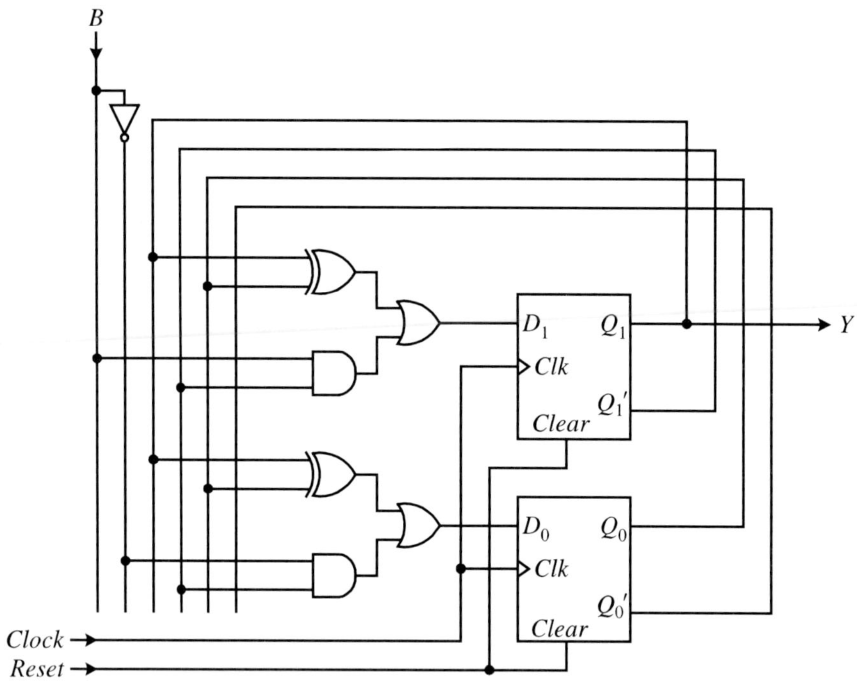

6.5 FSM 최적화

디지털 회로를 설계할 때, 기능적으로 정확한 회로를 얻는 것 외에도, 크기, 속도 및 전력 소비를 최적화를 원한다. 이 절에서는 FSM 회로의 크기를 최적화하는 데 관련된 몇 가지 문제에 대해 간략히 논의한다. 일반적으로 회로 크기를 줄이면 속도가 빨라지고 전력 소모는 줄어든다.

FSM 회로는 다음상태 논리와 출력 논리 조합회로를 포함하므로, 3장에서 설명한 방법을 사용하여 이들 조합회로의 크기를 줄임으로써 FSM을 최적화 할 수 있다. 상태 메모리를 최적화하기 위해서는, FSM이 필요로 하는 상태 수를 줄이거나 또는 상태 인코딩 체계를 다르게 사용할 수 있다.

6.5.1 상태 감소

상태 수는 바로 필요한 플립플롭 수를 의미하기 때문에, FSM 회로에서 플립플롭 수를 적게 하면 회로는 보다 더 작아지기 싶다. 플립플롭 수를 적게 하면 FSM의 상태 메모리 수가 적다는 것을 의미하고, 이는 또한 플립플롭 입력 수가 적다는 것을 의미한다. 적은 플립플롭 입력 수는 적은 다음상태 식을 필요하고, 따라서 다음상태 논리회로 또한 감소된다.

두 수준(level)에서 상태 수를 줄일 수 있다. 의사 코드 기술 수준에서는 가능하면 코드를 짧게 하여 최적화 할 수 있다. 또한 데이터 연산을 병렬로 수행할 수 있으면, 2 개 이상의 데이터 연산을 동일 상태에 할당함으로써 필요한 상태 수를 줄일 수 있다. 두 연산이 병렬로 수행될 수 있는지 여부는 데이터 종속성과 기능 유닛의 가용성이라는 두 가지 요인에 의해 결정된다. 명백한 경우로, 2개의 가산 명령어를 가지고, 2번째 가산이 첫 번째 명령어의 결과에 의존한다면, 이 두 명령어는 동시에 수행될 수 없다. 그러나 다음과 같은 서로 완전히 독립적인 2개의 가산을 한다면,

$$x = a + b$$
$$y = c + d$$

사용 가능한 가산기가 오직 하나만 있다면, 여전히 이 두 명령어를 병렬로 수행할 수는 없다. 마이크로프로세서에 기능 유닛으로 무엇을 그리고 얼마나 많이 포함할 것인가에 대한 선택은 7 장에서 논의한다.

상태도를 구한 후에도 등가 상태를 제거하여 상태수를 줄일 수 있다. 다음 두 조건이 참이면 두 상태를 등가라고 한다.

1. 두 상태 모두 모든 입력에 대해 동일한 출력을 가진다.
2. 두 상태 모두 모든 입력에 대해 동일한 다음상태를 가진다.

두 상태가 등가이면, 그 상태 중 하나를 제거하고 대신 다른 동가 상태를 사용할 수 있다. 결과적으로 FSM은 여전히 기능적으로 동일하다.

상태 수를 줄이는 또 다른 방법은 무어 FSM 모델 대신 밀리 FSM 모델을 사용하는 것이다. 그 이유는 출력이 현재 상태와 입력 조건에 종속적이면 출력을 만드는 데 별도의 상태를 사용할 필요가 없기 때문이다.

타협은 출력 논리회로가 더 클 수 있다는 점이다. 6.6.5절과 6.6.6절은 이러한 타협의 예를 보여준다.

6.5.2 상태 인코딩

초기에 FSM 회로의 상태도를 그릴 때, 심볼화된 상태 이름을 사용하는 것이 좋다. 그러나 이러한 상태 이름은 결국 고유한 2진 비트 문자열로 인코딩 되어야 한다. 상태 인코딩 과정은 다음상태 표 또는 상태도에서 상태를 표현하는 데 필요한 플립플롭 수를 결정한 다음, 각 상태에 고유한 2진 비트 열을 할당한다. 지금까지 제시한 모든 예제에서는, 2^n 상태를 인코딩하기 위해 n개의 플립플롭이 필요로 하는 단순 2진 인코딩 체계를 사용하여 왔다. 예를 들어, 4개의 상태에 대해 상태 s_0는 00, s_1은 01, s_2는 10, s_3은 11로 인코딩 한다. 그러나 상태에 대해 다른 인코딩을 사용 못할 이유는 없다. 사실, 더 작은 회로로 만들 수 있다면 다른 인코딩을 원한다. 이 단순 2진 인코딩 체계가 항상 가장 작은 FSM 회로로 이끄는 것은 아니다. 최소 비트 변환, 1-비트 최소화, 우선 순위화 인접(prioritized adjacency), 1-핫(one-hot) 인코딩과 같은 다른 인코딩 체계가 작은 회로로 될 수 있다.

최소 비트 변환(minimize bit change) 체계에서는, 모든 상태 천이에 대한 비트 변경 총 횟수가 최소화 되는 2진 인코딩으로 상태 할당한다. 다른 말로 하면, 상태도에 있는 모든 에지에 대해 해당 에지의 출발 인코딩과 도착 인코딩 간의 비트 변화 수와 동일한 가중치를 할당하면, 이 체계는 이러한 모든 에지의 가중치의 합을 최소화하는 것을 선택한다.

예를 들어, 그림 6.12(a)에 보인 4개의 상태를 나타내는 상태도에서 최소 비트 변경 체계에서는(c)에 보인 인코딩이 아니라(b)에 보인 인코딩을 사용한다. 그림 6.12(b)와 (c) 모두에서, 에지에 의해 이어진 두 상태의 인코딩 간 비트 변화수가 해당 에지에 라벨된다. 예를 들면, 그림 6.12(b)에서 상태 $s_1 = 01$ 과 $s_2 = 11$

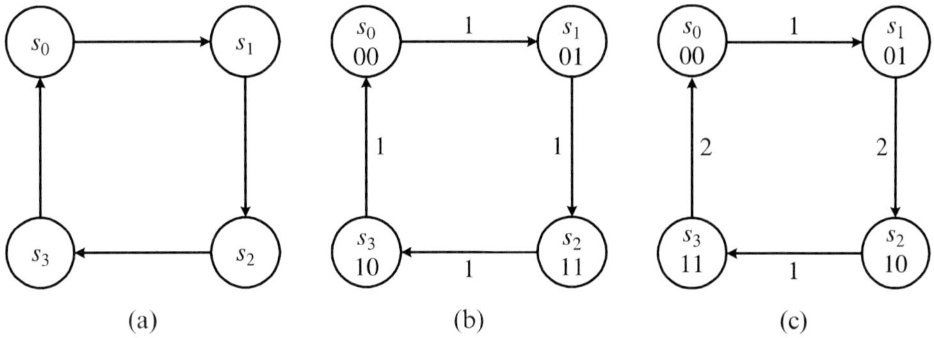

그림 6.12 최소 비트 변화 부호화: (a) 4개의 상태를 가진 상태도 (b) 총 가중치가 4인 인코딩 (c) 총 가중치가 6인 인코딩.

사이의 비트 변화 횟수는 1이다. 그림 6.12(b)에 사용된 인코딩은(c)에 사용된 인코딩보다 모든 에지 가중치의 합이 작다.

그림 6.12(b)의 인코딩이 가장 작은 총 에지 가중치를 만든다하더라도, 이 4개의 상태를 인코딩하는 데에는 여러 다른 방법들이 있다(예로 00을 s_0 대신 s_1로 지정, 01을 s_1 대신 s_2로, 11을 s_3로, 10을 s_0로 지정).

1-비트 최소화(minimize 1-bit) 방법에서는, 가장 많이 들어오는 에지를 갖는 상태가 1 비트의 최소수로 인코딩 된다. 그림 6.13의(b)는 단순 2진 인코딩을 사용하고 있고, (c)는 1-비트 최소화 인코딩을 사용하고 있다. 대응된 다음상태 표와 식은 각각 그림 6.13(d)와 (e)에 보였다. 대부분의 경우, 적은 수의 1-비트를 가진 다음 상태표가 더 적은 다음상태 회로를 생성한다.

우선 순위화 인접(prioritized adjacency) 체계에서는, 어떠한 상태 s에 인접한 상태들에게 어떤 우선 순위가 부여된다. 상태 s의 인코딩 시 더 높은 우선 순위를 가진 인접 상태들이 더 낮은 우선 순위를 가진 인접 상태들보다 더 적은 비트 변화를 갖는 인코딩이 되도록 인코딩들이 이들 인접한 상태들로 할당된다.

1-비트 최소화 방법은 우선 순위가 어느 한 상태로 들어오는 에지의 수인 특별한 경우이다. 또 다른 우선 순위는 상태를 거쳐는 횟수가 될 수 있다. 예를 들면, 그림 6.14는 10부터 0까지 카운트 하는 루프의 상태도를 보여준다. 루프를 위해 실행되는 문은 상태도의 상태 옆에 병기되어 있다. 상태 s_0에서 변수 C는 10(10진수)으로 초기화 된다. 상태 s_1에서, C는 1 감소된다. 다음, 조건($C=0$)을 테스트 하고, 참이면 상태 s_3으로 간다. 그렇지 않으면, 상태 s_2로 간다. 루프의 특성상, 상태 s_1에서 s_2로 가는 에지가 상태 s_1에서 s_3으로 가는 에지보다

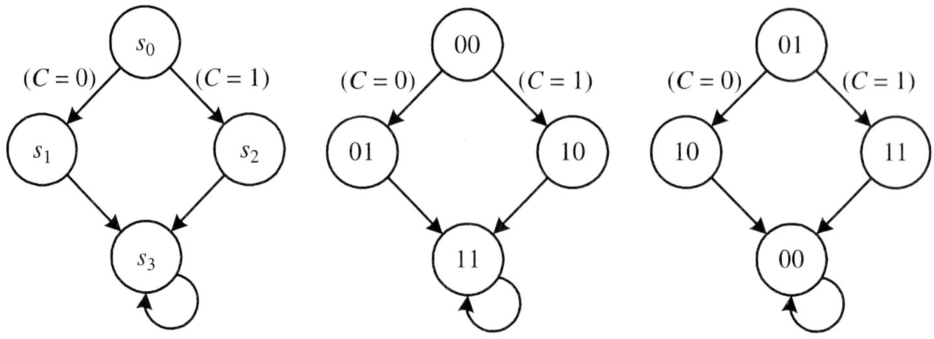

(a) (b) (c)

Current State Q_1Q_0	Next State $Q_{1next}Q_{0next}$	
	$C = 0$	$C = 1$
00	01	10
01	11	11
10	11	11
11	11	11

$$Q_{1next} = C + Q_1 + Q_0$$
$$Q_{0next} = C' + Q_1 + Q_0$$

(d)

Current State Q_1Q_0	Next State $Q_{1next}Q_{0next}$	
	$C = 0$	$C = 1$
00	00	00
01	10	11
10	00	00
11	00	00

$$Q_{1next} = Q_1'Q_0$$
$$Q_{0next} = CQ_1'Q_0$$

(e)

그림 6.13 1-비트 최소화 인코딩 비교: (a) 4개의 상태를 갖는 상태도 (b) 단순 2진 인코딩 사용 (c) 1-비트 최소화 인코딩 이용 (d) 단순 2진 인코딩을 위한 다음상태 표 (e) 1-비트 최소화 인코딩을 위한 다음상태 표.

더 여러 번 거쳐 갈 것이라는 것을 안다. 따라서, 상태 s_1 이 01로 인코딩 되면, 01에서 11로 바뀌는 것은 한 비트만 변하면 되지만 01에서 10으로 바뀌려면 두 비트가 변하여야 하기 때문에, 상태 s_2 를 11로 상태 s_3 을 10으로 인코딩 한다. 회로에서 사용되는 전력의 양은 비트 변화 수와 관련 있기 때문에, 이 특별한 우선순위화 인접 방법은 전력 소비를 줄이는 데 유용할 수 있다.

1-핫 인코딩(one-hot encoding) 방법에서는, 각 상태에 플립플롭 하나가 할당된다. 한 상태는 1 값을 하나 가진 플립플롭으로 인코딩되며, 반면에 다른 플립플롭들은 모두 0 값을 가진다. 예를 들면, 그림 6.15와 같이 4개 상태에 대한 1-핫 인코딩은 0001, 0010, 0100, 그리고 1000 이다. 이 방식의 장점은 상태를 인코딩하는 데 필요한 1비트들의 수를 최소화 하는 것으로, 어떠한 두 상태 사이를

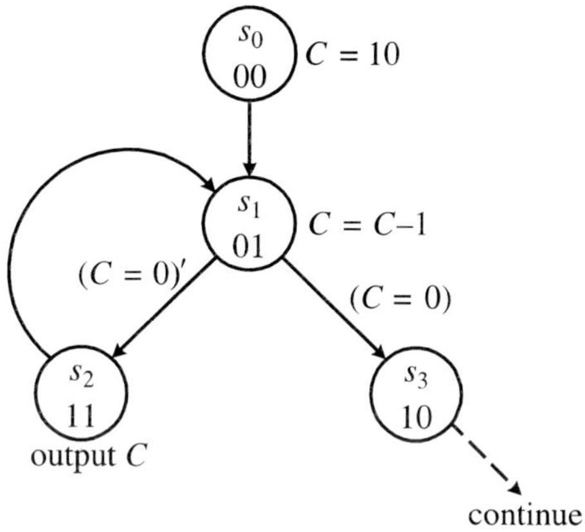

그림 6.14 우선 순위화 인접 인코딩.

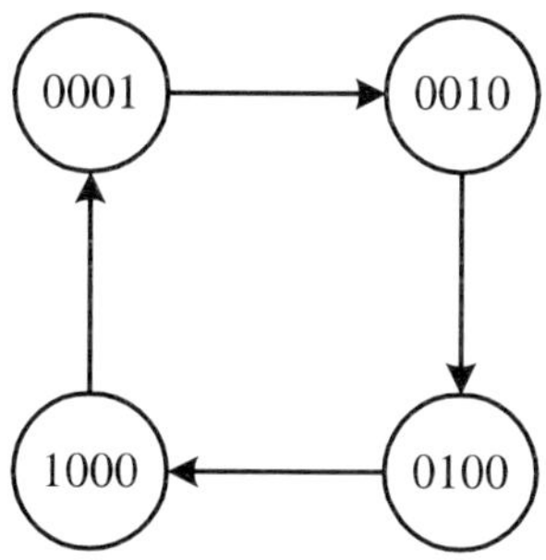

그림 6.15 1−핫 인코딩.

이동하더라도 기껏해야 두 비트만 바뀐다는 것이다. 단점은 플립플롭이 더 많이 소요된다는 것이다.

6.5.3 미사용 상태

실제로는 상태도에 사용되는 상태의 수는 2의 거듭 제곱이 아닌 경우가 대부분이다. 예를 들어, 모듈로-6 업-카운터는 6개의 상태를 갖는다. 6개의 상태를 인코딩하려면 2개 플립플롭은 4개의 다른 조합만 인코딩 할 수 있기 때문에, 적어도 3개의 플립플롭이 필요하다. 그러나 3개의 플립플롭은 8개의 서로 다른 조합을 제공하므로, 2개 조합은 사용되지 않는다. 질문은 다음과 같다: 미사용 인코딩을 가지고 무엇을 하나? 다음상태 표에서, 이런 미사용 상태에 다음상태 값으로 무엇을 할당할 것인가? 그것들을 단지 무시할 것인가?

그 FSM이 절대로 미사용 상태에 있지 않는다면 다음상태가 무엇인지는 중요하지 않다. 이 경우, 다음상태에 대해 무정의(don't care) 값을 넣을 수 있다. 그렇게 해서 얻은 다음상태 회로는 무정의 값으로 인해 더 작아 질 수 있다.

그러나 우연히 FSM이 이러한 미사용 상태 중 하나에 들어간다면 어떻게 될까? 다음상태가 무엇인지 모르기 때문에, FSM의 동작을 예측할 수 없다. 그러나, 무정의에서 시작하였다 하더라도, 정해진 다음상태 식에 매핑되기 때문에, 이것은 정확하게는 사실이 아니다. 그래서, 이 미사용 상태는 정해진 다음상태를 가진다. 단지 이 다음상태들이 우리가 원하지 않을 뿐이다. 따라서 미사용 상태 중 하나에 들어가게 되면 결과적인 FSM 동작은 올바르지 않을 것이다. 이 FSM이 필수 역할을 하는 제어 유닛으로 사용되게 된다면, 조금이라도 이런 발생 가능성을 원치 않을 것이다.

한 가지 해결책은 초기화 또는 시작 상태를 이러한 미사용 상태 인코딩용 다음 상태로 사용하는 것이다. 이런 식으로 하면, FSM이 이런 미사용 상태 중 하나에 들어가게 되면 처음부터 재 시작할 것이다.

6.6 FSM 구성 예

이제 FSM을 합성하는 과정을 보여주기 위해 몇 가지 예를 제시한다.

6.6.1 자동차 보안 시스템 – 버전 3

2장과 6장에서 다룬 자동차 보안 시스템의 예를 다시 살펴보자. 첫 번째 버전(2장)에서는 회로가 조합회로인 것을 상기하라. 조합회로의 문제점은 예를 들면, 경보가 트리거 된 후 문이 열리면, 문을 다시 닫음으로써 즉시 경보를 끌 수 있다는 것이다. 그러나 우리가 원하는 것은, 경보가 켜진 후에 문을 다시 닫어도 경보는 켜져 있어야 하며, 그것을 끄기 위한 유일한 방법은 마스터 스위치를 끄는 것이어야 한다는 것이다.

이 요구 사항은 출력이 현재 입력 스위치 설정뿐만 아니라 경보의 현재 상태에 따라서도 결정되는 순차회로가 필요하다는 것을 제시한다. 6장의 자동차 보안 시스템 버전 2에서는 SR 래치를 추가하여 이 문제를 해결하기 위한 임의 방식을 사용하였다. 이 절에서는 자동차 보안 시스템을 위한 FSM 설계를 보다 정규적인 방식을 사용할 것이다.

먼저 그림 6.16(a)에 보인 바와 같이 시스템에 대한 상태도를 유도한다. 3개

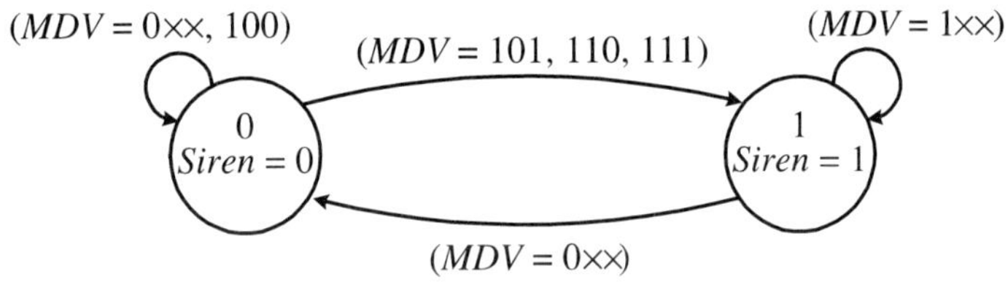

(a)

Current State Q_0	Next State Q_{0next}							
	M, D, V							
	000	**001**	**010**	**011**	**100**	**101**	**110**	**111**
0	0	0	0	0	0	1	1	1
1	0	0	0	0	1	1	1	1

(b)

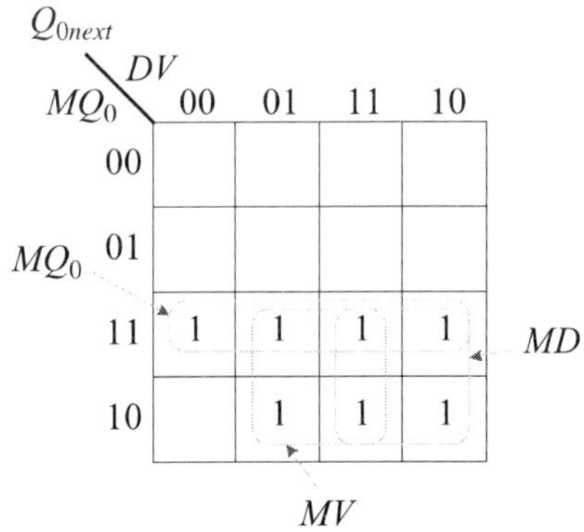

$$Q_{0next} = D_0 = MQ_0 + MV + MD = M(Q_0 + V + D)$$

(c)

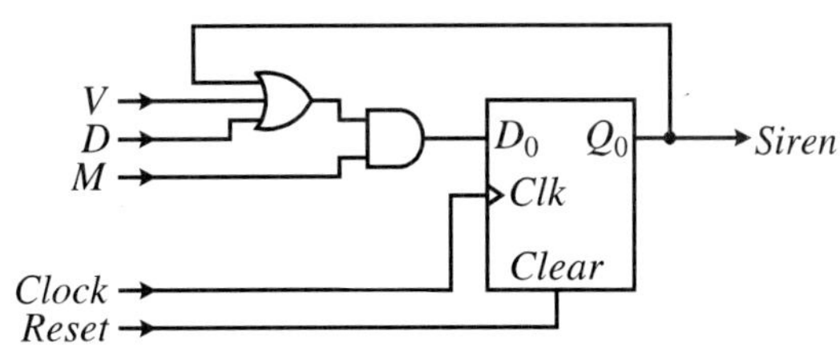

(d)

그림 6.16 자동차 보안 시스템-버전 3: (a) 상태도 (b) 다음상태 표 (c) K-맵과 다음상태 식 (d) 회로.

의 입력 스위치 M, D, V(*Master*, *Door*, *Vibration*) 이외에도, 경보가 켜져 있는지 여부를 나타내는 두 개의 상태 1과 0이 필요하다. 경보가 켜지면(즉, 상태 1에 있음), 마스터 스위치가 여전히 온 되어 있는 한 그 상태에 머물러 있을 것이므로, 문이 현재 닫혀 있는지 또는 열려 있는지는 중요하지 않다. 이것은 상태 1에서 나와 라벨($MDV=1\times\times$)을 가지고 상태 1로 되돌아가는 에지에 의해 표현된다. 온(1) 상태에서 경보를 끄는 유일한 방법은 마스터 스위치를 끄는 것이다. 이것은 상태 1에서 라벨($MDV=0\times\times$)을 가지고 상태 0으로 진행하는 에지로 표현된다. 경보가 오프(즉, 상태 0) 되면, 이는 마스터 스위치가 온 되고, 도어 스위치 또는 진동 스위치가 온 될 때 켜진다.

이는 라벨($MDV=101$, 110 또는 111)을 가지고 상태 0에서 상태 1로 진행하는 에지에 의해 표현된다. 마지막으로 오프 상태에서, 마스터 스위치가 오프 된 상태로 있거나, 마스터 스위치가 온 되어 있지만 다른 두 스위치 중 어느 것도 온 되어 있지 않으면 경보는 꺼진다. 이것은 상태 0에서 라벨($MDV=0\times\times$, 100)을 가지고 상태 0으로 되돌아가는 에지에 의해 표현된다.

상태도는 그림 6.16(b)에 보인 것과 같이 상태 메모리에 대해 하나의 D 플립플롭을 사용하여 해당하는 다음상태 표로 변환된다. 다음상태 표에서 4변수 K-맵을 수행하면 그림 6.16(c)에 보인 다음상태 식을 얻을 수 있다. 이 자동차 보안 시스템의 최종 회로는 그림 6.16(d)에 보였다. 이 회로는 하나의 D 플립플롭을 사용한다. 다음상태 회로는 다음상태 식에서 유도되어 플립플롭의 D_0 입력에 대한 신호를 생성한다. 플립플롭의 Q_0 출력이 경보를 직접 구동하기 때문에 어떠한 별도의 출력 신호가 필요하지 않다.

6.6.2 모듈로-6 업 카운터

이 예에서는 카운트 인에이블 입력 C와 출력 신호 Y를 가진 modulo-6 업 카운터를 설계한다. 카운트는 상태 메모리 플립플롭의 내용으로 직접 표현된다. 입력 C가 어써트 되면, FSM은 클럭 사이클 당 한 번씩 다음상태로 천이된다. 카운트가 5가 되면, 출력 Y가 어써트 된다. 앞에서 설명한 스텝에 따라 이 모듈로-6 업 카운터를 위한 FSM 회로를 합성하자.

합성 과정의 **Step 1**은 상태도를 구성하는 것이다. 위의 기능 기술에서, 정확하게 회로 동작을 보여주는 상태도를 구성해야 한다. 모듈로-6 업 카운트는 0에서 5까지 카운트하고 다시 0으로 카운트한다. 카운트는 상태 메모리 플립플롭 값에 의해 표현되고 6개의 다른 카운트(0부터 5까지)를 가지므로, 3개의 플립플롭 Q_2, Q_1, Q_0 을 가지고, 신호 C가 어서트 될 때, 000, 001, 010, 011, 100 101, 000, 001 을 생성한다. 그렇지 않고, C가 디어써트 되면 카운팅은 중지한다. 나머지 두 상태, 110과 111은 사용하지 않는다. 카운트 0인 상태 000으로부터, 라벨 $(C=1)$ 를 가지고 상태 001로 가는 에지가 있다. 상태 001에서 라벨$(C=1)$를 가지고 상태 010으로 가는 에지가 있고, 등등. 각 카운트에서 카운팅을 멈추기 위해, 각 상태에서 라벨$(C=0)$를 가지고 자기자신으로 되돌려 루프를 만드는 에지가 있다. 또한, 카운트가 5 일 때, 즉 상태가 101이 될 때, Y를 어써트 하기를 원해, Y를 1로 설정한다. 나머지 상태에 대해서는 Y는 0으로 설정된다. 여기서, 모듈로-6 업 카운터에 대한 상태도는 다음과 같다.

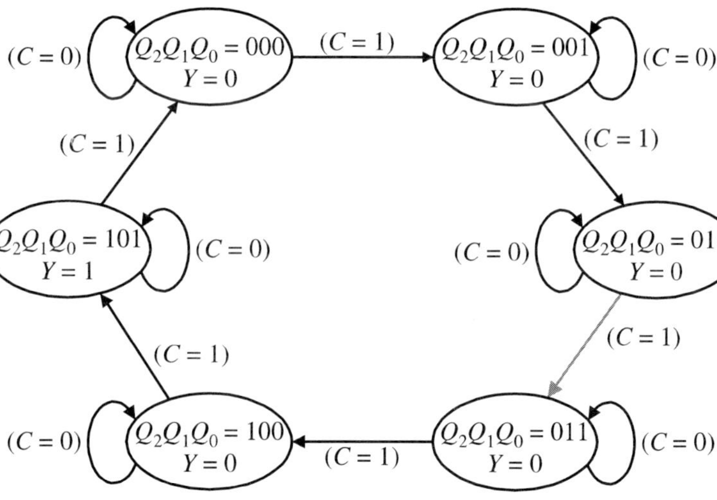

Step 2는 상태도로부터 직접 변환하여 다음상태 표를 유도하는 것이다. 3개 플립플롭 Q_2, Q_1, Q_0와 외부 입력 C가 있다. 플립플롭의 현재 상태는 표의 행이 아래로 나열되고, 반면에 입력 조건은 열이 가로질러 나열된다. 표의 엔트리는 다음상태 값이다. 각 다음상태 값은 3개의 플립플롭 값 Q_{2next}, Q_{1next}, Q_{0next} 으로 구성된다. 상태도의 에지에 따라 각 엔트리에 대해 3개의 플립플롭 값 Q_{2next}, Q_{1next}, Q_{0next}을 결정한다. 예를 들어 현재 상태 $Q_2\ Q_1\ Q_0$이 010이고 입력이 $(C=1)$ 이면, 다음상태 $Q_{2next}\,Q_{1next}\,Q_{0next}$는 011이다. 이 천이는 상태도의 색 에지와 다음에 보인 다음상태 표의 해당 색 엔트리로 강조 표시되었다.

Current State $Q_2Q_1Q_0$	Next State $Q_{2next}Q_{1next}Q_{0next}$	
	$(C=0)$	$(C=1)$
000	000	001
001	001	010
010	010	011
011	011	100
100	100	101
101	101	000
110	×××	×××
111	×××	×××

2개의 미사용 상태에 대하여, 그것들의 다음상태에 대해 무정의 값이 주어진다.

Step 3은 현재 상태와 외부 입력으로 모든 플립플롭 입력에 대한 다음상태 식을 유도하는 것이다. 이 식은 다음상태 표로부터 직접 얻는다. 각각의 다음상태 식을 유도하기 위해, 3개의 다음상태 비트 $Q_{2next}Q_{1next}Q_{0next}$를 3개의 분리된 진리표로 만들어 개별적으로 살펴볼 필요가 있다. 별도의 표로 만들기 어려울 경우, 먼저 이 세 비트를 3개의 분리된 진리표로 분리하면 좋다. Q_{2next} 식에 대해서는, 진리표의 각 엔트리에서 가장 왼쪽 비트만 고려한다. 가장 왼쪽의 모든 비트를 살펴보면, 4개의 1-최소항이 있고, 다음 식으로 주어진다.

$$Q_{2next} = C'Q_2Q_1'Q_0' + C'Q_2Q_1'Q_0 + CQ_2'Q_1Q_0 + CQ_2Q_1'Q_0'$$

이 식에서 조건$(C=0)$을 C'으로, $(C=1)$을 C로 바꾼 점에 유의하라. 이는 또 다른 작성 방법이며 더 짧게 된다. Q_{1next}에 대한 식은 다음상태 표의 모든 엔트리 중 중간 비트를 고려하여 유도되고, Q_{0next}식은 가장 오른쪽 비트에서 유도되어, 다음 두 식으로 주어진다.

$$Q_{1next} = C'Q_2'Q_1Q_0' + C'Q_2Q_1Q_0 + CQ_2'Q_1'Q_0 + CQ_2'Q_1Q_0'$$
$$Q_{0next} = C'Q_2'Q_1'Q_0 + C'Q_2'Q_1Q_0 + C'Q_2Q_1'Q_0 + CQ_2'Q_1'Q_0' + CQ_2'Q_1Q_0' + CQ_2Q_1'Q_0'$$

이들 다음상태 식은 다음상태 회로를 구성하는 데 사용되므로, 회로를 더 작게 만들기 위해 간단화 해야 한다. Q_{2next}, Q_{1next}, Q_{0next}에 대한 3개의 K-맵과 간단화 된 다음상태 식이 다음에 보였다. K-맵에서, 2개의 사용되지 않은 상태 인코딩 110 및 111에 대한 다음상태 값에 대해서는 무정의 값이 사용된다. 그러나, 최종 간단화 된 다음상태 식에서는, 이들 무정의 값은 실제 값으로 대체되고 이 2개의 미사용 상태는 실제로 다음상태를 갖는다(문제 6.10 보라).

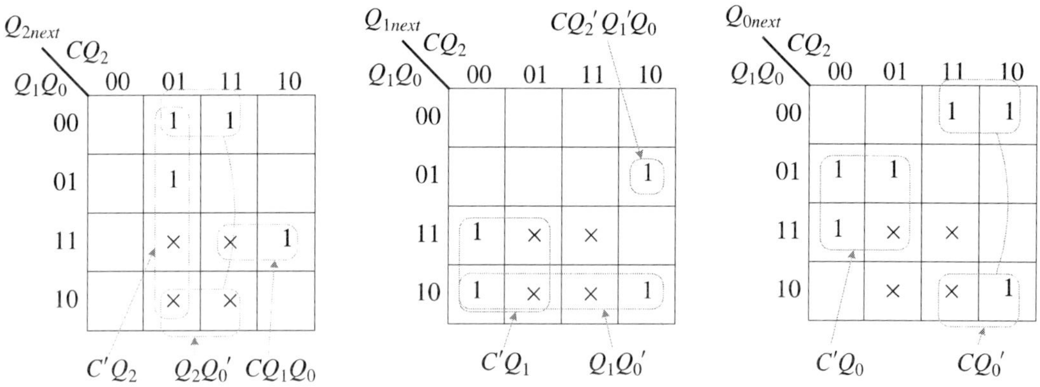

$$Q_{2next} = C'Q_2 + Q_2Q_0' + CQ_1Q_0$$

$$Q_{1next} = C'Q_1 + Q_1Q_0' + CQ_2'Q_1'Q_0$$

$$Q_{0next} = C'Q_0 + CQ_0' + C \oplus Q_0$$

Step 4와 5는 출력 표와 식을 유도하는 것이다. 모든 각 출력 신호에 대해 하나의 식이 있다. Y값이 각 노드 옆에 라벨 되어 있기 때문에, 그것은 현재 상태에만 의존한다. 상태도에서 Y는 상태 101에서만 어써트 되므로, Y는 그 현재 상태 압력항에서만 1을 가지고, 나머지는 0이다. 다음은 출력표와 식을 보여준다.

Current State $Q_2Q_1Q_0$	Output Y
000	0
001	0
010	0
011	0
100	0
101	1

$$Y = Q_2Q_1'Q_0$$

Step 6은 FSM 회로를 그리는 것이다. 상태 메모리는 3개의 입력 D_2, D_1, D_0 을 갖는 3개의 D 플립플롭으로 구성된다. D 플립플롭에 대한 특성식은 Q_{next}

$= D$ 이기 때문에, 이 3개 D 입력에 주어지는 값은 3개의 다음상태 식으로부터 직접 얻은 값이다. 따라서 이전에 유도 된 3개의 다음상태 식

$$Q_{2next} = D_2 = C'Q_2 + Q_2Q_0' + CQ_1Q_0$$
$$Q_{1next} = D_1 = C'Q_1 + Q_1Q_0' + CQ_2'Q_1'Q_0$$
$$Q_{0next} = D_0 = C'Q_0 + CQ_0' + C \oplus Q_0$$

을 사용하여 다음상태 회로를 구성한다. 출력회로는 출력식으로부터 구성된다.

$$Y = Q_2Q_1'Q_0$$

전체 FSM 회로는 다음과 같다. 기본 FSM 회로에 따라, 2개의 플립플롭에 들어가는 *Clk* 신호는 주 *Clock* 입력 신호에 함께 연결되고, 2개 플립플롭에 들어가는 *Clear* 신호는 주 *Reset* 입력 신호에 함께 연결되어 있다.

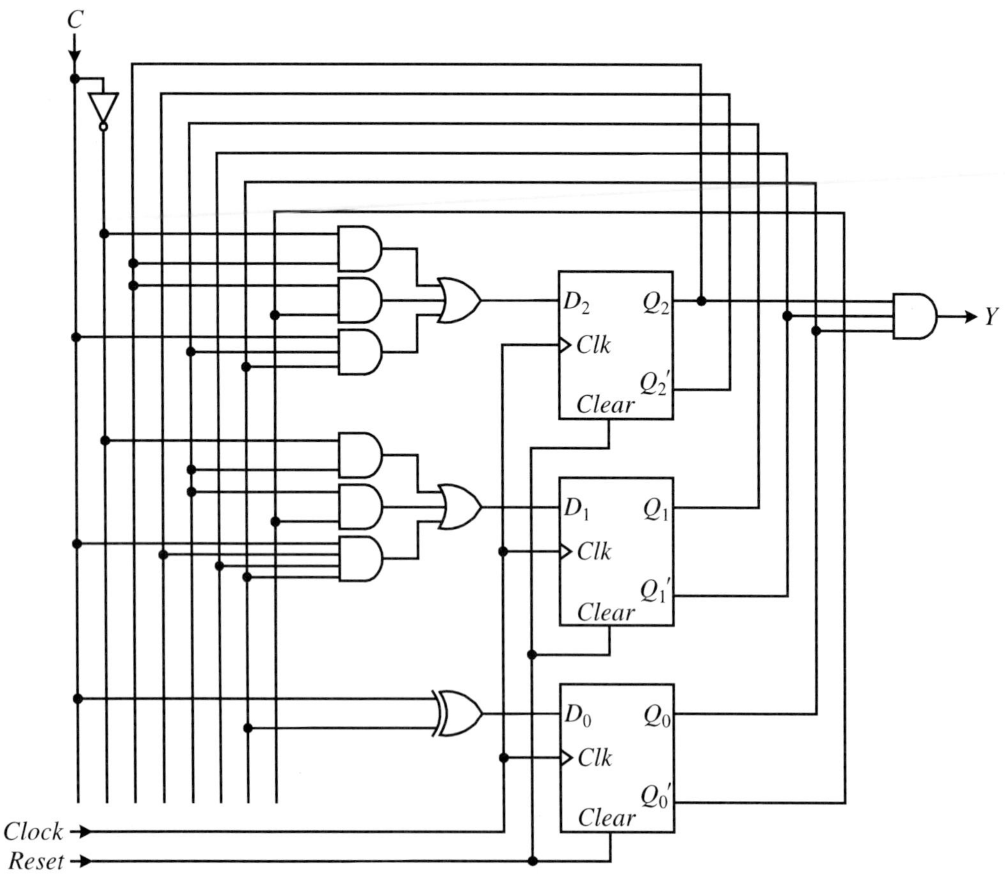

6.6.3 단발 회로

이 예제에서는, 임의의 시간 길이의 입력이 주어지면 단일 짧은 펄스를 출력하는 단발(one-shot) 회로에 대한 하나의 FSM을 합성한다. 이 FSM 회로에서 단일 짧은 펄스의 길이는 한 클럭 사이클이 된다. 이 회로의 상태도는 그림 6.17(a)에

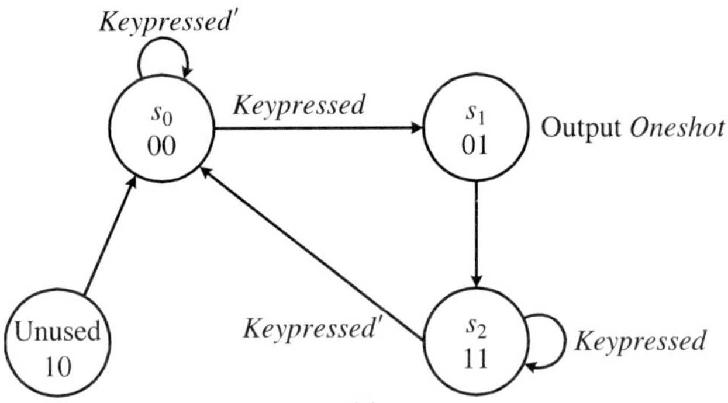

(a)

Current State Q_1Q_0	Next State $Q_{1next}Q_{0next}$ Keypressed = 0	Next State $Q_{1next}Q_{0next}$ Keypressed = 1
00	00	01
01	11	11
11	00	11
10 Unused	00	00

(b)

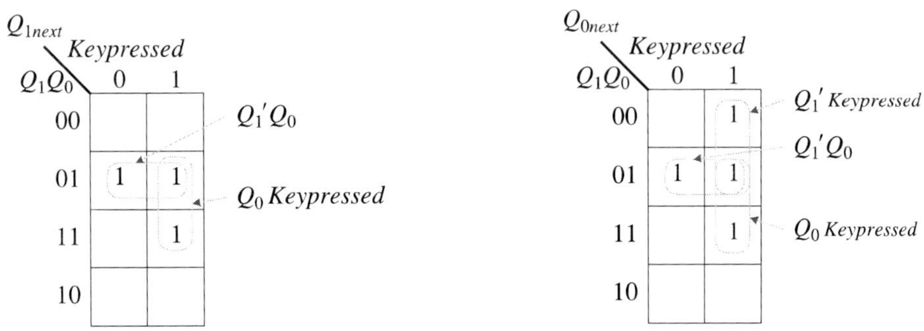

$Q_{1next} = Q_1'Q_0 + Q_0Keypressed$ $\quad$ $Q_{0next} = Q_1'Keypressed + Q_1'Q_0 + Q_0Keypressed$

(c)

그림 6.17 단발 회로에 대한 FSM: (a) 상태도 (b) 다음상태 표 (c) 다음상태 식과 K-맵 (d) 출력표와 출력식 (e) FSM 회로.

(다음페이지에 계속)

Current State Q_1Q_0	Output *Oneshot*
00	0
01	1
11	0
10	0

$$Oneshot = Q_1'Q_0$$

(d)

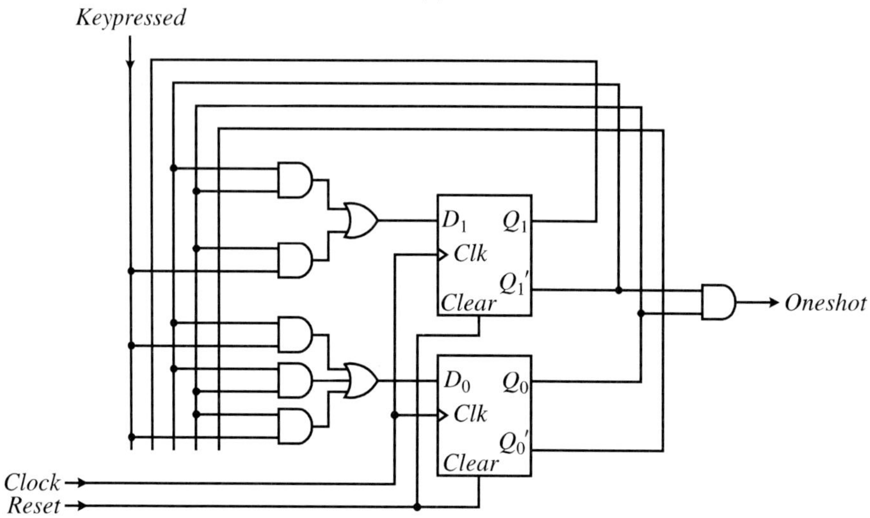

(e)

그림 6.17 단발 회로에 대한 FSM: (a) 상태도 (b) 다음상태 표 (c) 다음상태 식과 K-맵 (d) 출력표와 출력 식 (e) FSM 회로.

보였다.

00으로 인코딩 된 상태 s_0은 리셋 상태이고, FSM은 이 상태에서 키 누름을 기다린다. 스위치가 눌러지면, FSM은 s_1(01로 인코딩 됨) 상태로 진행되고 단일 짧은 펄스를 출력한다. s_1에서 FSM 은 무조건 상태 s_2(11로 인코딩 됨)로 이동하고 단발 펄스를 오프한다. 따라서 키를 누른 시간에 관계없이, 펄스는 한 클럭 사이클 동안만 지속된다. 루프를 끊고 다른 키 누름을 기다리려면 FSM은 s_2 상태에서 키 해제를 기다려야 한다. 키가 해제되면, FSM은 상태 s_0로 되돌아가 다른 키 누름을 기다린다.

이 상태도는 두 비트를 사용하여 3개의 상태를 인코딩 한다; 상태 인코딩 10은 사용되지 않는다. 상태도는 FSM이 어떻게든 상태 10에 도달하면, 무조건 다음 클럭 사이클에서 리셋 상태 00으로 이동하는 것을 보여준다.

대응되는 다음상태 표와 다음상태 식이 각각 그림 6.17(b)와 (c)에 보였다. 출력표와 출력식은 그림 6.17(d)에, 그리고 마지막으로 그림 6.17(e)에 전체 FSM 회로를 보였다.

6.6.4 단순 마이크로프로세서 제어 유닛

이 예제에서는 마이크로프로세서의 단순 제어 유닛이 무엇인지를 보여주는 FSM을 합성한다. 그림 6.18(a)에 보인 바와 같은 상태도에서 시작한다. 각 상태의 상태 이름 s_0, s_1, s_2 그리고 s_3으로 라벨되고, 2개의 출력 신호 x와 y를 가진다. 또한 4개의 에지에 라벨된 2개의 조건 상태 신호 *Start*와$(n=\ 9)$가 있는 반면에, 나머지 에지에는 어떤 조건도 없다. 상태 s_0에서 $Start\ =1$일 때, *Start* 라벨이 붙여진 조건 에지가 선택된다; 그렇지 않으면 $Start'$로 라벨이 붙여진 에지가 선택된다. 마찬가지로, 상태 s_2에서 조건이 참일 때(즉, 변수 n의 값이 9와 같을 때) 라벨$(n=\ 9)$를 가진 에지가 선택된다. n이 9와 같지 않으면, 라벨$(n=\ 9)'$ 를 가진 에지가 선택된다.

4개의 상태를 인코딩 하기 위해서는 2개의 플립플롭 Q_0과 Q_1이 필요하다. 단순화 하여, 상태명 인덱스의 2진 값을 사용하여 상태에 대한 인코딩이 되도록 하여, 그래서 상태 s_0에 대한 인코딩은 $Q_1\ Q_0\ =00$, 상태 s_1에 대한 인코딩은 $Q_1\ Q_0\ =01$, 등.

위 해석으로부터, 그림 6.18(b)에 보인 바와 같이 다음상태 표를 유도할 수 있다. $Q_1\ Q_0$에 대한 4개의 현재 상태가 4개 행이 아래로 나열되어 있다. 4개의 열은 조건부 입력 신호 *Start* 과 $(n=9)$ 의 네 개의 조합인 것이다. 예를 들면, $Start,\ (n=9)=10$인 열은 $Start=1$이고 $(n=9)=0$를 의미한다. 조건$(n=9)=0$은 조건$(n=9)$가 거짓임을 의미하며, 이는$(n=9)'$이 참임을 의미한다. 표 안의 엔트리는 2개의 플립플롭에 대한 다음상태 $Q_{1next}\,Q_{0next}$이다.

예를 들어, 상태도를 보면 상태 s_2에서 조건$(n=9)'$이 참이고 *Start* 조건과는 무관할 때 상태 s_1로 되돌아간다. 따라서, 다음상태 표에서 현재 상태 열 $s_2\,(10)$에 대해, 조건$(n=9)'$이 참일 때에 대한 2개의 다음상태 엔트리는 $s_1\,(01)$이다. 조건 "$(n=9)'$이 참이다" 는$(n=9)=0$을 의미한다. 이것은 라벨 00 과 10을 가진 두 열에 해당한다. 즉, *Start*는 0 또는 1일 수 있고, 반면에 $(n=9)$은 0 이다.

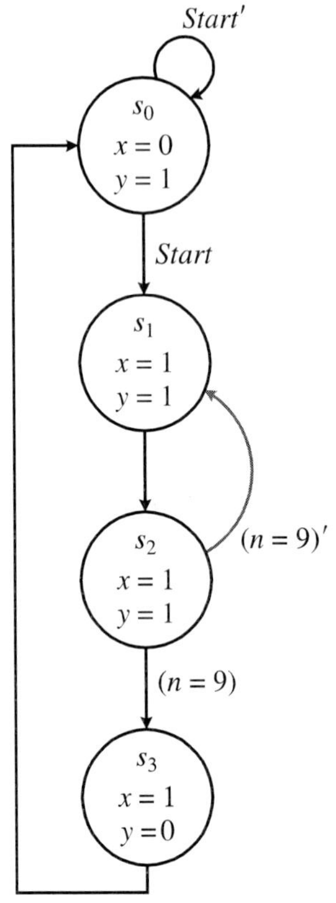

(a)

Current State Q_1Q_0	Next State $Q_{1next}Q_{0next}$ — *Start*, $(n = 9)$: 00	01	10	11
s_0 00	s_0 00	s_0 00	s_1 01	s_1 01
s_1 01	s_2 10	s_2 10	s_2 10	s_2 10
s_2 10	s_1 01	s_3 11	s_1 01	s_3 11
s_3 11	s_0 00	s_0 00	s_0 00	s_0 00

(b)

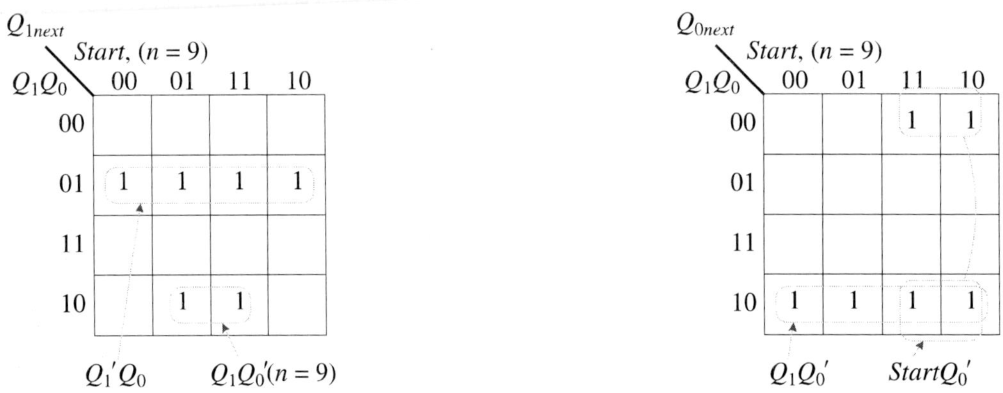

$Q_{1next} = D_1 = Q_1'Q_0 + Q_1Q_0'(n = 9)$ $\quad$ $Q_{0next} = D_0 = Q_1Q_0' + StartQ_0'$

(c)

그림 6.18 단순 마이크로프로세서 제어 유닛 FSM 합성: (a) 상태도 (b) 다음상태 표 (c) K-맵과 Q_{1next}과 Q_{0next}에 대한 다음상태 식 (d) 출력표 (e) K-맵과 출력식 (f) FSM 회로.

(다음페이지에 계속)

Current State Q_1Q_0	Output xy
00	01
01	11
10	11
11	10

(d)

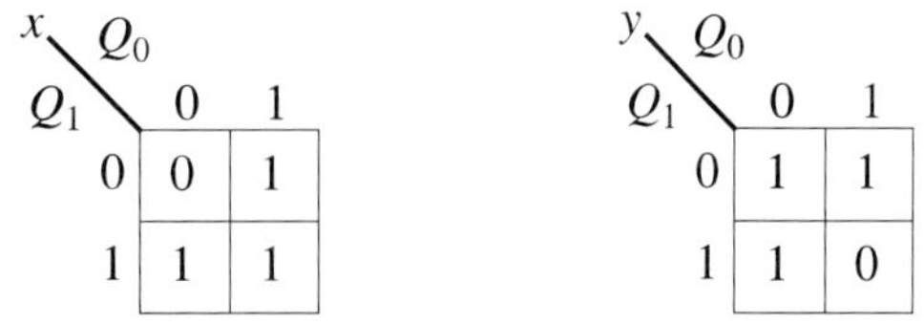

$x = Q_1 + Q_0$ $y = (Q_1Q_0)'$

(e)

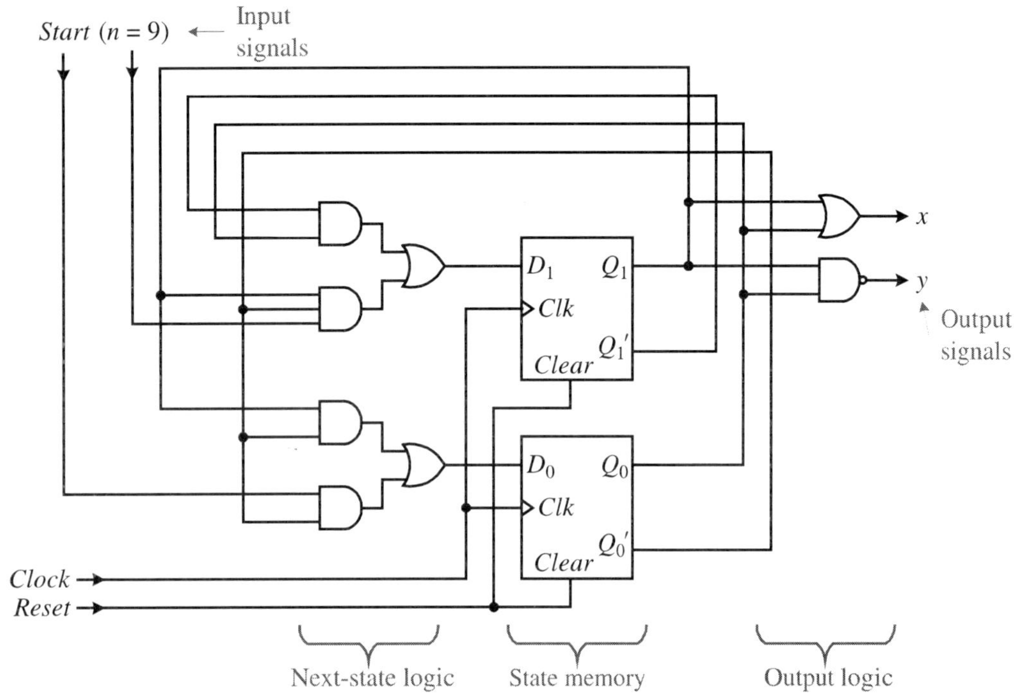

(f)

그림 6.18 단순 마이크로프로세서 제어 유닛 FSM 합성: (a) 상태도 (b) 다음상태 표 (c) K-맵과 Q_{1next}과 Q_{0next} 에 대한 다음상태 식 (d) 출력표 (e) K-맵과 출력식 (f) FSM 회로.

다음상태 식은 다음 상태표로부터 유도된다. 사용된 모든 플립플롭의 모든 D 입력마다 하나의 다음상태 식이 있다. 2개의 D 플립플롭을 가지고 있기 때문에 2개의 식이 있다: 하나는 Q_{1next}이고, 다른 하나는 Q_{0next}이다. 식은 Q_1, Q_0, *Start*와 $(n = 9)$의 4개 변수에 의존한다. 다음상태 표는 두 개의 진리표가 함께 합쳐진 것으로 볼 수 있다: 하나는 Q_{1next}에 대한 진리표이고, 다른 하나는 Q_{0next} 에 대한 진리표이다. Q_{1next} 진리표에 대해서는 각 엔트리에 있는 가장 왼쪽 비트만 보고, 그리고 Q_{0next} 진리표에 대해서는 가장 오른쪽 비트만 본다.

이런 식으로, 다음상태 표에서 2개의 진리표를 추출하면, 그림 6.18(c)에 보인 바와 같이 2개의 K-맵과 Q_{1next} 및 Q_{0next}에 대한 해당 다음상태 식을 얻는다. 다음상태 식은 다음상태 논리 조합회로를 유도할 수 있다.

출력표는 상태표에 주어진 출력 신호로부터 얻어진다. 출력표는 x와 y의 두 출력 신호에 대한 진리표이다. 출력표에서 유도한 출력 신호 식은 현재 상태 Q_1 Q_0에 종속적이다. 출력표, K-맵, 그리고 출력식은 그림 6.18(d)와 (e)에 보였다.

다음상태 및 출력 식으로부터 다음상태 및 출력 논리회로를 쉽게 생성할 수 있으며, 그 결과 FSM 회로가 그림 6.18(f)에 보였다.

6.6.5 무어 FSM을 이용한 엘레베이터 제어기

2층짜리 새 건물에 엘리베이터가 설치될 예정으로, 엘리베이터용 FSM 제어기 회로를 설계해 달라는 요청을 받았다. 건물의 각 층에는 엘리베이터를 부르기 위한 버튼이 있다. 버튼 f_1은 1층에 위치해 있고, 버튼 f_2는 2층에 위치해 있다. 엘리베이터 안에는 엘리베이터가 어느 층으로 갈지 지시할 버튼 두 개 버튼 (e_1, e_2)가 있다. e_1을 누르면, 엘리베이터가 아직 1층에 없으면 엘리베이터는 1층으로 이동하며, e_2를 누르면 엘리베이터가 2층에 아직 없으면 2층으로 이동한다. 마지막으로, 엘리베이터가 특정 층에 도달하면, 엘리베이터 메카니즘에 의해 자동적으로 어써트 되는 2개의 입력 신호 at_1과 at_2가 있다. at_1은 엘리베이터가 1층에 있을 때, at_2는 엘리베이터가 2층에 있을 때 어써트 된다.

2-비트 출력 신호 $go_{1\text{-}0}$는 엘리베이터 모터를 켜고 끄고, 그리고 어느 층으로 이동할지를 제어한다. go_1이 1로 어써트 되면 엘리베이터 모터가 켜지고, go_1이 디어써트 되면 꺼진다. 출력 신호 go_0은 어느 층으로 갈 것인지를 명기한다: 엘리베이터는 $go_0=0$이면 1층으로, $go_0=1$이면 2층으로 이동한다. 또한 엘리베이터의 위치를 보여주기 위해, 2개 층 각각 마다 2개의 LED가 있다. 출력 신호 led_1은 엘리베이터가 1층에 있으면 켜지고, led_2는 엘리베이커가 2층에 있으면 켜진다. 엘리베이터가 층 사이를 이동할 때, 두 LED 모두 꺼진다. 엘리베이터 설정 그림과 I/O 신호의 요약을 다음에 보였다.

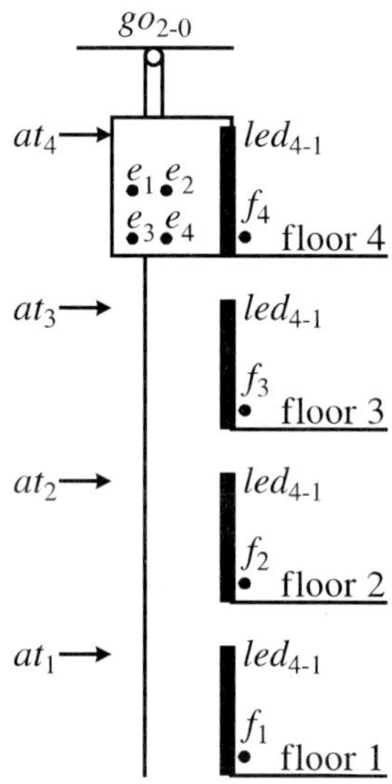

입력:

- f_1, f_2: 엘리베이터를 부르는 각 층의 버튼. f_1 은 1층에 있고, f_2 는 2층에 있다.
- e_1, e_2: 엘리베이터가 어느 층으로 가야 할지 지시하는 엘리베이터 안에 있는 버튼
- at_1, at_2: 엘리베이터의 현재 위치에 따라 의존하면서 어써트 되는 엘리베이터 메커니즘 신호

출력:

- go_1: 0은 엘리베이터 모터를 끄고 1은 모터를 켠다.
- go_0: 0은 1층으로 이동하고, 1은 2층으로 이동한다.
- led_1, led_2: 엘리베이터의 현재 위치를 보여주는 2개 층 각각에 있는 LED.

비록 2개 세트의 버튼 입력 f_i과 e_i가 있지만, 버튼이 눌러지면 엘리베이터를 불러 특정 층으로 이동하게 하는 면에서는 동일 기능을 수행한다. 따라서, 해당 f_i와 e_i 신호를 하나의 신호 f_i로 결합하여 입력 수를 줄일 수 있다. 양쪽 버튼(f_2와 f_1)을 동시에 누르면 아무것도 변하지 않고, FSM은 현재 상태를 유지한다고 가정한다.

엘리베이터 시스템 기술로부터 그림 6.19(a)에 보인 것과 같은 무어 FSM 상태도를 유도할 수 있다. 엘리베이터가 특정 층에 있을 때를 나타내는 2개의 상태

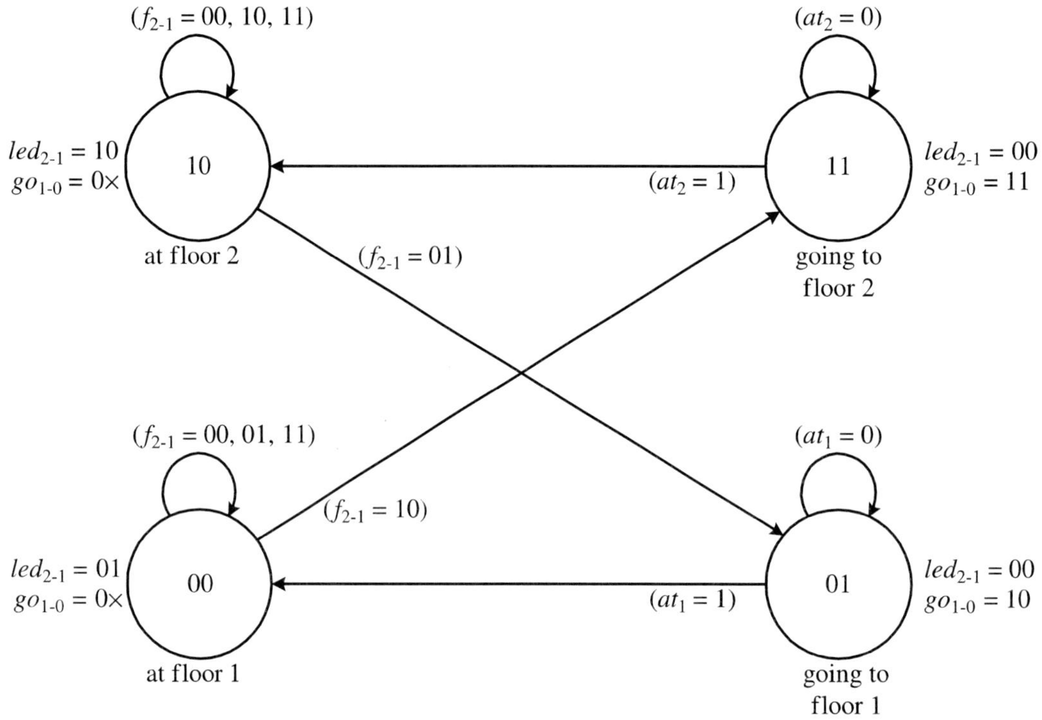

(a)

Current State Q_1Q_0	Next State $Q_{1next}Q_{0next}$					
	$f_{2\text{-}1}$ =				at_i =	
	00	01	10	11	0	1
00	00	00	11	00		
01					01(at_1')	00(at_1)
10	10	01	10	10		
11					11(at_2')	10(at_2)

(b)

$$Q_{1next} = D_1 = Q_1'Q_0'(f_2f_1') + Q_1Q_0'(f_1' + f_2) + Q_1Q_0$$

$$Q_{0next} = D_0 = Q_1'Q_0'(f_2f_1') + Q_1'Q_0(at_1') + Q_1Q_0'(f_2'f_1) + Q_1Q_0(at_2')$$

(c)

그림 6.19 무어 모델을 이용한 엘리베이터 제어기: (a) 상태도 (b) 다음상태 표 (c) 다음상태식 (d) 출력표 (e) 출력식 (f) FSM 회로.

(다음페이지에 계속)

Current State Q_1Q_0	Output	
	$led_{2\text{-}1}$	$go_{1\text{-}0}$
00	01	0×
01	00	10
10	10	0×
11	00	11

(d)

$$led_2 = Q_1Q_0'$$
$$led_1 = Q_1'Q_0'$$
$$go_1 = Q_0$$
$$go_0 = Q_1$$

(e)

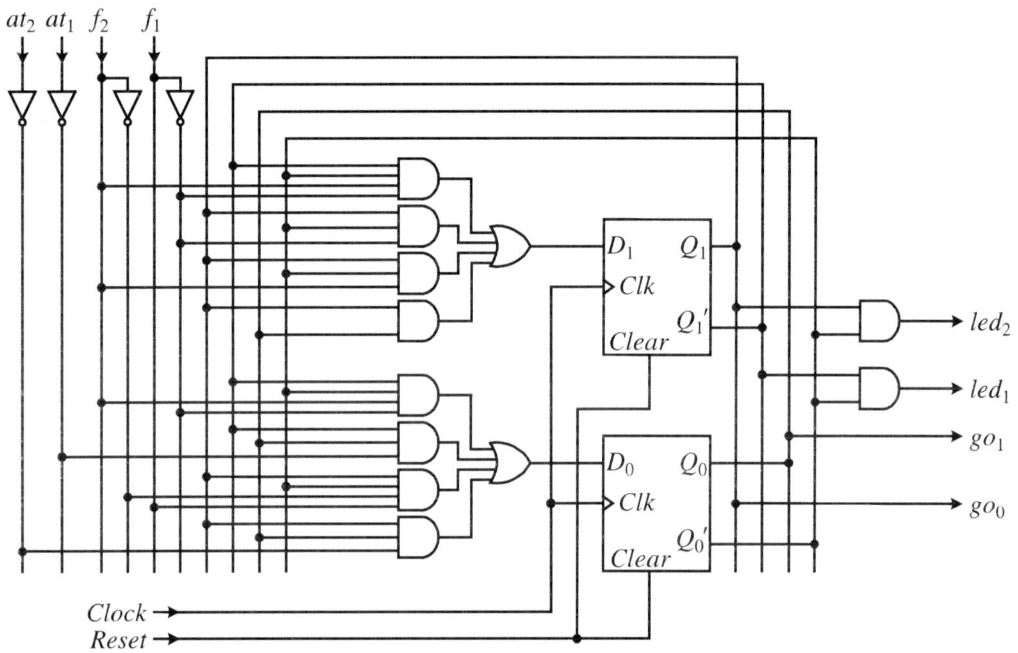

(f)

그림 6.19 무어 모델을 이용한 엘리베이터 제어기: (a) 상태도 (b) 다음상태 표 (c) 다음상태식 (d) 출력표 (e) 출력식 (f) FSM 회로.

와 엘리베이터가 다른 층으로 이동 중에 있는 때를 나타내는 2개의 중간 상태가 있다. 상태 00(1층)에서 시작하고 f_2가 눌려지기를 기다린다. 어떤 다른 버튼 누름 조합도 상태를 바꾸지는 않는다. f_2가 어써트 되면, 엘리베이터가 2층으로 가는 중간 상태 11로 간다. 이 상태에서는 $go_{1\text{-}0}$을 11로 설정하여 2층으로 가기 위해 엘리베이터 모터를 온 시키고, 그리고 LED 모두를 끈다.

상태 11에 계속 머무르다가 at_2가 어써트 되면, 엘리베이터가 2층에 도착하였다는 것을 알려주고, 상태 10(2층)으로 천이한다. 상태 10에서는 $go_{1\text{-}0}$을 0x로 설정함으로써 모터를 끄고, led_2 를 켠다. 2층에서 1층으로 내려가는 것도 대응 변화로 하여 비슷하다.

총 4개 입력 f_1 , f_2 , at_1 , at_2 가 있으며, 이 4개의 입력 가능한 모든 조합을 열거하면, 다음상태 표는 16개의 열을 가진다. 그러나, f_i 들와 at_i 들은 상호 배타적으로, f_i 들은 상태 00와 10에서만 사용되고, at_i 들은 상태 01과 11에서만 사용된다는 점에 유의하라.

그러므로 그것들은 분리되어 필요한 열 수를 줄일 수 있다. 또한 2개의 at_i 는 상호 배타적이므로, 표에는 at_i 를 위해 단지 한 열만 가지고 있으나, 어느 상태를 첵크하느냐에 따라 at_1 또는 at_2 로 대체한다는 것을 기억할 필요가 있다. 모든 이런 변경은 단지 다음 상태표를 더 작게하여 더 관리할 수 있게 해 주지만, 다음상태 식을 구할 때 주의를 기울이지 않으면 혼란을 야기할 수 있다. 다음상태 표는 그림 6.19(b)에 보였고, 다음상태 식은 그림 6.19(c)에 보였다.

그림 6.19(d)와 (e)에 각각 보인 출력표와 출력식은 상태도로부터 쉽게 구할 수 있다. 다음상태와 출력식에서 유도된 최종 FSM 회로는 그림 6.19(f)에 보였다.

6.6.6 밀리 FSM을 사용하는 엘리베이터 제어기

6.1절에서 무어와 밀리 FSM 모델이 상태 메모리 및 다음상태 논리회로의 크기와 출력 논리회로의 크기 사이에 타협 된다는 것을 언급하였다. 이 차이를 설명하기 위하여, 6.6.5절과 동일한 엘리베이터 제어기를 밀리 FSM을 사용하여 설계하자.

먼저, 문제의 서술에 기반하여, 그림 6.19(a)에 보인 무어 상태도에서 2개의 중간 상태(01, 11)를 제거하더라도, 여전히 동일한 기능을 얻을 수 있다는 것을 주목하자. 무어 상태도에 있는 원래의 2개의 중간 상태는 모터를 켜고 LED를 끄는 데 사용되었다. 2개의 중간 상태 없이, 상태도에서 언제, 어디서 모터를 켜고 LED를 끌 지를 결정해야 한다. 엘리베이터가 어느 한 층에 있을 때에는, 나머지 두 상태의 어느 상태에서도 이것을 행할 수 없다는 것은 명백하다. 예를 들면, 상태 00(1층에서)에서는 $go_{1\text{-}0} = 11$(모터를 켜서 2층으로 간다)을 설정할 수 없다. 왜냐하면 그렇게 한다면 엘리베이터가 1층에 도착하자마자 2층으로 즉시 되돌아가기 때문이다. 엘리베이터가 1층에 있으면. 모터는 켜지지 않을 것이고 따라서 2층으로 이동하지 않을 것이기 때문에, 상태 00에서는 또한 $go_{1\text{-}0} = 0\times$(모터 끄기)

를 설정할 수 없다. 이 관찰을 통해, 상태도의 조건부 에지에 go 및 led 신호를 설정하는 동작을 넣어야 한다는 것을 알 수 있다.

따라서, 그림 6.20(a)와 같은 2개의 상태를 가진 새로운 밀리 상태도를 갖는다. 상태 0(1층)에서 상태 1(2층)로 천이되는 경우는 유일하게 $f_{2\text{-}1}\,at_2 = 101$일 때이다. 다른 말로 하면, 0 상태에서 1 상태로 천이되는 것은 $f_2\,(f_{2\text{-}1} = 10)$가 눌러지고 엘리베이터가 2층에 도달했을 때만 발생한다($at_2 = 1$). 이 천이 중에, 엘리베이터는 2층에 도달했기 때문에, 모터를 끄고($go_{1\text{-}0} = 0\times$로 설정) $led_2\,(led_{2\text{-}1} = 10$ 으로 설정)를 켠다. 추가적으로 상태 0에서 자체로 되돌아가는 2개의 다른 에지가 있다. 이 두 에지가 필요한 이유는 입력 조건에 따라 출력 신호가 다르기 때문이다. 모터를 켜서 2층으로 이동하고, 모든 LED를 끈다. 즉, $f_2\,(f_{2\text{-}1} = 10)$가 눌러지고 엘리베이터가 2층($at_2 = 0$)에 아직 도달하지 못했을 때에는, $go_{1\text{-}0} = 11$과 $led_{2\text{-}1} = 00$으로 설정한다. 나머지 조건에서는 어떤 것도 바꿀 필요가 없으므로, $go_{1\text{-}0} = 0\times$, $led_{2\text{-}1} = 01$로 하여 모터를 끈다. 2층에서 1층으로 내려가는 것도 대응 변화하여 유사하게 하면 된다.

f_i 신호와 at_i 신호는 무어 상태도에서처럼 상호 배타적이지 않지만, 두 at_i 신호들은 여전히 상호 배타적이다. 따라서 다음상태 표에 대하여, 이 3개 비트 f_2, f_1, at_i의 모든 가능한 조합을 열거하면 더 명확해 질 것이다. 단지 at_i를 사용하여 at_i 신호 모두를 표시하고, 다음상태 식을 유도할 때, 그것들을 적절한 색인으로 대체한다. 다음상태 표와 다음상태 식은 각각 그림 6.20(b)와 (c)에 보였다.

이제는 모든 출력 신호가 현재 상태뿐만 아니라 입력 신호에 따라 종속적이다. 그림 6.20(d)에 보인 출력표에는, 가능한 모든 입력 조건을 열거하였다. 표에 있는 4-비트 출력 신호 엔트리는 led_2, led_1, go_1, go_0 순서로 리스트 되어 있다. 각 엔트리 값은 상태도에서 직접 얻어진다. 예를 들면, 상태 0에서 상태 1로 조건($f_{2\text{-}1}\,at_2 = 101$)로 라벨되어 나가는 에지의 경우, 이 에지에 할당된 출력 신호는 $led_{2\text{-}1} = 10$과 $go_{1\text{-}0} = 0\times$이므로, $Q = 0$이고 $f_{2\text{-}1}\,at_2 = 101$일 때의 출력표는 100× 이다.

출력 표로부터 그림 6.20(e)에 보인 출력 식을 얻는다. 최종 FSM 회로는 그림 6.20(f)에 보였다.

그림 6.19(f)와 6.20(f)에 보인 엘리베이터 제어기용 무어와 밀리 FSM 회로

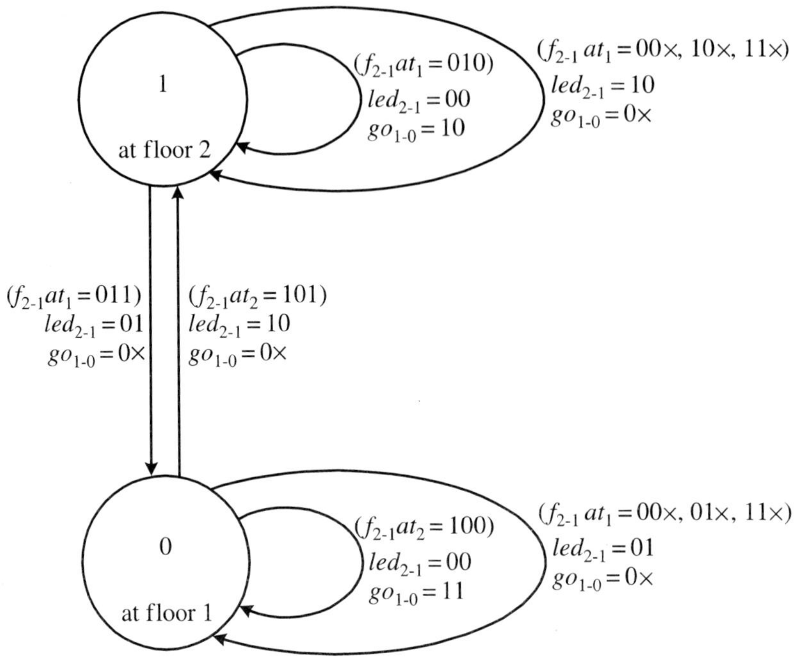

(a)

Current State Q_0	**Next State Q_{0next}**							
	$f_{2\text{-}1}at_i$ =							
	000	**001**	**010**	**011**	**100**	**101**	**110**	**111**
0	0	0	0	0	0	1	0	0
1	1	1	1	0	1	1	1	1

(b)

$$Q_{0next} = D_0 = Q_0'(f_2 f_1' at_2) + Q_0(f_2' f_1 at_1)'$$

(c)

Current State Q_0	**Outputs $led_{2\text{-}1}go_{1\text{-}0}$**							
	$f_{2\text{-}1}at_i$ =							
	000	**001**	**010**	**011**	**100**	**101**	**110**	**111**
0	010×	010×	010×	010×	0011	100×	010×	010×
1	100×	100×	0010	010×	100×	100×	100×	100×

(d)

그림 6.20 밀리 모델을 이용한 엘리베이터 제어기: (a) 상태도 (b) 다음상태 표 (c) 다음상태 식 (d) 출력식 (f) FSM 회로.

(다음페이지에 계속)

$$led_2 = Q_0'(f_2 f_1' at_2) + Q_0(f_2' f_1' + f_2)$$
$$led_1 = Q_0'(f_2' + f_2 f_1) + Q_0(f_2' f_1 at_1)$$
$$go_1 = Q_0'(f_2 f_1' at_2') + Q_0(f_2' f_1 at_1')$$
$$go_0 = Q_0'(f_2 f_1' at_2')$$

(e)

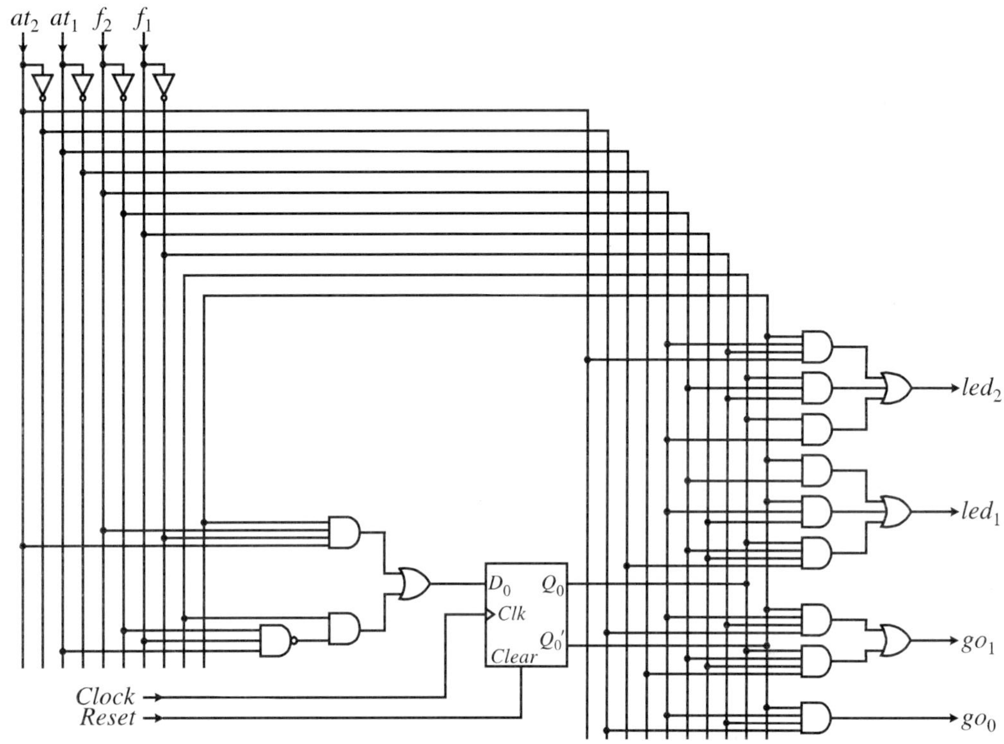

(f)

그림 6.20 밀리 모델을 이용한 엘리베이터 제어기: (a) 상태도 (b) 다음상태 표 (c) 다음상태 식 (d) 출력식 (f) FSM 회로.

를 각각 비교해 보면, 밀리 FSM의 상태 메모리와 다음상태 논리회로는 훨씬 작지만, 무어 FSM의 출력 논리회로는 훨씬 작다. 일반적으로, 밀리 FSM은 보통 상태 메모리와 다음상태 논리회로는 더 작으나, 출력 논리회로는 더 크다. 반면에 무어 FSM은 정 반대라고 결론 내릴 수 있다.

그러나 관찰력이 있는 독자는 두 엘리베이터 제어기의 실제 동작에 약간의 차이가 있음을 알 수 있을 것이다. 무어 버전의 경우, 사람이 1층(상태 00)에 있고 f_2를 누르면, FSM은 즉시 중간 상태 11로 이동한다. 이 중간 상태에서는,

FSM은 f_2가 눌려졌다는 사실을 기억하고, 이 상태에 있는 동안에는 아무리 f_1 신호를 변경하더라도 아무 동작도 행하지 않는다. 이 상태에 있는 동안에는 오직 at_2를 어써트 하는 것만이 FSM을 2층(상태 10)으로 이동하게 한다. 한편, 밀리 버전의 경우, 사람이 1층(상태 0)에 있고 f_2를 누르면, FSM은 상태를 변화시키지 않으므로, f_2가 눌러졌다는 사실을 기억하지 못한다. 그러므로 at_2를 어써트 하기 전에 f_2가 디어써트 되면, FSM은 2층(상태 1)으로 이동하지 않는다. FSM이 2층(상태 1)으로 가려면, f_2와 at_2 모두가 어써트 되어야 하고, f_1 또한 디어써트 되어야 한다.

6.7 FSM 회로에 대한 Verilog 및 VHDL 코드

FSM 회로에 대해 HDL 코드로 작성하는 것은 보통 행위적 수준에서 이루어진다. 행위적 HDL 코드를 작성하는 것의 장점은 회로를 수작업으로 합성할 필요가 없다. 합성기는 행위적 코드로부터 전체 회로에 대한 넷리스트를 자동으로 생성한다. 알아야 할 유일한 정보는 FSM에 대한 상태도이다.

상태도의 상태는 `case` 문을 사용하여 구현된다. `case` 문의 각 경우는 상태도의 상태에 해당한다. HDL 합성기는 자동으로 상태 인코딩을 처리하므로, 상태에는 오직 논리 이름으로 라벨되기만 하면 된다. 상태 변수를 사용하여 FSM의 현재 상태를 기억한다. 조건 없는 에지는 단순히 상태 변수에 새 상태 값을 할당하는 것으로 구현된다. 조건부 에지는 상태 변수가 할당되기 전에 조건을 테스트하기 위해 조건부 `if` 문을 갖는다. 상태도의 출력 신호 정보를 사용하여 출력 논리를 유도하고, 출력 신호에 주어진 값을 할당하는 할당문과 함께 구현된다.

남은 절에서는 6.6.5절과 6.6.6절에서 설명한 2개의 엘리베이터 제어기 예를 기반으로 무어와 밀리 FSM 상태도 모두에 대한 행위적 Verilog와 VHDL 코드를 설명한다. 편의상 두 상태도는 그림 6.21에서 반복된다.

6.7.1 무어 FSM을 위한 행위적 Verilog 코드

그림 6.22에 보인 무어 FSM Verilog 코드는 그림 6.21(a)에 보인 무어 FSM 상태도에 기반을 둔다. Verilog 코드의 메인 부분에는 항상 두 개의 블록을 가지고

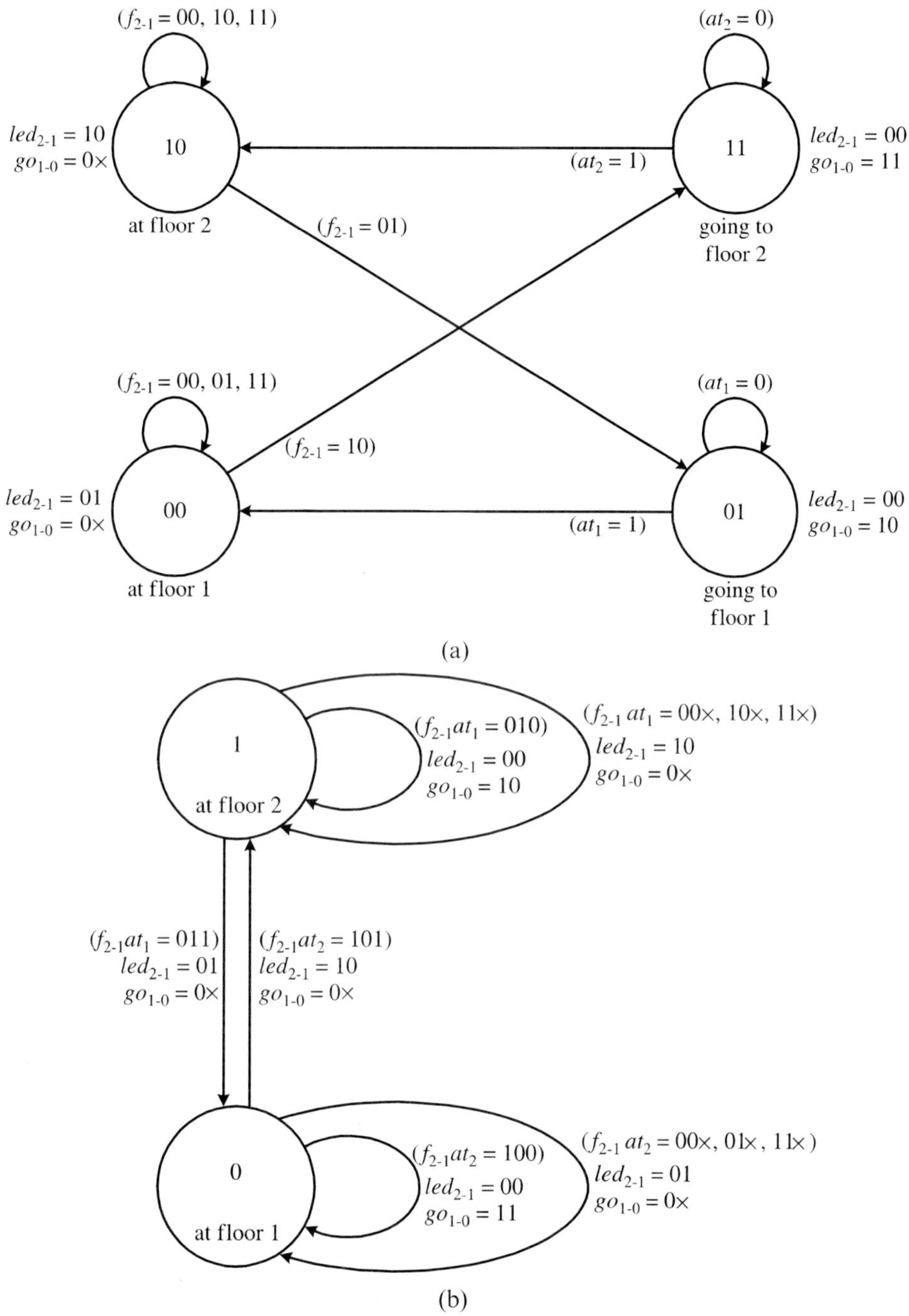

그림 6.21 상태도: (a) 무어 FSM (b) 밀리 FSM.

```
module MooreFSM (
  input Clock, Reset,
  input [2:1] f, at,
  output reg [1:0] go,
  output reg [2:1] led,
  output [1:0] debug_state
);
  reg [1:0] state;
  parameter s00 = 2'b00, s01 = 2'b01, s10 = 2'b10, s11 = 2'b11;

  assign debug_state = state;

  // next-state logic
  always @ (posedge Clock or posedge Reset) begin
    if (Reset) begin
      state <= s00;
    end else
      case (state)
      s00: begin   // floor 1
        if (f == 2'b10)
          state <= s11;
        else
          state <= s00;
        end
      s01: begin
        if (at[1])
          state <= s00;
        else
          state <= s01;
        end
      s10: begin   // floor 2
        if (f == 2'b01)
          state <= s01;
        else
          state <= s10;
        end
      s11: begin
        if (at[2])
          state <= s10;
        else
          state <= s11;
        end
      endcase
  end

  // output logic - depends only on the state
  always @ (state) begin
    case (state)
      s00: begin // floor 1
```

그림 6.22 무어 FSM에 대한 행위적 Verilog 코드.

(다음페이지에 계속)

```
        led = 2'b01;
        go = 2'b00;
        end
      s01: begin
        led = 2'b00;
        go = 2'b10;
        end
      s10: begin   // floor 2
        led = 2'b10;
        go = 2'b00;
        end
      s11: begin
        led = 2'b00;
        go = 2'b11;
        end
    endcase
  end
endmodule
```

그림 6.22 무어 FSM에 대한 행위적 Verilog 코드.

있다: 하나는 다음상태 논리용이고, 다른 하나는 출력 논리용이다.

모듈에는 먼저 회로에 대한 모든 입력 및 출력 신호가 선언된다. *Clock* 입력 신호는 FSM이 한 상태에서 다음상태로 천이하는 속도를 결정하고, *Reset* 신호는 모든 상태 메모리 플립플롭을 0으로 초기화하는 데 사용된다. 상태도에 기반하여 2개의 2-비트 입력 신호 *f* 와 *at* , 그리고 2-비트 출력 신호 *go* 및 *led*도 선언된다. 디버깅 목적으로, FSM의 현재 상태를 보여주기 위하여 추가 출력 신호 *debug_state*를 추가하였다.

다음에, 상태 변수와 4개의 상태, *s00*, *s01*, *s10*과 *s11*에 대한 심볼 이름이 선언된다. 또한 심볼 상태 이름에는 실제 인코딩과 함께 지정되어 있다. 달리, 심볼 상태 이름을 선언하거나 사용할 필요는 없다. 대신에, 후에 밀리 FSM 코드에서 보이겠지만, 상태 할당과 `case` 문에 2진 인코딩을 바로 사용할 수 있다.

항상 2개의 `always` 블록이 동시적으로 실행된다; 첫 번째 블록은 제어 유닛 내부의 다음상태 논리회로를 정의하고, 두 번째 블록은 제어 유닛 내부의 출력 논리회로를 정의한다. 이 두 블록 내의 주된 문은 FSM의 현재 상태를 결정하는 `case` 문이다.

다음상태 논리 블록에서는, 리셋시 FSM의 현재 상태가 *s00* 으로 초기화 된다. `case` 문은 감지 리스트의 `posedge` *Clock* 때문에 상승 클럭 에지에서만 실행된다. 따라서 *state* 신호에는 상승 클럭 에지마다 새 상태 값이 할당된다. 물론,

새로운 상태 값은 현재 상태 및 입력 신호에 따라 달라진다. 예를 들어, 현재 상태가 *s00* 이면, *s00* 의 경우가 선택된다. 상태도로부터 상태 *s00* 일 때, 다음 상태는 2-비트 입력 신호 $f_{2\text{-}1}$ 에 종속된다는 것을 알고 있다. 따라서 코드에서는 `if` 문이 사용된다. $f_{2\text{-}1}$ 이 2'b10(즉, 10) 이면 *state* 변수에 새 상태 *s11*이 할당되며, 그렇지 않으면, *state*에 현재 상태 *s00*이 할당된다. 후자의 경우, 상태 값 *s00*을 변경하지 않는다 하더라도, 합성기가 *state* 신호용 메모리 소자를 사용하지 않도록 할당을 해야 한다.
5.7절에서 모든 가능한 경우에 대해 신호에 값이 할당되지 않는다면, 신호를 위해 메모리 요소가 사용된다는 것을 상기하라. `case` 문의 나머지 경우들도 상태도에 있는 남은 에지를 기반하여 유사하게 작성된다.

출력 논리 `always` 블록에서는, 출력 회로가 조합회로이기 때문에, 모든 경우에 모든 출력 신호에는 값이 할당되어야 하고, 그래서 이러한 출력 신호를 위해 메모리 소자가 생성되지 않도록 한다. `case` 문의 각 상태에 대해, 각각의 출력 신호에 할당된 값은 직접 상태도로부터 얻어진다. 이 예에서는 2-비트 출력 신호 $led_{2\text{-}1}$ 및 $go_{1\text{-}0}$을 갖는다. 디버깅을 위해, *debug_state* 출력 신호에 *state* 변수를 할당하여, FSM의 현재 상태를 알 수 있게 한다.

6.7.2 밀리 FSM에 대한 행위적 Verilog 코드

그림 6.23에 보인 FSM Verilog 코드는 그림 6.21(b)에 보인 밀리 FSM 상태도를 기반으로 한다. 이 밀리 FSM 코드는 기본적으로 무어 FSM 코드와 동일한 형식을 따른다. 주요 차이점은 출력 논리 블록에 있고, 여기서 `if` 문은 출력 신호에 적절한 값을 할당하기 전에 입력 조건을 테스트하는 데 사용된다.

상태 천이 및 출력 신호 할당은 직접 상태도를 따른다.

6.7.3 무어 FSM에 대한 행위적 VHDL 코드

그림 6.24에 보인 무어 FSM에 대한 행위적 VHDL 코드는 그림 6.21(a)에 보인 무어 FSM 상태도에 기반을 둔다. 구문적 차이를 제외하면, 이 VHDL 코드의 구조는 Verilog 코드와 유사하다. VHDL 코드의 주요 부분에는 2개 프로세스, 즉 다음상태 논리 프로세스와 출력 논리 프로세스가 있다. ENTITY 부분에서는 회로

```
module MealyFSM (
  input Clock, Reset,
  input [2:1] f, at,
  output reg [1:0] go,
  output reg [2:1] led,
  output debug_state
);
  reg  state;

  assign debug_state = state;

  // next-state logic
  always @ (posedge Clock or posedge Reset) begin
    if (Reset) begin
      state <= 1'b0;
    end else
      case (state)
      1'b0: // floor 1
        if ({f,at[2]} == 3'b101)
          state <= 1'b1;
      1'b1:  // floor 2
        if ({f,at[1]} == 3'b011)
          state <= 1'b0;
      endcase
  end

// output logic - depends on the state and inputs
always @ (state) begin
  case (state)
    1'b0: begin // floor 1
      if ((f == 2'b00) | (f == 2'b01) | (f == 2'b11)) begin
        led = 2'b01;
        go =  2'b00;
      end else if ({f,at[2]} == 3'b100) begin
        led = 2'b00;
        go =  2'b11;
      end else if ({f,at[2]} == 3'b101) begin
        led = 2'b10;
        go =  2'b00;
        end
      end
    1'b1: begin // floor 2
      if ((f == 2'b00) | (f == 2'b10) | (f == 2'b11)) begin
        led = 2'b10;
        go =  2'b00;
      end else if ({f,at[1]} == 3'b010) begin
        led = 2'b00;
        go =  2'b10;
      end else if ({f,at[1]} == 3'b011) begin
        led = 2'b01;
```

그림 6.23 밀리 FSM에 대한 행위적 Verilog 코드.

(다음페이지에 계속)

```
          go =  2'b00;
          end
        end
    endcase
  end // always
endmodule
```

그림 6.23 밀리 FSM에 대한 행위적 Verilog 코드.

에 대한 모든 입력 및 출력 신호가 선언된다.

Clock 입력 신호는 FSM이 한 상태에서 다음상태로 천이하는 속도를 결정하며, *Reset* 입력 신호를 사용하여 모든 상태 메모리 플립플롭을 0으로 초기화한다. 상태도에 기반하여 2-비트 입력 신호 f 와 at, 그리고 2-비트 출력 신호 go 및 led 도 선언된다.

```
LIBRARY IEEE;
USE IEEE.STD_LOGIC_1164.ALL;

ENTITY MooreFSM IS PORT(
  Clock, Reset: IN STD_LOGIC;
  f, at: IN STD_LOGIC_VECTOR(2 DOWNTO 1);
  go: OUT STD_LOGIC_VECTOR(1 DOWNTO 0);
  led: OUT STD_LOGIC_VECTOR(2 DOWNTO 1)
  );
END MooreFSM;

ARCHITECTURE Behavioral OF MooreFSM IS
  TYPE state_type IS (s00, s01, s10, s11);
  SIGNAL state: state_type;
BEGIN

  -- next-state logic
  next_state_logic: PROCESS (Clock, Reset)
  BEGIN
    IF (Reset = '1') THEN
      state <= s00;
    ELSIF (RISING_EDGE(Clock)) THEN
      CASE state IS
        WHEN s00 =>
          IF (f = "10") THEN
            state <= s11;
          ELSE
            state <= s00;
          END IF;
```

그림 6.24 무어 FSM에 대한 행위적 VHDL 코드.

(다음페이지에 계속)

```
            WHEN s01 =>
              IF (at(1) = '1') THEN
                state <= s00;
              ELSE
                state <= s01;
              END IF;
            WHEN s10 =>
              IF (f = "01") THEN
                state <= s01;
              ELSE
                state <= s0;
              END IF;
            WHEN s11 =>
              IF (at(2) = '1') THEN
                state <= s10;
              ELSE
                state <= s11;
              END IF;
          END CASE;
        END IF;
    END PROCESS;
    -- output logic - depends only on the state
    output_logic: PROCESS (state)
    BEGIN
      CASE state is
        WHEN s00 =>
          led <= "01";
          go <= "00";
        WHEN s01 =>
          led <= "00";
          go <= "10";
        WHEN s10 =>
          led <= "10";
          go <= "00";
        WHEN s11 =>
          led <= "00";
          go <= "11";
      END CASE;
    END PROCESS;
  END Behavioral;
```

그림 6.24 무어 FSM에 대한 행위적 VHDL 코드.

ARCHITECTURE 부분은 TYPE 문을 사용하여 상태도에서 사용된 4개 상태 *s00*, *s01*, *s10* 및 *s11*에 대한 심볼 이름을 정의하는 것으로 시작한다. 실제 상태 인코딩은 합성기에 의해 자동으로 수행된다. SIGNAL문은 FSM의 현재 상태를 저장하기 위해 신호 *state*를 선언한다. ARCHITECTURE부분에 있는 2개 프로세스,

next_state_logic PROCESS 와 출력 *output_logic* PROCESS는 병행적으로 실행된다. 이름에서 알 수 있듯이 *next_state_logic* PROCESS는 제어 유닛 내부의 *next_state* 논리회로를 정의하고, *output_logic* PROCESS는 제어 유닛 내부의 출력 논리회로를 정의한다. 이 두 프로세스내의 주요 문은 FSM의 현재 상태를 결정하는 CASE 문이다.

next_state_logic PROCESS 에서는 FSM의 현재 상태가 리셋시 *s00*으로 초기화된다. CASE 문은 IF 문에서 조건 테스트(RISING_EDGE(*Clock*))로 인해 상승 클럭 에지에서만 실행된다. 따라서, *state* 신호는 매 상승 클럭 에지마다 새로운 상태 값이 할당된다. 물론 이 새 상태 값은 있다면 현재 상태 및 입력 신호에 종속적이다. 예를 들어, 현재 상태가 *s00* 이면, *s00*에 대한 경우가 선택된다. 상태도로부터 상태 *s00*에 있을 때, 다음상태는 2-비트 입력 신호 $f_{2\text{-}1}$ 에 종속된다는 것을 알 수 있다. 따라서, 코드에서 IF 문이 사용된다. $f_{2\text{-}1}$ 이 "10"이면, 새 상태 *s11*이 *state* 변수에 할당되고, 그렇지 않으면 *state* 에 현재 상태 *s00*이 할당된다. 후자의 경우, 상태 값 *s00* 을 변경하지 않더라도, 합성기가 *state* 신호를 위해 메모리 요소를 사용하지 못하도록 할당해야 한다. 5.7 절에서 신호가 모든 가능한 경우에 대해 값이 할당되지 않으면, 메모리 소자가 신호를 위해 사용된다는 것을 상기하라. CASE 문에 있는 나머지 경우도 상태도에 남은 나머지 에지를 기반으로 유사하게 작성된다.

output_logic PROCESS에서는 출력 회로가 조합회로이기 때문에, 모든 출력 신호에 모든 경우에 값이 할당되어야 하고, 이러한 출력 신호에 메모리 요소가 만들어지지 않도록 해야 한다. *output_logic* PROCESS에서 CASE 문의 각 상태에 대해, 출력 신호 각각에 할당된 값은 상태도에서 직접 얻어진다. 이 예에서는 두 개의 2-비트 출력 신호 $led_{2\text{-}1}$ 및 $go_{1\text{-}0}$을 가진다.

6.7.4 밀리 FSM에 대한 행위적 VHDL 코드

그림 6.25에 보인 밀리 FSM에 대한 행위적 VHDL 코드는 그림 6.21(b)에 보인 밀리 FSM 상태도를 기반으로 한다. 이 밀리 FSM 코드는 기본적으로 무어 FSM 코드와 동일한 형식을 따른다. 상태 천이와 출력 신호의 할당은 상태도를 따른다. 주요 차이점은 출력 논리 블록에 있고, 여기서 IF 문은 출력 신호에 적절한 값을 할당하기 전에 입력 조건을 테스트하는 데 사용된다.

```
LIBRARY IEEE;
USE IEEE.STD_LOGIC_1164.ALL;

ENTITY MealyFSM IS PORT(
  Clock, Reset: IN STD_LOGIC;
  f, at: IN STD_LOGIC_VECTOR(2 DOWNTO 1);
  go: OUT STD_LOGIC_VECTOR(1 DOWNTO 0);
  led: OUT STD_LOGIC_VECTOR(2 DOWNTO 1);
  debug_state: OUT STD_LOGIC
  );
END MealyFSM;

ARCHITECTURE Behavioral OF MealyFSM IS
  SIGNAL state: STD_LOGIC;
BEGIN
  debug_state <= state;

  -- next-state logic
  next_state_logic: PROCESS (Clock, Reset)
  BEGIN
    IF (Reset = '1') THEN
      state <= '0';
    ELSIF (RISING_EDGE(Clock)) THEN
      CASE state IS
        WHEN '0' =>
          IF ((f = "10") AND (at(2) = '1')) THEN
            state <= '1';
          END IF;
        WHEN '1' =>
          IF ((f = "01") AND (at(1) = '1')) THEN
            state <= '0';
          END IF;

      END CASE;
    END IF;
  END PROCESS;

  -- output logic - depends on the state and inputs
  output_logic: PROCESS (state)
  BEGIN
    CASE state is
      WHEN '0' =>
        IF ((f = "00") OR (f = "01") OR (f = "11")) THEN
          led <= "01";
          go <= "00";
        ELSIF ((f = "10") AND (at(2) = '0')) THEN
          led <= "00";
          go <= "11";
        ELSIF ((f = "10") AND (at(2) = '1')) THEN
          led <= "10";
```

그림 6.25 밀리 FSM에 대한 행위적 VHDL 코드.

(다음페이지에 계속)

```
      go <= "00";
    ELSIF ((f = "10") AND (at(2) = '0')) THEN
      led <= "00";
      go <= "11";
    ELSIF ((f = "10") AND (at(2) = '1')) THEN
      led <= "10";
      go <= "00";
    END IF;
  WHEN '1' =>
    IF ((f = "00") OR (f = "10") OR (f = "11")) THEN
      led <= "10";
      go <= "00";
    ELSIF ((f = "01") AND (at(1) = '0')) THEN
      led <= "00";
      go <= "10";
    ELSIF ((f = "01") AND (at(1) = '1')) THEN
      led <= "01";
      go <= "00";
    END IF;
  END CASE;
 END PROCESS;
END Behavioral;
```

그림 6.25 밀리 FSM에 대한 행위적 VHDL 코드.

6.8 연습문제

6.1 다음의 각 FSM에 대해 분석하고 상태도를 유도하라:

a) C는 입력이고 a와 b는 출력이다.

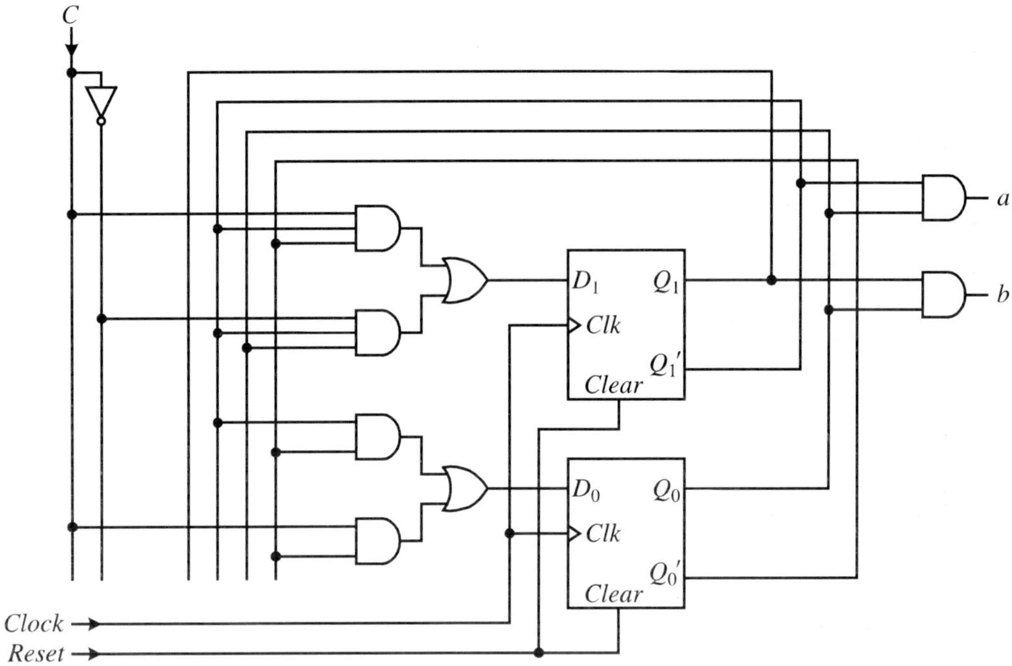

b) C는 입력이고 a와 b는 출력이다.

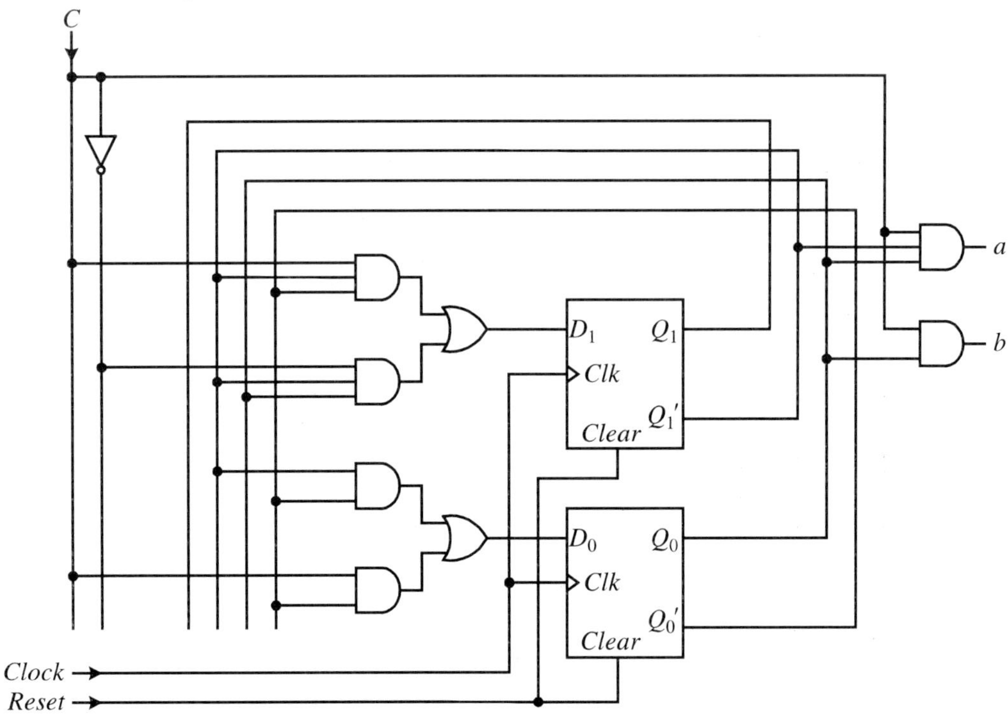

c) A와 B는 입력이고, X와 Y는 출력이다.

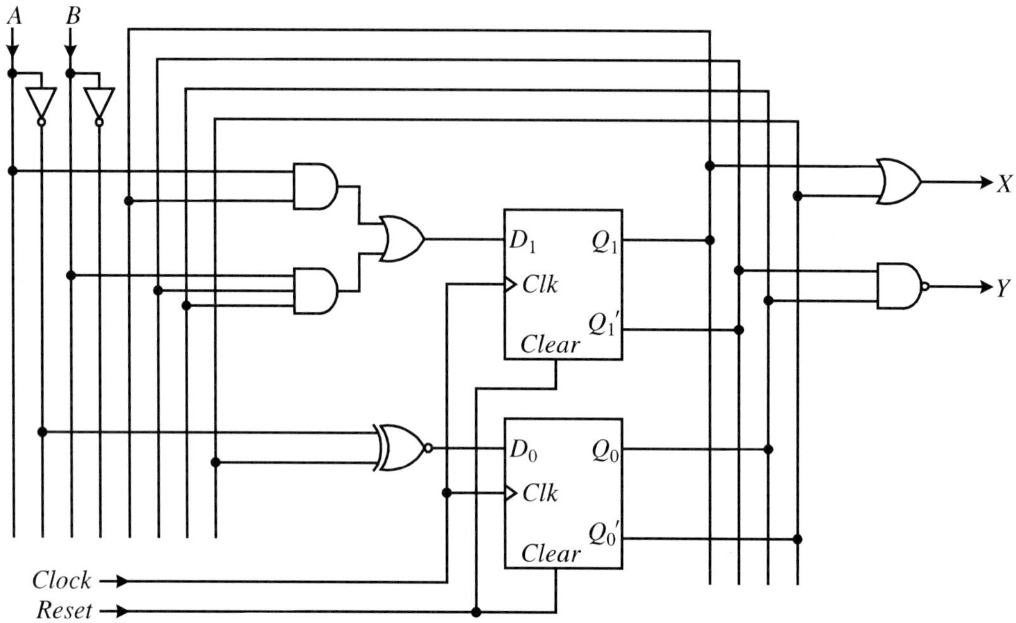

d) (Z ≠ 0)은 입력이고, *ClrX*, *LoadY*, *inZ*, *LoadX*, *statl*, *LoadZ*와 *subtract*는 출력이다.

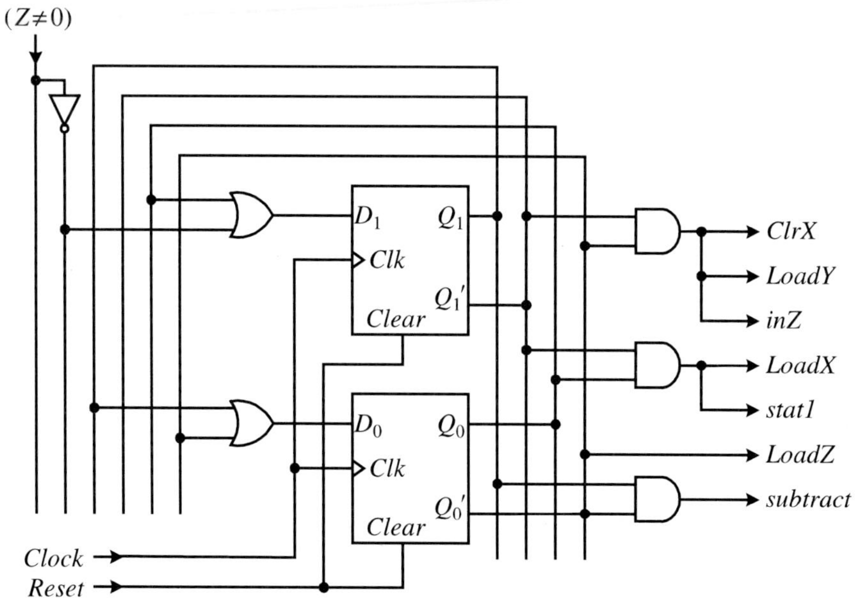

(d)

e) *Start* 는 입력이고, *LoadN* 과 *LoadM* 은 출력이다.

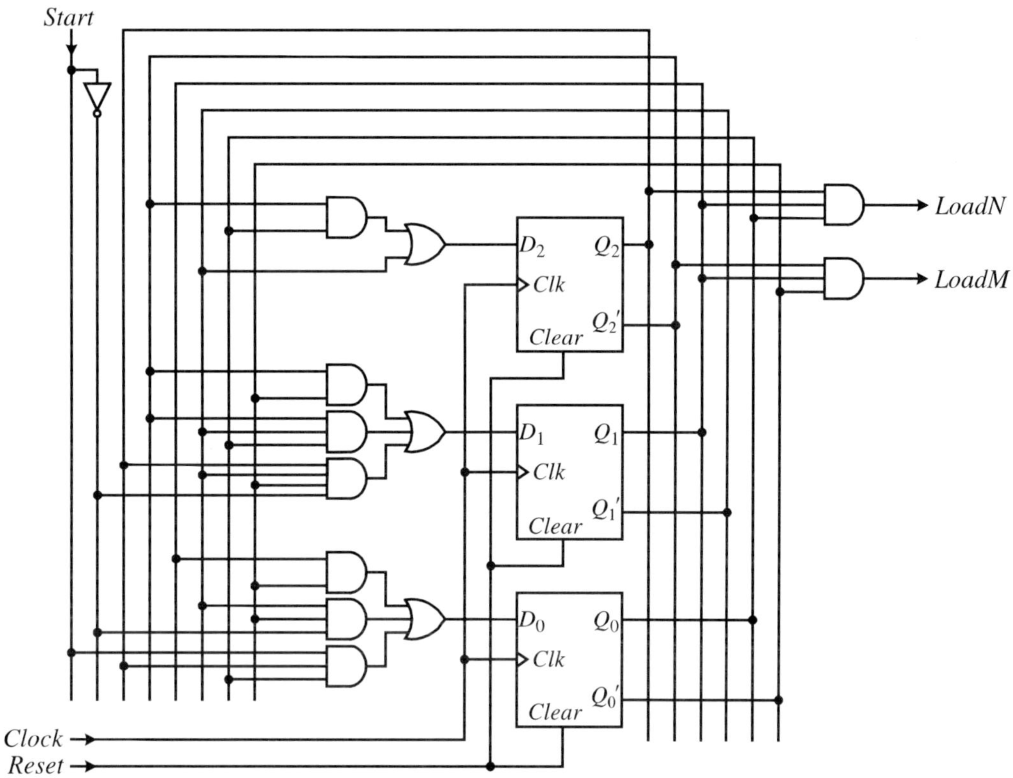

(e)

f) *Yes*와 *No*는 입력이고, a, b, c는 출력이다.

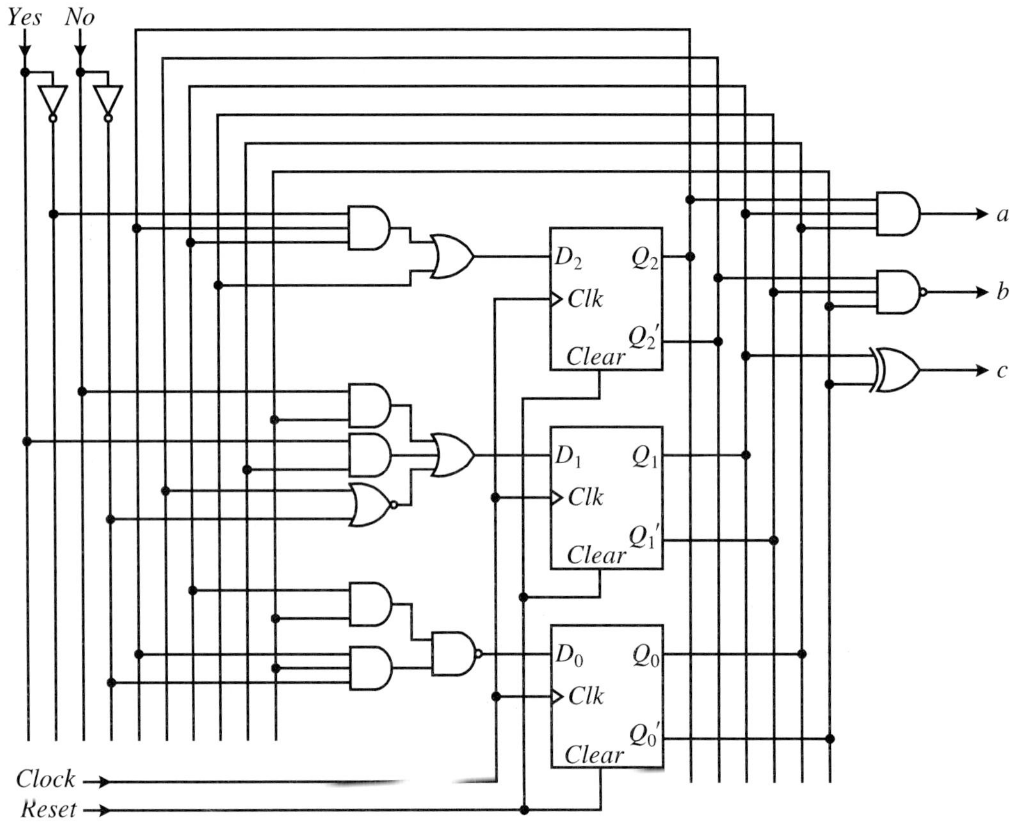

6.2 다음의 각 FSM에 대해 분석하고 상태도를 유도하라:

a) C는 입력이고 a와 b는 출력이다.

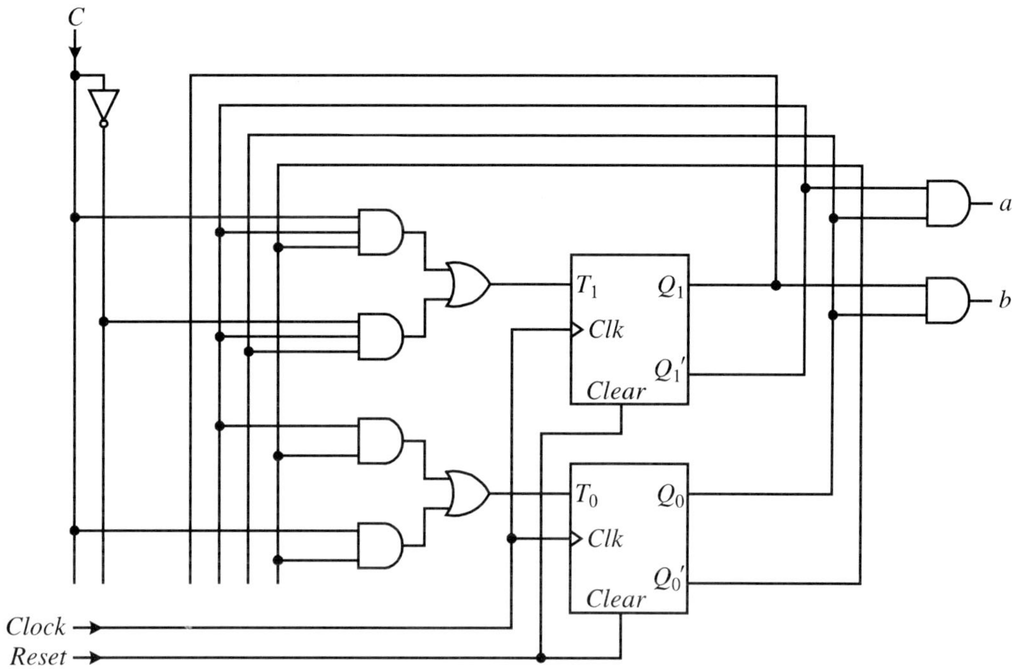

b) C는 입력이고 a와 b는 출력이다.

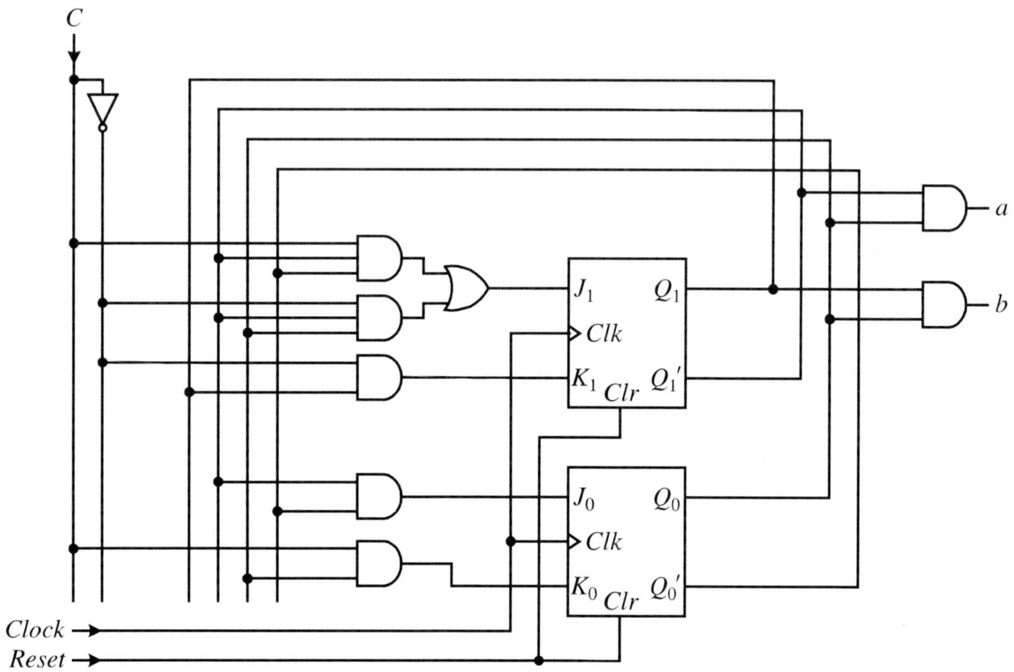

c) C는 입력이고 a와 b는 출력이다.

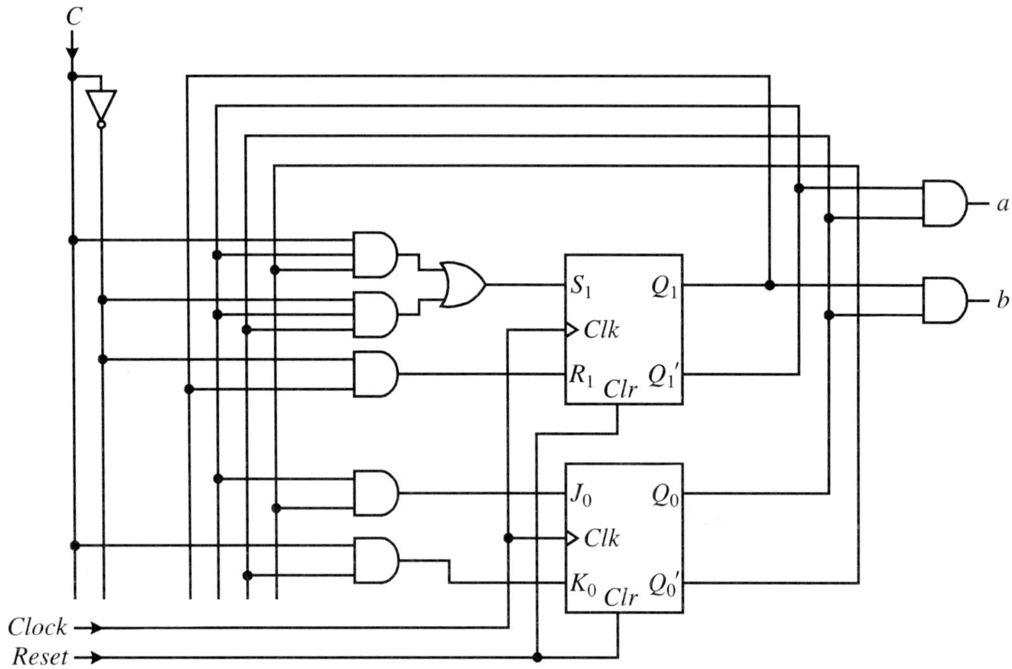

d) C는 입력이고 a와 b는 출력이다.

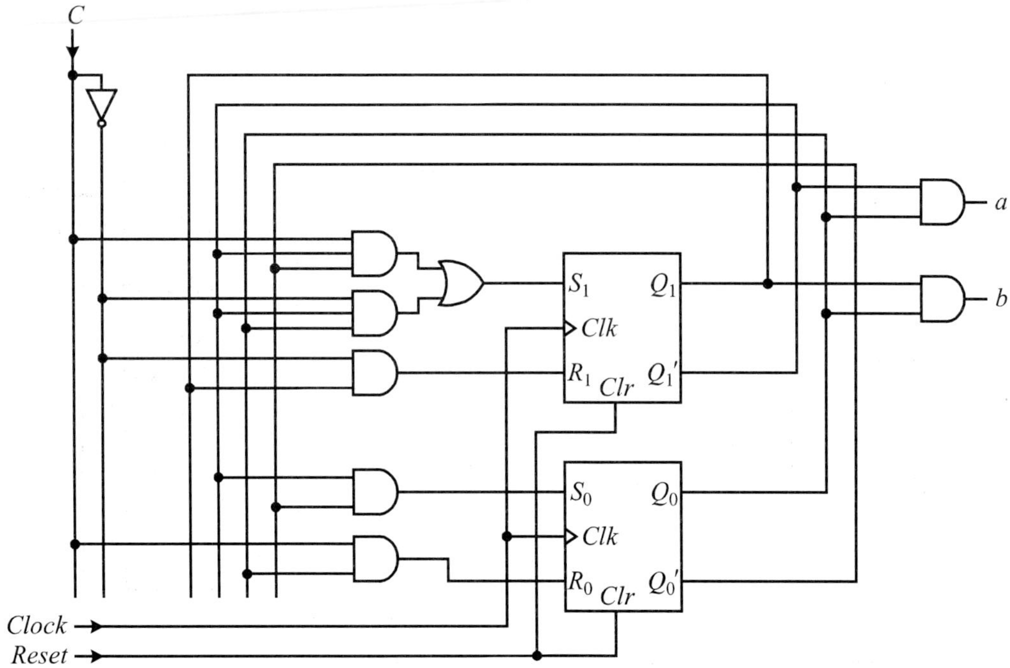

6.3 다음 상태도에 대해 D 플립플롭을 사용하여 FSM 회로를 합성하라:

a) A 는 입력이다.

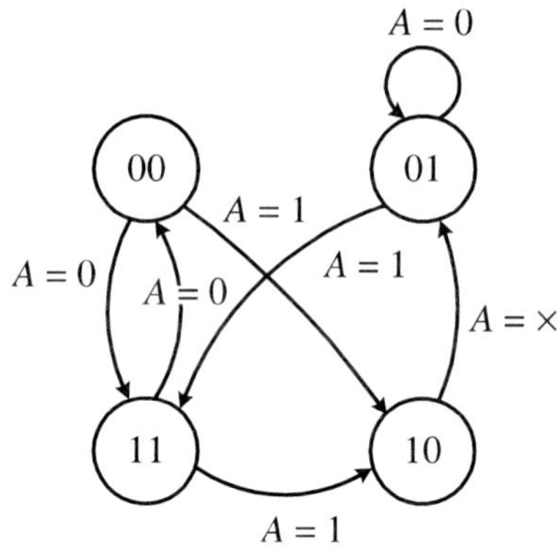

b) J와 K는 입력이고, Q는 출력이다.(이것은 JK 플립플롭이다.)

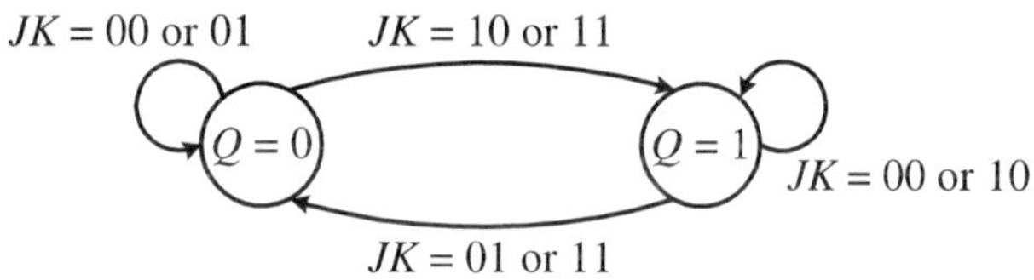

c) T는 입력이고, Q는 출력이다.(이것은 T 플립플롭이다.)

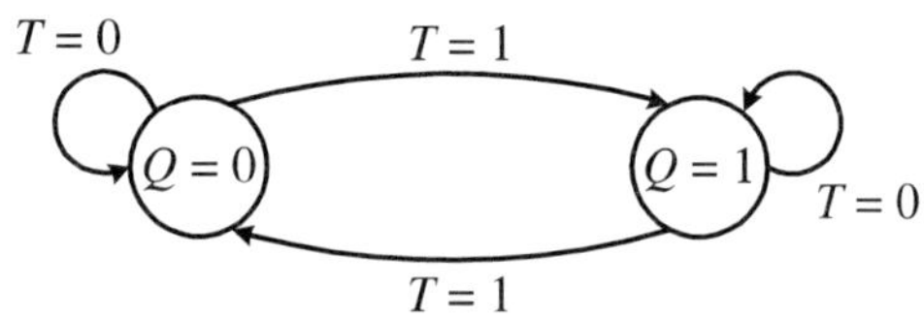

d) S와 R은 입력이고, Q는 출력이다.(이것은 SR 플립플롭이다.)

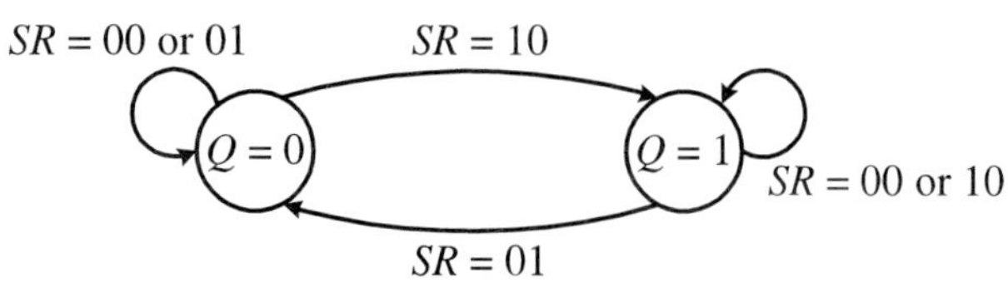

(d)

e) $(Z \neq 0)$은 입력이고, $YLoad$, $XLoad$, $Zmux$와 out는 출력이다.

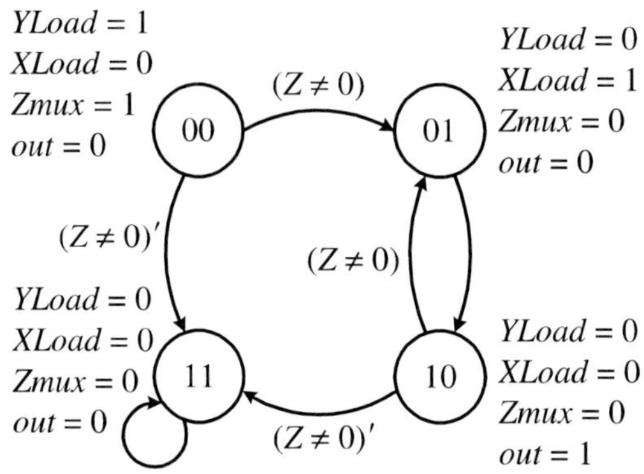

f) C는 입력이고 X는 출력이다.

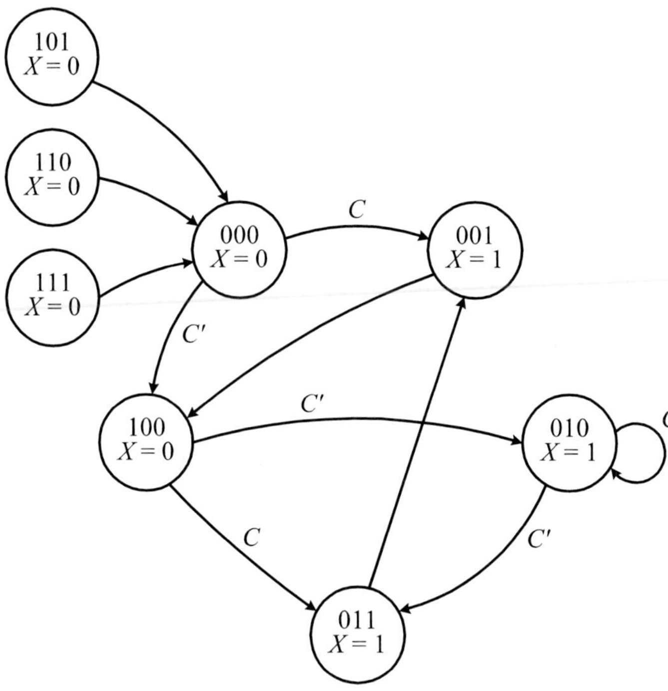

g) $(x=0)$와 $(x=y)$는 입력이고, A는 출력이다.

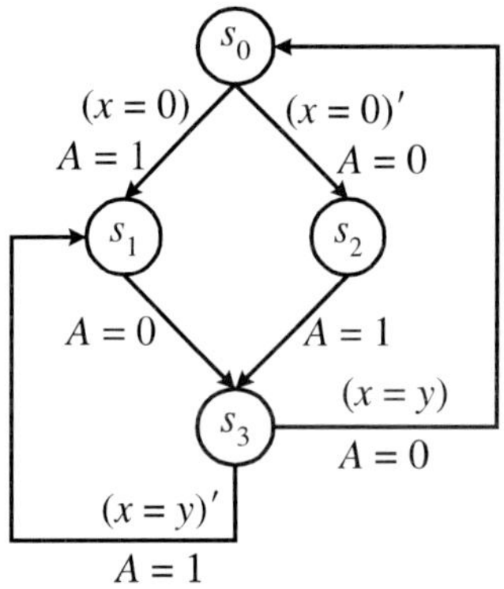

6.4 D 플립플롭을 사용하여 모듈러-4 업/다운 카운터를 위한 FSM을 설계하라. 카운트는 플립플롭 내용으로 표시된다. 회로에는 *Count* 신호와 *Up* 신호가 있다. *Count*가 어써트 되면 카운터가 카운트 되고, *Count*가 디어써트 되면 중지된다. *Up* 신호는 카운트의 방향을 결정한다. *Up*이 어써트 되면 카운트는 매 클럭 사이클마다 1씩 증가한다. *Up*이 디어써트 되면 카운트는 매 클럭 사이클마다 1씩 감소한다.

6.5 문제 6.4와 유사하지만 *Up* 신호가 없는 D 플립플롭을 이용하여 모듈로-5 업 카운터를 위한 FSM을 설계하라.

6.6 문제 6.4와 유사하게 D 플립플롭을 이용하여 모듈로-5 업/다운 카운터를 위한 FSM을 설계하라.

6.7 다음 10진수의 수열을 카운트 하는 FSM 카운터를 설계하라.

$$3,\ 7,\ 2,\ 6,\ 3,\ 7,\ 2,\ 6,\ \ldots$$

카운트는 D 플립플롭의 내용으로 직접 표시한다. 카운트는 제어 입력 C가 어써트 될 때 시작되고 C가 디어써트 될 때마다 멈춘다. 미사용 상태 모두의 다음 상태는 순서에 있는 첫 카운트 상태(예: 상태 3) 라고 가정하라.

6.8 다음 10진수의 수열을 카운트 하는 FSM 카운터를 설계하라.

$$1,\ 4,\ 6,\ 7,\ 1,\ 4,\ 6,\ 7,\ \ldots$$

카운트는 3개의 D 플립플롭 내용으로 직접 표시한다. 카운트는 입력 C에 의해 인에이블 되다. $C=0$이면 카운트가 멈춘다. 미사용 상태 모두의 다음상태는 정의되지 않는다.

6.9 6.6.3절에 있는 One-Shot FSM 회로를 구성하되, 그러나 다음과 같이 상태 인

코딩을 변경하여 반복하라. 어느 인코딩이 가장 작은 FSM 회로 결과를 주나?

a) 상태 s_2를 11 대신 10으로 인코딩하고, 미사용 상태를 11로 하여 인코딩하라.

b) 상태 s_0을 0001, s_1로 0010, s_2를 0100, 그리고 미사용 상태를 1000으로 인코드 하라. 나머지 모든 조합은 사용되지 않고 그들의 다음상태는 정의되지 않는다.

6.10 6.6.2절에서는 상태 인코딩 중 2개는 다음상태가 미지의 값을 갖는 모듈로-6 카운터를 설계하였다. 최종 간략화 방정식에서는 실제 값이 무정의 값으로 할당되었다. 해당 모듈러-6 FSM 회로에 대해 2개의 미사용 상태 110 및 111에 대한 다음상태를 결정하라.

6.11 다음 FSM 회로를 수작업으로 설계하고 FPGA로 구현하라. 7-세그먼트 디스플레이 LED가 시계 방향으로 원을 그리면서 움직이게 하라(즉, 세그먼트 a, b, c, d, e, f, a, b, 등등).

6.12 다음 FSM 회로를 수작업으로 설계하고 FPGA로 구현하라. 이는 문제 6.11과 유사하지만 하나의 7-세그먼트 LED는 시계 방향으로, 다른 하나는 시계 반대 방향으로 돌게 만들어라.

6.13 다음 FSM 회로를 수작업으로 설계하고 FPGA로 구현하라. 이는 문제 6.11과 유사하지만 푸시 버튼 스위치를 누를 때마다 디스플레이가 방향을 변경하도록 만들어라.

6.14 다음 FSM 회로를 수작업으로 설계하고 FPGA로 구현하라. 8개의 DIP 스위치로부터 입력을 받아, 온 위치에 있는 DIP 스위치의 개수를 표시하는 10진 숫자를 7-세그먼트 상에 출력하라.

6.15 3개의 스위치 T_1, T_2, T_3와 3개의 등 L_1, L_2, L_3을 제어하는 FSM 회로를 수작업으로 설계하고 FPGA로 구현하라. 각 등은 해당 스위치에 의해 켜진다(예로, T_1는 L_1을 켠다). 초기에 모든 스위치는 꺼져 있다. 첫 번째 스위치를 누르면 해당 등이 켜진다. 첫 번째 등이 켜지면, 그것은 계속 켜져 있는 반면에, 다른 두 개의 등은 꺼지고, 그리고 리셋 될 때까지 이후의 스위치 누름에 의해 영향을 받지 않는다.

6.16 6.6.5절에서 2층용 엘리베이터 제어기를 만들었다. 4층용으로 동작하도록 컨트롤러를 수정하라. 2층 건물에서와 같은 입출력을 사용하되, 더 추가하여 4층까지 확장하라. I/O 신호는 다음으로 요약된다.

입력:

- f_1, f_2, f_3, f_4: 엘리베이터를 호출하기 위한 각 층의 버튼. f_1은 1층에 있

고, f_2는 2층에 있고, 등등.

- e_1, e_2, e_3, e_4: 엘리베이터가 어느 층으로 가야 할지 지시하는 엘리베이터 안에 있는 버튼
- at_1, at_2, at_3, at_4: 신호 엘리베이터가 현재 몇 층에 있는지 알려주는 엘리베이터 메커니즘으로부터의 신호

출력:

- go_2: 1은 엘리베이터 모터를 켜고, 0은 모터를 끈다.
- go_{1-0}: 00는 1층으로 이동하고, 01은 2층으로 이동하고, 10은 3층으로 이동하고, 11은 4층으로 이동한다.
- led_1, led_2, led_3, led_4: 엘리베이터가 현재 어느 층에 있는지 보여주는 4개 층 각각의 LED.

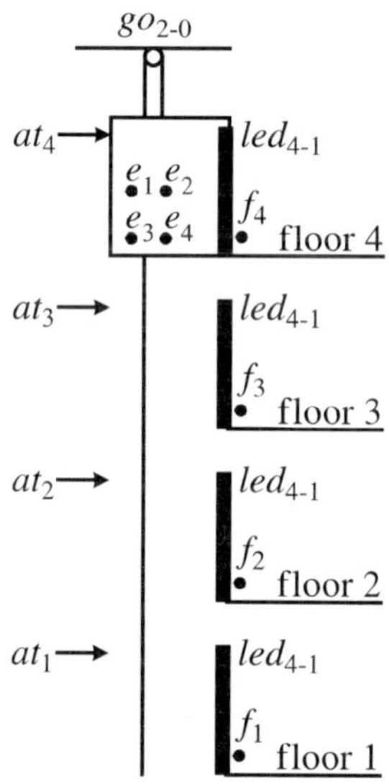

6.17. 간단한 가정용 보안 시스템을 제어하기 위한 FSM 회로를 설계하라. 시스템의 동작은 다음과 같다.

입력:

- 전면 게이트 스위치(FS)
- 모션 감지기 스위치(MS)
- 비동기식 리셋 스위치(R)
- 클리어 스위치(C)

출력:

- 전면 게이트 멜로디(FM)
- 모션 감지기 멜로디(MM)

- 리셋 스위치(R)가 어써트 되면 FSM은 즉시 초기화 상태(S_init)로 이동한다. 초기화 상태의 인코딩은 모든 플립플롭에 대해 0 이다.
- FSM은 S_init 상태에서부터 무조건 대기 상태로 전환된다(S_wait).
- FSM은 S_wait 상태에서부터 4개의 스위치 중 하나가 활성화 될 때까지 대기한다. 모든 스위치는 고레벨 활성 상태이므로, 스위치가 눌러지거나 활성화 되면, 1을 내 보낸다. 스위치가 눌러지면 다음 실행이 취해진다.
- FS가 눌러지면 FSM은 S_front 상태로 이동한다. S_front 상태에서 전면 게이트 멜로디는 $FM=1$ 을 설정하여 온이 된다. S_front 상태에서 FSM은 클리어 스위치가 눌러질 때까지 그대로 유지된다. clear 스위치가 눌러지면, FSM은 S_wait로 돌아간다.
- MS가 활성화되면, FSM은 S_motion 상태로 이동한다. S_motion 상태에서 MM은 1로 온된다. MM은 2개 클럭 시간 동안 더 온 된 채로 남아 있다가 S_wait 로 돌아간다.
- 어떤 상태에서든 R이 눌러지자마자 FSM은 즉시 S_init 상태로 돌아간다.
- C 스위치를 누르면 S_front 상태에서만 FSM에 영향을 미친다. C 스위치는 어떠한 다른 상태에 있을 때는 FSM에 영향을 주지 않는다.
- 어떤 미사용 상태 인코딩도 다음상태로는 S_init를 가진다.

CHAPTER 07

전용 마이크로프로세서

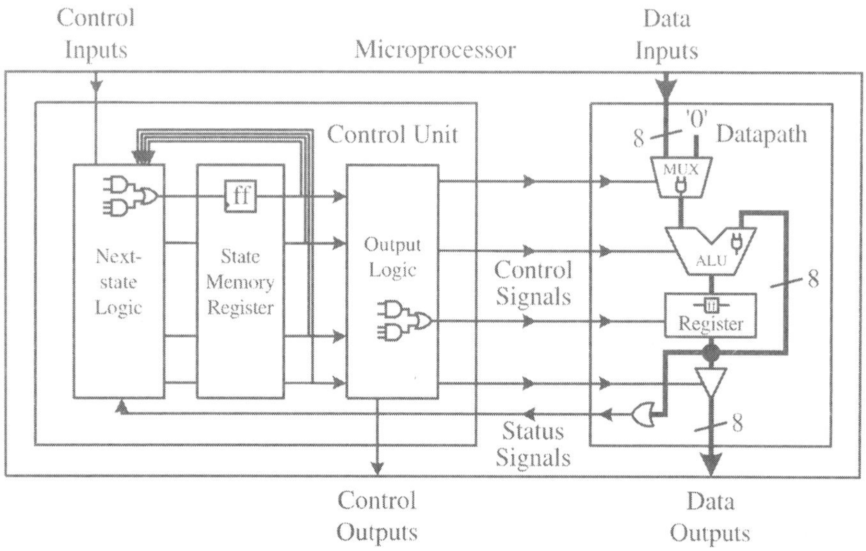

모든 마이크로프로세서는 크게 **전용 마이크로프로세서**(dedicated microprocessor)와 **범용 마이크로프로세서**(general-purpose microprocessor) 2가지로 분류할 수 있다. 범용 마이크로프로세서는 다양한 계산을 수행할 수 있다. 이 목적을 달성하기 위해, 각각의 연산은 프로세서에 하드와이어 되지 않고, 메모리에 저장되어 마이크로프로세서에 의해 실행되는 프로그램 형태의 명령 시퀀스로 구성된다. 메모리에 저장된 프로그램은 쉽게 변경하여 다른 연산을 수행할 수 있다. 프로세서의 일반적인 특성으로 인해, 연산을 수행할 때, 범용 마이크로프로세서 내부에 사용 가능한 모든 자원을 사용하는 것은 아니다.

한편, ASIC(application-specific integrated circuit)으로도 알려진 전용 마이크로프로세서는 오직 하나의 작업만 수행한다. 하나의 작업을 수행하기 위한 명령어는 프로세서에 하드와이어 되어 있다. 즉, 프로그램이 마이크로프로세서의 회로 자체이므로 프로그램을 저장하기 위한 메모리가 필요하지 않다. 전용 마이크로프로세서가 완전히 사용자 맞춤으로 설계되었다면, 연산에 필요한 자원만 마이크로프로세서에 포함되어 있으므로 자원이 낭비되지 않는다. 프로그램 명령을 마이크로프로세서 회로 자체로 구축하는 또 다른 장점은 메모리 액세스 속도가 일반적으로 마이크로프로세서의 작동 속도보다 몇 배 느리므로 프로그램 실행 속도가 메모리에 프로그램이 저장된 경우보다 몇 배 빠르다는 것이다.

전용 마이크로프로세서든 범용 마이크로프로세서든 마이크로프로세서의 설계는 그림 7.1과 같이 **데이터패스**(datapath)와 **제어 유닛**(control unit)의 두 가지

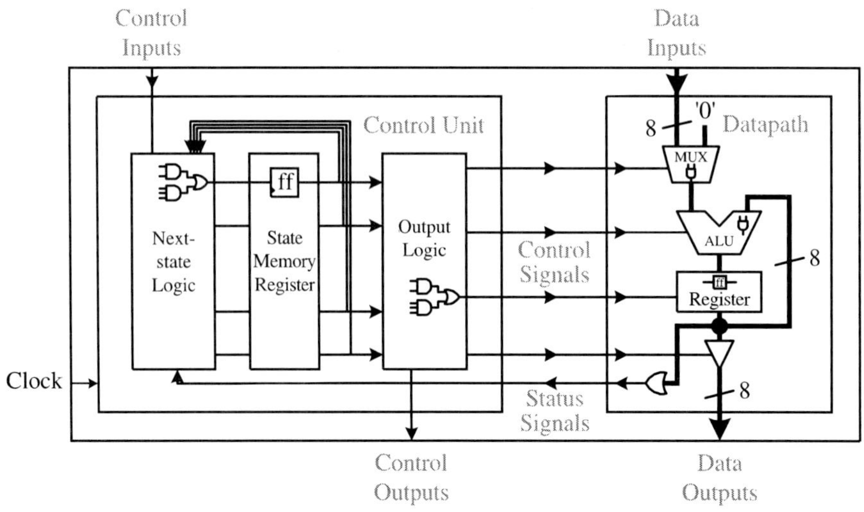

그림 7.1 마이크로프로세서의 블록도.

주요 부분으로 나눌 수 있다.

데이터패스는 마이크로프로세서가 데이터에 대해 수행할 모든 작업을 담당한다. 이는 (1) 데이터의 실제 조작을 위한 가산기, 시프터, 곱셈기, ALU 및 비교기와 같은 기능 유닛과 (2) 데이터의 임시 저장을 위한 레지스터 및 기타 메모리 요소 그리고 (3) 데이터패스의 상이한 구성요소들 사이에서 데이터 전송을 위한 버스, 멀티플렉서 및 3-상태 버퍼 등을 포함한다. 외부 데이터는 데이터 입력 라인을 통해 데이터패스로 들어갈 수 있으며, 계산 결과는 데이터 출력 라인을 통해 반환된다. 이러한 신호들은 마이크로프로세서의 기본 입력 및 출력 데이터 포트로서 역할을 한다.

데이터패스가 올바르게 동작하기 위해서는 적절한 제어 신호가 적시에 인가되어야 하며 데이터패스 상에 사용된 모든 구성요소의 선택 및 제어 라인에 제어 신호가 필요하다. 여기에는 멀티플렉서, ALU 및 여러 작업을 수행하는 기타 기능 장치에 대한 모든 선택 라인 레지스터 및 레지스터 파일에 대한 모든 읽기 및 쓰기 활성화 신호; 레지스터 파일의 주소 라인 3-상태 버퍼에 대한 신호 활성화 등이 포함된다. 따라서 데이터패스의 동작은 어떤 제어 신호가 어떤 시간에 인가 혹은 비인가 되는지에 따라 결정된다. 데이터패스가 자동으로 동작하려면, 제어 유닛에서 이러한 제어 신호를 생성해야 한다.

제어 유닛(또는 제어기)은 적절한 시간에 적절한 제어 신호를 데이터패스에 제공함으로써 데이터패스의 모든 동작을 제어할 책임이 있다. 때로 제어 유닛은 다음에 수행할 작업을 결정하기 위해, 데이터패스에 상태 신호의 형태로 정보를 제공한다. 이러한 상태 신호는 보통 비교기의 출력으로부터 생성된다. 비교기는 데이터패스의 두 데이터 값 사이에 주어진 논리적 조건을 테스트한다. 이러한 상태 값들은 메모리 요소 또는 기능 유닛(functional units)의 출력에서 직접 얻거나 상수로 하드와이어 된다. 예를 들어, 조건부 루프 상황에서, 상태 신호는 테스트되는 조건의 결과를 제공하고, 이 정보를 이용하여, 제어 유닛은 루프를 반복할지 또는 종료할지를 결정한다.

제어 입력은 제어 유닛에 대한 주요 외부 입력 신호이다. 이 신호들은 마이크로프로세서의 동작을 제어하기 위한 외부 신호이다. 예를 들어, 시작 신호는 마이크로프로세서에 실행(excution)을 시작하도록 지시하거나, 리셋(Reset) 신호는 상태 메모리를 초기화한다. 제어 출력은 마이크로프로세서에서 외부 세계로 나가는 주요한 출력이다. 예를 들어, 마이크로프로세서가 알고리즘 실행을 마치면, 완료 신호를 출력하여 사용자에게 완료되었음을 알리고 데이터패스에 의해 출력되는 데이터가 유효함을 알릴 수 있다.

제어 유닛은 그 자체로 FSM(Finite-State Machine)이며, 이에 대한 회로는 다음상태 논리 회로, 상태 메모리 레지스터 및 출력 논리 회로가 설명된 6장에서 명확하게 기술되어 있다. 6장에서 보았듯이 FSM은 한 클럭 주기 당 한 상태의 비율로 한 상태에서 다른 상태로 전환하며 동작한다. 제어 유닛은 일련의 상태를 단계별로 실행함으로써, 데이터패스의 동작을 자동으로 제어한다. FSM의 상태는 상태 메모리의 내용에 따라 결정된다. 모든 상태에서 FSM의 출력 로직은 데이터패스를 제어하기 위한 모든 적절한 제어 신호를 생성한다. 결과적으로 데이터패스는 다음상태 논리에 대한 상태 신호를 제공한다.

6장의 FSM 회로는 FSM이 입력 및 출력 신호를 가지고 있음을 간략히 보여준다. FSM이 마이크로프로세서의 제어 유닛이 되려면, 해당하는 제어 및 상태 신호를 제어 유닛과 데이터패스 사이에 함께 연결해야 한다. 제어 유닛과 데이터패스 사이의 연결을 완료하면 결과 회로는 완전한 마이크로프로세서가 된다.

전용 마이크로프로세서를 수동으로 구성하는 방법을 FSM + D(FSM *plus* datapath) 모델이라고 한다. 이 방법은 제어 유닛과 데이터패스가 별도로 설계 및 구성되며 제어 및 상태 신호를 사용하여 서로 연결되어 있기 때문이다. 이 장에서는 FSM + D 모델을 사용한 전용 마이크로프로세서의 수동 구성에 대해 자세히 설명하고자 한다. 그런 다음 7.6 절에서 FSMD(데이터패스를 포함하는 FSM) 및 행위적 모델을 사용하여 HDL 코드로 전용 마이크로프로세서를 자동으로 구성하는 방법을 보여준다.

전용 마이크로프로세서가 외부 장치를 제어하는 데만 사용되고 어떠한 데이터 조작도 수행할 필요가 없는 상황이 있다. 이 경우, 데이터패스가 필요하지 않고 마이크로프로세서는 오직 제어 유닛만 가지고 있다. 제어 유닛의 출력 신호는 외부 장치를 직접 제어하는 데 사용된다. 보통 우리는 이러한 장치를 마이크로프로세서가 아니라 마이크로컨트롤러 또는 제어기라 부른다. 그리고 제어 유닛은 FSM으로 구성되어 있으므로 이러한 마이크로컨트롤러는 6장에서 논의된 것처럼 일종의 FSM이다. 6.6.5 및 6.6.6절에서 논의된 엘리베이터 제어기에서 이 예제를 살펴보았다.

7.1 데이터패스(Datapath)의 필요성

4장에서 우리는 두 개의 숫자를 더하기 위한 가산기 또는 두 개의 값을 비교하기 위한 비교기와 같은 단일의 간단한 데이터 연산을 수행하기 위한 장치를 어떻게 설계하는지 학습했다. 다음 논리적 질문은 "더 복잡한 데이터 연산 또는 여러 단계를 포함하는 연한을 수행하기 위한 회로는 어떻게 설계하는가?"이다. 예를 들어, 4개의 숫자를 더하기 위한 회로 혹은 백만 개의 숫자를 더하기 위한 회로는 어떻게 설계할까? 4개의 숫자를 더하기 위해, 그림 7.2(a)와 같이 3개의 가산기를 함께 연결할 수 있다. 그러나 백만 개의 숫자를 더하기 위해, 우리는 비슷한 방식으로 백만에서 하나를 뺀 가산기를 서로 연결하고 싶지 않다. 대신 우리는 하나의 가산기를 가진 회로를 백만 번 재사용하기를 원한다.

데이터패스 회로를 사용하면 위와 같이 할 수 있으며, 여러 단계를 포함하는 많은 연산을 수행할 수 있다. 그림 7.2(b)는 하나의 가산기를 사용하여 원하는 만큼 숫자를 더하는 간단한 데이터패스를 보여준다. 이러한 방법이 가능하도록 하기 위해서는 각각의 가산기 뒤에 결과를 임시로 저장하기 위한 레지스터가 필요하다. 레지스터의 임시 결과는 다음 수를 현재 합에 더할 수 있도록 가산기의 입력으로 피드백된다.

데이터패스는 마이크로프로세서의 모든 기능적 연산의 실행을 책임지고 마이크로프로세서는 문제를 해결하기 위한 것이므로 데이터패스는 주어진 문제를 해결하는 데 필요한 모든 연산을 수행할 수 있어야 한다. 예를 들어, 두 개의 숫

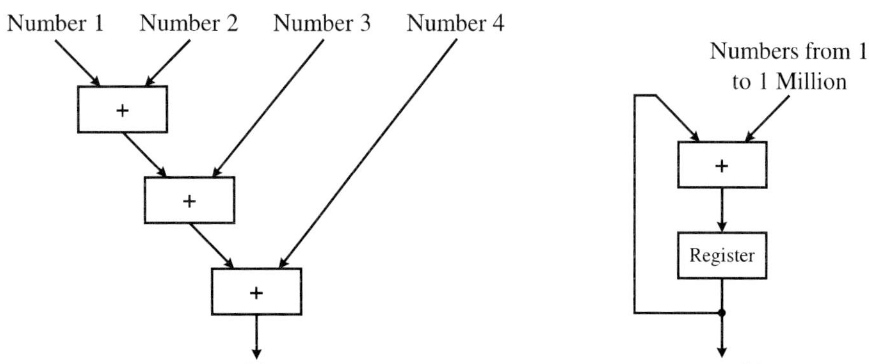

그림 7.2 여러 숫자를 더하는 회로: (a) 4개의 숫자를 더하는 조합회로 (b) 백만개의 숫자를 더하는 데이터패스.

자를 더하는 문제는 데이터패스에 가산기가 포함되어야만 하고, 세 개의 임시 변수를 저장해야하는 문제의 경우 데이터패스에는 세 개의 레지스터가 있어야 한다. 그러나 이러한 요구 사항에도 불구하고, 실제로 데이터패스에서 구현되어야 하는 항목에 대한 다양한 옵션들이 남아 있다. 예를 들어, 가산기는 단일 가산기 회로 또는 ALU의 일부로 구현될 수 있다. 이 기능 유닛은 여러 번 사용할 수 있고, 레지스터는 별도의 레지스터 장치나 레지스터 파일에 결합 될 수 있다. 게다가 두 개의 임시 변수가 동시에 필요하지 않은 경우에는 같은 레지스터를 공유할 수 있다.

7.2 데이터패스 구현

데이터패스는 주어진 문제에 의해 특정된 모든 데이터 연산을 수행하는 책임이 있다. 따라서 전용 데이터패스를 설계하는 목표는 데이터 연산을 수행할 수 있는 회로를 구축하는 것이다. 데이터패스 설계는 **레지스터 전송 레벨**(RTL) 설계라고도 한다. RTL 설계에서 우리는 어떻게 데이터가 한 레지스터에서 다른 레지스터로 또는 동일한 레지스터로 다시 전송되지를 살펴보자. 어떠한 수정도 없이 동일한 데이터가 레지스터에 다시 기록된다면, 의미 있는 작업이 수행되지 않은 것이다. 따라서 데이터를 레지스터에 기록하기 전에 데이터는 일반적으로 하나 이상의 기능 장치를 거치고 수정된다.

레지스터에서 데이터를 읽고, 기능 장치로 데이터를 수정하고, 결과를 레지스터에 쓰는 RTL 연산 시퀀스를 레지스터-전송 연산이라고 한다. 모든 레지스터-전송 연산은 하나의 클럭 주기 내에 완료해야 한다(FSM은 매 클럭 주기마다 상태를 변경하기 때문에 FSM의 한 상태와 동일함). 게다가 단일 레지스터-전송 연산에서, 기능 장치는 다른 클럭 주기에서 다른 레지스터-전송 연산에 의해 사용되지 않으면 한 번 이상 사용될 수 없다. 다시 말해, 기능 장치는 동일한 클럭 주기에서 한 번만 사용할 수 있지만 다른 클럭 주기에서 다시 사용될 수 있다.

문제 해결을 위한 데이터패스를 설계할 때 우리는 C-스타일 의사 코드로 작성된 알고리즘의 형태로 문제를 특정할 것이다. 알고리즘의 논리적 해석은 지금 시점에서 학습하고자 하는 것과 관련이 없으므로 특정 코드의 일부가 주어질 때 우리는 코드를 그대로 사용하고 어떤 방식으로든 최적화하지 않을 것이다.

RTL 설계에서 우리는 데이터가 어떻게 일부 기능 장치를 통해 수정되면서 레지스터에서 레지스터로 이동하는지에 중점을 둘 것이다.

설계 프로세스에서 우리는 다음 문제를 결정해야 한다.

- 몇 종류의 레지스터가 사용되며, 몇 개가 필요한가?
- 어떤 종류의 기능 장치가 사용되며, 몇 개가 필요한가?
- 하나 이상의 데이터를 저장하기 위해 레지스터를 공유할 수 있는가?
- 기능 장치를 둘 이상의 연산 사이에 공유할 수 있는가?
- 알고리즘에 의해 특정된 모든 데이터 이동을 구현하기 위해 어떻게 레지스터와 기능 장치가 연결되어 있는가?

데이터패스는 모든 데이터 연산의 수행에 대한 책임이 있으므로, 알고리즘에 의해 정의된 모든 데이터 조작 명령문 및 조건부 테스트를 수행할 수 있어야 한다. 예를 들어, 할당문

$$A = A + 3$$

변수 A 에 저장된 값을 가져와 상수 3을 더하고 그 결과를 다시 A 에 저장한다. A 의 초기값은 논리적 문제이므로 여기서는 언급하지 않다. 데이터패스가 이러한 문장으로 정의된 데이터 조작을 수행하려면 데이터패스에 값 A 를 저장하기 위한 레지스터가 있어야 한다. 또한 덧셈을 수행하기 위한 가산기가 있어야 한다. 상수 3은 2진값으로 회로에 하드와이어 될 수 있다.

다음으로 물어볼 질문은 할당문의 실행이 실현하기 위해서 어떻게 레지스터, 가산기 및 상수 3을 연결하는가이다.

5.11 절에서 레지스터에 저장된 값과 같은 레지스터의 동작은 레지스터의 출력 Q 에서 이용할 수 있음을 상기하자. $A + 3$을 수행하고 싶으므로 레지스터의 Q 출력을 가산기의 첫 번째 오퍼랜드 입력에 연결하고 상수 3을 가산기의 두 번째 오퍼랜드 입력에 연결한다. 덧셈의 결과를 다시 A 에(즉, 동일한 레지스터에 다시) 저장하기를 원하므로 그림 7.3(a)와 같이 가산기의 출력을 동일한 레지스터의 D 입력에 연결한다.

가산기의 결과를 레지스터에 저장하는 것은 회로도에서 외부 *Aload* 신호에 연결된 레지스터의 *Load* 신호를 인가함으로써 수행된다. *ALoad* 신호가 데이터패스 제어 신호의 한 예이다. 이 제어 신호는 이 데이터패스의 동작을 제어한다. 제어 유닛은 이 신호를 인가 또는 디어써팅하여 제어한다.

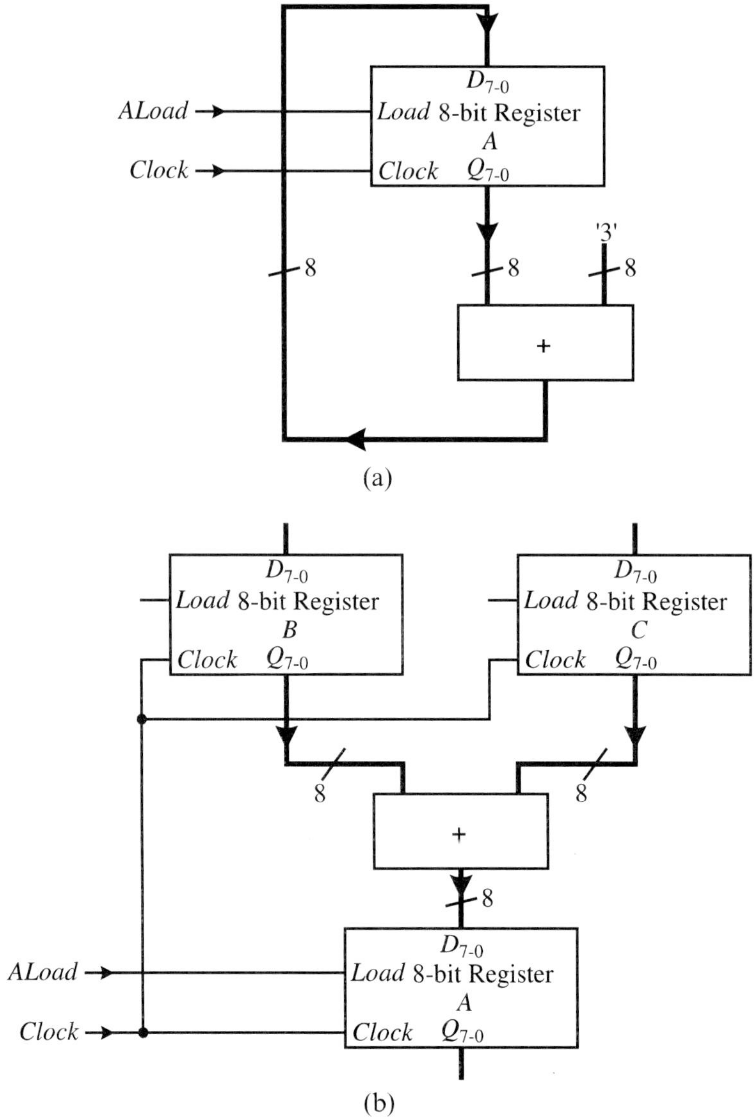

그림 7.3 데이터패스 예시: (a) $A = A + 3$ 실행을 위한 데이터패스 (b) $A = B + C$ 실행을 위한 데이터패스.

그러나 실제로 레지스터에 값을 저장하는 일은 *ALoad*가 인가될 때 즉시 수행되지 않는다. 레지스터는 클럭 신호와 동기화되므로 값의 실제 저장은 다음 활성 클럭 에지에서 발생한다. 결과적으로, 새로운 값 A는 현재 클럭 주기 동안에는 레지스터 Q 출력에서 사용할 수 없고 다음 클럭 주기의 시작에서 사용할 수 있다.

다른 예로, 그림 7.3 (b)에 표시된 데이터패스는 아래와 같은 실행 명령문을 수행할 수 있다.

$$A = B + C$$

여기서 B와 C는 두 개의 개별 레지스터에 저장된 두 개의 다른 변수이고, 두 오퍼랜드 입력으로 가산기에 제공된다. 가산기의 출력은 가산기의 결과를 저장하기 위해 A 레지스터의 D 입력에 연결된다.

명령문은 단순히 $ALoad$ 신호를 인가함으로써 실현되고, A에 대한 실제 값 저장은 클럭의 다음 활성 에지에서 발생한다. 현재 클럭 주기 동안, 가산기는 B와 C의 가산을 수행하며, 가산기의 결과는 현재 클럭 주기가 끝나기 전에 출력에서 준비되고 이용 가능해야만 다음 클럭 주기의 시작 시점(즉, 다음 활성 클럭 에지)에서 올바른 값이 A에 기록된다. 레지스터 B 또는 C에는 어떠한 값도 기록하지 않기 때문에, 이 두 레지스터를 위한 두 개의 $Load$ 신호를 제어할 필요가 없다.

두 명령문을 모두 수행할 수 있는 단일 데이터패스를 원하는 경우 :

$$A = B + C$$

그리고

$$A = A + 3$$

그림 7.3의 두 데이터패스를 결합해야 한다.

A는 두 명령문에서 동일하게 사용되는 변수이므로 하나의 레지스터만 필요한다. 그러나 두 명령문 모두 A에 값을 할당하므로 레지스터 A는 두 개의 서로 다른 데이터 소스가 있는 것이다. 하나는 $B+C$에 대한 첫 번째 가산기의 출력 그리고 다른 하나는 $A+3$에 대한 두 번째 가산기의 출력이다. 그림 7.4(a)에 나타난 문제와 같이 두 개 이상의 데이터 소스가 하나의 목적지에 직접 연결되면 신호가 충돌하여 잘못된 값이 발생하는 문제가 발생한다.

이 회로도에서는 두 가산기의 출력을 파란색으로 강조 표시된 지점에서 함께 연결하여 레지스터 A의 입력 D로 인가할 수 없다. 이러한 문제를 해결하는 방법은 멀티플렉서를 사용하여 레지스터 A로 전달할 두 소스 중 하나를 선택하는 것이다. 멀티플렉서를 사용하는 올바른 데이터패스는 그림 7.4(b)에 나와 있다. 두 명령문 모두 A에 값을 지정하므로 두 명령문을 모두 실행하기 위해서는 $ALoad$가 인가되어야만 한다. 그러나 A에 기록되는 실제 값은 멀티플렉서의 선택에 따라 달라진다.

*Amux*에 신호가 인가되면 mux의 입력 1이 선택되어 하단 가산기의 결과(즉, $A+3$의 결과)가 mux를 통과하여 A에 저장된다. 그렇지 않으면 mux의 입력 0이 선택되고 상단 가산기의 결과가 A에 저장된다. 두 가산기는 조합회로이고 레지스터의 값은 항상 출력 Q에서 사용할 수 있으므로, 두 가산의 결과는 항상 멀티플렉서의 두 입력에서 사용할 수 있다. 그러나 *Amux* 제어 신호에 따라 오직 하나의 값만이 A 레지스터의 입력 D로 전달된다.

데이터패스에는 어떤 명령문이 먼저 실행될 것인지 보이지 않는다. 이 두 명

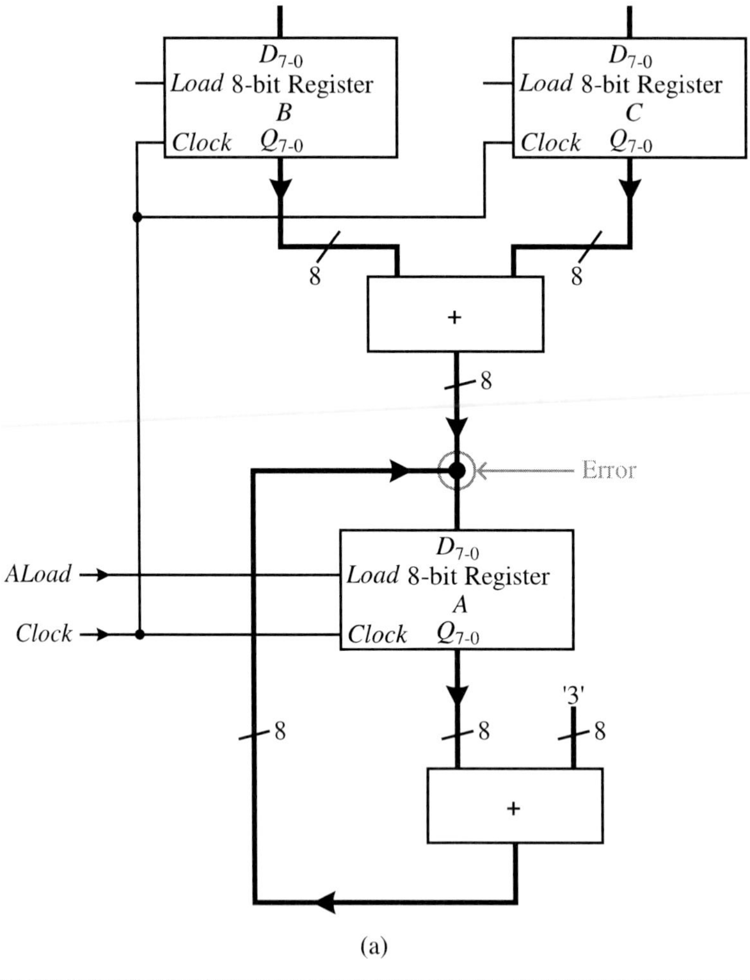

그림 7.4 $A = A + 3$ 및 $A = B + C$ 실행을 위한 데이터패스: (a) 멀티플렉서 없는 경우–오류 (b) 멀티플렉서 있는 경우–정정.

(다음페이지에 계속)

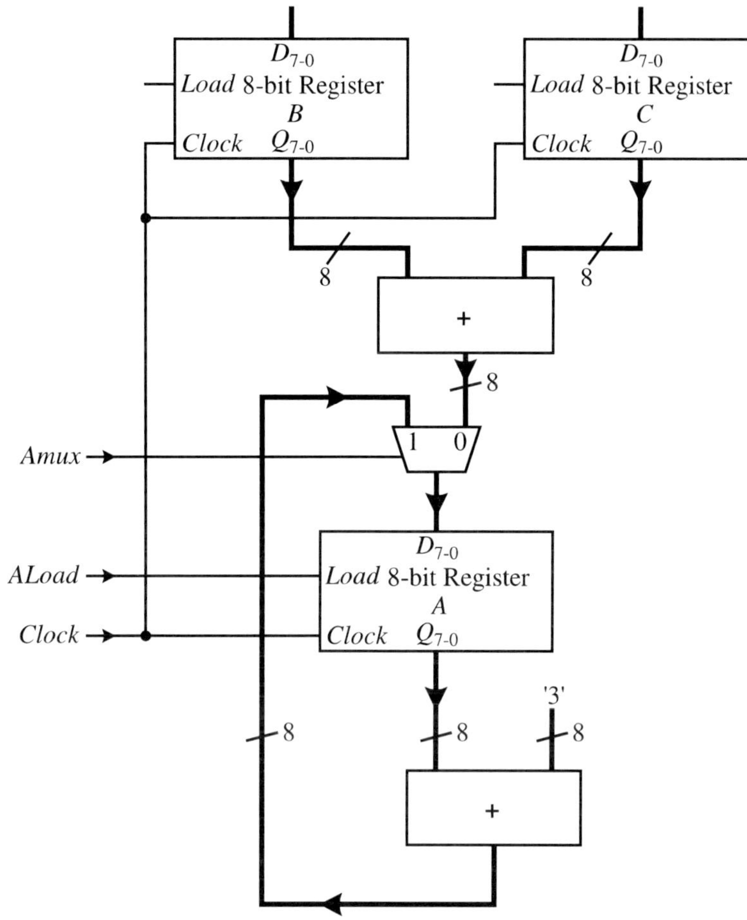

(b)

그림 7.4 $A = A + 3$ **및** $A = B + C$ **실행을 위한 데이터패스: (a) 멀티플렉서 없는 경우–오류 (b) 멀티플렉서 있는 경우–정정.**

령문이 실행되는 순서는 *Amux*에 신호가 인가되었는지 혹은 인가되지 않았는지에 따라 다르다. 데이터패스가 마이크로프로세서의 일부인 경우 제어장치는 데이터패스 연산의 동작 시퀀싱을 수행하므로 *Amux* 제어 신호를 인가하거나 해제하는 시기를 결정한다.

추가로, 이 두 명령문은 동일한 클럭 주기 내에서 실행될 수 없다. 두 명령문이 모두 동일한 레지스터에 기록하고 활성 클럭 에지에서 레지스터는 하나의 값만 받을 수 있으므로 한 클럭 주기에서는 한 가산기의 결과만 레지스터에 기록될 수 있다.

다른 명령문은 다른 클럭 주기에서 수행되어야 하지만 반드시 다음 주기일 필요는 없다.

예제 7.1에서는 위에 기술된 두 명령어에 대해 하나의 가산기를 사용하는 데이터패스의 구성을 보여준다.

예제 7.1

전용 데이터패스 설계

두 명령문을 수행할 수 있는 데이터패스 설계

$$A = B + C$$

그리고

$$A = A + 3$$

하나의 가산기만을 사용.

이 데이터패스와 그림 7.4(b)의 데이터패스의 유일한 차이점은 하나의 가산기만을 사용한다는 점이다. 이 하나의 가산기로 시작하여 첫 번째 명령문을 실행하기 위한 가산기의 첫 번째 오퍼랜드 입력은 레지스터 B로부터 들어오고 두 번째 오퍼랜드 입력은 레지스터 C로부터 들어온다. 그러나 두 번째 명령문을 실행하기 위한 가산기의 두 오퍼랜드 입력은 레지스터 A와 상수 3이다. 가산기에 대한 두 개의 입력 오퍼랜드에는 서로 다른 두 개의 소스가 있으므로 각각에 대해 멀티플렉서를 사용해야 한다. 두 개의 멀티플렉서의 출력은 그림 7.5와 같이 가산기의 두 오퍼랜드 입력에 연결된다.

두 명령문 모두에 대해 가산 결과는 레지스터 A에 저장되므로 가산기의 출력은 레지스터 A의 입력에 연결된다. 2개의 멀티플렉서에 대한 2개의 선택 라인을 함께 연결할 수 있다. 이것은 첫 번째 명령문에 대한 두 개의 오퍼랜드 B와 C가 두 개의 멀티플렉서의 입력 0에 각각 연결되고 두 번째 명령문에 대한 두 개의 오퍼랜드 A와 3이 각각 두 개의 멀티플렉서의 입력 1에 연결되기 때문에 가능하다. 따라서 Mux 선택 신호를 '0'으로 하면 첫 번째 명령문에 대해 두 개의 올바른 오퍼랜드가 전달되고 마찬가지로 Mux 선택 신호를 '1'로 인가하면 두 번째 명령문에 대해서도 두 개의 올바른 오퍼랜드가 전달된다. 제어 신호 수를 최소화하면 제어 유닛의 회로 크기가 최소화되므로 데이터패스에 대한 제어 신호의 수를 최대한 줄이고자 한다.

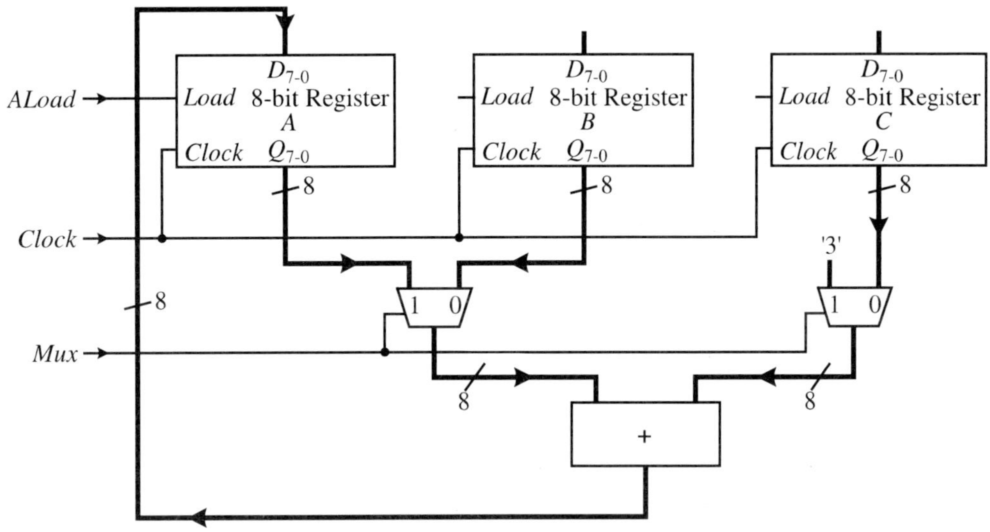

그림 7.5 한 개의 가산기를 이용하여 $A = A + 3$ 및 $A = B + C$ 수행을 위한 데이터패스.

7.2.1 레지스터 선정

대부분의 상황에서 알고리즘이 사용하는 각각의 변수마다 하나의 레지스터가 필요하다. 그러나 두 개의 변수를 동시에 사용하지 않는다면, 동일한 레지스터를 공유할 수 있다. 두 개 이상의 변수가 동일한 레지스터를 공유하는 경우에는 레지스터에 둘 이상의 소스와 목적지가 있기 때문에 레지스터로 입력되는 연결과 레지스터에서 출력되는 데이터전송 연결이 일반적으로 더 복잡해진다. 모든 목적지를 동일한 소스에 연결할 수 있기 때문에 여러 목적지를 갖는 것은 큰 문제가 되지 않는다[1]. 그러나 소스가 여러 개인 경우, 멀티플렉서는 목적지로 전송할 여러 소스 중 하나를 선택해야 한다. 그림 7.6은 두 개의 소스 (하나는 외부 입력과 하나는 가산기의 출력)를 갖는 레지스터 회로를 보여준다. 이 두 소스 중 어느 것을 레지스터에 입력할지 선택하려면 멀티플렉서가 필요하다.

1 이론적으로만 적용된다. 실제로 팬인(목적지가 하나인 여러 소스) 및 팬 아웃(여러 목적지가 있는 하나의 소스) 최대 한계가 준수되어야 한다.

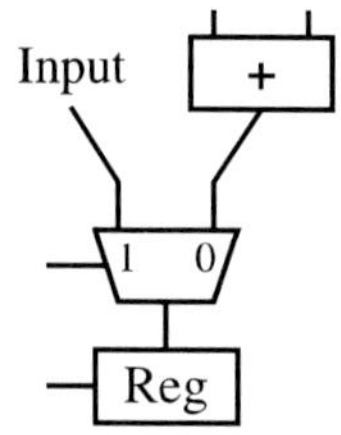

그림 7.6 두 개의 소스를 갖는 레지스터 회로.

필요한 레지스터 수를 결정한 후에도 충분한 레지스터 위치를 포함하는 단일 레지스터 파일을 사용할지 레지스터를 개별적으로 사용할 것인지 또는 변수를 저장하기 위해 둘을 조합할 것인지를 결정해야 한다. 또한 시프트 레지스터나 카운터와 같이 특수 기능을 내장한 레지스터도 사용될 수 있다. 예를 들어 알고리즘에 FOR 루프 문이 있으면 단일 카운터 레지스터를 사용하여 카운트 변수를 저장할 뿐만 아니라 카운트를 증가시킬 수도 있다. 사용할 레지스터의 유형을 선택하는 결정은 레지스터와 기능 유닛 사이의 데이터 전송 연결 방식에 영향을 준다.

7.2.2 기능 유닛의 선택

어떤 종류의 기능 유닛이 필요한지를 결정하는 것은 매우 간단하다. 예를 들어 만약 알고리즘이 두 숫자의 덧셈이 필요하다면 데이터패스에 가산기가 포함되어야만 한다. 그러나 여전히 전용 가산기, 가산기-감산기 조합 또는 ALU(가산 연산이 구현된)를 사용할지 여부를 결정해야 한다. 물론 알고리즘에 필요한 다른 데이터 연산을 알고 있으면 이러한 질문에 답할 수 있다. 알고리즘에 오직 덧셈과 뺄셈만 있는 경우, 덧셈기-감산기 조합 장치를 사용할 수 있다. 반면 알고리즘이 여러 개의 덧셈 연산을 필요로 하면 우리는 하나의 가산기 아니면 여러 개의 가산기를 사용해야 할까?

하나의 가산기를 사용하면 기능 장치 수에 따라 데이터패스 크기가 줄어들 수 있고 더 복잡한 데이터전송 경로가 필요할 수도 있어 데이터패스 크기가 증가할 수도 있다. 예를 들어 알고리즘에 다음 두 가지 추가 연산이 포함된 경우 두 개의 개별 가산기를 사용하면 그림 7.7(a)에 표시된 데이터패스가 생성된다. 반면에 그림 7.7(b)에 표시된 것처럼 하나의 가산기를 사용하려면 두 개의 추가 2:1

$a = b + c$
$d = e + f$

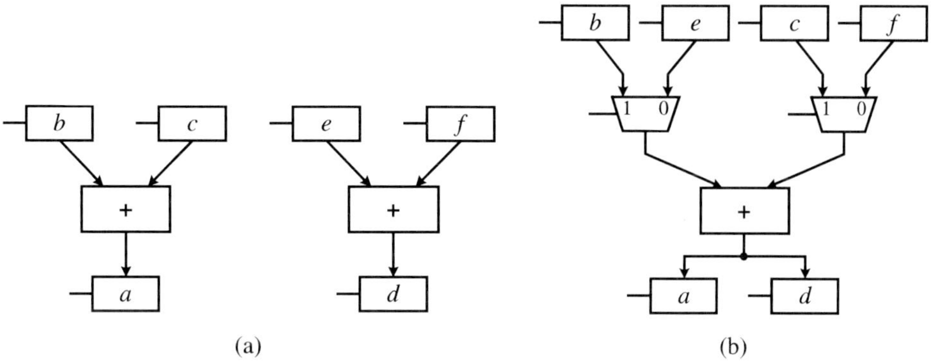

그림 7.7 두 개의 덧셈 연산 실현을 위한 데이터패스: (a) 두 개의 개별 가산기 사용 (b) 한 개의 가산기 사용.

멀티플렉서를 사용하여 가산기의 오퍼랜드에 입력할 레지스터를 선택해야 한다. 게다가 이 두 번째 데이터패스에는 두 멀티플렉서에 대해서 두 개의 추가 제어 신호가 필요하다. 실행 속도와 관련하여 그림 7.7(a)의 데이터패스는 서로 독립적이기 때문에 동일한 클럭 주기 내에서 두 개의 덧셈 명령문을 동시에 실행할 수 있다. 그러나 그림 7.7(b)의 데이터패스는 하나의 가산기만 사용할 수 있기 때문에 두 개의 서로 다른 클럭 주기에서 이 두 덧셈을 순차적으로 실행해야 한다. 이것은 속도와 크기 간의 타협 문제이며 사용할 데이터패스에 대한 최종 결정은 설계자에게 달려 있다.

7.2.3 데이터 전송 방법

레지스터와 기능 유닛은 서로 연결하여 서로 다른 장치 간에 정확한 데이터 전송을 수행할 수 있는 몇 가지 방법이 있다.

다중 소스(Multiple Source)

장치 입력으로 둘 이상의 소스가 연결되는 경우, 멀티플렉서를 사용하여 여러 소스 중 하나를 선택해야 한다. 소스는 레지스터, 상수값 또는 다른 기능장치(ALU)의 출력이 될 수 있다. 그림 7.8은 이러한 두 가지 예를 보여준다. 그림 7.8(a)에서 가산기의 왼쪽 오퍼랜드에는 네 개의 소스가 있다. 두 개의 서로 다른 레지스터에서 하나, 상수 8에서 하나, ALU의 출력에서 하나이다. 그림 7.8(b)에서 레지스터 a에는 상수 8 소스와 가산기 출력 소스가 있다. 멀티플렉서의 선택 라인

($Muxselect$)은 어느 소스가 목적지로 전달 될지를 결정하기 위해 제어 유닛에 의해 제어된다.

다중 목적지

목적지가 여러 개인 소스는 추가 회로가 필요하지 않다. 하나의 소스는 여러 다른 목적지에 직접 연결할 수 있으며, 데이터가 필요하지 않은 목적지는 단순히 데이터 소스를 무시한다. 예를 들어 그림 7.9(a)에서 가산기의 출력에는 두 개의 레지스터 목적지가 있다. 레지스터 a와 레지스터 d. 가산기의 출력이 레지스터 a를 위한 것이라면, 레지스터 a에 대한 $Load$ 신호가 인가되고, 레지스터 d에 대한 $Load$ 신호는 인가되지 않는다. 그리고 가산기의 출력이 레지스터 d를 위한 것이라면 레지스터 d에 $Load$ 신호는 인가되지만 레지스터 a에 대한 $Load$ 신호는 인가되지 않다. 두 경우 모두 목적한 레지스터에만 $Load$ 신호가 인가되고 다른 장치에는 $Load$ 신호를 인가하지 않고 데이터를 무시한다. 그리고 특정 클럭 주기에서 올바른 $Load$ 신호를 발생시켜 인가하는 것은 제어 유닛에 달려 있다.

그림 7.9(b)와 같이 동일한 소스에서 둘 이상의 조합 기능 유닛을 목적지로 하는 연결도 가능하다. 이 경우 레지스터 a는 가산기와 감산기에 데이터 소스를 제공하고, 가산기와 감산기는 이 데이터를 가져와서 조작하고 각각의 결과를 출력한다. 그러나 사용하고자 하는 기능 장치의 출력에 연결된 레지스터에만 $Load$ 신호를 인가함으로써, 다른 기능 장치의 출력은 저장되지 않고 결과를 무시한다. 예를 들어 감산이 아닌 덧셈을 수행해야 하는 경우 가산기의 출력에 연결된 레지스터 c에 대한 $Load$ 신호만 인가한다. 가산기와 감산기의 출력은 레지스터에 연

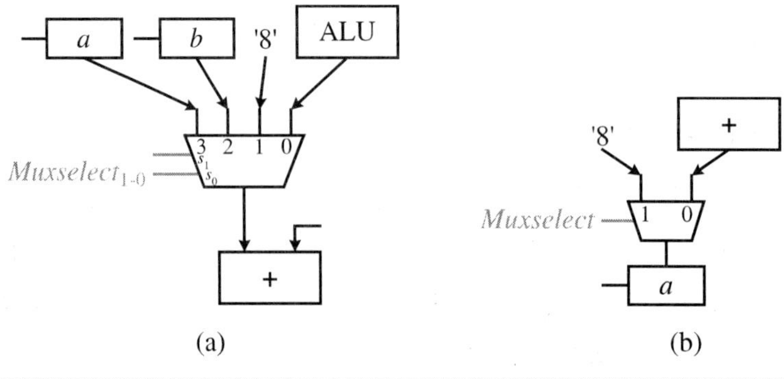

그림 7.8 멀티플렉서를 사용하는 다중 소스의 예: (a) 4개의 소스를 갖는 가산기 오퍼랜드 (b) 2개의 소스를 갖는 레지스터.

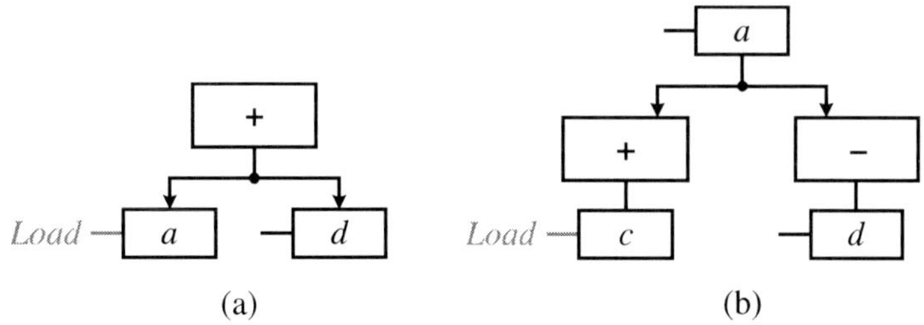

그림 7.9 다중 목적지의 예: (a) 2개의 레지스터 목적지 (b) 2개의 조합논리회로 목적지.

결되어야 하고 그렇지 않으면 결과가 저장되지 않으므로 기능 장치가 필요하지 않다.

기능적으로는 필요한 결과만 저장되기 때문에 두 기능 장치가 소스에 대해 모두 동작하는 것은 중요하지 않다. 그러나 기능 장치가 데이터를 조작하려면 전력이 필요하므로 전력 소비를 줄이려면 데이터 조작에 필요한 기능 장치만 동작하기를 원할 것이다. 그러나 이것은 이 책의 범위를 벗어난 전력 최적화 문제이다.

3-상태 버스

여러 소스와 목적지를 동일한 데이터 버스에 연결할 수 있는 또 다른 방식은 3 상태 버퍼를 사용하는 것이다. 여기서 주의할 점은 여러 소스가 동일한 버스에 연결된 경우 한 번에 하나의 소스만 출력할 수 있다는 것이다.

둘 이상의 소스가 동일한 버스에 동시에 출력되면 데이터 충돌이 발생하는데 한 소스는 0을 출력하고 다른 소스는 1을 출력 할 때 발생한다. 3-상태 버퍼를 사용하여 다양한 소스와 공통 데이터 버스를 연결함으로써, 한 번에 오직 하나의 3-상태 버퍼만 활성화하고 나머지는 모두 비활성화해야 한다. 비활성화된 3-상태 버퍼는 높은 임피던스 Z 값을 출력하므로 데이터 충돌이 발생하지 않는다.

그림 7.10은 5개의 구성요소(3개의 레지스터, ALU 및 가산기)가 연결된 공통 3-상태 데이터 버스를 보여준다. 공통 3-상태 데이터 버스를 사용하면 버스가 양방향이므로 데이터가 양방향으로 이동할 수 있다는 장점이 있다. 구성요소에서 버스로 가는 데이터의 연결(예 : 레지스터 a, b 및 c 및 ALU에서)은 사이에 3-상태 버퍼를 사용해야 하며, 버스에서 오는 데이터에 대한 연결(예를 들어 버스에서 레지스터 및 가산기로 이동하는 데이터)에는 3-상태 버퍼가 필요하지 않다. 레지스터의 입력과 출력은 모두 동일한 3-상태 버스에 연결될 수 있다. 반면 같

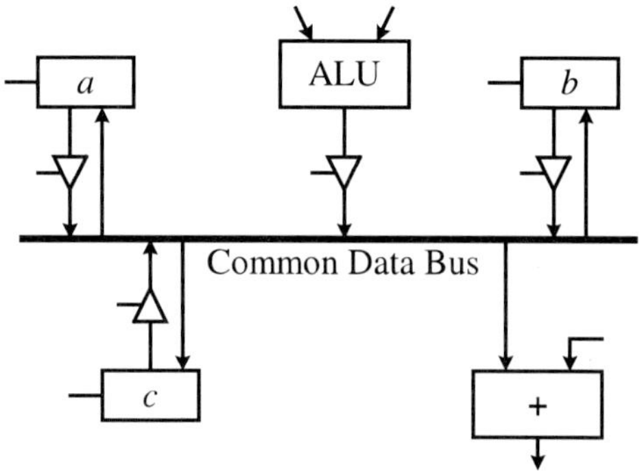

그림 7.10 공통 데이터 버스를 공유하기 위해 3-상태 버퍼를 사용한 다중 소스.

은 기능 장치(예 : 가산기 및 ALU)의 입력과 출력은 동일한 3-상태 버스에 연결될 수 없다.

7.2.4 상태 신호의 생성

제어 유닛이 명령문 실행 순서를 담당하더라도 조건문을 포함한 상황에서는 제어 유닛이 다음에 실행할 명령문을 결정할 수 있도록 데이터패스가 제어 유닛에 대한 조건문의 결과를 제공해야 한다. 상태 신호는 데이터패스가 제어 유닛에 제공하는 조건문의 결과이다. 알고리즘이 가지고 있는 모든 조건문 테스트에는 해당 상태 신호가 필요하다. 이러한 상태 신호는 일반적으로 비교기에 의해 생성된다.

예를 들어, 만약 알고리즘이 아래와 같이 IF문을 갖는다면,

IF $(A = 0)$ THEN ...

데이터패스는 그림 7.11(a)와 같이 A 레지스터의 값을 상수 0과 비교하는 동등 비교기를 가져야 한다. 비교기의 출력은 조건부 테스트의 상태 신호이다$(A = 0)$. 이 상태 신호는 조건$(A = 0)$이 참일 때 1이다. 그렇지 않으면 0이다. 4.9절에서 상수 0을 갖는 등가 비교기의 회로는 간단히 NOR 게이트로 구현되므로 그림 7.11(b)에 표시된 것처럼 비교기를 8-입력 NOR 게이트로 대체 할 수 있다. NOR 게이트의 입력으로 가는 두꺼운 버스 라인은 다중 입력 게이트를 보여주는 또 다른 방법이다. 버스 너비가 8비트이므로 8-입력 NOR 게이트여야 한다.

상태 신호를 생성하기 위해 실제 비교기가 필요하지 않은 경우가 있다.

예를 들어, 다음 IF 문과 같이 상태 신호가 숫자가 홀수인지 테스트하도록 하

려면

IF (A is an odd number) THEN . . .

모든 홀수 숫자는 0비트 위치에 1을 갖기 때문에 레지스터 A 의 8비트 중 첫 번째, A_0 비트를 이 조건의 상태 신호로 사용할 수 있다. 이 상태 신호의 생성은 그림 7.12에 나와 있다.

이제 두 가지 예제로 데이터패스를 구성하는 방법에 대한 전체 프로세스를 보이고자 한다. 예제 7.2에서는 간단한 IF-THEN-ELSE 문제를 해결하기 위한 데이터패스의 구성을 보여준다. 예제 7.3에서는 1에서 10까지의 숫자를 생성하고 합산하기 위한 합산 문제에 대한 데이터패스의 구성을 보여준다.

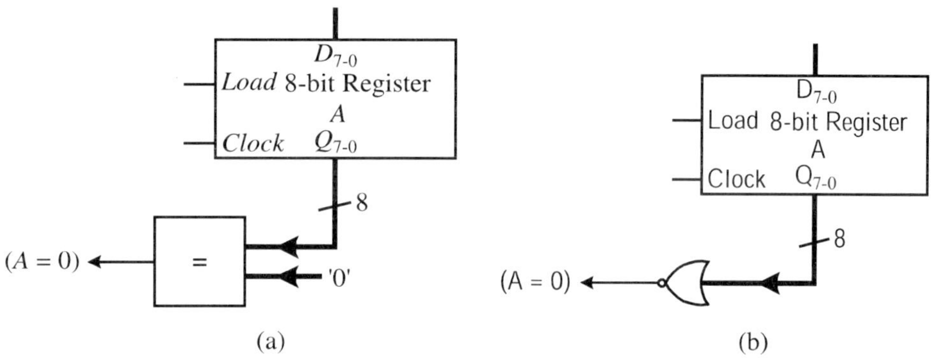

그림 7.11 상태 신호 (A = 0) 생성을 위한 비교기: (a) "equal to zero" 회로 사용 (b) NOR 게이트 사용.

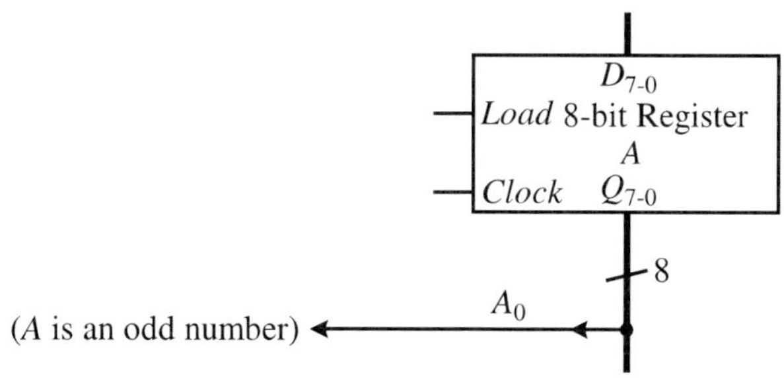

그림 7.12 상태 신호 (A는 홀수)를 생성하기 위한 비교기.

예제 7.2

단순한 IF-THEN-ELSE 문제를 위한 데이터패스

이 예제에서 우리는 그림 7.13(a)에 표시된 간단한 IF-THEN-ELSE 문제를 해결하기 위한 4-비트-폭의 전용 데이터패스를 구성하고자 한다. 이 알고리즘을 위한 데이터패스를 설계하려면 데이터패스가 데이터 조작을 책임지고 있으므로, 알고리즘의 모든 데이터 조작문을 살펴봐야 한다. 이 데이터 조작 명령들은 레지스터 전송 연산이다. 대부분 하나의 데이터 조작 명령은 하나의 레지스터-전송 연산과 같다. 그러나 일부 데이터 조작 명령어는 실현을 위해 두 개 이상의 레지스터-전송 연산이 필요할 수 있다.

이 알고리즘은 A 와 B 두개의 변수를 사용한다. 따라서 데이터패스에는 각

```
INPUT A
IF (A = 5) THEN
    B = 8
ELSE
    B = 13
END IF
OUTPUT B
```

(a)

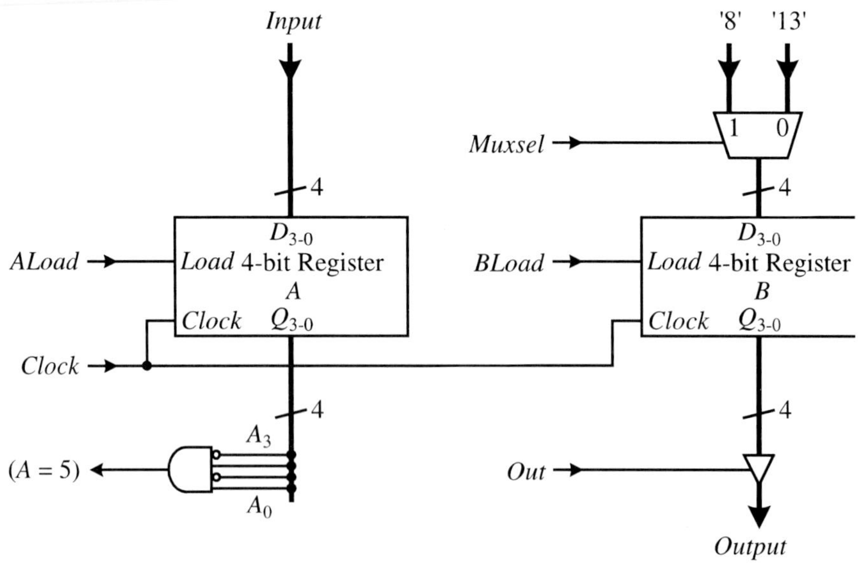

(b)

그림 7.13 단순한 IF-THEN-ELSE 문제 (a)알고리즘 (b)데이터패스.

변수에 대해 총 2개의 4-비트 레지스터가 있어야 한다. 알고리즘의 1행은 A에 값을 입력한다. 이 동작을 실현하려면 그림 7.13(b)와 같이 데이터 입력 신호 *Input*을 레지스터 A의 D 입력에 연결해야 한다. *ALoad* 신호를 인가함으로써, 다음 클럭 에지 입력에서 데이터 입력 값이 레지스터 A에 로드된다.

알고리즘의 2행은 상수 5를 사용하여 A의 값을 테스트한다. 그림 7.13 (b)의 데이터패스는 4-입력 AND 게이트를 사용하여 레지스터 A의 4비트 출력과 0101을 동등 비교한다. 10진수 5는 2진수로 0101이므로 비트열의 두 1에 대해서는 비트 0과 비트 2가 반전되지 않고, 두 0에 대해서는 비트1과 비트 3이 반전되어 사용된다. 따라서 AND 게이트는 입력이 5일 때 1을 출력한다. 이 비교기의 출력은 데이터패스가 제어 유닛으로 전송하는 조건문($A = 5$)에 대한 1비트 상태 신호이다. ($A = 5$) 비교의 상태 신호가 주어지면, 제어 유닛은 알고리즘에서 3행 또는 5행을 실행할지 결정한다. 순서 결정은 데이터패스가 아닌 제어 유닛에 의해 수행된다. 데이터패스는 레지스터-전송 연산에만 책임이 있다. 3행과 5행은 레지스터 B에 8 또는 13을 로드해야 한다.

어느 것이 로드될지를 선택하기 위해서는 2:1 멀티플렉서가 필요하다. 멀티플렉서의 한 입력은 상수 8에 연결되고 다른 하나는 상수 13에 연결된다. 멀티플렉서의 출력은 레지스터 B의 D 입력에 연결되므로, 두 상수 중 하나를 레지스터에 로드할 수 있다. 다시 어떠한 상수가 레지스터에 로드될지는 2행의 조건에 따라 다르다. 상태 신호로부터 테스트 결과를 알게 되면 제어 유닛은 멀티플렉서 선택 라인 *Muxsel*에 올바른 신호를 생성한다. 레지스터 B에 값을 실제로 로드하는 것은 *BLoad* 신호가 인가됨으로써 수행된다.

마지막으로 알고리즘은 라인 7에서 레지스터 B의 값을 출력한다. 이는 3-상태 버퍼를 B 레지스터의 출력에 연결하여 수행된다. 값을 출력하기 위해, 제어 유닛은 3-상태 버퍼에 연결된 인에이블 라인에 *Out* 신호를 인가하면 B 레지스터의 값은 데이터 출력 라인으로 전달된다.

그림 7.13 (b)에 표시된 완전한 데이터패스는 두 개의 개별 회로로 구성된다. 이것은 알고리즘이 A와 B의 값을 함께 사용할 필요가 없기 때문이다. 우리의 질문은 상태 신호 ($A = 5$)가 *Muxsel*을 직접 제어할 수 있도록 비교기의 출력을 멀티플렉서 선택 신호에 연결할 수 있는지 여부이다. 논리적으로, 조건 ($A = 5$)이 참이면 상태 신호가 1이 출력되므로 가능한다. *Muxsel*에 1을 할당하면 멀티플렉서의 입력1을 선택하여 상수 8을 레지스터 B에 전달한다. 그렇지 않고 만약 조

건 ($A = 5$)이 거짓이면 *Muxsel*은 비교기에서 0을 얻고, 상수 13이 멀티플렉서를 통과할 것이다. 이렇게 하면 데이터패스가 상태 신호를 하나 더 적게 생성하고 제어 유닛도 제어 신호가 하나 적게 필요하다는 장점이 있다.

그러나 어떤 상황에서는 데이터패스의 상태 신호를 사용하여 직접 제어 신호를 제어할 때 타이밍에 주의해야 한다. 따라서 제어 유닛이 데이터패스에서($A = 5$)조건의 상태 신호를 가져와서 *Muxsel* 제어 신호를 생성하는 것이 바람직하다.

예제 7.3

1에서 10까지 숫자를 더하는 합산 문제에 대한 데이터패스

이 예제에서는 1에서 10까지의 숫자를 생성하고 더하는 합산 문제를 해결하기 위해 8-비트-폭의 전용 데이터패스를 구성하고자 한다. 이 합산 문제를 해결하기 위해 그림 7.14(a)에 도시된 알고리즘은 5개의 데이터 조작 명령문(1, 2, 4, 5 및 7)을 갖는다. 이 문제를 해결하기 위한 데이터패스는 그림 7.14(b)에 나와 있다. 두 변수 *sum*과 i를 위해 두 개의 8비트 레지스터가 필요하다. 두 변수에 서로 다른 두 소스가 있으므로 두 레지스터의 입력에 각각 멀티플렉서가 필요하다. 레지스터 i의 경우 라인 2는 상수 1을 할당하고, 라인 5는 1을 더한 결과를 할당한다. 레지스터 *sum*의 경우, 라인 1은 상수 0을 할당하고, 라인 4는 덧셈 결과를 할당한다. 4행과 5행의 두 덧셈 연산에 하나의 가산기가 사용된다. 가산기의 첫 번째 오퍼랜드는 레지스터 i에서 온 것이다. 가산기의 두 번째 오퍼랜드는 *sum* 레지스터(라인 4의 경우) 또는 상수 1(라인 5의 경우)이므로 2:1 멀티플렉서가 필요한다. 출력 라인 7에는 3-상태 버퍼가 사용된다. 마지막으로 조건부 테스트($i \neq 11$)의 상태 신호를 생성하기 위해 8-입력 NAND 게이트가 사용된다. 다양한 구성요소 간의 데이터 연결은 모두 8비트 폭을 갖는다.

```
1    sum = 0
2    i = 1
3    DO {
4        sum = sum + i
5        i = i + 1
6    } WHILE (i ≠ 11)
7    OUTPUT sum
```

(a)

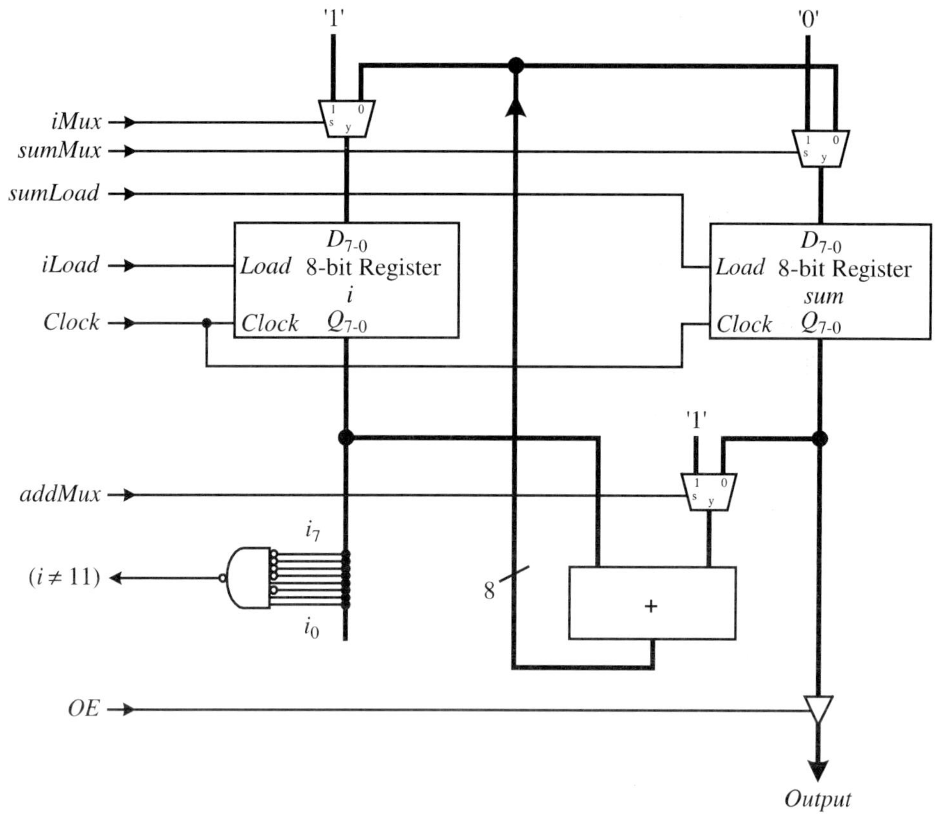

(b)

그림 7.14 1에서 10까지의 숫자를 생성하고 더하는 합산 문제 (a) 알고리즘 (b)데이터패스.

7.3 제어 유닛 구성

주어진 알고리즘에 따라 데이터패스가 자동으로 올바르게 동작하려면, 제어 유닛은 적절한 시간에 제어 신호를 생성해야 한다. 데이터패스가 올바르게 동작하려면 모든 제어 신호를 그룹으로 바르게 인가하거나 인가하지 않아야 한다. 모든 제어 신호들을 모은 그룹을 우리는 제어 워드라고 부른다. 그리고 알고리즘의 모든 데이터 조작 명령은 제어 워드로 변환되고 각각의 제어 워드는 한 클럭 주기에서 실행되어 하나의 레지스터-전송 동작을 수행한다. 제어 유닛은 제어 워드에서 적절한 제어 신호를 생성하여 데이터패스가 알고리즘에서 정의된 순서에 따라 필요한 레지스터-전송 동작을 자동으로 수행할 수 있도록 한다. 제어 유닛은 단순히 FSM이고 제어 신호는 FSM 내부에 있는 출력 논리 회로의 출력 신호이다.

제어 신호를 생성하는 것 외에도 제어 유닛은 알고리즘에서 명령어의 시퀀스를 제어하기 위해 필요하다. 데이터패스는 오직 데이터의 조작만 책임진다. 따라서 데이터패스는 레지스터-전송 동작만 수행한다. 각 레지스터-전송 동작이 언제 어떤 순서로 실행되는지를 결정하는 것이 제어 유닛이다. 제어 유닛에 의해 실행된 시퀀싱은 FSM에 대한 상태도를 만드는 동안 정립된다. 상태도는 어떤 상태에서 어떤 레지스터가 동작하는지, 그리고 이들 동작의 실행 순서를 나타낸다. 각각의 제어 워드에 하나씩 상태가 만들어지고 각 상태는 한 클럭 주기로 실행된다.

상태도의 화살표는 알고리즘의 명령어가 실행되는 순서에 따라 결정된다. 명령어의 순차적 실행은 상태 사이의 무조건적인 천이(예, 화살촉이 없는 선)로 표시된다. 알고리즘의 실행 분기는 두 개의 나가는 화살표가 있는 상태에서 조건부 천이로 표시된다. 하나는 조건이 참인 경우를 위한 레이블이고 다른 하나는 조건이 거짓인 경우의 레이블이다. 특정 상태가 하나 이상의 조건을 갖는다면 그 상태의 가능한 모든 조합은 반드시 해당 상태에서 나가는 화살표로 표시되어야 한다. 이러한 조건은 데이터패스에 의해 생성된 상태 신호이며, FSM의 다음상태로 전달된다.

상태도가 도출되면 제어 유닛의 실제 구성은 6장에서 설명한 FSM 구성 절차와 동일하게 수행된다.

7.3.1 제어 신호 도출

주어진 데이터패스에는 그 동작을 제어하기 위한 많은 제어 신호가 있다. 제어 신호를 각기 다른 시간에 인가하거나 인가하지 않음으로써 데이터패스는 레지스터-전송 동작을 수행할 수 있다. 연산을 실행하려면 모든 제어 신호를 함께 올바르게 인가하거나 인가하지 않아야하기 때문에 개별 신호가 아닌 그룹으로 생각하는 것이 바람직하다.

데이터패스에 대한 모든 제어 신호를 함께 그룹화한 것을 제어 워드라고 한다. 따라서 제어 워드는 데이터패스의 각 제어 신호에 대해 1비트를 가진다. 따라서 데이터패스의 레지스터-전송 작업은 제어 워드에 설정된 값에 의해 결정되므로 제어 워드의 비트 문자열을 지정하여 데이터패스 작업을 간단히 특정할 수 있다. 각 제어 워드 동작은 수행하는데 1클럭 주기가 소요된다. 특정 순서로 여러 제어 워드를 결합하여 데이터패스는 주어진 순서대로 지정된 작업을 수행한다.

세 가지 예제를 통해 제어 워드의 도출을 보여줄 것이다. 예제 7.4에서는 두 명령문 $A = A + 3$과 $A = B + C$를 실행하기 위한 제어 워드의 도출을 보여준다. 예제 7.5는 간단한 IF-THEN-ELSE 문제에 대한 명령문을 실행하기 위한 제어 워드의 도출을 보여준다. 예제 7.6은 1에서 10까지의 숫자를 생성하고 더하기 위한 합산 문제의 제어 워드 도출을 보여준다.

예제 7.4

데이터패스에 대한 제어 워드 도출

예제 7.1의 데이터패스는 그림 7.15과 같이 하나의 가산기를 반복 사용하여 $A = A + 3$ 및 $A = B + C$의 두 명령문을 실행하도록 설계되었다. 이 데이터패스에는 $ALoad$와 Mux의 두 가지 제어 신호가 있다. 따라서 이 데이터패스에 대한 제어 워드는 두 개의 제어 신호 각각에 대해 한 비트씩 총 두 개의 비트로 구성되어 있다.

이 시점에서 이 두 비트의 순서는 임의적이다; 그러나 일단 결정되면 순서는 일관되어야 한다. 두 명령문을 수행하기 위한 두 개의 제어 워드가 그림 7.16에 나와 있다.

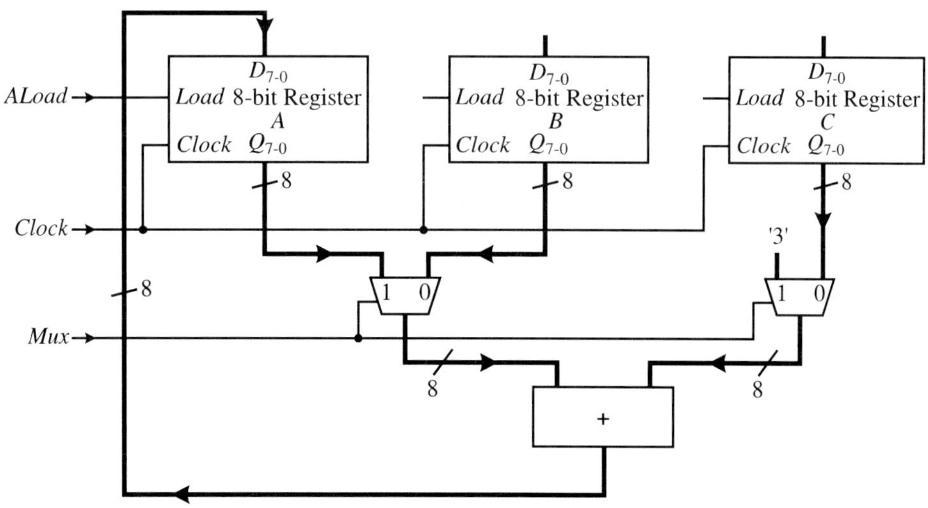

그림 7.15 하나의 가산기를 사용하여 $A = A + 3$ 및 $A = B + C$ 수행을 위한 데이터패스.

제어 워드 1은 명령문 $A = A + 3$을 실행하기 위한 제어 워드 비트 문자열을 지정한다. 이것은 *ALoad* 및 *Mux* 신호를 모두 인가함으로써 달성된다. *Mux*가 인가되면 레지스터 A와 상수 3의 출력이 두 멀티플렉서를 지나 가산기로 전달된다. *ALoad*를 인가함으로써 가산기의 결과가 레지스터 A에 저장된다. 유사하게 제어 워드 2는 *ALoad*는 인가하지만 *Mux*를 인가하지 않음으로써 명령문 $A = B + C$를 실행한다.

Control Word	Instruction	*ALoad*	*Mux*
1	$A = A + 3$	1	1
2	$A = B + C$	1	0

그림 7.16 두 명령문 수행을 위한 그림 7.15 데이터패스의 제어 워드: $A = A + 3$ 및 $A = B + C$.

예제 7.5

간단한 IF-THEN-ELSE 문제에 대한 제어 워드

그림 7.17은 그림 7.13(a)에 제시된 IF-THEN-ELSE 알고리즘에서 명령문을 수행하고, 그림 7.13(b)에 표시된 데이터패스를 사용하기 위한 제어 워드를 보여준다. 제어 워드 1은 명령 INPUT A를 실행한다. 이를 위해 *ALoad* 신호가 인가되고 입력 포트의 데이터 값이 다음 활성 클럭 에지에서 레지스터 A로 로드될 것이다. 이 명령어를 위해, 우리는 B 레지스터에 값을 로드 할 필요가 없다: 따라서 이 제어 워드에 대해 *BLoad*는 인가되지 않는다.

또한 이 때문에 레지스터 B에 값을 제공하는 멀티플렉서가 출력하는 것이 중요하지 않고 따라서 *Muxsel*은 상관없는(don't care) 값이 될 수 있다. 이 제어 워드에서 출력은 수행되지 않기 때문에 *Out* 신호는 인가되지 않는다. 제어 워드 2와 3의 경우 두 상수 중 하나를 B에 로드하려고 한다. 따라서 *BLoad*는 두 제어 워드 모두에 대해 인가되며 *Muxsel*의 값에 따라 B에 로드되는 상수가 결정된다.

*Muxsel*이 인가되면 상수 8이 B 레지스터의 입력으로 전달되고 인가되지 않으면 상수 13이 레지스터로 전달된다. 우리는 레지스터 A에 값을 쓰거나 출력하지 않기 때문에 *ALoad*와 *Out* 모두 인가하지 않는다. 제어 워드 4는 3-상태 버퍼

를 활성화하기 위해 *Out* 신호를 인가하여 *B* 레지스터에서 값을 출력한다. 다시 말하면, 우리는 레지스터 *B*에 값을 로드하지 않기 때문에 *Muxsel*은 상관없는 (don't care) 값을 갖는다. 상태 신호 ($A = 5$)는 제어 워드의 어느 곳에서도 사용되지 않는다.

Control Word	Instruction	*ALoad*	*Muxsel*	*BLoad*	*Out*
1	INPUT *A*	1	×	0	0
2	$B = 8$	0	1	1	0
3	$B = 13$	0	0	1	0
4	OUTPUT *B*	0	×	0	1

그림 7.17 간단한 IF-THEN-ELSE 문제를 해결하기 위한 제어 워드.

예제 7.6

1에서 10까지의 숫자를 생성하고 더하는 합산 문제에 대한 제어 워드

그림 7.18은 그림 7.14(a)에 표시된 1에서 10까지의 숫자를 생성하고 더하는 알고리즘과 그림 7.14(b)에 표시된 데이터패스를 사용하여 데이터 조작 명령문을 수행하기 위한 제어 워드를 보여주고 있다. 제어 워드 1과 3은 *sumLoad*를 인가하여 새로운 값을 *sum*에 로드한다. 로드되는 값은 멀티플렉서의 선택 라인 *sumMux*에 의해 결정된다.

이 두 제어 워드의 경우 *iLoad*와 *OE*는 사용되지 않으므로 비활성화되며 *iMux*는 무관 조건(don't-care)을 갖는다. 제어 워드 3의 경우 *addMux*는 가산기

Control Word	Instruction	*sumMux*	*sumLoad*	*iMux*	*iLoad*	*addMux*	*OE*
1	$sum = 0$	1	1	×	0	×	0
2	$i = 1$	×	0	1	1	×	0
3	$sum = sum + i$	0	1	×	0	0	0
4	$i = i + 1$	×	0	0	1	1	0
5	OUTPUT *sum*	×	0	×	0	×	1

그림 7.18 1에서 10까지의 숫자를 생성하고 더하는 합산 문제에 대한 제어 워드.

가 *sum*을 두 번째 오퍼랜드로 사용하도록 인가하지 않아야 한다. 제어 워드 2와 4는 *iLoad*를 인가함으로써 *i*에 새 값을 로드하고 멀티플렉서의 *iMux* 입력으로 필요한 소스를 선택한다. 제어 워드 4의 경우 올바른 덧셈 연산을 위해 *iMux*가 사용된다. 마지막으로 제어 워드 5의 경우 합계 값을 출력하도록 *OE*가 인가된다.

7.3.2 상태도 도출

FSM을 구성하는 첫 번째 단계는 상태도를 도출하는 것이다. 상태도는 어떤 상태에서 어떤 제어 워드가 실행되는지, 그리고 이러한 상태들의 시퀀싱을 보여준다. 각 제어 워드마다 상태가 생성된다. 상태도의 화살표는 알고리즘의 명령어가 실행되는 순서에 따라 결정된다. 명령어의 순차적 실행은 상태 사이의 무조건적 천이(즉, 화살촉이 없는 선)으로 표시된다. 알고리즘의 실행 분기는 두 개의 출력 화살표를 갖는 조건부 천이 형태로 표현된다. 하나는 조건이 참인 경우이고 다른 하나는 조건이 거짓인 경우이다. 특정 상태에서 하나 이상의 조건이 있는 경우에는 가능한 모든 경우에 대해 해당 상태의 출력 방향으로 화살표 표시가 되어야 한다.

제어 유닛의 상태도를 도출 할 때 레지스터-전송 동작 타이밍에 주의해야 한다. 여기서 문제는 레지스터에 값을 쓸 때 다음 클럭 주기가 시작되기 전까지 레지스터의 Q 출력에서 새로운 값을 사용할 수 없다는 것이다. 따라서 현재 클럭 주기에서 레지스터로부터 값을 읽는 경우 새 값이 아닌 이전 값을 읽게 된다. 6장에서 FSM을 설계할 때에는 타이밍이 그리 큰 문제가 되지 않았는데, 이 FSM을 사용하여 데이터패스에서 레지스터-전송 작업을 제어하지 않았기 때문이다. 그 회로들은 독립형 FSM이었으며 입출력 신호 역시 서로 독립적이었다. 그러나 여기서 설계하는 FSM은 데이터패스에서 레지스터-전송 작업을 제어하기 위한 것이다. 이러한 FSM의 출력 신호는 데이터패스에 대한 제어 신호이며 일부는 레지스터에 새로운 값을 로드하는 데 사용된다.

이러한 새로운 레지스터 값은 조건부 테스트를 위해 비교기에서 사용될 수 있다. 조건부 테스트의 결과는 제어 유닛이 다음에 어떤 상태로 갈지를 결정하기 위해 사용되는 상태 신호이다. 결론적으로 상태가 다르면 다른 제어 신호가 생성된다. 제어 유닛의 상태(입력) 신호와 제어(출력) 신호는 서로 의존적이다. 따라서 상태 신호가 생성될 때, 의도한 레지스터 값으로 테스트한 것인지 확인해야 한다. 이러한 타이밍 문제로 인해 올바른 타이밍을 얻으려면 추가적인 상태가 필요할 수 있다.

이제 예제 7.2의 간단한 IF-THEN-ELSE 문제에 대해 전용 데이터패스를 제어하기 위한 상태도를 구성할 것이다. 편의를 위해 여기 그림 7.19에서 예제 7.2 및 7.5의 알고리즘과 전용 데이터패스 및 제어 워드가 반복된다. 예제 7.7에서는 각가의 제어 워드마다 하나의 상태를 할당함으로써 상태도를 작성하는 단순한 방법을 보여준다. 그러나 상태 신호가 잘못 생성되었기 때문에, 이 방법으로 작성된 상태도는 예제문제의 해법으로 올바르지 않다. 예제 7.8은 IF-THEN-ELSE 문제에 대한 수정된 상태도의 도출을 보여준다.

예제 7.7

간단한 IF-THEN-ELSE 문제에 대한 잘못된 상태도 도출

이 예제에서 IF-THEN-ELSE 문제를 해결하기 위해 제어 유닛이 예제 7.2의 전용 데이터패스를 제어하기 위한 상태도를 도출한다. 문제에 대한 알고리즘은 그림 7.19(a)에 나와 있다. 이 알고리즘의 전용 데이터패스는 이미 도출되었고, 그림 7.19(b)에 다시 표시되어 있다. 알고리즘은 1, 3, 5, 7행의 4가지 데이터 조작 명령이 있음을 보여준다. 2행은 데이터 조작 명령이 아니라 제어문이다. 4가지 데이터 조작 명령으로부터 전용 데이터패스를 제어하기 위해 그림 7.19(c)에 표시된 4개의 해당 제어 워드를 도출했다.

제어 유닛 구성의 다음 단계는 FSM에 대한 상태도를 도출하는 것이다. 그림 7.20(a)와 같이 상태도에서 4개의 제어 워드를 4개의 개별 상태에 할당하는 것으로 시작한다. 4가지 상태에는 s_input, s_equal, $s\_notequal$ 및 s_output의 상태 이름이 지정되고, 해당 제어 워드와 명령어가 할당되어 주석으로 표시된다.

예를 들어, 상태 s_input에서, INPUT A 명령을 실행하기 위해서는 제어 유닛이 제어 워드 1에 대한 제어 신호를 생성해야 한다. INPUT A 명령어 이후, 다음 두 명령어 $B = 8$ 및 $B = 13$의 실행은 s_equal 및 $s\_notequal$ 상태에서 IF 문의 조건$(A = 5)$에 따라 달라진다. 조건$(A = 5)'$의 결과는 FSM이 다음으로 천이할 상태를 결정한다. 이 조건부 실행은 상태 s_input에서 두 개의 출력 화살표로 표시된다. 하나는 조건이 참일 때 라벨$(A = 5)$를 가지며 상태 s_equal로 가는 화

```
INPUT A
IF (A = 5) THEN
    B = 8
ELSE
    B = 13
END IF
OUTPUT B
```

(a)

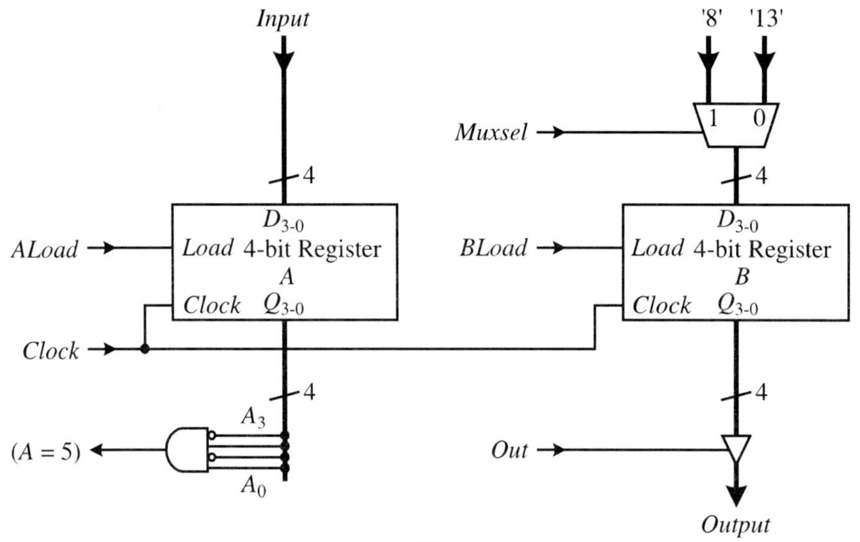

(b)

Control Word	Instruction	*ALoad*	*Muxsel*	*BLoad*	*Out*
1	INPUT *A*	1	×	0	0
2	*B* = 8	0	1	1	0
3	*B* = 13	0	0	1	0
4	OUTPUT *B*	0	×	0	1

(c)

그림 7.19 간단한 IF-THEN-ELSE 문제 (a)알고리즘 (b) 전용 데이터패스 (c) 제어 워드.

살표와 다른 하나는 조건이 거짓일 때 라벨$(A=5)$를 가지며 상태 *s_notequal*로 가는 화살표이다. 마지막으로 명령어 OUTPUT B는 두 명령어 $B=8$과 $B=13$ 중 하나를 실행하면 무조건 실행된다. 따라서 *s_equal* 또는 *s_notequal* 상태에서 *s_output* 상태로 가는 무조건 천이가 있다. OUTPUT B를 실행한 후 알고리즘이 중지되므로, 무조건 화살표가 자기 자신으로 돌아가도록 하여 FSM을 *s_output* 상태에서 정지시킨다.

알고리즘에 따르면, 상태 s_input에서 A 값을 입력한 후, 조건($A=5$)을 테스트해야 한다. 조건이 참이면, s_equal 상태로 이동하여 명령어 $B=8$을 실행한다. 그렇지 않으면 명령 $B=13$을 실행하기 위해 $s\_notequal$ 상태로 이동한다. 상태 s_equal 또는 상태 $s\_notequal$ 모두에서 다음 최종 상태는 s_output이다. 상태 s_input이 클럭 주기 1에서 실행된다고 가정해 보자. 클럭 주기 2에서 상태 s_*equal* 또는 상태 $s_notequal$이 실행된다. 그런 다음 클럭 주기 3에서 상태 s_output이 실행된다.

여기에서 이해하고 기억해야 할 두 가지 중요한 사항이 있다.

1. 상승 클럭 에지에서 레지스터는 로드 신호가 인가되면 새로운 값으로 로드된다.
2. 모든 상승 클럭 에지에서 FSM은 새로운 상태(다음상태)로 들어간다.

다른 모든 예와 마찬가지로 상승 클럭 에지를 활성 에지로 사용한다.
위의 포인트 1의 이유는 레지스터에서 활성화된(5.10 참조) 포지티브 에지-트리거 D 플립플롭을 사용하기 때문이다. 따라서 로드 신호를 인가하여 플립플롭을 활성화하면 입력 데이터가 다음 상승 클럭 에지에서 플립플롭에 저장된다. 포인트 2는 FSM 내부의 상태 메모리 레지스터에서 포지티브 에지-트리거 D 플립플롭(5.9절 참조)을 사용하기 때문이다. 그러나 이러한 플립플롭은 활성화(enable) 신호 없이 항상 활성화된다. 따라서 모든 상승 클럭 에지에서 다음상태 논리 회로의 새로운 값이 상태 메모리 레지스터에 저장되고 따라서 FSM은 모든 상승 클럭 에지에서 새로운 상태로 진입한다.

그림 7.20(a)에 표시된 상태도를 기반으로 제어 유닛을 구성하면 다음 시나리오가 발생할 수 있다. 첫 번째 상승 클럭 에지에서 FSM은 상태 s_input으로 들어간다. 상태 s_input에 들어간 직후, FSM은 제어 신호 $ALoad$를 인가하여 변수 A의 값을 로드한다.

레지스터는 상승 클럭 에지에 로드되는 특성을 가지고 있고 이 경우에는 첫 번째 상승 클럭 에지를 통과한 상태이므로 A 값은 다음 상승 클럭 에지(즉, 클럭 주기 2의 시작)에 레지스터로 저장된다.

그러나 FSM은 클럭 주기 2의 초반에 다음상태(s_equal 또는 $s\_notequal$)로 이동해야 한다. FSM이 두 상태 중 어느 상태로 이동하는지 알기 위해서 FSM이 s_input 상태에 있는 동안 테스트 조건($A=5$)의 결과를 알아야 한다. 여기서 딜레마는 비교기에 의해 생성되는 상태 신호 테스트($A=5$)가 상태 s_input에서 필요한데 테스트에 A의 입력 값을 사용한다는 것이다. 그러나 새로운 입력 값 A

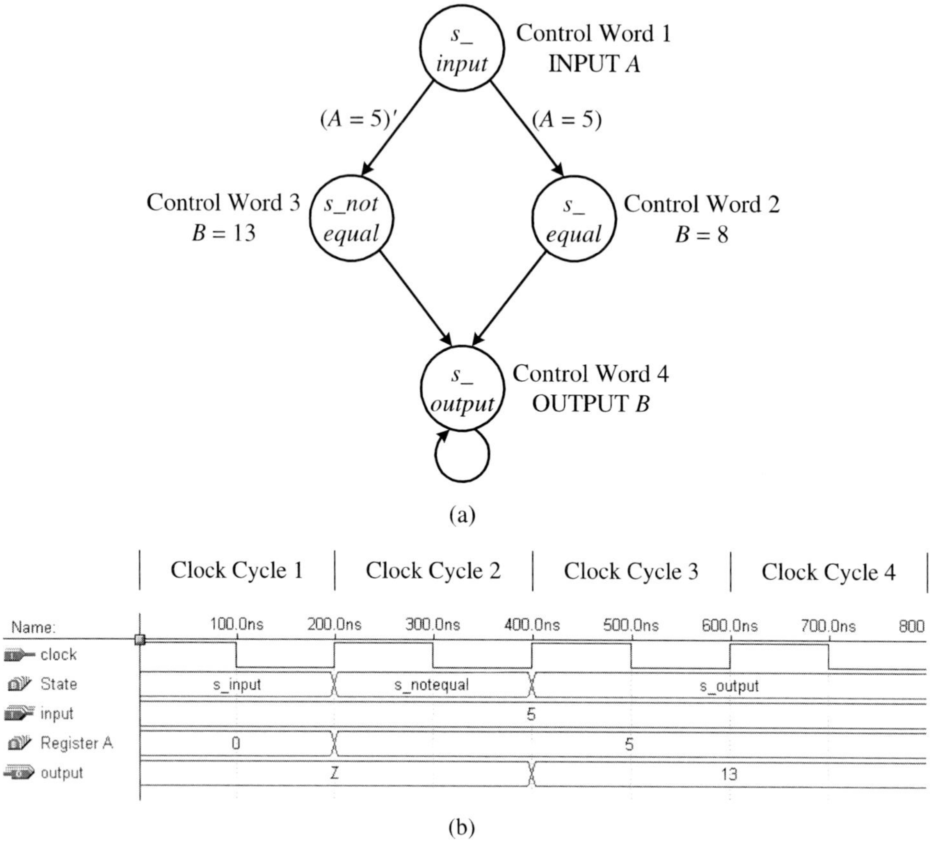

그림 7.20 예제 7.7: (a) 부정확한 상태도 (b) 부정확한 타이밍도.

는 다음 클럭 주기가 시작될 때까지 레지스터의 Q 출력에서 사용할 수 없다. 따라서 클럭 주기 1에서 레지스터의 Q 출력에서 비교기가 읽는 것은 새로운 입력 값이 아니라 A의 이전(또는 현재) 값이다.

그림 7.20(b)는 상태도의 타이밍도와 잘못된 결과를 보여준다. 시간 0에서 사용자는 5를 입력한다. 그러나 다이어그램은 값 5가 200 ns(클럭주기 2의 시작)까지 레지스터 A에 로드되지 않음을 보여준다. 입력 값이 5이므로, $(A = 5)$에 대한 테스트는 참이어야 하고, FSM이 다음에 진행할 상태는 *s_equal*이어야 한다. 그러나 타이밍도 에서 200 ns 시간에 상태가 *s_notequal*로 변경되는 것을 볼 수 있다. 이는 조건 테스트가 클럭 주기 1에서 수행되어, 새로운 값 5가 아니라 이전 값인 0을 읽고 있기 때문이다. 따라서, 400 ns에 올바르지 않은 출력 13이 나온다.

예제 7.8

간단한 IF-THEN-ELSE 문제에 대한 올바른 상태도 및 제어 유닛 도출

예제 7.7에서는 비교기가 조건($A = 5$)를 테스트하고 있지만 테스트 결과가 필요한 클럭 주기에 올바른 A 에 값을 얻지 못하고 있다. 비교기가 A 에 대한 올바른 값을 얻으려면, 다음 클럭 주기에서 값이 레지스터에 로드될 때까지 기다려야 한다.

타이밍 오류를 해결하는 간단한 방법 중 하나는 A 값을 입력받은 후 별도의 상태를 추가함으로써 테스트를 위해 입력값을 다시 읽어오기 전에 레지스터에 값

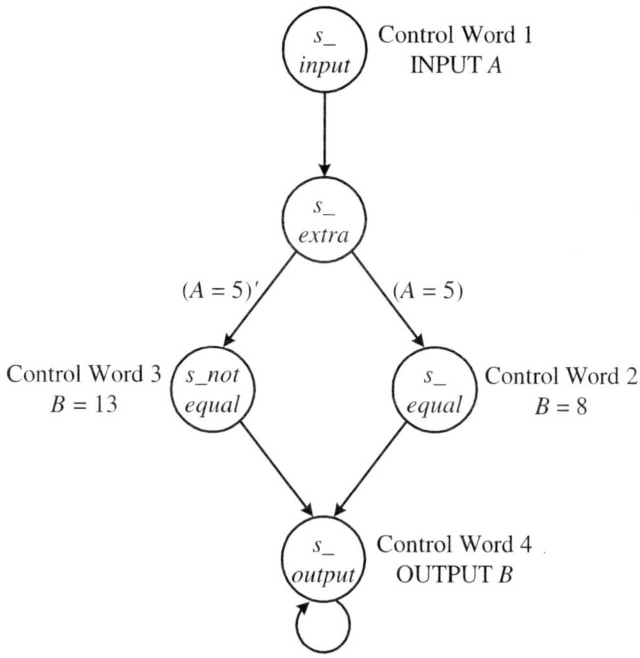

(a)

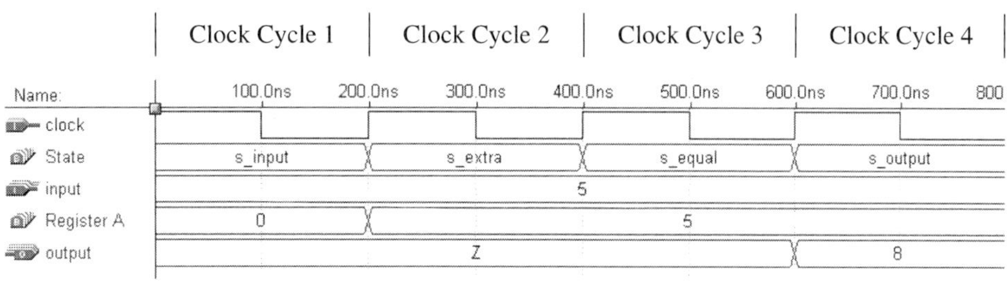

(b)

그림 7.21 예제 7.8 (a) 정정된 상태도 (b) 정정된 타이밍도.

이 기록될 수 있도록 하는 것이다.

*s_extra*라고 하는 새로운 상태는 상태 *s_input* 바로 뒤에 위치하고 제어 워드가 할당되지 않는다. 그림 7.21(a)는 수정된 상태도를 보여준다. *s_extra* 상태의 초기에 입력 값이 레지스터 A에 저장되므로, 조건($A = 5$)가 수행될 때에는 올바른 A 값을 얻게 된다.

새로운 상태도의 타이밍도는 그림 7.21(b)에 나와 있다. 클럭 주기 2 시작 200 ns 시간에 입력 값 5가 레지스터에 로드된다. 그러나 조건부 테스트를 위한 레지스터의 읽기는 200 ns 지나기 전까지 발생하지 않는다. 테스트 결과 동등하므로 FSM은 *s_equal* 상태가 되고 올바른 값 8을 출력한다.

별도의 추가 상태를 추가하는 것이 타이밍 문제에 대한 유일한 해결책은 아니다.

이 문제를 해결하는 또 다른 방법은 그림 7.22와 같이($A = 5$) 비교기를 레지스터 A의 출력이 아닌 입력에 직접 연결하는 것이다. 이 방법은 테스트하기 전에 입력 값이 레지스터에 래치(기록) 될 때까지 한 번의 추가 클럭 주기를 기다릴 필요가 없다. 두 경우 모두 동일한 결과를 얻을 수 있지만, 두 번째 경우에는 알고리즘에 정의된($A = 5$)라는 조건부 테스트 대신($Input = 5$)라는 테스트를 수행한다. 다시 말해 테스트는 레지스터 A의 값이 아닌 입력 값으로 직접 수행된다.

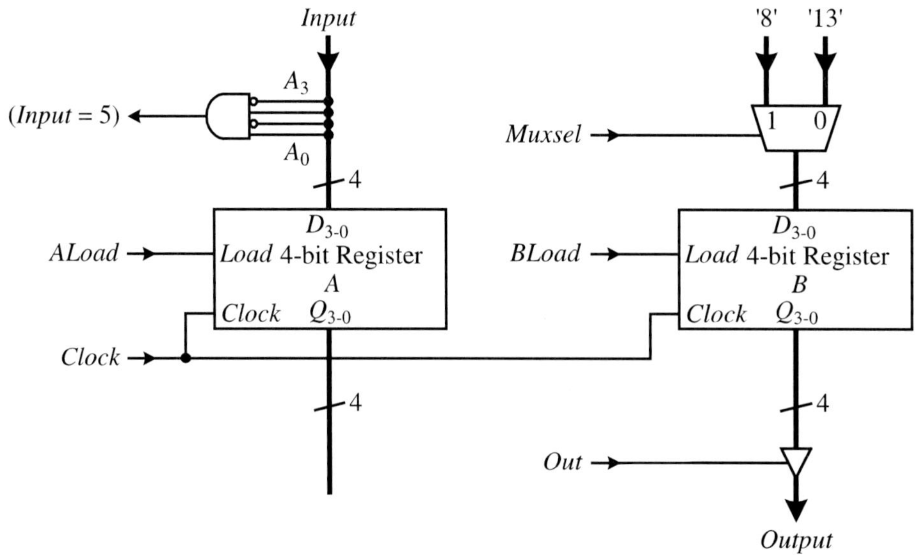

그림 7.22 간단한 IF-THEN-ELSE 문제에 대한 대체 데이터패스.

7.3.3 타이밍 이슈

7.3.2절에서 마이크로프로세서 제어 유닛에 대한 올바른 상태도를 얻으려면 데이터패스에서 레지스터-전송 동작의 타이밍에 주의해야 한다. 레지스터-전송 동작의 타이밍과 관련하여 이해해야 할 두 가지 중요한 사항이 있다.

1. 쓰기 전에 읽어라. 먼저 읽기 작업을 수행한 다음 동일한 클럭 사이클에서 동일한 레지스터에 대한 쓰기 작업을 수행하면 문제가 없다. 이에 대한 예는 명령문 $i = i + 1$을 실행하는 것이다.
2. 읽기 전에 써라. 먼저 쓰기 작업을 수행한 다음 동일한 클럭 주기에서 동일한 레지스터에 읽기 연산을 수행하면 쓰기 전 값을 읽는다. 이에 대한 예는 레지스터를 업데이트 한 다음 동일한 레지스터에서 값을 테스트하는 것이다.

두 레지스터-전송 타이밍 문제를 더 잘 이해하기 위해, 다음 예제를 통해 합산 문제 상태도를 도출하고, 1에서 10까지의 숫자를 생성하고 합산한다.

예제 7.9

합산 문제에 대한 상태도

그림 7.23(a)는 1에서 10까지의 숫자를 생성하고 더하는 합산 문제의 알고리즘을 보여준다. 이 알고리즘의 상태도는 그림 7.23(b)에 나와 있다. 상태도 상태 아래에는 실행되는 명령어가 주석으로 표시된다.

두 개의 초기화 명령문(1과 2)은 서로 독립적이므로 둘 다 동일한 초기화 상태 s_0에서 실행되도록 할당할 수 있다. 상태 s_1은 명령문 4를 수행하여 sum에 i를 합산하고 상태 s_2는 명령문 5를 수행하여 i를 증가시킨다. 어떠한 연산도 수행하지 않는 별도의 상태 s_3이 추가된다. 별도의 상태는 조건($i \neq 11$)을 테스트하기 위한 타이밍 확보 이유로 필요하다. 조건부 테스트 결과에 따라 FSM은 상태 s_1로 루프백하거나 상태 s_4로 이동하여 합계를 출력한다. 상태 s_4에서 FSM은 무조건 자체로 루프백하여 정지한다.

우선 쓰기-전-읽기 타이밍 문제에 있어, 상태 s_2에서 명령어 $i = i + 1$의 실행을 살펴보겠다. 명령어 $i = i + 1$은 동일한 레지스터 i의 읽기와 쓰기가 모두

```
sum = 0
i = 1
DO {
    sum = sum + i
    i = i + 1
} WHILE (i ≠ 11)
OUTPUT sum
```

(a)

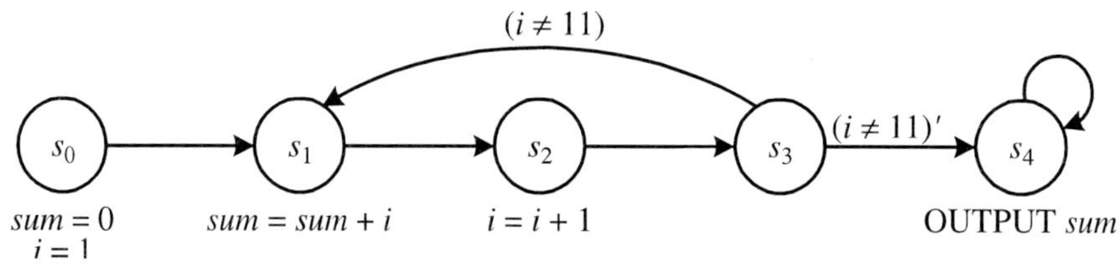

(b)

그림 7.23 1에서 10까지의 숫자를 생성하고 더하는 합산 문제: (a) 알고리즘 (b) 상태도.

필요하다. 읽기는 등호 오른쪽에 있는 i에 대한 것이고, 쓰기는 등호 왼쪽에 있는 동일한 i에 대한 것이다. 데이터패스에서 명령어 $i = i + 1$을 실행하기 위해, 레지스터 i에 대한 *iLoad* 신호는 상태 s_2에서 인가된다.

FSM은 그림 7.24의 타이밍도와 같이 현재 클럭 주기의 클럭의 활성 (상승) 에지에서 상태 s_2로 들어간다. 명령어 $i = i + 1$의 실행은 처음 레지스터 i를 읽은 다음 덧셈 $i + 1$를 실행하는 것으로 시작된다. 현재 i의 값은 상태 s_2에 대한 현재 클럭 주기의 시작 시 레지스터의 Q 출력에서 읽을 수 있다. 레지스터 값은 그 출력에서 항상 사용할 수 있기 때문이다.

FSM이 상태 s_2에 들어가면 *iLoad* 신호 또한 상승 클럭 에지 직후에 인가된다. 그러나 상태 s_3에서는 다음 클럭 주기의 시작에서 다음 상승 클럭 에지까지 레지스터의 실제 기록이 발생하지 않다. 왜냐하면 활성(상승) 클럭 에지에서만 레지스터에 값이 기록되기 때문이다. 그리고 현재의 상승 클럭 에지는 이미 지났다. 따라서 *iLoad* 신호가 현재 클럭 주기에서 인가되었더라도 다음 상승 클럭 에지까지 기다려야 값이 기록된다. 한편 가산기는 현재 값 i를 이용하여 가산을 수행하며, 가산의 결과는 다음 상승 클럭 에지의 시작 직전에 사용할 수 있다. 따라서 FSM이 상태 s_3에 진입 할 때, 다음 클럭 주기의 시작에서 레지스터 i에 다시 쓰여지는 것이 덧셈의 결과이다.

질문은 가산기가 유효한 결과를 출력하기 위한 시간이 클럭 주기보다 길면

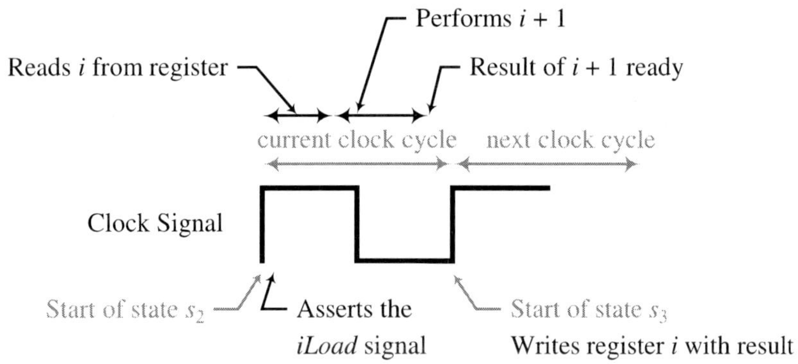

그림 7.24 쓰기-전-읽기 타이밍.

어떻게 될까? 다시 말해 상태 s_3의 시작에서 다음 상승 클럭 에지까지 가산기가 계산을 마치지 못하고 여전히 잘못된 결과를 출력하면 어떻게 될까? 대답은 데이터패스가 가산기의 잘못된 결과를 레지스터에 기록한다는 것이다. 이 문제에 대한 해결책은 시간 내에 완료되는 더 빠른 가산기를 만들거나 클럭을 느리게 하여 클럭 주기를 더 길게하는 것이다.

위의 분석에서 동일한 클럭 주기에서 동일한 레지스터에 쓰기-전-읽기를 수행해도 데이터 충돌이 발생하지 않음을 알 수 있는데, 이것은 현재 클럭 주기의 시작 부분에서 읽기가 이루어지기 때문이다. 현재 클럭 주기에 레지스터의 출력에서 사용 가능한 값은 여전히 쓰기 전의 값이며 $i+1$의 덧셈 전 값이다. *iLoad* 신호는 현재 클럭 주기에서 인가되지만 읽기 및 가산 작업이 완료된 후, 다음 클럭 주기가 시작될 때까지는 실제 쓰기가 발생하지 않는다.

두 번째로 읽기-전-쓰기 타이밍 문제에 대해 상태 s_2에서 동일한 명령어 $i = i+1$의 실행을 살펴보겠다. 그림 7.23(a)의 알고리즘에 따르면, 명령어 $i = i+1$을 실행한 직후 조건 $(i \neq 11)$을 테스트한다. 다시 말해서 레지스터 i에 덧셈 결과를 쓴 후 조건부 테스트를 위해 새로운 값 i를 읽고 싶다. 조건부 테스트는 데이터패스 연산이 아니므로 테스트가 수행되는 상태가 아니라 화살표의 레이블만 필요한다. 이로 인해 우리는 상태 s_2에서 2개의 조건부 화살표가 나오는 상태도를 잘못 그리게 된다.

이것의 문제점은 조건부 테스트가 명령어 $i = i+1$을 수행되는 것과 동일한 클럭 주기에서 레지스터 i를 읽어야 한다는 것이다. 또한 알고리즘의 자연스러운 순차적 실행으로부터 조건부 테스트를 수행하려면 i가 증가 된 값, 즉 덧셈

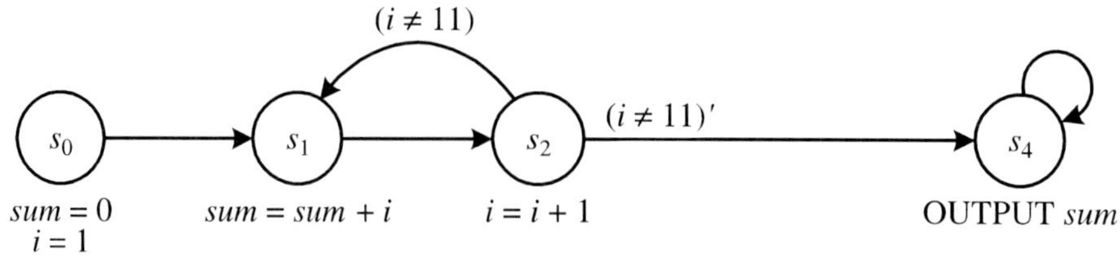

결과를 다시 쓴 후에 수행해야 한다. 그러나 이전의 타이밍 문제 논의로부터 다음 클럭 주기의 상승 클럭 에지까지 i가 업데이트되지 않을 것을 알고 있으며 현재 클럭 주기에서 레지스터 읽기는 증가 된 i 값이 아니라 이전 i 값을 얻을 것도 알고 있다. 그림 7.23(b)의 상태도에 별도의 상태 s_3을 추가하고 해당 상태에서 조건부 테스트를 수행하면, 우리는 올바르게 증가된 i의 값을 테스트하게 된다.

조건부 테스트를 $(i \neq 11)$에서 $(i \neq 10)$으로 변경하여 별도의 상태를 추가하지 않고도 같은 결과를 얻을 수 있다. 또는 조건부 테스트 회로를 레지스터 대신 가산기의 출력에 연결하는 것으로도 동일한 결과를 얻을 수 있다. 이런 대안들의 유일한 문제는 원래 알고리즘을 정확하게 따르지 않는다는 것 뿐이다.

7.3.4 FSM 회로 도출

여기에서 마이크로프로세서를 위한 FSM 회로 구성은 FSM 합성을 위해 6장에서 논의된 절차를 정확하게 따른다. 올바른 상태도를 도출한 후 다음 단계는 상태도를 다음상태 표로 변환하는 것이다. 이후 다음상태 표를 통해 FSM을 위한 다음상태 논리회로를 구성할 수 있다. 상태도의 총 상태 수는 상태 메모리가 각 상태에 대해 고유한 인코딩을 제공하는 데 필요한 D 플립플롭의 수를 결정한다. FSM의 출력 논리 회로는 제어 워드의 제어 신호와 제어 워드가 할당된 상태로부터 도출된다. 마지막으로 다음상태 논리회로, 상태 메모리 및 출력 논리 회로를 결합하면 완전한 FSM 제어 유닛 회로가 생성된다.

이제 두 가지 예를 통해 FSM 회로를 도출하는 방법에 대한 전체 프로세스를 보일 것이다. 예제 7.10에서는 간단한 IF-THEN-ELSE 문제에 대한 FSM 회로 구성을 보여준다.

예제 7.11에서는 합산 문제를 생성하기 위한 FSM 회로 구성을 보이고 1에서 10까지의 숫자를 더하는 것을 보인다.

예제 7.10

간단한 IF-THEN-ELSE 문제에 대한 FSM 구성

이 예는 그림 7.25(a)에서 주어진 상태도로부터 시작한다. 그림 7.25(b)의 다음 상태 표는 상태도에서 직접 얻어낸다. 총 5개의 상태가 있기 때문에 스트레이트 2진 인코딩 체계를 사용하여 3개의 플립플롭을 인코딩한다. 상태 s_input은 $Q_2Q_1Q_0 = 000$으로 인코딩되고, 상태 s_extra는 $Q_2Q_1Q_0 = 001$으로 나머지 상태도 이렇게 인코딩된다. 나머지 세 가지 인코딩(101, 110 및 111)은 사용되지 않는다. 정상적인 상황에서는 제어 유닛이 미사용 상태 중 하나에 도달해서는 안된다.

그러나 회로의 노이즈 또는 글리치로 인해 FSM은 미사용 상태 중 하나가 될 수 있으므로 모든 미사용 상태의 다음상태를 리셋 상태로 설정하는 것이 좋다. 다음상태표에서 이 세 가지 미사용 상태에 대해 세 개의 행을 추가했다. 모든 입력 조건에 대한 다음상태는 리셋 상태인 000이다. 다음상태 표는 상태도에서 직접 변환되지만 표 형식으로 작성된다. 상태 000(s_input)에서 상태 001(s_extra)로 무조건 이동한다. 상태 001(s_extra)에서 조건($A = 5$)의 결과에 따라 010($s\_notequal$) 또는 011(s_equal)로 이동한다.

그림 7.25(c)에 표시된 다음상태 방정식은 다음상태 표에서 도출된다. 세 개의 플립플롭 각각에 대해 하나의 방정식이 있으며, 우리는 D 플립플롭을 사용하기 때문에 $Q_{next} = D$이다. 다음상태 표에서는 세 플립플롭의 값이 함께 그룹화 된다. 다음상태 방정식을 도출 할 때는 Q_{2next}용, Q_{1next}용, Q_{0next}용으로 세 개의 진리표로 개별적으로 고려해야 한다. 이 방정식들은 4가지 변수 Q_2, Q_1, Q_0 및 ($A = 5$)에 의존적이다.

제어 워드도 출력표로 사용된다. FSM의 출력 논리 회로는 제어 워드의 제어 신호 및 제어 워드가 할당된 상태로부터 도출된다. 각 제어 신호는 하나의 출력 방정식을 가지며 이 방정식들은 FSM의 상태 Q_2, Q_1 및 Q_0에만 의존한다. 우리는 제어 워드표를 얻고 모든 제어 워드 번호를 해당 제어 워드가 할당된 상태에 실제 인코딩으로 대체함으로써 출력 방정식에 대한 진리표를 도출한다. 출력표가 있으면, 각각 그림 7.25(d)와 (e)에 표시된 것처럼 출력 방정식을 쉽게 도출할 수 있다. 다음상태와 출력 방정식을 도출한 후, 그림 7.25(f)와 같이 제어 유닛 회로를 그릴 수 있다. 상태 메모리는 단순히 3개의 D 플립플롭으로 구성된다. 다음

상태 논리 회로 및 출력 논리 회로는 조합회로이고 다음상태 방정식 및 출력 방정식으로 구성된다. 다음상태 논리 회로, 상태 메모리 및 출력 논리회로를 결합하면 최종 FSM 제어 유닛 회로가 생성된다.

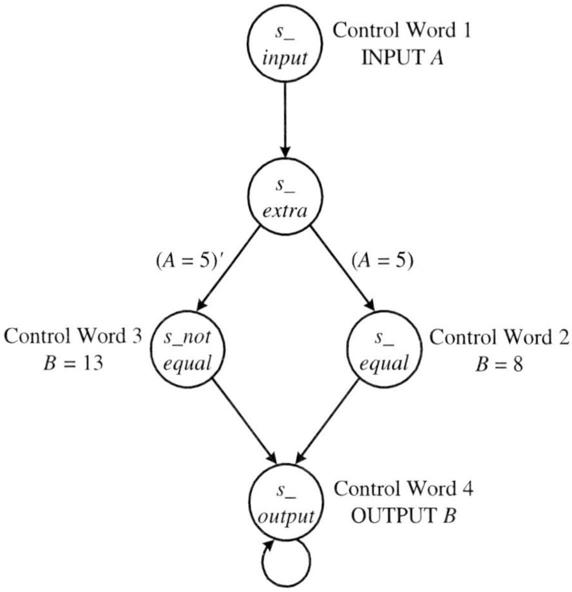

(a)

Current State $Q_2Q_1Q_0$	Next State $Q_{2next}Q_{1next}Q_{0next}$	
	$(A = 5)'$	$(A = 5)$
s_input 000	*s_extra* 001	*s_extra* 001
s_extra 001	*s_notequal* 010	*s_equal* 011
s_notequal 010	*s_output* 100	*s_output* 100
s_equal 011	*s_output* 100	*s_output* 100
s_output 100	*s_output* 100	*s_output* 100
Unused 101	000	000
Unused 110	000	000
Unused 111	000	000

(b)

$$Q_{2next} = D_2 = Q_2'Q_1 + Q_2Q_1'Q_0'$$
$$Q_{1next} = D_1 = Q_2'Q_1'Q_0$$
$$Q_{0next} = D_0 = Q_2'Q_1'Q_0' + Q_2'Q_1'(A = 5)$$

(c)

$Q_2Q_1Q_0$	Instruction	*ALoad*	*Muxsel*	*BLoad*	*Out*
000	INPUT *A*	1	×	0	0
001	No operation	0	×	0	0
010	$B = 8$	0	1	1	0
011	$B = 13$	0	0	1	0
100	OUTPUT *B*	0	×	0	1
101	No operation	0	×	0	0
110	No operation	0	×	0	0
111	No operation	0	×	0	0

(d)

$$ALoad = Q_2'Q_1'Q_0'$$
$$Muxsel = Q_2'Q_1Q_0'$$
$$BLoad = Q_2'Q_1$$
$$Out = Q_2Q_1'Q_0'$$

(e)

그림 7.25 간단한 IF-THEN-ELSE 문제를 위한 FSM 구축 (a)상태도 (b)다음상태 표 (c)다음상태 방정식 (d)출력표 (e)4개 제어 신호의 출력 방정식 (f)회로도.

(다음페이지에 계속)

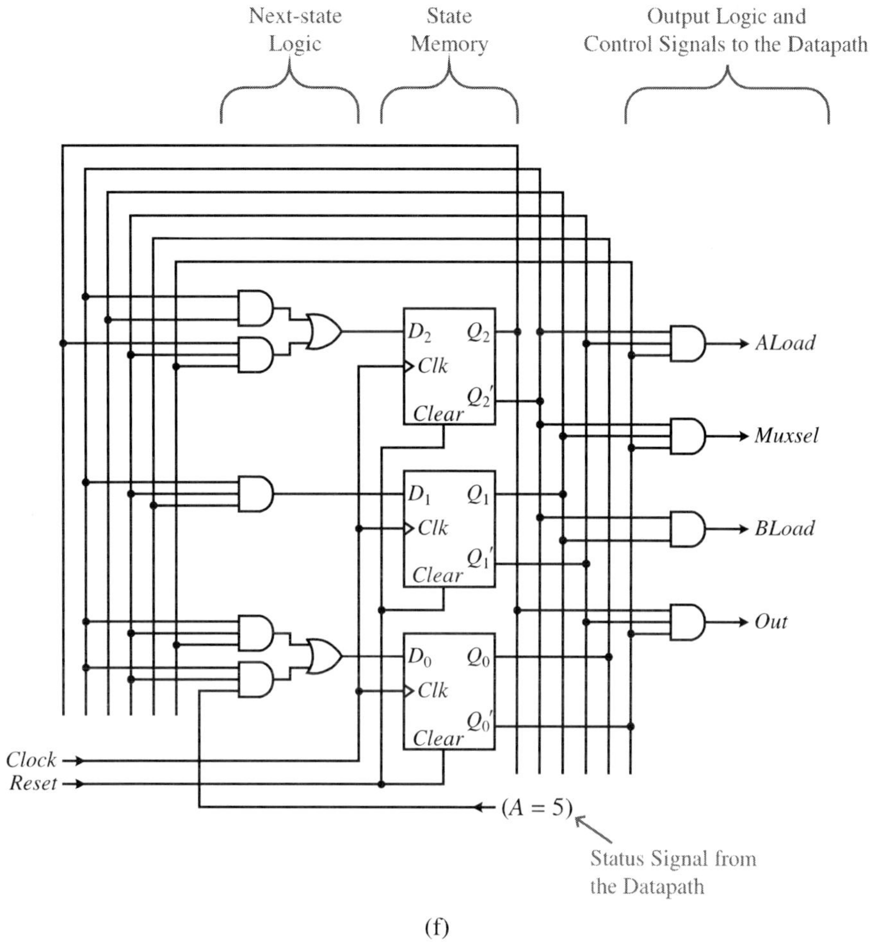

그림 7.25 간단한 IF-THEN-ELSE 문제를 위한 FSM 구축 (a)상태도 (b)다음상태 표 (c)다음상태 방정식 (d)출력표 (e)4개 제어 신호의 출력 방정식 (f)회로도.

예제 7.11

합산 문제에 대한 FSM 구축

이 예제에서는 합산 문제에 대한 FSM을 구성하여 1에서 10까지의 숫자를 생성하고 합산한다. 예제 7.9에서 이 문제에 대한 상태도를 이미 도출했다. 여기서 다시 그림 7.26(a)에 표시된 상태도에서 시작하여 그림 7.26(b) 및 (c)에 표시된 다음상태 표와 다음상태 방정식을 각각 얻을 수 있다. 그림 7.18에 표시된 제어 워드에서 얻은 출력표와 출력 방정식은 각각 그림 7.26(d) 및 (e)에 표시된다. 마지막으로 완전한 FSM 회로가 그림 7.26(f)에 나와 있다.

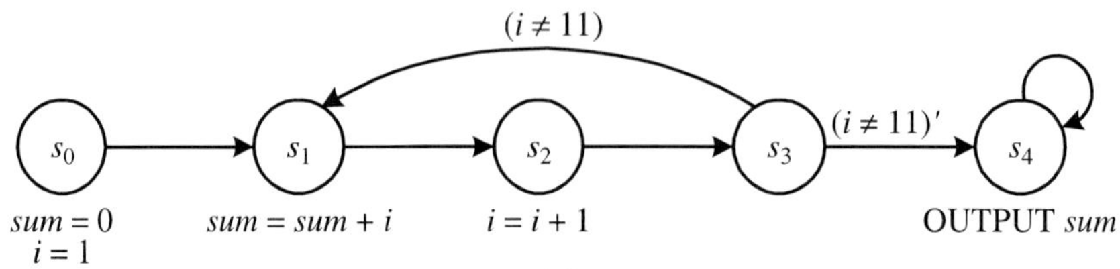

(a)

Current State $Q_2Q_1Q_0$	Next State $Q_{2next}Q_{1next}Q_{0next}$	
	$(i \neq 11)'$	$(i \neq 11)$
s_0 000	s_1 001	s_1 001
s_1 001	s_2 010	s_2 010
s_2 010	s_3 011	s_3 011
s_3 011	s_4 100	s_1 001
s_4 100	s_4 100	s_4 100
Unused 101	000	000
Unused 110	000	000
Unused 111	000	000

(b)

$$Q_{2next} = D_2 = Q_2'Q_1Q_0(i \neq 11)' + Q_2Q_1'Q_0'$$
$$Q_{1next} = D_1 = Q_2'Q_1'Q_0 + Q_2'Q_1Q_0'$$
$$Q_{0next} = D_0 = Q_2'Q_0' + Q_2'Q_1Q_0(i \neq 11)$$

(c)

Current State $Q_2Q_1Q_0$	Instruction	*iMux*	*sumMux*	*sumLoad*	*iLoad*	*addMux*	*OE*
s_0 000	$sum = 0; i = 1$	1	1	1	1	×	0
s_1 001	$sum = sum + i$	×	0	1	0	0	0
s_2 010	$i = i + 1$	0	×	0	1	1	0
s_4 100	OUTPUT sum	×	×	0	0	×	1

(d)

그림 7.26 합산 문제에 대한 FSM 구축: (a) 상태도 (b) 다음상태 표 (c) 다음상태 방정식 (d) 출력표 (e) 4개 제어 신호의 출력 방정식 (f) 회로도.

(다음페이지에 계속)

$$iMux = Q_2'Q_1'Q_0'$$
$$sumMux = Q_2'Q_1'Q_0'$$
$$sumLoad = Q_2'Q_1'$$
$$iLoad = Q_2'Q_0'$$
$$addMux = Q_2'Q_1Q_0'$$
$$OE = Q_2Q_1'Q_0'$$

(e)

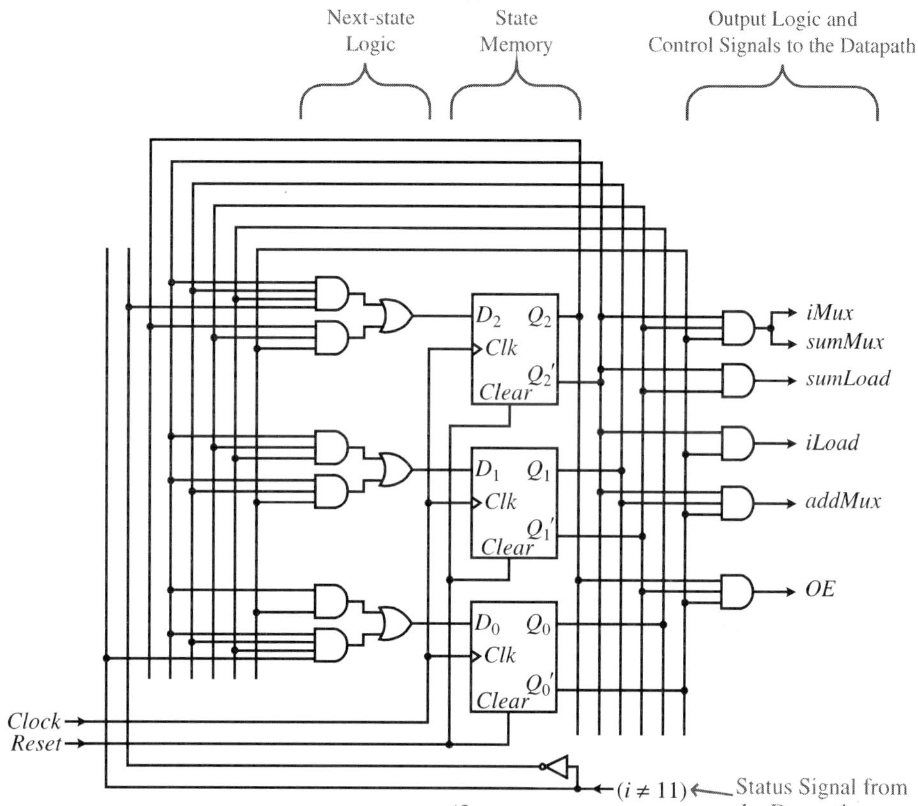

(f)

그림 7.26 합산 문제에 대한 FSM 구축: (a) 상태도 (b) 다음상태 표 (c) 다음상태 방정식 (d) 출력표 (e) 4개 제어 신호의 출력 방정식 (f) 회로도.

7.4 전체 마이크로프로세서 구성하기

데이터패스와 제어 유닛 회로를 모두 구축했으므로 이 두 구성요소를 함께 연결하여 완전한 전용 마이크로프로세서를 만들 수 있다. 그림 7.27은 이 두 가지 구성요소가 해당 제어 신호와 상태 신호를 사용하여 함께 연결되는 방법을 보여준다. 제어 신호는 데이터패스의 동작을 제어하기 위해 제어 유닛에 의해 생성되는 반면, 상태 신호는 데이터패스에 의해 생성되어 알고리즘의 실행에서 다음상태가 무엇인지를 제어 유닛의 다음상태 논리에 알려준다.

외부 장치와 인터페이스하는 나머지 4개의 입출력 신호(제어 입력, 제어 출력, 데이터 입력 및 데이터 출력)는 하드웨어에 따라 다르다. 제어 입력의 예는 마이크로프로세서를 리셋하기 위한 리셋 신호가 있다. 마이크로프로세서가 실행을 중단했다는 것을 외부에 알리는 정지 신호는 제어 출력의 한 예이다. 테스트를 위해서는 LED와 스위치에 연결하기만 하면 된다. 전용 마이크로프로세서를 수동으로 구성하는 이 방법은 제어 유닛과 데이터 맵이 따로 구성되어 있기 때문에 이를 FSM + D(FSM *plus* datapath) 모델이라고 부른다. 이는 제어 신호와 상태 신호를 함께 사용하여 연결된다. 예제 7.12에서는 간단한 IF-THEN-ELSE 문제에 대한 전용 마이크로프로세서의 수동 구성을 보여준다.

예제 7.13은 문제를 위한 전용 마이크로프로세서의 수동 구조를 보여 주며 1에서

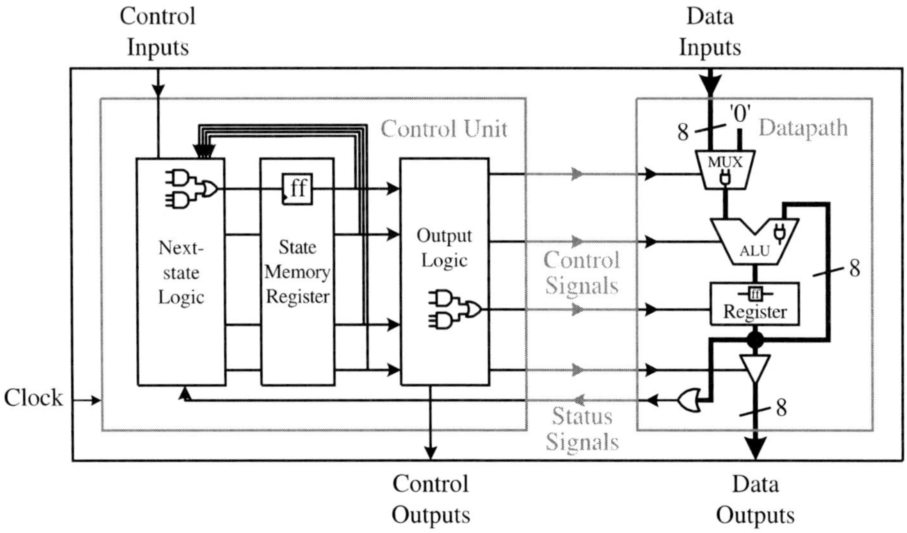

그림 7.27 마이크로프로세서의 블록도.

10까지의 수를 생성하고 합산한다.

예제 7.12

간단한 IF-THEN-ELSE 문제를 위한 완전한 전용 마이크로프로세서의 구조

마지막 두 절에서 간단한 IF-THEN-ELSE 문제에 대한 데이터패스와 제어 유닛을 별도의 회로로 구성했다. 이제 우리는 주어진 알고리즘을 실행하기 위한 전용 마이크로프로세서를 형성하기 위해 이들을 함께 연결한다. 예제 7.10에서 이 마이크로프로세서 용으로 구성되고 그림 7.25(f)에 표시된 제어 유닛 회로는 그림 7.28(a)에 표시된 심볼로 표시된다.

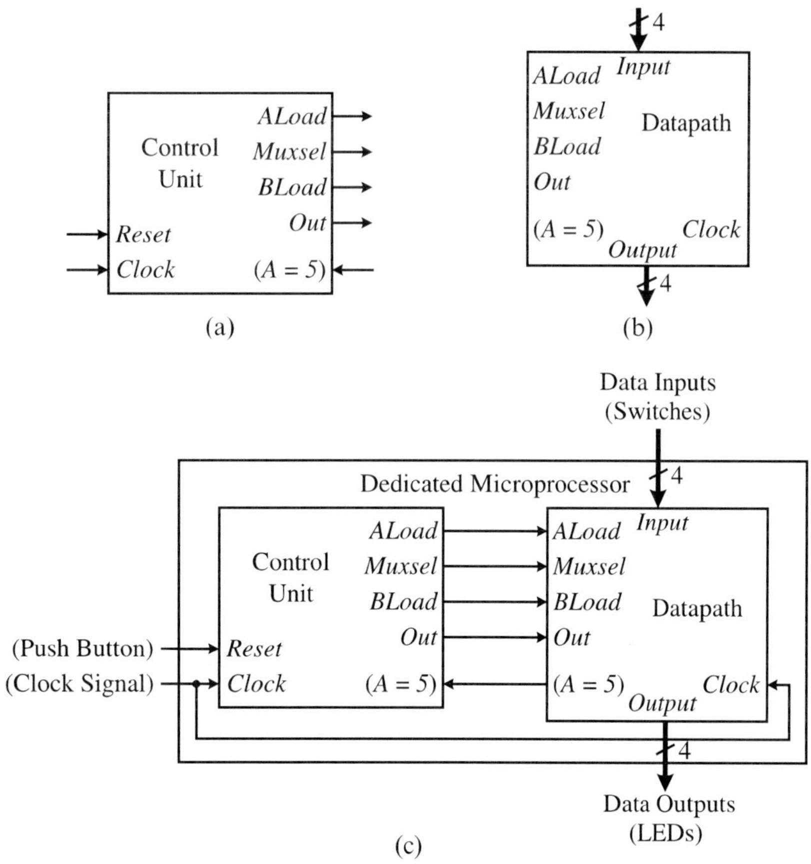

그림 7.28 간단한 IF-THEN-ELSE 문제를 위한 완전한 전용 마이크로프로세서 회로도: (a) 제어 유닛 회로 심볼 (b) 데이터패스 회로 심볼 (c) 완전한 전용 마이크로프로세서.

예제 7.2에서 마이크로프로세서에 대해 구성되고 그림 7.13(b)에 표시된 데이터패스 회로는 그림 7.28(b)에 표시된 심볼로 표시된다. 데이터패스와 제어 유닛을 함께 연결하면 그림 7.28(c)와 같은 완전한 전용 마이크로프로세서 회로가 구성된다. 4개의 제어 신호 및 2개의 구성요소 사이의 하나의 상태 신호는 함께 접속된다. 데이터 입력은 외부 스위치에 연결된다. 데이터 출력은 외부 LED에 연결된다. 리셋 신호는 외부 푸시 버튼에 연결된다. 클럭 신호는 4개의 로드 인풋 로드셀 외부 클럭 소스. 이 전용 마이크로프로세서는 그림 7.13 (a)에 나와있는 간단한 IF-THEN-ELSE 알고리즘에 따라 작동한다.
LED는 스위치의 입력이 2진수로 5인지 여부에 따라 2진수로 8 또는 13을 표시한다.

예제 7.13

합산 문제를 위한 완전한 전용 마이크로프로세서의 구성

합산 문제에 대한 제어 유닛과 데이터패스는 이미 그림 7.26(f)와 7.14(b)에서 각각 1에서 10까지의 수를 생성하고 합산 한 값이다. 이 두 회로를 나타내는 두 개의 기호가 각각 그림 7.29(a)와 (b)에 나와 있다. 데이터패스와 제어 유닛을 해당 제어 및 상태 신호를 통해 연결하면 그림 7.29(c)와 같은 완전한 전용 마이크로프로세서 회로가 구성된다.

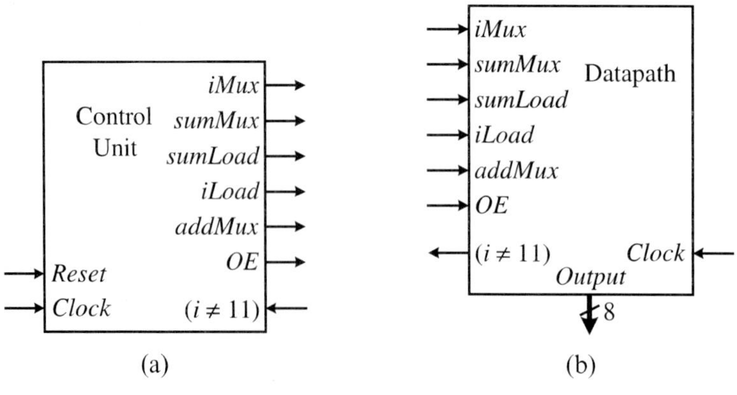

그림 7.29 합산 문제에 대한 완벽한 전용 마이크로프로세서 회로: (a) 제어 유닛 회로 심볼 (b) 데이터패스 회로 심볼 (c) 완전한 전용 마이크로프로세서.

(다음페이지에 계속)

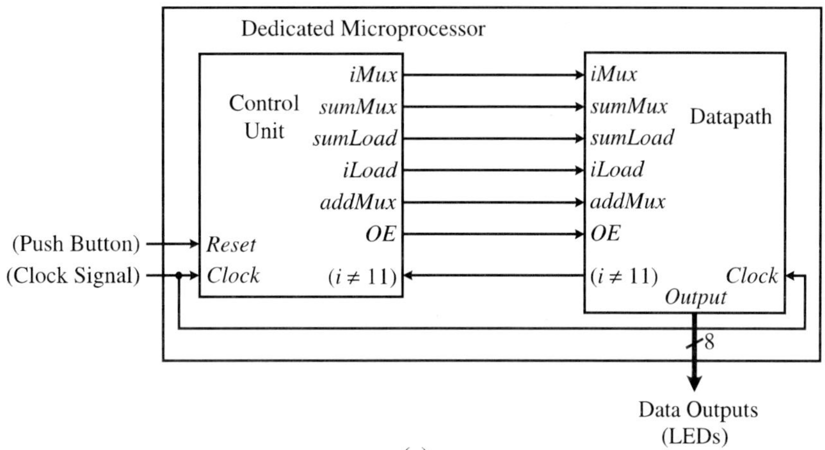

(c)

그림 7.29 합산 문제에 대한 완벽한 전용 마이크로프로세서 회로: (a) 제어 유닛 회로 심볼 (b) 데이터패스 회로 심볼 (c) 완전한 전용 마이크로프로세서.

7.5 전용 마이크로프로세서 구성의 예

이제 FSM + D 방법을 사용하는 전용 마이크로프로세서의 수동 설계에 대해 몇 가지 예를 들어 설명 할 것이다. 이 예제에서 생성된 마이크로프로세서 회로는 각 문제를 해결하기 위한 올바른 방법으로, 컴퓨터 프로그램을 작성하는 것처럼 여러 가지 방법이 있다. 7.5.1 절에서는 두 개의 숫자로 구성된 최대 공약수 (GCD)를 찾는 전용 마이크로프로세서를 설계하는 예를 보여준 뒤 7.5.2 절에서 고-저 수준 추측 게임을 위한 전용 마이크로프로세서를 만들고, 마지막으로 7.5.3 절에서 전용 신호등 제어기를 설계 할 것이다.

7.5.1 가장 큰 공통 제수 예

예제 7.14는 두 개의 숫자의 GCD를 찾기 위한 전용 마이크로프로세서의 수동 구성을 보여준다.

예제 7.14

GCD를 찾기 위한 전용 마이크로프로세서 설계

이 예제에서는 유클리드 알고리즘을 사용하여 두 개의 8 비트 숫자 X와 Y의 GCD를 평가하는 완전한 전용 마이크로프로세서를 설계 할 것이다 두 개의 양의 정수의 GCD는 나머지를 남기지 않고 두 값을 나누는 가장 큰 정수로 정의된다. 예를 들어 GCD 8과 12는 4이고 GCD 3과 5는 1이다. GCD 문제를 해결하기 위한 유클리드 알고리즘이 그림 7.30에 나와 있다.

먼저 알고리즘을 위한 전용 데이터패스를 설계 할 것이다. 다음으로 우리는 데이터패스를 위한 제어 유닛을 설계 할 것이다. 마지막으로 이 두 가지 구성요소를 결합하여 완벽한 전용 마이크로프로세서를 생산할 것이다. 그림 7.30의 알고리즘은 1, 2, 5, 7, 10행에 5개의 데이터 조작문을 가지고 있다. 3행과 4행은 두 가지 조건부 테스트가 있다. 이를 위해 이 알고리즘에서 파생된 전용 데이터패스가 그림 7.31에 나와 있다. 2개의 8비트 레지스터가 필요하다. 라인 5와 7에서 2개의 미분을 수행하기 위해 하나의 감산기가 사용된다.

처음에 각 레지스터에 입력 숫자를 로드한 후 감산기의 결과를 로드해야 하기 때문에 두 레지스터 각각의 입력에 두 개의 2-1 멀티플렉서가 필요하다. 두 개의 멀티플렉서 선택 제어 신호 In_X 및 In_Y는 두 소스 중 각각 레지스터 X 및 Y에 로드할 소스를 선택한다. 두 레지스터 로드 제어 신호 $XLoad$와 $YLoad$는 값을 각 레지스터에 로드한다.

동일한 XY 신호에 의해 선택된 하단에 있는 두개의 2-to-1 멀티플렉서는 감산기의 두 개의 오퍼랜드의 소스를 결정한다. XY가 어써트되면 레지스터 X

```
1   INPUT X
2   INPUT Y
3   WHILE (X ≠ Y){
4      IF (X > Y) THEN
5         X = X - Y
6      ELSE
7         Y = Y - X
8      END IF
9      }
10  OUTPUT X
```

그림 7.30 GCD 문제 해결을 위한 유클리드 알고리즘.

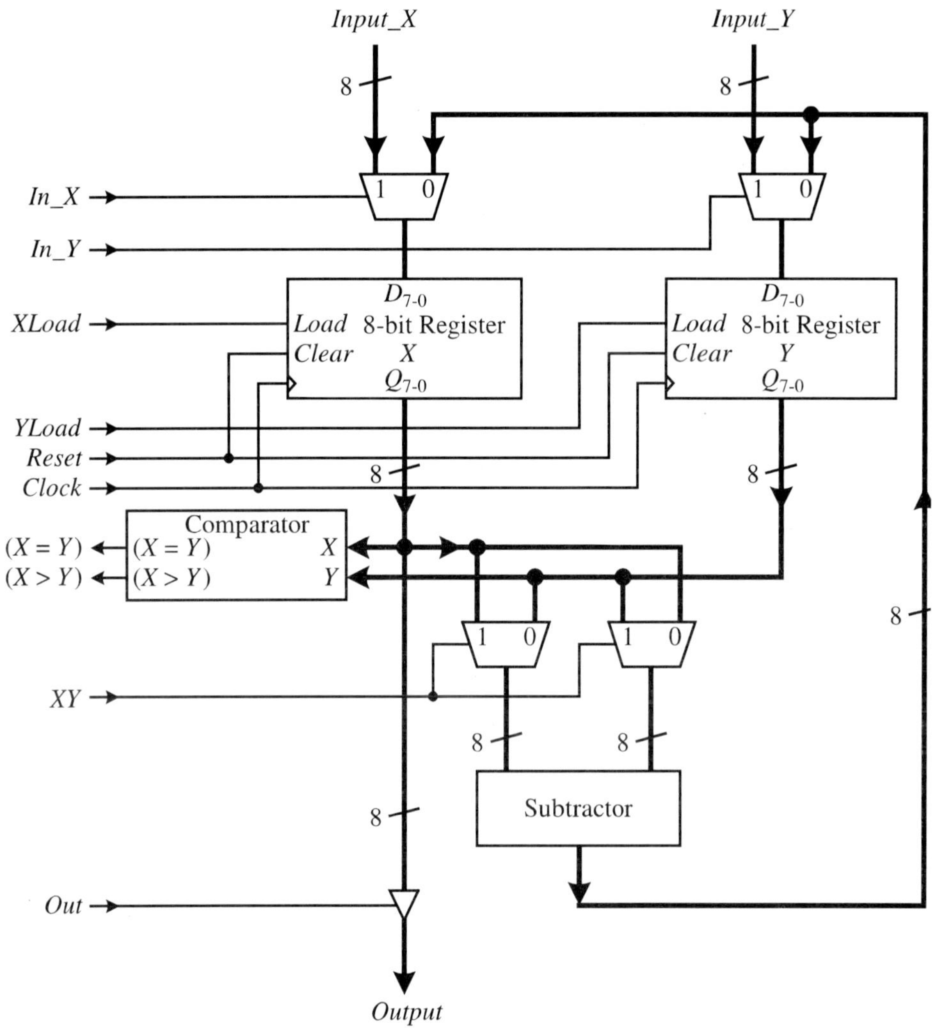

그림 7.31 GCD 문제 해결을 위한 전용 데이터패스

의 값은 감산기의 좌측 오퍼랜드로 이동하고 레지스터 Y의 값은 우측 오퍼랜드로 이동한다. 반면에 XY가 디어써트 되면 Y는 좌측 오퍼랜드로 이동하고 X는 우측 오퍼랜드로 이동한다. 따라서 $X-Y$ 또는 $Y-X$의 두 가지 감산 연산 중 하나를 선택할 수 있다. *Out* 제어 신호는 레지스터 X의 결과를 출력하기 위해 3 상태 버퍼를 활성화하는 데 사용된다.

비교기는 같거나 보다 큰 두 개의 조건부 상태 신호를 생성하는 데 사용된다. 비교기에 대한 입력은 X와 Y 레지스터에서 직접 가져온다. 비교기에는 두 개의 출력 신호 $(X = Y)$와 $(X > Y)$가 있다.$(X = Y)$는 X가 Y와 같으면 어써트되고 $(X > Y)$는 X가 Y보다 크면 어써트된다.

GCD를 구하는 전용 데이터패스는 *In_X*, *In_Y*, *XLoad*, *YLoad*, *XY* 및 *Out* 등 6개의 제어 신호가 필요하며, 두 개의 상태 신호 $(X = Y)$와 $(X > Y)$를 생성한다. 이 데이터패스에 대한 제어 워드는 그림 7.32(d)에 나타내었다.

그림 7.32(a)에 나타낸 것처럼, GCD 알고리즘에 대한 상태도는 5개의 상태가 필요하다. 두 입력문은 서로 독립적이므로 동일한 상태 (000)에서 동시에 실행할 수 있다. 업데이트된 X와 Y값의 올바른 조건부 테스트를 위해 추가 "no-operation" 상태가 필요하다. 상태 000에서 조건부 테스트 결과를 읽으려면 (즉, 000에서 나가는 두 개의 조건부 에지에서), 새로운 값이 다음 상승 클럭 에지까지 레지스터에 기록되지 않기 때문에 X와 Y의 이전 값을 읽게 될 것이며, FSM이 상태 001로 이동하는 시점이기도 하기 때문이다.

상태 001에서 $(X = Y)$ 및 $(X > Y)$의 두 가지 조건을 테스트한다. $(X = Y)$가 참이면 다음상태는 100이고 FSM은 그 자체로 끝없이 반복하여 이 상태에서 정지한다. $(X = Y)$가 거짓이면, 조건 $(X > Y)$이 참인지 거짓인지에 따라 다음상태는 각각 010 또는 011이다. 상태 010 및 011에서 각각의 감산이 수행된 다음 무 조건적으로 두 상태는 상태 001로 돌아가 조건을 다시 테스트한다.

이 상태도에는 *Start* 신호가 없으므로 결과 마이크로프로세서가 입력을 올바르게 읽으려면 먼저 입력 숫자를 설정한 다음 재설정 신호를 어써트하여 상태 메모리 플립플롭을 0으로 지워야 한다. 이렇게 하면, FSM이 상태 000에서 실행을 시작하면, 두 개의 입력 숫자를 읽을 준비가 된다.

상태도에서 유도된 다음 상태표는 그림 7.32(b)에 나타내었다. 표에는 5개의 상태를 인코드하기 위한 3개 변수 (Q_2, Q_1, 및 Q_0)와 두 개의 상태 신호 $(X = Y)$ 및 $(X > Y)$ 등 5개의 변수가 필요하다. 3개의 미사용 상태 인코딩 101, 110 및 111이 있으며, 무조건 상태 000으로 돌아간다.

다음상태 방정식에 대한 K-맵과 Q_{2next}, Q_{1next} 및 Q_{0next}에 대한 다음 상태 방정식이 그림 7.32(c)에 나타내었다. 다음상태 방정식의 경우, D 플립플롭을 사용하여 상태 메모리를 구현하기 때문에 $Q_{next} = D$이다.

6개의 제어 신호를 갖는 제어 워드와 출력표가 그림 7.32(d)에 나타내었다. 상태 000은 X와 Y의 입력을 모두 수행한다. 두 개의 멀티플렉서 선택 라인 *In_X*와 *In_Y*는 데이터가 두 개의 기본 입력에서 나오도록 어써트되어야 한다. 두 숫자는 *XLoad* 와 *YLoad* 라인을 어써트하여 두 개의 해당 레지스터에 로드된다. 상태 001은 두 조건을 테스트하기 위한 것이므로 작업이 수행되지 않는다. no-op은 두 레지스터를 로드하지 않고 값을 출력하지 않음으로써 수행된다. 상태 010 및 011의 경우, XY 멀티플렉서 선택 라인을 사용하여 수행할 두 감산 연산을 선택한다. XY를 어써트하면 $X-Y$ 연산이 수행되고 반면, XY를 디어써트하면 $Y-X$ 연산이 수행된다. 해당 In_X 또는 In_Y 라인은 감산기에서 레지스터 입력으로 결과를 다시 라우팅하기 위해 디어써트된다. 해당 $XLoad$ 또는 $YLoad$

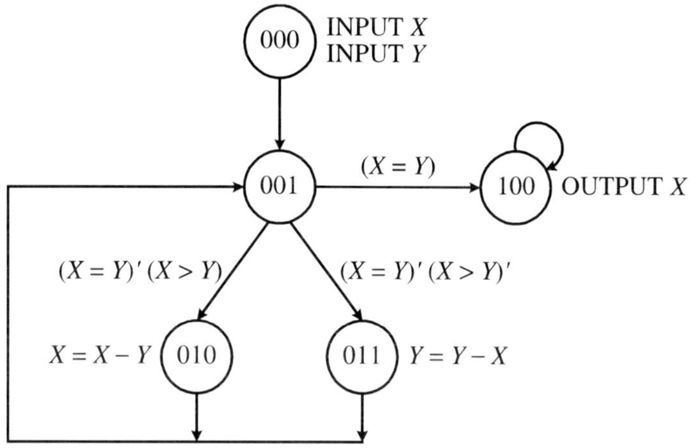

(a)

Current State $Q_2Q_1Q_0$	Next State (Implementation) $Q_{2next}Q_{1next}Q_{0next}$ $(D_2D_1D_0)$			
	(X = Y), (X > Y)			
	00	01	10	11
000	001	001	001	001
001	011	010	100	100
010	001	001	001	001
011	001	001	001	001
100	100	100	100	100
101 Unused	000	000	000	000
110 Unused	000	000	000	000
111 Unused	000	000	000	000

(b)

그림 7.32 GCD 문제 해결을 위한 제어 유닛: (a) 상태도 (b) 다음 상태표 (c) K-맵과 다음상태 방정식 (d) 제어 워드와 출력표 (e) 출력 방정식 (f) 회로도.

(다음페이지에 계속)

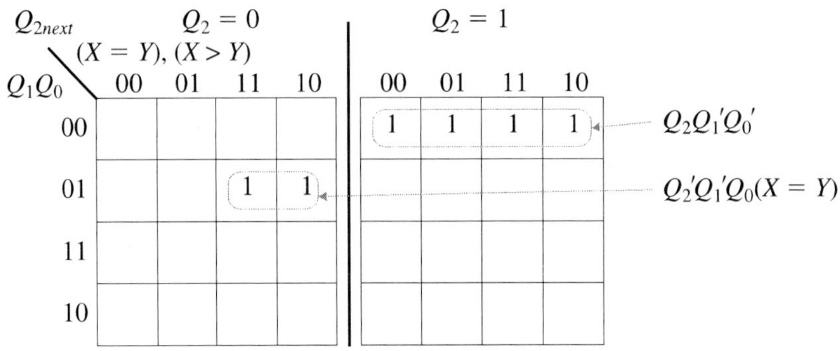

$$Q_{2next} = D_2 = Q_2Q_1'Q_0' + Q_2'Q_1'Q_0\,(X = Y)$$

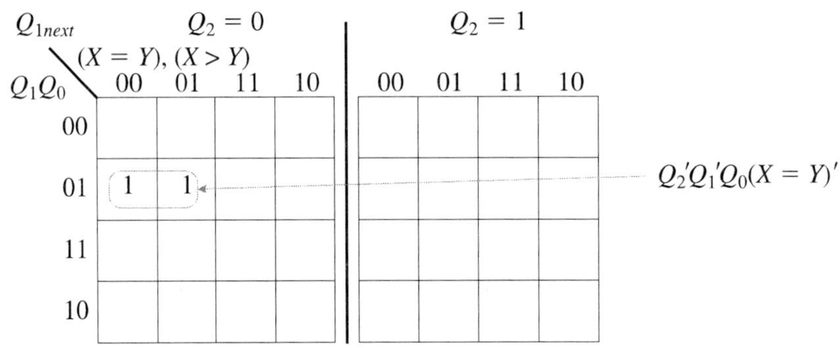

$$Q_{1next} = D_1 = Q_2'Q_1'Q_0\,(X = Y)'$$

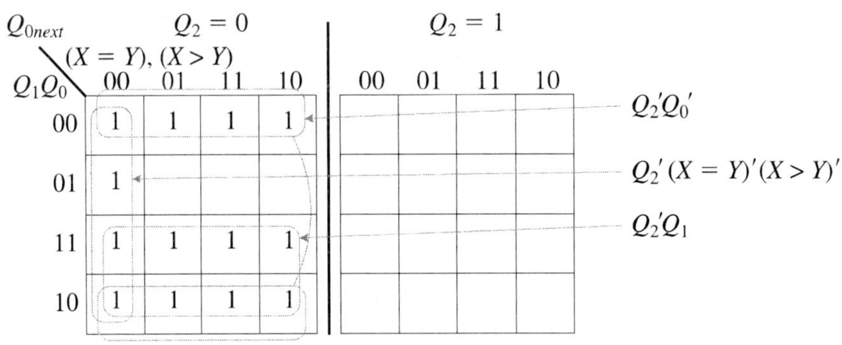

$$Q_{0next} = D_0 = Q_2'Q_0' + Q_2'\,(X = Y)'\,(X > Y)' + Q_2'Q_1$$

(c)

그림 7.32 GCD 문제 해결을 위한 제어 유닛: (a) 상태도 (b) 다음상태 표 (c) K-맵과 다음상태 방정식 (d) 제어 워드와 출력표 (e) 출력 방정식 (f) 회로도.

(다음페이지에 계속)

Control Word	State $Q_2Q_1Q_0$	Instruction	*In_X*	*In_Y*	*XLoad*	*YLoad*	*XY*	*Out*
0	000	INPUT *X*, INPUT *Y*	1	1	1	1	×	0
1	001	No operation	×	×	0	0	×	0
2	010	$X = X - Y$	0	×	1	0	1	0
3	011	$Y = Y - X$	×	0	0	1	0	0
4	100	OUTPUT *X*	×	×	0	0	×	1

(d)

$$In\_X = Q_1' \qquad XLoad = Q_2'Q_0'$$
$$In\_Y = Q_0' \qquad YLoad = Q_2'Q_1'Q_0' + Q_2'Q_1Q_0$$
$$XY = Q_0' \qquad Out = Q_2$$

(e)

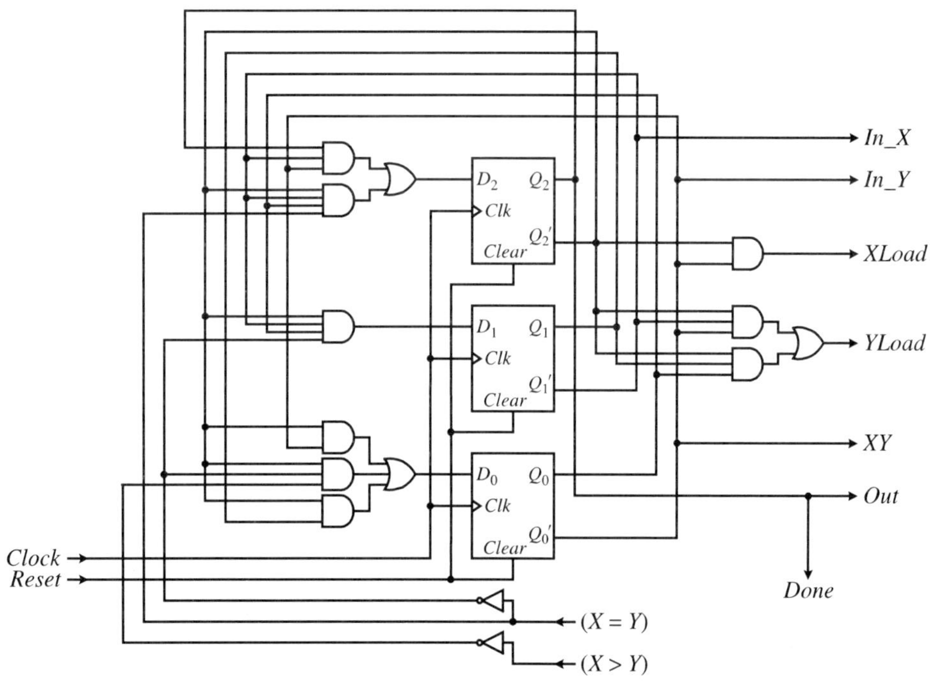

(f)

그림 7.32 GCD 문제 해결을 위한 제어 유닛: (a) 상태도 (b) 다음상태 표 (c) K-맵과 다음상태 방정식 (d) 제어 워드와 출력표 (e) 출력 방정식 (f) 회로도.

라인은 감산 결과를 올바른 레지스터에 저장하도록 어써트된다. 상태 100은 *Out* 라인을 설정하여 *X* 의 결과를 출력한다.

출력 표로부터 도출된 출력 방정식은 그림 7.32(e)에 나와 있다. 여섯 개의 제어 신호 각각에 대해 하나의 방정식이 있으며 각각은 현재 상태에만 의존한다(즉, Q_2의 현재 값, Q_1 및 Q_0). 우리는 제어 신호가 사용하지 않는 모든 상태가 갖는 값을 무시한다고 가정했다.

전체 제어 유닛 구성은 그림 7.32(f)에 나와 있다. 상태 메모리는 3개의 D 플립플롭으로 구성된다. 플립플롭에 대한 입력은 세 가지 다음상태 방정식에서 파생된 다음상태 회로이다. 6개의 제어 신호에 대한 출력 회로는 6개의 출력 방정식에서 제거된다. 두 상태 신호 $(X = Y)$와 $(X > Y)$는 데이터패스의 비교기에서 가져온다. 그림 7.33과 같이 지정된 제어 및 상태 신호를 사용하여 제어 유닛과 데이터패스를 함께 연결하여 최종 마이크로프로세서를 쉽게 형성 할 수 있다. FPGA 개발 보드에서 이 회로를 구현하고 테스트하려면 X와 Y에 대한 두 개의 8비트 입력을 두 세트의 8스위치, 8개의 LED로 출력, 리셋 버튼과 시계로 매핑해야 한다. 그리고 소스를 클럭 신호에 연결한다. 2개의 숫자 12와 4의 GCD를 계산하는 마이크로프로세서의 시뮬레이션 트레이스를 그림 7.34에 나타낸다.

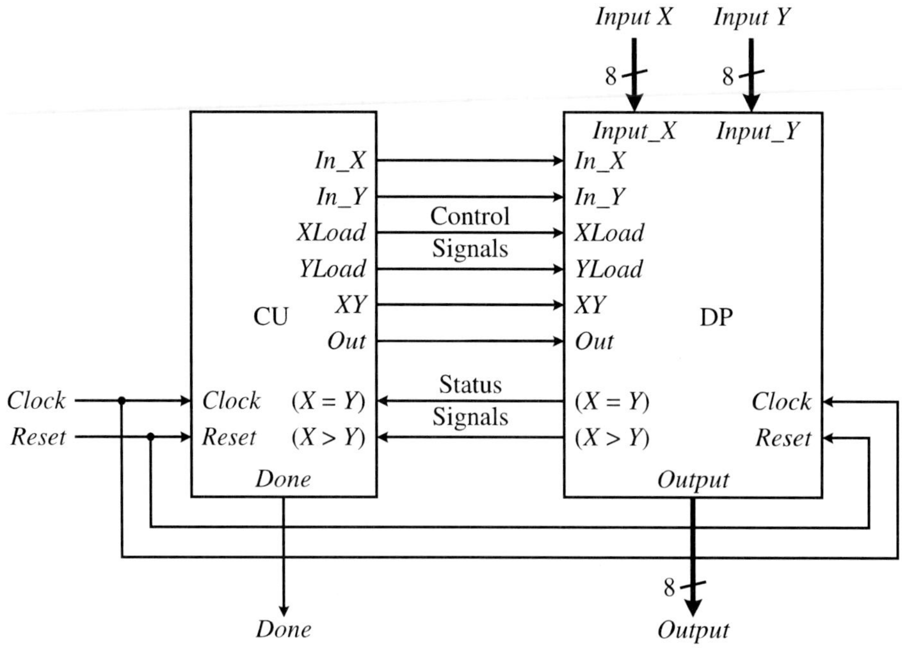

그림 7.33 GCD 문제 해결을 위한 마이크로프로세서

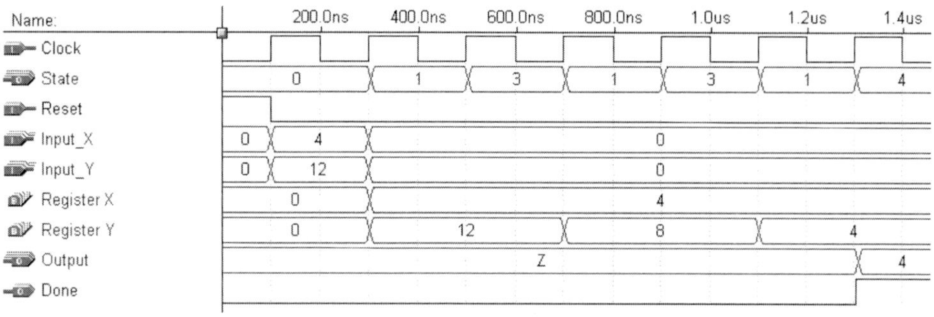

그림 7.34 두 숫자 입력 4와 12의 GCD 문제에 대한 시뮬레이션 예. 두 숫자의 GCD는 4.

7.5.2 High-Low Number Guessing Game

예제 7.15는 high-low number guessing 게임을 수행하기 위한 전용 마이크로프로세서의 수동 구성을 보여준다.

예제 7.15

High-Low 숫자 추측 게임을 실행할 전용 마이크로프로세서 설계

사용자는 0에서 99 사이의 숫자를 선택하고 컴퓨터는 2진 검색 알고리즘을 사용하여 숫자를 추측한다. 각 추측 후에 사용자는 추측된 숫자와 비교하여 추측이 높거나 낮은지 여부를 컴퓨터에 알린다. 두 개의 푸시 버튼 *high* 버튼과 *low* 버튼은 사용자가 추측이 너무 높거나, 너무 낮거나, 올바른지 컴퓨터에 알리는 데 사용된다. 추측이 너무 높으면 *high* 버튼을 누르고, 추측이 너무 낮으면 *low* 버튼을 누른다. 추측이 맞으면 두 버튼이 동시에 눌러진다.

이 high-low 추측 게임의 알고리즘은 그림 7.35와 같다. 두 개의 경계 변수 *Low*와 *High*는 각각 0과 100으로 초기화된다. 3번부터 11번까지의 루프는 *hi_button*과 *lo_button* 두 버튼이 눌릴 때까지 계속 반복된다. 루프 내부에서 라인 4는 하한과 상한값 사이의 가운데 숫자를 찾아 다음 추측을 계산하고 이를 변수 추측에 지정한다. 변수를 상한과 하한 사이에 놓고 변수 *Guess*에 할당한다. 라인 5는 새로운 추측을 출력한다. 6-10 행은 어떤 버튼이 눌러 졌는지 확인한다. *low* 버튼을 누르면 추측치가 너무 낮아서 *Low* 경계가 추측으로 바뀐다. 그렇지

```
1      Low = 0                      // initialize Low
2      High = 100                   // initialize High
       // repeat until both buttons are pressed
3      REPEAT {
          // calculate guess using binary search
4         Guess = (Low + High) / 2
5         OUTPUT Guess
6         IF (lo_button = '1' AND hi_button = '0') THEN
             // low button pressed
7            Low = Guess
8         ELSE IF (lo_button = '0' AND hi_button = '1') THEN
             // hi button pressed
9            High = Guess
10        END IF
11      } UNTIL (lo_button = '1' AND hi_button = '1')
12      WHILE (lo_button = '0' AND hi_button = '0')
        // blink correct guess
13         OUTPUT Guess
14         turn off display
15      END WHILE
```

그림 7.35 High-Low 숫자 추측 게임의 알고리즘.

않으면 *hi* 버튼을 누르면 추측이 너무 높다는 것을 의미하고 9 행은 *High* 경계를 현재 추측으로 변경한다. 두개의 버튼이 함께 눌러지면 11번 행의 조건이 참이 되고 루프가 종료된다. 12~15 행은 버튼 중 하나를 다시 누를 때까지 디스플레이를 켜고 끄면 디스플레이가 정확한 추측을 깜박 거리게 만든다.

그림 7.35의 알고리즘은 1, 2, 4, 5, 7, 9, 13, 14 개의 8가지 데이터 조작 라인을 가지고 있다. 이 알고리즘을 실현하기 위한 전용 데이터패스는 그림 7.36과 같다. 저역과 고역 경계 값과 추측을 각각 저장하기 위해 3개의 8비트 레지스터 (*Low*, *High* 및 *Guess*)가 필요하다. 두 개의 2대1 멀티플렉서는 로우와 하이 레지스터의 입력에 사용되어 라인 1과 2의 초기화 값과 라인 7과 9의 새로운 추측 값 중에서 선택한다.

따라서 두 번째 레지스터인 *Low*와 *High*의 출력은 덧셈을 위한 가산기의 입력으로 이동하며, 덧셈기의 출력은 쉬프터로 간다. 2로 나누기는 1비트의 오른쪽 시프트를 수행하여 수행된다. 쉬프터의 결과는 추측 레지스터에 저장된다. 6번째 라인의 조건에 따라 해당 레지스터에 대한 해당 로드 신호를 지정하여 추측 레지스터의 값을 로우 또는 하이 레지스터에 로드한다.

추측 번호의 출력을 제어하기 위해 8개의 2 입력 AND 게이트가 사용된다. 8개의 AND 게이트 각각으로부터의 하나의 입력은 *Guess* 레지스터의 8비트 출력

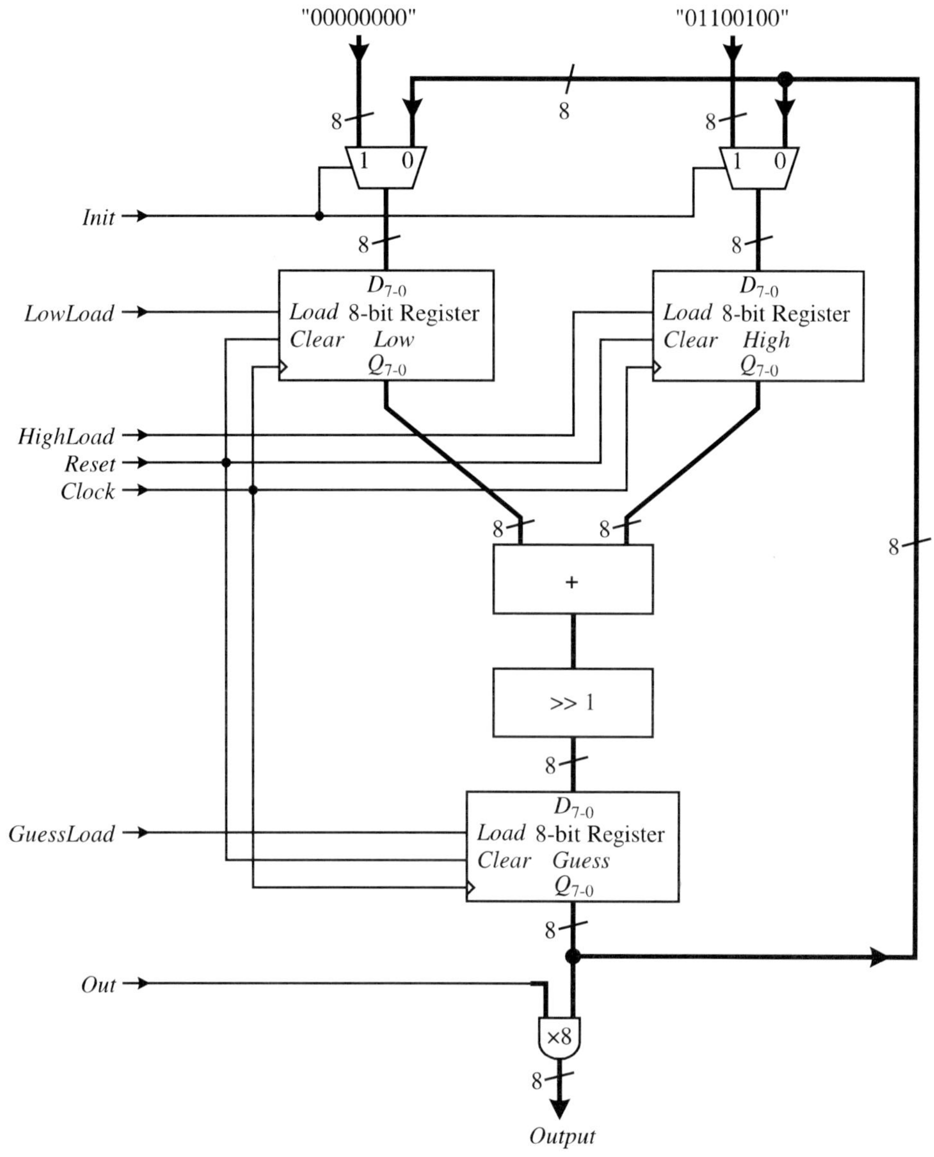

그림 7.36 High-Low 숫자 추측 게임의 전용 데이터패스.

에 접속된다. 8개의 AND 게이트 각각으로부터의 다른 입력은 출력 인 에이블 신호에 공통으로 함께 접속된다. *Out*을 주장함으로써, *Guess* 레지스터의 데이터는 출력 포트로 전달된다. 출력 라인을 13번과 14번 행으로 깜빡이려면 *Out* 라인을 토글한다.

그림 7.36의 데이터패스에는 *Init*, *LowLoad*, *HighLoad*, *GuessLoad* 및 *Out*의

5가지 제어 신호가 필요한다. 함께 이 5개의 제어 신호는이 데이터패스에 대한 제어 워드를 형성한다. 초기화 신호는 두 개의 멀티플렉서를 제어하여 초기화 값 또는 새로운 추측을 로드할지 여부를 결정한다. 3개의 로드 신호 *LowLoad*, *HighLoad* 및 *GuessLoad*는 3개의 각 레지스터의 쓰기를 제어한다. 마지막으로 *Out*은 추측 값의 출력을 제어한다.

이 데이터패스의 경우 비교기가 사용되지 않으며 데이터패스에 의해 상태 신호가 생성되지 않다. 11번 행의 루프에 대한 조건 테스트와 6과 8번 행의 하이/로우 추측은 두 개의 외부 누름 버튼, *hi* 버튼과 *low* 버튼에 의해 제공된다. 이 두 푸시 버튼에 의해 제공되는 입력 신호는 FSM의 시퀀싱을 제어한다.

이 알고리즘의 상태도는 그림 7.37(a)와 같이 6개의 상태가 필요하다. 상태 000은 초기화 상태이다. 상태 001은 새로운 추측을 계산하고 출력함으로써 라인 4와 5를 실행한다. 또한 상태 001은 사용자 키 누르기를 대기한다. *lo_button*만 누르면 FSM이 상태 010으로 이동하여 추측을 새 하위 값으로 지정한다. *hi* 버튼만 누르면 FSM은 상태 011로 이동하여 추측을 새로운 높은 값으로 지정한다. 두 버튼을 모두 누르면 FSM이 상태 100으로 이동하여 추측을 출력한다. 상태 100에서 FSM은 버튼을 누를 때까지 상태 100과 101 사이를 순환하여 출력을 켜고 끈다. 상태 100 또는 101에서 버튼을 누르면 FSM은 새로운 게임의 초기화 상태로 돌아간다.

각 상태에서 생성 될 5개의 출력 신호 *Init*, *LowLoad*, *HighLoad*, *GuessLoad* 및 *Out*을 보여주는 출력표는 그림 7.37(d)와 같다. 출력표에서 유도된 해당 출력 방정식은 그림 7.37(e)에 나타내었다.

6개 상태에 사용되는 6개의 인코딩만으로 상태 메모리를 구현하는 데 3개의 D 플립플롭이 사용된다. 다음 상태표는 그림 7.37(b)에 나타내었다. 3개의 K-맵과 다음상태 방정식은 그림 7.37(c)에 나타내었다.

다음상태 논리회로를 유도하기 위한 3개의 다음상태 방정식, 상태 메모리로 3개의 D 플립플롭 및 출력 논리회로를 유도하기 위한 5개의 출력 방정식을 사용하여, 그림 7.37(f)에 나타낸 바와 같이 high-low 숫자 추측 게임에 대한 완전한 제어 유닛 회로를 얻는다.

각각의 제어 신호를 사용하여 그림 7.36에 나타낸 데이터패스 회로와 그림 7.37(f)에 나타낸 제어 유닛 회로를 함께 연결하면 그림 7.38에 나타낸 최종 마이크로프로세서가 생성된다. 이 마이크로프로세서에는 상태 신호가 필요하지 않으

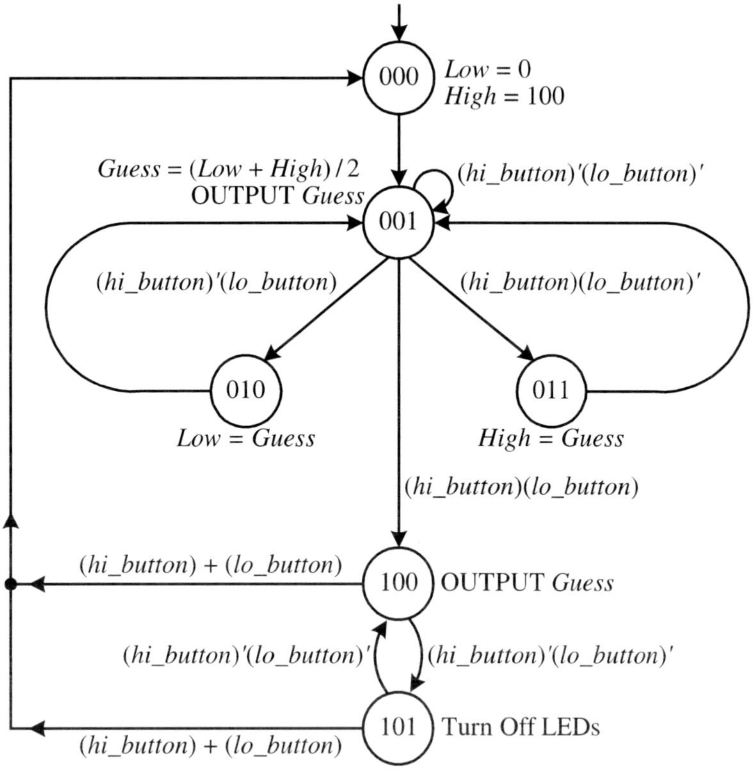

(a)

Current State $Q_2Q_1Q_0$	Next State (Implementation) $Q_{2next}Q_{1next}Q_{0next}$ $(D_2D_1D_0)$			
	hi_button, lo_button			
	00	**01**	**10**	**11**
000	001	001	001	001
001	001	010	011	100
010	001	001	001	001
011	001	001	001	001
100	101	000	000	000
101	100	000	000	000
110 Unused	000	000	000	000
111 Unused	000	000	000	000

(b)

그림 7.37 High-Low 숫자 추측 게임의 제어 유닛: (a) 상태도 (b) 다음상태 표 (c) K-맵과 다음상태 방정식 (d) 제어 워드와 출력표 (e) 출력 방정식 (f) 회로도.

(다음페이지에 계속)

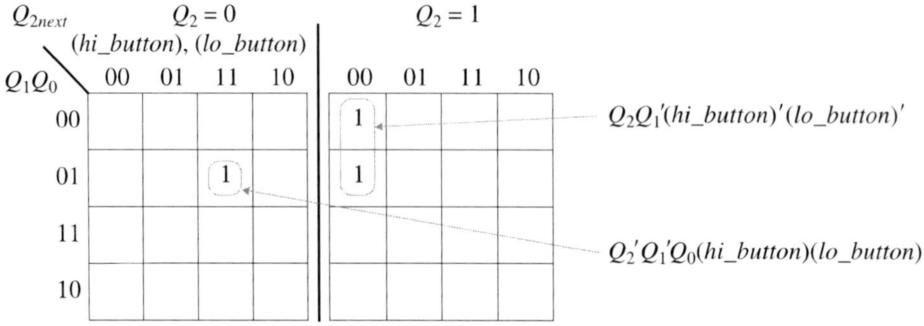

$$Q_{2next} = D_2 = Q_2Q_1'(hi\_button)'(lo\_button)' + Q_2'Q_1'Q_0(hi\_button)(lo\_button)$$

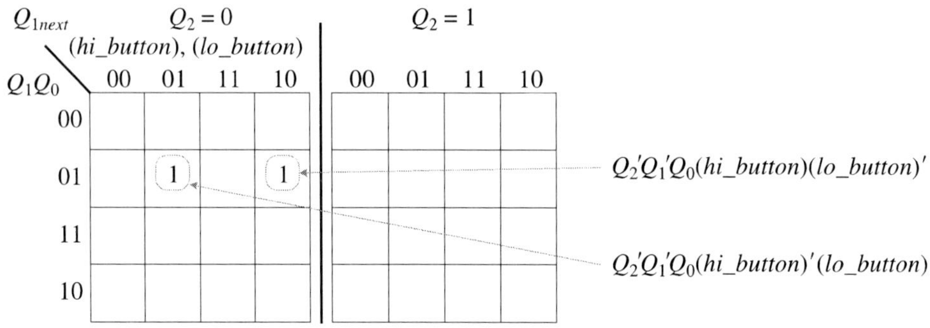

$$Q_{1next} = D_1 = Q_2'Q_1'Q_0(hi\_button)(lo\_button)' + Q_2'Q_1'Q_0(hi\_button)'(lo\_button)$$

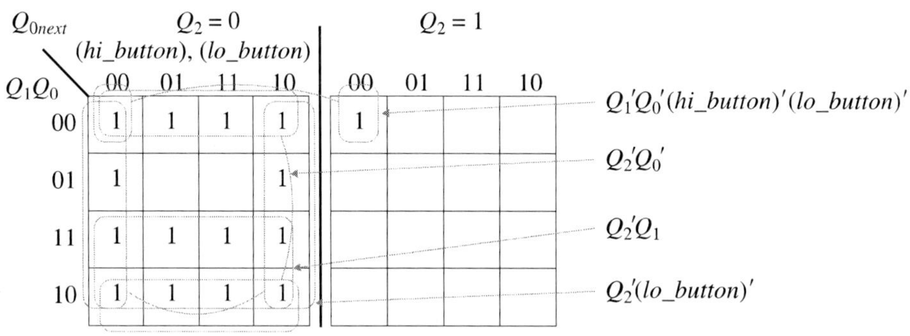

$$Q_{0next} = D_0 = Q_1'Q_0'(hi\_button)'(lo\_button)' + Q_2'Q_0' + Q_2'Q_1 + Q_2'(lo\_button)'$$

(c)

그림 7.37 High-Low 숫자 추측 게임의 제어 유닛: (a) 상태도 (b) 다음상태 표 (c) K-맵과 다음상태 방정식 (d) 제어 워드와 출력표 (e) 출력 방정식 (f) 회로도.

(다음페이지에 계속)

Control Word	State $Q_2Q_1Q_0$	Instruction	*Init*	*HighLoad*	*LowLoad*	*GuessLoad*	*Out*
0	000	*Low* = 0, *High* = 100	1	1	1	0	1
1	001	*Guess* = (*Low* + *High*) / 2	0	0	0	1	1
2	010	*Low* = *Guess*	0	0	1	0	1
3	011	*High* = *Guess*	0	1	0	0	1
4	100	OUTPUT *Guess*	0	0	0	0	1
5	101	Turn off LEDs	0	0	0	0	0

(d)

$$Init = Q_2'Q_1'Q_0'$$
$$HighLoad = Q_2'Q_1'Q_0' + Q_2'Q_1Q_0$$
$$LowLoad = Q_2'Q_1'Q_0' + Q_2'Q_1Q_0'$$
$$GuessLoad = Q_2'Q_1'Q_0$$
$$Out = Q_2' + Q_0'$$

(e)

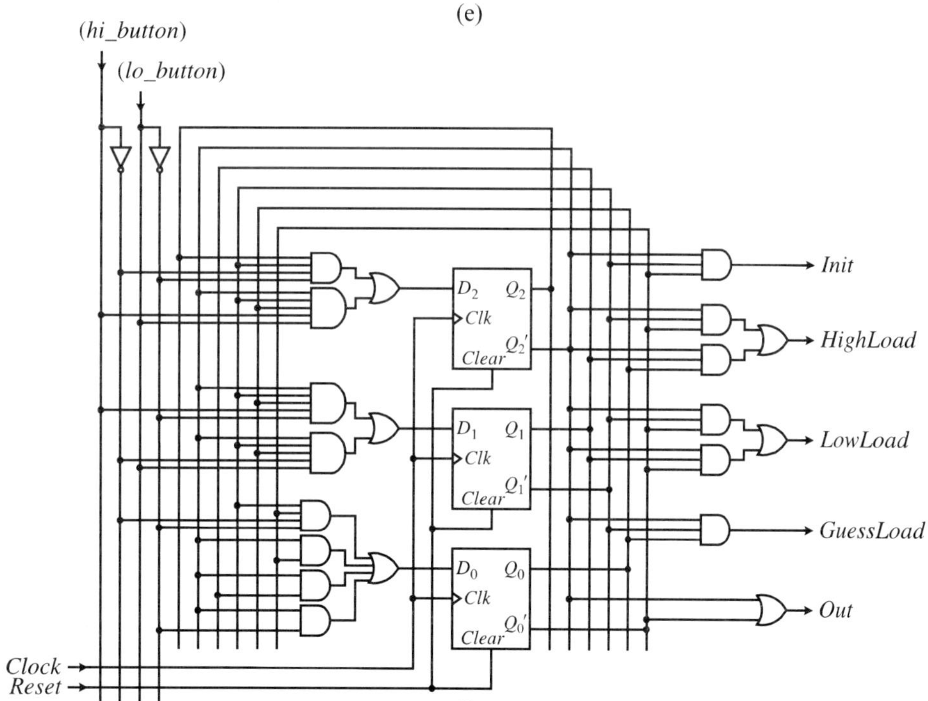

(f)

그림 7.37 High-Low 숫자 추측 게임의 제어 유닛: (a) 상태도 (b) 다음상태 표 (c) K-맵과 다음상태 방정식 (d) 제어 워드와 출력표 (e) 출력 방정식 (f) 회로도.

며, 대신 두 개의 제어 입력 신호인 *hi_button*과 *lo_button*이 있다는 것을 주목하여라.

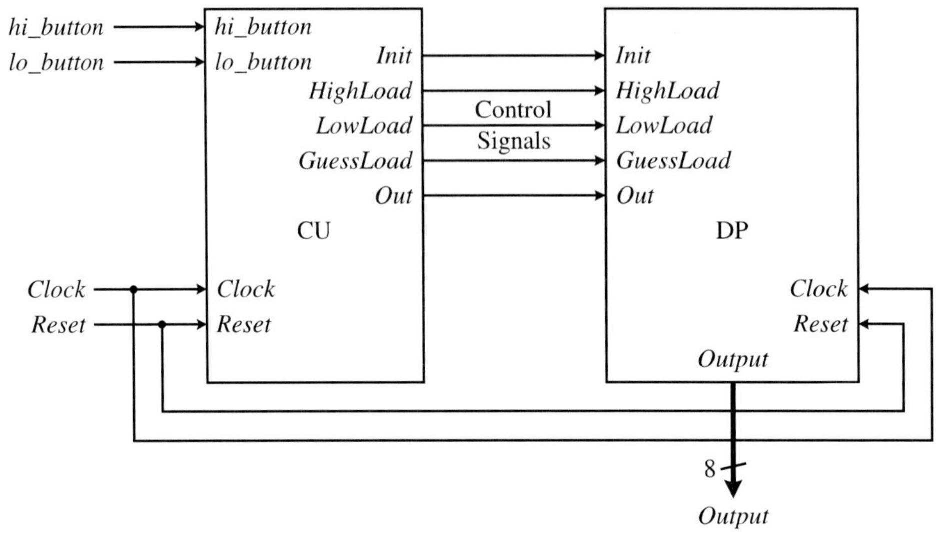

그림 7.38 High-Low 숫자 추측 게임의 마이크로프로세서

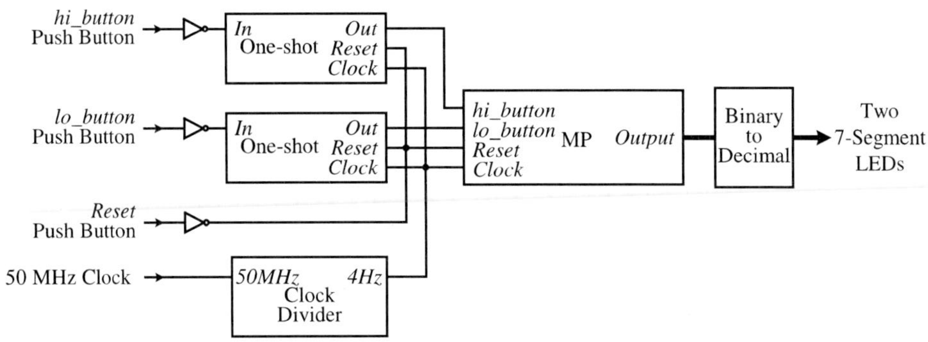

그림 7.39 High-Low 숫자 추측 게임 마이크로프로세서의 인터페이스.

그림 7.39는 FPGA 개발 보드에서 이 고-저수준 추측 게임 전용 마이크로프로세서를 테스트하는데 필요한 인터페이스를 보여준다. *hi_button*과 *lo_ button*이 올바르게 작동하기 위해서는 원샷 회로로 디 바운스 되어야 한다. 임의의 시간 길이의 입력이 주어지면 원샷 회로는 1사이클 클럭 펄스를 출력한다는 것을 상기하자. (원샷 회로에 대한 자세한 설명은 6.6.3 절을 참조하자.) 만약 우리가 원샷 회로를 사용하지 않는다면, 사용자가 말하는 *hi* 버튼을 누르면 FSM은 두개의 상태 001 및 011을 사용자가 마지막으로 버튼을 놓을 때 상태 001에서 멈추기 전에 여러 번 반복한다. 이것은 클럭 속도가 매우 빠르기 때문에 사용자가 버튼을 즉시 눌렀다가 놓더라도 FSM은 많은 클럭 사이클을 거쳤다. 또한 FSM이 하나의 버

튼을 누르고 바로 다른 버튼을 누르는 것과 두 버튼을 누르는 것의 차이를 구별할 수 있도록 클럭 속도가 충분히 느려야한다(약 4Hz). 클럭 속도가 너무 빠르면 FSM은 절대로 2버튼 누름을 볼 수 없다. 푸시 버튼은 액티브 로우로 가정되므로 신호가 액티브 하이로 변경되도록 인버터가 각각 추가된다. 출력을 10진수로 보려면 2진수-10진수 변환기가 사용되며 변환기의 출력은 2개의 7세그먼트 LED 디스플레이에 연결된다.

7.5.3 신호등 제어기

예제 7.16은 전용 신호등 마이크로컨트롤러의 수동 구성을 보여준다.

예제 7.16

전용 신호등 마이크로컨트롤러 설계

이 예제에서는 교차로에서 신호등 시스템을 제어하기위한 완전한 전용 마이크로프로세서를 설계한다. 교통 신호등 시스템의 경우 두 개의 조명 세트가 각각 빨간색, 노란색 및 녹색 조명으로 구성된다. 두 세트에서 조명이 켜지는 순서가 다음에 표시된다.

Set 1	Set 2	Time Delay	State
Yellow_1	Red_2	1 second	s_0
Red_1	Green_2	16 seconds	s_1
Red_1	Yellow_2	1 second	s_2
Green_1	Red_2	16 seconds	s_3
Yellow_1	Red_2	1 second	s_0
etc.	etc.	etc.	etc.

다음 조명으로 변경되기 전에 각 조명이 잠깐 지연된다. 녹색 표시등은 황색 표시등으로 전환하기 전에 16초 동안 켜져 있으며, 황색 표시등은 빨간색 표시등으로 전환하기 전에 1초 동안 켜져 있다. 이 시스템에는 사람들이 길을 건너기 위한 두 개의 횡단 보도 버튼(두 세트의 조명과 일치)이 있다. 버튼이 눌려지면 일치하는 조명 세트가 빨간색이 아닌 빨간색으로 즉시 켜지도록 설정한다. 즉, 해당

조명 세트가 녹색 인 경우 16초를 지나지 않고 즉시 노란색으로 바뀌기를 원한다. 이미 빨간색이면 빨간색으로 유지되어야 한다. 사람들이 거리를 건너 뛸 수 있도록 16 초 동안 적색(다른 세트는 초록색) 상태로 유지되고 그 후에 정상적인 사이클이 반복된다. 마이크로컨트롤러에는 데이터 조작 조작이 필요하지 않으므로 데이터패스가 필요하지 않는다. 그러나 아래에 설명된 것처럼 4비트 카운터는 타이밍 목적으로 사용된다.

신호등 제어기의 상태도는 그림 7.40(a)에 나와 있다. 상태도에는 FSM이 모든 활성 클럭 에지에서 다음상태로 변화한다는 것을 제외하고는 어떤 타이밍에 대한 참조도 없다. 클럭 주파수가 매우 높으면 FSM은 상태를 너무 빨리 순환하여 시퀀스를 통해 조명을 보지 못하게 된다. 이 설명에서는 빛을 1초 동안 일시 중지하기를 원하는 두 가지 상황이 있다. 1초 후 FSM이 다음상태로 이동하고 조명이 켜지므로 1 Hz 클럭 주파수를 사용하여 이 작업을 수행할 수 있다. 그러나 녹색 표시등을 16초 동안 일시 중지하려면 16초 동안 동일한 표시등을 켜기 위해 16개의 상태를 지정하거나 하나의 상태만 유지하면서 FSM이 그 상태를 유지할 수 있도록 카운터를 사용하여 16번 계산할 수 있다. 다음상태로 이동하기 전에 우리의 설계에서는 후자의 솔루션을 사용했다. 4비트 바이너리 카운터는 0에서 15까지 카운트하는데 사용되며, 그 후 0으로 순환하여 *CountOverflow* 비트를 어서트 함으로써 오버플로우를 나타낸다.

리셋시, FSM은 $Yellow_1$과 Red_2를 켜고 상태로 시작할 것이고, 4비트 카운터는 *ClearCount*를 1로 설정하여 0으로 리셋된다. 다음 클럭 사이클에서 1초 후에 FSM은 상태 s_1로 천이한다 Red_1와 $Green_2$를 천이한다. 이 시점에서 카운터는 1초의 속도로 증가한다. FSM은 *CountOverflow* 비트를 설정하여 카운터가 오버플로 될 때까지 상태 s_1 상태를 유지한다. 즉, 시간이 16초 동안 올라 왔거나 보행자가 PB_2를 밀었기 때문에 표시등이 즉시 변경되기를 원한다. 이러한 상황은 세 비트 $PB_2 PB_1$, $CountOverflow = 001$, 100 및 101의 세 가지 조합으로 설명되며 상태 s_1에서 s_2로 가는 가장자리에서 레이블이 지정된다. FSM이 s_1 상태에 있을 때 PB_1를 누르면 FSM은 s_1로 루프백하고(다른 두 제어 신호 PB_2 및 *CountOverflow*를 무시함) 카운터를 지운다. 이것은 본질적으로 다른 두 신호보다 PB_1에 우선 순위를 부여하며, 신호등 작동 방법에 따라 설계사가 결정하는 구현 결정이다. 상태 s_2와 s_3는 다른 조명 세트에 대한 s_0과 s_1의 미러 이미지이며, 유

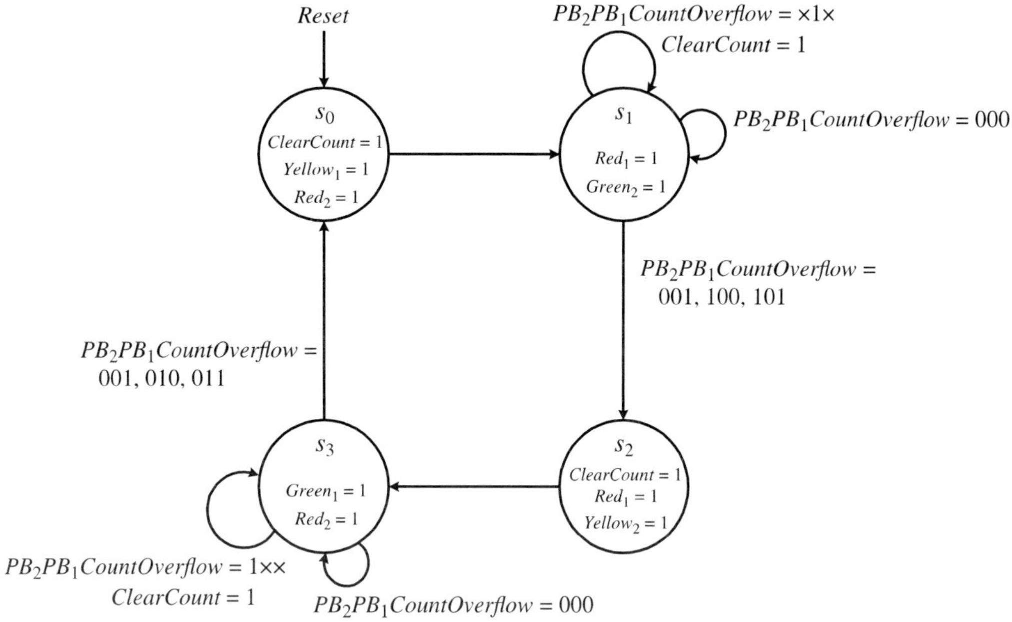

(a)

Current State Q_1Q_0	Next State (Implementation) $Q_{1next}Q_{0next}$ (D_1D_0)							
	*PB*₂, *PB*₁, *CountOverflow*							
	000	**001**	**010**	**011**	**100**	**101**	**110**	**111**
s_0 00	01	01	01	01	01	01	01	01
s_1 01	01	10	01	01	10	10	01	01
s_2 10	11	11	11	11	11	11	11	11
s_3 11	11	00	00	00	11	11	11	11

(b)

$$Q_{1next} = D_1 = Q_1Q_0' + Q_1PB_2 + Q_1PB_1'CountOverflow' + Q_0PB_2PB_1' + Q_1'Q_0PB_1'CountOverflow$$

$$Q_{0next} = D_0 = Q_0' + Q_1'PB_1 + Q_1PB_2 + Q_0PB_2'PB_1'CountOverflow'$$

(c)

그림 7.40 교통 신호등 제어기의 제어 유닛 (a) 상태도 (b) 다음상태 표 (c) K-맵과 다음상태 방정식 (d) 제어 워드와 출력표 (e) 출력 방정식 (f) 회로도.

(다음페이지에 계속)

Current State Q_1Q_0	Output Signals						
	Red_1	$Yellow_1$	$Green_1$	Red_2	$Yellow_2$	$Green_2$	$ClearCount$
s_0 00	0	1	0	1	0	0	1
s_1 01	1	0	0	0	0	1	1 if (PB_1)
s_2 10	1	0	0	0	1	0	1
s_3 11	0	0	1	1	0	0	1 if (PB_2)

(d)

$$Red_1 = Q_1 \oplus Q_0$$
$$Yellow_1 = Q_1'Q_0'$$
$$Green_1 = Q_1Q_0$$
$$Red_2 = Q_1 \odot Q_0$$
$$Yellow_2 = Q_1Q_0'$$
$$Green_2 = Q_1'Q_0$$
$$ClearCount = Q_0' + Q_1'Q_0PB_1 + Q_1Q_0PB_2$$

(e)

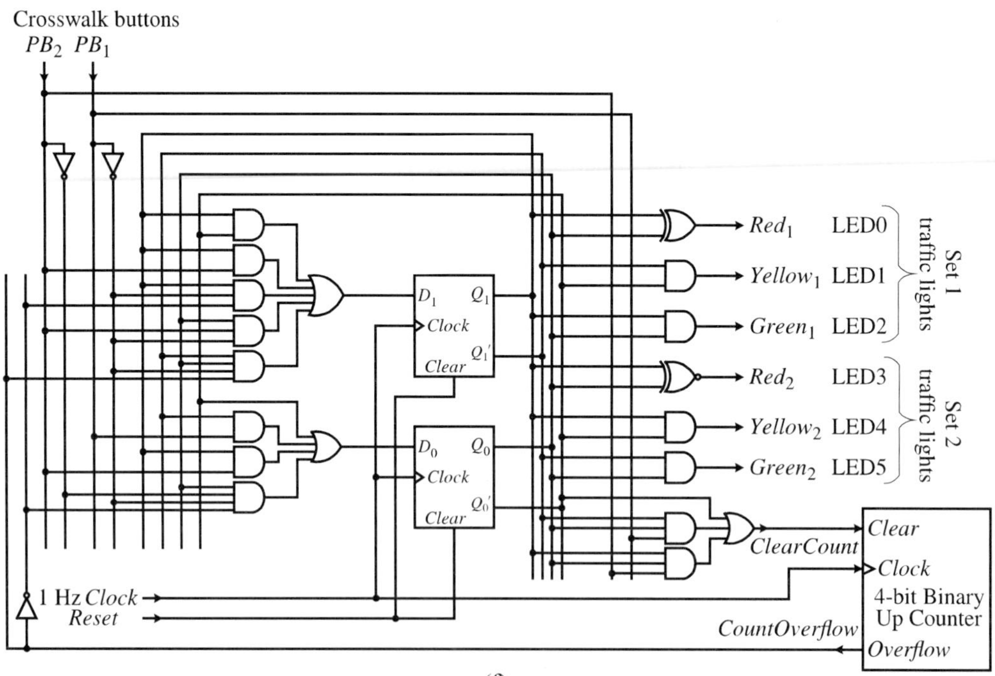

(f)

그림 7.40 교통 신호등 제어기의 제어 유닛 (a) 상태도 (b) 다음상태 표 (c) K-맵과 다음상태 방정식 (d) 제어 워드와 출력표 (e) 출력 방정식 (f) 회로도.

사한 방식으로 작동한다.

상태도에서 파생 된 다음 상태도는 그림 7.40(b)에 나와 있으며 다음 상태표에서 파생 된 두 개의 다음상태 방정식이 그림 7.40(c)에 나와 있다. 출력표는 그림 7.40(d)에 나와 있다. 해당 색상 표시등을 켜고 끄는 두 세트의 *Red*, *Yellow* 및 *Green* 신호와 4비트 카운터를 0으로 설정하는 *ClearCount* 신호가 있다. *ClearCount* 신호의 경우 1로 설정된다. 즉, 현재 상태와 입력 신호에 모두 의존하므로 Mealy 시스템이 된다. 예를 들어, 상태 s_1에서 *Clear Count*는 PB_1도 1일 때만 1로 설정된다. 출력표에서 파생 된 7개의 출력 방정식이 그림 7.40(e)에 나와 있다.

앞서 언급했듯이 카운트 지연을 지원하려면 4비트 바이너리 업 카운터가 필요한다. *Clear Count* 신호는 *Clear* 입력 신호를 카운터에 0으로 어서트 시키고 *CountOverflow* 출력 신호는 카운터의 *Overflow* 출력 비트에 연결한다. 이 카운터는 데이터패스에 필요한 유일한 구성요소이므로 별도의 회로로 그리는 대신 컨트롤러 회로와 결합된다. 전체 신호등 마이크로컨트롤러 회로는 그림 7.40(f)에 나와 있다.

7.6 전용 마이크로프로세서 용 Verilog 및 VHDL 코드

전용 마이크로프로세서 회로를 수동으로 설계 한 후 회로도를 그리거나 FSM + D(FSM *plus* Datapath) 모델을 사용하여 HDL 코드를 작성하여 하드웨어 개발 도구로 구현할 수 있다. 그러나 이렇게하면 HDL 합성기의 모든 기능을 사용하지 않게 될 것이다. 하드웨어 개발 툴의 자동 합성 기능을 사용하기 위해 FSMD (FSM *with* Datapath) 모델 또는 알고리즘 모델을 사용하여 상위 레벨에 HDL 코드를 작성하여 마이크로프로세서를 설계 할 수 있다. 마이크로프로세서에 대한 높은 수준의 설명이 주어지면 합성 도구는 자동으로 마이크로프로세서 회로를 합성 할 수 있다.

FSM + D 모델을 사용하는 마이크로프로세서 설계에는 FSM을 설명하는 행위적 HDL 코드와 데이터패스를 구성하는 구조 HDL 코드가 별도로 작성된다. FSM의 상태도로 시작하면 FSM은 각 상태에서 데이터패스를 제어하기 위해 적절한 제어 신호를 생성한다. FSM과 데이터패스는 구조 HDL 코드를 사용하여 제어 및 상태 신호를 통해 서로 연결된다.

FSMD 모델을 사용하여 마이크로프로세서를 설계하는 것은 동작 단위 HDL 코드를 작성하여 FSM과 데이터패스를 하나의 단위로 함께 나타낸다. 먼저 각 상태에서 실행될 FSM 및 데이터패스에 대한 상태도를 시작한다. 상태도는 HDL 문으로 변환되며 데이터 작업은 내장 된 HDL 연산자로 수행된다. 합성 과정에서 합성기는 별도의 FSM 장치와 데이터패스 장치를 자동으로 생성 한 다음이 두 장치를 완전한 마이크로프로세서로 연결한다. 이 모델의 장점은 FSM 또는 데이터패스를 수동으로 설계 할 필요가 없지만 어떤 상태 또는 어떤 클럭 사이클에서 어떤 데이터패스 연산이 실행되는지에 대한 완전한 제어권을 가진다. 즉 FSM 회로의 타이밍을 완벽하게 제어 할 수 있다.

마이크로프로세서는 또한 HDL을 사용하여 행위적 수준에서 알고리즘으로 기술 할 수 있다. 이 모델을 사용하여 전체 마이크로프로세서의 작동이 알고리즘 방식으로 설명되며 제어 유닛 또는 데이터패스에 대해 알 필요가 없다. HDL 합성기는 제어 유닛과 데이터패스를 함께 사용하여 전체 마이크로프로세서를 자동으로 합성한다. 이런 식으로 마이크로프로세서를 설계할 때의 장점은 마이크로프로세서를 수동으로 설계하는 방법을 알 필요가 없다는 것이다. 즉, 이 책에 제시된 대부분 자료를 알 필요는 없다. 대신 HDL 코드를 작성하는 방법과 마이크로프로세서에서 구현할 작업만 알면 된다. 그리고 단점은 회로의 타이밍을 제어할 수 없다는 것이다. 더 이상 어떤 데이터패스 연산이 어떤 클럭 사이클에서 실행되는 지 명시할 수 없다.

다음 하위 절에서는 1부터 10까지의 숫자를 생성하고 더하는 합산 문제를 위한 전용 마이크로프로세서의 전체 Verilog 및 VHDL 코드가 나열되어 있다. 이 합산 문제는 예제 7.3에서 처음 소개되었다. 이 합산 문제에 대한 알고리즘, 상태도 및 데이터패스는 편의상 그림 7.41에 반복되어 있다.

7.6.1 FSM + D 모델

이제 FSM + D 모델을 사용하여 1에서 10까지의 숫자를 생성하고 합산하는 전용 마이크로프로세서를 생성한다. FSM + D 모델의 경우 먼저 별도의 데이터패스 및 제어 유닛을 만든다. 그런 다음 마이크로프로세서는 각각의 제어 신호와 상태 신호를 사용하여 이 두 장치를 결합하여 형성된다. 데이터패스 회로는 먼저 그림

7.41(c)와 같이 수동으로 설계해야 한다. 이 회로를 기반으로 구조적 HDL 코딩을 사용하여 구성요소를 서로 연결하여 데이터패스를 구성한다. 물론 데이터패스에 사용되는 모든 구성요소는 이미 별도의 파일로 정의되어 있어야한다. 이 예제에서 필요한 구성요소는 Mux21, Register, Add 및 TriState_Buffer이다.

제어 유닛은 FSM을 위해 도출 된 상태도를 기반으로 한다. Verilog의 경우 두 개의 always 블록이 있으며 VHDL의 경우 두 개의 PROCESS 블록이 있다. 하나는 다음상태 논리에 대한 블록이고 다른 하나는 출력 논리 블록이다. 두 논리 블록의 주 코드는 FSM이있는 현재 상태를 선택하는 case 문으로 구성된다. 다음 상태 논리 블록의 각 현재 상태에 대해 새로운 상태 값이 전환의 상태에 따라 상태 변수에 할당된다 상태도. 출력 로직 상태도에서 데이터패스 제어 신호는 출력표에 기초하여 모든 상태에 대해 생성된다. 모두 마지막으로 다시 구조적 HDL 코딩을 사용하여 제어 유닛과 데이터패스가 결합되어 완벽한 마이크로프로세서를 구성한다. 이 세 가지 구성요소, 데이터패스, 제어 유닛 및 마이크로프로세서

```
sum = 0
i = 1
DO {
   sum = sum + i
   i = i + 1
} WHILE (i ≠ 11)
OUTPUT sum
```

(a)

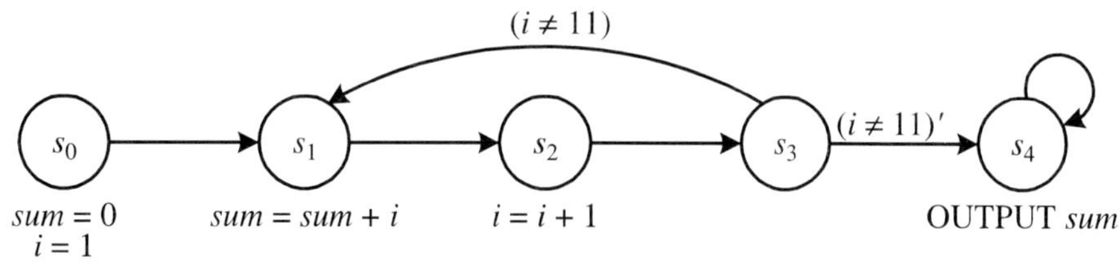

(b)

그림 7.41 1에서 10까지의 숫자를 생성하고 더하는 합산 문제 : (a) 알고리즘 (b) 상태도 (c) 데이터패스.

(다음페이지에 계속)

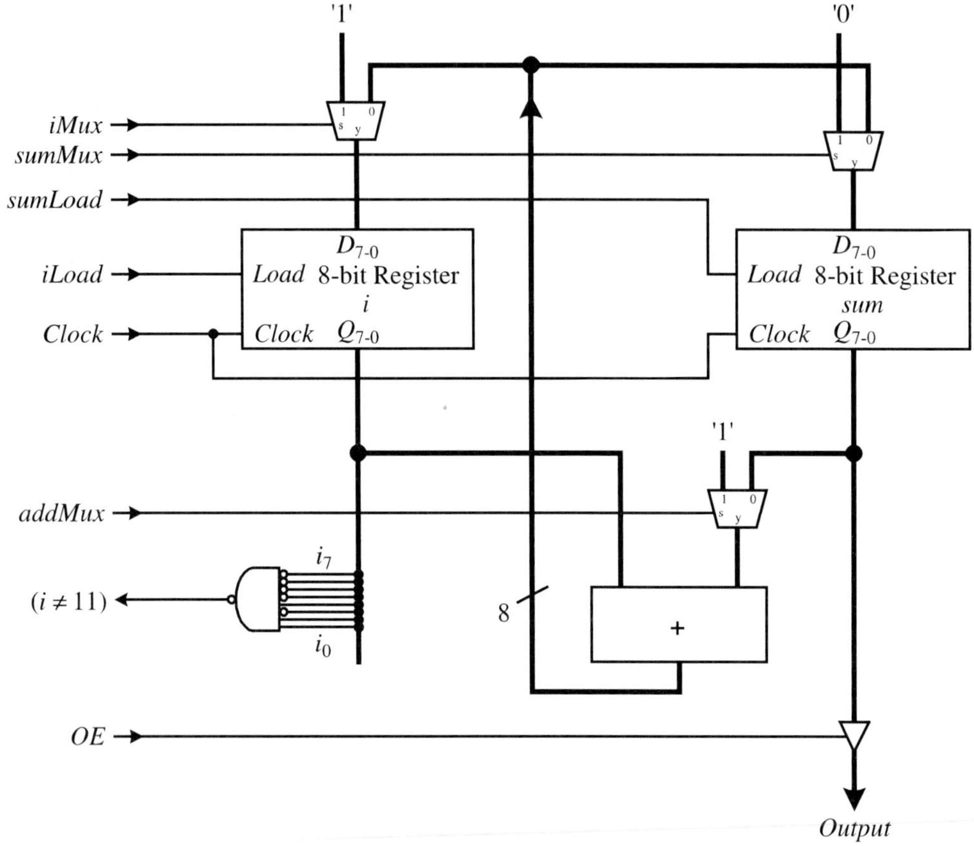

(c)

그림 7.41 1에서 10까지의 숫자를 생성하고 더하는 합산 문제 : (a) 알고리즘 (b) 상태도 (c) 데이터패스.

에 대한 Verilog 코드는 각각 그림 7.42, 7.43 및 7.44에 나와 있다. 이 세 가지 구성요소에 대한 VHDL 코드는 각각 그림 7.45, 7.46 및 7.47에 나와 있다.

```
module DP (
  input Clock, Reset,
  input iMux, sumMux, sumLoad, iLoad, addMux, OE,
  output ine11,
  output [n-1:0] Output,
  output [3:0] debug
);
  parameter n = 8;
  wire [n-1:0] dp_iMux, dp_sumMux, dp_i, dp_sum, dp_addMux,
     dp_add;

  assign debug = dp_i[3:0];

  Mux21 U0_iMux(.S(iMux), .D1(8'd1), .D0(dp_add), .Y(dp_iMux));
  Mux21 U1_sumMux(.S(sumMux), .D1(8'd0), .D0(dp_add),
    .Y(dp_sumMux));
  Register #(8) U2_iReg(.Clock(Clock), .Clear(Reset),
    .Write(iLoad), .D(dp_iMux), .Q(dp_i));
  Register #(8) U3_sumReg(.Clock(Clock), .Clear(Reset),
    .Write(sumLoad), .D(dp_sumMux), .Q(dp_sum));
  Mux21 U4_addMux(.S(addMux), .D1(8'd1), .D0(dp_sum),
    .Y(dp_addMux));
  Add U5_Add(.A(dp_i), .B(dp_addMux), .F(dp_add));
  TriState_Buffer #(8) U6_Tri(.E(OE), .D(dp_sum), .Y(Output));

  nand(ine11,~dp_i[7],~dp_i[6],~dp_i[5],~dp_i[4],dp_i[3],
    ~dp_i[2],dp_i[1],dp_i[0]);

endmodule
```

그림 7.42 합산 문제 FSM+D 모델에 대한 데이터패스의 Verilog 코드.

```
module CU (
  input Clock, Reset,
  output reg iMux, sumMux, sumLoad, iLoad, addMux, OE,
  input ine11,
  output [2:0] debug
);
// Declare state encodings
parameter s0=0, s1=1, s2=2, s3=3, s4=4;
  reg [2:0] state;

  assign debug = state;
// next-state logic
always @ (posedge Clock or posedge Reset) begin
   if (Reset == 1) begin
      state <= s0;
      end
```

그림 7.43 합산 문제 FSM+D 모델에 대한 제어 유닛의 Verilog 코드.

(다음페이지에 계속)

```
      else begin
         case (state)
         s0: begin
            state <= s1;
            end
         s1: begin
            state <= s2;
            end
         s2: begin
            state <= s3;
            end
         s3: begin
            if (ine11 = 1)
               state <= s1;
            else
               state <= s4;
            end
         s4: begin
            state <= s4;
            end
         default: begin
            state <= s0;
            end
         endcase
      end
   end // always

   // output logic
   always @ (state) begin
      case (state)
      s0: begin
         iMux = 1;
         sumMux = 1;
         sumLoad = 1;
         iLoad = 1;
         addMux = 0;
         OE = 1;
         end
        s1: begin
           iMux = 0;
           sumMux = 0;
           sumLoad = 1;
           iLoad = 0;
           addMux = 0;
           OE = 1;
           end
        s2: begin
           iMux = 0;
           sumMux = 0;
```

그림 7.43 합산 문제 FSM + D 모델에 대한 제어 유닛의 Verilog 코드.

(다음페이지에 계속)

```
          sumLoad = 0;
          iLoad = 1;
          addMux = 1;
          OE = 1;
          end
      s3: begin
          iMux = 0;
          sumMux = 0;
          sumLoad = 0;
          iLoad = 0;
          addMux = 0;
          OE = 1;
          end
      s4: begin
          iMux = 0;
          sumMux = 0;
          sumLoad = 0;
          iLoad = 0;
          addMux = 0;
          OE = 1;
          end
      default: begin
          iMux = 0;
          sumMux = 0;
          sumLoad = 0;
          iLoad = 0;
          addMux = 0;
          OE = 1;
          end
      endcase
  end // always
endmodule
```

그림 7.43 합산 문제 FSM + D 모델에 대한 제어 유닛의 Verilog 코드.

```
module MP (
  input Clock, Reset,
  output [n-1:0] Output,
  output [2:0] debug_cu,
  output [3:0] debug_dp
);
  parameter n = 8;
  wire mp_iMux, mp_sumMux, mp_sumLoad, mp_iLoad, mp_addMux,
    mp_ine11, mp_OE;

  DP U0(Clock, Reset, mp_iMux, mp_sumMux, mp_sumLoad, mp_iLoad,
    mp_addMux, mp_OE, mp_ine11, Output, debug_dp);
  CU U1(Clock, Reset, mp_iMux, mp_sumMux, mp_sumLoad, mp_iLoad,
    mp_addMux, mp_OE, mp_ine11, debug_cu);

endmodule
```

그림 7.44 합산 문제의 FSM + D 모델을 위한 마이크로프로세서 verilog 코드.

```
LIBRARY IEEE;
USE IEEE.STD_LOGIC_1164.ALL;

ENTITY DP IS
GENERIC (n: INTEGER := 8);
PORT(
  Clock, Reset: IN STD_LOGIC;
  iMux, sumMux, sumLoad, iLoad, addMux, OE: IN STD_LOGIC;
  ine11: OUT STD_LOGIC;
  Output: OUT STD_LOGIC_VECTOR(n-1 DOWNTO 0);
  debug: OUT STD_LOGIC_VECTOR(3 DOWNTO 0));
END DP;

ARCHITECTURE Structural OF DP IS
  COMPONENT Mux21 IS PORT(
       S: IN STD_LOGIC;
       D1, D0: IN STD_LOGIC_VECTOR(n-1 DOWNTO 0);
       Y: OUT STD_LOGIC_VECTOR(n-1 DOWNTO 0));
  END COMPONENT;

  COMPONENT Reg IS PORT (
       Clock, Clear, Load: IN STD_LOGIC;
       D: IN STD_LOGIC_VECTOR(n-1 DOWNTO 0);
       Q: OUT STD_LOGIC_VECTOR(n-1 DOWNTO 0));
  END COMPONENT;

  COMPONENT Add IS PORT(
       A, B: IN STD_LOGIC_VECTOR(n-1 DOWNTO 0);
       F: OUT STD_LOGIC_VECTOR(n-1 DOWNTO 0);
       Unsigned_Overflow: OUT STD_LOGIC);
  END COMPONENT;

  COMPONENT TriState_Buffer IS
       GENERIC (n: INTEGER := 8);
       PORT (
              E: IN STD_LOGIC;
              D: IN STD_LOGIC_VECTOR(n-1 DOWNTO 0);
              Y: OUT STD_LOGIC_VECTOR(n-1 DOWNTO 0));
  END COMPONENT;

  SIGNAL dp_iMux, dp_sumMux, dp_i, dp_sum, dp_addMux, dp_add:
    STD_LOGIC_VECTOR(n-1 DOWNTO 0);
BEGIN
  debug <= dp_i(3 DOWNTO 0);

  U0: Mux21 PORT MAP(S=>iMux, D1=>"00000001", D0=>dp_add,
    Y=>dp_iMux);
  U1: Mux21 PORT MAP(S=>sumMux, D1=>"00000000", D0=>dp_add,
    Y=>dp_sumMux);
  U2: Reg GENERIC MAP(8) PORT MAP(Clock=>Clock, Clear=>Reset,
    Load=>iLoad, D=>dp_iMux, Q=>dp_i);
```

그림 7.45 합산 문제의 FSM + D 모델을 위한 데이터패스의 vhdl 코드.

(다음페이지에 계속)

```
  U3: Reg GENERIC MAP(8) PORT MAP(Clock=>Clock, Clear=>Reset,
    Load=>sumLoad, D=>dp_sumMux, Q=>dp_sum);
  U4: Mux21 PORT MAP(S=>addMux, D1=>"00000001", D0=>dp_sum,
    Y=>dp_addMux);
  U5: Add PORT MAP(A=>dp_i, B=>dp_addMux, F=>dp_add);
  U6: TriState_Buffer GENERIC MAP(8) PORT MAP(E=>OE, D=>dp_sum,
    Y=>Output);
  ine11 <= NOT ((NOT dp_i(7)) AND (NOT dp_i(6)) AND
    (NOT dp_i(5)) AND (NOT dp_i(4)) AND (dp_i(3)) AND
    (NOT dp_i(2)) AND (dp_i(1)) AND (dp_i(0)));
END Structural;
```

그림 7.45 합산 문제의 FSM + D 모델을 위한 데이터패스의 vhdl 코드.

```
LIBRARY IEEE;
USE IEEE.STD_LOGIC_1164.ALL;

ENTITY CU IS PORT(
  Clock, Reset: IN STD_LOGIC;
  iMux, sumMux, sumLoad, iLoad, addMux, OE: OUT STD_LOGIC;
  ine11: IN STD_LOGIC;
  debug: OUT STD_LOGIC_VECTOR(2 DOWNTO 0));
END CU;

ARCHITECTURE Behavioral OF CU IS
  TYPE state_type IS (s0, s1, s2, s3, s4);
  SIGNAL state: state_type;
BEGIN
  -- next-state logic
  PROCESS (Clock, Reset)
  BEGIN
      IF (Reset = '1') THEN
         state <= s0;
      ELSIF (Clock'EVENT AND Clock = '1') THEN
            CASE state IS
            WHEN s0 =>
               debug <= "000";
               state <= s1;
            WHEN s1 =>
               debug <= "001";
               state <= s2;
            WHEN s2 =>
               debug <= "010";
               state <= s3;
            WHEN s3 =>
               debug <= "011";
               IF (ine11 = '1') THEN
                  state <= s1;
```

그림 7.46 합산 문제의 FSM + D 모델을 위한 데이터패스의 vhdl 코드.

(다음페이지에 계속)

```
                ELSE
                    state <= s4;
                END IF;
            WHEN s4 =>
                debug <= "100";
                state <= s4;
            WHEN OTHERS =>
                debug <= "111";
                state <= s0;
            END CASE;
        END IF;
END PROCESS;

-- output logic
PROCESS (state)
BEGIN
      CASE state IS
      WHEN s0 =>
          iMux <= '1';
          sumMux <= '1';
          sumLoad <= '1';
          iLoad <= '1';
          addMux <= '0';
          OE <= '1';
      WHEN s1 =>
          iMux <= '0';
          sumMux <= '0';
          sumLoad <= '1';
          iLoad <= '0';
          addMux <= '0';
          OE <= '1';
      WHEN s2 =>
          iMux <= '0';
          sumMux <= '0';
          sumLoad <= '0';
          iLoad <= '1';
          addMux <= '1';
          OE <= '1';
      WHEN s3 =>
          iMux <= '0';
          sumMux <= '0';
          sumLoad <= '0';
          iLoad <= '0';
          addMux <= '0';
          OE <= '1';
      WHEN s4 =>
          iMux <= '0';
          sumMux <= '0';
          sumLoad <= '0';
          iLoad <= '0';
```

그림 7.46 합산 문제의 FSM + D 모델을 위한 데이터패스의 vhdl 코드.
(다음페이지에 계속)

```
            addMux <= '0';
            OE <= '1';
         WHEN OTHERS =>
            iMux <= '0';
            sumMux <= '0';
            sumLoad <= '0';
            iLoad <= '0';
            addMux <= '0';
            OE <= '1';
         END CASE;
   END PROCESS;
END Behavioral;
```

그림 7.46 합산 문제의 FSM+D 모델을 위한 데이터패스의 vhdl 코드.

```
LIBRARY IEEE;
USE IEEE.STD_LOGIC_1164.ALL;

ENTITY MP IS
GENERIC (n: INTEGER := 8);
PORT(
  Clock, Reset: IN STD_LOGIC;
  Output: OUT STD_LOGIC_VECTOR(n-1 DOWNTO 0);
  debug_cu: OUT STD_LOGIC_VECTOR(2 DOWNTO 0);
  debug_dp: OUT STD_LOGIC_VECTOR(3 DOWNTO 0));
END MP;

ARCHITECTURE Structural OF MP IS
  COMPONENT DP IS PORT(
       Clock, Reset: IN STD_LOGIC;
       iMux, sumMux, sumLoad, iLoad, addMux, OE: IN STD_LOGIC;
       ine11: OUT STD_LOGIC;
       Output: OUT STD_LOGIC_VECTOR(n-1 DOWNTO 0);
       debug: OUT STD_LOGIC_VECTOR(3 DOWNTO 0));
  END COMPONENT;

  COMPONENT CU IS PORT(
       Clock, Reset: IN STD_LOGIC;
       iMux, sumMux, sumLoad, iLoad, addMux, OE: OUT STD_LOGIC;
       ine11: IN STD_LOGIC;
       debug: OUT STD_LOGIC_VECTOR(2 DOWNTO 0));
  END COMPONENT;

  SIGNAL mp_iMux, mp_sumMux, mp_sumLoad, mp_iLoad, mp_addMux,
    mp_OE, mp_ine11: STD_LOGIC;
BEGIN
  U0: DP PORT MAP(Clock, Reset, mp_iMux, mp_sumMux, mp_sumLoad,
    mp_iLoad, mp_addMux, mp_OE, mp_ine11, Output, debug_dp);
  U1: CU PORT MAP(Clock, Reset, mp_iMux, mp_sumMux, mp_sumLoad,
    mp_iLoad, mp_addMux, mp_OE, mp_ine11, debug_cu);
END Structural;
```

그림 7.47 합산 문제의 FSM+D 모델을 위한 마이크로프로세서의 vhdl 코드.

7.6.2 FSMD 모델

FSMD 모델을 사용하는 마이크로프로세서의 구조는 우리가 제어 유닛과 데이터패스에 대한 회로를 수동으로 구성 할 필요가 없다. 우리는 FSM에 대한 상태도를 유도하고 각 상태에서 수행되는 데이터 연산을 알아야 한다. 그런 다음 상태도와 데이터 작업을 기반으로 상위 수준의 HDL 코드를 작성할 수 있다. 상태도에서 HDL 코드로의 변환 과정은 매우 간단하다. FSM 상태도는 각 상태에 대해 하나의 사례가 있는 HDL 사례문으로 변환된다. 데이터 연산은 내장된 HDL 연산자를 사용하여 FSM 코드 내에 포함된다. 결과적으로, 제어 신호와 상태 신호는 제어 유닛과 데이터패스 사이에 연결될 필요가 없다.

HDL 코드에서 HDL 합성기는 자동으로 전체 마이크로프로세서를 위한 회로를 생성한다. 그림 7.48과 7.49는 합산 문제에 대해 FSMD 모델을 사용하는 완전한 전용 마이크로프로세서에 대한 Verilog 및 VHDL 코드이다. 코드의 형식은 다음과 같다. FSM 코드와 매우 밀접한 관계를 가지고 있다. 여기서, 우리는 하나의 always/PROCESS 블록을 가지는데, 여기에는 상태 전이 지시문 뿐만 아니라 데이터 조작문도 포함된다. 제어 유닛과 데이터패스가 하나의 모듈로 결합 되었기 때문에 컨트롤 신호와 상태 신호는 더 이상 함께 결합 할 필요가 없다.

```
module Summation (
  input Clock, Reset,
  output reg [7:0] Output
);
  // Declare state encodings
  parameter s0=0, s1=1, s2=2, s3=3, s4=4;
  reg [2:0]state;
  reg [7:0]sum;
  reg [7:0]i;
  always @ (posedge Clock or posedge Reset) begin
     if (Reset == 1) begin
        Output <= 0;
        state <= s0;
        end
```

그림 7.48 합산 문제의 FSMD 모델에 대한 Verilog 코드.

(다음페이지에 계속)

```
        else begin
           case (state)
              s0: begin
                 sum <= 0;
                 i <= 1;
                 Output <= 0;
                 state <= s1;
                 end
              s1: begin
                 sum <= sum + i;
                 Output <= 0;
                 state <= s2;
                 end
              s2: begin
                 // outputs 55=1+2+3+4+5+6+7+8+9+10
                 i <= i + 1;
                 Output <= 0;
                 state <= s3;
                 end
              s3: begin
                 //outputs 66=1+2+3+4+5+6+7+8+9+10+11
                 //i <= i + 1;
                 //outputs 55=1+2+3+4+5+6+7+8+9+10
                 //i = i + 1;
                 Output <= 0;
                 if (i != 11)
                    state <= s1;
                 else
                    state <= s4;
                 end
              s4: begin
                 Output <= sum;
                 state <= s4;
                 end
              default: begin
                 Output <= 0;
                 state <= s0;
                 end
              endcase
         end
   end
endmodule
```

그림 7.48 합산 문제의 FSMD 모델에 대한 Verilog 코드.

```
LIBRARY IEEE;
USE IEEE.STD_LOGIC_1164.ALL;
USE IEEE.STD_LOGIC_UNSIGNED.ALL;
```

그림 7.49 합산 문제의 FSMD 모델에 대한 VHDL 코드.

(다음페이지에 계속)

```
ENTITY Summation IS PORT (
  Clock: IN STD_LOGIC;
  Reset: IN STD_LOGIC;
  Output: OUT STD_LOGIC_VECTOR(7 DOWNTO 0));
END Summation;

ARCHITECTURE FSMD OF Summation IS
  TYPE state_type IS (s0, s1, s2, s3, s4);
  SIGNAL state: state_type;
  SIGNAL sum: STD_LOGIC_VECTOR(7 DOWNTO 0);
  SIGNAL i: STD_LOGIC_VECTOR(7 DOWNTO 0);
BEGIN
  PROCESS (Clock, Reset)
  BEGIN
      IF (Reset = '1') THEN
         state <= s0;
         Output <= (OTHERS => '0');
      ELSIF (Clock'EVENT AND Clock = '1') THEN
         CASE state IS
         WHEN s0 =>
            sum <= (OTHERS => '0');

            i <= "00000001";
            Output <= (OTHERS => '0');
            state <= s1;
         WHEN s1 =>
            sum <= sum + i;
            Output <= (OTHERS => '0');
            state <= s2;
         WHEN s2 =>
            i <= i + 1;
            Output <= (OTHERS => '0');
            state <= s3;
         WHEN s3 =>
            Output <= (OTHERS => '0');
            IF (i /= 11) THEN
               state <= s1;
            ELSE
               state <= s4;
            END IF;
         WHEN s4 =>
            Output <= sum;
            state <= s4;
         WHEN OTHERS =>
            Output <= (OTHERS => '0');
            state <= s0;
         END CASE;
      END IF;
  END PROCESS;
END FSMD;
```

그림 7.49 합산 문제의 FSMD 모델에 대한 VHDL 코드.

7.6.3 알고리즘 모델

완벽한 마이크로프로세서는 제어 유닛이나 데이터패스에 대한 참조가 없는 진정한 알고리즘 스타일의 동작 스타일로 HDL 코드를 작성하여 설계 할 수 있다. 알고리즘 모델을 사용하여 회로를 설계하는 것은 고급 언어를 사용하여 컴퓨터 프로그램을 작성하는 것과 유사하다. 변수 지정, 루프 및 조건 테스트와 같은 언어를 처리하는 모든 기본 언어 구문을 제공한다.

컴파일러와 마찬가지로 HDL 합성기는 회로의 HDL 알고리즘 설명을 자동으로 넷리스트로 변환 한 다음 FPGA 칩에 직접 프로그래밍 할 수 있다. 이 모델을 사용하여 대부분의 고급 컴퓨터 프로그램 설계에서 사용할 수 있는 마이크로프로세서는 매우 단순하지만 강력하지만 한계가 있다. 한 가지 제한 사항은 루프를 사용하는 것이다.

합성기는 루프를 반복하는 회수가 컴파일시에 고정 될 때만 루프를 합성할 수 있다. 즉 변수가 종료 조건 테스트에 사용되는 루프를 가질 수 없으며 해당 변수의 값은 컴파일 타임에 알려지지 않다. 예를 들어 우리는 1부터 n까지 숫자를 합산하기 위해 마이크로프로세서를 구현하는 알고리즘 HDL 코드를 작성할 수 없다. 여기서 n은 사용자 입력 번호이므로 실행 전에는 알 수 없다.

또 다른 문제는 합성기가 알고리즘 코드에서 FSM과 데이터패스를 자동으로 생성하기 때문에 FSM의 상태를 지정할 필요가 없다는 것이다. 또한 데이터패스에 사용되는 구성요소와 FSM의 상태에서 실행되는 제어 워드를 제어 할 수 없다. 데이터패스에 어떤 구성요소가 사용되는지 결정할 수 없다는 것은 너무 큰 문제가 아니다. 합성기가 이를 결정할 때 훌륭한 역할을 수행하기 때문이다. 문제는 FSM의 상태에서 실행되는 제어 워드와 상태를 지정할 수 없다는 것이다. 이것은 순전히 타이밍 문제이다. 일부 타이밍 크리티컬 애플리케이션(통신 프로토콜 및 실시간 제어와 같은)에서는 특정 레지스터 전송 작업이 수행되는 클럭 사이클을 정확하게 제어해야 한다. 즉, FSM의 특정 상태에 제어 워드를 할당 할 수 있어야 한다. 그림 7.50과 7.51은 각각 합산 문제를 위한 알고리즘 모델을 사용하는 완전한 전용 마이크로프로세서에 대한 Verilog와 VHDL 코드를 보여준다.

```
module Summation (
  input Reset,
  output reg [7:0] Output
);

  reg [7:0]sum;
  reg [3:0]i;

  always @ (Reset) begin
     // Must use blocking assignment =
     sum = 0;
     for (i=1; i<=10; i=i+1) begin
       sum = sum + i;
     end
     Output = sum;
  end
endmodule
```

그림 7.50 합산 문제의 알고리즘 모델에 대한 Verilog 코드.

```
LIBRARY IEEE;
USE IEEE.STD_LOGIC_1164.ALL;
USE IEEE.STD_LOGIC_UNSIGNED.ALL;

ENTITY Summation IS PORT (
  Reset: IN STD_LOGIC;
  Output: OUT STD_LOGIC_VECTOR(7 DOWNTO 0));
END Summation;

ARCHITECTURE Algorithmic OF Summation IS
BEGIN
  PROCESS (Reset)
     VARIABLE sum: STD_LOGIC_VECTOR(7 DOWNTO 0);
     VARIABLE i: STD_LOGIC_VECTOR(7 DOWNTO 0);
  BEGIN
     sum := "00000000";
     FOR i IN 1 TO 10 LOOP
       sum := sum + i;
     END LOOP;
     Output <= sum;
  END PROCESS;
END Algorithmic;
```

그림 7.51 합산 문제의 알고리즘 모델에 대한 VHDL 코드.

7.7 연습문제

7.1 다음에 나와있는 데이터패스 회로의 진리표를 구동하라. 진리표에는 제어 신호 입력 A_0, E, *Subtract* 및 *OutE* 및 출력 신호 *Output*에 대한 열만 있어야 한다. D_0에서 D_3까지의 데이터 입력이 테이블 항목에 기록된다.

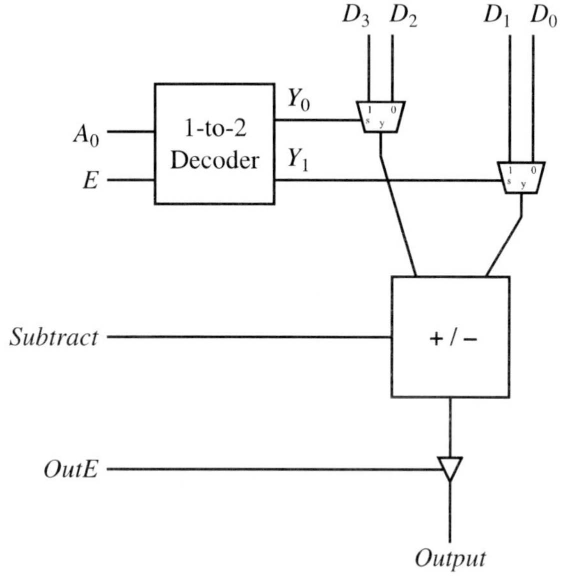

7.2 7.5.1절의 GCD 프로그램을위한 전용 마이크로프로세서를 FPGA에 구현하라.

7.3 7.5.2절의 하이-로우 숫자 추측 게임을 위한 전용 마이크로프로세서를 FPGA에 구현하라.

7.4 7.5.3절의 신호등 제어기용 전용 마이크로프로세서를 FPGA에 구현하라.

7.5 이 질문은 1-10 문제의 숫자의 합계를 풀기 위해 7.6.2 절에 나열된 FSMD 코드를 나타낸다.

a) 이 마이크로프로세서가 실행을 완료하는 데 필요한 총 클럭 사이클 수는 얼마인가?

b) 이 마이크로프로세서를 최적화하도록 FSMD 코드를 수정하여 1에서 10까지의 숫자를 생성하고 합계하는 데 필요한 최소 클럭 사이클 횟수가 필요하다. 숫자를 생성하고 합계할 수 있는 한 원하는 만큼 변경할 수 있다. 얼마나 많은 클럭 사이클이 필요한가?

7.6 1에서 10까지 카운트하는 전용 마이크로프로세서를 FPGA에서 수동으로 설계하고 구현하라.

7.7 다음 데이터패스를 이용하여 8비트 수 n을 입력받아 n부터 1까지의 모든 수를 합하여 출력하는 전용 마이크로프로세서를 FPGA에서 수동으로 설계하고 구현하라.
ALU 동작은 4장에서, 레지스터 파일은 5장에서 정의된다.

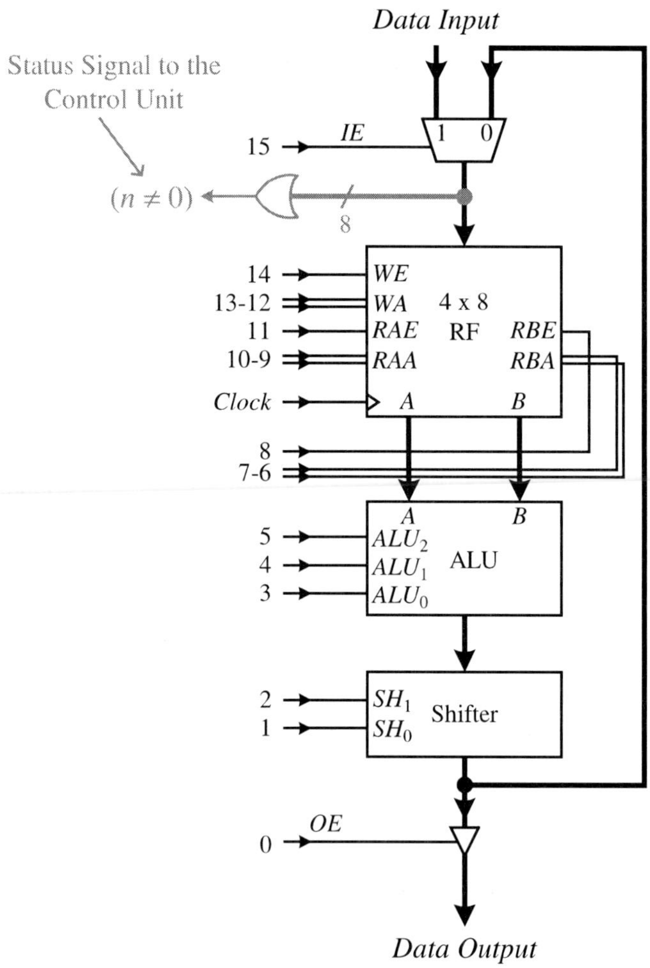

7.8 두 개의 8비트 수를 입력 받아 두 수중 더 큰 숫자를 출력하는 전용 마이크로프로세서를 FPGA에서 수동으로 설계하고 구현하라.
두 숫자는 하나의 포트로 입력된다.

7.9. 8비트 수를 입력받아 그 숫자가 5개의 1비트를 가지면 1, 그렇지 않으면 0을 출

력하는 전용 마이크로프로세서를 FPGA에서 수동으로 설계하고 구현하라.

7.10. 두 개의 8비트 수를 입력받아 두 숫자 모두 5개의 1비트를 가지면, 1, 그렇지 않으면 0을 출력하는 전용 마이크로프로세서를 FPGA에서 수동으로 설계하고 구현하라.

7.11. 두 개의 8비트 수를 입력받아, 두 숫자의 곱을 출력하는 마이크로프로세서를 FPGA에서 수동으로 설계하고 구현하라.

7.12. 두 개의 8비트 수를 입력받아, 첫 번째 숫자가 두 번째 숫자로 나누어 지면 1, 그렇지 않으면 0을 출력하는 마이크로프로세서를 FPGA에서 수동으로 설계하고 구현하라.

7.13. 세 개의 수를 입력받아, 가장 큰 숫자를 출력하는 마이크로프로세서를 FPGA에서 수동으로 설계하고 구현하라.

7.14. 세 개의 수를 입력받아, 오름차순으로 세 숫자를 출력하는 마이크로프로세서를 FPGA에서 수동으로 설계하고 구현하라.

7.15 n의 팩토리얼을 평가하기 위해 FPGA에서 수동으로 전용 마이크로프로세서를 설계하고 구현하라. 알고리즘은 다음에 표시된다.

```
product = 1
INPUT n
WHILE (n > 1){
  product = product * n
  n = n - 1
  }
OUTPUT product
```

7.16 0이 입력 될 때까지 여러 개의 숫자를 입력하는 전용 마이크로프로세서를 FPGA에 수동으로 설계하고 구현하라. 입력 된 숫자 중에서 가장 크고 가장 큰 숫자를 출력한다.

7.17 8개의 입력 DIP 스위치를 읽기 위해 FPGA에 수동으로 마이크로프로세서를 설계하고 구현하라. ON 위치에 있는 DIP 스위치의 수를 나타내는 숫자를 7세그먼트로 출력한다.

7.18 FPGA 상에 수동으로 하나의 8비트 값을 입력하는 전용 마이크로프로세서를 설계하고 구현한 다음, 입력 값이 0과 1비트의 동일한 수를 갖는지 여부를 결정하라. 입력 값의 0과 1이 같으면 마이크로프로세서는 1을 출력한다.

```
Count = 0                  // for counting the number of 1 bits
INPUT N
WHILE (N ≠ 0){
   IF (N(0) = 1) THEN      // least significant bit of N
      Count = Count + 1
   END IF
   N = N >> 1              // shift N right one bit
}
// output 1 if the test (Count = 4) is true
OUTPUT (Count = 4)
```

7.19 다음에 보여지는 제어 유닛과 데이터패스 회로가 전용 마이크로프로세서를 구성하는 데 사용된다고 가정하자. FSM의 각 상태에서 실행중인 명령어를 결정한다. 결과 마이크로프로세서가 실행할 완전한 알고리즘을 작성하라. 알고리즘에 대한 의사 코드를 작성하고, 알고리즘이 무엇을하는지 간략하게 설명하라.

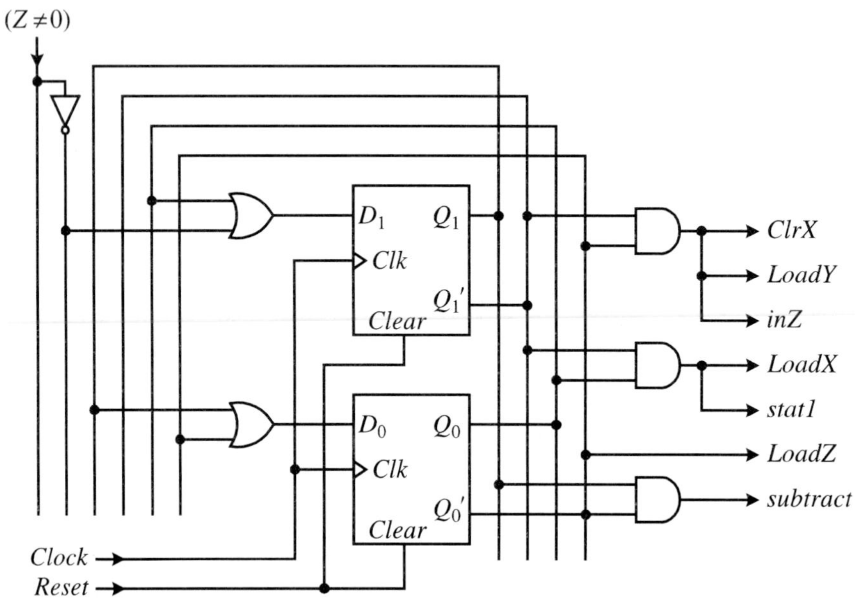

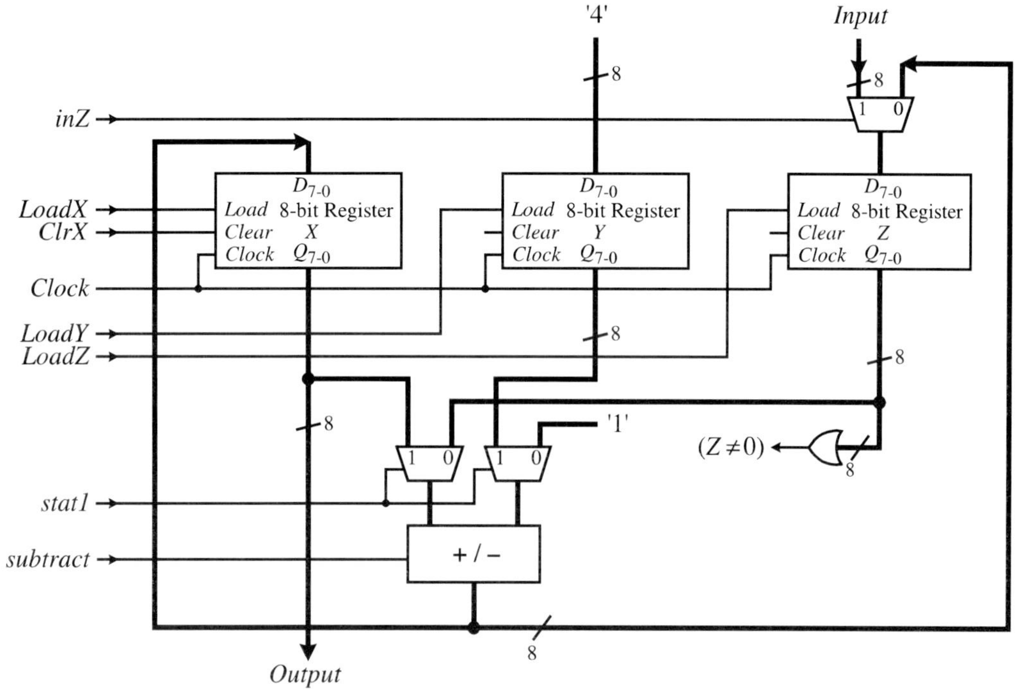

7.20 다음에 보여지는 알고리즘을 실행하기 위해 FPGA에 수동으로 마이크로프로세서를 설계하고 구현하라. 모든 더하기 및 빼기 작업에는 하나의 가감산기만 사용하고, 모든 제어 및 상태 신호에 명확하게 레이블을 붙여라.

```
w = 0
x = 0
y = 0
INPUT z
WHILE (z ≠ 0) {
  w = w - 2
  IF (z is an odd number) THEN
     x = x + 2
  ELSE
     y = y + 1
  END IF
  z = z - 1
  }
```

7.21 다음에 보여지는 알고리즘을 실행하기 위한 전용 마이크로프로세서를 FPGA에 수동으로 설계하고 구현하라. 모든 산술 연산에 대해 하나의 가산기(즉, 가감 산기 및 ALU 없음)만 사용하라. 데이터패스는 4비트 폭이다.

```
s1 = 0;
s2 = 0;
FOR(i=0; i ≠ 10; i++){
   INPUT j;
   IF (j is even) THEN
      s1++;
   ELSE
      s2++;
   END IF
   }
OUTPUT s1;
OUTPUT s2;
```

7.22 크기 10의 스택을 구현하기 위한 전용 마이크로프로세서를 FPGA에서 수동으로 설계하고 구현하라. *push* 신호가 어서트 되면 입력 값이 스택으로 눌러진다. *Pop* 신호가 어서트 되면 스택의 맨 위에 있는 값이 출력된다.

7.23 다음에 보여지는 Bubble Sort 알고리즘을 실행하기 위해 FPGA에 수동으로 마이크로프로세서를 설계하고 구현하라.

7.24 FSM + D 모델을 사용하여 아래 문제에 대한 Verilog 코드를 작성하라.

7.25 FSMD 모델을 사용하여 아래 문제에 대한 Verilog 코드를 작성하라.

```
int A[10];      // A is an integer array of size 10
                // you need to store A in 10 memory locations

// assume that A is initialized with random numbers

// this is the Bubble Sort routine to sort A to ascending order
repeat {
  swapped = false;
  for (j=1; j<10; j++) {
      if (A[j-1] > A[j]) {
             temp = A[j];
             A[j] = A[j-1];
             A[j-1] = temp;
             swapped = true;
      }
  }
until (!swapped);
}
```

7.26 FSM + D 모델을 사용하여 위의 문제에 대한 verilog 코드를 작성하라.

7.27. FSMD 모델을 사용하여 위의 문제에 대한 verilog 코드를 작성하라.

CHAPTER 08

범용 마이크로프로세서

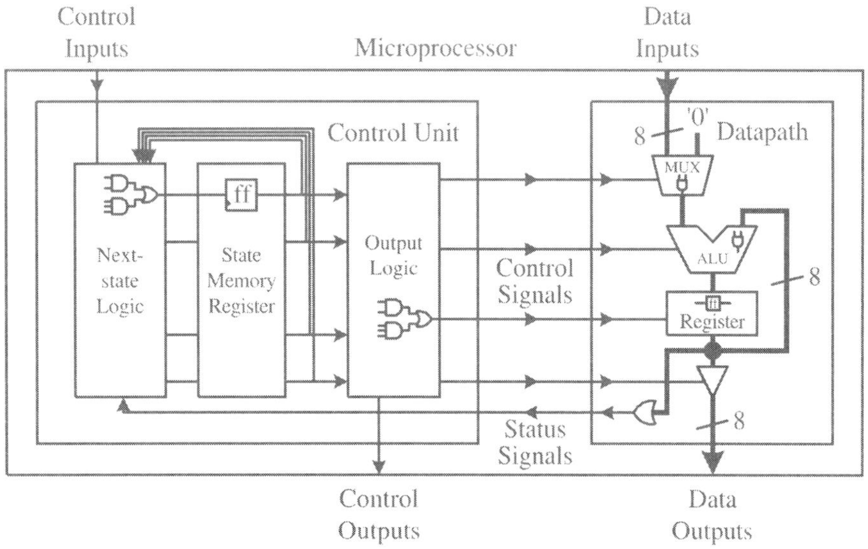

하나의 함수만을 수행할 수 있는 전용 즉, 전용 마이크로프로세서와는 달리 Intel Core™ i7 CPU와 같은 범용 마이크로프로세서는 프로그램 명령어의 지시에 따라 다양한 함수들을 수행할 수 있다. 다양한 명령어 셋이나 프로그램에 의해 범용 마이크로프로세서는 다른 함수를 수행한다. 범용 마이크로프로세서는 하나의 기능 만 수행하고 프로그램 명령을 실행하기 때문에 전용 마이크로프로세서로 볼 수도 있다. 이러한 의미에서 우리가 7장에서 다룬 전용 마이크로프로세서를 구성하는 동일한 방법으로 범용 마이크로프로세서를 설계하고 구성한다.

8.1 CPU 설계의 개요

범용 마이크로프로세서 보통 **중앙처리장치**(CPU)라고 불린다. 이 CPU는 단순히 소프트웨어 명령어를 수행하는 전용 마이크로프로세서이다. 그림 8.1에 범용 마이크로프로세서의 개요를 보여주고 있다. 다음의 논의는 이 도표를 참고로 한다.

CPU를 설계할 때 우리는 먼저 명령어 셋(instruction set)과 어떻게 명령어가 인코딩되고 실행되는지를 규정해야 한다. 아울러 아래와 같은 질문에 대답해야 한다.

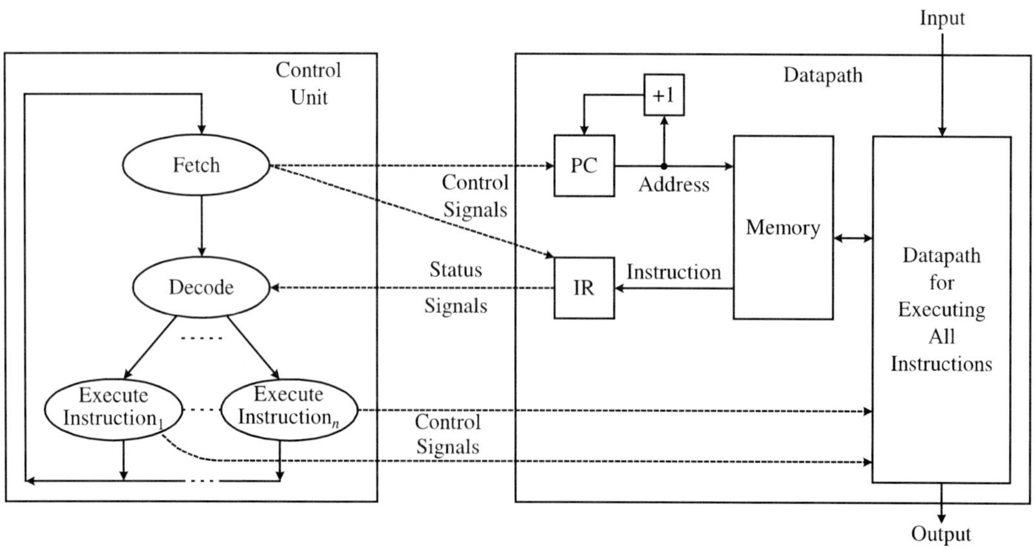

그림 8.1 범용 마이크로프로세서 개요.

- 얼마나 많은 수의 명령어를 원하는가?
- 어떤 명령어인가?
- 각 명령어에 어떤 2진 인코딩(보통 연산코드(operation code: opcode)로 불린다)을 부여하나?
- 명령어에서 오퍼랜드(operand)는 무엇인가?
- 어떻게 오퍼랜드가 인코딩되는가?
- 얼마나 많은 비트들이 명령어를 인코딩하기 위해서 사용되는가?

명령어 셋을 결정한 다음 명령어 셋에서 모든 명령어가 실행되는 데이터패스를 설계해야 한다. 이 단계에서 맞춤형 데이터패스를 만들어서 다음과 같은 질문에 답을 해야 한다.

- 어떤 함수 장치가 필요한가?
- 얼마나 많은 레지스터가 필요한가?
- 하나의 레지스터 파일이 필요한가? 분리된 레지스터들이 필요한가?
- 다른 장치들이 어떻게 서로 연결되는가?

범용 마이크로프로세서의 데이터패스를 생성하는 것은 정확히 전용 마이크로프로세서의 데이터패스를 생성하는 것과 동일하다. 그러나 명령어 셋의 모든 명령어를 수행할 수 있을 뿐만 아니라 범용 마이크로프로세서의 데이터패스에 다른 데이터의 동작 및 레지스터가 포함되어야 한다. 이러한 데이터 동작 및 레지스터는 어떻게 범용 마이크로프로세서가 메모리에서 명령어를 페치(fetch)라고 처리 하는지를 다룬다. 특히 프로그램 카운터(Program Counter: PC) 레지스터는 다음 명령어가 저장된 메모리의 위치 정보를 포함하고, 명령어 레지스터(Instruction Register: IR)은 메모리로부터 페치한 명령어를 저장한다. 일반적으로 명령어가 PC에 의해 지적된 메모리 위치로부터 명령어가 페치되면 그 PC는 다음 메모리 위치로 증가하게 되고 다음 명령어 페치를 준비하게 된다. 그러나 만약 명령어가 점프 명령이면, PC는 점프할 새로운 메모리 주소를 로딩하게 된다.

범용 마이크로프로세서 제어 유닛은 기본적으로 명령어 사이클이라고 불리는 세가지 주요 단계의 되풀이한다.

단계 1 : 명령어 페치

단계 2 : 명령어 디코딩

단계 3 : 명령어 수행

단계 1과 2는 각각 유한상태 머쉰(FSM)의 한 상태에서 수행된다. 단계 3에서는 비록 어떤 메모리 명령어는 두 개나 그 이상의 클럭 사이클을 필요하기도 하지만 대부분의 명령어들이 한 클럭 사이클에 수행된다. 따라서 타이밍을 맞추기 위해서는 몇 개의 상태를 요구하게 된다.

단계 1에서 명령어를 페치하기 위해서는 제어부가 단순히 PC에 의해 지적된 메모리 위치를 읽고 그 메모리 위치의 내용을 IR로 복재한다. 단계 2에서의 명령을 디코딩하기 위해, 제어 유닛은 명령 레지스터로부터(명령을 고유하게 식별 한) 연산코드 비트를 추출하고 그 명령을 실행하기 위해 할당 된 상태로 점프함으로써 현재 명령이 무엇인지를 결정한다. 특정 상태에 있으면, 제어 유닛은 적절한 제어 신호를 활성화함으로써 간단히 단계 3을 수행하여 그 명령을 실행하기 위해 데이터패스를 제어한다.

보통 프로그램을 위한 명령어들은 외부 메모리에 저장되므로 CPU 외에도 외부 메모리는 어드레스 버스와 데이터 버스를 통해 CPU에 연결된다. 따라서 단계 1(명령어 페치)은 일반적으로 제어 유닛이 어드레스 버스 상에 메모리 어드레스를 설정하고 외부 메모리에 그 메모리 위치로 부터 데이터 버스로 명령어를 출력하라고 하는 단계를 포함한다. 그 후, 제어 유닛은 데이터 버스로부터 그 명령어를 판독한다. 설계를 단순하게 유지하기 위해 외부 메모리 대신 메모리를 데이터패스의 일부로 포함하여 외부 메모리 액세스와 관련된 핸드 셰이킹 및 타이밍 문제에 대해 걱정하지 않아도 되게 한다.

8.2 EC-1 범용 마이크로프로세서

EC 컴퓨터(Enoch's Computer의 약자)의 최초의 버전은 아주 작고 할 수 있는 일이 제한적이었다. 그래서 이 범용 마이크로프로세서는 수동으로 설계하기가 매우 EC(쉬운이라는 뜻의 easy로 들림) 하다. 이 마이크로프로세서 수동 설계를 계속적으로 관리할 수 있게 하기 위해 변수의 숫자를 작게 하였다. 왜냐하면 이러한 변수가 유한상태 머신의 상태와 입력 신호의 수를 결정하고 이러한 인수들이 최소한으로 유지되어야 했다. 결국 이러한 컴퓨터의 수동 구축은 어떻게 범용 마이크로프로세서가 설계되고 어떻게 여러 구성요소가 결합되는지를 알려준다. 이러한 실습 이후에 더 높은 추상화 레벨에서의 HDL을 이용하여 설계하고 자동 HDL 합성기(synthesizer)를 사용하는 것이 좋다.

우리는 먼저 EC-1 컴퓨터를 위한 범용 마이크로프로세서를 수동으로 설계할 것이다. 그런 다음 이 마이크로프로세서 외부 입출력 장치와 연결하고 개발 보드위의 FPGA(field-programmable gate array) 칩에 완전한 컴퓨터를 구현할 것이다. 명령어 셋에서 가능한 몇 개의 명령어를 사용하여 EC-1에서 실행할 기계어로 프로그램을 작성하고 그것이 제대로 동작하는지를 확인할 것이다.

8.2.1 명령어 셋

EC-1 범용 마이크로프로세서 수행 가능한 명령어들과 그에 따른 인코딩이 그림 8.2에 정의되어 있다. 명령어 열에는 어셈블리 언어로 된 프로그램을 작성할 때의 명령어에 사용할 구문과 니모닉(mnemonic)이 표시된다. 인코딩 열에는 명령어에 대해 정의된 2진 인코딩이 표시되고, 연산 열에는 명령어의 작업이 표시된다.

그림 8.2에서 볼 수 있듯이 EC-1'의 명령어 셋은 단지 5개의 명령어만 있다. 이 다섯 개의 명령어를 인코딩하려면 연산코드는 3비트가 필요하므로 최대 8개까지 조합이 가능하다. 인코딩 열에 표시된 것처럼 최상위 3비트들이 명령어에 주어진 연산코드이다. 예를 들어, IN A 명령어를 위한 연산코드는 011이고, OUT A를 위한 연산코드는 100 등이다. 세 가지 인코딩인 000, 001과 010은 정

Instruction	Encoding	Operation	Comment
IN A	011 ×××××	$A \leftarrow Input$	Input to A
OUT A	100 ×××××	$Output \leftarrow A$	Output from A
DEC A	101 ×××××	$A \leftarrow A - 1$	Decrement A
JNZ address	110 ×aaaa	IF (A ! = 0) THEN PC = aaaa	Jump to address if A is not zero
HALT	111 ×××××	Halt	Halt execution

Notations:

A = accumulator

PC = program counter

aaaa = four bits for specifying a memory address

× = don't-cares

그림 8.2 EC-1의 명령어 셋.

의되지 않았고 “비 동작”(NOP) 명령어로 사용될 수 있다. 각 명령어의 길이가 8 비트로 고정되어 있기 때문에, 마지막 다섯 비트는 JNZ(Jump not Zero) 명령어를 제외하고는 모든 명령어에 대해서 사용되지 않는다. 일반적으로보다 광범위한 명령어 세트의 경우 이러한 추가 비트는 오퍼랜드 비트로 사용되어 사용할 레지스터 또는 기타 리소스를 지정한다. 우리의 경우에는 JNZ 명령어만이 마지막 4비트를 메모리에서 점프할 주소를 특정하기 위해 aaaa로 표시되어 사용한다.

이 IN A 명령어는 데이터 입력 포트 *Input*으로부터 8비트의 값을 받아서 그것을 누산기(Accumulator)(A)에 저장한다. 누산기는 데이터 동작을 수행하기 위한 8 비트의 레지스터이다. OUT A 명령어는 3-상태 버퍼가 누산기의 내용을 출력 포트 *Output*로 출력할 수 있다. DEC A 명령어는 A의 내용을 1감소하여 그것을 다시 A에 저장한다. JNZ 명령어는 A의 값이 0인지 아닌지를 확인한다. 만약 A가 0이면, 아무 일도 발생하지 않고 A가 0이 아니면 명령어의 가장 낮은 자리 4비트 aaaa가 PC에 로드 된다. 이 값이 PC에 로드 될 때, PC에 저장된 값이 다음 페치 동작을 위한 메모리 위치이기 때문에 이 새로운 메모리 주소로 점프를 하게 된다. 마지막으로 HALT 명령은 재설정 될 때까지 제어 유닛이 정지 상태로 무기한 유지되어 CPU를 정지시킨다.

8.2.2 데이터패스

EC-1 범용 마이크로프로세서에 대한 명령어 셋을 정의했으므로, 이제 모든 명령어에 의해 정의되는 모든 동작을 수행하기 위한 맞춤형 데이터패스를 설계할 준비가 되어있다. 이 EC-1을 위한 맞춤형 데이터패스가 그림 8.3에 보였다.

데이터패스는 3개의 분리된 부분으로 볼 수 있다: (1) 명령어를 페치하고 PC를 증가시키거나 로딩 하는 명령어 사이클 동작을 수행하는 부분, (2) 메모리와 (3) 명령어 셋의 모든 명령어에 대해 데이터 작업 동작을 수행하는 부분, 명령어 사이클 동작을 수행하는 데이터패스의 부분은 기본적으로 명령어 레지스터(IR)과 프로그램 카운터(PC)를 포함한다. 명령어의 비트 길이는 IR의 사이즈를 결정하게 되는데 반면에 주소지정이 가능한 메모리 위치가 PC의 사이즈를 결정한다. 이 데이터패스에 대해 각각 8비트 길이를 가진 16개의 위치를 가진 메모리를 원하기 때문에 우리는 4비트의 주소($2^4 = 16$)가 필요하다.

따라서 PC가 4비트 길이이면 IR은 8비트 길이가 된다. 4비트 증가 장치가 PC를 1씩 증가시키기 위해 사용된다. 이 PC는 메모리에서 다음 명령어를 위해

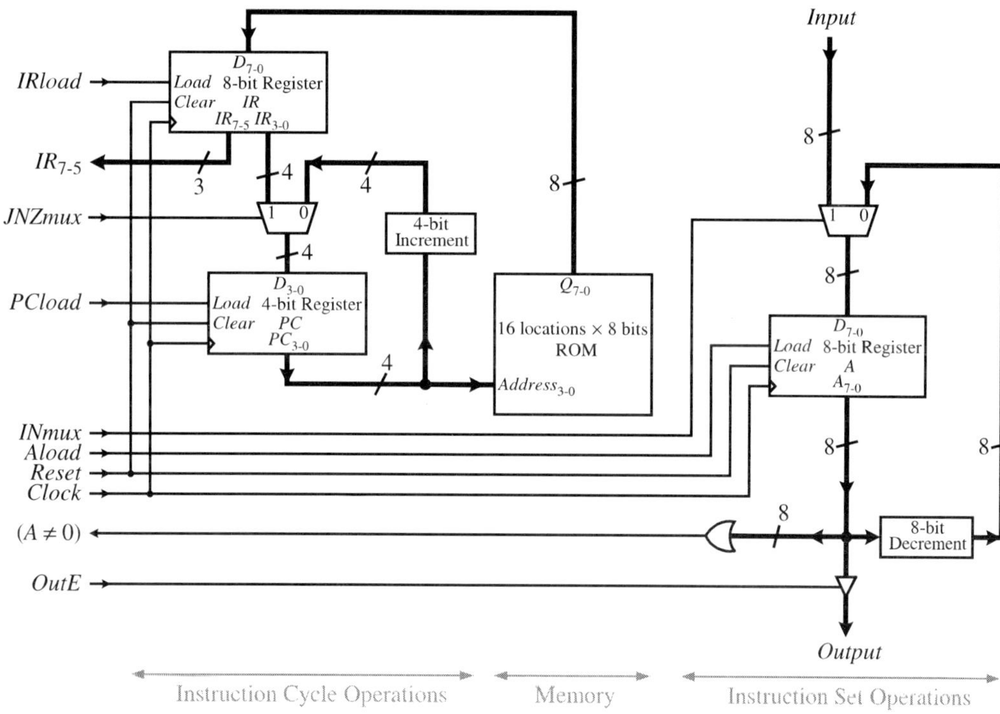

그림 8.3 EC-1의 데이터패스.

증가 장치의 결과나 JNZ 명령어로부터 4비트 주소로 로드 될 필요가 있다. 따라서 이를 위해 2×1 멀티플렉서가 필요하다. 이 멀티플렉서의 한 입력은 증가 장치로 부터이고 다른 하나의 입력은 IR 비트의 최하위 4비트인 $IR_{3\text{-}0}$로부터 이다.

외부 메모리를 가지는 대신에 우리의 첫 설계를 단순화하기 위해 데이터패스의 일부를 메모리로 포함한다. 이러한 설계에서는 메모리는 16개 위치×8비트 폭의 ROM이다. 명령어 세트에는 메모리에 쓰는 명령어가 없으므로 RAM 대신 ROM을 사용한다.

PC의 출력이 곧 바로 4-비트 메모리 주소 선에 연결되는데 이는 메모리 위치가 항상 PC의 내용에 의해 결정되기 때문이다. 8비트 메모리 출력 $Q_{7\text{-}0}$는 명령어 페치를 실행하기 위해 IR의 입력에 연결되어 진다.(명령어 사이클의 단계 1). 이 메모리의 구성은 5.14.1에서 논의되었다.

명령어 셋 동작을 수행하기 위한 데이터패스의 부분은 누산기 A를 위한 8비트 레지스터와 8비트 감소 장치를 포함한다. 2×1 멀티플렉서는 누산기의 입력을 선택하기 위해 사용된다. IN A 명령어의 경우, 누산기로의 입력은 데이터 입력 포트인 *Input*로부터 온다. 반면에 DEC A 명령어의 경우에는 이 입력은 *A*의 감소를 수행하는 감소 장치의 출력으로부터 온다. 누산기의 출력은 3-상태 버퍼를 거쳐 데이터 출력 포트인 *Output*에 연결된다. JNZ 명령어는 $A \neq 0$인 조건을 테스트하기 위해 누산기의 출력에 연결된 8 입력 OR 게이트가 필요하다. JNZ 명령어의해 요구되는 실제 동작은 *IR*의 가장 아랫자리 4비트를 *PC*에 로드 하는 것이다. HALT 명령어는 어떤 특정한 데이터패스 행위를 요구하는 않는다. 단지 *Halt* 신호를 활성화해서 외부세계에 프로그램이 끝났다는 것을 알려주도록 한다.

맞춤형 데이터패스에 대한 제어 워드는 6개의 제어 신호를 가진다: *IRload*, *PCload*, *INmux*, *Aload*, J*NZmux*,와 *OutE*이다. 데이터패스는 두 가지 상태 신호인 $IR_{7\text{-}5}$와 $A \neq 0$을 제어 유닛에 제공한다. 연산코드를 형성하는 세 *IR* 비트인 $IR_{7\text{-}5}$는 명령어 디코딩 동작을 위해 제어부로 보내진다(명령어 사이클의 단계 2). 명령어 사이클 동작을 수행하기 위한 제어 워드와 명령어 셋 동작은 다음 절에서 논의될 것이다.

8.2.3 제어 유닛

제어 유닛의 상태도는 그림 8.4(a)에 표시되며, 실행되는 동작 각 상태에서 활성화되는 제어신호는 그림 8.4(b)에 표시된다.

Fetch 상태 000에서 *IRload* 신호를 활성화해서 *PC*가 지정한 위치에서 메모리 내용으로 *IR*이 로딩된다. 또한 이 상태에서 *PC*는 1 증가하고 그 결과 *PCload* 신호를 활성화하여 *PC*로 다시 로딩하게 된다. 그림 8.4(d)에 나타난 출력 표에서, 이러한 두 활성화는 제어 워드 1에 대하여 *IRload*와 *PCload* 열 아래의 두 1로 표시된다. *PC*는 다음 클럭 사이클까지 증가된 값으로 업데이트되지 않기 때문에 동일한 사이클에서 *IRload*와 *PCload*가 함께 활성화할 때 타이밍 충돌이 발생하지 않으며, 그리고 그때 *IR*은 이미 새롭게 패치 된 명령어로 적혀진다. 이것은 한 클럭 사이클에서 메모리를 평가 할 수 있을 경우에만 정확하다.

페치 후에 FSM은 조건없이 *Decode* 상태로 간다. *Decode* 상태에서 FSM은 *IR*의 최하위 3개 비트, $IR_{7\text{-}5}$를 테스트하고 그 명령어를 실행하기 위한 3비트 연산 코드에 의해 인코딩되어서 상응하는 상태로 가게 된다. 연산코드 비트의 테스팅은 어떤 데이터패스 동작도 포함하지 않고 이 상태에 대한 출력 표에서의 그 제어 워드는 모두 0을 포함한다.

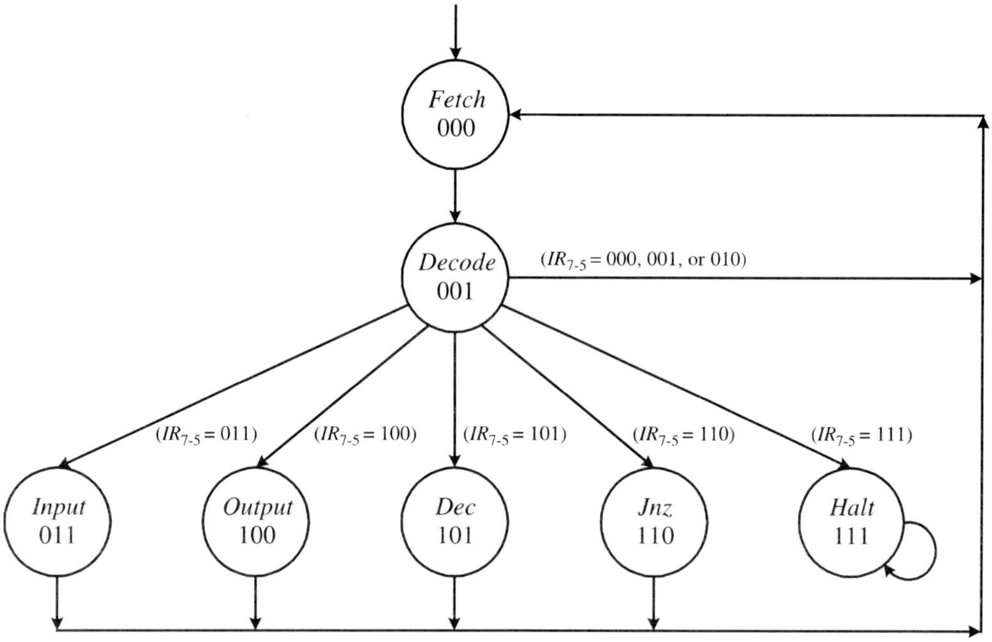

(a)

Current State $Q_2Q_1Q_0$	Next State (Implementation) $Q_{2next}Q_{1next}Q_{0next}$ $(D_2D_1D_0)$							
	IR_7, IR_6, IR_5							
	000 NOP	**001** NOP	**010** NOP	**011** INPUT	**100** OUTPUT	**101** DEC	**110** JNZ	**111** HALT
000 *Fetch*	001	001	001	001	001	001	001	001
001 *Decode*	000	000	000	011	100	101	110	111
011 *Input*	000	000	000	000	000	000	000	000
100 *Output*	000	000	000	000	000	000	000	000
101 *Dec*	000	000	000	000	000	000	000	000
110 *Jnz*	000	000	000	000	000	000	000	000
111 *Halt*	111	111	111	111	111	111	111	111

(b)

그림 8.4 EC-1에 대한 제어 유닛: (a) 상태도 (b) 다음상태 (구현) 표 (c) 다음상태 방정식 (d) 제어 워드 및 출력 표 (e) 출력 방정식 (f) 회로.

(다음페이지에 계속)

$$Q_{2next} = D_2 = Q_2'Q_1'Q_0IR_7 + Q_2Q_1Q_0$$
$$Q_{1next} = D_1 = Q_2'Q_1'Q_0(IR_6IR_5 + IR_7IR_6) + Q_2Q_1Q_0$$
$$Q_{0next} = D_0 = Q_2'Q_1'Q_0' + Q_2'Q_1'Q_0(IR_6IR_5 + IR_7IR_5) + Q_2Q_1Q_0$$

(c)

Control Word	State $Q_2Q_1Q_0$	*IRload*	*PCload*	*INmux*	*Aload*	*JNZmux*	*OutE*	*Halt*
1	000 *Fetch*	1	1	0	0	0	0	0
2	001 *Decode*	0	0	0	0	0	0	0
3	011 *Input*	0	0	1	1	0	0	0
4	100 *Output*	0	0	0	0	0	1	0
5	101 *Dec*	0	0	0	1	0	0	0
6	110 *Jnz*	0	IF ($A \neq 0$) THEN 1 ELSE 0	0	0	1	0	0
7	111 *Halt*	0	0	0	0	0	0	1

(d)

$$IRload = Q_2'Q_1'Q_0'$$
$$PCload = Q_2'Q_1'Q_0' + Q_2Q_1Q_0'(A \neq 0)$$
$$INmux = Q_2'Q_1Q_0$$
$$Aload = Q_2'Q_1Q_0 + Q_2Q_1'Q_0$$
$$JNZmux = Q_2Q_1Q_0'$$
$$OutE = Q_2Q_1'Q_0'$$
$$Halt = Q_2Q_1Q_0$$

(e)

그림 8.4 EC-1에 대한 제어 유닛: (a) 상태도 (b) 다음상태(구현) 표 (c) 다음상태 방정식 (d) 제어 워드 및 출력 표 (e) 출력 방정식 (f) 회로.

(다음페이지에 계속)

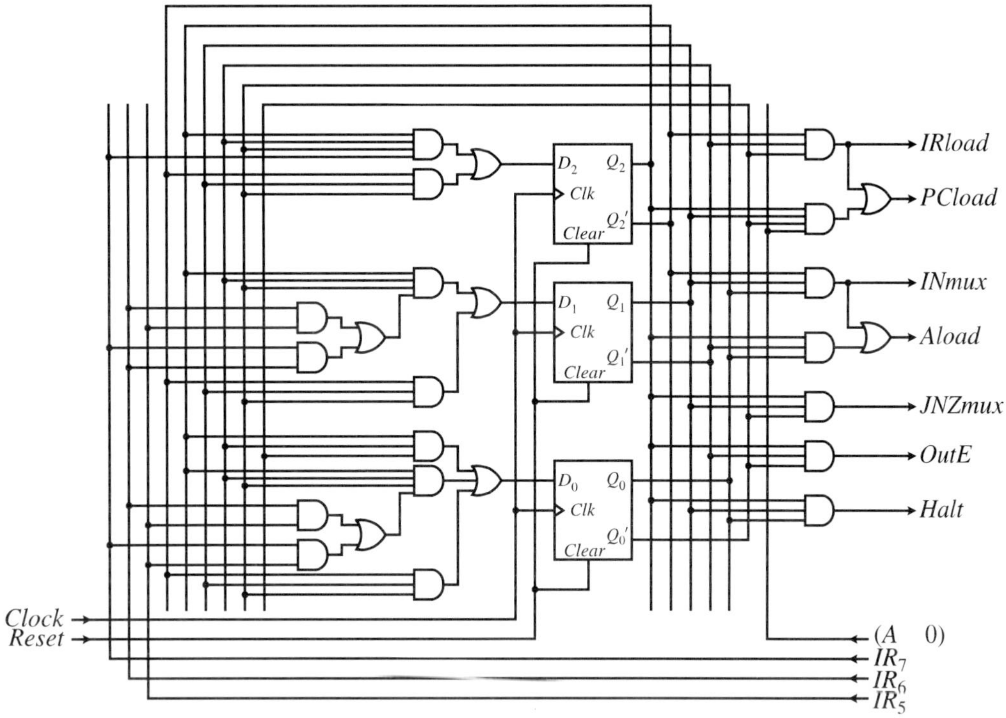

(f)

그림 8.4 EC-1에 대한 제어 유닛: (a) 상태도 (b) 다음상태(구현) 표 (c) 다음상태 방정식 (d) 제어 워드 및 출력 표 (e) 출력 방정식 (f) 회로.

5개의 명령어가 그에 따른 상태를 수행하면, 데이터패스에 대한 적당한 제어 신호가 활성화되어 그 명령을 실행하게 된다. 예를 들어서, IN A 명령어는 입력 멀티플렉서에 대하여 *INmux* 신호를 1로 세팅할 것을 요구하고 입력 값을 *A* 에 로딩하기 위해 *Aload* 신호를 1로 세팅한다. 입력 명령어가 정확한 값을 읽기위해서는 CPU를 리세팅하기 전에 입력값이 먼저 셋업되어야 한다.

나아가 *Input* 상태가 Enter 키 신호를 기다리지 않고 다중 입력 명령어가 나타나면 오직 한 값만 읽어 들여질 수 있다. 이러한 제한의 이유는 FSM 클럭 스피드가 매우 빨라서 사용자가 입력 명령어 사이에 입력 값을 바꿀 충분한 시간이 없기 때문이다. OUT A 명령어는 단순히 출력 3-상태 버퍼에 대한 인에이블 신호를 활성화한다. DEC A 명령어는 *INmux*가 0으로 *Aload*를 1로 세팅하도록 요구해서 감소 unit으로부터 출력이 누산기에 되돌아와서 로딩되도록 한다. 그림 8.4(d)에서 보인 출력표에서의 제어 워드 3에서 5는 이러한 제어 신호의 활성화를 보여준다.

JNZ 명령어는 IR의 4자리 어드레스 즉, IR_{3-0}를 PC로 라우팅라는 $JNZmux$ 신호를 활성화한다. PC가 사실상 $A \neq 0$의 상태 신호의 조건에 따라 새로운 주소로 로딩된다. 따라서 $PCload$ 제어신호는 만약 $A \neq 0$ 일 때만 활성화되어서 1이 된다. 만약 우리가 무어 FSM 모델을 사용한다면 FSM은 JNZ 명령어를 위해 두가지 상태를 요구할 것이다: $A \neq 0$인 상태신호에 기반을 두어 조건적으로 $PCload$를 활성화하는 것에 대해 미리 FSM 모델을 사용한다면 즉, 한 상태보다 edge에서 $PCload$ 신호를 활성화한다면, JNZ 명령어를 실행하기 위해 단 하나의 상태만 필요하다. 이렇게 하기 위해 그림 8.4(d)에 보인 출력표에 대해 직접 유도되어 출력 등식으로 그림 8.4(e)에 보여 진다.

마지막으로 다음 상태식과 출력식에 기반을 두어 제어부에 대한 회로를 유도할 수 있다. EC-1 범용 마이크로프로세서 대한 전체(완전한) 제어부 회로는 그림 8.4(f)에 보이고 있다.

8.2.4 전체 회로

그림 8.5에 보인 EC-1 범용 마이크로프로세서 대한 전체 회로는 지정된 제어 및 상태 신호를 사용하여 그림 8.3으로부터 데이터패스와 그림 8.4(f)로부터의 제어 유닛을 연결함으로서 구성되어진다. EC-1 범용 마이크로프로세서 대한 전체 도식도와 HDL 코드는 이 책의 웹사이트에서 다운로드 될 수 있다.

8.2.5 샘플 프로그램

7장에서 논의된 전용 마이크로프로세서는 마이크로프로세서의 하드웨어 회로에 내장된 알고리즘을 가지고 있다. 반면에 범용 마이크로프로세서는 내장 알고리즘을 가지고 있지 않다. 범용 마이크로프로세서는 단지 메모리로부터 페치된 프로그램 명령어를 수행만 하도록 설계되어 있다. 따라서 EC-1 컴퓨터를 테스트하기 위해 우리는 명령어 셋에서 사용 가능한 명령어를 사용하여 프로그램을 작성하고 이 프로그램을 메모리에 로딩한다.

그림 8.2와 같이 EC-1 명령어 세트에는 5개의 명령어 만 정의되어 있다. 샘플 프로그램의 경우, 이 다섯 가지 명령어를 사용하여 카운트다운 프로그램을 작성하여 숫자를 입력 한 다음 이 입력 번호에서 0으로 카운트 다운한다. 이러한 프로그램이 그림 8.6(a)에 나와 있다. EC-1에서는 컴파일러가 없기 때문에 이 프로

그램을 수동으로 컴파일 해야한다. 이 프로그램의 바이너리 실행 코드는 그림

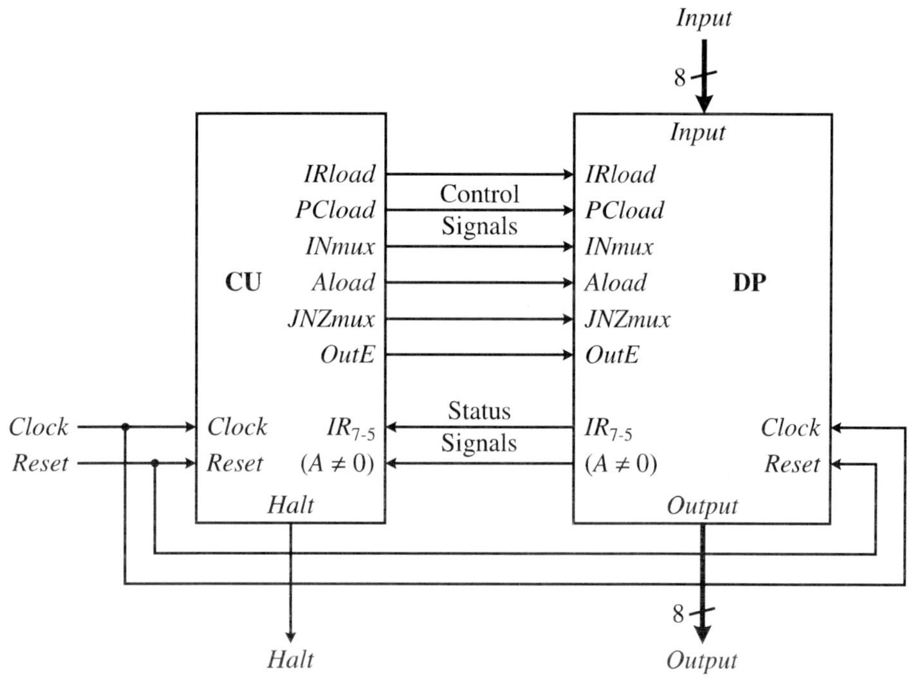

그림 8.5 EC-1 범용 마이크로프로세서를 위한 완성 회로.

```
        IN A        -- input a value into the A register
loop:   OUT A       -- output the value from the A register
        DEC A       -- decrement A by one
        JNZ loop    -- go back to loop if A is not zero
        HALT        -- halt
```

(a)

```
memory         instruction
address        encoding
0000           01100000;     -- IN A
0001           10000000;     -- OUT A
0010           10100000;     -- DEC A
0011           11000001;     -- JNZ 0001
0100           11111111;     -- HALT
```

(b)

그림 8.6 EC-1에서 실행되는 카운트다운 프로그램: (a) 어셈블리 코드 (b) 2진 실행 코드.

8.6(b)에 나와있다. 2진 코드는 그림 8.2에 나열된 것처럼 각 명령어를 해당 3 비트 연산코드로 교체 한 다음 오퍼랜드에 대해 5비트를 가져온다. JNZ 명령어를

제외한 어떤 명령어도 이 5개의 오퍼랜드 비트를 사용하지 않으므로 0 또는 1을 사용할 수 있다. 그림 8.2에서 IN A 명령어의 연산코드는 011임을 알 수 있다 : 따라서 이 첫 번째 명령어의 인코딩은 01100000이다. 유사하게 OUT A 명령어의 연산코드는 100이다: 따라서 사용된 인코딩은 10000000이다.

JNZ 명령어의 경우, 4 개의 최하위 비트는 그 조건이 참일 때 점프 할 메모리 주소를 나타낸다. 이 예를 위해 메모리 위치 0000에 첫 번째 명령어 IN A를 넣자. JNZ 명령어가 메모리 위치 0001에 저장된 두 번째 명령어 OUT A로 점프하기 때문에 JNZ 명령어의 4개 주소 비트는 0001이다. JNZ 명령어에 대한 연산코드는 110이므로 전체 JNZ 명령어의 인코딩은 11000001이다.

일반적으로 메모리가 CPU 외부에 있으면 컴퓨터(운영 체제의 도움으로)는 프로그램 명령을 메모리에 독립적으로 로드 하는 수단을 제공한다. 그러나 디자인을 단순하게 유지하기 위해 데이터패스 내에 메모리를 CPU의 일부로 포함 시켰다. 또한 메모리에 명령을 별도로 로드하기 위한 운영 체제가 없다. EC-1 설계에서는 카운트다운 프로그램 명령어로 이미 초기화 된 메모리로 단순한 ROM을 사용하기로 했다. 프로그램 명령어가 내장 된 ROM의 전체 토론 및 HDL 코드에 대해서는 5.14.1절을 참조하라. 프로그램은 ROM과 함께 합성되므로 프로그램을 변경할 때마다 전체 시스템을 재 합성해야한다.

8.2.6 시뮬레이션

그림 8.7은 EC-1의 샘플 시뮬레이션을 보여 주며 *Output* 신호의 입력 3으로부터 시작된다.

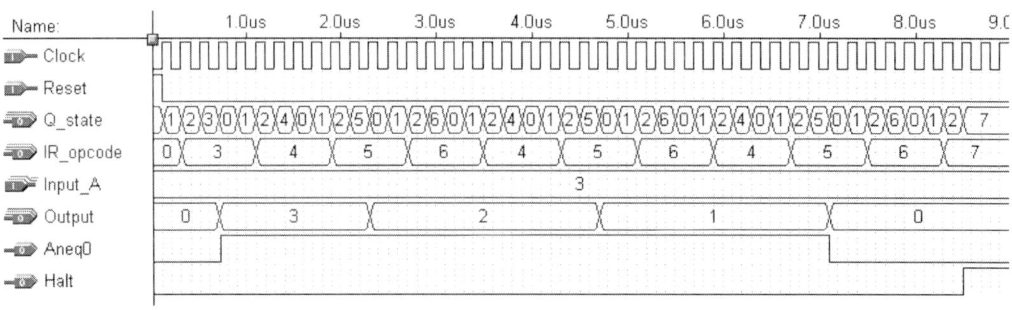

그림 8.7 입력 3에서 시작하여 EC-1에서 실행되는 카운트다운 프로그램의 샘플 시뮬레이션 트레이스.

8.2.7 하드웨어 구현

컴퓨터 시스템은 마이크로프로세서 뿐만 아니라 메모리, 입력 및 출력 장치를 포함한다. 지금까지 그림 8.5와 같이 내장 메모리로 범용 마이크로프로세서 구성했다. 자체 EC-1 마이크로프로세서 작동을 보려면 입력 및 출력 장치에 연결해야 한다.

그림 8.8은 EC-1 마이크로프로세서와 FPGA 개발 보드의 입력 및 출력 장치 사이의 인터페이스를 보여준다. 입력 장치는 8개의 스위치로 구성되며 출력 장치에는 7세그먼트 LED 디스플레이가 있다. 마이크로프로세서 8비트 2진수를 출력하기 때문에 8비트 2진수를 3개의 BCD(2진 코드 10진수) 숫자로 변환하는 변환기가 필요하다. 이 변환기를 사용하면 출력을 3자리의 10진수로 볼 수 있다. 이 BCD 변환기의 HDL 코드에 대해서는 문제 3.34를 참조하라. 이 변환기의 HDL 코드는 이 책의 웹 사이트에서도 제공된다. 마이크로프로세서 프로그램 실행을 완료했음을 알리기 위해 단일 LED가 *Halt* 신호에 연결된다. 푸시 버튼은 리셋 신호에 연결되어 마이크로프로세서를 재설정한다. 클럭 디바이더 회로는 클럭 주파수를 늦춰서 프로그램이 실행되는 것, 즉 실제로 숫자가 카운트 다운되는 것을 볼 수 있게 한다. 그렇지 않으면 카운트다운이 너무 빨리 끝나서 디스플레이에 마지막 숫자 0만 표시된다. 프로그램을 실행하려면 먼저 8개의 스위치에 2진 입력 번호를 설정 한 다음 *Reset* 버튼을 누른다. 카운트다운은 입력 번호로 시작한다. 카운트다운이 0에 도달하면 프로그램이 중지되고 *Halt* 표시등이 켜진다.

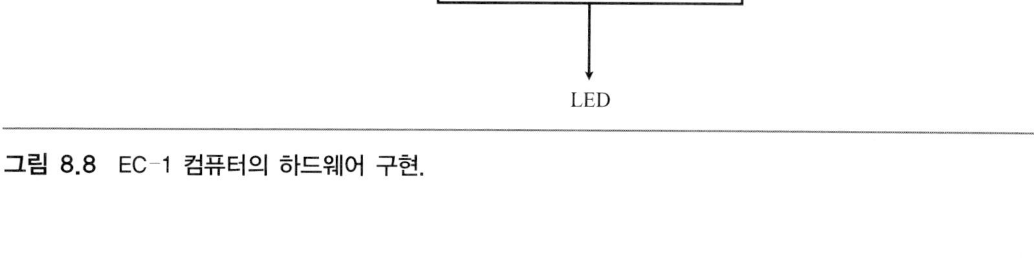

그림 8.8 EC-1 컴퓨터의 하드웨어 구현.

8.3 EC-2 범용 마이크로프로세서

다음 예에서는 EC 컴퓨터의 두 번째 버전 인 EC-2 범용 마이크로프로세서를 설계한다. 두 번째 버전에서는 몇 가지 명령어를 추가했으며, 데이터를 메모리에 로드하고 저장할 수 있게 된다.

8.3.1 명령어 셋

EC-2 범용 마이크로프로세서 대한 명령어 셋은 그림 8.9와 같이 8개의 명령어가 있다. 명령어 8개를 유지하여 여전히 3비트만을 사용하여 인코딩 할 수 있다.

LOAD 명령어는 지정된 주소의 메모리 내용을 누산기 A로 로드된다. 그 주소는 명령어 5개의 최하위 비트에 의해 지정된다. STORE 명령어는 지정된 주소의 메모리에 A 값을 저장한다는 점을 제외하고 LOAD 명령어와 유사하다. ADD 및 SUB

Instruction	Encoding	Operation	Comment
LOAD A, address	000 aaaaa	$A \leftarrow M[\text{aaaaa}]$	Load A with content of memory location aaaaa
STORE A, address	001 aaaaa	$M[\text{aaaaa}] \leftarrow A$	Store A into memory location aaaaa
ADD A, address	010 aaaaa	$A \leftarrow A + M[\text{aaaaa}]$	Add A with M[aaaaa] and store result back into A
SUB A, address	011 aaaaa	$A \leftarrow A - M[\text{aaaaa}]$	Subtract A with M[aaaaa] and store result back into A
IN A	100 ×××××	$A \leftarrow Input$	Input to A
JZ address	101 aaaaa	IF $(A = 0)$ THEN PC = aaaaa	Jump to address if A is zero
JPOS address	110 aaaaa	IF $(A \geq 0)$ THEN PC = aaaaa	Jump to address if A is zero or a positive number
HALT	111 ×××××	Halt	Halt execution

Notations:

A = accumulator

M = memory

PC = program counter

aaaaa = five bits for specifying a memory address

× = don't cares

그림 8.9 EC-2의 명령어 셋.

명령어는 A 의 내용을 각각 메모리 위치에 있는 내용으로 더하고 빼서 결과를 다시 A 에 저장한다. IN 명령어는 데이터 입력 포트, Input에서 값을 입력하여 A 에 저장한다. A 가 0인 경우 JZ(Jump if Zero) 명령은 지정된 주소로 PC를 로드 한다. 새 주소로 PC를 로드하면 CPU가 이 새 메모리 위치로 이동한다. A 가 0이거나 양수인 경우 JPOS(Jump if Positive) 명령은 지정된 주소로 PC를 로드한다. A 의 값은 2의 보수 부호있는 숫자로 간주되므로 양수는 숫자의 최상위 비트가 0인 숫자이며 숫자 0을 포함한다. 마지막으로 HALT 명령은 CPU를 정지시킨다. 누적기 A 의 값은 출력으로 연속적으로 전송되므로 출력 명령이 필요하지 않다.

8.3.2 데이터패스

EC-2의 맞춤형 데이터패스는 그림 8.10에 나와 있다. 명령 사이클 동작을 수행하기 위한 데이터의 부분은 명령 레지스터(IR), 프로그램 카운터(PC) 및 PC를 증가시키기 위한 증가장치를 갖는 EC-1의 부분과 유사하다. 둘 사이의 작은 차이는 PC의 크기와 증가부에 있다. EC-2의 경우 32개 위치의 메모리가 필요하므로 메모리 주소, PC 크기 및 증가장치는 모두 너비가 5비트이어야 한다.

데이터패스의 부분에 대한 주요 수정 사항은 두 번째 2대1 멀티플렉스 의 추가이고 이것이 PC의 출력과 메모리 주소 입력 사이에 연결된다. 이 멀티플렉서의 한 입력은 PC에서 오고 다른 입력은 IR의 5개의 가장 낮은 비트인 $IR_{4\text{-}0}$ 에서 온다. 그 이유는 메모리에 액세스 할 수 있는 두 가지 다른 유형의 작업이 있기 때문이다. 첫 번째는 여전히 페치 조작을 위한 것이며, 여기서 메모리 주소는 PC의 내용에 의해 제공된다. 두 번째 유형은 4개의 명령어(LOAD, STORE, ADD 및 SUB)에 대한 것이며, 여기서 메모리를 오퍼랜드로 사용한다. 이 네 가지 명령어의 메모리 주소는 IR의 다섯 최하위 비트, $IR_{4\text{-}0}$ 이다. 이 멀티플렉서의 선택 신호는 $Meminst$이다.

EC-2의 메모리 크기가 32개 위치로 증가하므로 5개 주소비트가 필요하게 된다. 메모리는 여전히 CPU의 독립 외부 장치가 아닌 데이터패스의 일부로 포함된다. 또한 메모리에는 별도의 읽기 및 쓰기 데이터 포트가 있으므로 양방향 데이터 버스가 필요하지 않는다. A 의 값을 메모리에 저장하기 위한 STORE 명령을 수용하려면 EC-1내의 ROM 대신에 RAM을 사용할 필요가 있다. 이러한 동작을

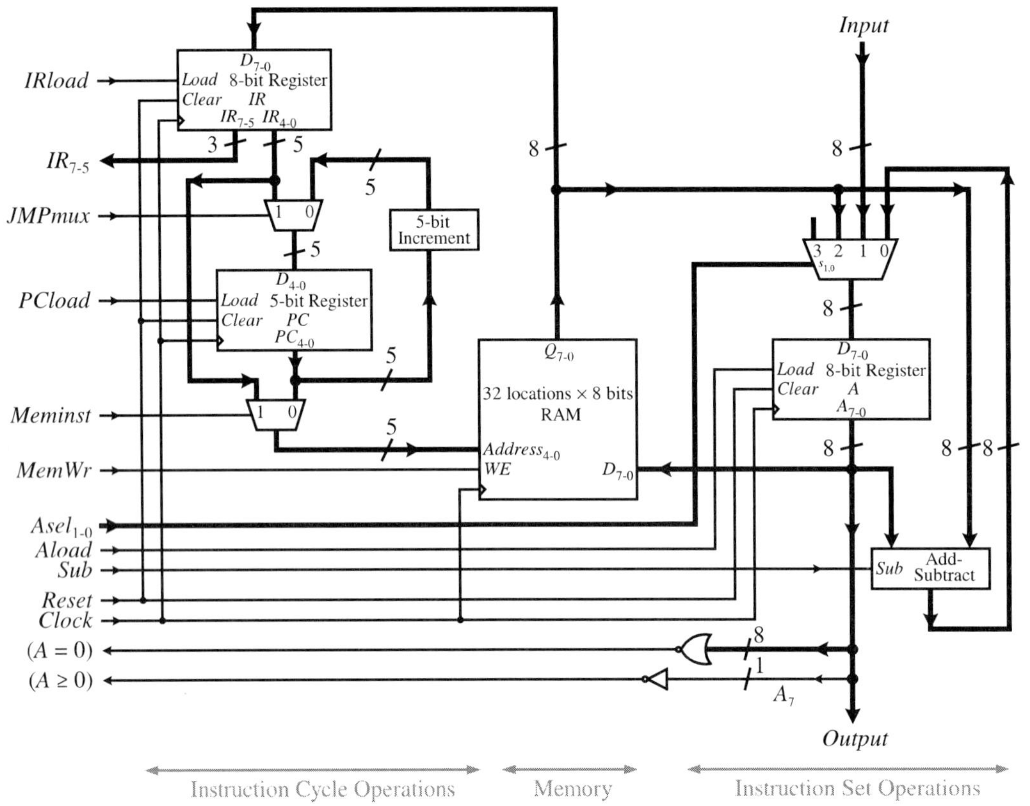

그림 8.10 EC-2의 데이터패스.

구현하기 위해, 누산기 A의 출력은 메모리 데이터 입력, D_{7-0}에 연결된다. 신호 *MemWr*은 활성화 될 때 메모리가 레지스터 A의 값을 명령의 주소로 지정된 위치에 쓰도록 한다.

Q_{7-0}의 메모리 출력은 IR 입력과 4대1 멀티플렉서를 통해 누산기 A의 입력에 연결된다. IR에 대한 연결은 EC-1 설계에서와 마찬가지로 페치 작업을 위한 것이다. 누산기에 대한 연결은 메모리 내용이 A에 로드되는 LOAD 명령을 수행하는 것이다. 메모리는 A에 로드된 두 개의 다른 소스 중 하나의 소스 이므로 멀티플렉서가 필요하다. 이 RAM의 구성은 5.14.2 절에서 논의되었다.

명령어 셋 동작을 수행하기 위한 데이터패스의 부분은 8비트 누산기 A, 8비트 가산기-감산기 조합 장치 및 4대1 멀티플렉서를 포함한다. 가산기-감산기 장치는 ADD 및 SUB 명령을 수행한다. *Sub* 신호는 활성화되면 감산 연산을 선택하고 비활성화되면 더하기 연산을 선택한다. 4대1 멀티플렉서를 사용하면 누산기 입력을 세 가지 소스 중 하나에서 가져올 수 있다. ADD 및 SUB 명령어의 경우 A 입력은 가산기-감산기 장치의 출력에서 나온다. IN 명령어의 경우 A 입력은 데이터 입력 포트 *Input*에서 가져온다. LOAD 명령의 경우 A 입력은 메모리 출력 $Q_{7\text{-}0}$에서 나온다. 이 멀티플렉서의 선택은 두 개의 신호 라인 $Asel_{1\text{-}0}$을 통해 이루어진다. 멀티플렉서의 네 번째 입력은 사용되지 않는다.

누산기의 출력은 출력 포트에 직접 연결되므로 누산기의 값은 항상 출력 포트에서 사용할 수 있다. 따라서 A로 값을 출력하기 위해 특정 출력 명령이 필요하지 않다.

두 개의 조건부 점프 명령 JZ 및 JPOS의 경우, 데이터패스는 두 개의 상태 신호($A=0$) 및 ($A \geq 0$)를 제공하는데 이는 두 비교기들로부터 생성된다. A의 값이 0이면($A=0$) 상태 신호는 1을 출력하므로 8-입력 NOR 게이트가 사용된다. 2의 보수 부호 숫자로 취급되는 A의 값이 0 또는 양수인 경우($A \geq 0$) 상태 신호는 1을 출력한다. 2의 보수 부호가 있는 숫자의 경우 선행 0은 양수를 의미하고 선행 1은 음수를 의미하므로 조건($A \geq 0$)은 단순히 비트 A_7 (A의 최상위 비트)의 부정 된 값이다.

이 맞춤형 데이터패스의 제어 워드에는 8개의 제어 신호 인 *IRload*, *JMPmux*, *PCload*, *Meminst*, *MemWr*, $Asel_{1\text{-}0}$, *Aloud* 및 *Sub*가 있지만 $Asel_{1\text{-}0}$는 두 비트를 가지기 때문에 9비트가 필요하다. 데이터패스는 3개의 상태 신호 $IR_{7\text{-}5}$,($A=0$) 및 ($A \geq 0$)를 제어 유닛에 제공한다. 연산코드를 형성하는 3개의 IR 비트, $IR_{7\text{-}5}$는 명령 디코딩 동작을 위해 제어 유닛으로 전송된다(명령 사이클의 단계 2). 명령 사이클 작업 및 명령에 셋 작업을 실행하기위한 제어 워드는 다음 절에서 설명한다.

8.3.3 제어 유닛

제어 유닛의 상태도는 그림 8.11(a)에 나와 있으며, 실행되는 동작, 특히 각 상태에서 활성화되는 제어 신호는 그림 8.11(d)에 나와 있다. 명령어를 실행하기위한 상태는 명령어 니모닉과 같은 이름으로 지정된다. 타이밍 목적으로 별도로 *Start* 상태가 추가된다. 이 설계의 디코드 상태는 해당하는 8개의 명령어를 실행하기 위해 8개의 다른 상태로 분기하여 8개의 연산코드를 디코딩 해야 한다. 이전과 마찬가지로, 연산코드의 디코딩은 IR의 최상위 세 비트인 $IR_{7\text{-}5}$에 의존한다.

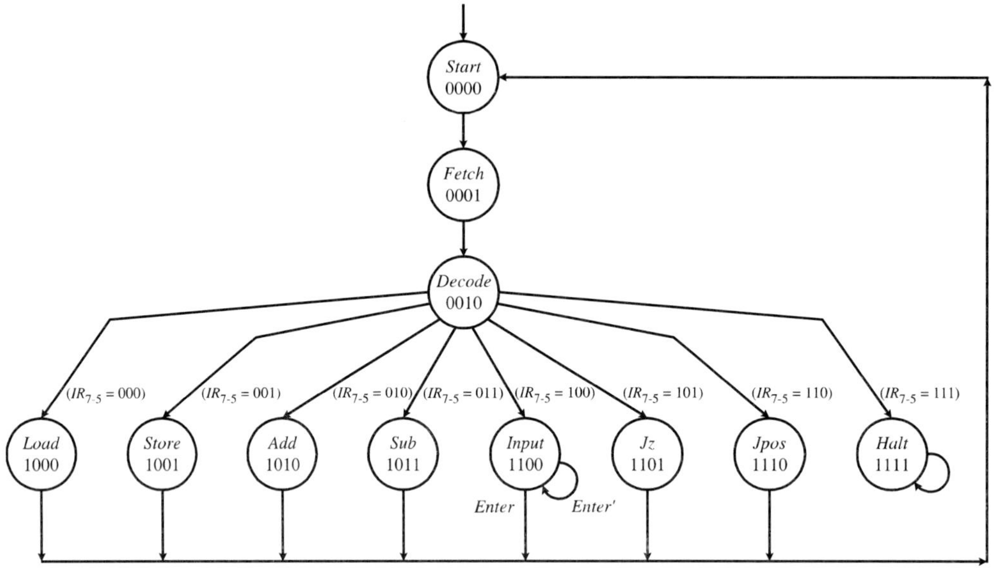

(a)

Current State $Q_3Q_2Q_1Q_0$	**Next State (Implementation)** $Q_{3next}Q_{2next}Q_{1next}Q_{0next}$ $(D_3D_2D_1D_0)$									
	IR_7, IR_6, IR_5								***Enter***	
	000 LOAD	**001** STORE	**010** ADD	**011** SUB	**100** INPUT	**101** JZ	**110** JPOS	**111** HALT	**0**	**1**
0000 *Start*	0001	0001	0001	0001	0001	0001	0001	0001		
0001 *Fetch*	0010	0010	0010	0010	0010	0010	0010	0010		
0010 *Decode*	1000	1001	1010	1011	1100	1101	1110	1111		
1000 *Load*	0000	0000	0000	0000	0000	0000	0000	0000		
1001 *Store*	0000	0000	0000	0000	0000	0000	0000	0000		
1010 *Add*	0000	0000	0000	0000	0000	0000	0000	0000		
1011 *Sub*	0000	0000	0000	0000	0000	0000	0000	0000		
1100 *Input*									1100	0000
1101 *Jz*	0000	0000	0000	0000	0000	0000	0000	0000		
1110 *Jpos*	0000	0000	0000	0000	0000	0000	0000	0000		
1111 *Halt*	1111	1111	1111	1111	1111	1111	1111	1111		

(b)

그림 8.11 EC-2에 대한 제어 유닛: (a) 상태도 (b) 다음상태(구현) 표 (c) 다음상태 방정식 (d) 제어 워드 및 출력 표 (e) 출력 방정식 (f) 회로.

(다음페이지에 계속)

$$Q_{3next} = D_3 = Q_3'Q_2'Q_1Q_0' + Q_3Q_2Q_1'Q_0'Enter' + Q_3Q_2Q_1Q_0$$
$$Q_{2next} = D_2 = Q_3'Q_2'Q_1Q_0'IR_7 + Q_3Q_2Q_1'Q_0'Enter' + Q_3Q_2Q_1Q_0$$
$$Q_{1next} = D_1 = Q_3'Q_2'Q_1'Q_0 + Q_3'Q_2'Q_1Q_0'IR_6 + Q_3Q_2Q_1Q_0$$
$$Q_{0next} = D_0 = Q_3'Q_2'Q_1'Q_0' + Q_3'Q_2'Q_1Q_0'IR_5 + Q_3Q_2Q_1Q_0$$

(c)

State $Q_3Q_2Q_1Q_0$	*IRload*	*JMPmux*	*PCload*	*Meminst*	*MemWr*	$Asel_{1\text{-}0}$	*Aload*	*Sub*	*Halt*
0000 *Start*	0	0	0	0	0	00	0	0	0
0001 *Fetch*	1	0	1	0	0	00	0	0	0
0010 *Decode*	0	0	0	1	0	00	0	0	0
1000 *Load*	0	0	0	1	0	10	1	0	0
1001 *Store*	0	0	0	1	1	00	0	0	0
1010 *Add*	0	0	0	1	0	00	1	0	0
1011 *Sub*	0	0	0	1	0	00	1	1	0
1100 *Input*	0	0	0	0	0	01	1	0	0
1101 *Jz*	0	1	$(A = 0)$	0	0	00	0	0	0
1110 *Jpos*	0	1	$(A \geq 0)$	0	0	00	0	0	0
1111 *Halt*	0	0	0	0	0	00	0	0	1

(d)

$$IRload = Q_3'Q_2'Q_1'Q_0$$
$$JMPmux = Q_3Q_2Q_1'Q_0 + Q_3Q_2Q_1Q_0'$$
$$PCload = Q_3'Q_2'Q_1'Q_0 + Q_3Q_2Q_1'Q_0(A = 0) + Q_3Q_2Q_1Q_0'(A \geq 0)$$
$$Meminst = Q_3'Q_2'Q_1Q_0' + Q_3Q_2'Q_1'Q_0' + Q_3Q_2'Q_1'Q_0 + Q_3Q_2'Q_1$$
$$MemWr = Q_3Q_2'Q_1'Q_0$$
$$Asel_1 = Q_3Q_2'Q_1'Q_0'$$
$$Asel_0 = Q_3Q_2Q_1'Q_0'$$
$$Aload = Q_3Q_1'Q_0' + Q_3Q_2'Q_1$$
$$Sub = Q_3Q_2'Q_1Q_0$$
$$Halt = Q_3Q_2Q_1Q_0$$

(e)

그림 8.11 EC-2에 대한 제어 유닛: (a) 상태도 (b) 다음상태(구현) 표 (c) 다음상태 방정식 (d) 제어 워드 및 출력 표 (e) 출력 방정식 (f) 회로.

(다음페이지에 계속)

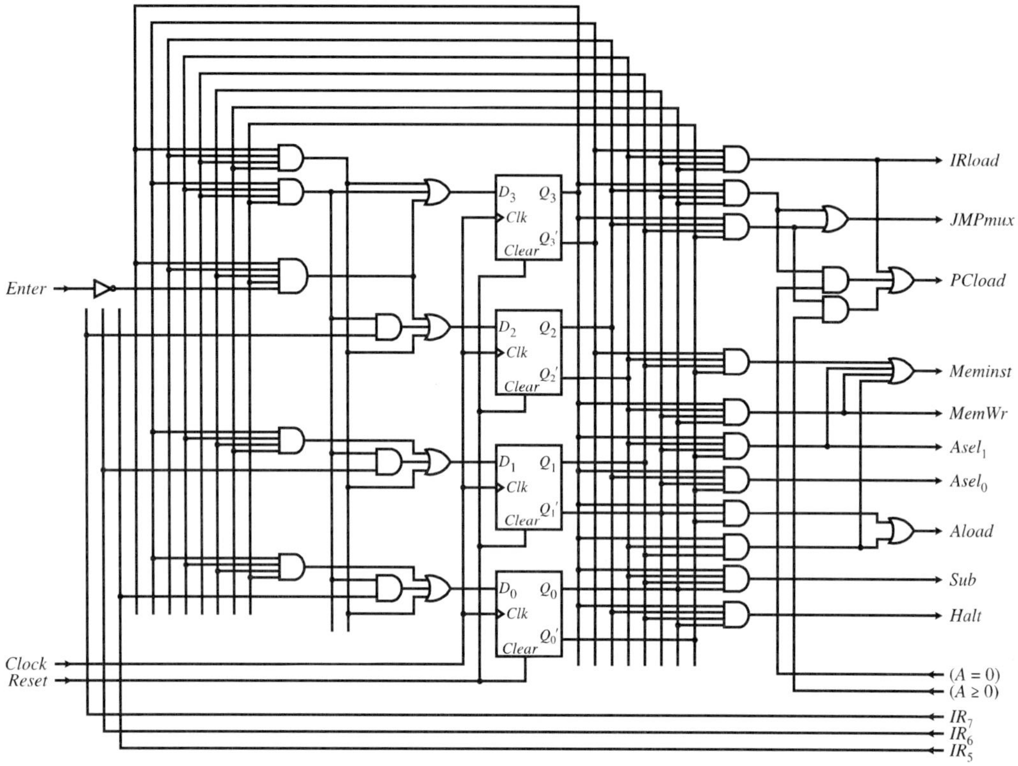

(f)

그림 8.11 EC-2에 대한 제어 유닛: (a) 상태도 (b) 다음상태(구현) 표 (c) 다음상태 방정식 (d) 제어 워드 및 출력 표 (e) 출력 방정식 (f) 회로.

이 제어 유닛의 중요한 타이밍 문제는 4가지 명령(LOAD, STORE, ADD 및 SUB)의 메모리 액세스와 관련이 있다. 문제는 이러한 명령어를 가져온 후 여야만 이러한 명령어의 메모리 위치 주소를 사용할 수 있다는 것이다. 또한, 명령을 디코딩 한 후 에만 제어 유닛은 메모리가 판독 될 필요가 있음을 알게 될 것이다. 실행 상태에서 메모리 주소를 변경하면 메모리가 명령을 작동시킬 값을 출력 할 시간이 충분하지 않다.

일반적으로 명령어에 오퍼랜드 중 하나에 대한 메모리 액세스가 필요한 경우 추가 메모리 읽기 상태가 *Decode* 상태와 *Execute* 상태 사이로 삽입되어야 한다. 이런 식으로, 메모리는 다음 클럭 사이클에서 동작 할 명령에 대한 데이터를 출력하기 위해 1 클럭 사이클을 가질 것이다. 이것은 메모리가 읽기 연산을 위해 하나의 클럭 사이클만을 필요로 한다고 가정한다. 메모리가 느리면 더 많은 클럭 사이클을 추가해야 한다.

설계에서 상태 수를 최소화하기 위해 *Decode* 상태를 사용하여 메모리 읽기도 수행한다. 이렇게 하면 제어 유닛이 *Execute* 상태가 되면 메모리에 이미 데이터가 준비되어 있다. 메모리의 데이터가 실제로 사용되는지 여부는 실행중인 명령에 따라 다르다. 명령에 메모리의 데이터가 필요하지 않으면 단순히 무시된다. 반면, 명령어에 데이터가 필요한 경우 데이터가 있고 사용할 준비가 되어있다.

이 솔루션은 이 설계에서 동작하는데 이는 명령어 세트의 나머지 명령어에 대한 작업과 충돌하지 않기 때문이다. D*ecode* 상태에서 수행 된 메모리 읽기 작업은 이 상태에서 *Meminst* 신호를 활성화해야 수행된다. 그림 8.11(d)의 출력 테이블을 보면 이것은 디코딩 상태에 대한 *Meminst* 열 아래의 1에 의해 반영된다. $IR_{4\text{-}0}$ 은 *Meminst*를 활성화하여 메모리의 주소를 제공하고 해당 메모리 위치의 값을 읽고 다음 클럭 사이클에서 사용할 수 있도록 한다.

각 명령어의 실제 실행은 그림 8.11(d)의 출력 테이블에서 각각의 행에 대한 할당에 의해 도시한 바와 같이, 데이터패스의 동작을 제어하기 위한 올바른 제어 신호의 활성화에 의해 달성된다. 이 시점에서 데이터패스의 동작을 보고 각 할당이 수행되는 이유를 이해할 수 있어야한다. 예를 들어, LOAD 명령어를 실행하기 위해 $IR_{4\text{-}0}$에 의해 주소가 지정된 메모리 위치에서 읽기 위해 *Meminst*가 선언된다. 메모리의 출력이 누산기 A 의 입력으로 전달 될 수 있도록 멀티플렉서의 입력 2를 선택하기 위해 $Asel_1$ 신호가 활성화되고 $Asel_0$ 신호가 해제 된다. A 의 실제 로딩은 *Aloud*를 활성화함으로써 수행된다. STORE 명령어를 수행하려면 메모리 주소는 *Meminst*를 활성화하여 $IR_{4\text{-}0}$ 에서 가져온다. 메모리에 쓰기는 *MemWr*이 활성화될 때 발생한다.

이 상태도의 *Input* 상태는 *Start* 상태로 돌아가기 전에 Enter 키 신호를 기다린다. 그렇게 함으로써, 프로그램에 여러 개의 입력 명령문을 가짐으로써 여러 값을 읽을 수 있다. *Enter* 신호가 활성화 된 후에는 *Enter* 신호가 해제 될 때까지 대기하는 상태가 없다(즉, Enter키가 해제 될 때까 지). 따라서 이 제어기가 올바르게 작동하려면 다음 입력 명령을 실행하기 전에 Enter키를 해제해야 한다. 클럭 속도가 매우 빠르면 수행하기가 거의 불가능하므로 사용자가 Enter키를 해제할 시간을 충분히 줄 수 있도록 클럭 속도를 늦춰야 한다. 이상적으로는 계속하기 전에 Enter키의 해제를 기다리는 다른 상태가 있어야 한다.

상태도에 대한 다음 상태(구현) 표와 다음 상태표로부터 유도된 4개의 다음 상태 방정식이 각각 그림 8.11(b)와 (c)에 나와 있다. 표를 합리적으로 작게 유지하기 위해 가능한 모든 입력 신호 조합이 나열되지 않았다. *Input* 상태를 제외한 모든 상태는 3개의 *IR* 비트인 $IR_{7\text{-}5}$ 에만 의존하고, 반면에 *Input* 상태는 *Enter* 신호에만 의존한다. 따라서 표의 빈 항목은 모두 0들이 있는 것을 볼 수 있다. 11개의 상태에서 4개의 D 플립플롭이 제어 유닛 회로의 상태 메모리를 구현하는데 사용된다. 그림 8.11(e)에 표시된 출력 방정식은 그림 8.11(d)의 출력 표에서 직접 유도된다.

마지막으로, 다음상태 방정식과 출력 방정식을 기반으로 제어 유닛의 회로를 도출할 수 있다. EC-2 범용 마이크로프로세서의 전체 제어 유닛 회로는 그림 8.11(f)에 나와 있다.

8.3.4 전체 회로

EC-2 범용 마이크로프로세서의 전체 회로는 그림 8.12에 표시된 것처럼 지정된 제어 및 상태 신호를 사용하여 그림 8.10의 데이터패스와 그림 8.11(f)의 제어 유닛을 연결하여 구성된다. EC-2 마이크로프로세서에 대한 전체 회로도 및 HDL 코드는 이 책의 웹 사이트에서 다운로드 할 수 있다.

8.3.5 샘플 프로그램

EC-2는 메모리로 내부 RAM을 사용한다. RAM의 전체 논의 및 HDL 코드에 대해서는 5.14.2 절을 참조. 3개의 EC-2 프로그램을 포함한 RAM의 Verilog 코드는 그림 8.13에서 나타내었다. 리셋시에 RAM은 프로그램이 실행될 명령으로 초기화된다. 코드에 포함 된 세 가지 프로그램은 다음과 같다. (1) COUNT, 입력 n 에서 0까지의 카운트를 표시한다. (2) 입력 숫자 n 과 1 사이의 모든 숫자의 합을 평가하는 SUM; 그리고 (3) 두 입력 숫자의 최대 공약수를 계산하는 GCD. 마지막 두 프로그램은 코드에 주석 처리되었다. 세 가지 중 어떤 것이던 하나를 시도하기 위해서는 실행하려는 프로그램의 주석 처리를 제거하고 전체 마이크로프로세서 회로를 재합성한다.

이미 기계 언어 또는 어셈블리 언어를 사용하는 컴퓨터 프로그램에 익숙하다고 가정을 하여서 여기서 자세히 다루지 않는다. 세 가지 샘플 프로그램에 있는 주석은 프로그램이 수행하는 작업을 이해하기에 충분할 것이다.

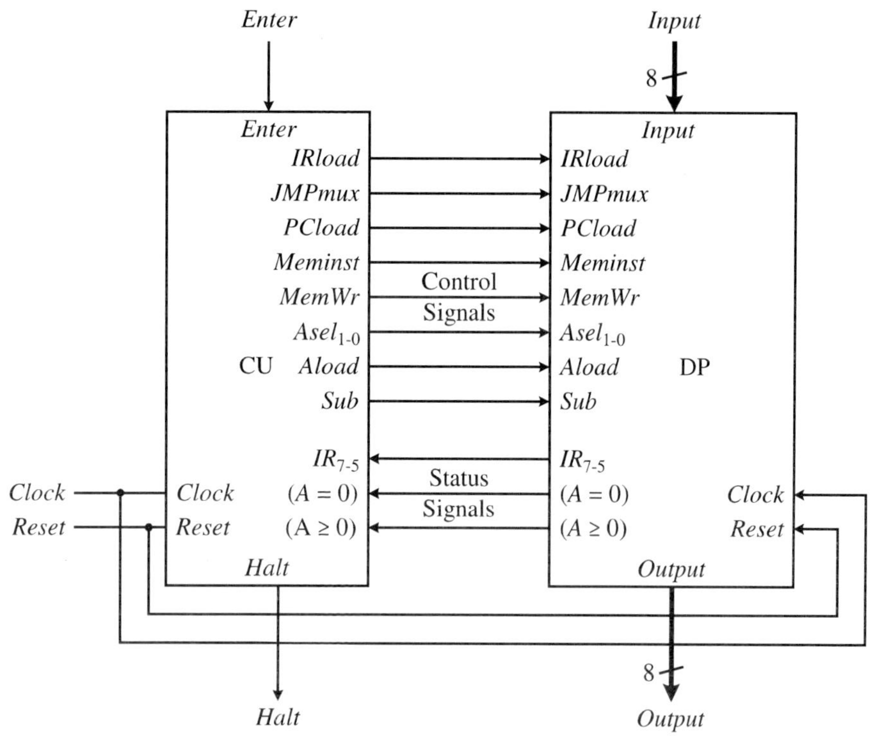

그림 8.12 EC-2 범용 마이크로프로세서를 위한 완성 회로.

```
module ram(
#(parameter size=5)
  input Clock,
  input Reset,
  input WE,
  input [size-1:0] Address,
  input [7:0] D,
  output reg [7:0] Q
);
  reg [7:0] ram1[2**size-1:0];
  always @(posedge Clock or posedge Reset) begin
    // this reset block and the Reset signal
    // is only needed to initialize the RAM locations
    if (Reset) begin
      // initialize RAM with EC-2 program

      //////////////////////////////////////////////////////
```

그림 8.13 RAM을 초기화하는 세 가지 프로그램을 포함한 RAM의 Verilog 표현.

(다음페이지에 계속)

```
        // COUNT
        // Program to countdown from input n to 0
        ram1[0] = 8'b10000000; // IN A
        ram1[1] = 8'b01111111; // SUB A,11111
        ram1[2] = 8'b10100100; // JZ 00100
        ram1[3] = 8'b11000001; // JPOS 00001
        ram1[4] = 8'b11111111; // HALT
        ram1[31] = 8'b00000001; // storage for the constant 1

        ////////////////////////////////////////////////
        // SUM
        // Program to sum n downto 1 where n is an input number
//      ram1[0] = 8'b00011101; // LOAD A,one    // to zero sum
//      ram1[1] = 8'b01111101; // SUB A,one     // by doing 1 - 1
//      ram1[2] = 8'b00111110; // STORE A,sum
//
//      ram1[3] = 8'b10000000; // IN A
//      ram1[4] = 8'b00111111; // STORE A,n
//
//      ram1[5] = 8'b00011111; // loop: LOAD A,n    // n + sum
//      ram1[6] = 8'b01011110; // ADD A,sum
//      ram1[7] = 8'b00111110; // STORE A,sum
//      ram1[8] = 8'b00011111; // LOAD A,n          // decrement A
//      ram1[9] = 8'b01111101; // SUB A,one
//      ram1[10]= 8'b00111111; // STORE A,n
//
//      ram1[11] = 8'b10101101;  // JZ out
//      ram1[12] = 8'b11000101;  // JPOS loop
//      ram1[13] = 8'b00011110;  // out: LOAD A,sum
//      ram1[14] = 8'b11111111;  // HALT
//
//      ram1[29] = 8'b00000001;  // storage for the constant 1
//      ram1[30] = 8'b00000000;  // storage for variable sum
//      ram1[31] = 8'b00000000;  // storage for variable n


        //////////////////////////////////////////////////////
        // GCD
        // Program to calculate the GCD of two input
        // numbers, x and y
//      ram1[0] = 8'b10000000;  // IN A              // input x
//      ram1[1] = 8'b00111110;  // STORE A,x
//      ram1[2] = 8'b10000000;  // IN A              // input y
//      ram1[3] = 8'b00111111;  // STORE A,y
//
//      ram1[4] = 8'b00011110;  // loop: LOAD A,x    // x=y?
//      ram1[5] = 8'b01111111;  // SUB A,y
//      ram1[6] = 8'b10110000;  // JZ out            // x=y
```

그림 8.13 RAM을 초기화하는 세 가지 프로그램을 포함한 RAM의 Verilog 표현.

(다음페이지에 계속)

```
//    ram1[7] = 8'b11001100;  // JPOS xgty          // x>y
//
//    ram1[8] = 8'b00011111;  // LOAD A,y           // y>x
//    ram1[9] = 8'b01111110;  // SUB A,x            // y-x
//    ram1[10] = 8'b00111111; // STORE A,y
//    ram1[11] = 8'b11000100; // JPOS loop
//
//    ram1[12] = 8'b00011110; // xgty: LOAD A,x     // x>y
//    ram1[13] = 8'b01111111; // SUB A,y            // x-y
//    ram1[14] = 8'b00111110; // STORE A,x
//    ram1[15] = 8'b11000100; // JPOS loop
//
//    ram1[16] = 8'b00011110; // out: LOAD A,x
//    ram1[17] = 8'b11111111; // HALT
//
//    ram1[30] = 8'b00000000; // storage for variable x
//    ram1[31] = 8'b00000000; // storage for variable y
                    end else begin
                      if (WE)
                        ram1[Address] = D;
                   end
                  end // always

                  always @ (Address) begin
                   Q = ram1[Address];
                  end
                endmodule
```

그림 8.13 RAM을 초기화하는 세 가지 프로그램을 포함한 RAM의 Verilog 표현.

8.3.6 하드웨어 구현

그림 8.14는 EC-2 마이크로프로세서와 FPGA 개발 보드의 입력 및 출력 장치 사이의 인터페이스를 보여준다. 입력 장치는 8개의 스위치로 구성되며 출력 장치는 3개의 7 세그먼트 LED 디스플레이이다. 마이크로프로세서가 8비트 2진수를 출력하기 때문에 8비트 2진수를 3개의 BCD(2진화 10진코드) 숫자로 변환하는 변환기가 필요한다. 이 변환기를 사용하면 출력을 3자리 10진수로 볼 수 있다. 이 BCD 변환기의 HDL 코드에 대해서는 문제 3.34를 참조.

이 변환기의 HDL 코드는 본 교재의 웹 사이트에서도 제공된다. 마이크로프로세서가 프로그램 실행을 마치면 표시하기 위해 단일 LED가 *Halt* 신호에 연결된다. 푸시 버튼은 리셋 신호에 연결되어 마이크로프로세서를 재설정하고 두 번째 푸시 버튼은 Enter키로 사용된다. 클럭 분배기 회로는 Enter키가 올바르게 작동하고 프로그램이 실행되고 있는지 확인하기 위해 클럭 주파수를 약 1 Hz로 느리게 하는 데 사용된다. IN A 명령어를 실행할 때 프로세서는 *Input* 상태를 유지하므로 사용자가 입력 스위치에서 입력 번호를 설정할 수 있다. 입력 번호가 설정되면 프로세서가 입력 번호를 읽은 다음 프로그램 실행을 계속하려면 Enter 누름 버튼을 눌러야 한다.

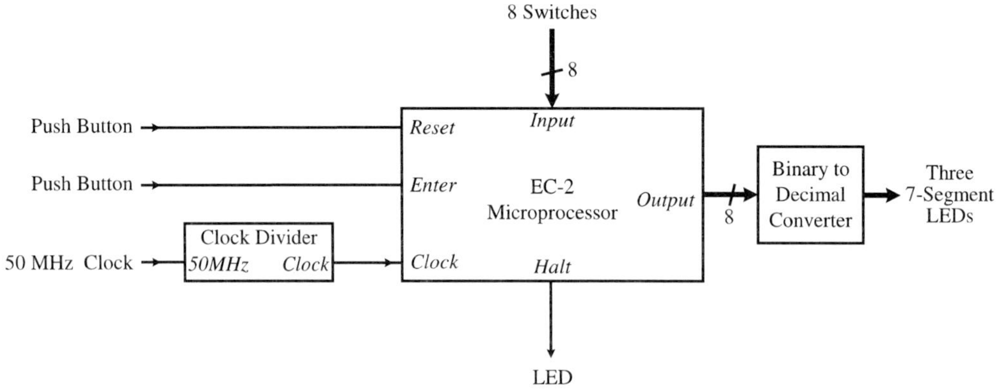

그림 8.14 EC-2 컴퓨터의 하드웨어 구현.

8.4 EC-2 명령어 셋 확장

EC-2에 대한 명령어 셋은 상당히 제한되어 있으므로 EC-2를 좀 더 유용하게 만들기 위해 명령어를 몇 개 더 추가 할 것이다. 설계를 단순하게 유지하기 위해 데이터패스 및 제어 유닛에 필요한 변경 횟수를 최소화하려고 한다. 원래 설계에서는 3개의 비트가 연산코드를 인코딩하는 데 사용되어 8개의 다른 조합 만 제공하여 이미 가지고 있는 8개의 다른 명령을 인코딩 한다. 따라서 연산코드에 다른 비트를 추가하지 않고도 더 많은 명령어를 추가 할 수 있을까? 이에 대한 답변은 추가하려는 명령어 수와 우리가 더하길 원하는 명령어 동작이 무엇이냐와 현재의 명령어 인코딩에서 사용하지 않는 비트들이 있는지 여부에 따라 다르다.

HALT와 IN A 명령어 모두 사용되지 않은 비트를 가지고 있음을 알 수 있다. 그것들을 사용하여 더 많은 명령어를 인코딩 할 수 있다. HALT와 IN A 명령어를 결합하여 동일한 3비트 연산코드를 사용하고 네 번째 비트를 사용하여 이들을 구별 할 수 있다. 여전히 사용되지 않는 비트가 있기 때문에 이 인코딩 체계를 계속 사용하여 누산기에서 값을 출력하는 A 명령어인 다른 명령어를 추가 할 수 있다.

이 세 가지 명령어를 실행할 때 추가 오퍼랜드가 필요하지 않기 때문에 이 새로운 인코딩 체계가 작동한다. 이 세 가지 명령어에 대한 수정 된 연산코드 인코딩이 다음에 표시된다.

Instruction	Encoding	Operation	Comment
IN A	111 00×××	$A \leftarrow Input$	Input to A
OUT A	111 01×××	$Output \leftarrow A$	Output from A
HALT	111 1××××	Halt	Halt execution

이제 우리는 원래 IN A에 할당 된 연산코드 100을 해제하면, 오퍼랜드에 대해 나머지 5비트 명령을 사용해야하는 다른 새 명령어를 사용할 수 있다. 유용한 명령어는 논리 AND 연산을 수행하는 AND 명령어이며 일반적으로 여러 다른 비트에서 개별 비트를 추출하는 데 사용된다. 이 명령어는 명령어 인코딩의 5개의 최하위 비트에 의해 지정되는 메모리 위치의 내용으로 누산기 A 의 값의 논리 AND를 수행한다. 작업 결과는 누산기에 다시 저장된다. EC-2에 대한 수정된 명령어 셋은 그림 8.15에 나와 있다.

수정된 명령어 셋의 수정된 데이터패스는 그림 8.16에 나와 있다. HALT 및 IN A 명령어를 수행하기 위해 데이터패스를 변경할 필요가 없다. OUT A 명령을 제어하기 위해 누산기와 출력 포트 사이에 3상태 버퍼가 추가된다. 새로운 AND 명령어를 실현하려면 논리 AND 기능 단위를 추가해야한다. 이 기능 유닛으로의 입력은 누산기와 메모리에서오고, 출력은 누산기로 가는 4입력 멀티플렉서의 현재 사용되지 않은 입력 3에 연결된다. 마지막으로 IN A, OUT A 및 HALT 명령어를 디코딩하려면 원래 3개의 연산코드 비트 대신 5비트 IR 즉 $IR_{7\text{-}3}$ 을 제어 유닛으로 보내야한다. 이러한 변경 사항은 데이터패스 그림에 강조 표시되어 있다.

수정된 상태도는 그림 8.17에 표시되며 변경 사항이 강조 표시된다. 완전한 제어 유닛 회로의 최종 구성은 연습 문제로 남긴다(연습문제 8.5 참조).

Instruction	Encoding	Operation	Comment
LOAD A, address	000 aaaaa	$A \leftarrow M[\text{aaaaa}]$	Load *A* with content of memory location aaaaa
STORE A, address	001 aaaaa	$M[\text{aaaaa}] \leftarrow A$	Store *A* into memory location aaaaa
ADD A, address	010 aaaaa	$A \leftarrow A + M[\text{aaaaa}]$	Add *A* with *M*[aaaaa] and store result back into *A*
SUB A, address	011 aaaaa	$A \leftarrow A - M[\text{aaaaa}]$	Subtract *A* with *M*[aaaaa] and store result back into *A*
AND A, address	100 aaaaa	$A \leftarrow A$ AND $M[\text{aaaaa}]$	AND *A* with *M*[aaaaa] and store result back into *A*
JZ address	101 aaaaa	IF $(A = 0)$ THEN PC = aaaaa	Jump to address if *A* is zero
JPOS address	110 aaaaa	IF $(A \geq 0)$ THEN PC = aaaaa	Jump to address if *A* is zero or a positive number
IN A	111 00×××	$A \leftarrow$ *Input*	Input to *A*
OUT A	111 01×××	*Output* $\leftarrow A$	Output from *A*
HALT	111 1××××	Halt	Halt execution

Notations:

A = accumulator

M = memory

PC = program counter

aaaaa = five bits for specifying a memory address

× = don't cares

그림 8.15 EC-2의 수정된 명령어 셋.

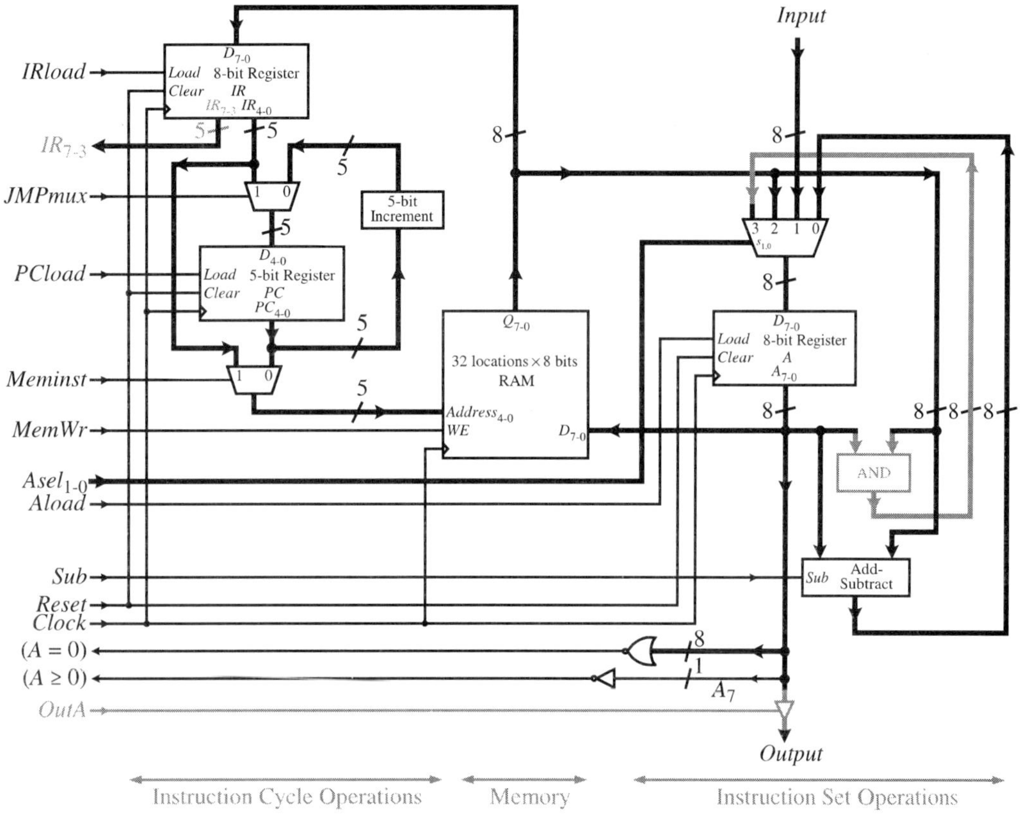

그림 8.16 EC-2의 수정된 데이터패스.

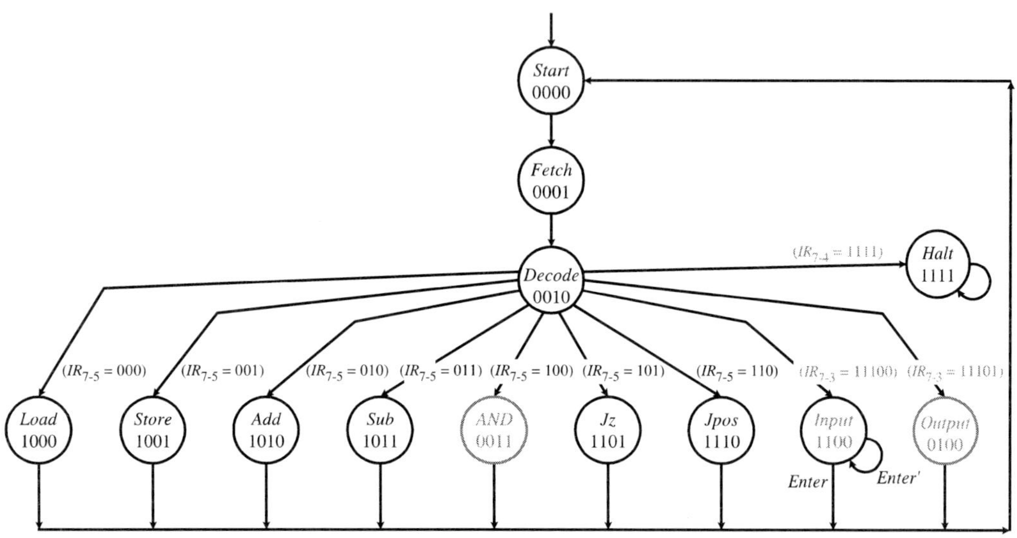

그림 8.17 EC-2의 수정된 상태도.

8.5 EC-2 사용 및 인터페이스

8.3.5 절에서 EC-2를 사용하여 간단한 기계어 프로그램을 실행할 수 있는 방법을 보았다. 이 절에는 3개의 샘플 프로그램이 제공되었다. (1) COUNT, 입력 n 서 0까지의 카운트를 표시한다. (2) 입력 숫자 n과 1 사이의 모든 숫자의 합을 평가하는 SUM; 그리고 (3) 두 입력 숫자의 최대 공약수를 계산하는 GCD. 이 섹션에서는 외부 장치를 제어하기 위해 EC-2를 인터페이스하는 방법을 살펴본다. 특히, 6.6.5 절에서 소개 된 엘리베이터 문제를 제어하기 위해 EC-2를 사용할 것이다.

범용 마이크로프로세서를 외부 장치에 인터페이스하려면 인터페이스하려는 외부 장치의 작동, 마이크로프로세서에서 사용 가능한 리소스, 하드웨어 및 명령어 셋, 마이크로프로세서에 외부 장치 연결 방법을 완전히 이해해야한다. 일반적으로 외부 장치를 마이크로프로세서에 연결하는 방법에는 여러 가지가 있으며 장치를 제어하기위한 소프트웨어 프로그램은 연결 방법에 따라 매우 다를 수 있다. 장치를 제어하기위한 소프트웨어 프로그램은 일반적으로 해당 장치의 장치 드라이버라고 한다.

엘리베이터 연습문제에서는 두 층 사이에서 움직이는 엘리베이터를 제어한다. 엘리베이터 설정 그림과 및 I/O 신호 요약이 다음에 표시된다.

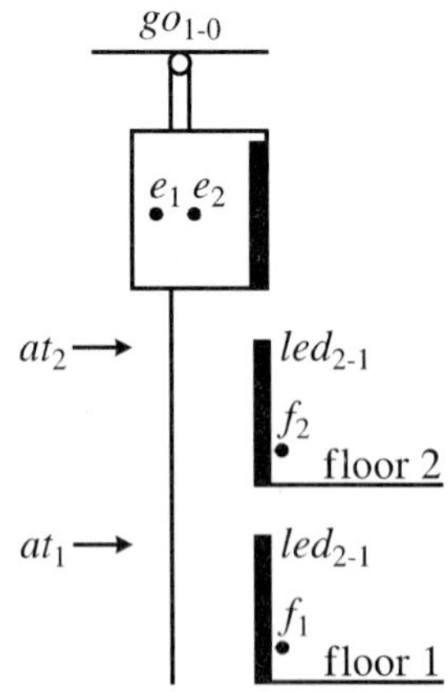

입력 :

- f_1, f_2: 각 층마다 엘리베이터 호출 버튼, f_1은 1층, f_2는 2층에 있다.

- e_1, e_2: 엘리베이터 내부의 버튼으로 엘리베이터에게 어느 층으로 갈지를 알려준다.
- at_1, at_2: 엘리베이터가 어떤 층에 있는지 알리기 위해 엘리베이터 메커니즘에서 신호를 보낸다.

출력 :

- go_1: 0은 엘리베이터 모터를 끄고 1은 모터를 켠다.
- go_0: 0은 1층으로 이동하고 2층으로 이동한다.
- led_1, led_2: 엘리베이터가 어느 층에 있는지 보여주는 2개의 층에 있는 LED.

해당 f_i와 e_i 입력 신호가 기본적으로 동일하므로 하나의 신호 f_i로 결합 될 수 있다.

우리가 해야 할 첫 번째 일은 엘리베이터로부터 EC-2 마이크로프로세서로 I/O 신호를 연결하는 방법을 결정하는 것이다. EC-2에는 이미 입력 및 출력 포트를 통해 각각 8개의 입력 라인과 8개의 출력 라인이 있으므로 엘리베이터 I/O 신호를 마이크로프로세서의 이 2개의 I/O 포트에 연결할 수 있다. 원래 이 두 I/O 포트는 사용자가 숫자를 입력하고 누산기의 결과를 볼 수 있도록 8개의 스위치와 8개의 LED에 연결되어 있다. 이러한 연결을 변경하면 숫자를 입력하거나 결과를 볼 수 없다. 이 기능이 여전히 필요한 경우 데이터패스를 수정하고 EC-2 마이크로프로세서에 다른 입력 포트 및 출력 포트를 추가해야한다. 또한 두 번째 I/O 포트에 액세스 할 수 있도록 제어 유닛 및 명령어 세트를 수정해야한다. 현재 문제의 경우에는 수정이 필요하지 않다. 엘리베이터 f_2, f_1, at_2 및 at_1의 입력 신호 4개를 EC-2 입력 포트의 첫 4비트인 $Input_{3\text{-}0}$에 이 순서대로 연결한다. 따라서 f_2는 $Input_3$에, f_1은 $Input_2$에, at_2는 $Input_1$에, at_1은 $Input_0$에 연결된다. 마찬가지로 엘리베이터의 출력 신호 4개, go_1, go_0, led_2 및 led_1를 출력 포트의 첫 4비트 $Output_{3\text{-}0}$에 이 순서대로 연결한다.

마이크로프로세서와 엘리베이터 사이의 연결을 결정한 후, 이제 엘리베이터를 제어하기 위한 기계어 프로그램을 작성할 준비를 한다. 8.4 절에서 논의 된 대로 수정 된 EC-2 마이크로프로세서에 대해 확장된 명령어 셋을 사용할 것이다.

엘리베이터의 작동은 6.6.5절에서 파생된 상태도를 기반으로 하며 편의상 그림 8.18에서 반복된다. 엘리베이터 제어를 위한 전체 기계 언어 프로그램 목록은 그림 8.19에 나와 있다. 프로그램의 논리적 진행은 기본적으로 상태도를 따른다. 프로그램 작성의 한 가지 어려움은 올바른 출력 신호를 전송하는 방법과 입력 신호의 상태를 테스트하는 방법을 아는 것이다.

올바른 출력 신호를 전송하기 위해 메모리 위치 24~27(10진수)에 저장된 4개의 상수 값을 정의했다. 엘리베이터 go_1, go_0, led_2 및 led_1 의 4개의 출력 신호가 $Output_{3\text{-}0}$ 에 연결되어 있기 때문에 이 상수의 최하위 비트 4개만 사용된다. 예를 들어, 00 상태에 있을 때 LED를 켜고 나머지 3 개의 출력을 끄려면 바이너리 값 ×××× 0001을 출력해야 한다. led_1 이 $Output_0$ 에 연결되어 있기 때문에 1을 $Output_0$ 에 전송한다. 다른 출력은 꺼진다. 이 상수 값 00000001은 메모리 위치 24에 저장되며 두 명령

```
LOAD A, $ 24
OUT A
```

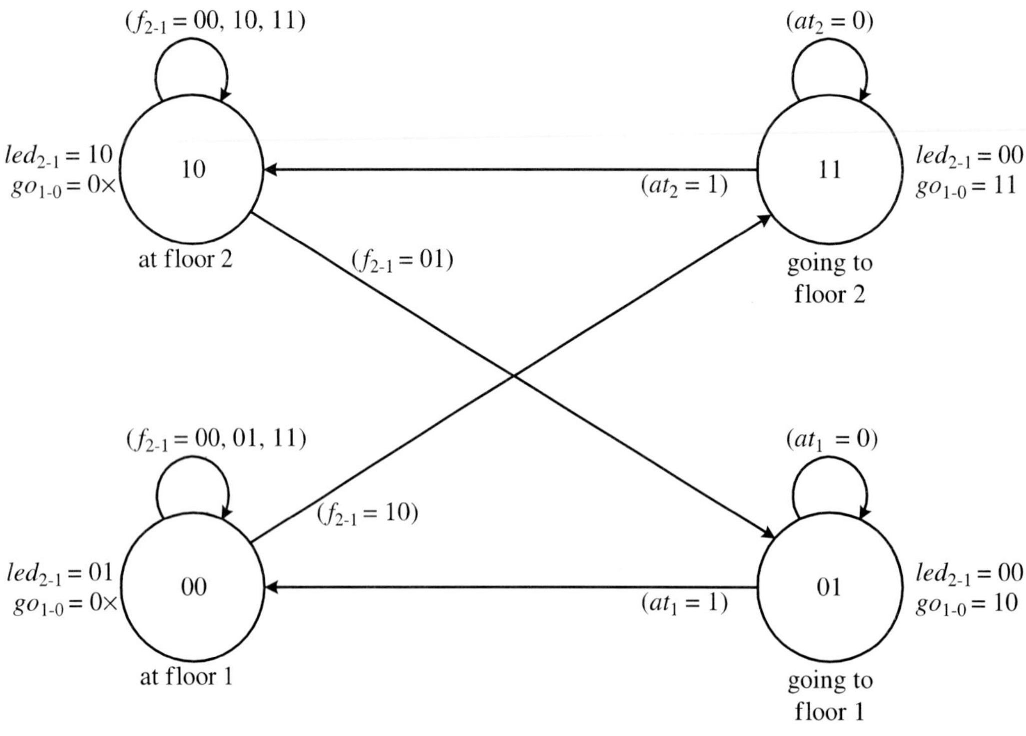

그림 8.18 엘리베이터 문제에 대한 상태도.

```
memory         instruction          instruction   Comments
address                              encoding
// state 00 - at floor 1
0   00000    LOAD A, 11000     00011000     // load value to output led1
1   00001    OUT A             11101000
2   00010    IN A              11100000     // input
3   00011    AND A, 11100      10011100     // extract value for f2
4   00100    JZ 00000          10100000     // repeat if f2 is not asserted
                                            // else go to next state 11
// state 11 - going to floor 2
5   00101    LOAD A, 11001     00011001     // load value to output go1 and go0
6   00110    OUT A             11101000
7   00111    IN A              11100000     // input
8   01000    AND A, 11101      10011101     // extract value for at2
9   01001    JZ 00101          10100101     // repeat if at2 is not asserted
                                            // else go to next state 10
// state 10 - at floor 2
10  01010    LOAD A, 11010     00011010     // load value to output led2

11  01011    OUT A             11101000
12  01100    IN A              11100000     // input
13  01101    AND A, 11110      10011110     // extract value for f1
14  01110    JZ 01010          10101010     // repeat if f1 is not asserted
                                            // else go to next state 01
// state 01 - going to floor 1
15  01111    LOAD A, 11011     00011011     // load value to output go1 and go0
16  10000    OUT A             11101000
17  10001    IN A              11100000     // input
18  10010    AND A, 11111      10011111     // extract value for at1
19  10011    JZ 01111          10101111     // repeat if at1 is not asserted
                                            // else go to next state 00
20  10100    JPOS 00000        11000000     // unconditional jump to state 00

// output values, bits 3 to 0 = go1, go0, led2, led1
24  11000                      00000001     // output for state 00
25  11001                      00001100     // output for state 11
26  11010                      00000010     // output for state 10
27  11011                      00001000     // output for state 01
// input values, bits 3 to 0 = f2, f1, at2, at1
28  11100                      00001000     // input for state 00
29  11101                      00000010     // input for state 11
30  11110                      00000100     // input for state 10
31  11111                      00000001     // input for state 01
```

그림 8.19 EC-2 범용 마이크로프로세서를 사용하여 엘리베이터를 제어하기 위한 프로그램.

LOAD A, $ 24

OUT A

led_1 만 켜기 위해 상태 00에서 실행된다.

입력 신호의 조건을 테스트하기 위해 IN A 명령어를 실행한 후 AND 연산을 수행하여 관심있는 비트를 마스킹한 다음 조건부 점프를 실행한다. 필요한 4개의 마스크에 대한 4개의 상수는 메모리 위치 28~31(10진수)에 저장된다. 엘리베이터 f_2, f_1, at_2 및 at_1의 4개의 입력 신호가 있기 때문에 이 상수 중 4개의 최하위 비트 만 $Input_{3\text{-}0}$에 연결된다. 예를 들어 00 상태에 있을 때 f_2가 활성화되어서, 따라서 마스크 00001000으로 입력 값을 AND해야 한다. 이 상수 마스크 값 00001000은 메모리 위치 11100에 저장되며 3 개의 명령어

```
IN A
AND A, 11100
JZ 00000
```

입력 신호 f_2를 테스트하기 위해 상태 00에서 실행된다.

AND 연산 후의 결과는 f_2의 입력신호인 입력의 비트 3을 추출한다. 만약 f_2는 0이고, AND 연산 후의 전체 결과는 0이 된다. 반면에, f_2가 1이면 AND 연산 후의 결과는 0이 아니다. 따라서 AND 연산 후, 12개의 조건부 점프 명령을 실행하여 현재 상태를 유지하거나 다음상태로 이동할 수 있다. 결과가 0이면 명령어 JZ 00000을 사용하여 현재 상태로 루프백해야 한다. 그렇지 않으면 점프가 수행되지 않고 프로그램은 다음 명령 11을 진행하며 다음상태 11로 이동한다.

이 엘리베이터 문제에는 엄격한 타이밍 문제가 없으므로 각 명령을 실행하는 데 걸리는 시간을 고려할 필요가 없다. 신호를 보내고 받는 타이밍이 중요한 다른 문제에서는 더 정확해야 한다. 예를 들어 EC-2를 사용하여 RS232 프로토콜 통신을 제어하는 경우에는 RS232 프로토콜은 각 비트를 전송하기 위해 미리 정해진 특정 속도 또는 전송 속도가 필요하기 때문에 출력에 필요한 명령어를 실행하는 데 걸리는 시간을 정확히 알아야한다.

8.6 파이프라이닝

Intel Core^{TM}i7 CPU와 같은 오늘날의 범용 마이크로프로세서 **파이프라이닝**(pipelining)이라는 기술을 사용하여 더 짧은 시간에 더 많은 명령을 실행하도록 설계되었다. 이는 공장 조립 라인에서 장치를 생산하는 것과 유사하게 여러 명령이 실행 중에 겹치는 구현 기술이다. 컴퓨터 파이프라인은 여러 단계로 나누어지며 각 단계는 명령 실행의 일부를 수행한다. 명령은 실행될 때 단계를 통과한다.

한 명령이 한 단계에서 완료되고 다음 단계로 넘어 가면 다른 명령이 대신 사용된다. 한 번에 여러 명령이 파이프라인에 있으므로 명령을 동시에 실행할 수 있다.

파이프라이닝은 명령이 파이프라인에 처음 들어올 때부터 명령이 파이프라인을 빠져 나갈 때까지의 하나의 명령을 실행하는 시간을 줄이지는 않는다. 실제로 파이프라이닝을 구현하는 데 필요한 오버헤드로 인해 파이프라인 되지 않은 프로세서와 비교하여 하나의 명령을 실행하는 데 시간이 조금 더 걸린다. 그러나 파이프라이닝은 명령어 처리량 속도를 증가 시키며, 이는 명령어가 파이프라인을 얼마나 빨리 나가는 지에 따라 측정된다. 명령어 처리량이 증가하면 프로그램이 더 빨리 실행되고 총 실행 시간이 줄어든다.

파이프라이닝이 효율적으로 작동하려면 모든 단계가 필요로 하는 시간의 관점에서 균형을 이루어야한다. 만약 모든 단계가 균형을 이루면, 명령이 한 단계에서 다음 단계로 이동함에 따라 모든 단계가 동기화되고 동시에 진행할 수 있다. 이 경우 파이프라인 머신의 명령 사이의 시간(이상적인 조건이 가정 됨)은

$$\text{명령어사이의시간}_{\text{파이프라인}} = \frac{\text{명령어사이의시간}_{\text{파이프라인이아닌}}}{\text{파이프라인단계의수}}$$

다시 말해, 이상적인 조건에서 파이프라이닝으로 인한 속도 향상은 파이프라인 스테이지(stage)의 수; 따라서 5단계 파이프라인이 5배 더 빠르다. 그러나 파이프라인 처리 된 프로세서의 명령 당 실제 시간은 가능한 최소보다 많으며 속도는 파이프라인 단계 수보다 적다. 단계는 일반적으로 균형이 맞지 않고 오버 헤드가 파이프라인 단계 추가와 관련되어 있기 때문이다.

8.6.1 기본 파이프라인 프로세서

Hennessy와 Patterson이 제안한 MIPS 아키텍처 모델을 기반으로 명령을 실행하기위한 일반적인 단계는 5개의 파이프라인 단계로 나눌 수 있다. (1) 명령어 페치(IF); (2) 명령어 디코드(ID); (3) 실행 또는 유효 주소 계산(EX); (4) 메모리 액세스(MEM); 및 (5) 결과의 기록(WB).

명령어는 IF 단계에서 메모리에서 가져온다. ID 단계에서, 명령어의 디코딩 외에, 레지스터 오퍼랜드에서 판독하기 위해 레지스터 파일이 액세스된다. 레지스터 읽기와 디코딩이 동시에 발생한다. EX 단계에서는 명령이 실행되거나 메모

리 액세스 명령 인 경우 메모리 위치의 주소가 계산된다. 명령어에 메모리 액세스가 필요한 경우 EX 단계에서 메모리 주소를 계산 한 후 해당 메모리 위치의 데이터는 MEM 단계에서 액세스된다. 마지막으로 WB 단계에서 명령 실행 결과는 레지스터로 다시 쓰여 진다.

파이프라인에 들어가는 명령어는 IF 단계에서 시작한다. 첫 번째 클럭 사이클의 끝에서는 IF에서 ID 단계로 이동함에 따라 새로운 명령어가 파이프라인으로 들어가 IF 단계를 채 운다. 5클럭 사이클 후, 모든 스테이지는 다른 명령어를 가지게 되며 첫 번째 명령어는 이제 최종 WB 단계에 있게 된다.

이 명령의 기본 파이프라인 실행은 그림 8.20에 그래픽으로 표시되어 있다. 클럭 사이클은 표 상단에 나열된다. 파이프라인에 입력되는 명령 순서는 테이블의 행에 나열된다. 표의 항목은 특정 클럭 사이클 동안 명령어가 있는 단계를 보여준다. 예를 들어, 클럭 사이클 5에서 명령 $i+2$는 EX 스테이지에 있다. 이 표는 각 명령어가 5 단계로 인해 실행하는 데 5 개의 클럭 사이클이 필요하지만 명령 실행이 겹치므로 클럭 사이클 5에서 시작하는 모든 클럭 사이클은 새로운 명령 완료를 갖는다. 따라서 처리량은 이상적인 상황에서 사이클 당 하나의 명령어이다.

겹치는 작업으로 인해 파이프라인 된 **시스템 머신**(machine)의 데이터패스는 명령어의 병렬 실행을 처리하기에 충분한 리소스가 필요하다. 몇 가지 문제를 고려해야한다. 먼저, 그림 8.20의 클럭 사이클 4부터 시작하여 모든 클럭 사이클에는 명령어 페치(IF)와 메모리 액세스(MEM)가 모두 있다. 메모리가 하나 뿐인 경우 명령 페치와 데이터 메모리 액세스간에 충돌이 발생하므로 두 작업 모두 메모리를 사용해야한다. 따라서 이 문제를 해결하려면 데이터패스에 별도의 명령어와 데이터 메모리가 있어야 한다.

Clock Cycle	1	2	3	4	5	6	7	8	9
Instruction i	IF	ID	EX	MEM	WB				
Instruction i+1		IF	ID	EX	MEM	WB			
Instruction i+2			IF	ID	EX	MEM	WB		
Instruction i+3				IF	ID	EX	MEM	WB	
Instruction i+4					IF	ID	EX	MEM	WB

그림 8.20 파이프라인 머신에서의 명령어 실행.

첫 번째와 비슷한 두 번째 문제는 클럭 사이클 5부터 시작하는 모든 클럭 사이클에서 레지스터 파일은 두 단계로 사용된다. 첫 번째는 레지스터를 읽는 ID 단계에서, 두 번째는 레지스터를 쓰는 WB 단계에서이다. 레지스터 파일이 동일한 클럭 사이클 내에서 읽기와 쓰기를 모두 처리 할 수 있는지 확인해야 한다.

더 심각한 문제는 매 클럭 사이클마다 새로운 명령이 페치 된다는 것이다. 이것이 가능하기 위해서는 다음 단계를 준비하기 위해 IF 단계 동안 모든 클럭 사이클에서 프로그램 카운터(PC)를 증가시키고 다시 기록해야 한다. 우리가 PC를 바꾸는 분기(branch)의 영향을 고려할 때 문제가 발생한다. 조건 분기가 수행될 때 PC가 변경되지만 조건이 참인지 여부는 EX 단계까지 알려지지 않으며 새 분기 주소는 MEM 단계까지 알려지지 않는다. 결과적으로 PC는 다음 클럭 사이클에서 올바른 값을 갖지 않는다.

마지막으로, 데이터패스를 파이프라이닝하려면 한 파이프 단계에서 다음 파이프 단계로 전달된 값을 레지스터에 배치해야 한다. 파이프라인 레지스터로 알려진 이 레지스터는 한 파이프라인 단계에서 다음 파이프라인으로 데이터 및 제어 신호를 모두 전달한다. 모든 명령은 한 번에 정확히 한 단계의 파이프라인에서 활성화된다. 따라서 명령 대신 수행되는 모든 작업은 한 쌍의 파이프라인 레지스터 간에 발생한다.

8.6.2 파이프라인 위험

파이프라인 된 머신에서 **해저드**(hazard)라고 하는 상황은 다음 클럭 사이클에서 명령 스트림의 다음 명령이 실행되는 것을 방지한다. 세 가지 유형의 해저드가 있다 (1) 구조적 해저드; (2) 데이터 해저드; (3) 통제 해저드.

머신이 파이프라인 될 때, 명령어의 중복 실행은 파이프라인에서 명령의 모든 가능한 조합을 허용하기 위해 기능 단위의 파이프라이닝과 자원 복제가 필요하다. 하드웨어가 동일한 클럭 사이클에서 실행하려는 명령어 조합을 지원할 수 없기 때문에 파이프라인의 명령어를 실행할 수 없는 경우 구조적 해저드가 발생한다. 파이프라인의 두 명령어에서 누산기를 사용하여 숫자를 추가해야 하지만 데이터패스에 가산기가 하나만 있는 경우를 예로 들 수 있다. 구조적 해저드를 해결하기 위해 더 많은 하드웨어가 데이터패스에 추가되거나 스톨(stall)이 파이프라인에 삽입되어 하나의 클럭 사이클로 충돌 명령의 실행을 지연시킨다. 데이터와 명령어를 모두 저장할 메모리가 하나 뿐인 경우에도 구조적 해저드가 발생한다. 이것은 앞에서 설명한 바와 같이 2개의 개별 메모리를 가짐으로써 해결된다.

명령이 파이프라인에서 여전히 실행중인 이전 명령의 결과에 의존 할 경우 데이터 해저드가 발생한다. 예를 들어 ADD 명령 바로 뒤에 SUBTRACT 명령이 있고 SUBTRACT 명령에는 오퍼랜드 중 하나로서 ADD 명령의 결과가 필요하다. ADD 명령은 여전히 파이프라인에서 실행 중이므로 SUBTRACT 명령에서 그 결과를 그림 8.21(a)에 표시된 대로 사용할 수 없다.

ADD 명령어의 결과는 클럭 사이클 5에서 WB 스테이지까지 대상 레지스터 R1에 기록되지 않는다. 그러나 클럭 사이클 4에서 EX 스테이지의 시작 부분에서 SUBTRACT 명령에 의해 오퍼랜드로서 레지스터 R1의 값이 필요하다. 쉬운 해결책은 그림 8.21(b)에 표시된 것처럼 클럭 사이클 4까지 SUBTRACT 명령이 시작되지 않도록 두 클럭 사이클 동안 파이프라인을 간단히 정지시키는 것이다. 이렇게 하면 SUBTRACT 명령어의 EX 단계가 클럭 사이클 5(clock cycle)의 ADD 명령어에 대한 WB 단계 이후 인 클럭 사이클 6에서 발생한다.

데이터 위험을 해결하는 더 나은 솔루션은 **전달 전송**(forwarding)이라고 알려진 기술이다. 이 기술은 레지스터를 거치지 않고 제1 기능 유닛(이 경우 누산기)의 결과를 제2 기능 장치(이 경우 감산기)의 입력으로 직접 전달하는

Clock Cycle	**1**	**2**	**3**	**4**	**5**	**6**
ADD R1 ← R2 + R3	IF	ID	EX	MEM	WB	
SUB R4 ← R1 − R5		IF	ID	EX	MEM	WB

(a)

Clock Cycle	**1**	**2**	**3**	**4**	**5**	**6**	**7**	**8**
ADD R1 ← R2 + R3	IF	ID	EX	MEM	WB			
SUB R4 ← R1 − R5		stall	stall	IF	ID	EX	MEM	WB

(b)

Clock Cycle	**1**	**2**	**3**	**4**	**5**	**6**
ADD R1 ← R2 + R3	IF	ID	EX	MEM	WB	
SUB R4 ← R1 − R5		IF	ID	EX	MEM	WB

(c)

그림 8.21 데이터 해저드(hazard: 위험): (a) 기판에 대한 소스 레지스터 R1은 클럭 사이클 4에서 올바른 값을 준비하지 않았다 (b) 2 개의 스톨을 삽입함으로써 감산 명령을 지연시키는 단계 (c) 연결은 감산의 EX 단계에서 덧셈의 EX 단계에서 직접 다음 결과를 보여준다.

것을 포함한다. 전달을 사용하면 그림 8.21(c)의 화살표로 표시된 것처럼 데이터 위험을 제거하기 위해 중단이 필요하지 않는다. 가산기의 결과는 ADD 명령어의 EX 단계(사이클 3)가 끝날 때 사용할 수 있으며 이 값은 SUBTRACT 명령어의 EX 단계(사이클 4)가 시작될 때 감산에서 필요하다. 따라서 가산기의 출력은 감산기의 입력으로 직접 라우팅 될 수 있으며, 감쇄는 중단 없이 계속될 수 있다.

파이프라인 예약(scheduling)이라는 또 다른 기술을 사용하여 데이터 해저드를 제거할 수도 있다. 이 경우 컴파일러는 두 개의 종속 명령어가 차례로 예약되지 않도록 명령어를 재배열 할 수 있다. 이렇게 하면 데이터 위험이 발생하지 않는다. 일반적으로 PC는 각 명령 페치 후에 PC마다 1 씩 증가한다(각 명령이 하나의 메모리 위치를 차지한다고 가정). 그러나 분기 명령의 경우에는 해당되지 않을 수 있다. 분기 명령어를 실행할 때 조건이 참(true)이고 분기가 수행되면 다음 명령어를 가져 오기위한 새 주소를 계산하여 PC에 저장해야한다. 그러나 이 새로운 주소는 EX 단계 후반까지 알려지지 않았다. 그 동안 지점 명령 바로 다음에 몇 가지 새로운 명령이 이미 파이프라인에 들어갔다. 분기가 수행되면 이러한 명령(실행해서는 안 됨)이 파이프라인에 이미 입력되어 부분적으로 실행되고 있다. 따라서 파이프라인에서 제거해야하며 이미 수행한 작업은 실행 취소해야한다.

이 문제는 제어 해저드이며, 그 영향으로 파이프라인 머신의 성능 손실이 가장 커진다. 이 문제는 제어 해저드이며, 그 영향으로 파이프라인 기계의 성능 손실이 가장 커진다. 분기 ID를 계산하고 두 번째 ID 단계에서 PC를 업데이트 할 수 있도록 추가 하드웨어를 더하더라도 파이프라인에 하나의 스톨을 추가해야한다. 분기 명령어의 스톨 비용이 너무 높으므로 분기 명령어의 성능을 향상시키기 위해 다양한 분기 예측 기술이 제안되었다. 분기 예측 기법을 사용하여 분기의 예측이 정확하면 파이프라인이 최고 속도로 정상적으로 진행될 수 있다. 파이프라인이 정지되고 예측이 잘못된 경우에만 일부 작업을 취소해야한다.

8.7 범용 마이크로프로세서 용 Verilog 및 VHDL 코드

8.7절에서는 구조적 FSM + D 모델과 동작적 FSMD 모델을 모두 사용하는 EC-2 범용 마이크로프로세서 대한 Verilog 및 VHDL 코드를 제공한다. FSM + D 모델을 사용하여 HDL 코드를 작성할 때 8.3 절에서와 같이 별도의 제어 유닛과 데

이터패스회로가 있는 마이크로프로세서를 먼저 수동으로 설계해야 한다. 이 두 개의 개별 회로는 HDL 코드로 변환 된 다음 구조 레벨 코딩을 사용하여 함께 결합되어 마이크로프로세서를 형성한다. 실제로는 FSM + D 모델을 사용하여 마이크로프로세서 생성하는 경우가 거의 없다. 이 연습은 완전한 HDL 코드 작성 방법을 보여주기 위한 것이다. 8.7.1 절에는 EC-2 마이크로프로세서의 FSM + D 모델을 사용하는 Verilog 코드가 나와 있다.

8.7.2절에는 FSMD 모델을 사용하여 EC-2 마이크로프로세서 정의하는 Verilog 및 VHDL 행동 레벨 코드가 모두 나와 있다. 이 모델을 사용하여 상태도만 수동으로 도출해야 한다. 상태도에서, 동작 레벨에서 제어 유닛에 대한 HDL 코드를 쉽게 작성하여 제어 유닛 회로가 합성기에 의해 자동으로 생성 될 수 있다. 데이터패스 작업은 FSM 코드 내에 HDL 명령어로 포함되므로 이름 FSMD 이다. FSMD 코드와 FSM + D 코드를 비교하면 동작 FSMD 모델을 사용하여 마이크로프로세서 회로를 구성하는 것이 얼마나 쉬운 지 알 수 있으며 HDL 합성기의 성능을 빠르게 평가할 수 있다.

8.7.1 FSM + D 모델

그림 8.22, 8.23 및 8.24는 FSM + D 모델을 사용하여 EC-2 마이크로프로세서, 데이터패스 및 제어 유닛에 대한 Verilog 코드를 각각 보여준다. 그림 8.22는 마이크로프로세서 형성하기 위해 데이터패스와 제어 유닛을 연결하기위한 구조적 Verilog 코드를 보여준다. 그림 8.23은 데이터패스에 대한 구조적 'Verilog 코드'를 보여준다. 이 코드는 8.3.2절에서 파생되고 그림 8.10에서 보이는 데이터패스 회로를 기반으로 한다. 데이터패스에 사용된 개별 구성요소에 대한 코드는 4장과 5장에서 찾을 수 있다. 그림 8.24는 8.3.3 절에서 파생 된 제어 유닛의 동작 Verilog 코드를 보여준다. 이 제어 유닛 행위적 코드는 6.7절에서 논의 된 것처럼 FSM 순차회로를 작성하기 위한 템플릿을 따른다. 이 코드의 다음상태 논리 부분은 그림 8.11(a)에 표시된 상태도를 기반으로 하며 이 코드의 출력 논리 부분은 그림 8.11(d)에 표시된 출력표를 기반으로 한다. Verilog 및 VHDL 용 EC-2 마이크로프로세서 대한 전체 FSM + D 코드는 서적 웹 사이트에서 다운로드 할 수 있다.

```
module mp (
  input Clock, Reset, Enter,
  input [7:0] Input,
  output [7:0] Output,
  output Halt,
  output [3:0] debug
  );

  wire [2:0] IR75;
  wire PCload, Meminst, MemWr, Aload;
  wire IRload, JMPmux, Sub, Aeq0, Apos;
  wire [1:0] Asel;

  dp U1(.Clock(Clock), .Reset(Reset), .IRload(IRload),
     .JMPmux(JMPmux), .PCload(PCload), .Meminst(Meminst),
     .MemWr(MemWr), .Asel(Asel), .Aload(Aload), .Sub(Sub),
     .IR75(IR75), .Apos(Apos), .Aeq0(Aeq0), .Input(Input),
     .Output(Output));

  cu U2(.Clock(Clock), .Reset(Reset), .Enter(Enter),
     .IRload(IRload), .JMPmux(JMPmux), .PCload(PCload),
     .Meminst(Meminst), .MemWr(MemWr), .Asel(Asel),
     .Aload(Aload), .Sub(Sub), .IR75(IR75), .Apos(Apos),
     .Aeq0(Aeq0), .Halt(Halt), .debug(debug));
endmodule
```

그림 8.22 EC−2 마이크로프로세서의 구조적 Verilog 코드.

```
module dp (
  input   Clock, Reset,
  input   IRload, JMPmux, PCload, Meminst, MemWr,
  input   [1:0] Asel,
  input   Aload, Sub,
  output  [2:0] IR75,
  output  Apos, Aeq0,
  input   [7:0] Input,
  output  [7:0] Output
  );

  wire [7:0] dp_IR, dp_RAMQ;
  wire [4:0] dp_JMPmux, dp_PC, dp_increment, dp_meminst;
  wire [7:0] dp_Amux, dp_addsub, dp_A;

  register #(8) U0_IR(.Clock(Clock), .Clear(Reset),
     .Load(IRload), .D(dp_RAMQ), .Q(dp_IR));
  mux2 #(5) U1_JMPmux(.S(JMPmux), .D1(dp_IR[4:0]),
     .D0(dp_increment), .Y(dp_JMPmux));
  register #(5) U2_PC(.Clock(Clock), .Clear(Reset),
     .Load(PCload), .D(dp JMPmux), .Q(dp PC));
```

그림 8.23 EC−2 데이터패스를 위한 구조적 Verilog 코드.

(다음페이지에 계속)

```
  mux2 #(5) U3_meminst(.S(Meminst), .D1(dp_IR[4:0]),
     .D0(dp_PC), .Y(dp_meminst));

  increment U4_inc(.A(dp_PC), .F(dp_increment));
  ram U5_ram(.Clock(Clock), .Reset(Reset), .WE(MemWr),
     .Address(dp_meminst), .D(dp_A), .Q(dp_RAMQ));
  mux4 #(8) U6_Amux(.S(Asel), .D3(8'b00000000), .D2(dp_RAMQ),
     .D1(Input), .D0(dp_addsub), .Y(dp_Amux));
  register #(8) U7_A(.Clock(Clock), .Clear(Reset),
     .Load(Aload), .D(dp_Amux), .Q(dp_A));
  addsub #(8) U8_addsub(.S(Sub), .A(dp_A), .B(dp_RAMQ),
     .F(dp_addsub));

  assign IR75 = dp_IR[7:5];
  assign Aeq0 = (dp_A == 0)? 1:0;
  assign Apos = ~dp_A[7];
  assign Output = dp_A;
endmodule
```

그림 8.23 EC-2 데이터패스를 위한 구조적 Verilog 코드.

```
module cu (
  input Clock, Reset, Enter,
  output reg IRload, JMPmux, PCload, Meminst, MemWr,
  output reg [1:0] Asel,
  output reg Aload, Sub,
  input [2:0] IR75,
  input Apos, Aeq0,
  output reg Halt,
  output [3:0] debug
  );

  reg [3:0] state;

  // next state logic
  always @ (posedge Clock, posedge Reset) begin
    if (Reset) begin
      state<=4'b0000;
      end
    else
      case (state)
      4'b0000: begin // Start
        state<=4'b0001;
        end
      4'b0001: begin // Fetch
        state<=4'b0010;
        end
      4'b0010: begin // Decode
```

그림 8.24 EC-2 제어 유닛을 위한 행위적 Verilog 코드.

(다음페이지에 계속)

```
        case (IR75)
          3'b000: state<=4'b1000; // Load
          3'b001: state<=4'b1001; // Store
          3'b010: state<=4'b1010; // Add
          3'b011: state<=4'b1011; // Sub
          3'b100: state<=4'b1100; // Input
          3'b101: state<=4'b1101; // Jz
          3'b110: state<=4'b1110; // Jpos
          3'b111: state<=4'b1111; // Halt
          default:state<=4'b0000; // Start
        endcase
        end
      4'b1000: begin // Load
        state<=4'b0000;
        end
      4'b1001: begin // Store
        state<=4'b0000;
        end
      4'b1010: begin // Add
        state<=4'b0000;
        end
      4'b1011: begin // Sub
        state<=4'b0000;
        end
      4'b1100: begin // Input
        if (Enter) begin
          state<=4'b0000;
          end
        else begin
          state<=4'b1100;
          end
        end
      4'b1101: begin // Jz
        state<=4'b0000;
        end
      4'b1110: begin // Jpos
        state<=4'b0000;
        end
      4'b1111: begin // Halt
        state<=4'b1111;
        end
      default: begin
        state<=4'b0000;
        end
      endcase
  end // always

  // output logic
  always @ (state) begin
```

그림 8.24 EC-2 제어 유닛을 위한 행위적 Verilog 코드.

(다음페이지에 계속)

```
  case (state)
  4'b0001: begin // Fetch
  IRload<=1;
  JMPmux<=0;
  PCload<=1;
  Meminst<=0;
  MemWr<=0;
  Asel<=2'b00;
  Aload<=0;
  Sub<=0;
  Halt<=0;
  end
 4'b0010: begin // Decode
  IRload<=0;
  JMPmux<=0;
  PCload<=0;
  Meminst<=1;
  MemWr<=0;
  Asel<=2'b00;
  Aload<=0;
  Sub<=0;
  Halt<=0;
  end
 4'b1000: begin // Load
  IRload<=0;
  JMPmux<=0;
  PCload<=0;
  Meminst<=1;
  MemWr<=0;
  Asel<=2'b10;
  Aload<=1;
  Sub<=0;
  Halt<=0;
  end
 4'b1001: begin // Store
  IRload<=0;
  JMPmux<=0;
  PCload<=0;
  Meminst<=1;
  MemWr<=1;
  Asel<=2'b00;
  Aload<=0;
  Sub<=0;
  Halt<=0;
  end
 4'b1010: begin // Add
  IRload<=0;
  JMPmux<=0;
  PCload<=0;
```

그림 8.24 EC-2 제어 유닛을 위한 행위적 Verilog 코드.

(다음페이지에 계속)

```
    Meminst<=1;
    MemWr<=0;
    Asel<=2'b00;
    Aload<=1;
    Sub<=0;
    Halt<=0;
    end
  4'b1011: begin // Sub
    IRload<=0;
    JMPmux<=0;
    PCload<=0;
    Meminst<=1;
    MemWr<=0;
    Asel<=2'b00;
    Aload<=1;
    Sub<=1;
    Halt<=0;
    end
  4'b1100: begin // Input
    IRload<=0;
    JMPmux<=0;
    PCload<=0;
    Meminst<=0;
    MemWr<=0;
    Asel<=2'b01;
    Aload<=1;
    Sub<=0;
    Halt<=0;
    end
  4'b1101: begin // Jz
    IRload<=0;
    JMPmux<=1;
    PCload<=Aeq0; // load PC if condition is true
    Meminst<=0;
    MemWr<=0;
    Asel<=2'b00;
    Aload<=0;
    Sub<=0;
    Halt<=0;
    end
  4'b1110: begin // Jpos
    IRload<=0;
    JMPmux<=1;
    PCload<=Apos; // load PC if condition is true
    Meminst<=0;
    MemWr<=0;
    Asel<=2'b00;
```

그림 8.24 EC-2 제어 유닛을 위한 행위적 Verilog 코드.

(다음페이지에 계속)

```
          Aload<=0;
          Sub<=0;
          Halt<=0;
          end
        4'b1111: begin // Halt
          IRload<=0;
          JMPmux<=0;
          PCload<=0;
          Meminst<=0;
          MemWr<=0;
          Asel<=2'b00;
          Aload<=0;
          Sub<=0;
          Halt<=1;
          end
        default: begin
          IRload<=0;
          JMPmux<=0;
          PCload<=0;
          Meminst<=0;
          MemWr<=0;
          Asel<=2'b00;
          Aload<=0;
          Sub<=0;
          Halt<=0;
          end
      endcase
    end

    assign debug = state;

endmodule
```

그림 8.24 EC-2 제어 유닛을 위한 행위적 Verilog 코드.

8.7.2 FSMD 모델

그림 8.25 및 8.26은 전체 동작 FSMD Verilog 및 VHDL 코드를 보여준다. EC-2 범용 마이크로프로세서 각각에 대해. 사용 된 RAM은 그림 8.13에 표시된 것과 동일한 구성요소이다. 3개의 레지스터 *IR*, *PC* 및 *A*는 `reg`/SIGNAL로 선언된다. `always`/PROCESS 블록은 그림 8.11(a)의 상태도에 따라 일반 FSM과 같이 구성된다. *Decode* 상태는 `case` 문을 사용하여 *IR*의 첫 번째 3비트인 연산코드를 확인한다. 그로부터, FSM은 대응하는 명령을 실행하기위한 상태로 점프한다. 명령어의 실제 실행은 단순히 추가 명령을 수행하기 위해 `A <= A + memory_data`와 같은 내장 연산자를 사용한다. Verilog 및 VHDL로 작성된 EC-2 범용 마이크로프로세서 대한 전체 FSMD 코드는 서적 웹 사이트에서 다운로드 할 수 있다.

```
module mp (
  input Clock, Reset, Enter,
  input [7:0] Input,
  output [7:0] Output,
  output reg Halt,
  output [3:0] debug
  );

  reg [3:0] state;
  reg [7:0] IR;
  reg [4:0] PC;
  reg [7:0] A;
  reg [4:0] memory_address;
  wire [7:0] memory_data;
  reg MemWr;

  ram U5_ram(.Clock(Clock), .Reset(Reset), .WE(MemWr),
      .Address(memory_address), .D(A), .Q(memory_data));

  always @ (posedge Clock, posedge Reset) begin
   if (Reset) begin
    PC <= 5'b00000;
    IR <= 8'b00000000;
    A  <= 8'b00000000;
    MemWr <= 1'b0;
    Halt <= 1'b0;
    state<=4'b0000;
    end
   else
    case (state)
    4'b0000: begin // Start
      memory_address <= PC;
      MemWr <= 1'b0;
      state <= 4'b0001;
      end
    4'b0001: begin // Fetch
      IR <= memory_data;
      PC <= PC + 1;
      state<=4'b0010;
      end
    4'b0010: begin // Decode
      // memory access using last 5 bits of IR
      memory_address <= IR[4:0];
      case (IR[7:5])
        3'b000: state<=4'b1000; // Load
        3'b001: state<=4'b1001; // Store
```

그림 8.25 EC-2 범용 마이크로프로세서에 대한 행위적 FSM Verilog 코드.

(다음페이지에 계속)

```
      3'b010: state<=4'b1010; // Add
      3'b011: state<=4'b1011; // Sub
      3'b100: state<=4'b1100; // Input
      3'b101: state<=4'b1101; // Jz
      3'b110: state<=4'b1110; // Jpos
      3'b111: state<=4'b1111; // Halt
      default:state<=4'b0000; // Start
     endcase
     end
  4'b1000: begin // Load
    A <= memory_data;
    state<=4'b0000;
    end
  4'b1001: begin // Store
    MemWr <= 1'b1;
    state<=4'b0000;
    end
  4'b1010: begin // Add
    A <= A + memory_data;
    state<=4'b0000;
    end
  4'b1011: begin // Sub
    A <= A - memory_data;
    state<=4'b0000;
    end
  4'b1100: begin // Input
    A <= Input;
    if (Enter) begin
      state<=4'b0000;
      end
    else begin
      state<=4'b1100;
      end
    end
   4'b1101: begin // Jz
    if (A == 0)
      PC <= IR[4:0];
    state<=4'b0000;
    end
    4'b1110: begin // Jpos
     if (A[7] == 1'b0)
       PC <= IR[4:0];
    state<=4'b0000;
    end
    4'b1111: begin // Halt
     Halt <= 1'b1;
     state<=4'b1111;
     end
```

그림 8.25 EC-2 범용 마이크로프로세서에 대한 행위적 FSM Verilog 코드.

(다음페이지에 계속)

```
        default: begin
          state<=4'b0000;
          end
        endcase
    end // always

    assign Output = A; // send value of Accumulator to the output
    assign debug = state;

endmodule
```

그림 8.25 EC-2 범용 마이크로프로세서에 대한 행위적 FSM Verilog 코드.

```
LIBRARY IEEE;
USE IEEE.STD_LOGIC_1164.ALL;
USE IEEE.STD_LOGIC_ARITH.ALL;
USE IEEE.STD_LOGIC_UNSIGNED.ALL;

ENTITY mp IS PORT (
  Clock, Reset: IN STD_LOGIC;
  Enter: IN STD_LOGIC;
  Input: IN STD_LOGIC_VECTOR(7 DOWNTO 0);
  Output: OUT STD_LOGIC_VECTOR(7 DOWNTO 0);
  Halt: OUT STD_LOGIC;
  debug: OUT STD_LOGIC_VECTOR(3 DOWNTO 0));
END mp;

ARCHITECTURE FSMD OF mp IS
  SIGNAL state: STD_LOGIC_VECTOR(3 DOWNTO 0);
  SIGNAL IR: STD_LOGIC_VECTOR(7 DOWNTO 0);
  SIGNAL PC: STD_LOGIC_VECTOR(4 DOWNTO 0);
  SIGNAL A: STD_LOGIC_VECTOR(7 DOWNTO 0);
  SIGNAL memory_address: STD_LOGIC_VECTOR(4 DOWNTO 0);
  SIGNAL memory_data: STD_LOGIC_VECTOR(7 DOWNTO 0);
  SIGNAL MemWr: STD_LOGIC;

  COMPONENT ram
  GENERIC (size: INTEGER := 5);
  PORT (
    Clock: IN STD_LOGIC;
    Reset: IN STD_LOGIC;
    WE: IN STD_LOGIC;
    Address: IN STD_LOGIC_VECTOR(size-1 DOWNTO 0);
    D: IN STD_LOGIC_VECTOR(7 DOWNTO 0);
    Q: OUT STD_LOGIC_VECTOR(7 DOWNTO 0));
  END COMPONENT;

BEGIN
  U5_RAM: ram
    GENERIC MAP(5)
    PORT MAP (
```

그림 8.26 EC-2 범용 마이크로프로세서에 대한 행위적 FSM VHDL 코드.

(다음페이지에 계속)

```
    Clock   => Clock,
    Reset   => Reset,
    WE      => MemWr,
    Address => memory_address,
    D       => A,
    Q       => memory_data
    );

  PROCESS(Clock, Reset)
  BEGIN
  IF(Reset = '1') THEN
    PC <= "00000";
    IR <= "00000000";
    A <= "00000000";
    MemWr <= '0';
    Halt <= '0';
    state <= "0000";
  ELSIF(Clock'EVENT AND Clock = '1') THEN
    CASE state IS
    WHEN "0000" => -- reset, start
      memory_address <= PC;
      MemWr <= '0';
      state <= "0001";
    WHEN  "0001" => -- fetch
      IR <= memory_data;
      PC <= PC + 1;
      state <= "0010";
    WHEN "0010" => -- decode
      -- using last 5 bits of IR
      memory_address <= IR(4 DOWNTO 0);
      CASE IR(7 DOWNTO 5) IS
        WHEN "000" => state <= "1000"; -- s_load;
        WHEN "001" => state <= "1001"; -- s_store;
        WHEN "010" => state <= "1010"; -- s_add;
        WHEN "011" => state <= "1011"; -- s_sub;
        WHEN "100" => state <= "1100"; -- s_in;
        WHEN "101" => state <= "1101"; -- s_jz;
        WHEN "110" => state <= "1110"; -- s_jpos;
        WHEN "111" => state <= "1111"; -- s_halt;
        WHEN OTHERS => state <= "0000";  -- s_start;
      END CASE;
    WHEN "1000" => -- load A from memory
      A <= memory_data;
      state <= "0000";
    WHEN "1001" => -- store A to memory
      MemWr <= '1';
      state <= "0000";
    WHEN "1010" => -- add
      A <= A + memory_data;
```

그림 8.26 EC-2 범용 마이크로프로세서에 대한 행위적 FSM VHDL 코드.

(다음페이지에 계속)

```
            state <= "0000";
          WHEN "1011" => -- subtract
            A <= A - memory_data;
            state <= "0000";
          WHEN "1100" =>
            A <= input;
            IF (Enter = '0') THEN -- wait for Enter key
              state <= "1100";
            ELSE
              state <= "0000";
            END IF;
          WHEN "1101" =>
            IF (A = 0) THEN -- jump if A is 0
              PC <= IR(4 DOWNTO 0);
            END IF;
            state <= "0000";
          WHEN "1110" =>
            IF (A(7) = '0') THEN -- jump if MSB(A) is 0
              PC <= IR(4 DOWNTO 0);
            END IF;
            state <= "0000";
          WHEN "1111" =>
            halt <= '1';
            state <= "1111";
          WHEN OTHERS =>
            state <= "0000";
          END CASE;
        END IF;
      END PROCESS;

      Output <= A; -- send value of Accumulator to the output
      debug <= state;
    END FSMD;
```

그림 8.26 EC-2 범용 마이크로프로세서에 대한 행위적 FSM VHDL 코드.

8.8 연습문제

8.1 다음 각 변경 사항을 수용하도록 EC-1 마이크로프로세서를 수동으로 재설계하라. 변경 사항은 별도로 수행해야한다.

a) INPUT 명령을 LOAD 상수 명령으로 교체하자. 그만큼 이 명령어의 인코딩은 011ccccc이다. 이 명령어의 연산은 A ← ccccc이다. 여기서 ccccc는 명령어 인코딩에서 최하위 5비트이다. 이 5비트는 8비트로 0 확장 된 후 누산기에 로드 된다.

b) 다음 명령어를 계속하기 전에 외부 Enter 키 신호를 기다리도록 INPUT 명령어를 수정하라.

c) 연산코드 000을 사용하여 추가 INC 명령어를 EC-1 명령어 셋에 추가한다. INC 명령은 누산기를 증가시킨다.

d) 연산코드 001을 사용하여 EC-1 명령어 셋에 추가 LOAD 명령어를 추가한다. LOAD 명령어는 메모리 위치 aaaa의 내용으로 누산기를 로드 한다. 여기서 aaaa는 명령어 인코딩의 최소 4비트이다.

8.2 EC-1 마이크로프로세서 대한 행위적 Verilog/VHDL 코드를 작성하라.

8.3 문제 8.1의 각 변경 사항으로 EC-1 마이크로프로세서 행위적 Verilog/VHDL 코드를 다시 작성하라.

8.4 EC-2 마이크로프로세서서 다음 프로그램을 작성하고 실행하라.

a) 두 개의 숫자를 입력하고 이 두 숫자의 합을 출력하라.

b) 두 개의 숫자를 입력하고 두 개의 숫자 중 큰 숫자를 출력하라.

c) 두 개의 숫자를 입력하고 이 두 숫자의 곱을 출력하라.

d) 0까지 숫자를 계속 입력하라. 입력 된 총 숫자 수를 출력하라.

e) 0까지 숫자를 계속 입력하라. 이 숫자들의 합을 출력하라.

f) 0까지 숫자를 계속 입력하라. 이 숫자 중 가장 큰 숫자를 출력하라.

g) 0까지 숫자를 계속 입력하라. 이 숫자 중 가장 큰 숫자와 두 번째로 큰 숫자를 출력한다.

h) 세 개의 숫자를 입력하고 이 숫자를 오름차순으로 출력한다.

8.5 8.4 절에서 논의 된 대로 수정 된 EC-2 마이크로프로세서 회로의 수동 구성을 완료하라.

8.6 다음 각 변경 사항을 수용하도록 원래 EC-2 마이크로프로세서 수동으로 재 설계하라. 변경 사항은 별도로 수행해야한다.

a) EC-2 명령어 셋의 SUB 명령어를 LSHIFT 명령어로 교체하자. LSHIFT 명령어는 누산기의 내용을 1비트 왼쪽으로 시프트하고 가장 오른쪽 비트는 0으

로 채워진다. 시프트 연산의 결과는 누산기에 다시 기록된다.

b) EC-2 명령어 세트의 SUB 명령어를 OUTPUT 명령어로 교체하라. OUTPUT 명령어는 누산기의 내용을 출력 포트로 출력한다. OUTPUT 명령이 실행되고 있지 않을 때는 출력 포트에 아무 것도 표시되지 않아야한다.

c) EC-2 명령어 세트에 LSHIFT 명령어를 추가한다. LSHIFT 지침은 위의 (a) 부분에서 정의된다. 연산코드에는 4비트를 사용해야한다.

d) EC-2 명령어 세트에 LSHIFT 및 RSHIFT 명령어 두 개를 추가한다. LSHIFT 명령어는 위의 (a) 부분에 정의되어 있다. RSHIFT 명령어는 비슷하지만 대신 오른쪽으로 이동한다. 연산코드에는 4비트를 사용해야한다.

e) 누산기 A 에서 논리적 NOT 연산을 수행하는 추가 NOT A 명령어를 추가한다. 결과는 A 로 다시 쓰인다.

f) IN A 명령어에는 5비트가 사용되지 않는다. 따라서 비트 4를 사용하여 두 개의 서로 다른 명령어를 구별 할 수 있다. 비트 4가 0이면 원래 IN A 명령어이고, 그렇지 않으면 첫 번째 4비트(비트 0~비트 3)가 먼저 8비트로 확장된 다음 A로 로드 되는 LOAD 상수 명령어이다. 이 새로운 LOAD 명령어의 경우 100 1cccc이고, 작업은 A ← sssscccc이다. 여기서 ssss는 상수 cccc의 부호 확장이다.

g) 별도의 명령 및 데이터 메모리를 사용하라. 프로그램 명령은 배선되어 ROM에 저장된다. 모든 데이터 메모리 액세스(즉, 모든 로드, 저장, 추가 및 하위 명령어)는 RAM에서 이루어진다.

h) 내부 RAM 대신 단일 양방향 데이터 버스가 있는 외부 RAM을 사용하라.

8.7 문제 8.6의 각 변경 사항으로 EC-2 마이크로프로세서 대한 행위적 FSMD Verilog/VHDL 코드를 다시 작성하라.

8.8 아래 정의 된 명령어 셋이 주어지면이 명령어 셋을 실행할 수 있는 범용 마이크로프로세서를 수동으로 설계하고 구현하라.

Instruction	Encoding	Operation	Comment
Data Movement Instructions			
LDA A,rrr	0001 0rrr	$A \leftarrow R[\text{rrr}]$	Load accumulator from register rrr
STA rrr,A	0010 0rrr	$R[\text{rrr}] \leftarrow A$	Load register rrr from accumulator
LDM A,aaaaaa	0011 0000 00aaaaaa	$A \leftarrow M[\text{aaaaaa}]$	Load accumulator from memory location aaaaaa
STM aaaaaa, A	0100 0000 00 aaaaaa	$M[\text{aaaaaa}] \leftarrow A$	Load memory location aaaaaa from accumulator
LDI A,iiiiiii	0101 0000 iiiiiii	$A \leftarrow \text{iiiiiii}$	Load accumulator with immediate value (iiiiiii is a signed number)
Jump Instructions			
JMP absolute	0110 0000 00 aaaaaa	$PC = \text{aaaaaa}$	Absolute unconditional jump to address aaaaaa
JMPR relative	0110 mmmm	$PC = PC + \text{mmmm}$	Relative unconditional jump (mmmm is two's complement offset from PC)
JZ absolute	0111 0000 00 aaaaaa	IF $(A = 0)$ THEN $PC = \text{aaaaaa}$	Absolute jump to address aaaaaa if A is zero
JZR relative	0111 mmmm	IF $(A = 0)$ THEN $PC = PC + \text{mmmm}$	Relative jump if A is zero (mmmm is two's complement offset from PC)
JNZ absolute	1000 0000 00 aaaaaa	IF $(A \mathrel{!=} 0)$ THEN $PC = \text{aaaaaa}$	Absolute jump to address aaaaaa if A is not zero
JNZR relative	1000 mmmm	IF $(A \mathrel{!=} 0)$ THEN $PC = PC + \text{mmmm}$	Relative jump if A is not zero (mmmm is two's complement offset from PC)
JP absolute	1001 0000 00 aaaaaa	IF $(A = \text{positive})$ THEN $PC = \text{aaaaaa}$	Absolute jump to address aaaaaa if A is positive
JPR relative	1001 mmmm	IF $(A = \text{positive})$ THEN $\text{PC} = \text{PC} + \text{mmmm}$	Relative jump if A is positive (mmmm is two's complement offset from PC)
Arithmetic and Logical Instructions			
AND A,rrr	1010 0rrr	$A \leftarrow A \text{ AND } R[\text{rrr}]$	Accumulator AND register
OR A,rrr	1011 0rrr	$A \leftarrow A \text{ OR } R[\text{rrr}]$	Accumulator OR register
ADD A,rrr	1100 0rrr	$A \leftarrow A + R[\text{rrr}]$	Accumulator + register
SUB A,rrr	1101 0rrr	$A \leftarrow A - R[\text{rrr}]$	Accumulator − register
NOT A	1110 0000	$A \leftarrow \text{NOT } A$	Invert accumulator
INC A	1110 0001	$A \leftarrow A + 1$	Increment accumulator
DEC A	1110 0010	$A \leftarrow A - 1$	Decrement accumulator
SHFL A	1110 0011	$A \leftarrow A \ll 1$	Shift accumulator left, pad with 0
SHFR A	1110 0100	$A \leftarrow A \gg 1$	Shift accumulator right, pad with 0
ROTR A	1110 0101	$A \leftarrow \text{Rotate\_right}(A)$	Rotate accumulator right

(다음페이지에 계속)

Instruction	Encoding	Operation	Comment
Input/Output and Miscellaneous			
In A	1111 0000	$A \leftarrow$ Input	Input to accumulator
Out A	1111 0001	Output $\leftarrow A$	Output from accumulator
HALT	1111 0010	Halt	Halt execution
NOP	0000 0000	No operation	No operation

Notations:

A = accumulator

R = general register

M = memory

PC = program counter

rrr = three bits for specifying the general register number (0 – 7)

aaaaaa = six bits for specifying the absolute memory address

iiiiiiii = an 8-bit signed number

mmmm = four bits for specifying the relative jump offset in two's complement format. The offset is relative to the current PC location.

8.9 문제 8.8에 정의된 명령어 셋의 명령어를 실행할 수 있는 마이크로프로세서에 대한 행위적 FSMD Verilog/VHDL 코드를 작성하라.

CHAPTER 09

마이크로프로세서 인터페이싱

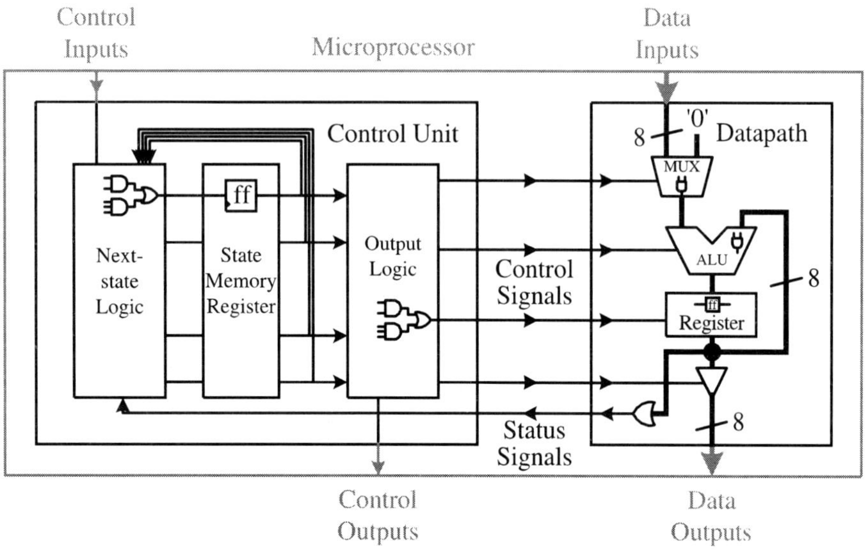

마이크로프로세서가 유용하려면, 마이크로프로세서와 인간 사이, 전자 세계와 현실 세계 사이에 인터페이스가 있어야만 한다. 일반적으로, 현실 세계에서 이루어지는 측정은 아날로그적이며 연속적인 값 범위에 있는 반면에, 마이크로프로세서 내부에 저장된 정보는 이산 디지털 값이다. 또한, 마이크로프로세서가 다른 전자 구성요소와 통신하기 위해서는 그들 사이에 표준 통신 프로토콜이 있어야 한다. 이 장에서는 몇 가지 일반적인 인간 I/O 인터페이스와 표준 통신 프로토콜을 살펴보고 마이크로프로세서와 인터페이스 방법을 살펴보기로 한다.

9.1 7-세그먼트 LED 디스플레이 멀티플렉싱(Multiplexing)

지금까지 우리는 개별적인 LED와 각각의 7-세그먼트 LED 디스플레이로 작업해왔다. 일반적으로 두 개 이상의 7-세그먼트 디스플레이는 그림 9.1과 같이 더 큰 10진수를 표시할 수 있도록 패키지에 결합된다.

9.1.1 동작 이론

개별적으로 각 7-세그먼트 디스플레이는 7개의 LED(접지와 소수점 제외)에 대해 7개의 연결이 필요하므로 8개의 7-세그먼트 디스플레이는 56개의(8 × 7) 연결이 필요하다. 연결 수를 감소시키기 위해, 8개의 7-세그먼트 디스플레이가 더 적은 연결이 필요한 방식으로 연결된다. 내부적으로 각 디스플레이에 대해 동일한 세그먼트가 모두 공통으로 연결되어 있다. 즉, 모든 디스플레이에 대한 세그먼트 a가 서로 연결되어 있고, 모든 디스플레이에 대한 세그먼트 b가 서로 연결되어 있는 등등이다. 결과적으로, 한 패키지에 많은 숫자가 있어도 7개 세그먼트에 대해 7개의 연결만 있다. 또한 7-세그먼트 디스플레이에서 모든 LED 세그먼트에 대한 음 혹은 양의 끝단은 함께 연결되어 각각 공통 캐소드(cathode) 또는 공통 애노드(anode) 표시장치가 된다.

그림 9.2는 공통 캐소드가 있는 세 자리 7-세그먼트 디스플레이의 내부 연결을 보여준다. 공통 캐소드 표시장치의 경우, 숫자 연결이 1로 설정되면 해당 숫자 전체가 꺼진다. 숫자 연결을 0으로 설정하고 세그먼트 연결을 1로 설정하면 특정 LED가 켜진다. 모든 숫자에 대해 동일한 세그먼트가 함께 연결되어 있기 때문에, 예를 들어, a를 1에 연결하고 세 자리 연결을 0에 연결하면 세 자리 모두에 있는

그림 9.1 3.1415를 나타내는 8자리 7-세그먼트 디스플레이.

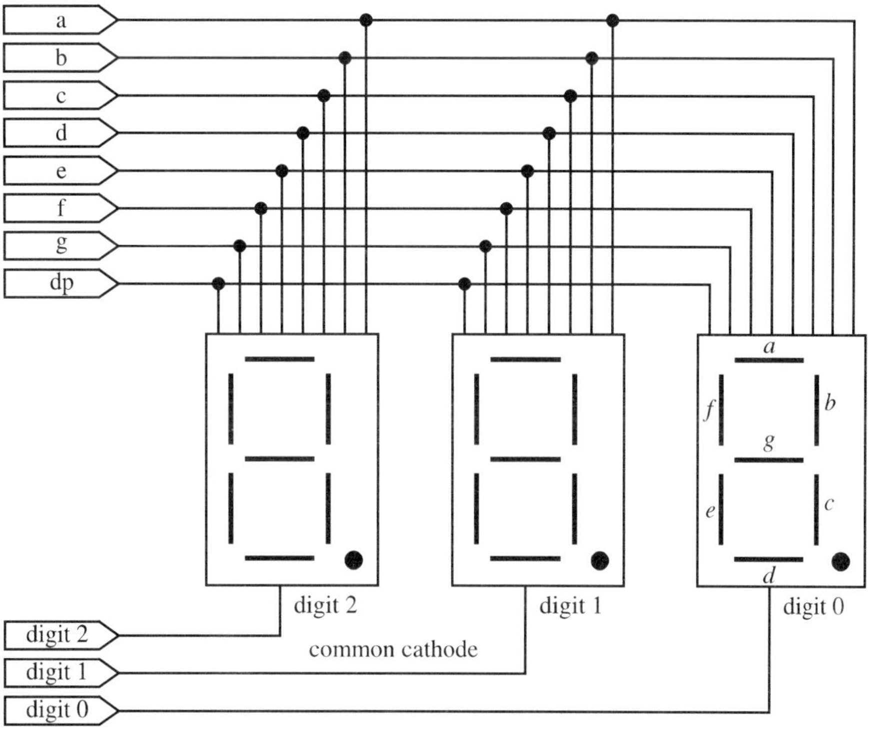

그림 9.2 공통 캐소드를 갖는 세 자리 7-세그먼트 디스플레이에 대한 내부 연결.

세그먼트 a가 온 된다. 문제는 한 자릿수에 특정 세그먼트를 켜고 다른 자릿수에 동일한 세그먼트를 오프시키는 방법이다. 예를 들어 숫자 45를 표시하려면 숫자 4에 대한 자릿수 1의 세그먼트 a를 오프시키고 숫자 5에 대한 자릿수 0의 세그먼트 a를 온 시켜야 한다. 그러나 둘 다 0에 연결되어 있으면 두 자릿수의 세그먼트 a는 함께 온 되거나 오프된다.

이 문제의 해결책은 시간 멀티플렉싱(time multiplexing)이라고 알려져 있다. 시간 멀티플렉싱은 짧은 주기 시간 동안 한 번에 한자리만 온 시킨다. 한 번에 한자리씩 온 시키면 디스플레이의 모든 자릿수가 연속적으로 순환한다. 숫자가 한 번에 하나씩 온 되고 있지만, 신속하게 순환되어 모두 동시에 온 된다는 인상을 받을 것이다. 트레이드오프는 숫자가 계속 온 되어 있을 때보다 숫자가 약간 어두워진다는 것이다.

9.1.2 제어기 설계

그림 9.3에 나타낸 10진수 123을 표시하기 위한 세 자리 7-세그먼트 LED 디스플레이 제어기에 대한 상태도는 매우 단순하다. 적절한 *Digit* 및 *Segment* 연결을 켜고 끄는 세 가지 상태를 통해 지속적으로 순환한다. *Digit* 연결에는 3비트가 있으며 가장 왼쪽 비트는 digit 2에 연결된다. *Segment* 연결에는 7비트가 있으며 가장 왼쪽 비트는 세그먼트 a에 연결된다.

상태 00은 digit 2상에서 10진수 1을, 상태 01은 digit 1상에서 10진수 2를, 상태 10은 digit 0상에서 10진수 3을 표시한다. 상태 00에서 $Digit = 011$으로 설정하여(0은 자릿수를 온) digit 2는 온 시키는 반면에, 다른 두 자릿수는 오프된다. 10진수 1을 나타내기 위해, $Segment = 0110000$으로 설정하여(1은 세그먼트를 온) 세그먼트 b와 c는 온 된다. 상태 01에서 유사하게, $Digit = 101$으로 설정하여 digit 1을 켜고 숫자 2는 $Segment = 1101101$로 설정하여 온 시킨다.

고려해야 할 주요 문제는 자릿수의 멀티플렉싱으로 인해 FSM이 세 가지 상태를 얼마나 빨리 순환하는 가이다. 클럭의 스피드가 너무 느리면 한 번에 한 자릿수만을 보일 것이다. 클럭의 속도를 천천히 증가시키면, 세 자리 모두 보이기 시작하지만 깜박임이 나타날 것이다. 클럭 스피드를 좀 더 증가시키면 깜박임이 사라지고 모든 숫자가 온 되는 것을 볼 것이다. 클럭 스피드를 계속 증가시키면 숫자가 어두워지기 시작할 것이다.

그림 9.4와 9.5는 각각 10진수 123을 표시하기 위한 단순한 세 자리 7-세그먼트 LED 표시장치 제어기의 Verilog 및 VHDL 코드를 나타낸다.

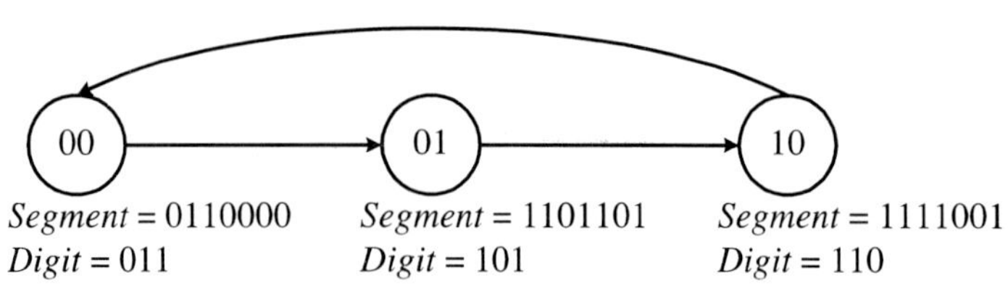

그림 9.3 숫자 123을 표시하기 위한 세 자리 7-세그먼트 디스플레이 제어기에 대한 상태도.

```
module fsm (
  input Clock, Reset,
  output reg [2:0] Digit,
  output reg [0:6] Segment
    );

  reg [1:0] state;

  always @ (posedge Clock, posedge Reset) begin
    if (Reset) begin
      Digit <= 3'b111;        // off
      Segment <= 7'b0000000; // off
      state <= 2'b00;
      end
    else
      case (state)
      2'b00: begin
        // display the number 1 on digit 2
        Segment <= 7'b0110000; // 1
        Digit <= 3'b011;       // D2
        state <= 2'b01;
        end
      2'b01: begin
        // display the number 2 on digit 1

        Segment <= 7'b1101101; // 2
        Digit <= 3'b101;       // D1
        state <= 2'b10;
        end
      2'b10: begin
        // display the number 3 on digit 0
        Segment <= 7'b1111001; // 3
        Digit <= 3'b110;       // D0
        state <= 2'b00;
        end
      default: begin
        state <= 2'b00;
        end
      endcase
  end // always
endmodule
```

그림 9.4 세 자리 7-세그먼트 디스플레이 제어기에 대한 행위적 Verilog 코드.

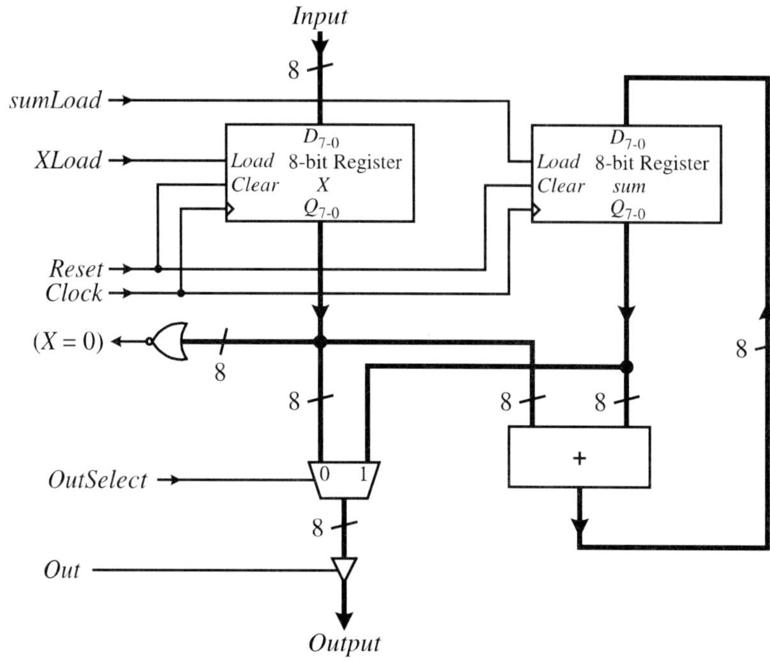

그림 9.7 입력 숫자들의 합 문제를 해결하는 데이터패스.

Control Word	Instruction	*XLoad*	*sumLoad*	*OutSelect*	*Out*
0	INPUT *X*	1	0	×	0
1	*sum* = *sum* + *X*	0	1	×	0
2	OUTPUT *X*	0	0	0	1
3	OUTPUT *sum*	0	0	1	1

그림 9.8 입력 숫자들의 합 문제를 해결하는 제어 워드.

언뜻 보기에 이 알고리즘은 매우 단순하고 간단해 보인다. 그러나 이 문제의 요구 사항 때문에 이 마이크로프로세서의 실제 하드웨어 구현은 약간 까다롭다. 특히, 하나의 입력 포트를 통해 여러 개의 다른 숫자를 입력해야 하는 경우 신중한 타이밍 고려 사항과 기계식 스위치의 작동 방식에 대한 이해가 필요하다. 또한, 레지스터 *X*의 값을 출력하는 타이밍에는 신중한 생각이 필요하다.

첫 번째 시도로서, 우리는 그림 9.9(a)에 나타낸 상태도로 시작한다. 알고리즘의 1행은 비동기 *Reset*에 의해 수행되므로 상태를 실행할 필요가 없다. 3행은 상태 00에서 수행되며, 상태 01의 4행은 무조건적으로 이어진다. 그런 다음 조건

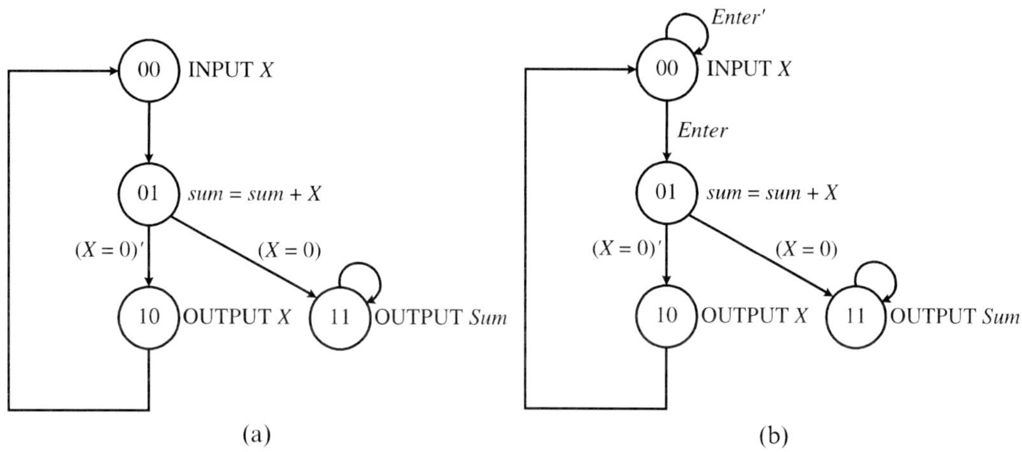

그림 9.9 입력 숫자들의 합 문제를 해결하는 잘못된 상태도.

$(X=0)$이 테스트된다. 조건이 참이면 루프는 종료되고 FSM은 *Sum* 값을 출력하기 위해 상태 11로 가며 리셋될 때까지 그 상태를 유지한다. 조건이 거짓이면 FSM은 X를 출력하기 위해 상태 10으로 가고 루프는 상태 00으로 반복된다.

그러나 예를들어 50 MHz 클럭 속도를 사용하여 하드웨어에서 이 회로를 구현하면 올바르게 동작하지 않는다. 이유는 FSM이 상태 당 20ns(즉, 1/50000000초/사이클)로 3개의 루프 상태(00, 01, 및 10)를 순환하기 때문이다. 결과적으로 FSM은 입력을 다른 숫자로 변경하기 전에 여러번 숫자를 입력하기 위해 상태 00으로 간다. 따라서, 같은 숫자가 여러 번 합산된다.

이러한 문제를 해결하기 위해, Enter 스위치와 같이 동작하는 다른 입력 신호를 추가해야 한다. 이런 식으로, FSM은 *Enter* 신호가 어써트될 때까지 기다리며 상태 00을 유지할 것이다. 이렇게 하면 사용자가 Enter 스위치를 누르기 전에 입력 숫자를 설정할 수 있는 시간이 주어진다. *Enter* 신호가 어써트될 때 FSM은 처리할 새 숫자와 함께 상태 00을 나갈 것이다. 수정된 상태도는 그림 9.(b)에 나타내었다.

이 수정된 상태도는 빠른 클럭 속도 때문에 여전히 타이밍 문제가 있다. 상태 00에서 시작하여 FSM은 Enter 스위치가 눌러지기를 기다린다. 0이 아닌 숫자를 입력하고 Enter 스위치를 누르고 난 후 FSM은 상태 01로 이동하지만 해제하기 전에 FSM은 다시 전체 루프를 순환하고 60ns에서 상태 00으로 돌아간다. 아직 스위치를 해제하지 않았으므로 FSM은 동일한 입력 숫자를 가진 다른 루프에서 계속된다. Enter 스위치가 해제 될 때까지 기다렸다가 루프를 끊어야 한다.

이것은 그림 9.10(a)의 상태도에 나와 있다. 상태 10은 계속 진행하고 상태 00으로 되돌아가기 전에 Enter 스위치가 해제될 때까지 기다린다.

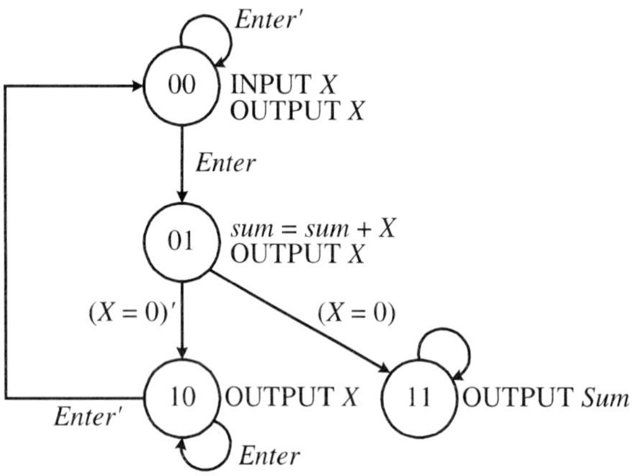

(a)

Current State Q_1Q_0	Next State (Implementation) $Q_{1next}Q_{0next}$ (D_1D_0)			
	Enter, (*X* = 0)			
	00	01	10	11
00	00	00	01	01
01	10	11	10	11
10	00	00	10	10
11	11	11	11	11

(b)

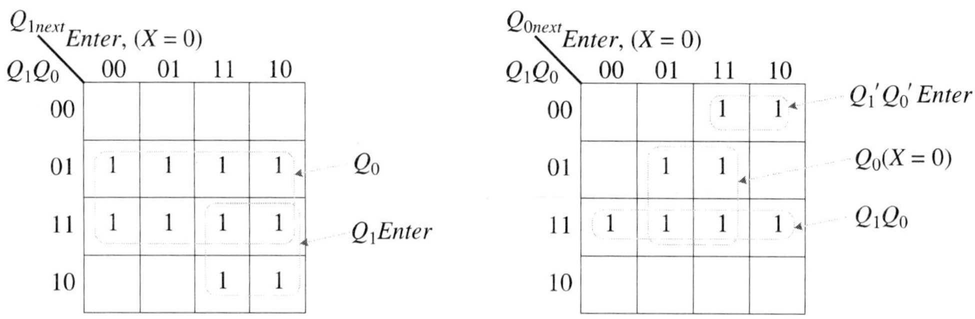

$Q_{1next} = D_1 = Q_0 + Q_1Enter$

$Q_{0next} = D_0 = Q_1Q_0 + Q_0(X = 0) + Q_1'Q_0'Enter$

(c)

Control Word	State Q_1Q_0	Instruction	*XLoad*	*sumLoad*	*OutSelect*
0	00	INPUT *X*, OUTPUT *X*	1	0	0
1	01	*sum* = *sum* + *X* OUTPUT *X*	0	1	0
2	10	OUTPUT *X*	0	0	0
3	11	OUTPUT *sum*	0	0	1

(d)

그림 9.10 입력 숫자들의 합 문제를 해결하는 제어 유닛: (a) 상태도 (b) 다음상태(구현) 표 (c) K-맵 및 다음상태 방정식 (d) 제어 워드 및 출력표 (e) 출력 방정식 (f) 회로.

(다음페이지에 계속)

$$XLoad = Q_1'Q_0'$$
$$sumLoad = Q_1'Q_0$$
$$OutSelect = Q_1Q_0$$

(e)

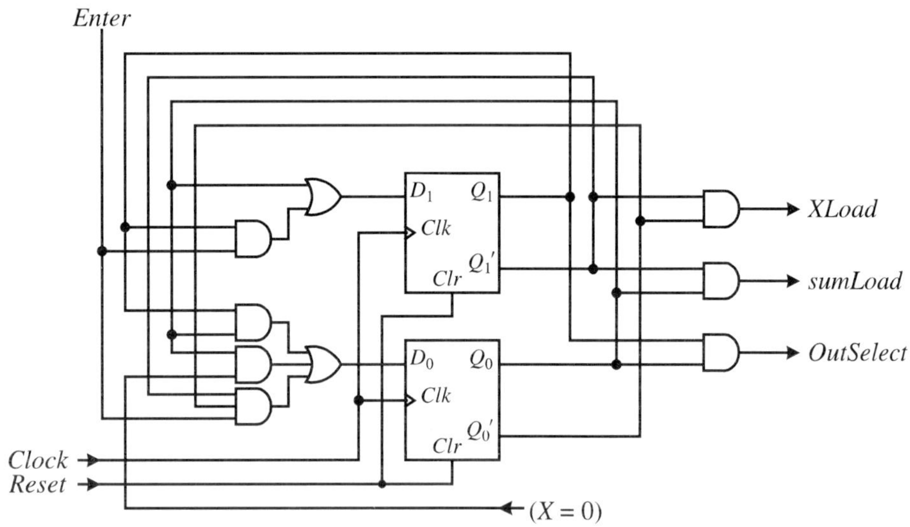

(f)

그림 9.10 입력 숫자들의 합 문제를 해결하는 제어 유닛: (a) 상태도 (b) 다음상태(구현) 표 (c) K-맵 및 다음상태 방정식 (d) 제어 워드 및 출력표 (e) 출력 방정식 (f) 회로.

이론적으로 이 마지막 상태도는 정확하다. 그러나 실제로는 *Enter* 신호에 사용되는 기계식 스위치의 작동에 여전히 문제가 있을 수 있다. 기계식 스위치를 눌렀을 때는 대개 켜짐 위치에 안착하기 전에 여러 번 켜졌다가 꺼진다. 이것은 “디바운스(debounce)” 문제라고 한다. 스위치를 누른 후 스위치가 켜짐 및 꺼짐 위치 사이에서 기계적으로 변동할 때 FSM은 루프를 여러 번 반복 할 수 있다. 우리는 스위치를 디바운스해야 한다. 그러나 이것은 FSM 회로 자체가 아니라 FSM과 스위치 사이의 인터페이스 회로에서 이루어진다. 우리는 인터페이스 회로를 만들 때 이 문제를 해결할 것이다.

또 다른 타이밍 문제는 상태 10에서 X를 출력하는 것과 관련이 있다. FSM은 Enter 키를 계속 누르고 있는 동안에만 상태 10을 유지한다. 사용자가 Enter 키를 놓으면(보통 1초 이내에 발생) FSM은 상태 10을 빠져나간다. 따라서 X값은 1초도 안 되는 짧은 시간 동안 표시되는 데 이것은 너무 짧아서 나타나지 않는다. 더 나은 해결책은 루프 내부의 세 가지 상태 모두에서 X를 출력하고, 4개의 OUTPUT 연산으로 그림 9.10(a)와 같이 루프를 빠져나올 때 *Sum*을 출력하는 것이다. 이러한 변경을 하면, 항상 값을 출력하기 때문에더 이상 데이터패스에 *Out* 제어 신호와 함께 3-상태 버퍼가 필요하지 않다.

우리는 이제 그림 9.10(a)에 나타낸 상태도를 기반으로 제어 유닛 회로를 구성한다. 4개의 상태가 5개의 데이터 처리문을 위해 사용되었다. 11을 제외한 모든 상태가 X를 출력한다. 상태 00은 X를 입력하고 *Enter* 신호를 기다린다. 이를 통해 사용자는 입력 숫자를 설정하고 Enter 스위치를 누를 수 있다. Enter 스위치를 누르면 FSM은 상태 01로 가서 X를 합산하고 조건($X=0$)을 테스트한다. 조건이 참이면 FSM은 상태 11에서 종료되고 *sum*을 출력한다. 그렇지 않으면 사용자가 Enter 스위치를 놓을 때 *Enter* 신호가 디어써트(de-assert)되는 동안 대기하기 위해 상태 10으로 간다. 상태 10을 빠져나온 후 FSM은 상태 00에서 루프를 계속 반복한다.

상태도에서 유도된 다음상태 표는 그림 9.10(b)와 같다. 이 표는 4개의 변수가 필요하다.(4상태를 인코드하기 위한 Q_1 및 Q_0, 상태 신호 Enter 및($X=0$))

D 플립플롭을 사용하여 상태 메모리를 구현하는 경우, 표 항목의 값이 플립플롭 출력인 Q_{1next} 및 Q_{0next} 대신에 플립플롭 입력 D_1 및 D_0 임을 제외하고, 구현표는 다음상태 표와 동일하다. Q_{1next} 및 Q_{0next} 에 대한 K-맵과 다음상태 방정식은 그림 9.10(c)와 같다.

세 개의 제어 신호에 대한 수정된 제어 워드와 출력표는 그림 9.10(d)와 같다. 상태 00은 *XLoad*를 어써트하여 그림 9.6에 있는 알고리즘의 3행을 수행하며, *OutSelect*를 디어써트하여 8행을 수행한다. *OutSelect*가 디어써트될 때, X가 출력으로 전달된다. 상태 01은 4행과 8행을 수행한다. 4행은 *SumLoad*를 어써트하여 실행하고 8행은 *OutSelect*를 디어써트하여 실행된다. 최종적으로 상태 11은 *OutSelect*를 어써트하여 10행을 수행한다.

출력표에서 유도된 출력 방정식은 그림 9.10(e)와 같다. 세 개의 제어 신호 각각에 대해 하나의 방정식이 있다. 각 방정식은 현재 상태(즉, Q_1과 Q_0의 현재 값)에만 의존한다.

전체 제어 유닛 회로는 그림 9.10(f)과 같다. 상태 메모리는 두 개의 D 플립플립으로 구성된다. 플립플롭에 대한 입력은 두 개의 다음상태 방정식에서 유도된 다음상태 회로이다. 3개의 제어 신호에 대한 출력 회로는 3개의 출력 방정식에서 유도된다. 상태 신호($X=0$)는 데이터패스의 비교기에서 나온다.

최종 마이크로프로세서는 그림 9.11에 나타낸 바와 같이, 지정된 제어 및 상태 신호를 사용하여 제어 유닛과 데이터패스를 함께 연결하여 형성된다.

FPGA 개발 보드에 회로를 구현하기 위하여, 마이크로프로세서의 I/O를 스위치, LED, 및 클럭 소스에 연결해야 한다. 이 문제의 가장 중요한 인터페이스 회로는 Enter 스위치를 디바운스하는 것이다. 스위치를 디바운스하는 간단한 회로는 그림 9.12와 같이 D 플립플롭을 사용하는 것이다. D 플립플롭 클럭 입력의 클럭 주파수는 스위치 바운스가 안정되도록 충분히 느려야 플립플롭이 단일 값으로 래치된다. 정확한 클럭 주파수는 그리 중요하지 않다. 이 예에 사용된 클럭 분할기는 50 MHz 클럭을 약 4 Hz로 감속시킨다. 그림 9.13은 두 입력 3과 5의 합산 입력 숫자 문제를 실행하는 마이크로프로세서의 시뮬레이션 트레이스를 보여준다.

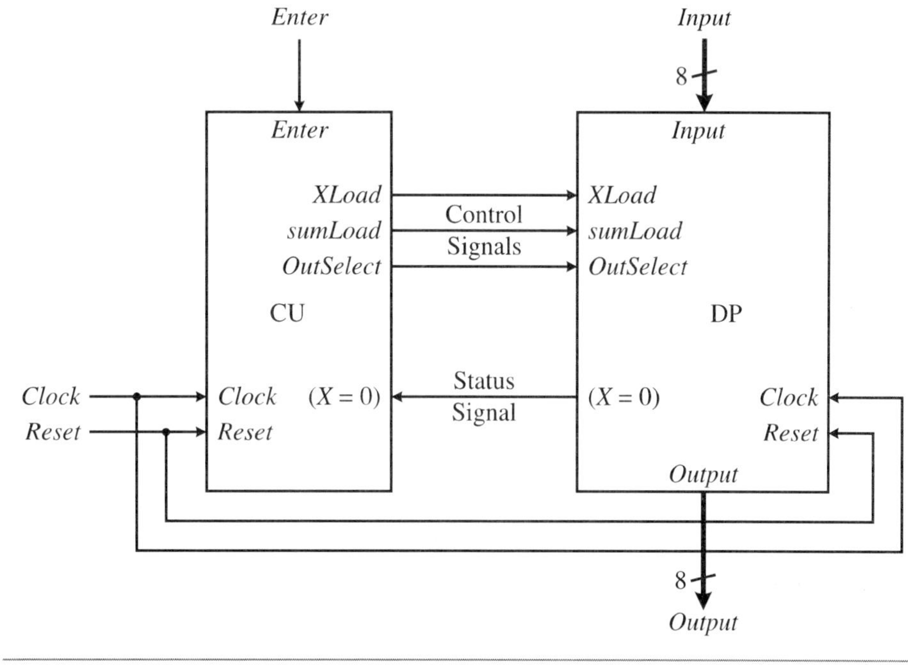

그림 9.11 입력 숫자들의 합 문제를 해결하는 마이크로프로세서.

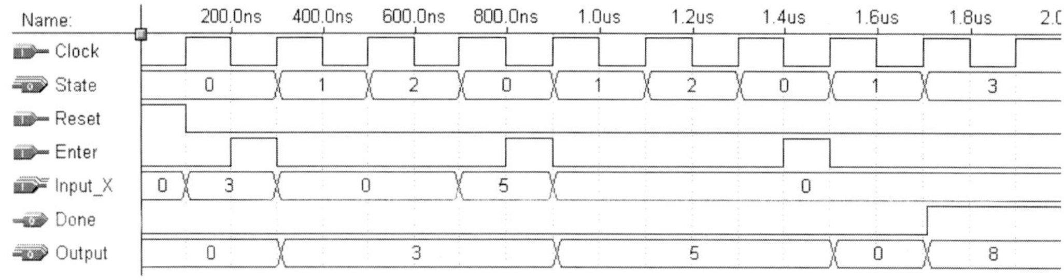

그림 9.12 입력 숫자 합 마이크로프로세서에 대한 외부 I/O 인터페이스.

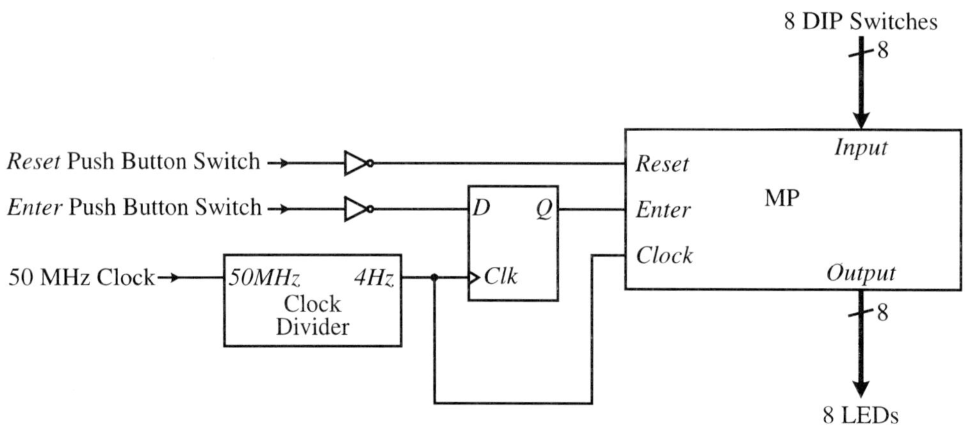

그림 9.13 입력 숫자 합 문제에 대한 샘플 시뮬레이션.

9.3 3 × 4 키패드 제어기

키패드는 푸시 버튼과 같지만 여러 개가 하나의 장치로 함께 패키징되어 있다. 그림 9.14(a)는 3×4 그리드에 배열된 일반적인 12-키 키패드의 그림을 나타낸다. 일반적으로 Normally-opened 푸시 버튼이 키에 사용된다.

9.3.1 동작 이론

각 푸시 버튼에는 두 개의 연결이 필요하기 때문에 12개의 개별 푸시 버튼에는 일반적으로 24개의 연결이 있다. 연결 수를 감소시키기 위해, 키패드의 키는 같은 행에 있는 하나의 연결 지점이 공통으로 연결되고 같은 열에 있는 키는 다른 연

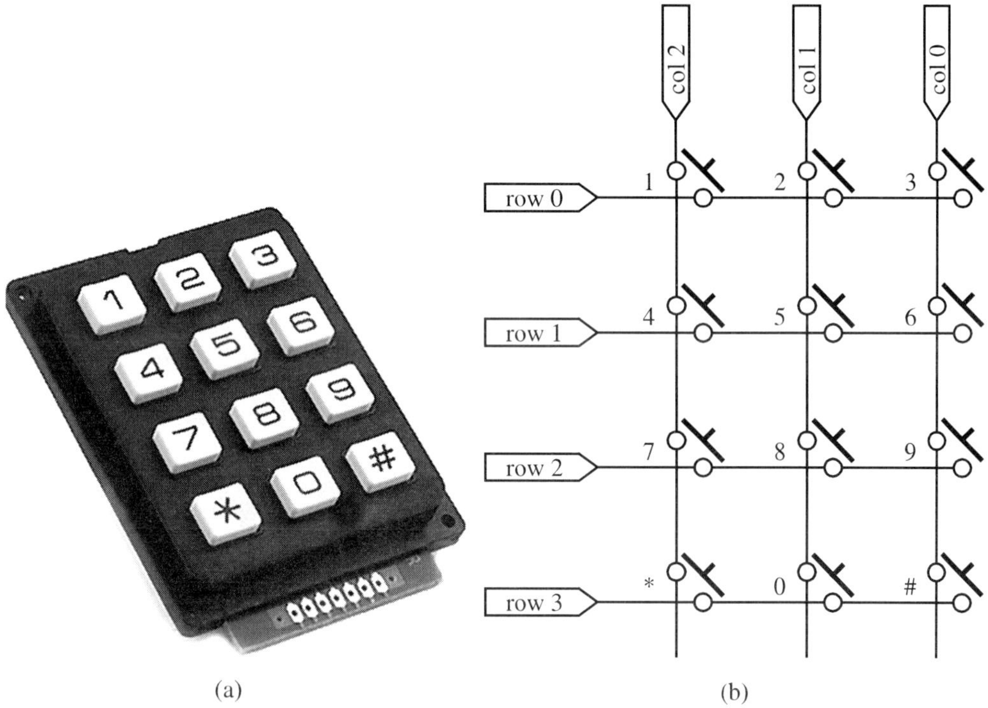

그림 9.14 키패드: (a) 사진 (b) 도식도.

결 지점이 공통으로 연결되도록 되어있다. 3×4 키패드의 내부 연결은 그림 9.14(b)와 같다. 이 연결 구성에는 12개의 키에 대해 7개의 연결(3개의 열에 대한 3개의 연결과 4개의 행에 대한 4개의 연결) 만 있다.

평상시 개방(Normally-opened) 푸시 버튼을 사용하여 각 열과 행의 교차점은 누르지 않을 때 일반적으로 연결이 끊어진다. 특정 키를 누르면 해당 키가 있는 열과 행 사이에 연결된다. 예를 들어 키 1을 누르면 0행과 2열을 연결하고 키 8을 누르면 2행과 1열을 연결한다.

어떤 키를 눌렀는지 구별 할 수 있도록 키패드를 연결하는 방법을 살펴보겠다. 키를 누르는 것과 상관없이 정의되지 않은 논리 값, 즉 고 임피던스 Z 값을 가질 수 없다는 점을 다시 한 번 명심해야 한다. 첫 번째 시도로서, 우리는 그림 9.15(a)에 표시된 회로를 Vcc에 연결된 모든 행 입력으로 연 결하려고 시도 할 수 있으며, 모든 열은 22K Ω 저항을 통해 접지로 내려간다. 먼저 세 개의 열 연결 지점에서는 정의되지 않은 논리 값이 불가능하다는 점에 주목한다. 예를 들어, 2열에서, 그 열에 있는 어떤 키도 누르지 않으면, 그 신호는 풀-다운 저항으로 논리 0이 되고, 해당 열의 키 중 하나를 누르면, 2열은 Vcc에 대한 행 연결로 논리 1이 된다. 그러나 문제는 해당 열에 있는 4개의 키(1, 4, 7 또는 *) 중 어느 키를 눌렀는지 구별 할 수 없다는 것이다.

동일한 열에 있는 4개의 키 중 어느 것을 눌렀는지 구별하기 위해, 우리는 모든 행을 동시에 Vcc에 연결시킬 수 없다. 여러 개의 7-세그먼트 숫자를 멀티플렉싱 하는 것처럼, 우리는 한 번에 하나의 행을 논리 1 값(즉, Vcc)으로 선택적으로 설정할 수 있어야 하며 나머지 행은 논리 0으로 설정되어야 한다. 멀티플렉싱 방식의 경우 키를 눌렀다가 떼는 데 걸리는 시간에 대하여 상대적으로 빠른 속도로 순환해야 한다. 이를 위해서는 그림 9.15(b)와 같이 회로를 수정해야 한다. 4개의 행에 대한 Vcc 연결을 입력 연결로만 바꾸면, 4개의 입력은 마이크로프로세서에 의해 논리 0 또는 논리 1로 설정할 수 있다. 예를 들어 키 0을 누르면 3행 연결이 논리 1인 경우에만 1열 연결 지점에 논리 1이 표시된다. 이때, 여러분은

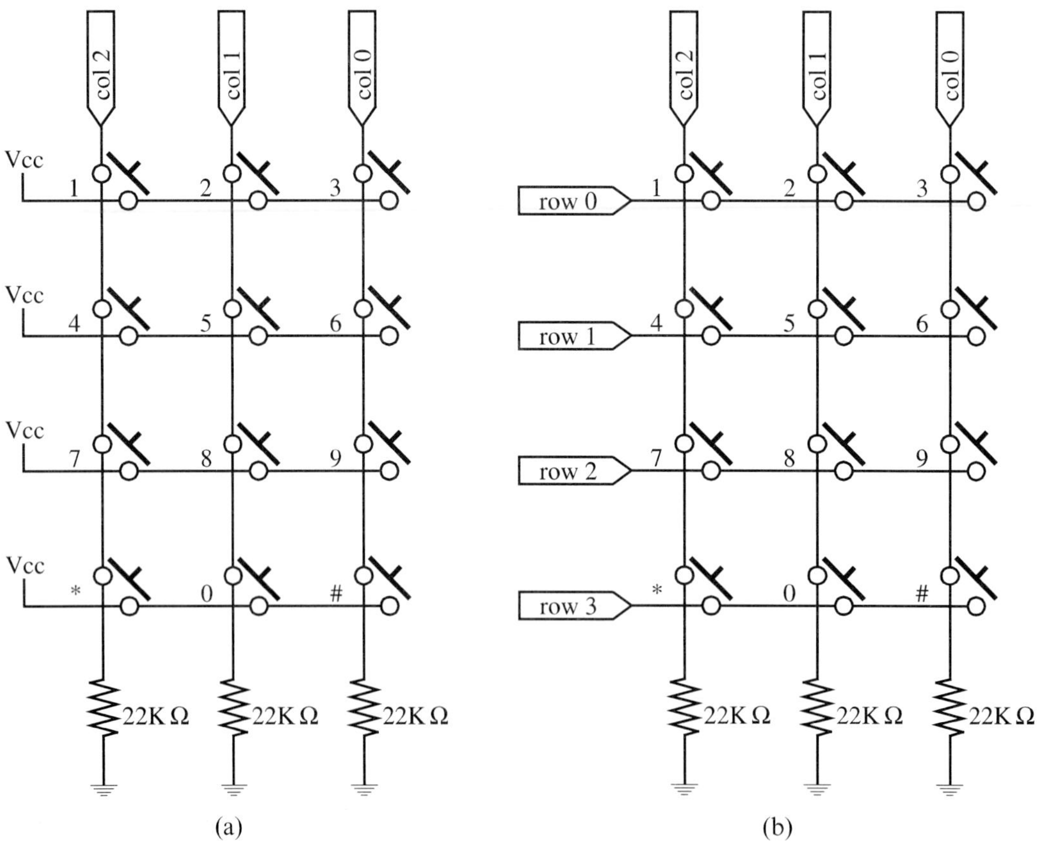

그림 9.15 키패드 연결: (a) 잘못된 연결 (b) 올바른 연결.

이 모든 행이 논리 1에 연결되어있는 원래의 회로와 어떻게 다른지 궁금할 것이다. 두 경우 모두 네 개의 열 키 중 하나를 누르면 열 연결 지점에 논리 1이 나타난다. 두 경우 모두 4개의 열 키 중 하나를 누르면 열 연결 지점에 논리 1이 나타난다. 중요한 차이점은 3행을 논리 0으로 설정하면 키 0을 눌렀는지 여부에 상관없이 1열에 논리 0을 갖는다는 것이다. 다시 말해, 어떤 행에 논리 1을 전송하는지 알기 때문에 1열에 논리 1을 가져오면 해당 열의 어느 교차점이 키 누름으로 연결되었는지 알 수 있다.

이러한 멀티플렉싱 방식이 동작하려면, 각 행에 빠른 속도로 논리 1이나 논리 0을 보내고 열 연결 값이 1인지 0인지 읽을 수 있어야 한다. 제어기는 논리 1 값을 한 행에 전송하고 나머지 행에 논리 0을 전송하여 4개의 행 각각을 반복적으로 순환하는 데 사용된다. 논리 1을 행으로 보낸 후에 논리 1 값을 갖는지 확인하기 위해 3개의 열 신호를 읽는다. 특정 열에 대해 논리 1 값이 있으면 그리드의 해당 교차점에 있는 키를 누른 것이다.

9.3.2 제어기 설계

3×4 키패드 제어기의 상태도는 그림 9.16과 같다. 이 상태도는 쌍으로 그룹화된 8개 상태를 연속적으로 순환한다. 쌍으로 된 첫 번째 상태는 *Row* 값을 전송하고 두 번째 상태는 세 개의 *Column* 값을 테스트한다. 예를 들어, 상태 000은 0행을 1로 설정하고 상태 001은 세 열 중 어느 열에 1이 있는 지 시험한다. 0열에 1이 가지면 2진수 값 3이 출력 *Key*에 할당된다. 그림 9.17은 3×4 키패드 제어기의 행위적 Verilog 코드이다.

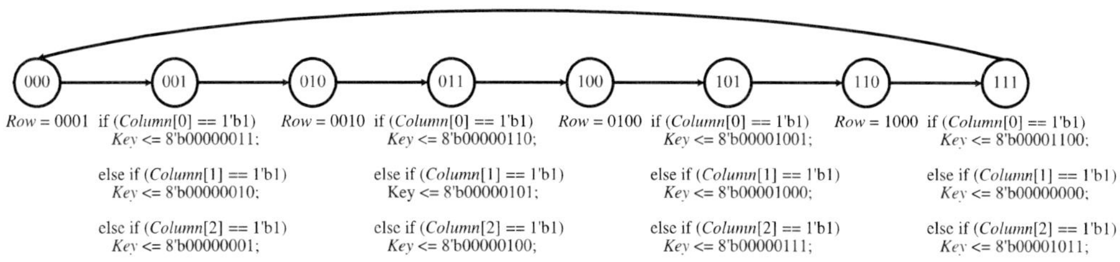

그림 9.16 3×4 키패드 제어기의 상태도.

```
module fsm (
  input Clock, Reset,
  input [2:0] Column,
  output reg [3:0] Row,
  output reg [7:0] Key
    );
reg [2:0] state;

always @ (posedge Clock, posedge Reset) begin
  if (Reset) begin
    state <= 3'b000;
    end
  else
    case (state)
    3'b000: begin
      // set row0 to 1
      Row <= 4'b0001;
      state <= 3'b001;
      end
    3'b001: begin
      // check key press
      if (Column[0] == 1'b1) Key <= 8'b00000011;
      else if (Column[1] == 1'b1) Key <= 8'b00000010;
      else if (Column[2] == 1'b1) Key <= 8'b00000001;
      state <= 3'b010;
      end
    3'b010: begin
      // set row1 to 1
      Row <= 4'b0010;
      state <= 3'b011;
      end
    3'b011: begin
      // check key press
      if (Column[0] == 1'b1) Key <= 8'b00000110;
      else if (Column[1] == 1'b1) Key <= 8'b00000101;
      else if (Column[2] == 1'b1) Key <= 8'b00000100;
      state <= 3'b100;
      end
    3'b100: begin
      // set row2 to 1
      Row <= 4'b0100;
      state <= 3'b101;
      end
    3'b101: begin
      // check key press
      if (Column[0] == 1'b1) Key <= 8'b00001001;
      else if (Column[1] == 1'b1) Key <= 8'b00001000;
      else if (Column[2] == 1'b1) Key <= 8'b00000111;
      state <= 3'b110;
      end
```

그림 9.17 3×4 키패드 제어기의 행위적 Verilog 코드.

(다음페이지에 계속)

```
        3'b110: begin
          // set row3 to 1
          Row <= 4'b1000;
          state <= 3'b111;
          end
        3'b111: begin
          // check key press
          if (Column[0] == 1'b1) Key <= 8'b00001100;
          else if (Column[1] == 1'b1) Key <= 8'b00000000;
          else if (Column[2] == 1'b1) Key <= 8'b00001011;
          state <= 3'b000;
          end
        default: begin
          state <= 3'b000;
          end
        endcase
    end // always
  endmodule
```

그림 9.17 3×4 키패드 제어기의 행위적 Verilog 코드.

9.4 PS2 키보드와 마우스

구형 컴퓨터 키보드 및 마우스는 PS2 프로토콜 및 커넥터를 사용하여 컴퓨터와 통신한다. 이것은 오래된 기술이지만 직렬 통신 프로토콜의 동작 방식에 대한 좋은 예이다. 키보드와 마우스가 모두 PS2 프로토콜을 사용하지만 마우스의 제어기는 초기화 순서와 양방향 통신 채널이 필요하기 때문에 약간 어려우며 키보드는 그렇지 않다. 이 절에서는 두 가지 모두에 대한 제어기를 구성할 것이다.

9.4.1 동작 이론-PS2 키보드

PS2 키보드와 제어기(FPGA 칩에 구현될) 사이의 통신은 *Keyboardclock*과 *KeyboardData*의 두 가지 신호를 사용한다. 활동이 없을 때, 즉 키보드에서 아무 키도 누르지 않은 경우, 즉 *Keyboardclock*과 *KeyboardData*는 모두 1에 있다. 키를 누르거나 놓을 때 키보드는 해당 키의 고유 코드를 *KeyboardData* 선으로 직렬로 제어기에 보낸다. *KeyboardData* 선의 직렬 데이터는 *KeyboardData* 라인의 시리얼 데이터는 *Keyboardclock* 선으로 보내는 클럭 펄스에 의해 키보드와 제어기 사이에서 동기화된다.

KeyboardData 선으로 전송한 각 키의 데이터는 11개 비트로 구성된다, 이 11개 비트는 시작 비트로 0, 최하위 비트부터 최상위 비트로 시작하는 키 코드의 8 데이터 비트, 홀수 패리티 비트, 마지막으로 중지 비트로 1이다. 그림 9.18은 해당 키를 눌렀을 때 키 보드에 의해 생성되는 일부 키 코드를 보여준다. 키를 놓으면 다른 코드가 생성된다. 패리티 비트는 8개 데이터 비트에서 1비트의 총 수에 패리티 비트를 더해 홀수가 되도록 설정된다.

그림 9.19는 하이픈 키에 대한 키 코드 4E(2진수로 01001110)의 데이터 전송에 대한 샘플 타이밍도를 나타낸다. *KeyboardData* 및 *Keyboardclock* 선이 모두 1인 비활성 상태에서 시작하여 시작 비트에 대해 *KeyboardData* 선을 0으로 설정하여 전송이 시작된다. 그런 다음 키보드는 *KeyboardClock* 선의 클럭 주기당 1비트의 비율로 *KeyboardData* 선의 데이터 및 패리티 비트를 전송한다. *Keyboardclock* 선의 클럭 펄스는 키보드에 의해 생성된다. 8개 데이터 비트는 4개(짝수)의 1비트가 있어서 패리티를 홀수로 만들기 위해 패리티 비트는 1이어야 하기 때문에, 키 코드 4E의 패리티 비트는 1이다. 마지막으로 1 정지 비트가 전송된다.

Key	Key Code	Key	Key Code	Key	Key Code	Key	Key Code
1	16	A	1C	K	42	U	3C
2	1E	B	32	L	4B	V	2A
3	26	C	21	M	3A	W	1D
4	25	D	23	N	31	X	22
5	2E	E	24	O	44	Y	35
6	36	F	2B	P	4D	Z	1A
7	3D	G	34	Q	15	Esc	76
8	3E	H	33	R	2B	BS	66
9	46	I	43	S	1B	CR	5A
0	45	J	3B	T	2C	Ctrl	14

그림 9.18 키보드에 의해 생성된 키 코드의 부분 목록.

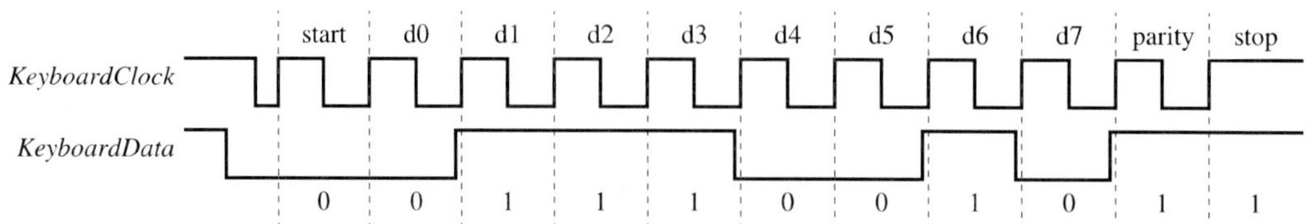

그림 9.19 키 코드 4E의 데이터 전송을 위한 샘플 타이밍도.

9.4.2 제어기 설계-PS2 키보드

그림 9.20(a)에 나타낸 PS2 키보드 제어기의 상태도는 그림 9.19에 나타낸 타이밍도에 따라 유도된다. 8개 데이터(d0, d1, ..., d7)의 각각 상태에서 *Keyboard Data* 입력선으로부터 하나의 해당하는 데이터 비트를 얻는다. 예를 들어, *Keycode*라는 8비트 레지스터를 사용하여 8개의 데이터 비트를 저장한다고 가정해 보자. 그런 다음상태 d0에서 *KeyboardData*를 $Keycode_0$(즉, *Keycode*의 0번째 비트)에 할당하고 상태 d1에서 *KeyboardData*를 $Keycode_1$에 할당하는 등 모든 8개 데이터 비트에 할당한다. 이것은 한 상태에서 다음상태로 FSM 천이가 키보드 클럭 신호 *KeyboardClock*에 의해 동기화되기 때문에 가능하다. 간단하게 하기위해, 우리는 시작 비트, 패리티 비트 또는 정지 비트를 검사하지 않고 건너뛸 것이다.

상태도에는 초기 시작 비트를 기다리는 대기 상태가 없다는 점에 유의하자. 이는 시작 비트를 기다리는 초기 대기 상태가 없다면 키를 누르지 않아도 FSM이 계속해서 모든 상태를 통과하는 것으로 보이기 때문에, 처음에 잘못된 것처럼 보일 수 있다. 그러나 FSM을 구동하는 클럭이 계속 동작하지 않기 때문에 그렇지 않다. 우리는 키보드 클럭 신호 *Keyboard Clock*을 사용하여 FSM 클럭(FSM 클럭 연결에 대해서는 그림 9.20(f) 참조)을 구동하며, 이 신호는 활동이 없을 때 상수 1이므로 FSM은 키가 눌릴 때까지 시작 상태를 유지할 것이다. 키가 눌리면 *KeyboardClock*에 은 토글되기 시작하여 FSM을 확성화시키고 데이터 비트를 클럭킹한다.

11개의 상태를 인코딩하기 위해 4개의 D 플립플롭을 사용한 다음 상태표는 그림 9.20(b)와 같다. 다음 상태표에서 유도된 K-맵과 다음상태 방정식은 그림 9.20(c)와 같다.

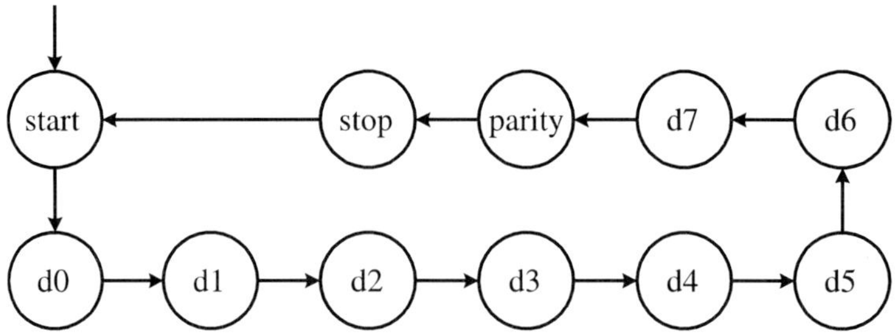

(a)

Current State $Q_3Q_2Q_1Q_0$		Next State (Implementation) $Q_{3next}Q_{2next}Q_{1next}Q_{0next}$ $(D_3D_2D_1D_0)$
0000	start	0001
0001	d0	0010
0010	d1	0011
0011	d2	0100
0100	d3	0101
0101	d4	0110
0110	d5	0111
0111	d6	1000
1000	d7	1001
1001	parity	1010
1010	stop	0000

(b)

그림 9.20 PS2 키보드의 제어기: (a) 상태도 (b) 다음상태(구현) 표 (c) K-맵 및 다음상태 방정식 (d) 출력표 (e) 출력 방정식 (f) 제어기 회로 (g) 인터페이스 회로.

(다음페이지에 계속)

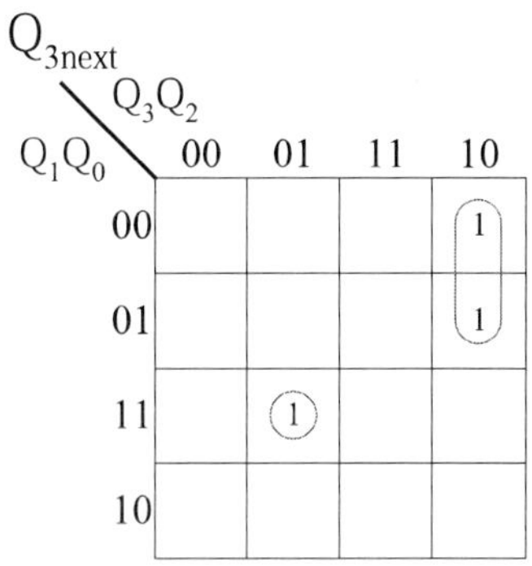

$Q_{3next} = D_3 = Q_3Q_2'Q_1' + Q_3'Q_2Q_1Q_0$

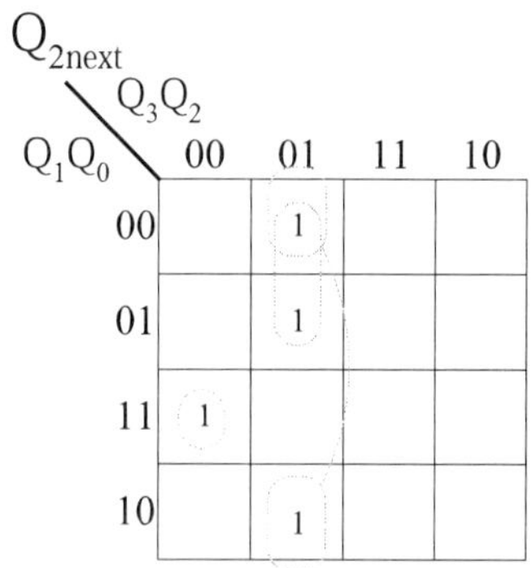

$Q_{2next} = D_2 = Q_3'Q_2Q_1' + Q_3'Q_2Q_0' + Q_3'Q_2'Q_1Q_0$

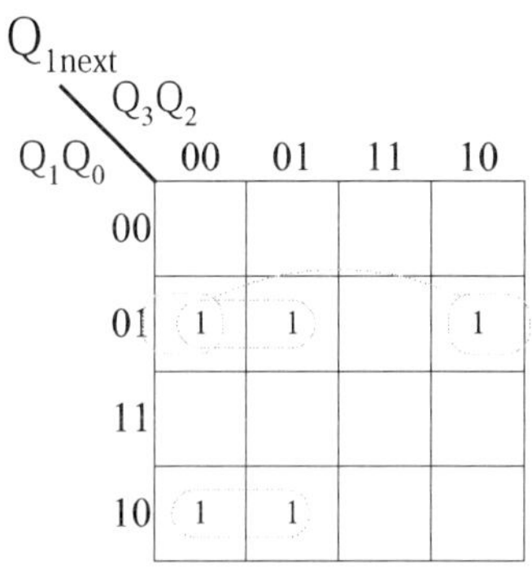

$Q_{1next} = D_1 = Q_3'Q_1'Q_0 + Q_2'Q_1'Q_0 + Q_3'Q_1Q_0'$

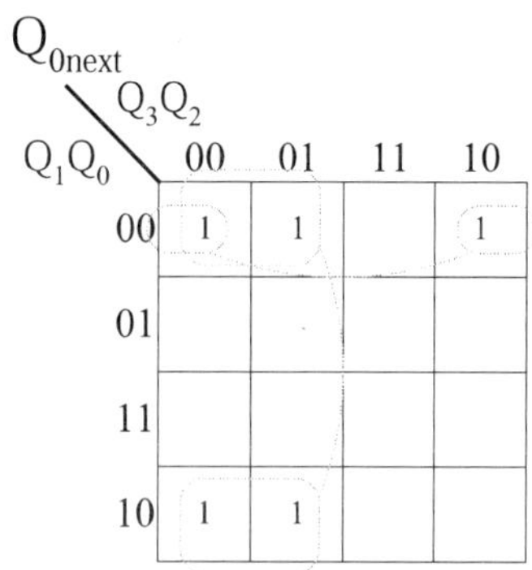

$Q_{0next} = D_0 = Q_3'Q_0' + Q_2'Q_1'Q_0'$

(c)

Current State $Q_3Q_2Q_1Q_0$		**Output** $Keycode_{7\text{-}0}$
0000	start	
0001	d0	– – – – – – – *KeyboardData*
0010	d1	– – – – – – *KeyboardData* –
0011	d2	– – – – – *KeyboardData* – –
0100	d3	– – – – *KeyboardData* – – –
0101	d4	– – – *KeyboardData* – – – –
0110	d5	– – *KeyboardData* – – – – –
0111	d6	– *KeyboardData* – – – – – –
1000	d7	*KeyboardData* – – – – – – –
1001	parity	
1010	stop	

A dash (–) means no change to that *Keycode* bit.

(d)

$$Keycode_7 = Q_3Q_2'Q_1'Q_0'\ KeyboardData$$
$$Keycode_6 = Q_3'Q_2Q_1Q_0\ KeyboardData$$
$$Keycode_5 = Q_3'Q_2Q_1Q_0'\ KeyboardData$$
$$Keycode_4 = Q_3'Q_2Q_1'Q_0\ KeyboardData$$
$$Keycode_3 = Q_3'Q_2Q_1'Q_0'\ KeyboardData$$
$$Keycode_2 = Q_3'Q_2'Q_1Q_0\ KeyboardData$$
$$Keycode_1 = Q_3'Q_2'Q_1Q_0'\ KeyboardData$$
$$Keycode_0 = Q_3'Q_2'Q_1'Q_0\ KeyboardData$$

(e)

그림 9.20 PS2 키보드의 제어기: (a) 상태도 (b) 다음상태(구현) 표 (c) K-맵 및 다음상태 방정식 (d) 출력표 (e) 출력 방정식 (f) 제어기 회로 (g) 인터페이스 회로.

(다음페이지에 계속)

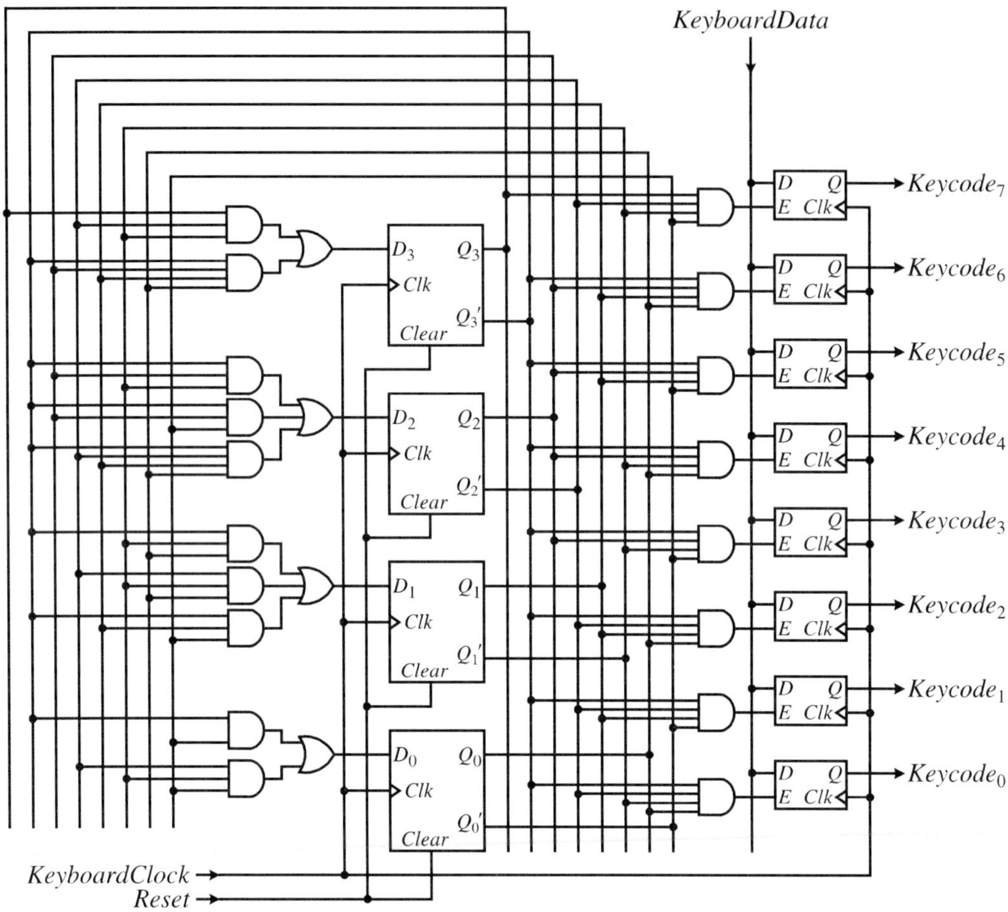

(f)

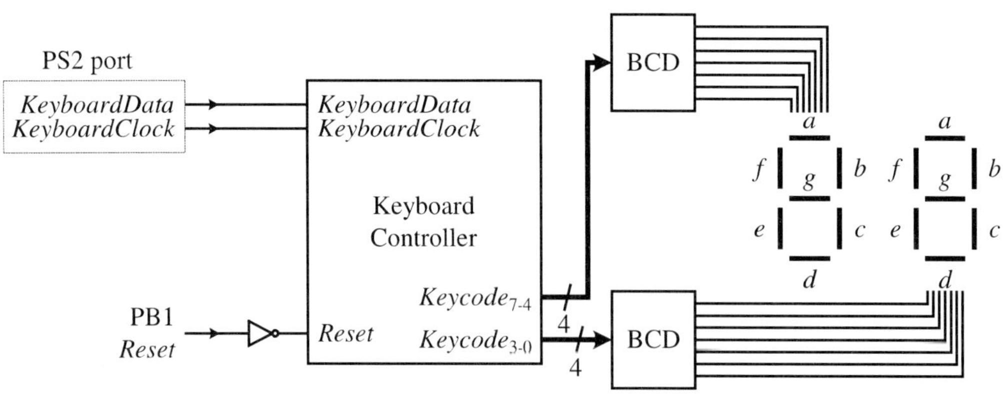

(g)

그림 9.20 PS2 키보드의 제어기: (a) 상태도 (b) 다음상태(구현) 표 (c) K-맵 및 다음상태 방정식 (d) 출력표 (e) 출력 방정식 (f) 제어기 회로 (g) 인터페이스 회로.

이 제어기 회로는 키보드에 대한 제어 신호를 생성하지 않기 때문에 실제로 키보드의 동작을 제어하지 않는다. 대신 키보드에서 직렬 데이터 신호를 수신하여 데이터 바이트로 패키징한다. 이 제어기의 출력은 단순히 누르는 키의 키 코드를 나타내는 데이터 바이트이다. 출력표은 그림 9.20(d)와 해당 출력 방정식을 (e)에 나타낸다. 상태 d0에서 *KeyboardData* 선의 비트는 *Keycode* 레지스터의 비트 0에 로드되고, 상태 d1에서 *KeyboardData* 선의 비트는 *Keycode* 레지스터의 비트 1에 로드된다. 따라서, *Keycode* 레지스터의 각 비트는 독립적으로 *KeyboardData*에 로드 할 수 있어야 하며 각 로드 활성화 선은 해당 상태 인코딩에 의해 어써트된다. 따라서 그림 9.20(e)에 나타낸 각 출력 방정식은 간단히 5-입력 AND 게이트로 구현되지 않는다. 대신에, 활성화 신호가 있는 D 플립플롭이 각 출력 신호에 사용된다. 플립플롭에 대한 D 입력은 *KeyboardData* 선에 연결된다. 플립플롭의 로드 활성화 E는 그 상태에 대한 4개의 Q 값을 AND하여 어써트된다.

다음상태 회로에 대한 다음상태 방정식, 상태 메모리에 대한 4개의 D 플립플롭 및 출력 회로에 대한 출력 방정식을 사용하여 그림 9.20(f)와 같이 완전한 제어기 회로를 얻는다. 이 제어기 회로의 구현 및 인터페이스는 그림 9.20(g)에 나타내었다.

이 제어기 설계는 PS2 키보드에서 데이터를 수신하는 유일한 방법이 아니다. 실제로, 간단한 시프트 레지스터를 대신 사용할 수 있다.

9.4.3 동작 이론–PS2 마우스

PS2 마우스는 PS2 키보드와 동일한 PS2 연결과 프로토콜을 사용한다. 그러나 마우스는 제어기의 초기화 명령을 필요로 하고 데이터와 클럭 선 양쪽의 신호가 양방향이기 때문에 PS2 마우스 제어기의 설계가 키보드보다 조금 더 흥미롭다.

전원을 키고 키를 누르면 키보드는 즉시 베이터 바이트를 제어기에 보낸다. 반면에, 마우스는 제어기에 데이터 바이트를 보내기 전에 수행할 작업을 알려주는 초기화 명령이 필요하다. 초기화 후, 마우스는 *MouseData* 선을 통해 제어기에 데이터를 직렬로 전송하고 키보드와 같이 *MouseClock* 선에 의해 클럭 처리된다. 여기서 우리는 데이터와 클럭 선에 대해 다른 이름을 사용하지만, 실제로는 PS2 커넥터에 있는 동일한 신호 선이다. 제어기와 마우스는 모두 동일한 *MouseData* 및 *MouseClock* 선을 사용하여 서로 신호를 전송하므로, 이 선은 양방향이어야 해서 제어기 설계가 더 복잡해진다. 또한, 제어기가 *MouseClock* 선을 제어해야하므로 FSM은 *MouseClock* 선으로 클럭 할 수 없지만 별도의 클럭이 필요하다.

제어기가 데이터를 마우스에 전송하려 할 때,(이는 전원을 켤 때 초기화 명령의 경우) 저어기는 먼저 통신을 할수 없도록 *MouseClock* 및 *MouseData* 모두를 최소 100μs 논리 0으로 하여 *MouseClock* 및 *MouseData* 선을 요청－전송 상태로 놓아야 하고, 그 다음 *MouseClock* 선을 고 임피던스로 설정하여 해제한다. *MouseClock* 선을 해제한 후 제어기는 마우스가 이 선을 논리 1이 될 때까지 기다려야 하며, 이는 클럭 선을 제어했음을 나타낸다. 이 시점에서 마우스는 *MouseClock* 선에서 클럭 신호를 생성하며 제어기는 최하위 비트부터 시작하여 클럭 펄스 당 1비트로 *MouseData* 선에서 초기화 명령 F4를 전송한다. 키보드와 마찬가지로 전송된 각 바이트 뒤에는 홀수 패리티 비트와 마지막으로 1 정지 비트가 와야 한다. 명령 F4의 경우 홀수 패리티 비트는 0이고 정지 비트는 항상 1이다.

정지 비트를 전송한 후, 마우스 제어기는 *MouseData* 선을 고 임피던스로 설정하여 해제한다. 그런 다음 마우스는 *MouseData* 선을 제어하고 승인 바이트 FA를 제어기로 보낸다. 다시, 확인 바이트는 최하위 비트로 먼저 전송되고 홀수 패리티 비트와 정지 비트가 온다. 이것으로 마우스의 초기화 순서는 끝났다.

마우스가 초기화된 후에는 *MouseClock* 선에 의해 클럭된 *MouseData* 선에서 데이터를 제어기로 지속적으로 전송한다. 데이터 비트는 각각 3패킷의 프레임으로 그룹화되며 각 패킷은 11비트(0시작 비트, 8개 데이터 비트, 홀수 패리티 비트 및 1정지 비트)로 구성된다. 각 프레임에서 데이터 비트의 3바이트는 다음과 같이 해석된다.

Bit	7	6	5	4	3	2	1	0
Byte 1	Yo	Xo	Ys	Xs	1	M	R	L
Byte 2	X_7	X_6	X_5	X_4	X_3	X_2	X_1	X_0
Byte 3	Y_7	Y_6	Y_5	Y_4	Y_3	Y_2	Y_1	Y_0

여기서

- M, R, 및 L은 각각, 중간, 우측, 및 좌측 마우스 버튼의 상태(1 = 누름, 0 = 해제)이다.
- Yo 및 Xo는 Y 및 X 방향의 오버플로우이다.

- Ys는 Y 방향의 부호 비트(1 = 아래로 이동, 0 = 위로 이동)이다.
- Xs는 X 방향의 부호 비트(1 = 좌로 이동, 0 = 위로 이동)이다.
- $X_7 - X_0$는 2의 보수에서 X의 수평 이동 거리(음 = 좌로 이동, 양 = 우로 이동)이다.
- $Y_7 - Y_0$는 2의 보수에서 Y의 수평 이동 거리(음 = 아래로 이동, 양 = 위로 이동)이다.

다음 표는 마우스의 각 동작에 대해 수신된 3바이트를 나타낸다.

Operation	Byte 3	Byte 2	Byte 1
Middle mouse button click	00	00	0C
Right mouse button click	00	00	0A
Left mouse button click	00	00	09
Move left	00	FF	18
Move right	00	01	08
Move down	FF	00	28
Move up	01	00	08

위에서 설명한 바와 같이, 제어기가 수행할 단계는 다음에 요약되어 있다. 또한, 단계 번호는 그림 9.22에 나타낸 코드 목록에서 주석으로 표시된다.

1. 최소 100 μs 동안 클럭과 데이터 선을 논리 0으로 한다.
2. 클럭 선을 해제한다.
3. 클럭 선이 해제(논리 1) 될 때까지 기다린다.
4. 초기화 명령 바이트 F4 16진수를 최하위 비트부터 전송한다.
5. 마우스가 클럭을 논리 0으로 하기를 기다린다.
6. 마우스가 클럭을 논리 1로 하기를 기다린다.
7. 나머지 7개 데이터 비트, 홀수 패리티 비트 및 정지 비트에 대해 5−7 단계를 반복한다.
8. 데이터 선을 해제한다.
9. 확인 바이트 FA를 수신한다.
10. 각각 11비트의 3-패킷 데이터를 수신한다.
11. 10 단계와 11단계를 반복한다.

9.4.4 제어기 설계-PS2 마우스

PS2 마우스를 제어하는 전용 마이크로프로세서는 데이터패스가 필요하지 않다. 행위적 Verilog 및 VHDL 코드로 작성된 FSM은 각각 그림 9.21 및 9.22와 같다. *MouseClock* 및 *MouseData* 신호는 양방향 신호에 대해 inout/INOUT로 선언된다는 점에 유의하자. 마우스 제어기 FSM 상태 천이는 위에서 설명한 단계를 정확히 따른다. *MouseClock* 신호를 확인하는 모든 상태에서 직접 확인하는 대신 *FilteredMouseClock* 신호를 확인하는데 이 신호는 원래 *MouseClock* 신호 뒤에 약간의 시간 지연이 발생한다. 코드의 두 번째 프로세스는 다음 상승 클럭 에지에서 *MouseClock* 신호를 *FilteredMouseClock* 신호에 할당하여 약간의 시간 지연을 추가한다. 이것은 약간의 타이밍 차이를 수정하는 데 필요하다.

```
module MouseController (
  input Clock, Reset,
  inout reg MouseClock, MouseData,
  output LeftButton, RightButton, MidButton,
  output [7:0] Byte1, Byte2, Byte3,
  output reg [7:0] Debug
);
  reg [43:0] packet;
  reg [5:0] count;
  reg [9:0] command;
  reg FilteredMouseClock;
  reg [3:0]state;
  parameter s_init1=0, s_init2=1, s_init3=2,
      s_cmd1=3, s_cmd2=4,
      s_cmd20=5, s_cmd21=6,
      s_ack1=7, s_ack2=8,
      s_recv1=9, s_recv2=10,
      s_end=11;
assign LeftButton = packet[1];
assign RightButton = packet[2];
assign MidButton = packet[3];
assign Byte1 = packet[8:1];
assign Byte2 = packet[19:12];
assign Byte3 = packet[30:23];
// Next-state logic
always @ (posedge Clock or posedge Reset) begin
```

그림 9.21 PS2 마우스 제어기에 대한 행위적 Verilog 코드.

(다음페이지에 계속)

```
    if (Reset) begin
      MouseClock <= 1'b0; // 1)
      MouseData <= 1'b0;
      packet <= {44{1'b0}}; // 44 0's
      command <= 10'b1011110100;  // stop, odd parity, F4
      count <= 0;
      state <= s_init1;
      Debug <= 8'b00000000;
    end else
      case (state)
      s_init1: begin // 2)
        MouseClock <= 1'b0;
        MouseData <= 1'b0;
        state <= s_init2;
        end
      s_init2: begin // 3)
        MouseClock <= 1'bz;
        MouseData <= 1'b0;
        state <= s_init3;
        end
      s_init3: begin // 4) wait for clock to go hi
        if (FilteredMouseClock == 1'b1) begin
          count <= 0;
          state <= s_cmd1;
          end
        end
      s_cmd1: begin // 5) send out command F4, LSB first
        MouseData <= command[count];
        if (FilteredMouseClock == 1'b0) begin // 6)
          if (count < 10) begin
            count <= count + 1;
            state <= s_cmd2;
        end
      else
        state <= s_cmd21;
      end
    end
  s_cmd2: begin // 7)
    if (FilteredMouseClock == 1'b1) begin
      state <= s_cmd1;
      end
    end
  s_cmd21: begin // 9)
    Debug <= 8'b00000001;
    MouseData <= 1'bZ; // release the data line
    if (FilteredMouseClock == 1'b1) begin
      count <= 0;
      state <= s_ack1;
```

그림 9.21 PS2 마우스 제어기에 대한 행위적 Verilog 코드.

(다음페이지에 계속)

```
      end
    end
  // at this point, if you have a mouse with an IR instead
  // of a mechanical ball, the LED on the bottom should be on

  // get acknowledge message FA
  s_ack1: begin
    Debug <= 8'b00000010;
    packet[count+22] <= MouseData;
    if (FilteredMouseClock == 1'b0) begin
      if (count < 11) begin
        count <= count + 1;
        state <= s_ack2;
        end
      else begin
        count <= 0;
        state <= s_recv1;
        end
      end
    end
  s_ack2: begin
    Debug <= 8'b00000011;
    if (FilteredMouseClock == 1'b1) begin
      state <= s_ack1;
      end
    end
  // Receive data from mouse
  s_recv1: begin
    Debug <= 8'b00000100;
    packet[count] <= MouseData;
          if (FilteredMouseClock == 1'b0) begin
            if (count < 33) begin
              count <= count + 1;
              state <= s_recv2;
              end
            else begin
              count <= 0;
              state <= s_recv1;
              end
            end
          end
        s_recv2: begin
          Debug <= 8'b00000101;
          if (FilteredMouseClock == 1'b1) begin
            state <= s_recv1;
            end
          end
        default: begin
          Debug <= 8'b11111111;
```

그림 9.21 PS2 마우스 제어기에 대한 행위적 Verilog 코드.

(다음페이지에 계속)

```
        end
      endcase
    end // always

  // slight delay for the mouse clock
    always @ (posedge Clock) begin
      FilteredMouseClock <= MouseClock;
      end

  endmodule
```

그림 9.21 PS2 마우스 제어기에 대한 행위적 Verilog 코드.

```
  LIBRARY IEEE;
  USE IEEE.STD_LOGIC_1164.ALL;

  ENTITY MouseController IS PORT (
    Reset: IN STD_LOGIC;
    Clock: IN STD_LOGIC;
    MouseClock: INOUT STD_LOGIC;
    MouseData: INOUT STD_LOGIC;
    LeftButton,RightButton,MidButton: OUT STD_LOGIC;
    Byte1: OUT STD_LOGIC_VECTOR(7 DOWNTO 0);
    Byte2: OUT STD_LOGIC_VECTOR(7 DOWNTO 0);
    Byte3: OUT STD_LOGIC_VECTOR(7 DOWNTO 0);
    Debug: OUT STD_LOGIC_VECTOR(7 DOWNTO 0)
    );
  END MouseController;

  ARCHITECTURE Behavioral OF MouseController IS
    TYPE state_type IS (
        s_init1,s_init2,s_init3,
        s_cmd1,s_cmd2,
        s_cmd20,s_cmd21,
        s_ack1,s_ack2,
        s_recv1,s_recv2,
        s_end);
    SIGNAL state: state_type;

    SIGNAL packet: STD_LOGIC_VECTOR(43 DOWNTO 0);
    SIGNAL count: INTEGER RANGE 0 TO 64;
    SIGNAL command: STD_LOGIC_VECTOR(9 DOWNTO 0);
    SIGNAL FilteredMouseClock: STD_LOGIC;

  BEGIN

    LeftButton <= packet(1);
    RightButton <= packet(2);
```

그림 9.22 PS2 마우스 제어기에 대한 행위적 VHDL 코드.

(다음페이지에 계속)

```
  MidButton <= packet(3);
  Byte1 <= packet(8 DOWNTO 1);
  Byte2 <= packet(19 DOWNTO 12);
  Byte3 <= packet(30 DOWNTO 23);

  FSM: PROCESS(Clock, Reset)
  BEGIN
    IF (Reset = '1') THEN
      MouseClock <= '0'; -- 1)
      MouseData <= '0';
      packet <= (OTHERS => '0');
      command <= "1011110100";  -- stop, odd parity, F4
      count <= 0;
      state <= s_init1;
      Debug <= "00000000";
    -- this FSM is driven by the DE2 clock signal
    ELSIF (Clock'EVENT AND Clock = '1') THEN
      CASE state is
      WHEN s_init1 => -- 2)
        MouseClock <= '0';
        MouseData <= '0';
        state <= s_init2;
      WHEN s_init2 => -- 3)
        MouseClock <= 'Z';
        MouseData <= '0';
        state <= s_init3;
      WHEN s_init3 => -- 4) wait for clock to go hi
        IF (FilteredMouseClock = '1') THEN
          count <= 0;
          state <= s_cmd1;
        END IF;

WHEN s_cmd1 => -- 5) send out command F4, LSB first
  MouseData <= command(count);
  IF (FilteredMouseClock = '0') THEN -- 6)
    IF (count < 10) THEN
      count <= count + 1;
      state <= s_cmd2;
    ELSE
      state <= s_cmd21;
    END IF;
  END IF;
WHEN s_cmd2 => -- 7)
  IF (FilteredMouseClock = '1') THEN
    state <= s_cmd1;
  END IF;

WHEN s_cmd21 => -- 9)
  Debug <= "00000001";
  MouseData <= 'Z'; -- release the data line
```

그림 9.22 PS2 마우스 제어기에 대한 행위적 VHDL 코드.

(다음페이지에 계속)

```
    IF (FilteredMouseClock = '1') THEN
      count <= 0;
      state <= s_ack1;
    END IF;
  -- at this point, if you have a mouse with an IR instead
  -- of a mechanical ball, the LED on the bottom should be on

  -- get acknowledge message FA
  WHEN s_ack1 =>
    Debug <= "00000010";
    packet(count+22) <= MouseData;
    IF (FilteredMouseClock = '0') THEN
      IF (count < 11) THEN
        count <= count + 1;
        state <= s_ack2;
      ELSE
        count <= 0;
        state <= s_recv1;
      END IF;
    END IF;
  WHEN s_ack2 =>
    Debug <= "00000011";
    IF (FilteredMouseClock = '1') THEN
      state <= s_ack1;
    END IF;
  -- Receive data from mouse
  WHEN s_recv1 =>
    Debug <= "00000100";
    packet(count) <= MouseData;
    IF (FilteredMouseClock = '0') THEN
          IF (count < 33) THEN
            count <= count + 1;
            state <= s_recv2;
          ELSE
            count <= 0;
            state <= s_recv1;
          END IF;
        END IF;
      WHEN s_recv2 =>
        Debug <= "00000101";
        IF (FilteredMouseClock = '1') THEN
          state <= s_recv1;
        END IF;

      WHEN OTHERS =>
        Debug <= "11111111";
      END CASE;
    END IF;
  END PROCESS;
```

그림 9.22 PS2 마우스 제어기에 대한 행위적 VHDL 코드.

(다음페이지에 계속)

```
-- slight delay for the mouse clock
  PROCESS
  BEGIN
    WAIT UNTIL Clock'event and Clock = '1';
    FilteredMouseClock <= MouseClock;
  END PROCESS;

END Behavioral;
```

그림 9.22 PS2 마우스 제어기에 대한 행위적 VHDL 코드.

9.5 블루투스(Bluetooth) 통신을 위한 RS232 제어기

블루투스 연결은 종종 짧은 범위 내에서 두 장치 간의 무선 통신에 사용된다. 예를 들어 휴대폰은 종종 무선 스피커 및 헤드폰에 블루투스 연결을 사용한다. 우리는 HC-06 슬레이브 블루투스 모듈을 사용하여 우리가 설계할 전용 마이크로프로세서 제어기와 컴퓨터 또는 휴대폰의 마스터 블루투스 호스트 사이에서 무선으로 통신한다. 블루투스 모듈은 전송 및 수신 선을 사용하는 RS-232 직렬 모뎀처럼 동작동하므로, 이를 사용하려면 RS-232 직렬 프로토콜의 동작 방식을 이해해야 한다.

RS-232 직렬 포트는 한때 모뎀, 마우스, 프린터와 같은 주변 장치를 컴퓨터에 연결하기 위한 개인용 컴퓨터의 표준 기능이었다. 현대의 개인용 컴퓨터에서는 USB 연결이 RS-232를 대체했다. 그럼에도 불구하고 USB 프로토콜에 비해 단순성 때문에 많은 RS-232 장치는 여전히 사용되고 있으며 특히, 산업 기계, 과학 기구, 통신 장비, 그리고 우리의 경우 블루투스 모듈에 사용된다.

9.5.1 동작 이론-RS-232

RS-232 프로토콜은 두 장치 간의 통신을 정의한다. 컴퓨터와 같은 주 장치는 DTE(데이터 터미널 장비)라고 하며 과학 장비와 같은 보조 주변 장치는 DCE(데이터 회로 종료 장비 또는 원래 데이터 통신 장비로 정의)라고 한다. RS-232의 물리적 커넥터에는 9(DB-9) 또는 25(DB-25) 핀이 있지만, 일반적으로 두 통신 장치 사이에 연결하는 데 3개의 핀(핀 2, 3 및 5) 만 사용된다. 핀 2와 3은 데이터 송수신 신호이고 핀 5는 접지이다. 핀 2가 송신 또는 수신 신호인지의 지정은 DTE 또는 DCE 끝에 있는지에 따라 달라진다. DTE 끝에서 핀 2는 수신

(RxD) 신호이고 핀 3은 송신(TxD) 신호이다. DCE 끝에서는 반대가 된다. 주변 장치를 가진 컴퓨터나 제어기 사이의 일반적인 연결은 한쪽 끝의 핀 2를 다른 쪽 끝에 핀 3으로 연결하는 것이고, 그 반대로도 연결한다. 양쪽 끝의 핀 5는 서로 연결되어 있다.

PS2 연결과 달리 RS-232에는 두 장치 간에 동기화할 클럭 선이 없다. 대신에, 고정 클럭 스피드(baud rate라고 함)는 두 장치 간에 미리 결정되고 합의되어야 한다. 일반적인 baud rate는 9600, 38400 및 115200이다. baud rate는 종종 초당 비트 수로 간주되지만 항상 그런 것은 아니다. 또한, 패리티 비트 및 정지 비트의 수 역시, 두 장치 사이에서 미리 결정되고 합의되어야 한다.

패리티 비트는 오류 검사에 사용된다. RS−232 프로토콜은 짝수 패리티, 홀수 패리티 또는 패리티 없음을 허용한다. 짝수 패리티와 홀수 패리티의 경우 패리티 비트는 8비트 데이터의 총 1비트 수에 따라 1이 되거나 0이 된다. 짝수 패리티의 경우 8비트 데이터에서 총 1비트 수에 패리티 비트를 더한 수는 짝수이어야 한다. 반면에, 홀수 패리티의 경우 총 1비트 수는 홀수이어야 한다. 예를 들어, 8개의 데이터 비트가 01001011(4개의 1을 가짐)인 경우 패리티 비트는 짝수 패리티(1 비트의 총 수를 짝수로 만들기)로 0이 되지만, 홀수 패리티의 경우 1이 된다. 패리티 비트를 검사함으로써, 수신기는 데이터 전송의 일부 비트가 플립됐을 때 검출 할 수 있다. 주의 깊은 독자는 일부 오류가 감지되지 않는 것을 알 수 있다. 패리티가 없다는 것은 단순히 패리티 비트가 전송에 포함되지 않는다는 것을 의미한다.

RS-232 데이터 전송은 항상 시작 비트로 시작한 다음 8개의 데이터 비트가 뒤따른다(최하위 비트가 먼저 전송됨). 마지막 데이터 비트(최상위 비트)가 전송된 후에는 선택적으로 패리티 비트와 하나 이상의 정지 비트가 있다. 패리티 비트가 있는지 또는 얼마나 많은 정지 비트를 사용할지가 미리 결정되어 두 통신 장치 사이에 설정된다. RS-232 통신에 사용되는 정상적인 구성은 “패리티 비트 없음, 8개 데이터 비트 및 1개 정지 비트”를 나타내는 데 자주 사용되는 약어 “N81”에 반영된다. 이 설정 구성에서는 전송되는 데이터의 바이트당 10비트(시작 비트 1개, 데이터 비트 8개, 정지 비트 1개)가 사용된다. N81을 사용하는 8개의 데이터 비트 01001011의 파형이 그림 9.23에 나와 있다.

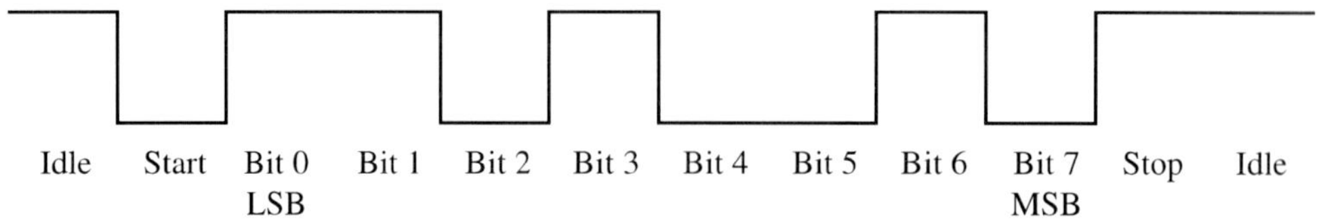

그림 9.23 N81 설정을 사용한 8비트 01001011에 대한 파형.

9.5.2 제어기 설계－RS－232

Verilog로 작성된 RS-232 송신기 제어기 코드는 그림 9.24와 같다. 송신기는 기본적으로 병렬-직렬 변환기이다. 송신할 데이터가 있을 때, 8비트 데이터가 *data* 레지스터에 로드되고 *start* 신호가 어써트된다. *start* 신호가 어써트된 FSM은 전송 *TxD* 선에서 시작 신호를 송신하기 위해 *s_start* 상태로 이동한다. 그런 다음 *s_send* 상태로 가서 8비트 *data* 레지스터에서 8비트 데이터 비트를 클럭 주기 당 1비트씩 최하위 비트부터 송신한다. 이것이 올바르게 동작하려면 FSM의 클럭 스피드가 올바른 baud rate로 실행되어야 한다.

```
// RS232 Sender
// Using N81
// The input clock must be set to the correct baud rate
module RS232Send (
   input clk,
   input reset,
   input [7:0] data,    // 8-bit input data
   input start,         // start transmission
   output reg TxD,      // serial transmit output signal
   output reg done
);

   parameter s_idle=0, s_start=1, s_send=2, s_stop=3;
   reg [1:0] state;
   reg [3:0] count;

   always @(posedge clk, posedge reset) begin
    if (reset) begin
      TxD = 1;
      done = 0;
      state = s_idle;
    end else
      case (state)
      s_idle: begin    // idle
```

그림 9.24 Verilog로 작성된 RS－232 송신기 제어기 코드.

(다음페이지에 계속)

```
          TxD = 1;
          done = 0;
          count = 0;
          if (start) state = s_start;
          end
        s_start: begin   // Start bit
          TxD = 0;
          done = 0;
          count = 0;
          state = s_send;
          end
        s_send: begin
          // 8 data bits (least significant bit first)
          TxD = data[count];
          done = 0;
          // blocking assignment, so ordering matters
          count = count + 1;
          // test is AFTER the count increment
          if (count > 7) state = s_stop;
          end
        default: begin   // Stop bit
          TxD = 1;
          done = 1;
          state = s_idle;
          end
      endcase
    end
  endmodule
```

그림 9.24 Verilog로 작성된 RS−232 송신기 제어기 코드.

VHDL로 작성된 RS-232 수신기 제어기 코드는 그림 9.25와 같다. 송신기와는 달리, 수신기는 단순한 직렬-병렬 변환기이다. 처음에 FSM은 *s_init* 상태에서 *RxD* 선의 시작 비트를 기다린다. 시작 비트는 1에서 0으로의 천이이다. 시작 비트를 수신한 후, FSM은 8개의 데이터 비트를 수신하기 위해 데이터 수신 상태 *s_receive*로 들어간다. 들어오는 데이터는 미리 정해진 baud rate로 들어오는 직렬 비트 스트림(stream)이다. FSM 클럭이 baud rate로 설정되어 있으면 FSM이 해야 할 일은 클럭 주기 당 1비트로 입력 비트를 출력 레지스터 데이터로 간단히 이동하는 것이다. 한 가지 중요한 구현 참고사항은 송신자가 클럭의 상승 에지에 있는 비트를 송신하기 때문에, 수신자 역시 클럭의 상승 에지에서 비트를 수신한다면, 두 클럭이 약간 꺼져 있을 수 있기 때문에 수신자는 상승 에지 이전 비트 값을 얻을 수 있다는 것이다. 이 문제를 방지하기 위해서는 클럭 주기의 시작에 비트를 받는 것이 아니라 클럭 주기의 중간에 비트를 받는 것이 가장 좋다. 이를

```
-- RS232 Receiver
-- Using N81
-- The input clock must be set to the correct baud rate
LIBRARY IEEE;
USE IEEE.STD_LOGIC_1164.ALL;

Entity RS232Receive IS PORT (
  clk: IN STD_LOGIC;
  reset: IN STD_LOGIC;
  RxD: IN STD_LOGIC;  -- serial receive input signal
  data: OUT STD_LOGIC_VECTOR(7 DOWNTO 0);  -- 8-bit output data
  done: OUT STD_LOGIC);
END RS232Receive;

ARCHITECTURE Behavioral OF RS232Receive IS
  TYPE state_type IS (s_idle, s_receive, s_stop);
  SIGNAL state: state_type;
  SIGNAL count: INTEGER RANGE 0 TO 7;
BEGIN
  PROCESS(clk, reset)
  BEGIN
    IF (reset = '1') THEN
      data <= "00000000";
      done <= '0';
      state <= s_idle;
    -- receive bits at the falling clock edge
    ELSIF (clk'EVENT AND clk = '0') THEN
      CASE state IS
        WHEN s_idle =>
          IF (RxD = '0') THEN  -- wait for start bit
            data <= "00000000";
            done <= '0';
            count <= 0;
            state <= s_receive;
          END IF;
        WHEN s_receive =>
          data(count) <= RxD;
          done <= '0';
          -- non-blocking assignment,
          -- so ordering doesn't matter
          count <= count + 1;
          -- test is BEFORE the count increment
          IF (count > 6) THEN
            state <= s_stop;
          END IF;
        WHEN OTHERS =>  -- Stop bit

          done <= '1';
          state <= s_idle;
      END CASE;
    END IF;
  END PROCESS;
END Behavioral;
```

그림 9.25 VHDL로 작성된 RS-232 수신기 제어기 코드.

구현하는 한 가지 쉬운 방법은 클럭 주기의 중간에 발생하는 클럭의 하강 에지에서 비트를 수신하는 것이다. 마지막 데이터 비트와 정지 비트를 수신한 후, 제어기에 데이터 바이트를 수신했음을 알리기 위해 완료 신호가 어써트된다.

9.5.3 구현

HC-06 블루투스 슬레이브 모듈은 개인용 컴퓨터나 휴대폰과 같은 모든 블루투스 마스터와 페어링할 수 있다. 마스터와 슬레이브 사이의 최대 거리는 약 50피트이다. 블루투스 통신의 세부적인 작동은 모듈 내부에 통합되어 있으므로 사용자는 실제 블루투스 통신의 동작 방식을 이해할 필요가 없다. 모듈은 RS-232 DCE 장치처럼 동작하므로 사용자는 RS-232 프로토콜을 사용하여 모듈과 인터페이스하는 방법만 알면 된다. 블루투스 마스터 역할을 하는 PC, HC-06 블루투스 슬레이브 모듈 및 RS-232 제어기 사이의 연결 설정은 그림 9.26에 나타내었다.

HC-06 블루투스 모듈의 기본 설정은 다음과 같다.

Baud:	9600
Protocol:	N81 (no parity, eight data bits, and one stop bit)
Pairing name:	linvor
Password:	1234

이 모듈은 제어판의 장치 및 프린터 옵션으로 이동하여 Windows PC와 쉽게 페어링할 수 있다. 장치 추가를 선택하자. 잠시 후 기본 이름이 "linvor"인 블루투스 장치가 나타난다. 장치를 선택하고 계속하자. 기본 암호가 필요할 때 1234를 입력하자. 이제 블루투스 장치가 설치된 장치 목록에 있어야 한다. 장치의 속성 창을 가져와 할당된 COM 포트를 확인하자. 연결하기 전에 블루투스 모듈의 LED가 깜박이고 연결 후에는 LED가 깜박임을 멈추고 켜진 상태를 유지한다.

PC에서는 PuTTY[1]과 같은 터미널 에뮬레이터가 블루투스 모듈과 통신하기 위하여 사용될 수 있다. PuTTY 구성 화면에서 직렬 연결 유형을 선택하고 올바른 COM 포트 및 baud rate를 입력해보자. PuTTY에서 전송된 문자는 RS-232 수신기 제어기의 8비트 데이터 출력 선에 표시되어야 하며, RS-232 전송기 제어기

1 PuTTY는 웹에서 다운로드 할 수 있는 Windows 용 무료 SSH 및 텔넷(telnet) 클라이언트이다.

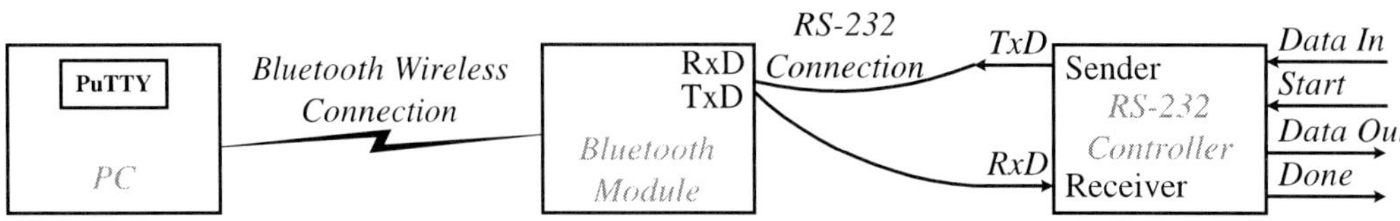

그림 9.26 블루투스 마스터 역할을 하는 PC, HC−06 블루투스 슬레이브 모듈 및 RS−232 제어기 사이의 연결 설정.

에서 전송된 데이터는 PuTTY 터미널 화면에 표시되어야 한다.

9.6 액정 디스플레이(Liquid−Crystal Display) 제어기

그림 9.27에 나타낸 16×2 액정 디스플레이(LCD)는 마이크로제어기에 쉽게 인터페이스할 수 있는 일반적인 디스플레이 모듈이다. 이 절에서는 기본 동작에 대해 설명하고, 샘플 문자를 제어하고 표시하기 위한 전용 마이크로프로세서를 설계할 것이다. 이 논의는 모듈의 전체 동작을 다루지 않는다. 이 LCD 모듈의 전체와 세부 설명 및 동작에 대한 자세한 내용은 제조업체 데이터 시트를 참조하자.

9.6.1 동작 이론

16×2 LCD는 16자를 2줄로 표시할 수 있으며 각 문자는 5×7 도트 매트릭스 법과 같이 다양한 문자, 문자 표시 위치, 커서 표시 여부, 문자 이동 여부 및 기타 형식으로 구성된다. 내부 IC는 각 문자 매트릭스에서 개별 도트를 켜고 끄는 방 기능을 형성하는 방법과 같은 동작을 제어한다. LCD를 마이크로프로세서에 인터

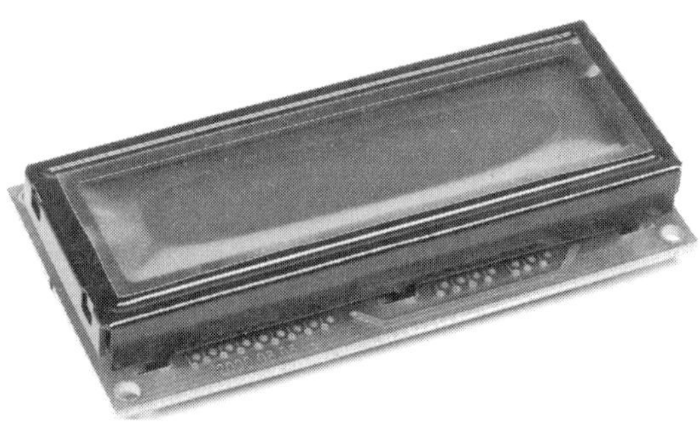

그림 9.27 16×2 액정 디스플레이.

페이스하는 것은 이 내부 IC와 올바르게 통신하는 데 필요한 명령을 이해하는 것이다.

전원 및 접지 연결 이외에도 RS, R/W, Enable 등 3개의 제어 신호와, 8개 또는 4개의 데이터 선이 있다. 4개의 데이터 선만 사용하는 경우, 4개의 상위 비트(D7~D4)만 연결된다. 즉, 각 바이트는 두 개의 분리된 16진수로 차례로 전송되며 최상위 16진수가 먼저 전송된다. RS 신호는 후속 데이터 비트가 명령 또는 데이터로 해석되어야 하는지를 결정한다. RS = 0이면 비트는 명령이고, RS = 1이면 비트는 데이터이다. R/W 신호는 읽기 또는 쓰기를 위한 것이다. R/W = 1인 경우 읽기 작업이고 R/W = 0인 경우 쓰기 작업이다. RS, R/W 및 데이터 신호는 Enable 신호의 하강 에지에서 내부 레지스터에 래치된다.

LCD와 전용 마이크로프로세서 사이의 물리적 연결은 그림 9.28에 나타내었다. 3개의 제어 신호와 8개의 데이터 선으로 연결이 간단하다. 4비트 데이터 옵션을 사용하면 하위 4비트(D3~D0)가 연결되지 않는다. 이제는 LCD와 올바르게 통신하고 필요한 명령을 보내도록 전용 마이크로프로세서를 설계하기만 하면 된다.

전원을 켜면 그림 9.29와 같이 일련의 명령으로 LCD를 초기화해야 한다. 이 초기화 절차는 LCD에 4비트 또는 8비트 데이터의 사용 여부, LCD의 크기 형식, 디스플레이의 켜기, 커서, 증가 모드, 이동 및 깜박임, 디스플레이를 지우기 위한 16진수 코드로 구성된다. LCD 모듈이 4비트 또는 8비트 데이터 모드로 성공적으로 진입하도록 하기 위해 초기 16진수 코드 38이 두 번 이상 전송된다. 그 다음에 디스플레이를 설정하는 16진수 0E, 입력 모드를 설정하는 16진수 06, 마지막으로

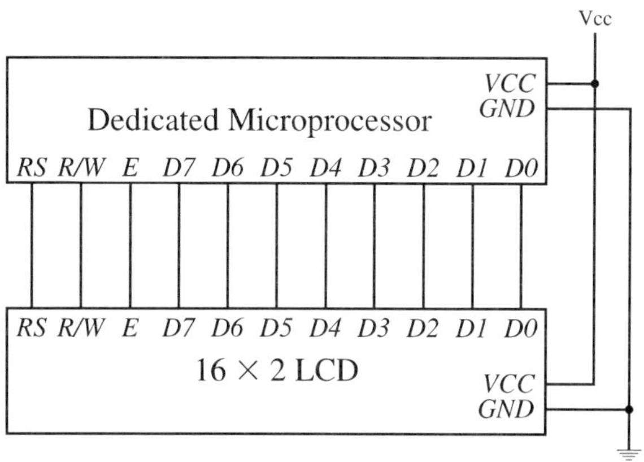

그림 9.28 LCD와 전용 마이크로프로세서 사이의 연결.

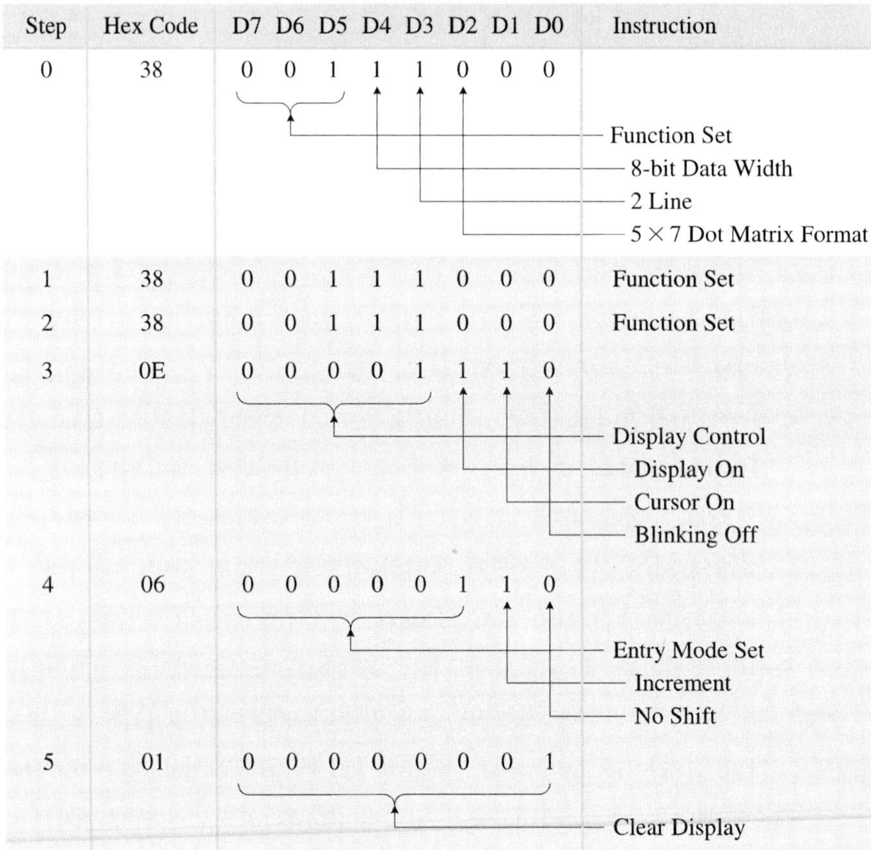

그림 9.29 LCD의 초기화 명령 순서.

디스플레이를 삭제하는 16진수 01이 뒤에 온다.

초기화 순서 후, 다른 명령이 LCD로 보내져 커서를 위치시킨 다음 표시될 문자가 전송된다. 다음 절에 나타낸 HDL 코드에는 "HELLO WORLD"라는 단어가 표시된다.

9.6.2 제어기 설계

LCD를 제어하기 위한 전용 마이크로컨트롤러에는 데이터패스가 필요하지 않다. 행위적 Verilog 및 VHDL 코드로 작성된 FSM은 그림 9.30 및 9.31에 각각 설명되어 있다. FSM 상태의 초기 순서는 그림 9.29에 나타낸 초기화 단계를 정확하게 따른다. RS, R/W, Data 신호가 Enable 신호의 하강 에지에 래치되어 있기 때문에, 송신되는 각 16진 코드에 대해 2개의 상태가 필요하므로 매번 Enable 선을 토글시켜야 한다. 초기화 순서 후에 두 단어 "HELLO WORLD"의 문자가 전송된다.

```
module lcd_controller (
  input Clock, Reset,
  output reg [7:0] LCD_DATA,
  output reg LCD_RW, LCD_EN, LCD_RS,
  output LCD_ON, LCD_BLON
    );

  reg [3:0] state;
  reg [7:0] initcode[0:5];
  reg [7:0] line1[0:15];
  integer count;

  initial begin
    // LCD initialization sequence codes
    initcode[0] = 8'h38;  // Init three times
    initcode[1] = 8'h38;
    initcode[2] = 8'h38;
    //Display control: Display ON; Cursor ON; Blink OFF
    initcode[3] = 8'h0E;
    // Entry mode set: Increment One; No Shift
    initcode[4] = 8'h06;
    initcode[5] = 8'h01;  // Display clear
    // HELLO WORLD
    line1[0] = 8'h20;
    line1[1] = 8'h20;
    line1[2] = 8'h48;
    line1[3] = 8'h45;
    line1[4] = 8'h4C;
    line1[5] = 8'h4C;
    line1[6] = 8'h4F;
    line1[7] = 8'h20;
    line1[8] = 8'h20;
    line1[9] = 8'h57;
    line1[10] = 8'h4F;
    line1[11] = 8'h52;
    line1[12] = 8'h4C;
    line1[13] = 8'h44;
    line1[14] = 8'h20;
    line1[15] = 8'h20;
  end

  assign LCD_ON = 1'b1;
  assign LCD_BLON = 1'b0;

  always @ (posedge Clock, posedge Reset) begin
    if (Reset) begin
```

그림 9.30 16×2 LCD 제어기에 대한 행위적 Verilog 코드.

(다음페이지에 계속)

```
      count <= 0;
      state <= 4'b0000;
      end
  else
    case (state)
    // LCD initialization sequence
    // The LCD_DATA is written to the LCD
    // at the falling edge of the E line
    // therefore we need to toggle the E
    // line for each data write
    4'b0000: begin
      LCD_DATA <= initcode[count];
      LCD_EN <= 1'b1;  // EN=1;
      LCD_RS <= 1'b0;  // RS=0; an instruction
      LCD_RW <= 1'b0;  // R/W'=0; write
      state <= 4'b0001;
      end
    4'b0001: begin
      LCD_EN <= 1'b0;  // set EN=0;
      count <= count + 1;
      if (count+1 < 6)
        state <= 4'b0000;
      else
        state <= 4'b0010;
      end
    // move cursor to first line of display
    4'b0010: begin
      // x80 is address of 1st position on first line
      LCD_DATA <= 8'h80;
    // xBF is address of 1st position on second line
    //LCD_DATA <= 8'hBF;
      LCD_EN <= 1'b1;  // EN=1;
      LCD_RS <= 1'b0;  // RS=0; an instruction
      LCD_RW <= 1'b0;  // R/W'=0; write
      state <= 4'b0011;
      end
    4'b0011: begin
      LCD_EN <= 1'b0;  // EN=0; toggle EN
      count <= 0;
      state <= 4'b0100;
      end
    // write 1st line text
    4'b0100: begin
      LCD_DATA <= line1[count];
      LCD_EN <= 1'b1;  // EN=1;
      LCD_RS <= 1'b1;  // RS=1; data
      LCD_RW <= 1'b0;  // R/W'=0; write
      state <= 4'b0101;
      end
```

그림 9.30 16×2 LCD 제어기에 대한 행위적 Verilog 코드.

(다음페이지에 계속)

```
            4'b0101: begin
              LCD_EN <= 1'b0;   // EN=0; toggle EN
              count <= count + 1;
              if (count+1 < 16)
                state <= 4'b0100;
              else
                state <= 4'b1010;
              end
            4'b1010: begin
              state <= 4'b1010;
              end
            default: begin
              state <= 4'b1010;
              end
            endcase
        end // always
      endmodule
```

그림 9.30 16×2 LCD 제어기에 대한 행위적 Verilog 코드.

```
LIBRARY IEEE;
USE IEEE.STD_LOGIC_1164.ALL;

ENTITY lcd_controller IS
PORT (
  Clock, Reset: IN STD_LOGIC;
  LCD_DATA: OUT STD_LOGIC_VECTOR(7 DOWNTO 0);
  LCD_RW, LCD_EN, LCD_RS: OUT STD_LOGIC;
  LCD_ON, LCD_BLON: OUT STD_LOGIC);
END lcd_controller;

ARCHITECTURE FSMD OF lcd_controller IS
  TYPE state_type IS (s1,s2,s3,s4,s10,s11,s12,s13,s20,s21,s22,
    s23,s24);
  SIGNAL state: state_type;
  SUBTYPE ascii IS STD_LOGIC_VECTOR(7 DOWNTO 0);
  TYPE charArray IS array(0 to 15) OF ascii;
  TYPE initArray IS array(0 to 5) OF ascii;
  CONSTANT initcode: initArray := (x"38",x"38",x"38",x"0E",
    x"06",x"01");
  -- HELLO WORLD
  CONSTANT line1: charArray := (x"20",x"20",x"48",x"45",
    x"4C",x"4C",x"4F",x"20",x"20",x"57",x"4F",x"52",x"4C",
    x"44",x"20",x"20");
  SIGNAL count: INTEGER;

BEGIN

  LCD_ON <= '1';
```

그림 9.31 16×2 LCD 제어기에 대한 행위적 VHDL 코드.

(다음페이지에 계속)

```
LCD_BLON <= '0';

lcd_control: PROCESS(Clock, Reset)
BEGIN
  IF (Reset = '1') THEN
    count <= 0;
    state <= s1;
  ELSIF (Clock'EVENT AND Clock = '1') THEN
    CASE state IS
    -- LCD initialization sequence
    -- The LCD_DATA is written to the LCD
    -- at the falling edge of the E line
    -- therefore we need to toggle the E
    -- line for each data write
    WHEN s1 =>
      LCD_DATA <= initcode(count);
      LCD_EN <= '1';   -- EN=1;
      LCD_RS <= '0';   -- RS=0; an instruction
      LCD_RW <= '0';   -- R/W'=0; write
      state <= s2;
    WHEN s2 =>
      LCD_EN <= '0';   -- set EN=0;
      count <= count + 1;
      IF (count + 1 < 6) THEN
        state <= s1;
      ELSE
        state <= s10;
      END IF;

    -- move cursor to first line of display
    WHEN s10 =>
      LCD_DATA <= x"80";  -- x80 is address of 1st position
      -- on first line
    --LCD_DATA <= x"BF";  -- xBF is address of 1st position
    --on second line
      LCD_EN <= '1';   -- EN=1;
      LCD_RS <= '0';   -- RS=0; an instruction
      LCD_RW <= '0';   -- R/W'=0; write
      state <= s11;
    WHEN s11 =>
      LCD_EN <= '0';   -- EN=0; toggle EN
      count <= 0;
      state <= s12;

    -- write 1st line text
    WHEN s12 =>
      LCD_DATA <= line1(count);
      LCD_EN <= '1';   -- EN=1;
      LCD_RS <= '1';   -- RS=1; data
```

그림 9.31 16×2 LCD 제어기에 대한 행위적 VHDL 코드.

(다음페이지에 계속)

```
            LCD_RW <= '0';  -- R/W'=0; write
            state <= s13;
          WHEN s13 =>
            LCD_EN <= '0';  -- EN=0; toggle EN
            count <= count + 1;
            IF (count + 1 < 16) THEN
              state <= s12;
            ELSE
              state <= s20;
            END IF;
          WHEN s20 =>
            state <= s20;
          WHEN OTHERS =>
            state <= s20;
          END CASE;
        END IF;
      END PROCESS;
    END FSMD;
```

그림 9.31 16×2 LCD 제어기에 대한 행위적 VHDL 코드.

9.7 VGA 모니터 제어기

이 절에서는 VGA 모니터를 제어하기 위한 마이크로컨트롤러를 설계하고 구현할 것이다. 이 제어기는 VGA 모니터에 간단한 그래픽을 표시할 수 있다.

9.7.1 동작 이론

저해상도 표준 VGA 형식의 모니터 화면에는 그림 9.32와 같이 픽셀이라고 하는 640열 ×480행의 화소가 있다. 해상도가 높은 VGA 모니터는 더 많은 열과 행이 있지만, 아이디어는 동일하다. 개별 픽셀을 켜거나 끄면 이미지가 화면에 표시된다. 한 픽셀만 켜는 것은 별 의미가 없지만 동시에 여러 픽셀을 켜면 결합된 픽셀이 이미지를 그려낸다. 모니터는 한 번에 한 픽셀 씩 매우 빠르게 켜거나 끄면서 전체 화면을 지속적으로 스캔한다. 한 번에 하나의 픽셀 만 켜져 있지만, 모니터가 화면을 매우 빠르게 스캔하기 때문에 모든 픽셀이 동시에 켜져 있다는 느낌을 받는다.

그림 9.32는 좌측 상단 모서리의 0행, 0열에서 스캔이 시작되고 행의 마지막 열에 도달할 때까지 우측으로 이동함을 보여준다. 스캔이 행의 끝에 도달하면 다음 행의 시작으로 되돌아간다. 스캔이 맨 아래 행에 도달할 때까지 이 작업이 반

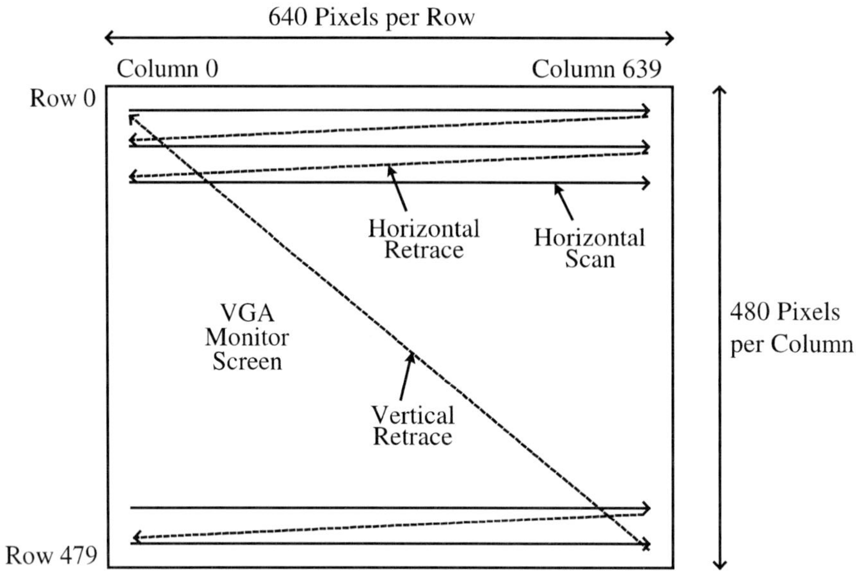

그림 9.32 640열 × 480행의 VGA 모니터. 스캔은 0행 0열에서 시작하여 479행 639열까지 우측 아래로 이동한다.

복된다. 스캔이 화면의 우측 하단에 있는 마지막 픽셀에 도달하면 화면의 좌측 상단으로 되돌아가서 스캔 프로세스를 다시 반복한다. 화면의 깜박임을 줄이기 위해 전체 화면을 초당 60회 이상 스캔해야 한다. 수평 및 수직 재추적 중에는 모든 픽셀이 꺼진다.

VGA 모니터는 빨간색, 녹색, 파란색, 수평 동기화 및 수직 동기화의 다섯 가지 신호에 의해 제어된다. 총체적으로 RGB 신호라 불리는 3개의 색상 신호는 화면상의 주어진 위치에서 픽셀의 색상을 제어하는 데 사용된다. 이 3가지 색상 신호는 개별적으로 켜거나 끌 수 있으므로, 각 픽셀은 8가지 색상 중 하나만 표시할 수 있다. 최신 VGA 모니터는 색상 신호 당 더 많은 비트를 사용하므로 더 많은 색상 조합이 생성된다. 수평 및 수직 동기 신호는 스캔 속도의 타이밍을 제어하는 데 사용된다. 수평 동기화 신호는 행을 스캔하는 시간을 결정하고 수직 동기화 신호는 전체 화면을 스캔하는 시간을 결정한다. 이러한 5가지 신호를 조작하여 모니터 화면에 이미지가 형성된다.

수평 및 수직 동기화 신호 타이밍 다이어그램은 그림 9.33과 같다. 비활성인 경우, 두 동기화 신호는 모두 1이다. 행 스캔의 시작은 그림 9.33의 B 영역에 표시된 것처럼 3.77 μs 동안 수평 동기화 신호는 0이다. 다음으로 C 영역에 표시된 것처럼 신호에서 1.79 μs 동안 1 신호가 온다. 다음으로, 수평 신호는 D 영역에 나타낸 것처럼 25.42 μs 동안 1을 유지하는 데 반하여, 3개의 색상 신호에 대한 데이터는(한 번에 한 픽셀) 640열에 대해 전송된다. 마지막으로, 마지막 열 픽셀 이후에, 수평 신호는 E 영역에 나타낸 것처럼 수평 동기화 신호가 다음 행 스캔을 위해 다시 0이 되기 전에 1을 지속하는 데 반하여, RGB 신호 선에 0.79 μs의 비활성이 존재한다. 한 행 스캔을 완료하는 데 걸리는 총 시간은 31.77 μs 이다.

수직 동기화 신호의 타이밍은 수평 동기화 신호와 유사하다. 64 μs 저레벨 활성 수직 동기화 신호는 영역 P에 표시된 것처럼 화면의 좌측 상단 모서리로 스캔을 재설정한 다음, 영역 Q에 표시된 것처럼 신호에서 1020 μs 1 신호가 이어진다. 다음으로, R 영역에 표시된 것처럼 각각 31.77 μs 의 480행 스캔이 있으며 총 15250 μs 를 제공한다. 마지막으로, 마지막 행 스캔 후에는 영역 S에 표시된 것처럼 수직 동기화 신호가 좌측 상단 모서리에서 시작하는 다른 전체 화면 스캔을 시작하기 위해 다시 0이 되기 전에, 다른 450 μs 가 있다. 한 번의 전체 화면 스캔 완료 시간은 16784 μs 이다.

모니터가 올바르게 동작하기 위해서는 수평 및 수직 동기화 신호 타이밍을 정확하게 파악하고 다음 주어진 열과 행 위치에서 각 픽셀의 RGB 데이터를 보내면 된다. 25.175 MHz의 정확한 클럭 주파수를 사용하면 두 동기화 신호에 대한 정확한 타이밍을 얻는 것이 매우 간단하다는 것이 밝혀졌다.(고해상도 모니터

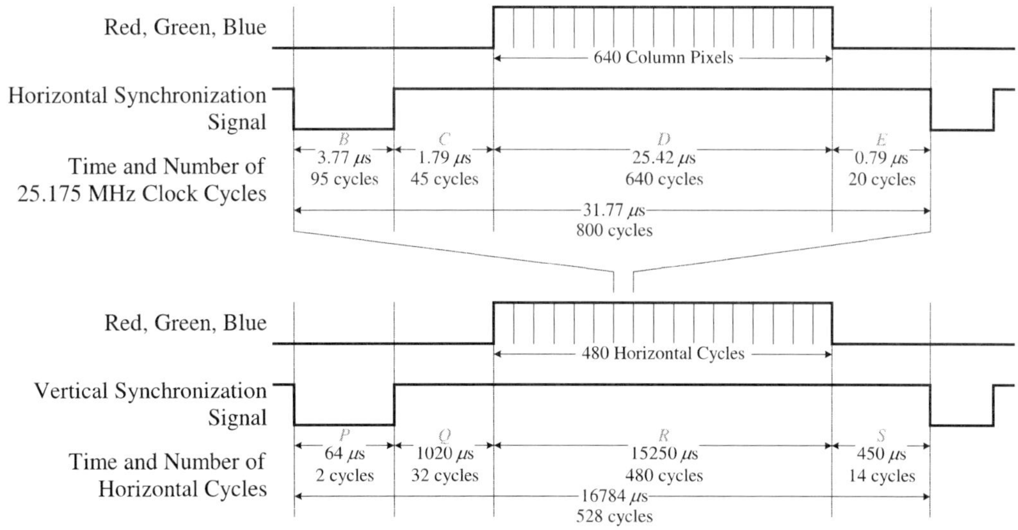

그림 9.33 수평 및 수직 동기화 신호 타이밍 다이어그램.

에는 더 빠른 클럭 주파수를 사용해야 한다.) 25.175 MHz 클럭 주파수의 경우 클럭 주기는 $1/25.175 \times 106$이며, 이는 클럭 주기 당 약 0.0397 μs 이다. 수평 동기 신호의 영역 B의 경우, 3.77 μs 가 필요하며 약 $3.77 / 0.0397 = 95$ 클럭 사이클이다. C 영역의 경우, 1.79 μs 가 필요하며 약 45 클럭 사이클이다. 마찬가지로, 우리는 640 열의 픽셀에 대해 D 영역에 대해 640 클럭 사이클, 영역 E에 대해 20 클럭 사이클이 필요하다. 따라서 각 행 스캔에 필요한 총 클럭 사이클 수는 800 클럭 사이클이다. 25.175 MHz 클럭을 사용하면 D 영역에 정확히 640개의 사이클이 필요하므로 원하는 행당 640개의 열이 제공된다는 것을 유의하자. 따라서, 고해상도 모니터의 경우 D 영역의 총 시간이 25.42 μs 로 고정되어 있기 때문에, 더 빠른 클럭 속도가 필요하다.

수직 타이밍은 수평 사이클의 배수이다. 예를 들어, P 영역은 약 2개의 수평 사이클(2×31.77)인 64 μs 이며, Q 영역은 32(1020/31.77) 사이클이다. R 영역의 계산은 15250 μs / 31.77 μs = 480이다. 물론 화면 당 480행이 필요하기 때문에 정확히 480배 이어야 한다. 마지막으로, S 영역에는 14사이클이 필요하다.

정확한 수평 및 수직 동기화 신호를 생성하는 것 외에도, 회로는 특정 픽셀을 켜거나 끄는 시점을 알기 위해 D 영역 내의 현재 열과 스캔의 R 영역 내의 현재 행을 추적해야 한다. 예를 들어 특정 픽셀을 녹색으로 만들려면 열 및 행수의 값을 테스트해야 한다. 만약, 켜려는 픽셀의 위치와 같으면 녹색 신호를 어써트하여 해당 픽셀은 녹색이 될 것이다.

9.7.2 제어기 설계

수평 및 수직 동기화 타이밍을 정확하게 파악하기 위해, 25.175 MHz의 클럭 속도로 실행되는 800개 상태를 갖는 FSM을 설계 할 수 있다. 처음 95개 상태의 경우, 수평 동기화 신호 *H_Sync*에 대해 0을 출력한다. 다음 $45 + 640 + 20 = 705$ 상태의 경우, *H_Sync*에 대해 1을 출력한다. 그러나 이것의 문제점은 800개 상태 FSM에 대한 회로를 수동으로 유도하는 것이 어렵다는 것이다. 이 어려움에 대한 간단한 해결책은 단 두 가지 상태, 즉 B 영역에서 *H_Sync*가 0인 경우와 C, D 및 E 영역에서 1인 경우를 사용하는 것이다. 그런 다음 FSM과 동일한 클럭 속도로 실행되는 카운터를 사용하여 상태에 있었던 횟수를 계산한다. 첫 번째 상태의 경우 다음상태로 가기 전에 95 카운트를 유지하고 두 번째 상태의 경우 첫 번째 상태로 돌아가기 전에 705 카운트를 유지한다. 첫 번째 상태에서는 *H_Sync*

에 0을, 두 번째 상태에는 *H_Sync*에 1을 출력한다.

세 가지 색상 신호를 활성화할 수 있는 시기를 추적할 수 있도록 *H_Sync* 신호를 생성한 것과 동일한 방식으로 추가 *H_Data_on* 신호를 생성할 것이다. *H_Data_on* 신호는 D 영역에서 어써트되고 B, C 및 E 영역에서 디어써트된다. 따라서 D 영역에 대해 한 상태에서 640회 반복하는 경우, *H_Data_on*을 1로 설정하고, B, C 및 E 영역에 대해 나머지 160개 카운트하는 두 번째 상태에서는 *H_Data_on*을 0으로 설정한다.

*H_Sync*의 두 상태와 *H_Data_on*의 두 상태를 결합하면 그림 9.34(a)와 같이 수평 동기 타이밍에 대한 최종 상태도가 생성된다. 이 FSM은 4개의 B, C, D 및 E 영역에 해당하는 4개의 상태를 갖는다. 카운터는 처음에 0으로 설정되고 매 클럭 사이클마다 1씩 증가한다. B 영역의 상태 *H_B*에서 FSM은 *H_Data _on* 및 *H_Sync* 모두에 대해 0을 출력한다. FSM은 95 카운트 동안 *H_B* 상태를 유지한다. 조건($H\_cnt = B$)은 카운터가 B와 같은지 확인한다. 여기서 B는 95와 같다. 카운트가 95와 같으면 FSM은 C 영역에 해당하는 상태 *H_C*로 이동한다. 상태 *H_C*에서 FSM은 *H_Data_on*에 0을, 45 카운트의 경우 *H_Sync*에 1을 출력한다(즉, *H_cnt*가 $\mathrm{B} + C = 95 + 45 = 140$이 될 때까지). *H_cnt*가 140에 도달하면 FSM은 상태 *H_D*가 되고 *H_Data_on* 및 *H_Sync* 모두에 대해 1을 출력한다. *H_cnt*가 $B + C + D = 95 + 45 + 640 = 780$에 도달하면 FSM은 상태 *H_E*가 되고 *H_Data_on*에 0, *H_Sync*에 1을 출력한다. FSM은 $H_cnt = B + C + D + E = 95 + 45 + 640 + 20 = 800$까지 20 회 이상 *H_E* 상태를 유지한 다음 *H_B* 상태로 돌아간다. FSM이 상태 *H_B*로 되돌아 가면 *H_cnt*가 0으로 다시 재설정되고 다음 행 스캔을 위해 프로세스가 다시 시작된다.

수직 동기화 타이밍은 수평 동기화 타이밍과 유사하므로 두 번째 카운터와 두 번째 FSM을 사용하여 동일한 작업을 수행할 수 있다. 이 두 번째 수직 FSM은 수평 FSM과 동일하다. 유일한 차이점은 클럭 속도의 타이밍이다. 그림 9.33의 수직 동기 신호에서 각 영역의 시간을 보면 P 영역의 $64\mu s$는 각각 총 수평 스캔 시간 31.77 μs의 대략 2배임을 알 수 있다. Q 영역의 1020 μs는 대략 32개의 수평 스캔 시간이다($1020/31.77 \approx 32$). B 영역의 경우 480 수평 사이클이고 S 영역의 경우 대략 14 수평 사이클이다. 따라서, 수직 카운터 및 수직 FSM 모두에 대한 클럭은 수평 카운터로부터 유도될 수 있다. 수직 클럭은 수평 클럭의 800 카운트마다 한 번씩 동작한다. 수직 타이밍의 상태도는 그림 9.34(b)에 나타내었다.

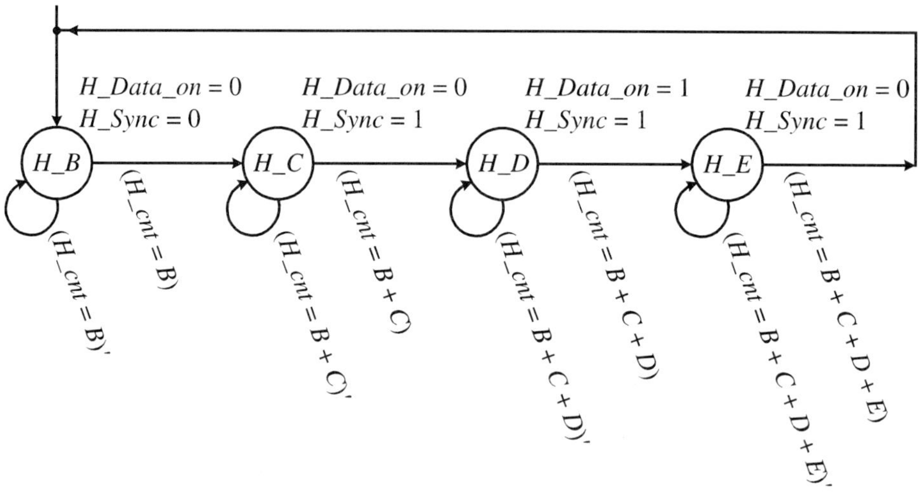

(a)

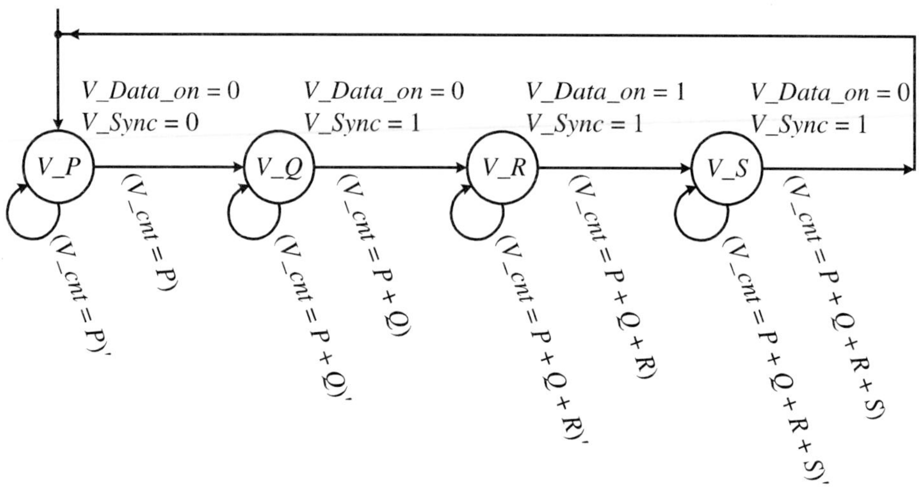

(b)

그림 9.34 VGA 모니터에 대한 제어기: (a) 수평 동기화에 대한 상태도 (b) 수직 동기화에 대한 상태도 (c) 수평 동기화에 대한 다음 상태표 (d) 수직 동기화에 대한 다음 상태표 (d) 출력표 (f) 수평 및 수직 동기화에 대한 상태도 (g) 수평 동기화 카운터 (h) 수직 동기화 카운터 (i) VGA 제어기에 대한 전체 회로.

(다음페이지에 계속)

Current State Q_1Q_0		Next State (Implementation) $Q_{1next}Q_{0next}$ (D_1D_0)							
		$(H\_cnt = B)$		$(H\_cnt = B + C)$		$(H\_cnt = B + C + D)$		$(H\_cnt = B + C + D + E)$	
		0	1	0	1	0	1	0	1
00	H_B	00	01	—	—	—	—	—	—
01	H_C	—	—	01	10	—	—	—	—
10	H_D	—	—	—	—	10	11	—	—
11	H_E	—	—	—	—	—	—	11	00

$$Q_{1next} = Q_1'Q_0\,(H\_cnt = B + C) + Q_1Q_0' + Q_1Q_0\,(H\_cnt = B + C + D + E)'$$

$$Q_{0next} = Q_1'Q_0'\,(H\_cnt = B) + Q_1'Q_0\,(H\_cnt = B + C)' + Q_1Q_0'\,(H\_cnt = B + C + D) + Q_1Q_0\,(H\_cnt = B + C + D + E)'$$

(c)

Current State Q_1Q_0		Next State (Implementation) $Q_{1next}Q_{0next}$ (D_1D_0)							
		$(V\_cnt = P)$		$(V\_cnt = P + Q)$		$(V\_cnt = P + Q + R)$		$(V\_cnt = P + Q + R + S)$	
		0	1	0	1	0	1	0	1
00	V_P	00	01	—	—	—	—	—	—
01	V_Q	—	—	01	10	—	—	—	—
10	V_R	—	—	—	—	10	11	—	—
11	V_S	—	—	—	—	—	—	11	00

$$Q_{1next} = Q_1'Q_0\,(V\_cnt = P + Q) + Q_1Q_0' + Q_1Q_0\,(V\_cnt = P + Q + R + S)'$$

$$Q_{0next} = Q_1'Q_0'\,(V\_cnt = P) + Q_1'Q_0\,(V\_cnt = P + Q)' + Q_1Q_0'\,(V\_cnt = P + Q + R) + Q_1Q_0\,(V\_cnt = P + Q + R + S)'$$

(d)

Current State Q_1Q_0	H_Data_on or V_Data_on	H_Sync or V_Sync
00	0	0
01	0	1
10	1	1
11	0	1

(e)

그림 9.34 VGA 모니터에 대한 제어기: (a) 수평 동기화에 대한 상태도 (b) 수직 동기화에 대한 상태도 (c) 수평 동기화에 대한 다음 상태표 (d) 수직 동기화에 대한 다음 상태표 (d) 출력표; (f) 수평 및 수직 동기화에 대한 상태도 (g) 수평 동기화 카운터 (h) 수직 동기화 카운터 (i) VGA 제어기에 대한 전체 회로.

(다음페이지에 계속)

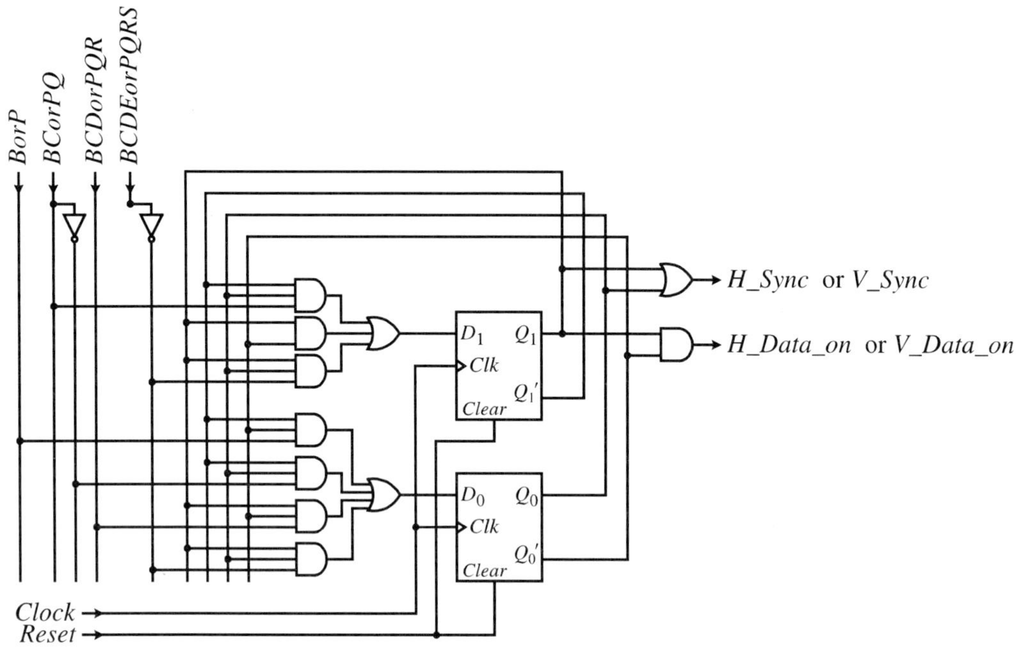

(f)

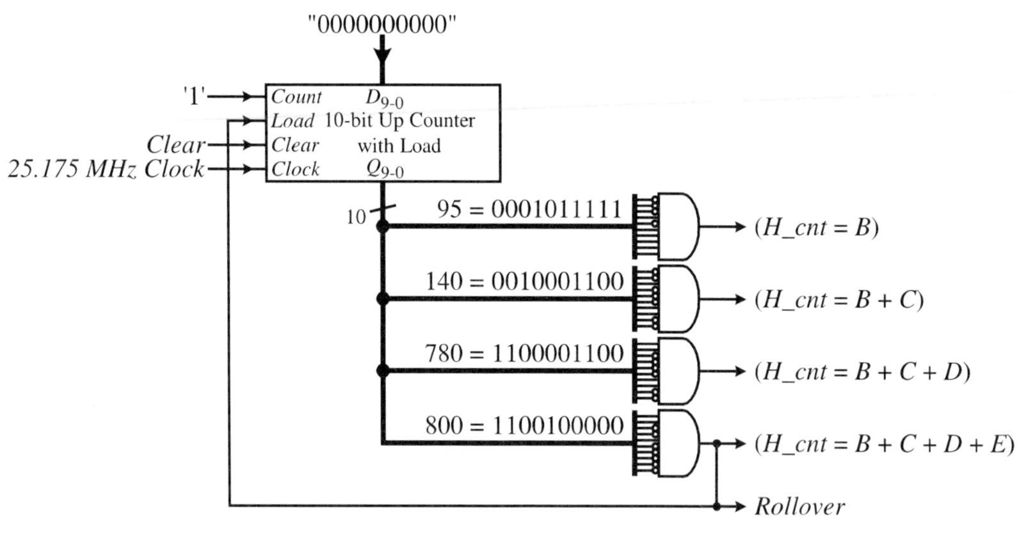

(g)

그림 9.34 VGA 모니터에 대한 제어기: (a) 수평 동기화에 대한 상태도 (b) 수직 동기화에 대한 상태도 (c) 수평 동기화에 대한 다음 상태표 (d) 수직 동기화에 대한 다음 상태표 (d) 출력표 (f) 수평 및 수직 동기화에 대한 상태도 (g) 수평 동기화 카운터 (h) 수직 동기화 카운터 (i) VGA 제어기에 대한 전체 회로.

(다음페이지에 계속)

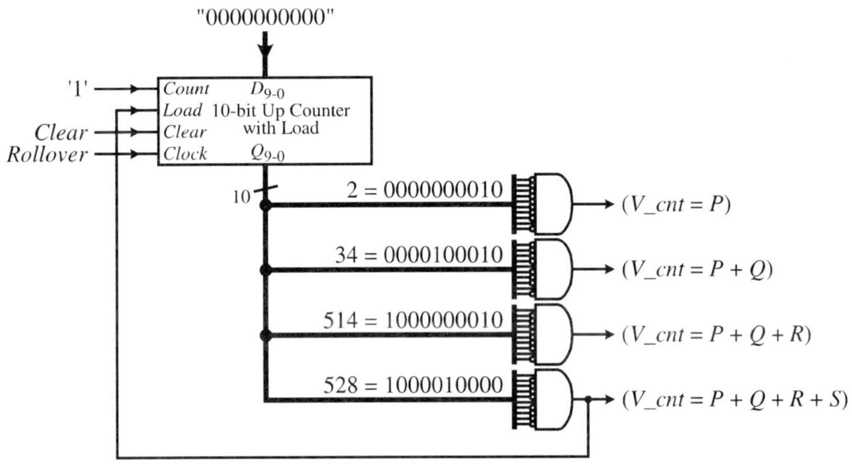

(h)

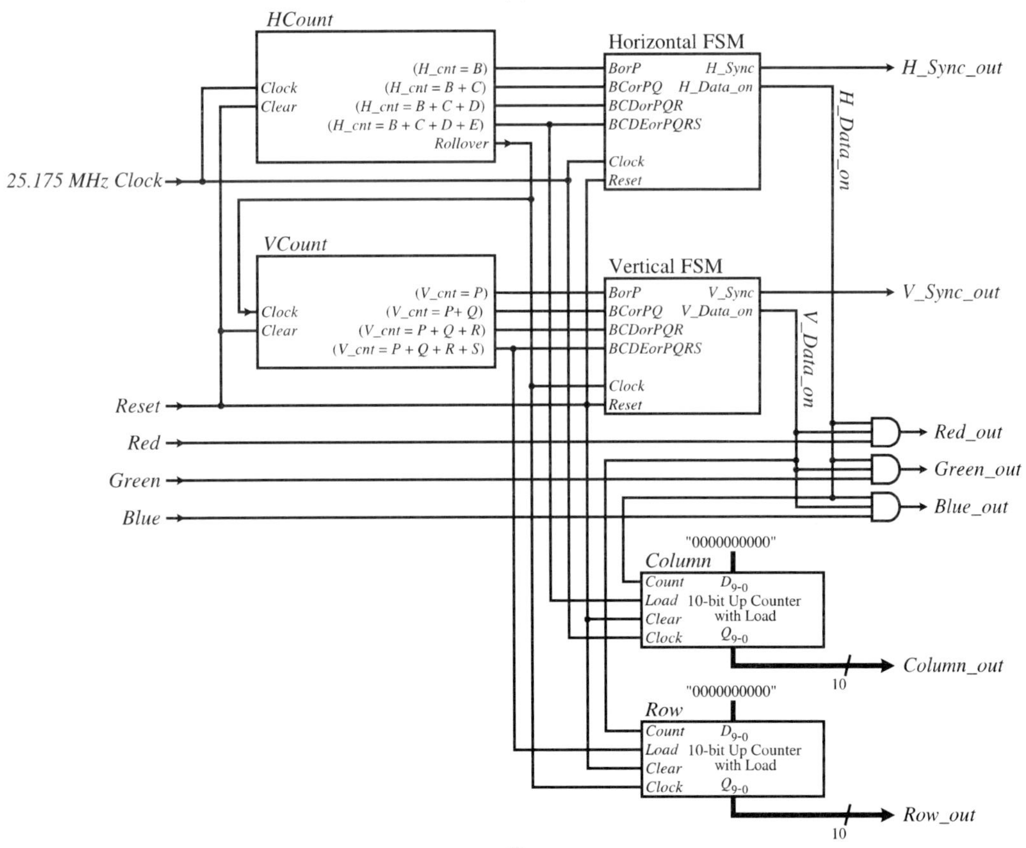

(i)

그림 9.34 VGA 모니터에 대한 제어기: (a) 수평 동기화에 대한 상태도 (b) 수직 동기화에 대한 상태도 (c) 수평 동기화에 대한 다음 상태표 (d) 수직 동기화에 대한 다음 상태표 (d) 출력표 (f) 수평 및 수직 동기화에 대한 상태도 (g) 수평 동기화 카운터 (h) 수직 동기화 카운터 (i) VGA 제어기에 대한 전체 회로.

수평 FSM 및 수직 FSM에 대한 다음 상태표 및 다음상태 방정식은 각각 그림 9.34(c) 및 (d)에 나타내었다. 4개의 카운트 조건을 제외하고 두 개의 표가 동일하다는 점에 유의하자. 따라서 두 FSM에 동일한 회로를 사용할 수 있다. 유일한 차이점은 4가지 카운트 조건에 대한 상태 신호 입력이 다른 카운터 비교기에서 나온다는 것이다. 출력 테이블도 두 FSM 모두 동일하며 그림 9.34(e)에 나타내었다. 생성될 출력 신호는 수평 FSM의 경우 *H_Data_on* 및 *H_Sync*, 수직 FSM의 경우 *V_Data_on* 및 *V_Sync*이다. 마지막으로, FSM 회로는 그림 9.34(f)에 나타내었다. 수평 FSM의 클럭은 25.175 MHz 클럭이고, 반면에 수직 FSM의 클럭은 수평 FSM 카운터의 *Rollover* 신호에서 유도된다.

FSM에 대한 4개의 상태 신호, *BorP*, *BCorPQ*, *BCDorPQR* 및 *BCDEorPQRS*는 수평 카운터와 수직 카운터의 두 카운터에서 생성된다. ($H\_cnt = B$), ($H\_cnt = B + C$), ($H\_cnt = B + C + D$) 및 ($H\_cnt = B + C + D + E$)에 대한 4개의 비교기가 있는 수평 카운터 *HCount*가 그림 9.34(g)에 나타내었다. 0에서 800까지 카운트하려면 10 비트 카운터가 필요하다. 10개 입력 AND 게이트는 4개의 비교기에 각각 사용된다. 각 AND 게이트의 입력은 $B = 95$, $B + C = 95 + 45 = 140$, $B + C + D = 95 + 45 + 640 = 780$ 및 $B + C + D + \mathrm{E} = 95 + 45 + 640 + 20 = 800$에 해당하는 2진 값으로 각각 설정된다. 카운터는 카운트가 800에 도달하면 로드 라인을 주장하고 값 0에 로딩하여 다시 0으로 순환한다. 카운트가 800에 도달 할 때 *Load* 선을 어써트하고 값 0을 로드하여 카운터가 다시 0으로 순환한다. 이 수평 카운터의 클럭 신호는 25.175 MHz 클럭이다. 비교기에서 나오는 출력($H\_cnt = 800$)은 카운터 롤오버 신호 *Rollover*이며, 수직 카운터, 수직 FSM 및 행 카운터에 대한 수직 클럭 신호로 사용된다.

($V\_cnt = P$), ($V\_cnt = P + Q$), ($V\_cnt = P + Q + \mathrm{R}$) 및 ($V\_cnt = P + Q + R + \mathrm{S}$)에 대한 4개의 비교기가 있는 수직 카운터 *VCount*가 그림 9.34(h)에 나타내었다. 이 카운터의 회로는 비교기 값이 다르고 롤오버 클럭 신호를 출력할 필요가 없다는 점을 제외하고는 수평 카운터와 같다. 이 카운터의 클럭은 수평 카운터의 *Rollover* 신호이다. 전체 VGA 모니터 제어기는 그림 9.34(i)에 나타내었다. 모니터에 대한 3개의 RGB 신호가 유효한지 확인하려면 D 및 R 영역에서만(필요한 경우) 켜져야 한다. 따라서 3개의 컬러 출력 신호 *Red_out*, *Green_out*, *Blue_out*은 *H_Data_on* 및 *V_Data_on*과 AND 처리된다. 예를 들어, 입력 *Red* 신호가 1인 경우 스캔이 D 및 R 영역 내에 있을 때만 출력 *Red_out* 신호는 1이

된다.

마지막으로, 특정 픽셀을 켜려면, 회로가 D 영역 내의 현재 열과 스캔의 R 영역 내의 현재 행을 추적해야 한다. 이를 위해 두 개의 추가 카운터, *Column* 및 *Row*가 사용된다. 스캔이 D 및 R 영역에 각각 있을 때만 카운트해야 하기 때문에 열 카운터의 *Count* 입력은 *H_Data_on* 신호에 의해 어써트 되는 반면에, *Row* 카운터의 *Count* 입력은 *V_Data_on* 신호에 의해 어서트된다. 카운트가 각각 640 및 480에 도달하면 이 두 영역을 통과하여 카운터는 계산하지 않는다. 스캔이 두 영역의 시작 부분에 다시 도달하기 전에는 항상 0으로 재설정해야 한다. 회로에서 두 개의 각각의 *Load* 선은 각각의 두 카운터가 0으로 롤백 될 때 어써트된다. 마지막으로, *Column* 카운터 클럭은 25.175 MHz 소스에서, *Row* 카운터 클럭은 수평 카운터에서 파생된 *Rollover* 클럭 신호에서 온 것이다.

9.7.3 구현

화면에 무언가를 표시하려면 스캔이 있는 현재 열 및 행 값을 확인하고, 해당 위치의 픽셀을 켜려면 RGB 신호를 어써트한다. 예를 들어, 단순히 *Red* 신호를 계속 어써트하면 모든 픽셀이 빨간색이 되고 전체 화면이 빨간색으로 표시된다. 반면에 첫 번째 픽셀 행을 빨간색으로 하려면 *Row* 카운터가 0일 때만 빨간색 신호를 어써트해야 한다. 화면 주위에 빨간색 테두리를 표시하려면 $Row = 0$, $Row =$ 639 또는 $Column = 0$ 또는 $Column = 479$일 때 *Red* 신호를 어써트한다. 그림 9.35는 그림 9.34(i)의 VGA 제어기를 사용하여 전체 화면 주위에 빨간색 테두리를 그리는 회로를 나타낸다.

일반적으로 2차원 비디오 메모리는 모든 픽셀의 RGB 색상 데이터를 저장한다. 그런 다음 열 및 행 수는 이 비디오 메모리에 주소로 사용된다. 메모리 위치의 내용은 RGB 신호에 대해 설정되는 값이다.

픽셀 당 더 많은 색상을 얻으려면 3가지 색상 신호 각각에 더 많은 비트가 사용된다. 예를 들어 Altera DE1 FPGA 개발 보드에서는 3가지 색상 각각에 4비트가 사용되는 반면에, DE2 보드에서는 10비트가 사용된다. Xilinx Spartan 3E 보드에서는 3가지 색상 각각에 1비트만 사용되는 반면 XUP Virtex-II Pro 보드에는 8비트가 사용된다. 3가지 색상 각각에 사용되는 비트 수에 관계없이, 3개의 RGB 색상 신호가 실제로는 아날로그 신호이기 때문에 모니터에 연결되는

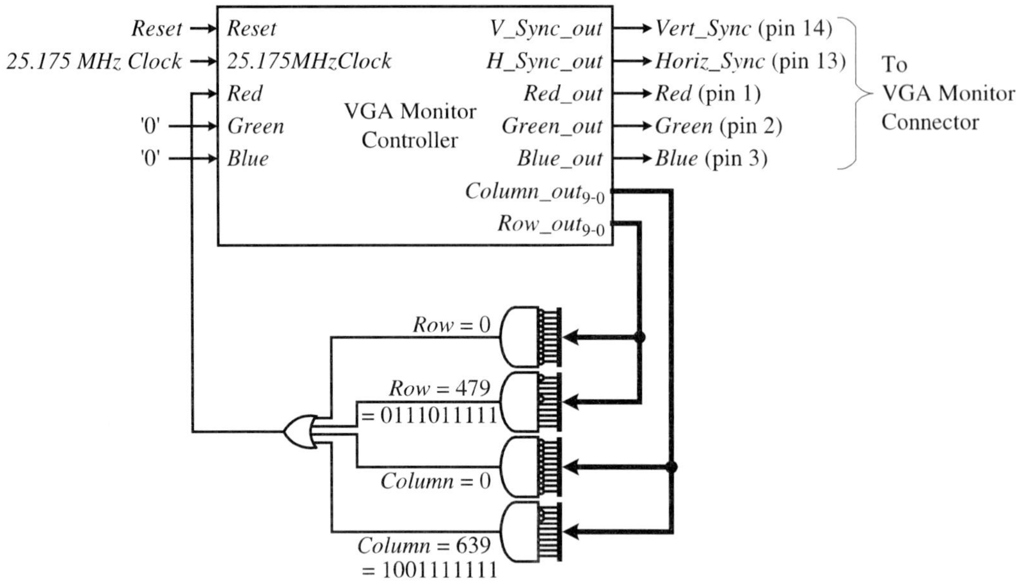

그림 9.35 VGA 제어기를 사용하여 전체 화면 주위에 빨간색 테두리를 생성하는 회로.

선은 항상 3개뿐이다. 그래서 제어기의 출력과 VGA 입력 사이에 디지털-아날로그 변환기가 필요하다.

고해상도 모니터의 경우 더 빠른 클럭 속도가 필요하다. 다음 표는 두 가지 다른 표준 VGA 해상도의 타이밍 사양을 나타낸다.

Resolution H × V	Pixel clock (MHz)	*B* (μs/ clocks)	*C* (μs/ clocks)	*D* (μs/ clocks)	*E* (μs/ clocks)	*P* (ms/ lines)	*Q* (ms/ lines)	*R* (ms/ lines)	*S* (ms/ lines)
800×600	40	3.2/128	2.2/88	20/800	1/40	0.11/4	0.61/23	15.84/600	0.03/1
1024×768	65	2.09/136	2.46/160	15.75/1024	0.37/24	0.12/6	0.60/29	15.88/768	0.06/3

9.8 온도 센서용 A/D 제어기

광 센서, 온도 센서 및 압력 센서와 같은 많은 감지 장치들은 디지털 신호가 아닌 아날로그 신호를 출력한다. 마이크로프로세서가 아날로그 신호를 처리하려면 아날로그-디지털(A/D) 변환기를 사용하여 아날로그 신호를 디지털 신호로 변환해야 한다. 이 절에서는 아날로그 온도 센서의 값을 읽기 위해 A/D 변환기와 인터페이스하는 마이크로컨트롤러를 설계할 것이다.

A/D 변환기 칩마다 기능, 정밀도, 패키징 및 인터페이스가 다르다. 우리가 사용할 A/D 변환기 칩은 National Semiconductor ADC0832이며, 직렬 데이터 링크를 사용하여 마이크로컨트롤러와 인터페이스하는 8비트 A/D 변환기 칩이다. 이로 인해 A/D 변환기는 아날로그 신호 소스에 위치 할 수 있으며 단지 몇 개의 선을 통해 높은 잡음 면역(noise immune) 직렬 비트 스트림으로 마이크로프로세서와 통신할 수 있다. 이는 아날로그 신호의 정확도를 유지하기 위해 회로를 크게 최소화하며, 그렇지 않으면 잡음 픽업에 가장 취약하다.

9.8.1 동작 이론

ADC0832 8비트 A/D 변환기 칩은 직렬 데이터 링크를 사용하여 마이크로컨트롤러와 인터페이스한다. 마이크로컨트롤러와 ADC 칩을 연결하고 통신하려면 3개 또는 4개의 선이 필요하다. 이 예에서는 4개의 선을 사용할 것이며, 그 중 3개는 입력, 클럭(CLK), 칩 선택(CSN) 및 데이터 입력(DI)과 1개는 출력, 데이터 출력(DO)이다.

저레벨활성 CSN 신호 선은 ADC 칩을 활성화한다. 제어기의 명령은 DI 신호 선을 통해 ADC로 전송되고 ADC에서 변환된 디지털 데이터는 DO 신호 선을 통해 제어기로 전송된다. 클럭은 DI 및 DO 선 모두에서 데이터 전송을 동기화한다. 마이크로컨트롤러와 ADC 칩 간의 인터페이스는 그림 9.36에 나타내었다.

아날로그-디지털 변환은 먼저 칩 선택(CSN) 선을 낮은 전압으로 설정하여 시작되며 전체 변환 프로세스 동안 낮은 전압을 유지한다. 그런 다음 ADC 칩은 시작 비트와 명령을 기다린다. 클럭은 클럭(CLK) 입력 라인에서(그림 9.36에서 점선으로 표시된 것처럼 외부에 지속적으로 제공되지 않는 경우) 마이크로컨트롤러에 의해 생성된다. 1 시작 비트 다음에 2 비트 MUX 주소 명령이 클럭의 각 상승 에지에서 데이터 입력(DI) 선으로 ADC로 전송된다. 첫 번째 MUX 주소 명령 비트는 단일 종단 또는 차동 아날로그 입력 옵션 중에서 선택한다. 1 비트는 접지 기준 입력을 사용하는 단일 종단 옵션을 선택한다. 단일 종단 옵션을 선택한 후 두 번째 비트는 칩의 두 입력 채널 중 사용할 채널을 선택한다. 0은 칩에서 채널 0을 선택하고 1은 채널 1을 선택한다. 데이터 출력(DO) 선은 이제 3-상태에서 나오고, 최상위 비트로 시작하여 변환된 디지털 데이터는 이 선으로 마이크로컨트롤러에 전송된다. 그 후, 이번에는 최하위 비트부터 시작하여 동일한 변환된 디지털 데이터가 DO 선으로 마이크로컨트롤러에 전송된다. 데이터 전송이 끝나면 다른 변환을 시작하기 전에 CSN 선을 디어써트해야 한다. 마이크로컨트롤러와 A/D 컨버터 칩 간의 통신을 위한 타이밍 다이어그램은 그림 9.37에 나타내었다.

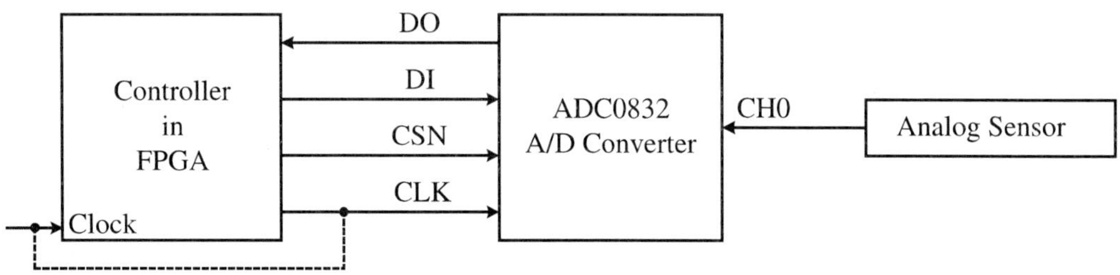

그림 9.36 FPGA에 구현된 마이크로컨트롤러와 A/D 컨버터 칩 간의 직렬 데이터 링크.

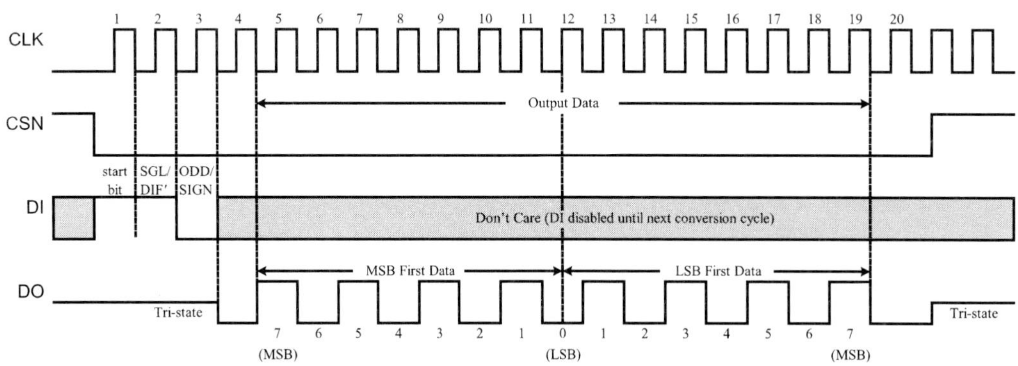

그림 9.37 마이크로컨트롤러와 A/D 컨버터 칩 간의 통신을 위한 타이밍 다이어그램.

9.8.2 제어기 설계

A/D 변환기 칩의 제어기를 설명하기 위해 FSMD 모델을 사용하여 HDL 코드를 작성한다. 그림 9.38은 이 FSM 제어기의 Verilog 코드를 나타낸다. FSM 코드에서 생성된 상태 천이 및 출력 신호는 그림 9.37에 표시된 타이밍 다이어그램과 매우 유사하다.

이 FSM의 입력 클럭 스피드는 중요하지 않다. FSM은 각 상태 천이에서 CLK를 토글하여 출력 클럭(CLK) 신호를 생성하여 ADC 칩과의 데이터 전송을 동기화한다.

그림 9.39는 A/D 변환기 제어기의 VHDL 코드를 나타낸다. FSM이 별도의 동기화 CLK 신호를 생성하는 대신 동일한 외부 클럭 신호를 사용하여 FSM과 ADC 칩을 모두를 구동한다는 점을 제외하면 그림 9.38에 나타낸 Verilog 버전과

```
module ADC_FSM
(
  input Clock, Reset,
  input DO,
  output reg CLK, CSN, DI,
  output reg [7:0] DataOut,
  output reg DataReady
);
  reg [7:0] MSBF_Buffer, LSBF_Buffer;
  reg [2:0] index;
  reg [3:0] state;

  always @ (posedge Clock or posedge Reset) begin
    if (Reset) begin
      CSN <= 1;
      CLK <= 0;
      DI <= 1;       // don't care
      DataReady <= 0;
      state <= 4'b0000;
    end else begin
      case (state)
        4'b0000: begin
          CSN <= 0;
          CLK <= 0;
          DI <= 1; // start bit
          DataReady <= 0;
          state <= 4'b0001;
          end
```

그림 9.38 A/D 컨버터 제어기의 행위적 Verilog 코드.

(다음페이지에 계속)

```
4'b0001: begin
  CSN <= 0;
  CLK <= 1;
  DI <= 1;
  DataReady <= 0;
  state <= 4'b0010;
  end
4'b0010: begin
  CLK <= 0;
  DI <= 1; // set SGL/DIF'
  state <= 4'b0011;
  end
4'b0011: begin
  CLK <= 1;
  state <= 4'b0100;
  end
4'b0100: begin
  CLK <= 0;
  DI <= 0; // set ODD/SGN'; 0 = channel 0, 1 = channel 1
  state <= 4'b0101;
  end
4'b0101: begin
  CLK <= 1;
  state <= 4'b0110;
  end
4'b0110: begin
  CLK <= 0; // MUX settling time
  state <= 4'b0111;
  end
4'b0111: begin
  CLK <= 1;
  index <= 7;
  state <= 4'b1000;
  end
4'b1000: begin
  CLK <= 0;
  state <= 4'b1001;
  end
4'b1001: begin
  CLK <= 1;
  // receive 8 data bits, MSB first
  MSBF_Buffer[index] <= DO;
  if (index > 0) begin
```

그림 9.38 A/D 컨버터 제어기의 행위적 Verilog 코드.

(다음페이지에 계속)

```
            index <= index - 1;
            state <= 4'b1000;
          end else begin
            // receive 8 data bits, LSB first
            LSBF_Buffer[index] <= DO;
            index <= index + 1;
            state <= 4'b1010;
            end
          end
        4'b1010: begin
          CLK <= 0;
          state <= 4'b1011;
          end
        4'b1011: begin
          CLK <= 1;
          LSBF_Buffer[index] <= DO;
          if (index < 7) begin
            index <= index + 1;
            state <= 4'b1010;
          end else
            state <= 4'b1100;
          end
        4'b1100: begin
          CLK <= 1;
          CSN <= 1;
          if (MSBF_Buffer == LSBF_Buffer) begin
            DataOut <= MSBF_Buffer;
            DataReady <= 1;
          end else begin
            DataOut <= 8'b00000000;
            DataReady <= 0;
            end
          state <= 4'b0000;
          end
        default: begin
          state <= 4'b0000;
        end
      endcase
    end // else
  end // always
endmodule
```

그림 9.38 A/D 컨버터 제어기의 행위적 Verilog 코드.

```
LIBRARY IEEE;
USE IEEE.STD_LOGIC_1164.ALL;

ENTITY ADC_FSM IS PORT (
    Clock    : IN STD_LOGIC;
    Reset    : IN STD_LOGIC;
    DO       : IN STD_LOGIC;
    CSN      : OUT STD_LOGIC;
    DI       : OUT STD_LOGIC;
    DataOut : OUT STD_LOGIC_VECTOR(7 DOWNTO 0);
    DataReady : OUT STD_LOGIC
  );
END ENTITY;

ARCHITECTURE FSM OF ADC_FSM IS
  TYPE state_type IS (s0, s1, s2, s3, s4, s5, s6, s7);
  SIGNAL state : state_type;

  SIGNAL MSBF_Buffer: STD_LOGIC_VECTOR(7 DOWNTO 0);
  SIGNAL LSBF_Buffer: STD_LOGIC_VECTOR(7 DOWNTO 0);
  SIGNAL index: INTEGER;

BEGIN
  PROCESS (Clock, Reset)
  BEGIN
    IF (Reset = '1') THEN
      CSN <= '1';
      DataReady <= '0';
      index <= 0;
      state <= s0;
    ELSIF (Clock'EVENT AND Clock = '0') THEN
      CASE state IS
        WHEN s0 =>
          CSN <= '0';
          DI <= '1'; -- start bit
          DataReady <= '0';
          state <= s1;
        WHEN s1 =>
          CSN <= '0';
          DI <= '1'; -- set SGL/DIF'
          DataReady <= '0';
          state <= s2;
        WHEN s2 =>
          CSN <= '0';
          DI <= '0'; -- set ODD/SIGN; 0 = channel 0, 1 = channel 1
          DataReady <= '0';
          state <= s3;
        WHEN s3 => -- wait for one clock for Mux setting
          CSN <= '0';
```

그림 9.39 그림캡션.

(다음페이지에 계속)

```
          DataReady <= '0';
          state <= s4;
        WHEN s4=> -- wait for one clock for Mux setting
          CSN <= '0';
          DataReady <= '0';
          index <= 7;
          state <= s5;
        WHEN s5 =>
          CSN <= '0';
          DataReady <= '0';
          IF (index > 0) THEN
            MSBF_Buffer(index) <= DO;
            index <= index - 1;
            state <= s5;
          ELSE
            MSBF_Buffer(index) <= DO;
            LSBF_Buffer(index) <= DO;
            index <= 1;
            state <= s6;
          END IF ;
        WHEN s6 =>
          CSN <= '0';
          DataReady <= '0';
          IF (index <= 7) THEN
            LSBF_Buffer(index) <= DO;
            index <= index + 1;
            state <= s6;
          ELSE
            state <= s7;
          END IF ;
        WHEN s7 =>
          CSN <= '1';
          DataReady <= '1';
          DataOut(0) <= MSBF_Buffer(0);
          DataOut(1) <= MSBF_Buffer(1);
          DataOut(2) <= MSBF_Buffer(2);
          DataOut(3) <= MSBF_Buffer(3);
          DataOut(4) <= MSBF_Buffer(4);
          DataOut(5) <= MSBF_Buffer(5);
          DataOut(6) <= MSBF_Buffer(6);
          DataOut(7) <= MSBF_Buffer(7);
          state <= s0;
        WHEN OTHERS =>
      END case;
    END IF ;
  END PROCESS;
END FSM;
```

그림 9.39 그림캡션.

매우 유사하다. 따라서 이 FSM은 두 번째 CLK 신호를 출력할 필요가 없다. 이 FSM의 클럭 연결은 그림 9.36에 나타낸 점선이다. 명령의 전송 및 변환된 데이터의 수신은 클럭의 하강 에지에서 수행된다.

9.8.3 구현

FSM 제어기 코드를 테스트하는 한 가지 방법은 그림 9.40(a)과 같이 조정 가능한 10K Ω 저항을 ADC 칩의 채널 0 아날로그 입력에 연결하는 것이다. 전위차

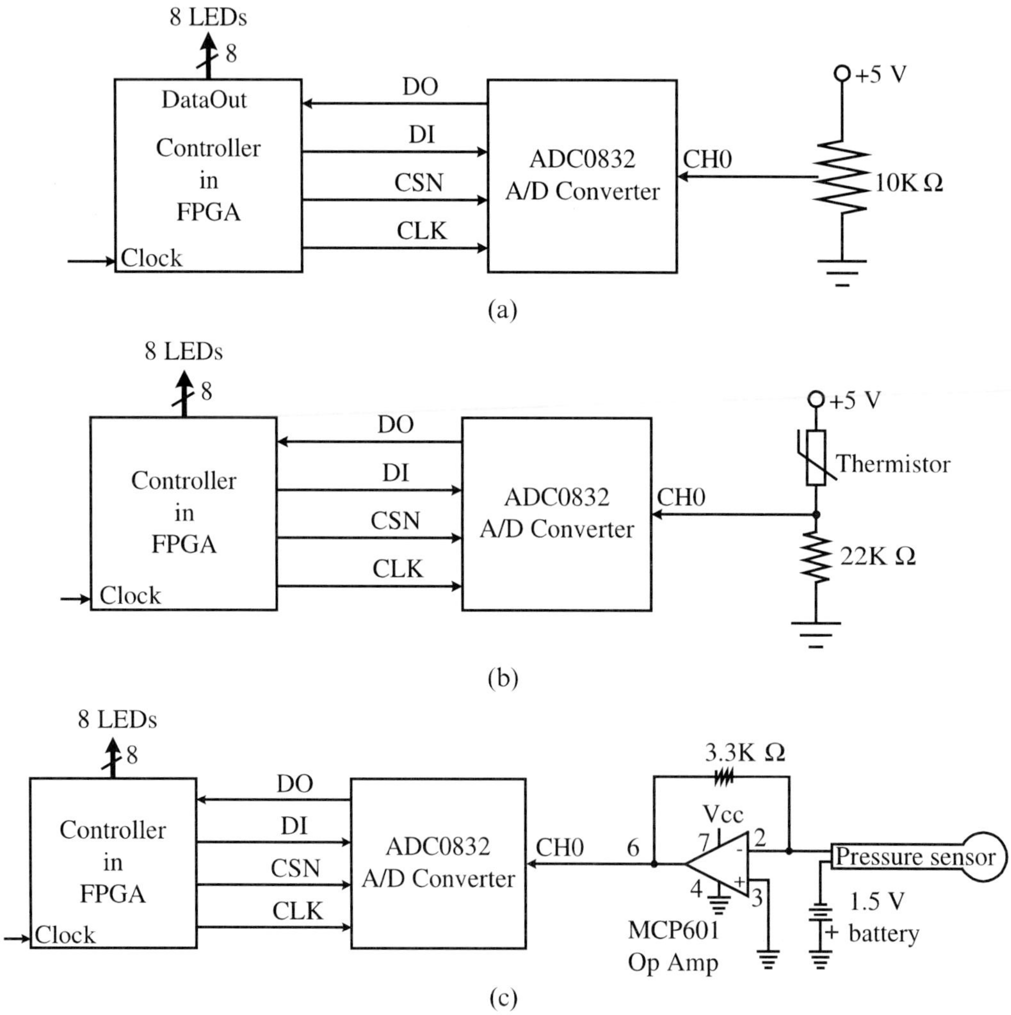

그림 9.40 ADC 칩에 대한 아날로그 센서 인터페이스: (a) 테스트용 전위차계 (b) 서미스터 온도 센서 (c) MCP601 연산 증폭기를 사용한 압력 센서.

계(potentiometer)의 한쪽은 +5 V에 연결되고 다른 쪽은 접지에 연결된다. 전위차계의 중앙 연결은 ADC 칩의 채널 0에 연결된다. ADC0832는 8비트 A/D 변환기이기 때문에 디지털 값 출력의 범위는 0에서 255 사이여야 한다. 전위차계를 한쪽 끝까지 돌리면 판독 값이 0이 되고 반대쪽 끝까지 돌리면 판독 값이 255가 된다.

다른 아날로그 센서를 ADC 칩의 입력으로 사용할 수 있다. 그림 9.40(b)은 서미스터(thermistor) 온도 센서의 연결부를 나타내고 그림 9.40(c)은 압력 센서의 연결부를 나타낸다. 압력 센서는 신호를 증폭시키기 위해 연산 증폭기(op amp)가 필요하다.

9.9 실시간 클럭용 I^2C 버스 제어기

이 절에서는 DS3232 실시간 클럭 칩을 제어하는 마이크로컨트롤러를 설계 및 구현할 것이다. 실시간 클럭 칩은 표준 I^2C 버스 프로토콜을 사용하여 마이크로컨트롤러에 연결된다. 마이크로컨트롤러는 마스터(master)로 I^2C 버스에 연결되고 실시간 클럭 칩은 슬레이브(slave)로 연결된다. I^2C 버스를 통신 채널로 사용하여, 마스터 제어기는 슬레이브와 데이터를 주고받을 수 있다.

9.9.1 동작 이론

I^2C(Inter IC) 버스는 여러 개의 마스터 및 슬레이브를 지원하는 간단한 양방향 직렬 버스이다. 이 버스는 직렬 양방향 데이터 선(SDA) 및 직렬 양방향 클럭 선(SCL)의 두 선으로만 구성된다. I^2C 버스 사양 내에서는 최대 클럭 속도가 100kHz인 표준 모드와 최대 클럭 속도가 400 kHz인 고속 모드가 정의된다.

I^2C 버스에 연결된 각 장치는 고유한 주소로 소프트웨어 주소를 지정할 수 있으며, 장치들 사이에 항상 간단한 마스터/슬레이브 관계가 존재한다. 버스 액세스를 제어하여 메시지 송수신을 제어하는 장치가 마스터이다. 마스터가 제어하는 장치는 슬레이브이다. 마스터와 슬레이브 모두 메시지를 보내고 받을 수 있다. 버스로 데이터를 전송하는 장치를 송신기라고 하고 데이터를 수신하는 장치를 수신기라고 한다.

동일한 I^2C 버스에서 둘 이상의 마스터와 둘 이상의 슬레이브가 공존할 수 있다. 그러나 버스는 항상 한 번에 단일 마스터에 의해 제어되며 SCL(직렬 클럭)을 생성하고 메시지 전송을 시작 및 종료하여 버스 액세스를 제어한다.

우리의 시스템은 그림 9.41과 같이 하나의 마스터(FPGA에 구현된 마이크로컨트롤러)와 하나의 슬레이브(Maximum DS3232 실시간 클럭 칩)로만 구성된다. 마스터와 슬레이브 사이를 연결하는 SDA 및 SCL 선은 모두 오픈 드레인(open−drain)이므로 5.6K Ω 저항을 사용하여 Vcc로 끌어 올려야 한다. 버스에 연결된 장치 수에 상관없이 선 당 하나의 풀업 저항 만 필요하다. 이 마스터 제어기 구현은 I²C 프로토콜의 전체 사양을 따르지 않으므로 다른 I²C 연결에 이 제어기를 사용하면 마스터 제어기가 오류 상태에서 멈출 수 있다.

SCL 및 SDA가 모두 논리 1 레벨인 경우 I²C 버스는 유휴 상태이다. 마스터는 그림 9.42(a)와 같이 SCL 라인이 높은 전압이고 SDA 라인에서 높은 전압에서 낮은 전압으로 전환되는 START 조건을 발생시켜 데이터 전송을 시작한다. 버스는 시작 조건 후에 사용중인 것으로 간주된다. START 조건 후, 그림 9.43과 같이 슬레이브 주소가 마스터에 의해 버스로 전송된다. 이 주소의 길이는 7비트이며 데이터 방향 비트($R/\overline{W}$)인 8번째 비트가 이어지며, 여기서 0은 마스터에서 슬레이브로의 쓰기를 나타내고 1은 슬레이브에서 마스터로의 읽기를 나타낸다. SCL 선을 제어하는 마스터는 SCL 선의 클럭 사이클 당 1 비트인 SDA 선의 비트를 전송하며 최상위 비트 제일 먼저 전송한다. SDA 선의 값은 SCL 선이 낮은

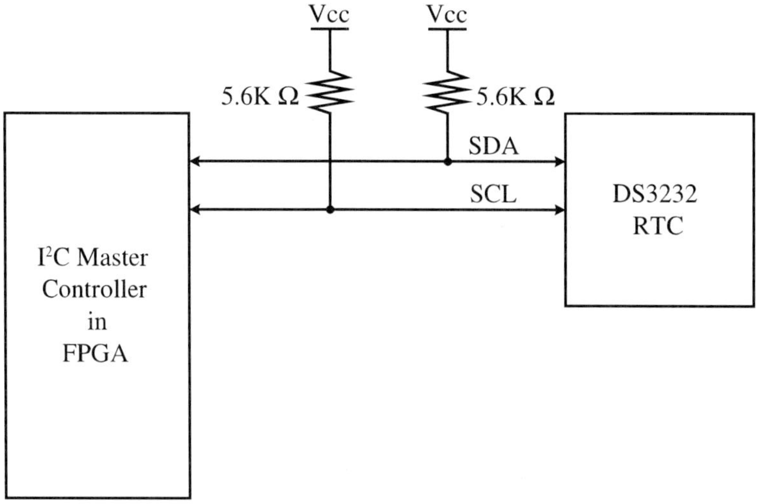

그림 9.41 FPGA에서 구현된 I²C 마스터 제어기와 슬레이브 역할을 하는 실시간 클럭 칩으로 구성된 I²C 버스 시스템.

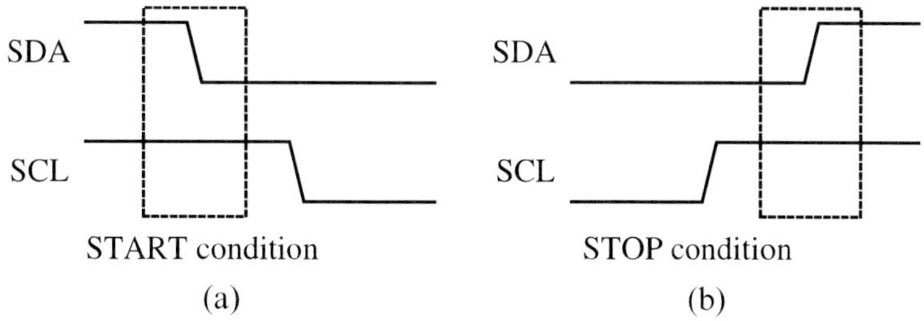

그림 9.42 I^2C 버스에서의: (a) START (b) STOP.

전압일 경우에만 변경할 수 있다.

마스터가 송신하고 있는 주소와 일치하는 슬레이브 장치는 SCL 선의 9번째 클럭 사이클 동안 SDA 선을 낮은 전압으로 하여 SDA 선의 승인(ACK) 비트로 응답한다. 방향 비트($R/\overline{W}$)는 슬레이브 어드레스의 송신 후 후속 데이터 전송에서 마스터 또는 슬레이브가 송신기가 될 것인지를 결정한다.

전송을 위해 SDA 선에 놓인 모든 바이트는 8비트 길이 이여야 하며 최상위 비트가 먼저 있어야 한다. START 및 STOP 조건을 제외하고 SCL 선이 높은 전압일 때 SDA 선을 변경해서는 안된다. 전송할 수 있는 바이트 수는 제한이 없다. 각 바이트 뒤에는 승인 비트가 와야 한다. 마스터는 승인 관련 클럭 펄스를 생성한다. 송신기는 승인 클럭 펄스 동안 SDA 선을 해제하고(고 임피던스로 설정), 수신기는 승인 클럭 펄스 동안 SDA 선을 낮은 전압으로 하여 바이트 수신을 확인해야 한다. 마스터 리시버가 전송에 관련된 경우는 예외이다. 이 경우 마스터 수신기는 슬레이브에서 마지막으로 클럭킹된 바이트에 대한 승인을 생성하지 않음으로써 데이터의 종료를 슬레이브 송신기에 알려야 한다.

데이터 전송 종료를 알리기 위해 마스터는 그림 9.42(b)과 같이 SCL 선 높은 전압에 있는 동안 SDA 선을 낮은 전압에서 높은 전압으로 끌어 올려 STOP 조건을 보낸다. 또는 마스터는 STOP 조건을 전송하는 대신 반복적인 START 조건을 전송하여 버스를 해제하지 않고도 데이터 전송 방향을 변경할 수 있다.

그림 9.44(a)는 마스터가 슬레이브에 1 바이트의 데이터를 쓰는(즉, 마스터는 송신기, 슬레이브는 수신기) 시나리오를 보여준다. 마스터는 먼저 START 조건에 이어서 7비트 슬레이브 주소와 쓰기(0) 비트를 더하여 데이터 전송을 시작한다. 슬레이브로부터 승인을 받은 후, 마스터는 레지스터 번호를 전송하여 슬레이브에 다음 데이터를 기록할 레지스터를 알려준다. 슬레이브는 승인으로 응답하

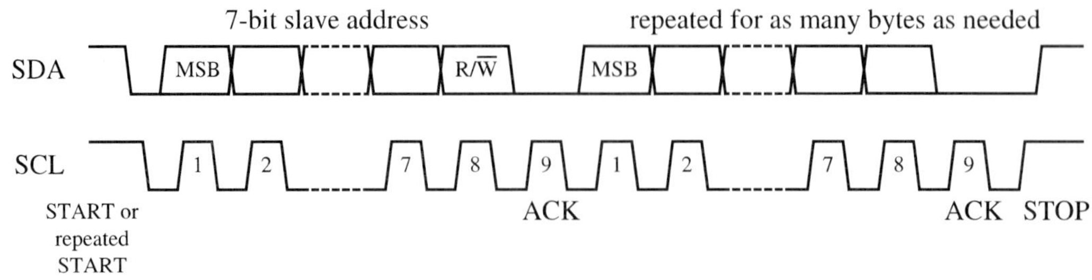

그림 9.43 I^2C 버스에서 마스터와 슬레이브 사이에 통신을 위한 타이밍 다이어그램.

고 마스터는 데이터 바이트를 슬레이브로 보낸다. 슬레이브가 데이터 바이트의 수신을 승인하면 마스터는 STOP 조건을 보낸다.

그림 9.44(b)는 마스터가 슬레이브로부터 1 바이트의 데이터를 읽는(즉, 마스터는 수신기, 슬레이브는 송신기). 시나리오를 보여준다. 마스터는 START 조건에 이어서 7비트 슬레이브 주소와 쓰기(0) 비트를 더하여 데이터 전송을 시작한다. 마스터는 바이트를 받기를 원하지만 먼저 마스터가 읽고자 하는 레지스터를 슬레이브에 알리기 위해 레지스터 주소 바이트를 보내야 한다. 슬레이브로부터 승인을 받은 후, 마스터는 레지스터 번호를 슬레이브로 보내고 슬레이브는 승인으로 다시 응답한다. 이번에는 마스터가 데이터 방향을 쓰기에서 읽기로 변경해야 하므로 반복되는 START 조건을 수행해야 한다. 반복되는 START에 이어 슬레이브 주소가 다시 나오지만, 이번에는 읽기(1) 비트가 대신 사용된다. 슬레이브는 데이터 레지스터를 승인한 다음 주소 지정된 레지스터에서 마스터로 데이터 바이트를 보낸다. 이번에는 마스터가 수신자이므로 마스터는 데이터 바이트의 수신을 승인해야 한다. 마스터가 슬레이브로부터 더 많은 데이터 바이트를 수신하려면 이를 승인하기 위해 0을 보낸다. 마스터가 더 이상 바이트를 수신하지 않으려면 SDA를 높은 전압으로 유지하여 승인하지 않을 것이다. 마지막으로 마스터는 STOP 조건을 보낸다.

마스터-송신기 및 마스터-수신기 시나리오를 요약하면, 두 경우 모두, 마스터는 먼저 7비트 슬레이브 주소와 쓰기 비트를 전송하고 이어서 액세스할 레지스터 번호를 전송한다. 마스터 전송기 시나리오에서는 마스터는 데이터 방향이 여전히 쓰기이므로 데이터 바이트를 즉시 보낼 수 있다. 마스터-수신기 시나리오의 경우, 마스터는 데이터 전송 방향을 쓰기에서 읽기로 변경하기 위해, 반복된 START를 수행하고 슬레이브 비트를 읽기 비트와 함께 다시 보내야 한다. 그 후,

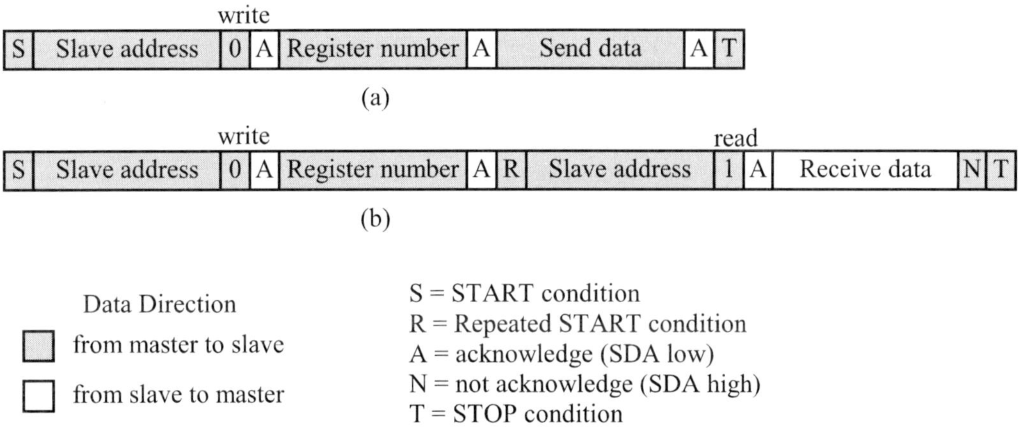

그림 9.44 (a) 마스터는 1 바이트의 데이터를 슬레이브로 전송한다. (b) 마스터는 슬레이브로부터 1 바이트의 데이터를 수신한다.

마스터는 주어진 레지스터 번호로부터 슬레이브로부터 데이터 바이트를 수신 할 수 있다.

9.9.2 제어기 설계

위에서 설명한 I^2C 프로토콜 사양에 따라, I^2C 마스터 제어기의 상태도를 유도할 수 있다. 이 상태도에는 많은 상태가 필요하지만, 대부분 상태는 동일하며 동일한 형식을 따른다. 그림 9.45(a)는 상태도의 초기 부분을 나타낸다. 유휴 상태 x00에서 시작하여 FSM은 상태 x01로 이동하여 START 조건을 보낸 다음 7비트 슬레이브 주소와 쓰기 비트를 보낸다. 슬레이브 주소와 쓰기 비트는 이전에 8비트 *SlaveAddress_Write* 배열에 저장되며 두 상태 x02 및 x03에서 *SDA* 선으로 한 번에 한 비트씩 이동하게 된다. *SCL* 선은 각 비트에 대해 0과 1 사이를 전환해야 하므로 두 가지 상태가 필요하다. 이들 8비트를 전송한 후, FSM은 상태 x12에서 *SDA* 선을 고 임피던스 Z로 설정하여 상태 x13의 슬레이브로부터 승인 신호를 수신한다. 확인 신호가 유효하지 않은 경우(1), FSM은 오류 상태 xEE로 이동하여 종료되며, 그렇지 않으면 FSM은 계속 x20 상태를 유지하여 레지스터 번호를 슬레이브로 전송한다.

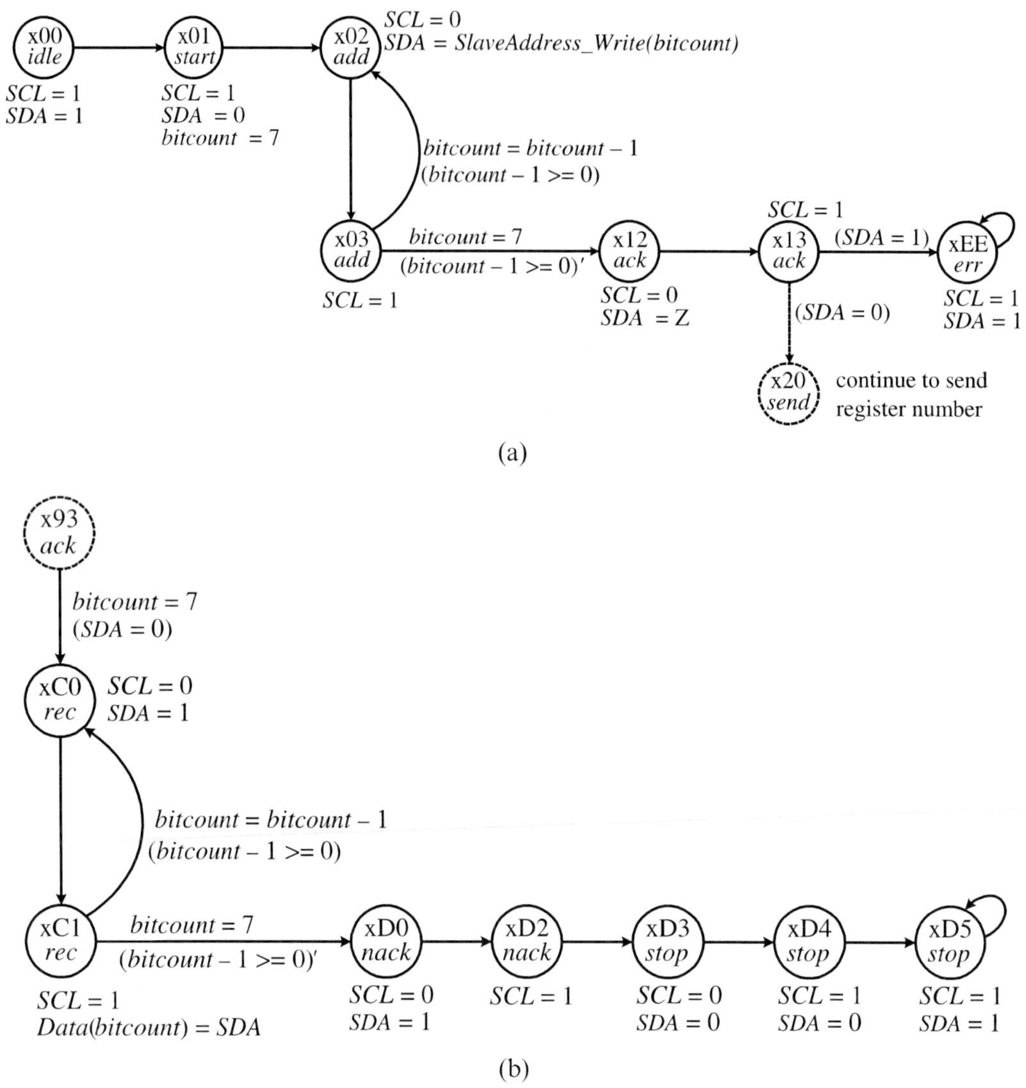

그림 9.45 I^2C 마스터 제어기에 대한 상태도의 일부: (a) 시작 조건 및 슬레이브 주소 전송 (b) 슬레이브로부터 바이트를 수신한 후 STOP 조건을 전송.

레지스터 번호를 슬레이브로 보내는 상태는 슬레이브 주소를 보내는 두 상태(x02 및 x03)와 동일하다. 유일한 차이점은 *SDA* 선에 다른 비트 값을 할당하는 것이며, 이 경우 슬레이브 주소 대신 레지스터 번호이다.

그림 9.45(b)는 슬레이브로부터 바이트를 수신한 후 STOP 조건을 전송하기 위한 상태도 일부를 나타낸다. 상태 x93에서 슬레이브로부터 승인을 수신한 후 FSM은 비트 수를 7로 설정하여 8비트 데이터 수신을 준비한다. FSM은 상태

xC0 및 xC1을 8번 순환하여 8비트의 데이터를 수신하며, 매번 *SDA* 선에서 *Data* 배열로 들어오는 데이터를 할당한다. 데이터를 수신 한 후, FSM은 상태 xDO 및 xD2에서 승인하지 않는 신호를 보낸 다음 마지막 3가지 상태에서 STOP 조건을 전송한다.

이 I²C 마스터 제어기를 설명하기 위해 FSMD 모델을 사용하여 HDL 코드를 작성할 것이다. 그림 9.46(a)와 (b)는 각각 그림 9.45의 상태도의 두 부분에 해당하는 VHDL의 코드 부분을 나타낸다. Verilog 및 VHDL에 대한 전체 소스 코드는 책 웹 사이트에서 다운로드할 수 있다.

```
output: PROCESS(CLK_200k_Hz, Go)
BEGIN
    IF(Go = '0') THEN
      -- when idle, both SDA and SCL = 1
      SCL <= '1';
      SDA01 <= '1';
      Ready <= '0';
      state <= x"00";
    ELSIF(CLK_200k_Hz'EVENT and CLK_200k_Hz = '1') THEN
      CASE state IS
      WHEN x"00" => -- Idle
        -- when idle, both SDA and SCL = 1
        SCL <= '1'; -- SCL = 1
        SDA01 <= '1'; -- SDA = 1
        Ready <= '0';
        state <= x"01";
      -- send start condition and slave address
      WHEN x"01" => -- Start
        SCL <= '1';  -- SCL stays at 1 while
        SDA01 <= '0'; -- SDA changes from 1 to 0
        Ready <= '0';
        bitcount <= 7; -- starting bit count
        state <= x"02";
      -- send 7-bit slave address followed by R/W' bit
      WHEN x"02" =>
        SCL <= '0';
        SDA01 <= SlaveAddress_Write(bitcount);
        state <= x"03";
      WHEN x"03" =>
```

그림 9.46 그림 9.45에 나타낸 두 개의 부분 상태도에 해당하는 VHDL 코드의 일부: (a) 시작 조건 및 슬레이브 주소를 전송 (b) 슬레이브로부터 바이트를 수신한 후 STOP 조건을 전송.

(다음페이지에 계속)

```
  SCL <= '1';
  IF (bitcount - 1) >= 0 THEN
    bitcount <= bitcount - 1;
    state <= x"02";
  ELSE
    bitcount <= 7;
    state <= x"12";
  END IF;
-- get acknowledgment' from slave
WHEN x"12" =>
  SCL <= '0';
  SDA01 <= '1';
  state <= x"13";
WHEN x"13" =>
  SCL <= '1';
  IF SDA = '1' THEN
    state <= x"EE"; -- acknowledge error
  ELSE
    state <= x"20"; -- send register address
  END IF;

-- send 8-bit register address to slave
WHEN x"20" =>
```

(a)

```
-- get acknowledge signal from slave
WHEN x"93" =>
  SCL <= '1';
  IF SDA = '1' THEN
    state <= x"EE"; -- acknowledge error
  ELSE
    bitcount <= 7;
    state <= x"C0"; -- go to receive data byte
  END IF;
-- receive byte from RTC slave
WHEN x"C0" =>
  SCL <= '0';
  SDA01 <= '1';
  state <= x"C1";
WHEN x"C1" =>
  SCL <= '1';
  Data(bitcount) <= SDA; -- MSB of data read in
  IF (bitcount - 1) >= 0 THEN
    bitcount <= bitcount - 1;
    state <= x"C0";
  ELSE
```

그림 9.46 그림 9.45에 나타낸 두 개의 부분 상태도에 해당하는 VHDL 코드의 일부: (a) 시작 조건 및 슬레이브 주소를 전송 (b) 슬레이브로부터 바이트를 수신한 후 STOP 조건을 전송.

(다음페이지에 계속)

```
        bitcount <= 7;
        state <= x"D0";
      END IF;
    WHEN x"D0" =>
      SCL <= '0';
      SDA01 <= '1'; -- send a not acknowledge' (1) signal
      state <= x"D2";
      DataOut <= Data;
    -- send a not acknowledge' (1) signal
    WHEN x"D2" =>
      SCL <= '1';
      state <= x"D3";
    -- send stop condition
    -- SDA goes from 0 to 1 while SCL is 1
    WHEN x"D3" =>
      SCL <= '0';
      -- SDA starts at 0 to prepare for the 0 to 1 transition
      SDA01 <= '0';
      state <= x"D4";
    WHEN x"D4" =>
      SCL <= '1';  -- SCL goes to 1
      SDA01 <= '0'; -- SDA starts from 0
      state <= x"D5";
    WHEN x"D5" =>
      SCL <= '1';  -- SCL stays at 1 while
      SDA01 <= '1'; -- SDA goes to 1
      Ready <= '1';
      state <= x"D5";
```

(b)

그림 9.46 그림 9.45에 나타낸 두 개의 부분 상태도에 해당하는 VHDL 코드의 일부: (a) 시작 조건 및 슬레이브 주소를 전송 (b) 슬레이브로부터 바이트를 수신한 후 STOP 조건을 전송.
(다음페이지에 계속)

SDA 신호에 값을 할당하려면 특별한 주의가 필요하다. 코드 목록에서 *SDA* 신호에 대한 모든 할당에 대해 대신 *SDA01*이라는 신호를 사용한다는 것을 알았을 것이다. I²C 버스의 *SDA* 선은 양방향이므로 입력과 출력을 모두 수행할 수 있다는 것을 기억하자. 또한 I²C 버스의 *SDA* 선은 오픈-드레인이고 5.6K Ω 저항에 의해 풀업된다. 그래서 이 선에서 논리 1을 출력하려면 선을 고 임피던스로 설정해야 한다. 고 임피던스를 얻으려면 3-상태 출력을 사용하고 *Z* 값을 할당해야 한다. 내부 *SDA01* 신호에서 *SDA* 신호로의 실제 변환은 다음 할당문에서 수행된다.

```
SDA <= 'Z' WHEN SDA01 = '1' ELSE '0';
```

이 문장은 내부 신호 *SDA01*이 논리 1 값을 가질 때 고 임피던스 값 *Z*를 *SDA* 신호에 할당하고, 그렇지 않으면 *SDA* 신호는 논리값 0을 갖는다. 따라서, 논리값 0 또는 1을 *SDA* 신호에 할당하기 위해, 코드는 대신 값 0 또는 1을 내부 신호 *SDA01*에 할당하고, 차례로 *SDA* 신호를 각각 0 또는 *Z*로 설정한다.

I^2C 버스 프로토콜은 표준 모드의 최대 클럭 속도가 100 kHz임을 지정한다. 따라서 *SCL* 신호에 이 주파수가 있는지 확인해야 한다. *SCL* 신호는 두 상태 사이를 오가면서 FSM 프로세스에서 생성는데, 첫 번째 상태는 *SCL*을 0으로 설정하고 두 번째 상태는 이를 1로 설정한다. 따라서 모든 *SCL* 사이클에 대해 FSM은 두 개의 상태를 거쳐야 한다. 따라서 *SCL* 신호에 대해 100 kHz 속도를 얻으려면 FSM 클럭 속도가 2배 빠르게 또는 20 0kHz로 실행되어야 한다. 주 클럭 속도가 50 MHz인 경우, 50 MHz 클럭을 0~250(즉, 50,000,000 / 200,000)까지 셀 수 있는 클럭 분할기가 필요할 것이다. 200 kHz 클럭에 대해 50% 듀티 사이클을 얻으려면 클럭 신호 CLK_200k_Hz는 125 카운트(즉, 250/2)마다 토글된다.

9.9.3 구현

이제 실시간 클럭 슬레이브와 통신할 수 있는 I^2C 마스터 제어기가 있으므로 우리는 여전히 실시간 클럭 칩에서 시간을 설정하고 7-세그먼트 LED 디스플레이에 시간을 표시할 수 있는 사용자 인터페이스가 필요하다. 최상위 인터페이스는 그림 9.47에 나타내었다.

사용자 인터페이스 FSM은 (1) 실시간 클럭 칩에서 날짜와 시간 정보를 읽기 위해 I^2C 제어기에 명령을 반복적으로 전송하는 두 가지 기능을 가지고 있다. 그러면 날짜 및 시간 정보가 6개의 7-세그먼트 LED 디스플레이에 표시되며, (2) 스위치와 푸시 버튼을 통해 사용자 입력을 기다린다. 스위치 또는 푸시 버튼이 어써트되면, FSM은 4개의 제어 신호 선 *Go*, *Read_WriteN*, *DataOut*[7..0] 및 A*ddressOut*[7..0]을 통해 적절한 명령을 I^2C 제어기로 전송하여 실시간 클럭 칩에 해당 날짜 및 시간 레지스터를 설정한다. *DataIn* 및 Ready 입력 신호는 실시간 클럭 칩에서 날짜 및 시간 정보를 읽는 데 사용된다. 4개의 출력 신호 *Hour_Month*, *Minute_Day*, *Second_Year* 및 T*emperature_Day*는 날짜 및 시간 정보를 표시하기 위해 적절한 값을 BCD에서 7-세그먼트 복호기로 출력한다. 사용자 입력은 날짜 또는 시간을 표시할 지 여부를 선택하는 *Date_TimeN* 스위치, 12 시간 또는 24 시간 형식으로 시간을 표시할 지 여부를 선택하는 *Hour12_24N*

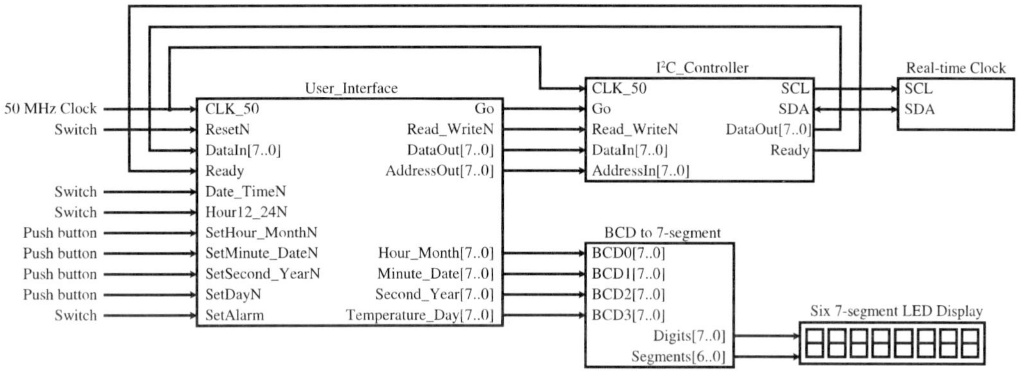

그림 9.47 실시간 클럭에 대한 최상 위 블록 다이어그램.

스위치, 날짜 및 시간 정보를 설정할 *SetHour_MonthN*, *SetMinute_DateN*, *SetSecond_YearN*, *SetDayN* 및 *SetAlarm* 푸시 버튼 및 스위치로 구성된다.

9.10 연습문제

9.1 3자리 7-세그먼트 LED 디스플레이 제어기에 대해 서로 다른 클럭 속도를 시험해보고 그 효과를 확인하라.

9.2 8비트 부호없는 2진수를 등가 10진수로 변환하는 HDL 프로그램 작성하고 3자리 7-세그먼트 LED 디스플레이에 10진수를 표시하라.

9.3 그림 9.9(a)에 나타낸 합산 입력 숫자 문제를 해결하기 위해 잘못된 상태도에 대해 제어기 회로를 구현하여 Enter 누름 버튼이 작동하지 않는지 확인하라.

9.4 그림 9.9(b)에 나타낸 합산 입력 숫자 문제를 해결하기 위해 잘못된 상태도에 대해 제어기 회로를 구현하여 Enter 누름 버튼이 작동하지 않는지 확인하라.

9.5 그림 9.10에 나타낸 합산 입력 숫자 문제를 해결하기 위해 올바른 상태도에 대해 제어기 회로를 구현하여 Enter 누름 버튼이 작동하는지 확인하라.

9.6 키패드에서 숫자 키를 누르면 해당 숫자가 7-세그먼트 LED 디스플레이에 표시되도록 3×4 키패드 제어기를 3자리 7-세그먼트 LED 디스플레이 제어기와 결합하는 마이크로제어기를 설계 및 구현하라.

9.7 최대 3자리의 10진수를 입력하고 7-세그먼트 LED 디스플레이에 표시할 수 있

도록 3×4 키패드 제어기를 3자리 7-세그먼트 LED 디스플레이 제어기와 결합하는 마이크로제어기를 설계 및 구현하라. 키패드의 # 키를 Enter 키로 사용하라.

9.8 사용자가 자물쇠를 열려면 올바른 3자리 코드를 입력해야 하는 조합 잠금 장치를 설계하고 구현하라. 입력에는 3X4 키패드를 사용하라. 올바른 코드는 427이다. LED를 사용하여 잠금 상태를 표시하라. 잠금 장치가 열리면 LED가 켜지고 잠금 장치가 닫히면 꺼진다.

9.9 출입문 경보 차단 제어기를 설계하고 구현하라. 온-오프 스위치는 문에 장착된다. 문이 열리면 스위치는 1 신호를 보낸다. 이제 사용자는 3×4 키패드에서 올바른 3자리 코드를 입력할 수 있는 30초가 주어진다. 30초 이내에 정확한 코드를 입력하면 알람이 비활성화되고 그렇지 않으면 알람이 울린다. LED를 사용하여 알람의 상태를 표시하고 다른 LED를 사용하여 알람의 활성화 여부를 표시하라.

9.10 PS2 마우스 제어기의 VHDL 코드를 구현하여 작동하는지 확인하라.

9.11 PS2 마우스의 제어기 회로를 수동으로 설계하라. FPGA 개발 보드에서 회로를 구현하여 올바르게 작동하는지 확인하라.

9.12 5 MHz 클럭 속도로 16×2 LCD FSM 제어기를 구동하고 디스플레이에 어떤 일이 발생하는지 확인하라. LCD가 여전히 올바르게 표시되는 LCD 제어기의 가장 빠른 클럭 속도는 얼마인가?

9.13 8비트 데이터 형식 대신 4비트 데이터 형식을 사용하도록 16×2 LCD FSM 제어기의 행위적 HDL 코드를 수정하라.

9.14 PS2 키보드에서 문자를 입력하고 LCD 화면에 문자를 표시하도록 마이크로제어기를 구현하라.

9.15 VGA 모니터 제어기를 구현하여 작동하는지 확인하라.

9.16 1024열×768행 해상도 VGA 모니터를 구동하도록 VGA 제어기를 수정하라.

9.17 PS2 키보드에서 문자를 입력하고 VGA 모니터에 문자를 표시하는 마이크로컨트롤러를 설계하고 구현하라.

9.18 A/D 제어기를 구현하여 작동하는지 확인하여라

9.19 실시간 클럭을 위한 I^2C 제어기를 구현하여 작동하는지 확인하라.

APPENDIX A

Xilinx 개발 사용 지침서

Xilinx ISE Design Suit 및 Xilinx FPGA(field-programmable gate array) 개발 보드는 최종 범용 마이크로프로세서 구성을 포함하여 이 책에서 나타낸 모든 회로를 구현하고 시험하는 데 필요한 모든 도구를 제공한다. ISE Design Suit 소프트웨어는 디지털 논리 회로의 설계 및 합성에 관한 완전한 통합 개발 도구 및 그래픽 사용자 인터페이스를 제공한다. FPGA 개발 보드와 함께, 이 회로들은 실제로 하드웨어로 구현 될 수 있다. 개발 보드의 주요 구성요소는 FPGA 칩이며, 이 칩은 매우 복잡한 디지털 논리 회로를 구현할 수 있다. 회로를 합성하고 FPGA 상에 다운로드 한 후, 하드웨어에서 회로의 동작을 관찰할 수 있다.

ISE Design Suit 소프트웨어의 WebPACK 판은 Xilinx 웹사이트 http://www.xilinx.com/products/design-tools/ise-design-suit/ise-webpack.htm에서 무료로 다운로드 받을 수 있다. 또한, 등록하고 Xilinx 라이선싱 지원 웹사이트에서 무료 라이선스(license)를 받을 수 있다.

이 실습은 Windows 환경에 익숙하고, ISE Design Suit 소프트웨어가 이미 컴퓨터에 설치되어 있다고 가정한다. 이 실습의 나머지 부분은 2-입력 AND 게이트 회로의 도식(schematic)과 HDL 입력에 대한 단계별 설명을 제공할 것이다.

A.1 ISE 시작

ISE 소프트웨어를 성공적으로 설치한 후, **Xilinix Design Tools** > **ISE Design Tools** 폴더에서 Window의 **Start** 버튼 아래에 **Project Navigator** 라는 이름의 프로그램에 링크가 있어야 한다. 프로그램을 시작하려면 이 링크를 클릭하여라. 그림 A.1과 같은 초기 **ISE Project Navigator** 창이 표시된다.

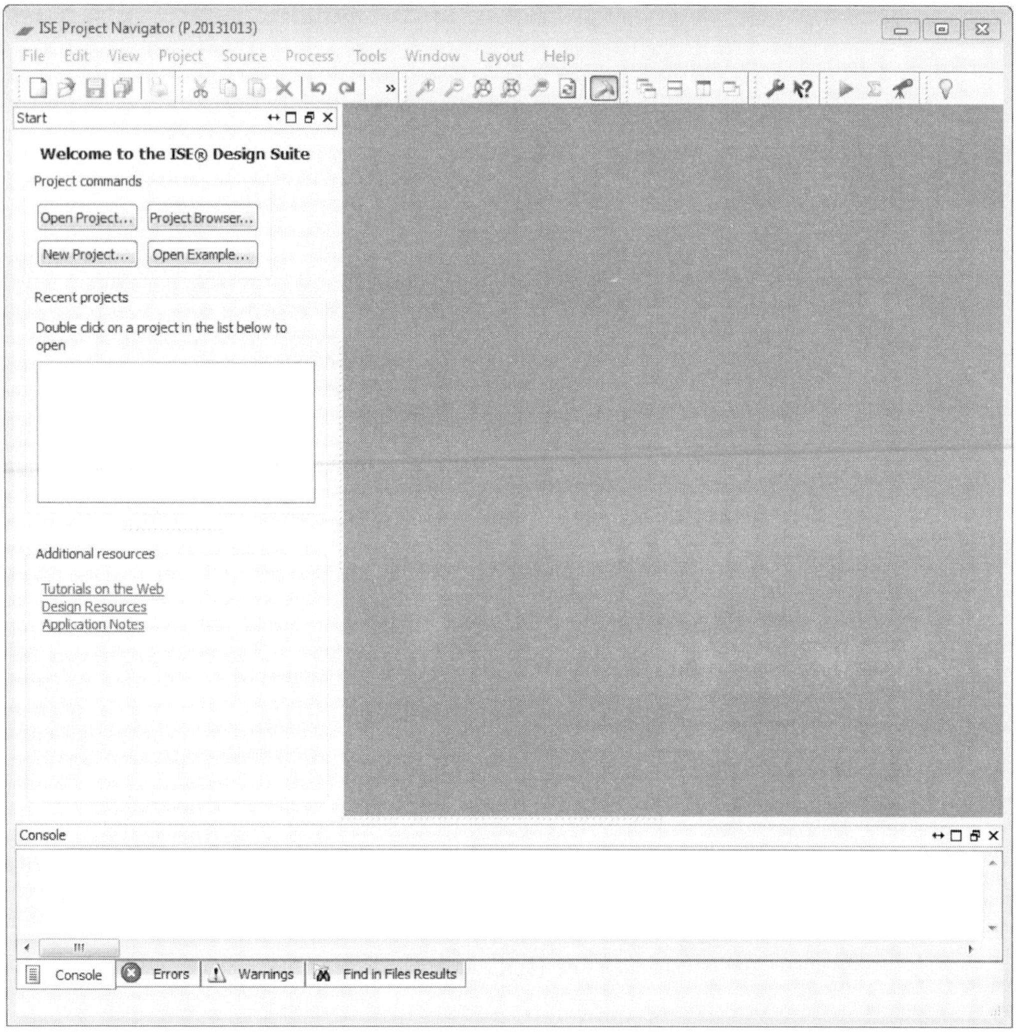

그림 A.1 Xilinx ISE Project Navigator 초기 화면.

A.1.1 새 프로젝트 생성

ISE에서 각 회로 설계는 프로젝트(project)라고 불린다. 프로그램은 각 프로젝트에 대해 많은 연관된 작업 파일을 생성하기 때문에, 각 프로젝트는 자신의 폴더 안에 위치해야 한다. 프로젝트 파일을 저장할 새로운 프로젝트와 새 폴더를 생성하기 위해 다음 단계를 수행한다.

ISE 메뉴에서 File > New Project를 선택하거나, New Project 버튼을 클릭한다. 그림 A.2와 같은 초기 NEW Project Wizard: Create New Project 창이 표시된다.

프로젝트 이름을 입력한다.

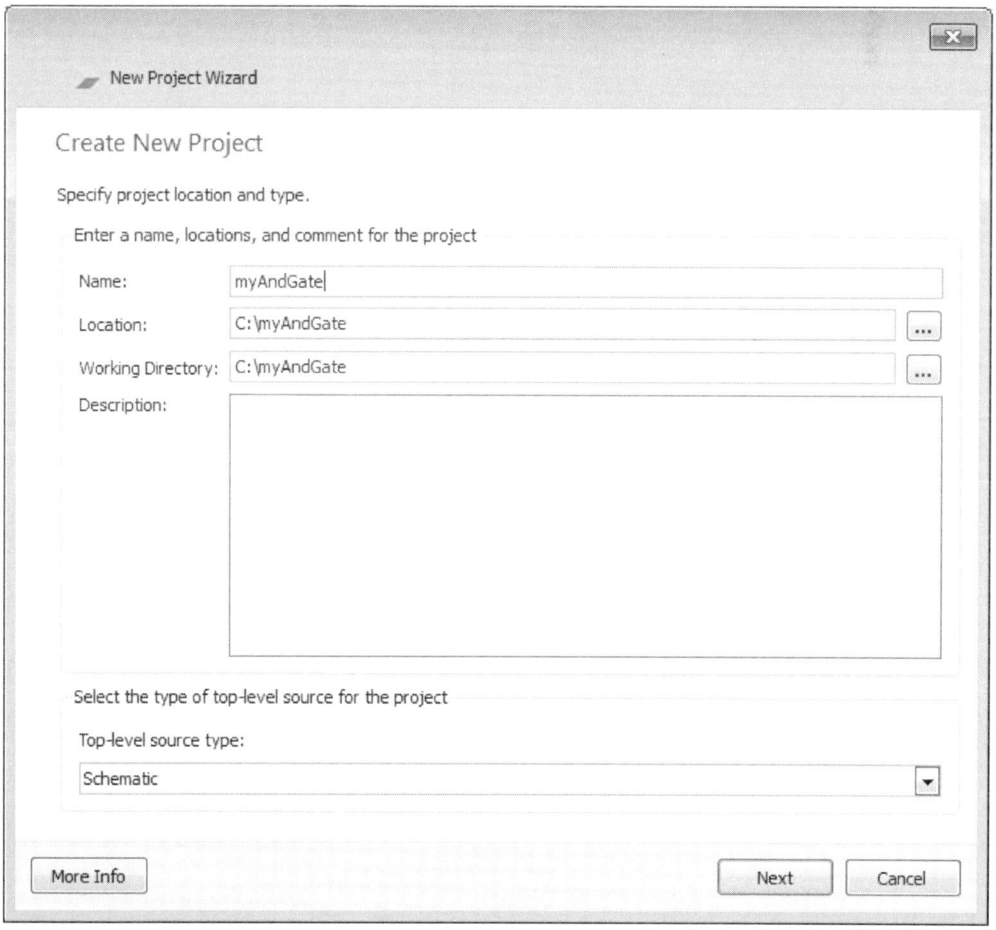

그림 A.2 새 프로젝트 마법사(Wizard): 프로젝트 이름, 위치, 작업 디렉터리 및 최상위 수준 소스 형식을 기입하여 새 프로젝트 창을 생성한다.

- 이 실습의 경우, 프로젝트 이름 myAndGate를 입력한다.

프로젝트를 저장할 디렉터리 위치를 입력한다. 옆에 [...] 아이콘을 클릭하여 디렉터리를 탐색 할 수도 있다. 디렉터리가 존재하지 않는다면 ISE는 디렉터리를 생성한다.

- 이 실습의 경우, C:\myAndGate를 입력하여 C 드라이브 루트에 myAndGate라는 이름의 폴더를 생성한다.

일반적으로, 프로젝트의 위치를 작업 디렉터리와 같게 된다.

프로젝트는 많은 소스 파일을 포함하고, 도식 혹은 HDL 형식으로 작성될 수 있다. 프로젝트의 최상위-수준(top-level) 파일에 소스 형식을 규정한다.

- 이 실습의 경우, Schematic을 최상위-수준 소스 형식으로 선택한다.

A.1.2 FPGA 지정

새 창을 계속하기 위해서 **Next**를 클릭한다. 다음 **Next Project Wizard: Project Settings** 창에서 회로를 구현할 정확한 대상 FPGA 디바이스를 선택해야 한다. 개발 보드가 **Evaluation Development Board** 드롭-다운(drop-down) 목록에 열거된다면, 그 것을 선택하면, FPGA에 대해 나머지 필요한 정보가 자동적으로 채워지고 비활성화 된다. 그림 A.3에서 **Spartan-3E Starter Board**가 선택되고, 보드에 있는 FPGA의 **Family, Device, Package,** 및 **Speed**가 자동적으로 채워진다.

개발 보드가 **Evaluation Development Board** 드롭-다운 목록에 열거되지 않는다면, 먼저 개발 보드에 사용된 FPGA 칩의 디바이스(device), 패키지(package), 및 스피드(speed)를 찾아야 한다.

사진에서 FPGA의 패밀리(family)는 Spartan3E이며, FPGA 칩의 디바이스는 XC3S500E, 패키지는 FG320, 스피드는 −4이다. 이것이 Spartan-3E 개발 보드에 사용된 FPGA 칩이다. FPGA 칩에 대한 정보를 구한 후, 그림 A.4에 나타낸 것처럼 정보를 채운다.

- **Evaluation Development Board** 드롭-다운 목록에서 **None Specified**를 선택한다.
- **Family** 드롭-다운 목록에서 **Spartan-3E** 혹은 FPGA 칩과 일치하는 것을

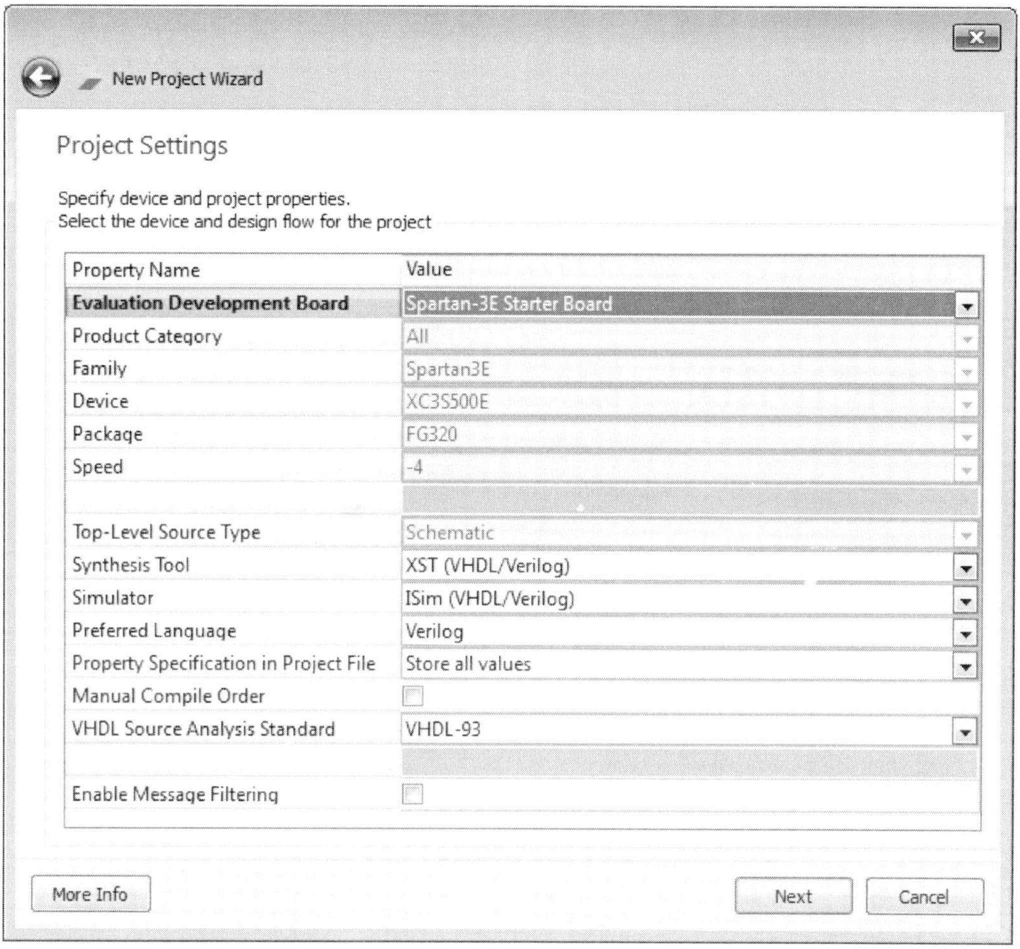

그림 A.3 새 프로젝트 마법사: Spartan-3E Starter Board가 선택된 프로젝트 설정 창.

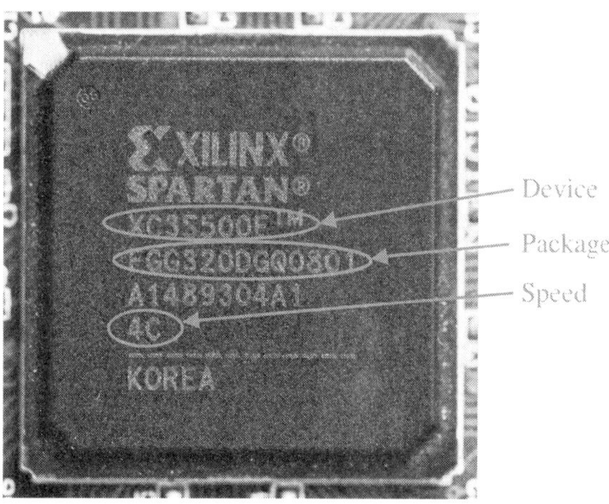

선택한다.

- Device 드롭-다운 목록에서 디바이스 XC3S500E 혹은 FPGA 칩과 일치하는 것을 선택한다.
- Package 드롭-다운 목록에서 디바이스 FG320 혹은 FPGA 칩과 일치하는 것을 선택한다.
- Speed 드롭-다운 목록에서 속도 –4 혹은 FPGA 칩과 일치하는 것을 선택한다.

나머지 기본 선택들은 변경하지 말라.

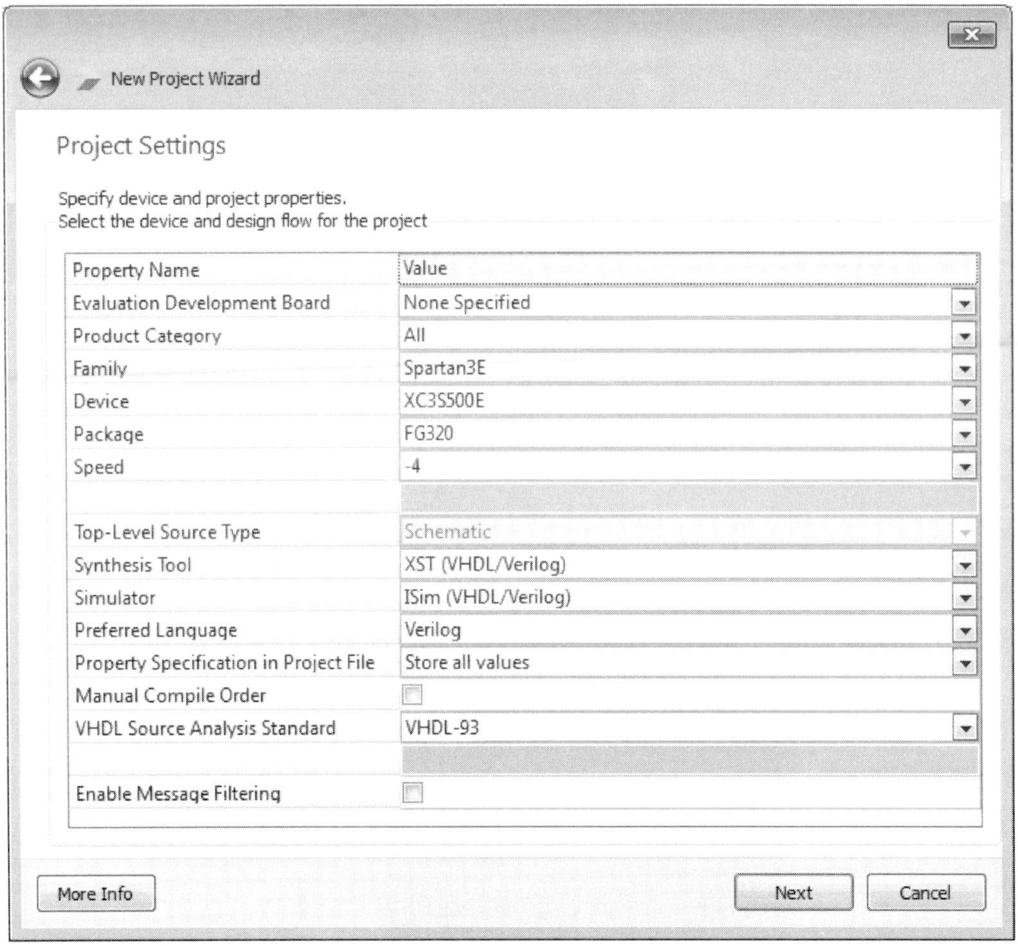

그림 A.4 새 프로젝트 마법사: Spartan–3E 패밀리, XC3S500E 디바이스, FG320 패키지, 및 -4 스피드가 선택된 프로젝트 설정 창.

새 창을 계속하기 위해서 Next를 클릭한다. 마지막 창은 선택한 내용의 요약이다. 정보를 검토하고, 새 프로젝트를 생성하기 위해 Finish를 클릭한다.

그림 A.5에 나타낸 것처럼 ISE Project Navigator 창이 나타난다. 이 창은 세 개의 부분을 포함하고 있다. 좌측 부분은 프로젝트에서 수행할 다양한 동작과 프로젝트의 파일들을 나타낸다.

이 부분의 최 하단에 여러 개의 탭(tab)을 주목하자. 선택한 탭에 따라 다이 부분의 최 하단에 여러 개의 탭(tab)을 주목하자. 선택한 탭에 따라 다양한 동작이 실행된다. 주 탭은 Design 탭이며 전체적인 프로젝트 파일을 보여준다. 이 부분의 최상단에서 Implementation 혹은 Simulation 중의 하나를 선택할 수 있다. Implementation을 선택하면 FPGA 상에 프로젝트를 구현하는 데 필요한 동작이 실행되는 것을 볼 수 있다.

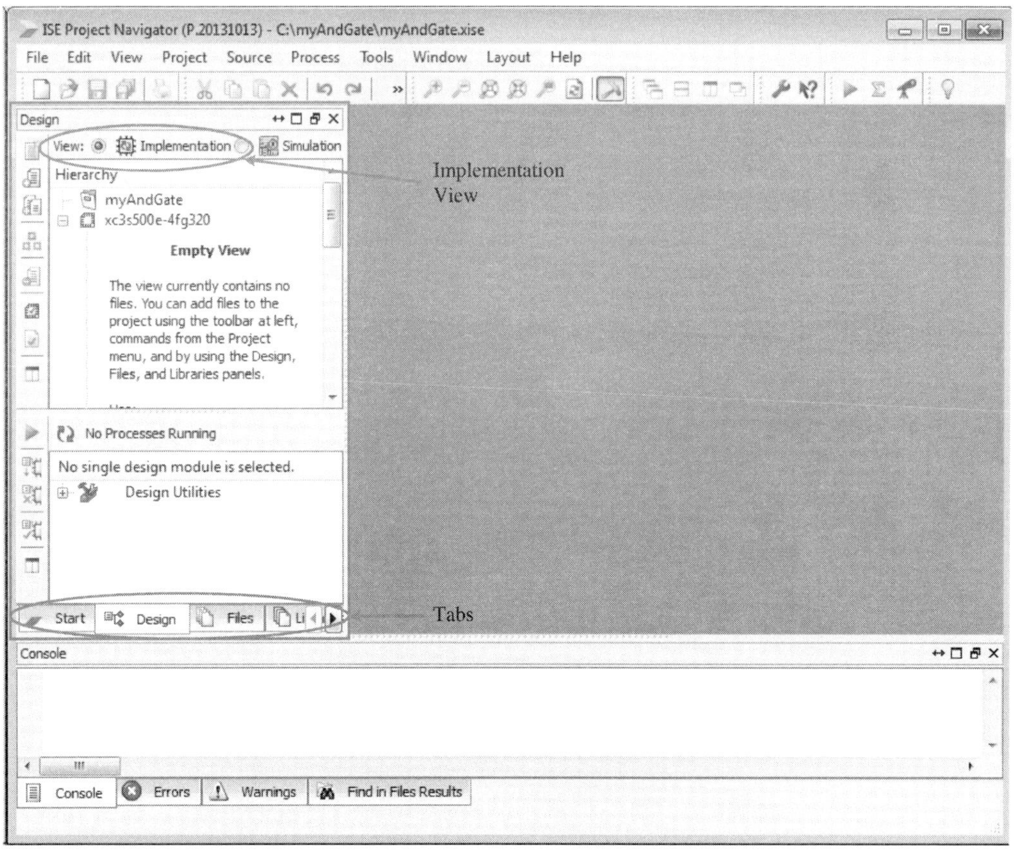

그림 A.5 주 ISE 프로젝트 내비게이터 창.

A.2 새로운 도식 소스 파일의 생성

새 프로젝트를 생성하면, 프로젝트에 새로운 도식 소스 파일(schematic source file)을 추가할 준비가 되었다. 도식 편집기(schematic editor)에서 수작업으로 도식 회로도를 그릴 수 있다.

새 도식 소스 파일을 생성하는 단계는 다음과 같으며, 그림 A.6에 나타내었다.

1. ISE Project Navigator 메뉴에서 Project > New Source를 선택하거나 New Source 툴바(toolbar) 버튼 을 클릭한다.
2. 그림 A.6에 나타낸 New Source Wizard 창에서 소스 형식으로 Schematic을 선택한다.
3. 이 파일의 경우, 파일 이름 `myAndGate`을 기입한다.

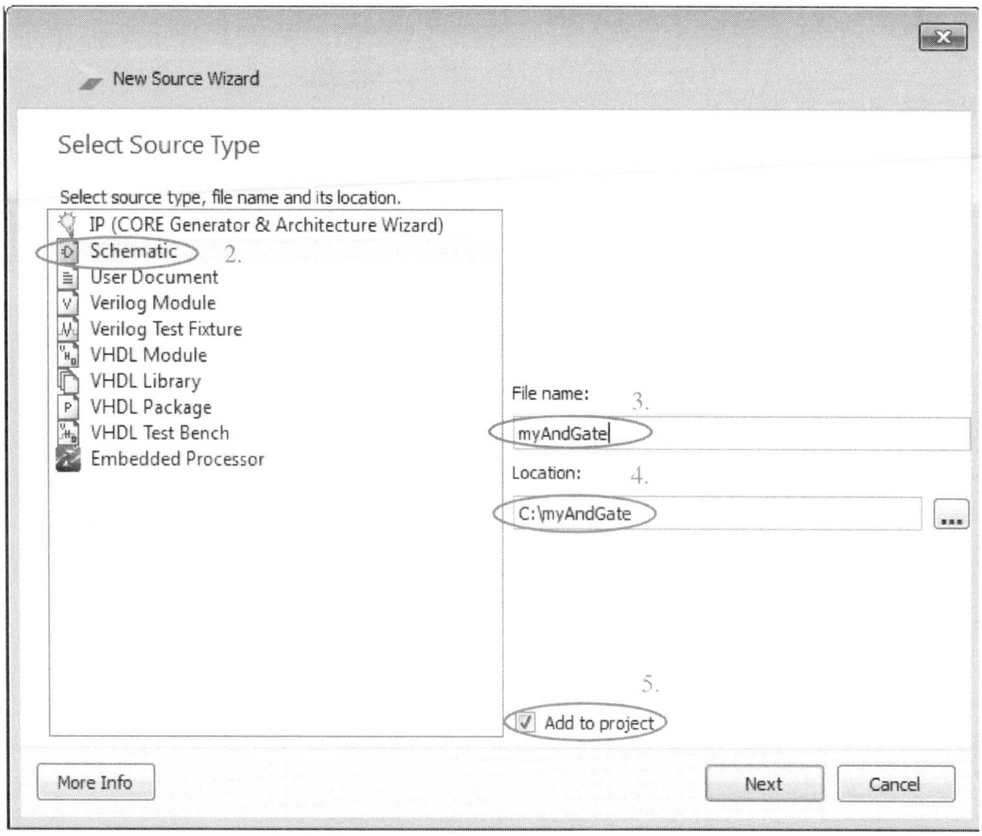

그림 A.6 새 도식 소스 파일 생성.

4. Location이 프로젝트의 위치인지 확인한다.
5. Add to project 옵션(option)이 체크(check)되었는지 확인한다.
6. Next를 클릭한다.

Summary 창의 정보를 확인하고 Finish를 클릭한다.

A.2.1 도식 회로 그리기

그림 A.7에 나타낸 것과 유사한 Schematic Editor 창이 있다. 도식 편집기(Schematic Editor) 창에서 임의의 도식 회로도를 그릴 수 있다. 그림에서 Symbol 탭이 선택되면 라이브러리(library)에서 사용 가능한 모든 심볼 목록이 나열된다.

그림 도구(Drawing Tools)

그림 A.7에서, Schematic Editor에서 도식 회로를 그리는 도구는 중간 부분의 툴바에 표시된다. Selection 툴은 논리 심볼이나 연결선과 같은 객체(object)를 선택하고 이동할 수 있게 한다. Add Symbol 툴은 라이브러리로부터 논리 심볼을 추가하거나 설계 파일로부터 도식 그림으로 추가할 수 있게 한다. Add Wire 툴은 논리 기호들을 연결할 수 있게 한다.

논리 심볼의 삽입(Inserting Logic Symbols)

논리 심볼을 삽입하기 위해, 툴바에서 Add Symbol 버튼  을 클릭하거나 Symbol 탭을 선택한다. 우리가 사용하는 대부분의 기본 논리 심볼들은 Logic 범주에 나열된다. 또한, Symbol Name Filter에 기호 이름의 앞 몇 자리를 기입하여 찾기 범위를 줄일 수 있다.

원하는 심볼을 찾고 선택한 후, 마우스를 도식 그림으로 이동한다. 마우스는 기호의 윤곽과 함께 십자선으로 변할 것이다. 도식 그림의 점을 클릭하여 도식에 심볼을 배치한다. 도식 그림에서 연속적으로 클릭하여 동일한 기호를 여 개 추가할 수 있다. 기호 추가를 끝내려면 ESC 키를 누른다.

이 실습의 경우, 다음 기호를 도식 그림에 삽입한다.

- logic 범주에서 2-입력 AND 게이트(and2)를 찾는다.

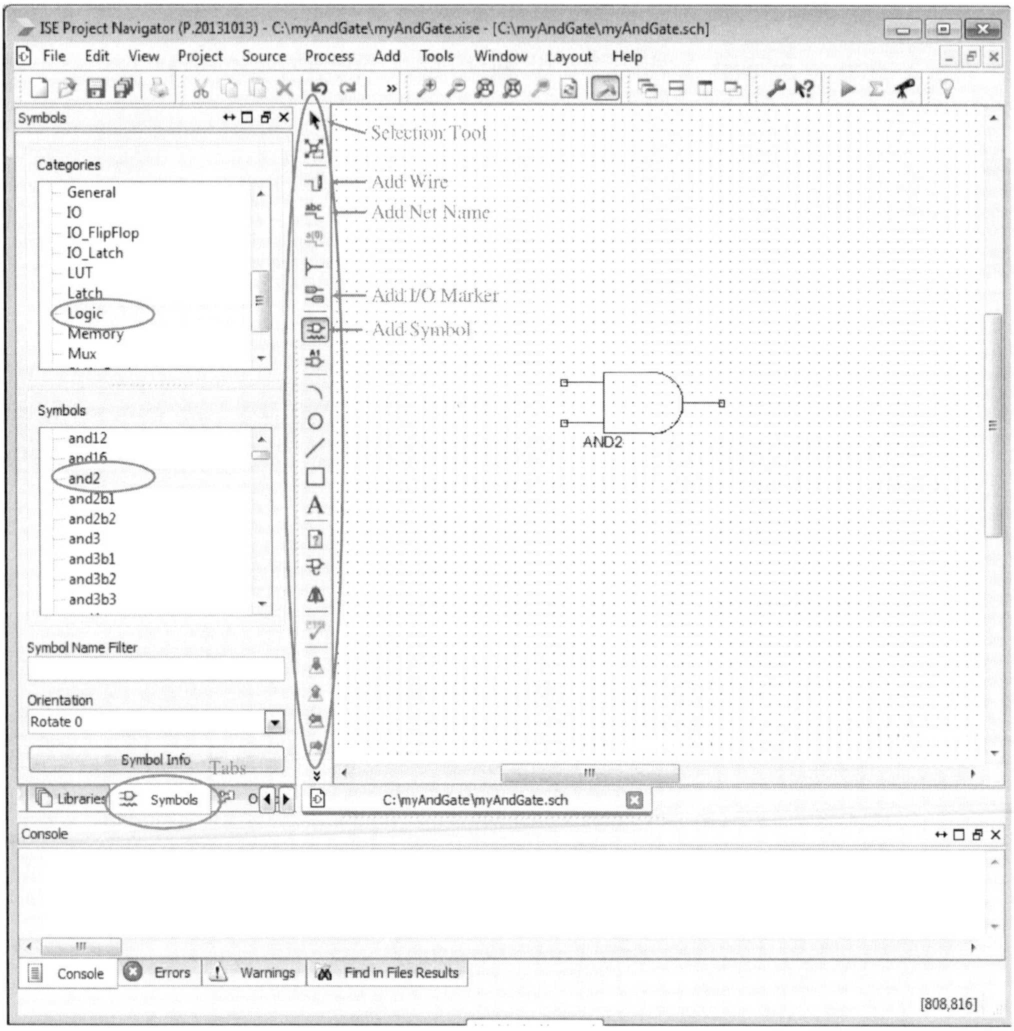

그림 A.7 선택된 기호 탭과 도식 툴바가 표시된 새 도식 편집기 창.

그림 A.7의 AND 게이트 기호에 첨부된 각 선의 끝단에 작은 사각형 연결점을 주목하자. 이 연결점을 클릭하여 다른 심볼과 선을 연결하게 된다.

입/출력 표시기의 삽입(Inserting I/O Markers)

회로의 모든 입/출력 신호는 첨부된 입/출력 표시기가 있어야 한다. 툴바에서 Add I/O Marker 버튼을 클릭한다. 지금 AND 게이트에서 세 개의 작은 사각형 연결점을 클릭한다. 다음과 같이 입/출력 표시기가 자동적으로 연결점에 첨부될 것이다.

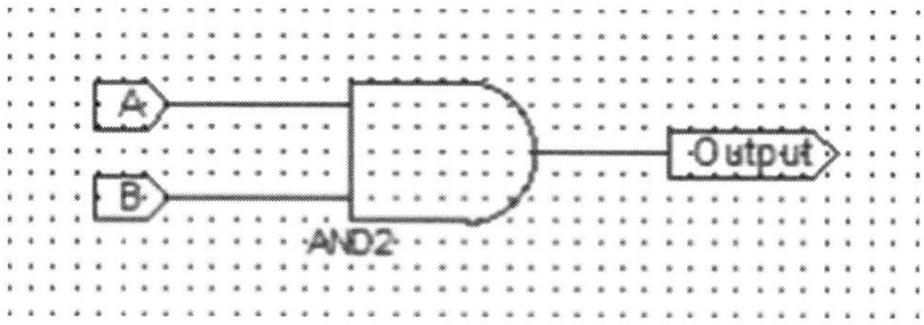

표시기 위에 우측 클릭을 하고 Rename Port를 선택하여 입/출력 표시기의 명칭을 변경할 수 있다. 이 실습의 경우, 다음 동작을 수행한다.

- 두 입력 연결기 A와 B로 명칭을 변경한다.
- 출력 연결기를 Output으로 명칭을 변경한다.

A.2.2 도식 심볼의 생성 및 사용

일반적으로 복잡한 회로는 계층적 형태로 설계한다. 계층적 형태로 설계하기 위해서, 먼저 하위-수준 회로에 대해 도식 심볼을 생성하고, 해당 심볼은 다음 수준 회로에서 사용한다. 도식 심볼은 회로의 상세 내용이 숨겨진 블랙박스(black box)와 같다. 회로에 대한 입력 및 출력 신호만 나타낸다. 도식 심볼의 입력 및 출력 신호는 회로에 연결된 입력 및 출력 신호 표시기에서 직접적으로 구해진다.

회로의 도식 심볼을 생성하는 단계는 다음과 같으며 그림 A.8에 나타내었다.

1. Design 패널의 View 영역에서 Implementation을 선택한다.
2. Hierarchy 영역에서 논리 심볼을 생성할 설계 모듈을 포함하는 소스 파일을 선택한다.
3. Process 영역에서 Design Utilities를 확장하고 Schematic Symbol을 더블 클릭하자. 심볼이 이미 이 회로에 대해 생성되어 있다면, Create Schematic Symbol에 우측 클릭을 하고 팝업 메뉴에서 ReRun을 선택한다. 존재하는 심볼 파일에 중복 기재가 불가능하다는 오류 메시지가 나오면, 먼저 ISE 주 메뉴 Process > Process Properties에서 이 특성을 선택하여 턴 온(turn on)시키고 Overwrite Existing Symbol 특성을 검사한다.

심볼이 성공적으로 생성된 후, 초록색 검사 표시는 Create Schematic Symbol 아이템 옆에 나타날 것이다.

심볼에 대한 상세 회로를 보기 위해서, 심볼에 우측 클릭을 하고 팝업 메뉴

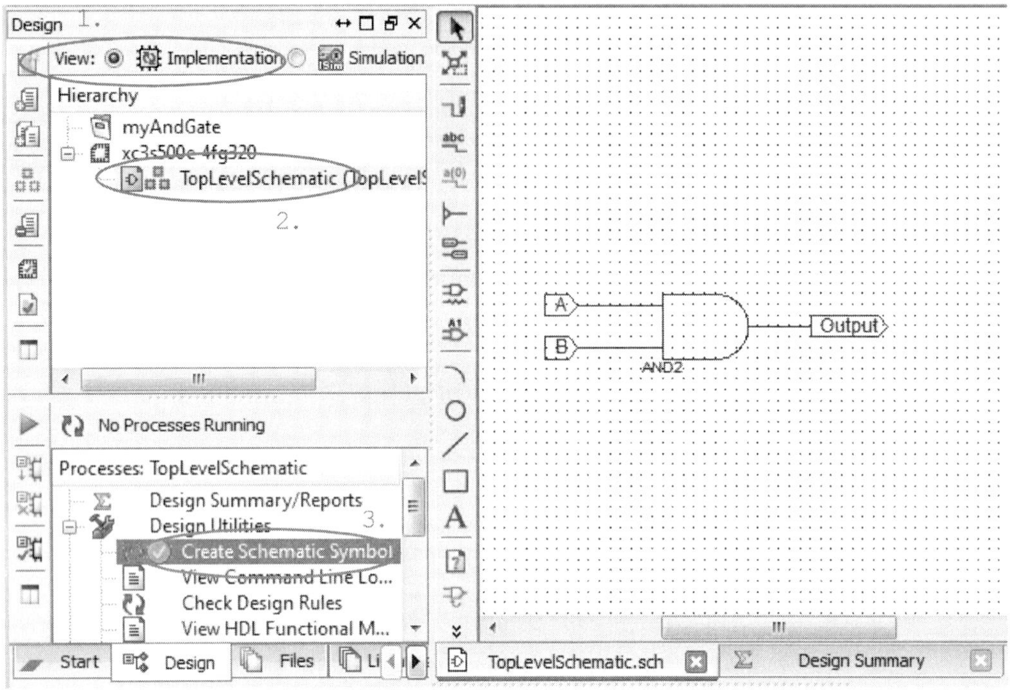

그림 A.8 소스 파일로부터 도식 심볼을 생성하는 단계.

에서 Symbol > Push into Symbol을 선택한다.

현재 프로젝트에서 회로에 대해 생성한 도식 심볼을 사용하는 단계는 라이브러리에서 심볼을 사용하는 것과 정확히 동일하다. 유일한 차이점은 우리가 만든 심볼을 선택한다는 것이다. 생성한 심볼은 그림 A.9에 나타낸 것처럼 심볼 영역에서 분리된 범주에 나열될 것이다.

이 실습의 경우, 다른 새 도식 소스 파일을 생성하고 TOP이라고 이름을 짓는다. 우리는 이것을 보다 상위-수준 도식 소스 파일에서 사용할 것이다.

myAndGate 도식 심볼을 도식 그림에 삽입한다. 세 개의 입력 및 출력 신호에 I/O 표시기를 추가한다. 그림 A.9에 나타낸 것처럼, 세 개의 I/O 표시기에 `InputA`, `InputB`, 및 `Output`으로 이름을 변경한다.

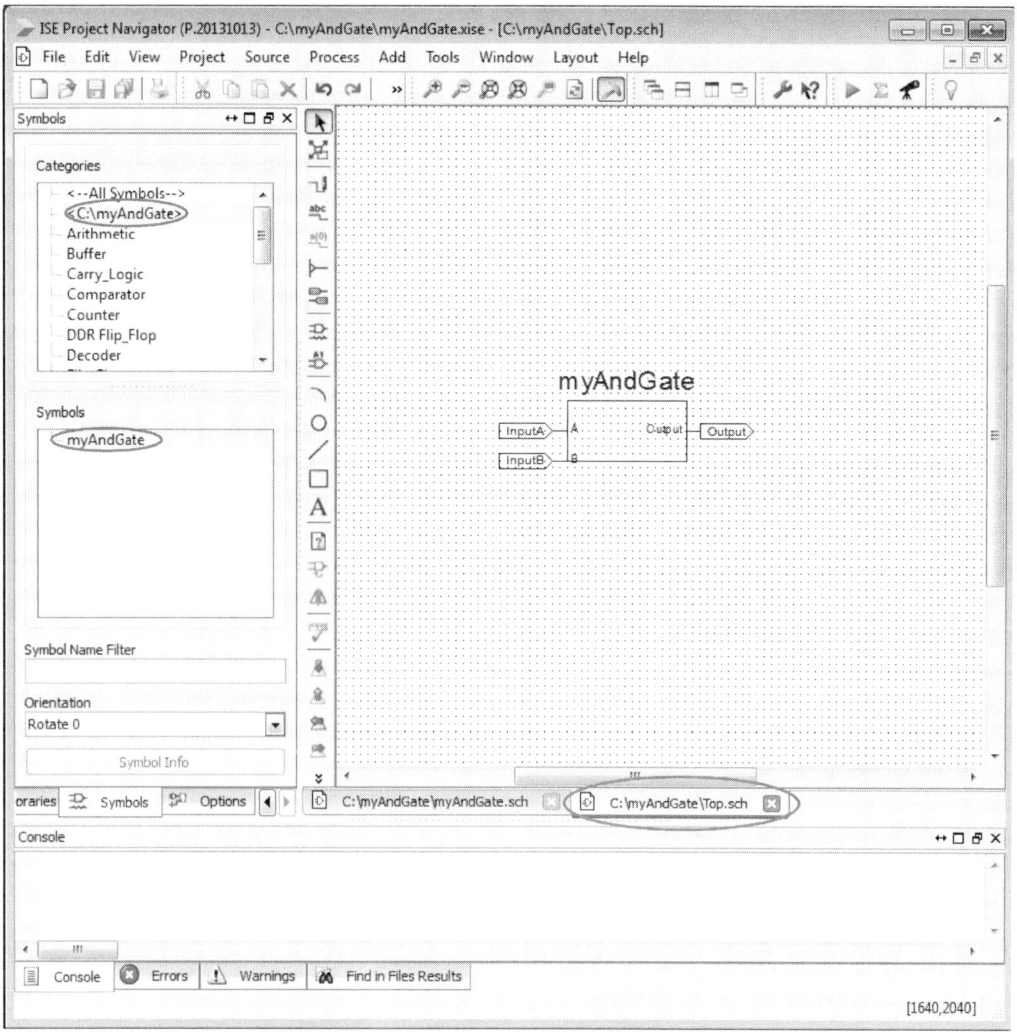

그림 A.9 myAndGate 도식 심볼을 다른 도식 그림으로 선택 및 배치.

A.2.3 도식 심볼의 편집

심볼위에 우측 클릭을 하고 팝업 메뉴에서 Symbol > Edit Symbol을 선택하면 도식 심볼을 편집할 수 있다. 심볼 편집기는 그림 A.10에 나타내었다.

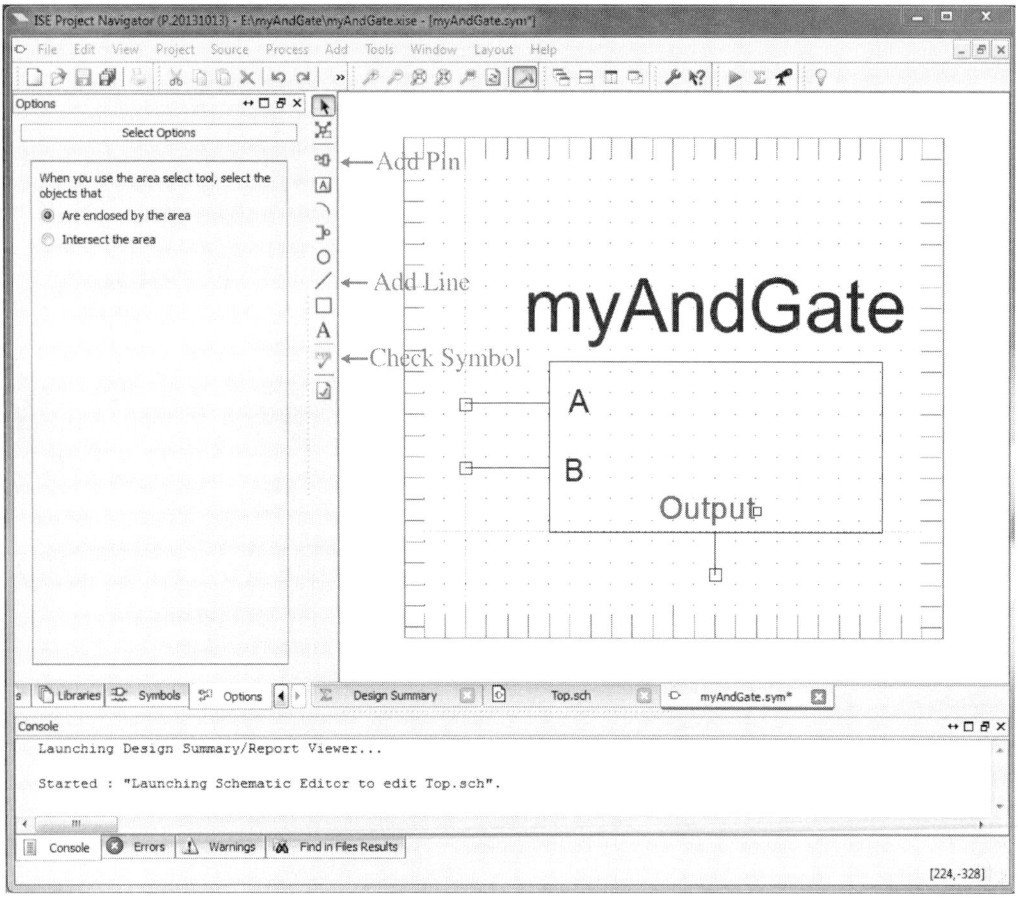

그림 A.10 myAndGate 심볼을 나타내는 심볼 편집기.

심볼 편집기에서, 새로운 연결 핀을 추가하기 위해 Add Pin 툴바 버튼을 클릭한다. Options 영역에 나타나는 Add Pin Options에서 핀 이름과 방향의 극성을 설정한다. 버스 이름의 경우, data(0:7)과 같은 형식을 사용한다. 핀을 배치하

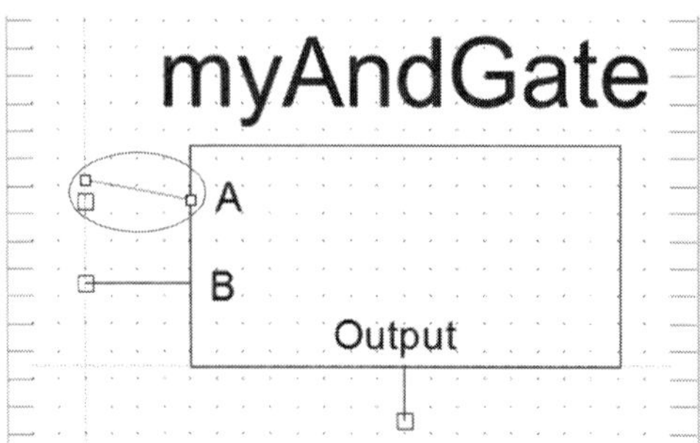

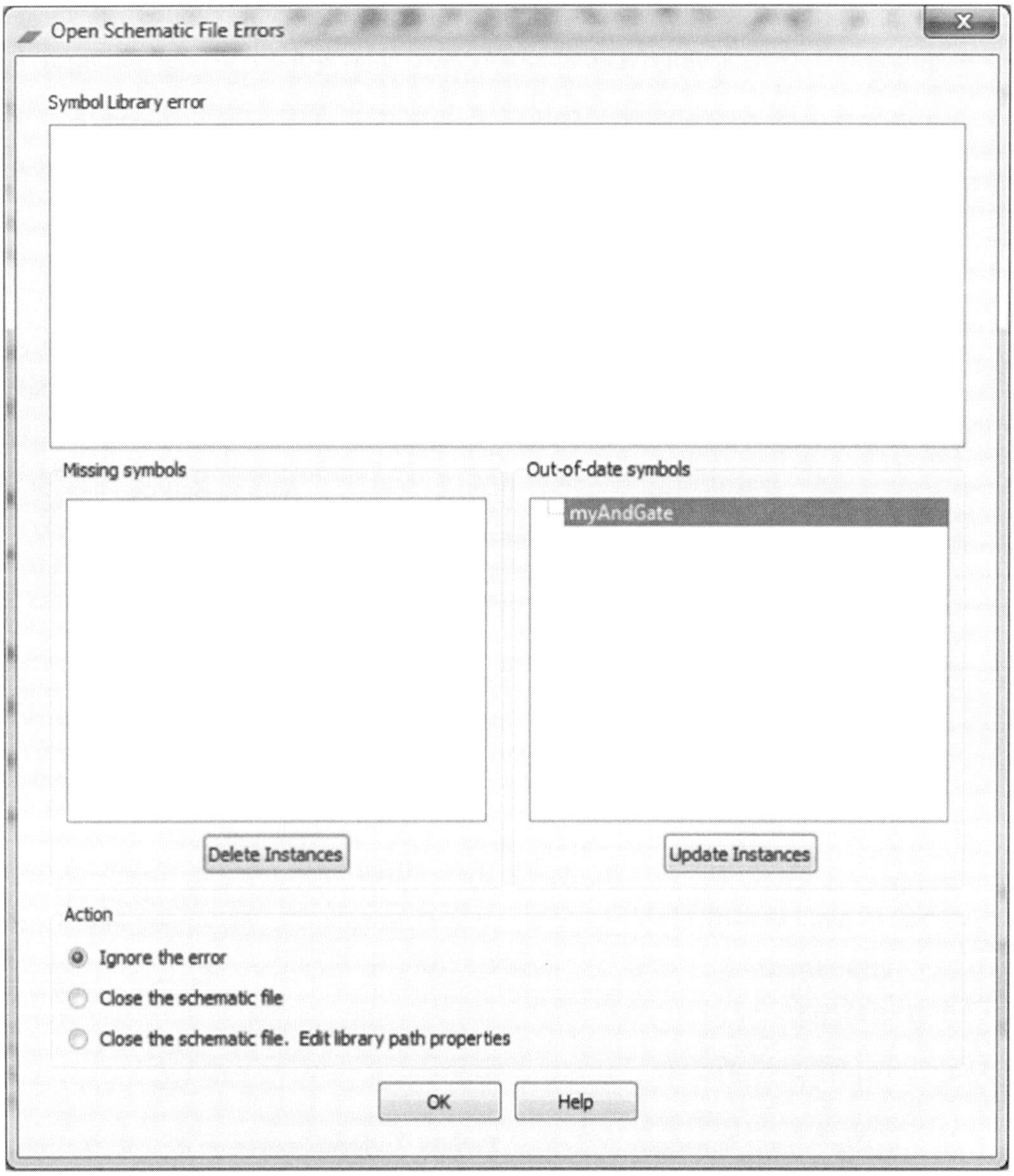

기 위해 심볼 창을 클릭한다.

사각형 연결 핀으로부터 심볼 개요에 연결선을 그리기 위해 Add Line 툴바 버튼을 클릭한다. 선은 수평이거나 수직이어야 한다. 오류가 없음을 확인하기 위해 Check Symbol 툴바 버튼을 클릭한다. 연결선이 수평 혹은 수직이 아니거나 다음에 나타낸 것처럼 사각형의 중심에서 끝나지 않으면 오류 메시지가 나온다.

심볼에 약간의 변형을 한 후, 심볼을 사용할 상위-수준 도식 그림에서 갱신해야 한다. 그렇지 않으면, 프로젝트를 합성할 때 심볼이 유효기간이 지났다(out of date)는 오류 메시지가 나온다. 상위-수준 도식 그림에서 심볼을 갱신하기 위해, 먼저 도식 그림 파일을 닫고 다시 그 파일을 연다. Open Schematic File Errors 창이 다음과 같이 나올 것이다. 유효기간이 지난 심볼을 선택하고 Update Instances 버튼을 클릭한다. 그리고 OK를 클릭하여 창을 닫는다.

A.2.4 다른 프로젝트에서 도식 심볼의 사용

다른 프로젝트에서 회로와 연관된 도식 심볼을 사용하기 위해 Project > Add Source를 선택하거나 Add File 툴바 버튼을 클릭한다. Add Source 대화 상자에서 소스 파일을 열람하고 선택한다. Open을 클릭한다. Adding Source Files 대화 상자에서 Implementation Design View를 선택한다.

A.3 새로운 Verilog 혹은 VHDL 소스 파일의 생성

일반적으로 프로젝트는 많은 설계 소스 파일을 가지고 있으며 이들은 다른 형식일 수 있다. 일부는 도식 그림일 수 있으며, 일부는 Verilog 및/혹은 VHDL 소스 파일일 수 있다. 프로젝트에 Verilog 혹은 VHDL 소스 파일을 추가하는 것은, New Source Wizard 창에서 소소 형식으로 Schematic 대신에 Verilog Module 혹은 VHDL Module을 선택하는 것을 제외하고는 새 도식 소스 파일을 추가하는 것과 유사하다.

단계는 다음과 같다.

1. ISE Project Navigator 메뉴에서 Project > New Source를 선택하거나 New Source 툴바를 클릭한다 .
2. New Source Wizard 창에서 Verilog Module 혹은 VHDL Module을 선택한다.
3. 파일 이름을 기입한다.
4. Location이 프로젝트의 위치인지 확인한다.
5. Add to project이 옵션이 체크 되었는지 확인한다.
6. Next를 클릭한다.
7. Summary 창에서 정보를 검증하고 Finish를 클릭한다.

A.4 최상위 수준 모듈 설계 파일의 설정

특별한 파일을 프로젝트에 만들기 위해 Design 부분에서 열거된 파일 이름위에 우측 클릭을 한다. 팝-업 목록에서 Set as To Module을 선택한다. 다른 방법으로, 파일을 선택하고 Set Module as Top 아이콘 을 선택한다. 이 옵션은 파일이 이미 최상위 모듈 파일로 설정되어 있으면 비활성화 된다.

A.5 I/O 신호의 매핑 (mapping)

우리는 회로를 FPGA상에 구현하고자 하므로, 회로로부터 FPGA상의 실제 핀에 모든 입/출력 신호를 할당 혹은 매핑해야 한다. 다음 명령은 입/출력 신호를 Spartan3E 개발 보드상의 Spartan XC3S500E FPGA에 매핑한다. 다른 FPGA 개발 보드를 사용한다면 정확한 핀 매핑을 위하여 특정한 개발 보드의 문서를 참조해야 한다.

A.5.1 신호 매핑을 위한 PlanAhead

회로에서 Spartan3E 칩상의 핀으로 각 입/출력 신호를 매핑하기 위해서 입/출력 Pin Planning(PlanAhead) 도구를 사용한다. PlanAhead 도구를 사용하는 단계는 다음과 같다.

1. PlanAhead 도구를 시작하기 위해, Project Navigator 메뉴에서 Tools > PlanAhead > I/O Pin Planning(PlanAhead) – Pre-Synthesis를 선택한다. 다른 방법으로, Design 패널의 Processes 영역에서 User Constraints를 확장시키고 I/O Pin Planning(PlanAhead) – Pre-Synthesis를 더블 클릭한다.
2. 처음 이 도구를 사용할 때, 그림 A.11에 나타낸 프로젝트에 Implementation Constraint File(UCF)이 추가되어야 한다는 메시지 창이 나타날 것이다. 이 파일을 생성하기 위해 Yes를 클릭한다.
3. 다른 편집기가 이미 이 프로젝트에 대해 통제(constraint)를 편집 중이라고 알려주는 그림 A.12에 나타낸 메시지 창이 나타날 수 있다. 다른 PlanAhead가 실행중이 아니라면 PlanAhead를 실행을 계속하기 위해 Yes를 클릭한다.

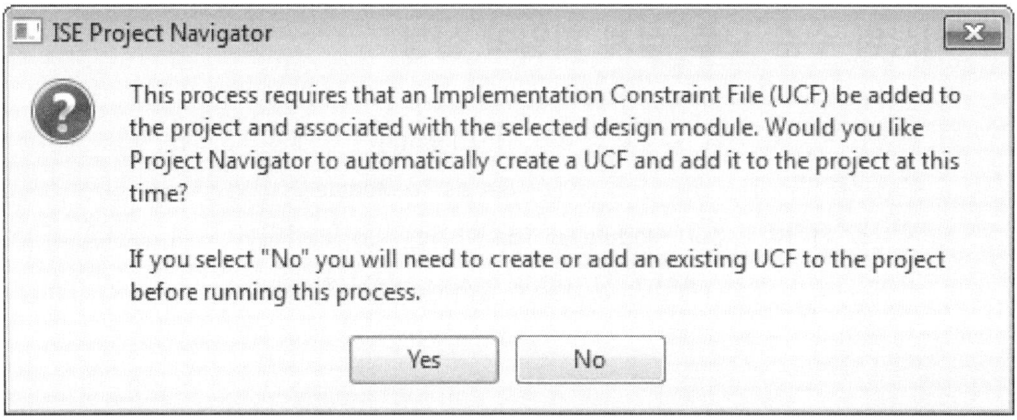

그림 A.11 프로젝트에 Implementation Constraint File이 추가 되어야 한다고 알려주는 메시지 창.

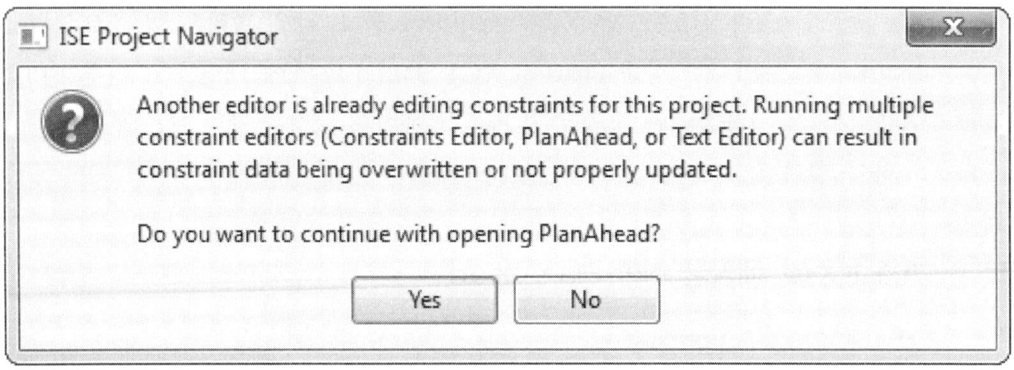

그림 A.12 다른 편집기가 이 프로젝트에 대한 통제를 편집 중이라고 알려주는 메시지 창.

4. PlanAhead 도구가 실행되면 그림 A.13과 유사한 열리면 PlanAhead 창이 나타난다.
5. 회로의 모든 유용한 입/출력 신호들은 I/O Ports 영역에 나열될 것이다. Scalar Ports를 확장하면 회로에 대한 입/출력 신호 이름이 나타난다.
6. 각 입/출력 신호 이름에 대해, FPGA에서 매핑이 가능한 모든 핀들의 팝-업 목록을 가져오기 우해 Site 열 아래에 신호 이름 옆의 셀을 한번 클릭한다. 해당 입/출력 신호를 매핑하려는 핀 숫자를 선택한다. 그림 A.13은 신호 InputA에 매핑된 핀 L14를 나타낸다.
7. 다른 방법으로, 핀을 선택하기 위해 팝-업 목록을 사용하는 대신에 L14와 같은 핀 숫자를 기입할 수 있다.

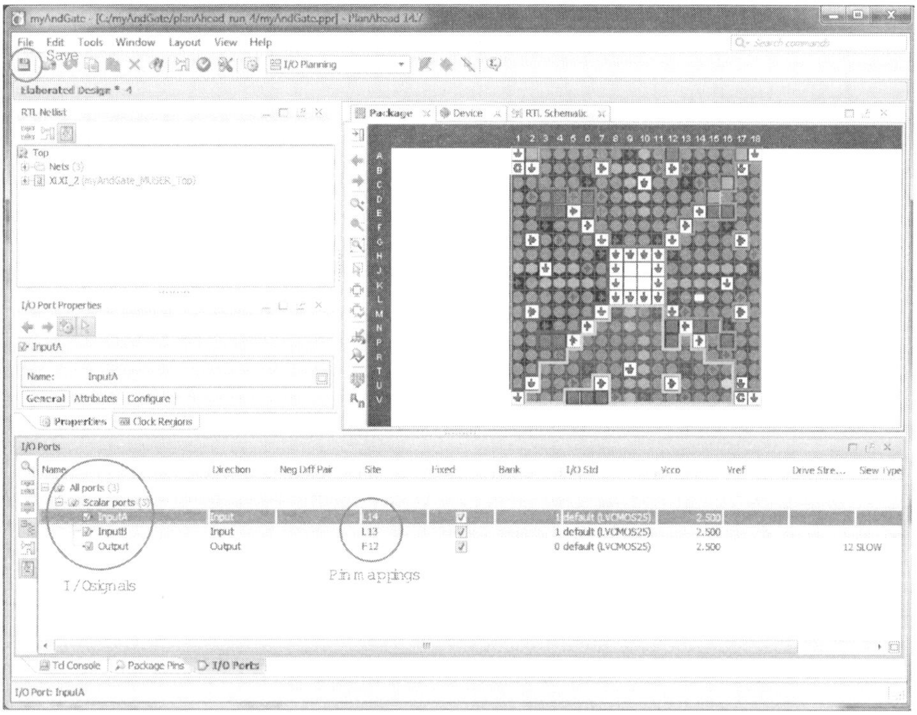

그림 A.13 Spartan 3E 개발 보드에 사용되는 핀 매핑을 나타내는 PlanAhead 도구.

8. FPGA 칩에 대하여 다음 신호 대 핀 매핑을 실행한다.

Node Name (I/O Signal)	Location (Pin)
InputA	L14
InputB	L13
Output	F12

9. Save Constraints 버튼을 클릭한 후 작업의 저장을 확인한다.

A.5.2 핀 매핑에 대한 보다 빠른 대체 방법

빠른 핀 매핑 방법은 핀 매핑 파일을 직접 편집하는 것이다. 파일의 이름은 프로젝트 디렉터리에 있는 `<project name>.ucf` 이다. Windows Notepad와 같은 임의의 문서 편집기를 사용하여 이 파일을 열고 편집한다. 각 핀 매핑을 변경하기 위해 해당 노드 이름에 대한 새로운 핀 위치를 기입한다. 예를 들어, Output 네트를 F12에서 E11로 변경한다. 파일에서 다른 선을 변경하거나 삭제하지 말라.

프로젝트의 핀 매핑의 경우, 파일에서 다음 세 개의 선을 가지고 있다.

```
NET "InputA" LOC = L13;
NET "InputB" LOC = L14;
NET "Output" LOC = F12;
```

이 파일을 저장한 후, 새로운 핀 매핑이 변경될 것이다.

A.6 합성 (synthesis) 및 구현

회로를 그리고 핀 매핑을 한 후 다음 단계는 합성하는 것이다. 이 단계에서 ISE는 회로에 대한 모든 정보를 수집하고 넷리스트(netlist)를 산출한다. 이 단계는 하드웨어에 독립적이다. 설계를 합성할 단계는 다음과 같다.

1. Design 패널의 View 영역에서 Implementation을 선택한다.
2. Hierarchy 영역에서 최상위 모듈을 선택한다.
3. Process 영역에서 Synthesize 선을 더블 클릭한다.

그림 A.14에 나타낸 것처럼 설계가 성공적으로 합성되고 난 후, 초록색 체크 표시가 Synthesize-XST 옆에 나타난다. 오류가 있다면 전 과정으로 돌아가 수정하고 다시 설계를 합성한다.

설계의 성공적인 합성 후, 다음 단계는 구현하는 것이다. 이 단계에서, ISE는 전 단계에서 생성된 넷리스트를 FPGA 칩상에 할당하고 배치할 것이다. 이 단계와 다음 단계는 하드웨에 따라 다르다. 그래서 하드웨어 핀을 다시 매핑하려면 이 단계로부터 다시 실행하여야 한다. 설계를 구현하는 단계는 다음과 같다.

4. Process 영역에서 Implement Design 선을 더블 클릭한다.

그림 A.14에 나타낸 것처럼 설계가 성공적으로 구현되고 난 후, 초록색 체크 표시가 Implement Design 선 옆에 나타난다.

한 번에 위 두 단계를 수행하는 대신에, 한 번에 수행하기 위해 Implement Top Module 버튼 ▷ 을 클릭한다.

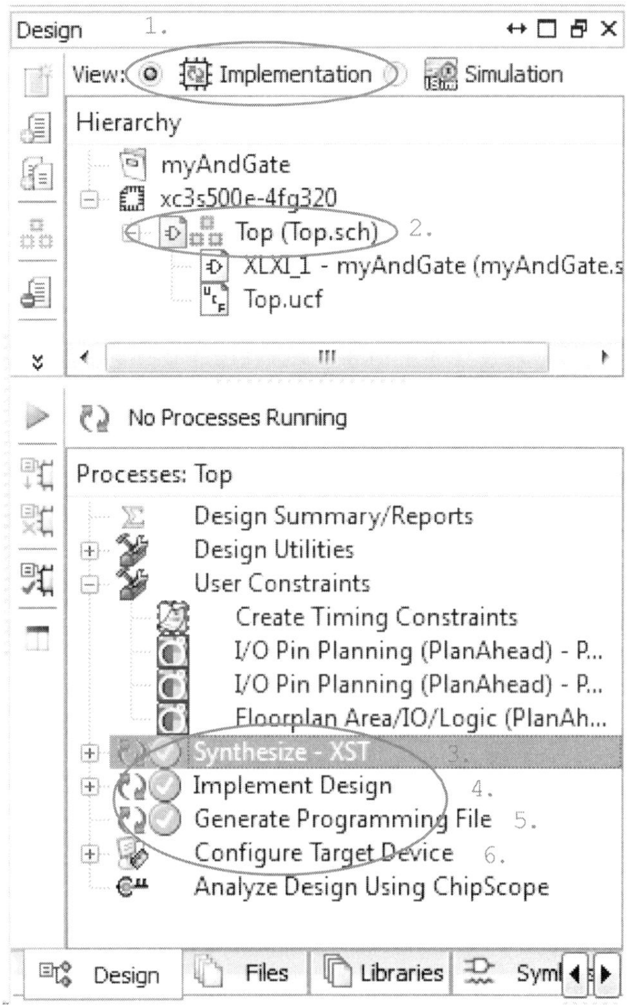

그림 A.14 회로의 성공적인 합성과 구현.

설계를 성공적으로 구현 한 후, 다음 단계는 프로그래밍 파일을 생성하는 것이다.

5. Process 영역에서 Generate Programming File 선을 더블 클릭한다.

그림 A.14에 나타낸 것처럼 프로그래밍 파일이 성공적으로 생성되고 난 후, 초록색 체크 표시가 Generate Programming File 선 옆에 나타난다.

A.7 회로를 FPGA에 프로그래밍

프로그래밍 파일이 성공적으로 생성되면, FPGA를 구성할 준비가 되었다. 단계는 다음과 같다.

1. USB 케이블을 사용하여 Xilinx Spartan-3E 보드를 컴퓨터에 연결하고 보드에 전원을 켠다.
2. Process 영역에서 Configure Target Device 선을 더블 클릭한다.
   다음과 같은 경고 메시지가 나타나면 OK를 클릭한다.

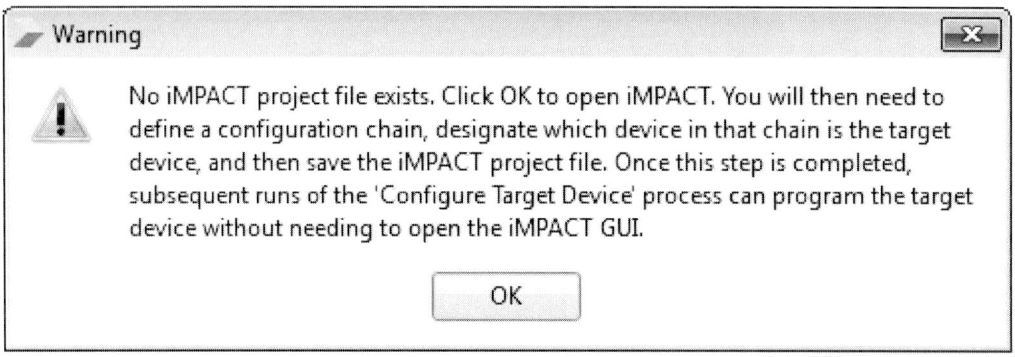

   그림 A.15에 나타낸 것과 같은 ISE iMPACT 창이 열린다.

3. iMPACT Flow 영역에서 Boundary Scan 선을 더블 클릭한다.
4. 메시지 선 Right click to Add Device or Initialize JTAG chain 위해 우측 클릭을 한다.
5. 팝-업 메뉴에서 Initialize Chain을 선택한다. 케이블을 찾을 수 없다는 경고 메시지가 나오면 보드가 USB 케이블을 사용하여 적절하게 연결되었는지 그리고 전원이 켜져 있는지를 확인한다.
6. 그림 A16에 나타낸 것과 같이 Assign New Configuration File 창이 표시된다. 파일을 선택하여 FPGA를 구성한다. 파일의 이름은 프로젝트의 이름이며 확장자 bit를 갖는다. 우리의 경우 top.bit 이다. 이 파일을 선택하고 Open을 클릭한다.
7. 다음에 나타낸 것처럼 Attach SPI or BPI PROM 창이 나타난다. No를 선택한다.
8. Spartan-3E 보드에는 세 개의 구성 디바이스가 있기 때문에, 그림 A.16에

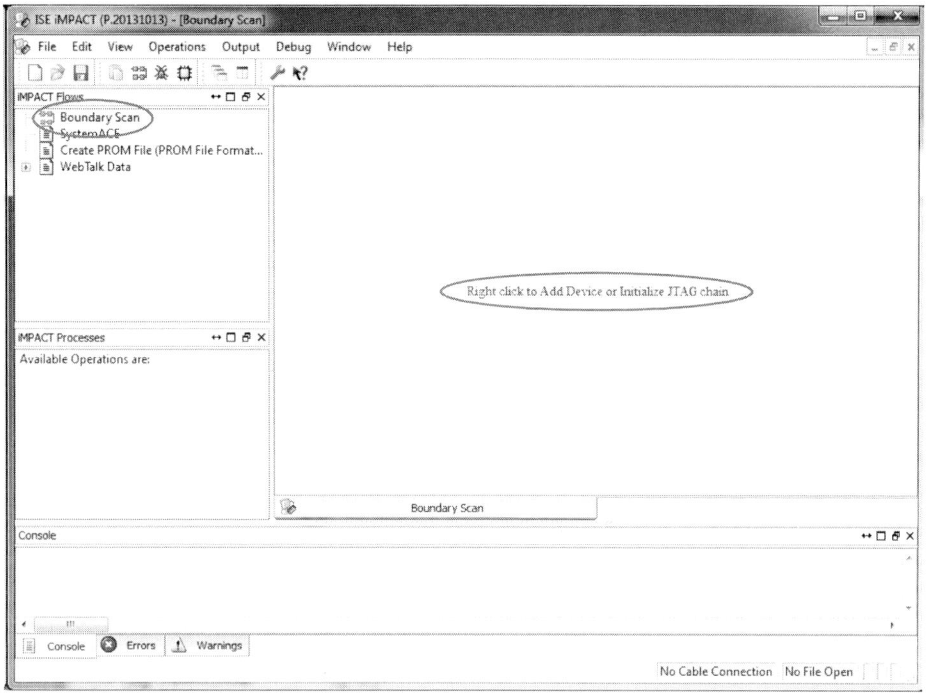

그림 A.15 ISE iMPACT 프로그래밍 창.

그림 A.16 선택된 프로그래밍 파일이 있는 Assign New Configuration File 창.

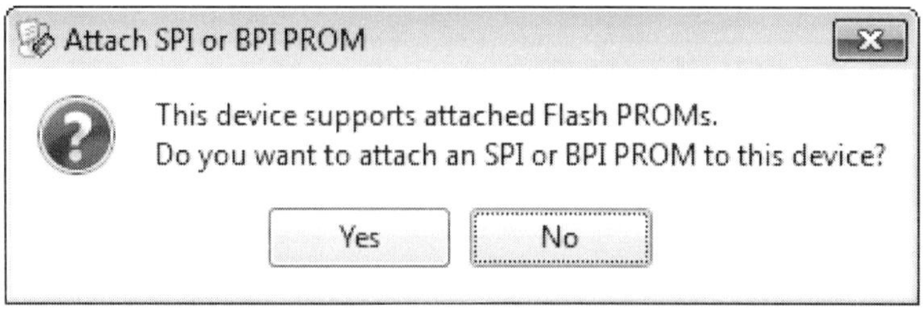

그림 1.17 Attach SPI or BPI PROM 창.

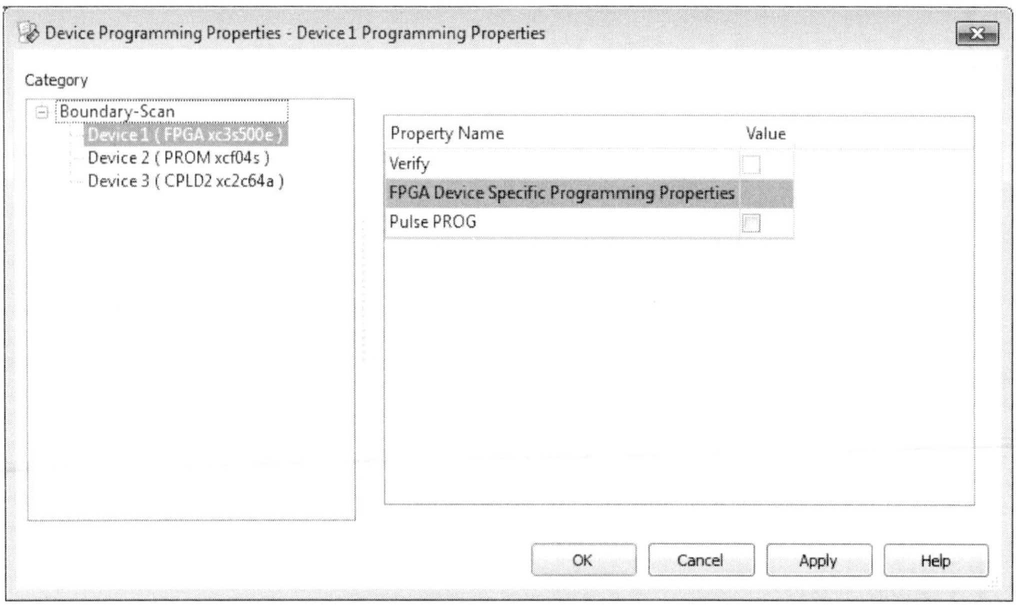

그림 A.18 선택된 첫 번째 디바이스가 있는 Device Programming Properties 창.

나타낸 것과 같은 동일한 Assign New Configuration File 창이 두 번, 세 번 나올 것이다. 이 창이 나타난 두 번째 및 세 번째 모두 Bypass pen 버튼을 클릭한다.

9. 그림 A.18에 나타낸 것과 같이, 다음 Device Programming Properties 창에서 OK를 클릭한다.
10. 파일 `top.bit`를 할당한 첫 번째 디바이스가 있는 세 개의 FPGA가 나타나는 원래의 ISE iMPACT 창으로 돌아가서, 마지막 두 개는 건너뛴다.
11. Available Operations 아래의 iMPACT Process 영역에서, Program 선을 더블 클릭한다. FPGA 칩이 성공적으로 프로그램 되면, 몇 초 후에 그림

A.19에 나타낸 것처럼 Program Succeeded 메시지가 나타날 것이다.

실험 1을 수행하여 하드웨어에서 실행되는 회로의 동작을 검증하라.

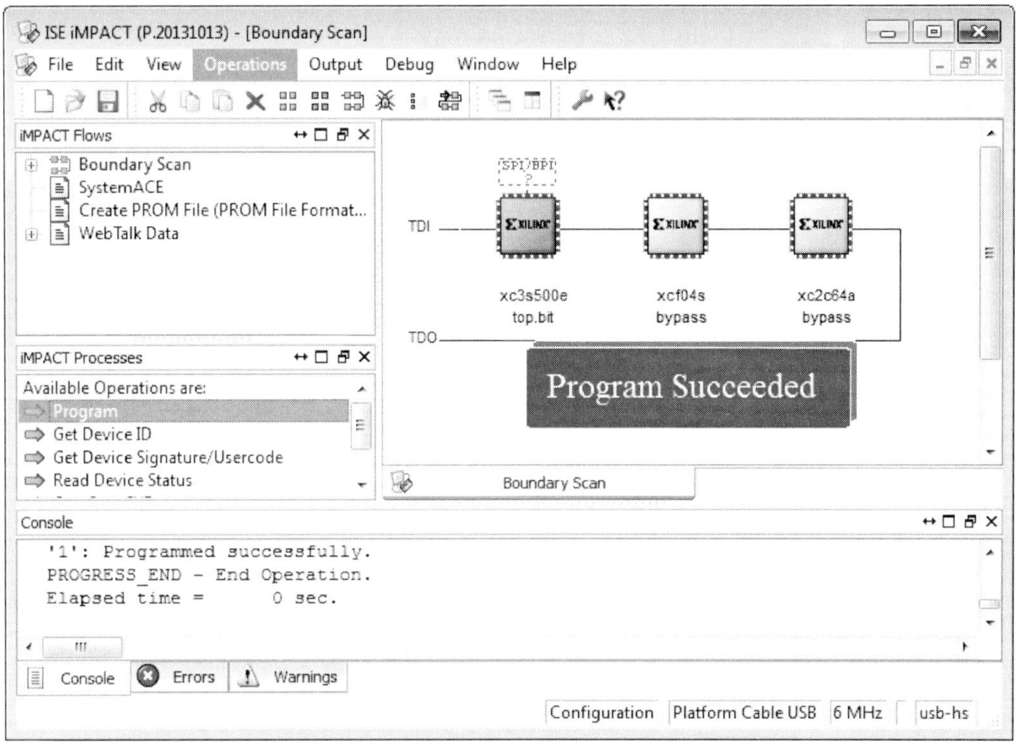

그림 A.19 칩이 회로에 성공적으로 프로그램된 것을 나타내는 프로그래머 창.

A.8 연습문제

A.1 업(up) 위치에서 스위치는 온(on)되고, 다운(down) 위치에서 스위치는 오프(off)된다. 두 개의 스위치 (SW0 및 SW1) 중 하나를 온 혹은 오프로 설정하고 LED 출력(LD0)가 온 혹은 오프인지 관찰하라. 다음 표에 관찰 결과를 작성하라. 유도한 이 표는 2-입력 AND 게이트의 진리표이다

A	B	Output
0 (off)	0 (off)	
0 (off)	1 (on)	
1 (on)	0 (off)	
1 (on)	1 (on)	

A.2 회로에서 2-입력 AND 게이트를 2-입력 OR 게이트로 대체하라. 아래 표를 작성하여 2-입력 OR 게이트에 대한 진리표를 유도하라.

A	B	Output
0	0	
0	1	
1	0	
1	1	

A.3 회로를 NOT(인버터) 게이트로 대체하라. 한 개의 입력 핀을 제거해야 한다. 아래 표를 작성하여 NOT(인버터) 게이트에 대한 진리표를 유도하라.

A	Output
0	
1	

A.4 회로를 3-입력 AND 게이트로 대체하라. 세 개의 입력 핀이 필요하게 된다. 보드의 핀 매핑을 참조하여 세 번째 스위치(SW2)를 찾아라. 아래 표를 작성하여 3-입력 AND 게이트에 대한 진리표를 유도하라.

A	B	C	Output
0	0	0	
0	0	1	
0	1	0	
0	1	1	
1	0	0	
1	0	1	
1	1	0	
1	1	1	

A.5 회로를 3-입력 OR 게이트로 대체하라. 아래 표를 작성하여 3-입력 OR 게이트에 대한 진리표를 유도하라.

A	B	C	Output
0	0	0	
0	0	1	
0	1	0	
0	1	1	
1	0	0	
1	0	1	
1	1	0	
1	1	1	

A.6 다음 회로를 그리고 구현하라. 이 회로는 멀티플렉서 혹은 간단히 MUX로 알려져 있다. 이 회로에 대한 진리표를 유도하라. 가능한 짧게 이 회로의 동작을 설명하라. 입력 중의 하나인 문자 s는 무엇을 의미한다고 생각하는가?

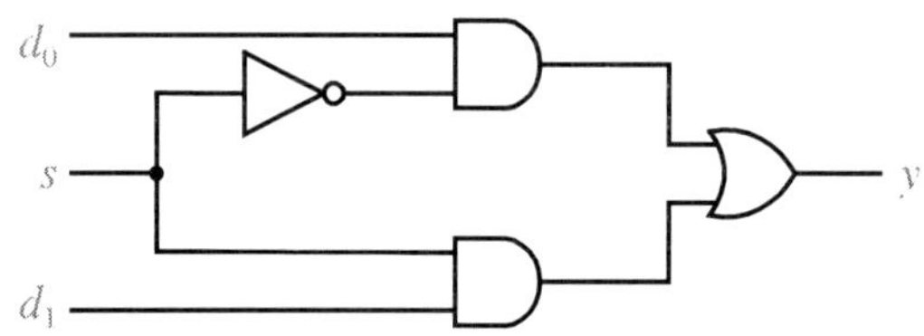

s	d_1	d_0	y (Output)
0	0	0	
0	0	1	
0	1	0	
0	1	1	
1	0	0	
1	0	1	
1	1	0	
1	1	1	

A.7 두 개의 스위치 대신에 두 개의 푸쉬 버튼(BTN West 및 BTN East)를 사용하여 문제 A.1을 반복하라. 푸쉬 버튼의 동작에 대해 무엇을 알 수 있는가?

A.8 한 개의 스위치와 한 개의 LED가 있는 회로를 연결하라. 스위치가 온 되면 LED가 켜지고, 그렇지 않으면 꺼지게 만들어라.

A.9 세 개의 입력과 한 개의 출력을 갖는 무작위 회로를 그려라. 무작위로 몇 개의 AND 게이트, OR 게이트, 및 NOT 게이트들을 입력과 출력사이에 서로 연결하라. 세 개의 입력을 스위치에, 출력을 LED에 연결하고 진리표를 유도하라.

APPENDIX B

Altera 개발 사용 지침서

DE1 개발 보드와 같은 Altera Quartus II 개발 소프트웨어 및 Altera FPGA (field-programmable gate array) 개발 보드는 최종 범용 마이크로프로세서 구성을 포함하여 모든 회로를 구현하고 시험하는 데 필요한 모든 도구를 제공한다. Quartus II 소프트웨어는 디지털 논리 회로의 설계 및 합성에 관한 완전한 통합 개발 도구 및 사용이 용이한 그래픽 사용자 인터페이스를 제공한다. DE1 개발 보드와 함께, 이 회로들은 실제로 하드웨어로 구현 될 수 있다. DE1 개발 보드의 주요 구성요소는 FPGA 칩이며, 이 칩은 매우 복잡한 디지털 논리 회로를 구현할 수 있다. 회로를 합성하고 FPGA 상에 다운로드 한 후, 하드웨어에서 회로의 동작을 관찰할 수 있다.

Quartus II 소프트웨어의 Web Edition 판은 Altera 웹사이트 www.altera.com에서 무료로 다운로드 받을 수 있다. 이 실습은 Windows 환경에 익숙하고, Quartus II 소프트웨어가 이미 컴퓨터에 설치되어 있다고 가정한다. 이 실습의 나머지 부분은 2-입력 AND 게이트 회로의 도식 입력(schematic entry)에 대한 단계별 설명을 제공할 것이다.

B.1 Quartus 시작

Quartus II 소프트웨어를 성공적으로 설치한 후, **Quartus II 12.1 Web Edition** 이

라는 이름의 프로그램에 링크가 Window의 **Start** 버튼 아래에 있어야 한다. 프로그램을 시작하려면 이 링크를 클릭하면 된다. 그림 B.1과 같은 **Quartus II** 창이 표시된다.

B.1.1 새 프로젝트 생성

Quartus II에서 각 회로 설계는 프로젝트(project)라고 불린다. 프로그램은 프로젝트에 대해 많은 연관된 작업 파일을 생성하기 때문에, 각 프로젝트는 자신의 폴더 안에 위치해야 한다. 프로젝트 파일을 저장할 새로운 프로젝트와 새 폴더를 생성하기 위해 다음 단계를 수행한다.

Quartus II 메뉴에서 **File > New Project Wizard**를 선택한다. **New Project Wizard Introduction** 화면이 나타나며 새 프로젝트 마법사를 시작할 때 다시 나타

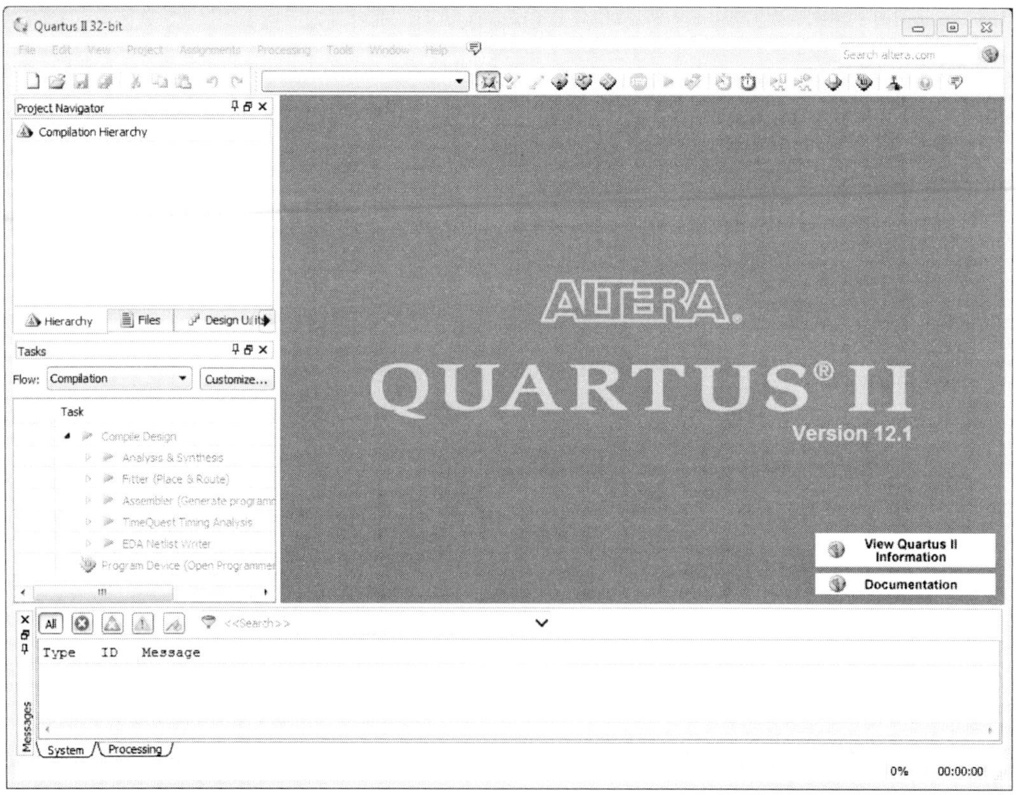

그림 B.1 Quartus II 초기 화면.

나는 것을 원치 않으면 Don't show me this introduction again 이라고 표시되는 체크 박스를 선택할수 있으며 다음 화면으로 가기 위해 Next를 클릭한다. 그림 B.2에 나타낸 것처럼 NEW Project Wizard: Directory, Name, Top-Level Entry [page 1 of 5] 창이 표시된다.

프로젝트를 저장할 디렉터리를 기입한다. 디렉터리를 열람하기 옆에 있는 ... 아이콘을 클릭할 수 있다.

- 이 실습의 경우, C 드라이브의 루트 디렉터리에 myAndGate라는 이름의 폴더를 생성하기 위해 C:\maAndGate를 입력한다.

프로젝트 이름도 입력해야 한다.

- 이 실습의 경우, 프로젝트 이름 myAndGate를 입력한다.

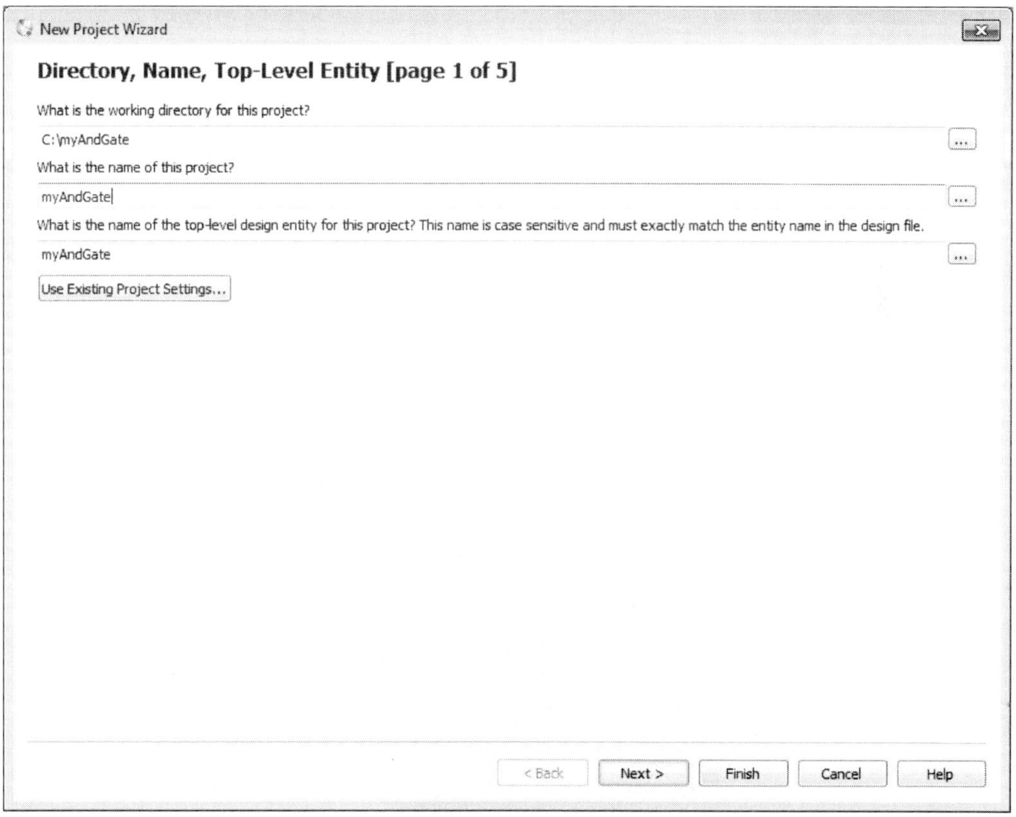

그림 B.2 새 프로젝트 마법사(Wizard): 디렉터리, 이름, 작업 디렉터리와 프로젝트 이름과 최상위-수준 입력 이름이 들어있는 최상위-수준 입력 창.

프로젝트는 한 개 이상의 파일을 가질 수 있다. 프로젝트가 한 개 이상의 파일을 가지더라도, 설계 파일은 최상위-수준 설계 입력으로 명시하여야 한다. 주어진 기본 이름은 프로젝트 이름과 동일하다. 그러나 다른 이름을 사용할 수 있다.

- 이 실습의 경우, 최상위-수준 파일 이름을 `myAndGate`를 입력하고 다음 창으로 계속하기 위해 Next를 클릭한다.

디렉터리 `C:\myAndGate`는 존재하지 않기 때문에, Quartus II는 이 상황을 알려주고 새로운 디렉터리를 생성할지 묻는다. 디렉터리를 생성하기 위해 Yes를 클릭한다.

NEW Project Wizard: Add Files [page 2 of 5] 창에서 프로젝트와 연관된 존재하는 회로 소스 파일을 추가할 수 있다. 예를 들어, 다른 프로젝트에서 생성된 소스 파일을 이 프로젝트에서 사용하고자 한다면 여기에 명시할 수 있다.

- 새 프로젝트를 시작하고 아직 추가할 어떤 소스 파일도 없기 때문에, 다음 창으로 계속하기 위해 Next를 클릭한다.

B.1.2 FPGA 지정

그림 B.3에 나타낸 것처럼 NEW Project Wizard: Family & Devices Settings [page 3 of 5] 창에서 회로를 구현할 대상 FPGA 디바이스를 선택한다. 개발 보드에 사용된 FPGA 칩의 디바이스 패밀리와 이름을 알아야 한다. FPGA 칩이 다음과 같이 보인다. 사진에서 FPGA 칩의 디바이스 패밀리는 Cyclone II이고 이름은 EP2C20F484C7N이다.

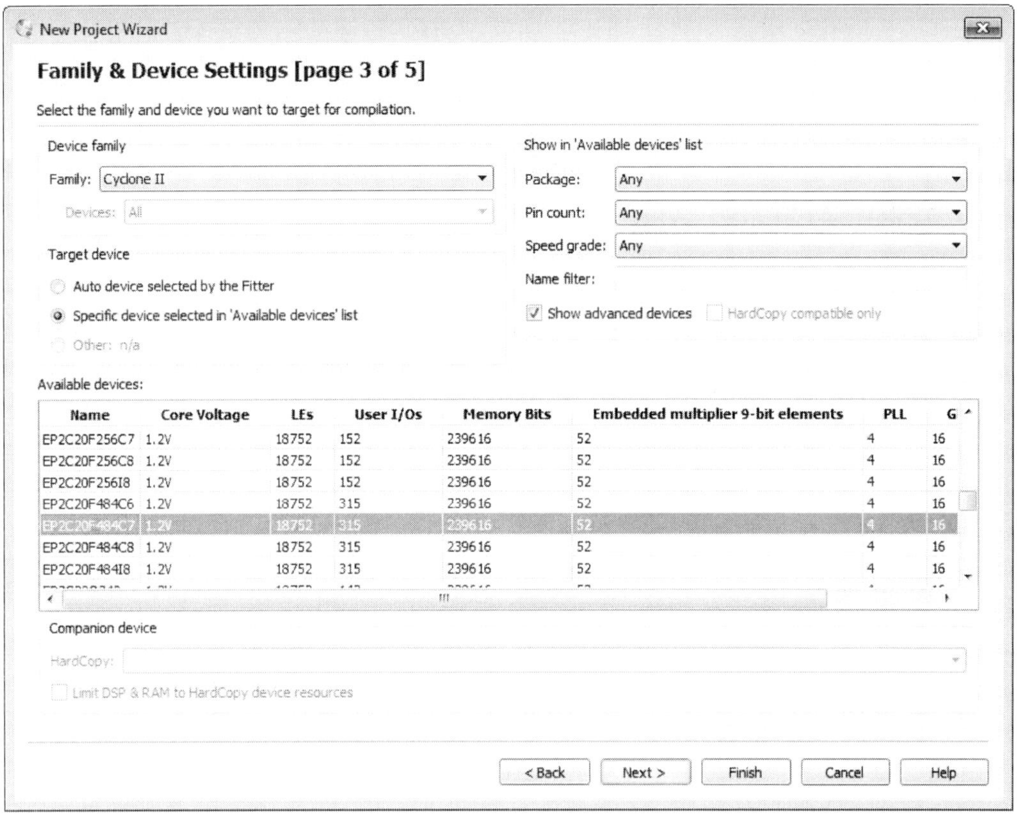

그림 B.3 새 프로젝트 마법사: 선택된 디바이스 EP2C20F484C7으로 패밀리 및 디바이스 설정.

DE1 개발 보드는 Cyclone II EP2C20F484C7N FPGA 칩을 사용한다, 다른 FPGA 칩을 사용한다면 다음 명령에 따라 적절하게 변경하여야 한다.

- Device Family 드롭-다운 박스에서 Cyclone II를 선택하거나 FPGA 칩에 해당하는 것을 선택한다.
- Available device 목록에서 EP2C20F484C7을 선택하거나 FPGA 칩에 해당하는 것을 선택한다. 이 디바이스가 목록에 없다면 Cyclone II 패밀리 옵션을 체크하고 Quartus II 프로그램을 재설치 해야 한다.
- 다음 창으로 계속하기 위해 Next를 클릭한다.

다음 NEW Project Wizard: EDA Tool Settings[page 4 of 5] 창에서 프로젝트에 사용할 EDA 도구가 없기 때문에 다음 창으로 계속하기 위해 Next를 클릭한다.

마지막 창은 선택한 내용에 대한 요약이다. 새로운 프로젝트를 생성하기 위해 Finish를 클릭한다.

B.2 그래픽 편집기의 사용

새 프로젝트를 생성하면, 수작업으로 도식 회로를 그리는 도식 블록 편집기(Schematic Block Editor)를 시작할 준비가 되었다.

B.2.1 그래픽 편집기의 시작

Quartus II 메뉴에서, File > New를 선택한다. Design Files에서 Block Diagram/Schematic Files를 선택하고 OK를 클릭한다. 그림 B.4에 나타낸 것과 유사한 Graphic Editor 창이 나타난다. 임의의 회로를 이 그래픽 편집 창에 그릴 수 있다.

B.2.2 그림 도구

그림 B.4에서, 블록 편집기에서 회로를 그리는 도구들은 좌측의 툴바에 표시된다. 이 툴바의 기본 위치는 상단이다. 텍스트 쓰기, 줌(zoom), 플립(flip) 및 회전(rotate), 선 및 형태 그림(shape drawing) 등과 같은 표준 도구들이 있다. 이 도구는 사용된 상황정보(context)에 따라 많은 다른 동작을 실행할 수 있게 해 준다. 이 도구에 의해 실행되는 두 개의 동작은 논리 심볼 사이의 객체를 선택하고 연결을 만드는 것이다. 이 심볼 도구는 라이브러리(library) 혹은 자신의 설계파일로부터 논리 심볼을 선택하고 사용할 수 있게 해 준다. 여섯 개의 Node, Bus, 및 Conduit 도구들은 다른 객체에 연결되지 않은 연결선을 그릴 수 있게 해 준다. Partial Line Selection과 Rubberbanding 버튼은 이 기능을 온 시키거나 오프 시킨다. 러버 밴딩(rubberbanding)이 온 되어 있으면, 심볼이 다른 위치로 이동할 때 연결선은 자동적으로 조정된다. 러버 밴딩이 오프 되어 있으면, 심볼의 이동은 연결되어 있는 선에 영향을 주지 않는다.

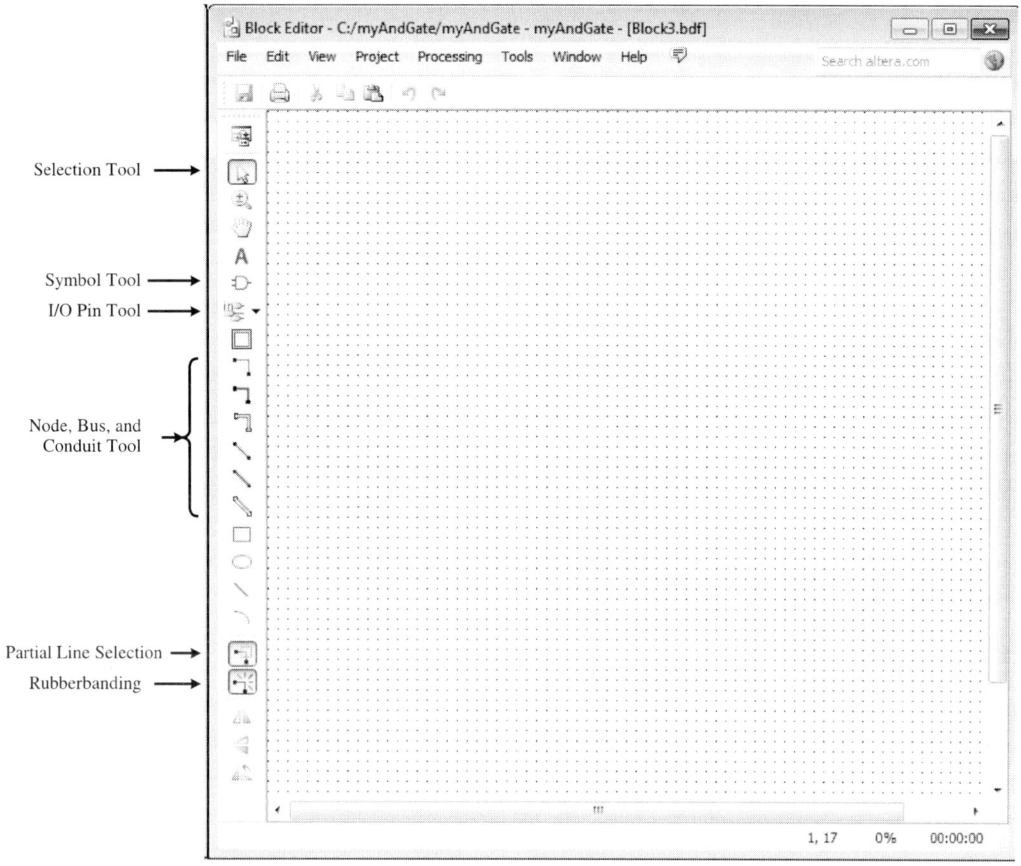

그림 B.4 좌측에 그래픽 툴바가 있는 그래픽 편집기 창.

B.2.3 논리 심볼의 삽입

논리 심볼을 삽입하기 위해, 먼저 Selection tool을 선택하고 Block Editor 창에서 빈 spot을 더블 클릭한다. 그림 B.5에 나타낸 것과 같이 Symbol 창이 나타난다.

- 다른 방법으로 Symbol 창을 띄우기 위해 툴바에서 Symbol tool 아이콘을 클릭할 수 있다.

사용가능한 심볼 라이브러리들이 Libraries 박스 안에 나열된다. 이 라이브러리들은 표준 기본 게이트, 표준 조합 및 순차 구성요소와 현재 프로젝트 디렉토리에 위치한 자신의 논리 심볼들이 포함되어 있다.

모든 기본 논리 게이트, 래치, 플립플롭, 및 입력 및 출력 연결기 등이 primitives 폴더에 있다. 이 폴더가 나열되지 않으면, 라이브러리 폴더를 확장하기

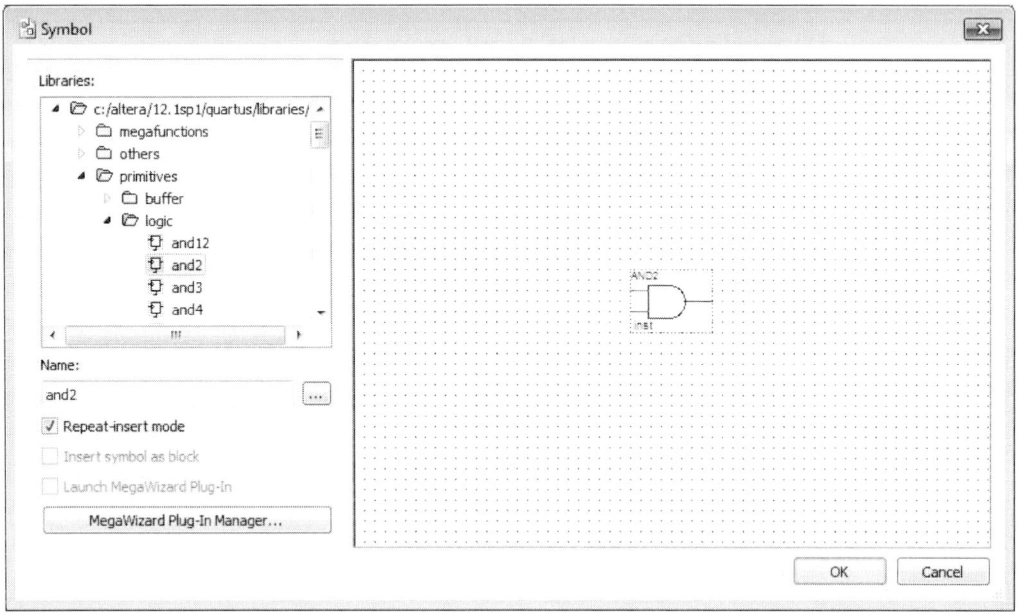

그림 B.5 Symbol 선택기 창.

위해 플러스 (+) 표시를 클릭한다. primitives 폴더 안에 여러 개의 하위 폴더가 있다. 기본 게이트들은 logic 하위 폴더에 있고, 래치 및 플립플롭들은 storage 하위 폴더에 있고, 입력 및 출력 연결기는 pin 하위 폴더에 있다. 큰 회로를 구축하는 데 재사용하려는 것이 있다면 자신의 회로는 Project 폴더에 나열될 것이다.

옆에 있는 플러스 표시를 클릭하여 logic 하위 폴더를 확장하여 라이브러리 안의 사용가능한 논리 게이트 심볼의 목록을 확인하자. 논리 심볼들은 알파벳 순서로 정렬되어 있다. 사용하려는 논리 심볼의 이름을 선택하거나 혹은 대신에 Name 영역(field)에 논리 심볼의 이름을 적을 수 있다. OK 버튼을 클릭하여 그래픽 편집기에 심볼을 삽입한다. 반복 삽입 모드(Repeat-insert mode) 박스가 체크되어 있으면 ESC 키를 누를 때까지 여러 개의 동일한 심볼의 인스턴스를 삽입할 수 있다.

이 실습의 경우, 그래픽 편집기에 다음 심볼들을 삽입한다.

- logic 하위 폴더에 있는 2-입력 AND 게이트(and2)
- pin 하위 폴더에 있는 입력 신호 연결기(input)
- pin 하위 폴더에 있는 출력 신호 연결기(output)

고유의 숫자가 각 심볼의 인스턴스에 할당되고 심볼의 하단-좌측 모퉁이에 표시된다. 이 숫자는 출력 넷리스트와 보고 파일(report file)에서 오직 기준 숫자로 사용된다. 보이는 숫자들은 예제에서 다를 수 있다.

B.2.4 논리 심볼의 선택, 이동, 복사, 삭제

입/출력 표시기의 삽입(Inserting I/O Markers)

블록 편집기에서 논리 심볼을 선택하기 위해서, 선택 도구를 이용하여 심볼을 클릭한다. 여러 개의 심볼을 선택하기 위해서 Ctrl 키를 누르고 개별적으로 하나를 선택하거나 선택하려는 객체 주변을 직사각형으로 그릴 수 있다. 직사각형 안의 모든 객체들은 선택될 것이다.

심볼을 선택해제 (de-select)하기 위해, 블록 편집기안의 빈 지점을 클릭한다.

심볼을 이동하기 위해, 심볼을 선택하고 다른 위치로 끌어간다(drag).

심볼을 복사하기 위해, 심볼을 선택하고 Copy 및 Paste 동작을 수행하거나 심볼을 다른 위치로 끌어가는 동안 Ctrl 키를 누른다.

심볼을 삭제하기 위해, 심볼을 선택하고 Delete 키를 누른다.

심볼을 회전하기 위해, 심볼위에 우측-클릭을 하고 팝업 메뉴에서 Rotate by Degrees를 선택하고 심볼을 회전할 각도를 선택한다. 다른 방법으로, 먼저 심볼

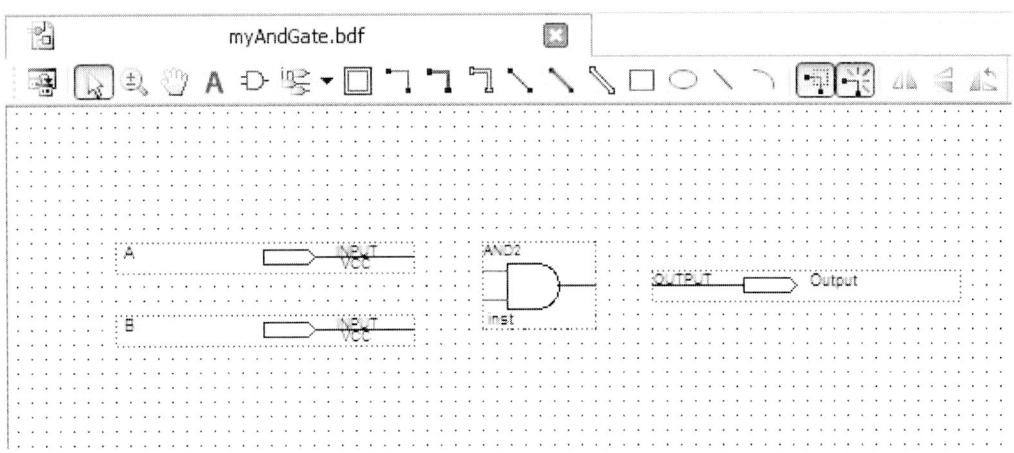

그림 B.6 AND 회로에 대한 심볼 배치.

를 선택하고 툴바에서 Flip 혹은 Rotate 버튼중의 하나를 클릭할 수 있다.

이 실습에서 다음 동작을 수행한다.

- 2-입력 AND 게이트를 복사한다.
- 두 개 이상의 입력 신호 연결기를 복사한다.
- 그림 B.6과 유사한 심볼을 배치한다.

B.2.5 연결의 형성 및 이름 붙이기

두 개의 연결점 사이를 연결하기 위해, 선택 도구를 이용하여 한 연결점으로부터 다른 연결점까지 끌어간다. 연결점 위에 포인터가 위치하면 화살표 포인터는 십자선으로 변하는 것을 주목하자.

선을 끌어가는 동안 연결선의 방향을 변경하려면, 단지 마우스 버튼을 풀고 다시 마우스를 누르면 연결선을 끌어가는 것을 계속한다. 연결점이 두 번째 심볼의 연결점에 닿도록 심볼을 이동하여 두 연결점 사이를 연결할 수도 있다. 러버 밴딩(rubberbanding) 기능이 켜져 있으면 한 심볼을 두 번째 심볼에서 멀리 이동할 수 있으며 연결선이 자동적으로 그려진다.

연결선을 심볼 연결점에서 시작하지 않게 하려면, Selection 도구 대신에 Orthogonal Node 도구나 Diagonal Node 도구를 사용해야 한다.

연결을 하기 위해 Line 도구를 사용하지 말라. 이 도구는 선을 그릴 때만 사용되며 실제로 연결을 하지 않는다.

연결이 심볼에 형성된 후, 심볼을 다른 위치로 이동할 수 있으며, 러버 밴딩 기능이 켜져 있으면 연결선은 자동적으로 조절된다. 그러나 러버 밴딩 기능이 꺼져 있으면 심볼이 삭제될 때 연결은 무산된다.

그림 B.7에 나타낸 것처럼 서로 교차하는 두선 사이에 연결을 형성하기 위해 Selection 도구를 사용해야 한다. 접합 지점(즉, 두 선이 교차되는 지점) 위에 우측 클릭을 하고 팝업 메뉴로 부터 Toggle Connection Dot를 선택한다. 연결 지점을 제가하려면 동일한 과정을 반복한다.

그림 B.7 연결점의 형성과 삭제.

선 세그먼트를 선택하기 위해, 선 위에 싱글-클릭을 한다. 모든 선(다른 방향에 연결된 여러 개의 선 세그먼트와 함께)을 선택하기 위해, 선 위에 더블-클릭한다.

버스 연결을 위해 Orthogonal Bus 도구를 사용한다.

단일 노드 선을 버스로 변경하기 위해, 선 위에 우측 클릭을 하고 팝업 메뉴로 부터 Bus Line을 선택한다. 노드 라인으로 되돌아가려면 팝업 메뉴로 부터 Node Line을 선택한다.

버스는 이름과 폭(width)이 지정되어야 한다. 연결선에 이름을 붙이기 위해, 이름을 붙이려는 선 위에 우측 클릭을 한다. 팝업 메뉴에서, Properties를 선택하고 Name 박스에 버스에 대한 이름과 폭을 기입한다. 예를 들어, 그림 B.8에 나타낸 것처럼, `data [7:0]`는 `data` 이름을 갖는 8-비트 버스이다.

이름을 변경하기 위해, 이름 위에 더블-클릭하고 편집한다.

버스에 한 선을 연결하기 위해, 한 선을 버스에 연결하고 버스처럼 첨부된 선 인덱스가 있는 동일한 이름을 부여한다. 예를 들어, 그림 B.8에 나타낸 것처럼, `data [2]`는 `data` 버스의 비트 2 이다.

이름이 선에 정확히 첨부되었는지 검사하기 위해, 선을 선택하면 선에 첨부된 이름 또한 선택될 것이다.

회로의 모든 입력 및 출력 신호들은 각각 입력 및 출력 연결기에 연결되어야 한다. 입력 혹은 출력 신호 연결기에 이름을 붙이기 위해 연결기를 싱글-클릭하여 이름 라벨을 선택하고 더블-클릭하면 새로운 이름을 기입할 수 있다. Enter 키를 눌러서 텍스트 엔트리 커서를 현재 심볼 아래의 심볼에 대한 이름 라벨로이동할 수 있다. 그 대신에 입력 혹은 출력 연결기를 선택하고 더블-클릭할 수 있

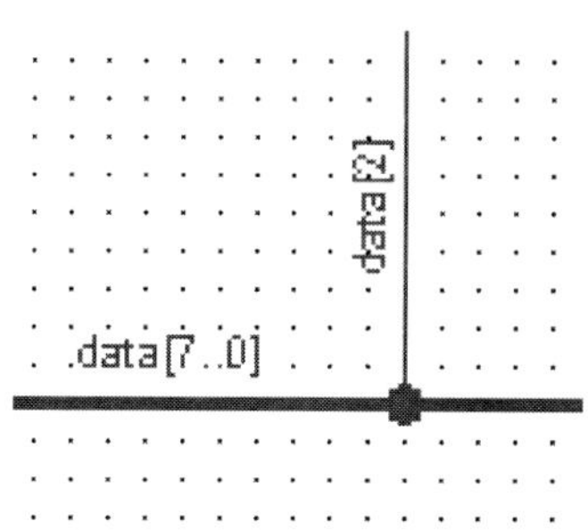

그림 B.8 data라는 이름의 8-비트 버스에 연결된 단일 선.

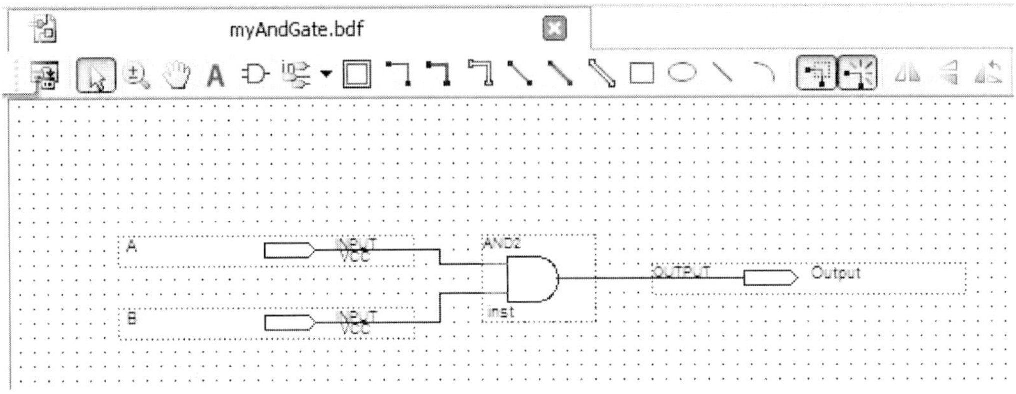

그림 B.9 myAndGate 회로에 대한 연결과 이름.

다. 해당 핀에 대한 Properties 창이 열리고 다른 것들 중에서 핀 이름을 입력할 수 있다. 입력 및 출력 연결기에 연결된 버스 선은 연결기처럼 동일한 버스 폭을 가져야 한다.

이 실습의 경우, 그림 B.9와 같은 다음 동작을 수행한다.

- 두 개의 입력 연결기에 `A` 및 `B` 이름을 붙인다.
- 출력 연결기에 `Output` 이름을 붙인다.

설계 파일을 저장하기 위해 **File > Save**를 선택한다. 파일 이름으로 `myAndGate`를 기입한다. 기본 파일 확장자는 `.bdf`(block design file)이다. 프로젝트를 생성할 때 최상위 수준 파일 이름으로 `myAndGate`를 명시하였음을 명심하자. 우리는 이 파일을 최상위 수준 소스 파일로 사용할 것이다.

B.2.6 연결선의 선택, 이동 및 삭제

직선 연결선 세그먼트를 선택하기 위해 해당 세그먼트를 싱글-클릭한다.

수평 및 수직 세그먼트의 모든 연결선을 선택하기 위해 해당 연결선을 더블-클릭한다.

선 세그먼트의 부분을 선택하기 위해 Use Partial Line Selection 버튼을 키고 선 세그먼트 주변의 직사각형을 드래그한다. 직사각형 안에 있는 선 세그먼트의 일부만 선택될 것이다.

선이 선택된 후, 드래깅에 의해 이동될 수 있다.

선이 선택된 후, Delete 키를 눌러서 삭제할 수 있다.

B.3 프로젝트에서 파일 관리

일반적으로 프로젝트는 많은 다른 형식의 설계 소스 파일을 가지고 있다. 일부는 도식도 그림이고 일부는 Verilog/VHDL 소스파일이다.

B.3.1 프로젝트에서 파일 설계

프로젝트와 연관된 파일을 보기 위해 Project Navigator 창에서 File 탭을 클릭한다. 그림 B.10에 나타낸 Project Navigator는 이 프로젝트가 `myAndGate.bdf` 이름의 단 한 개의 파일을 갖고 있다는 것을 나타낸다.

그림 B.10 Project Navigator 창에 나타낸 프로젝트에 연관된 파일들.

B.3.2 새로운 Verilog 혹은 VHDL 소스 파일의 생성

새로운 도식도 그림, Verilog 혹은 VHDL 설계 파일을 생성하는 단계는 동일하다. Quartus II 메뉴에서 File > New를 선택한다. Device Design File 탭 아래에 New 창에서 생성하려는 설계 파일의 형식(Block diagram/Schematic Files, Verilog File 혹은 VHDL File)을 선택한다. 이 파일을 저장하고 나면 자동적으로 프로젝트에 추가된다.

B.3.3 설계 파일 열기

설계 파일을 열기 위해 Project Navigator 창에 열거된 파일을 더블-클릭한다. 파일의 형식에 따라 연관된 편집기가 사용될 것이다. Block Editor는 Block Diagram/Schematic File을 편집하는 데 사용되며, 텍스트 편집기는 VHDL 혹은 Verilog 텍스트 파일을 편집하는 데 사용된다.

B.3.4 프로젝트에 설계 파일 추가

현재 프로젝트에 존재하는 설계 파일을 추가하기 위해 Quartus II 메뉴에서 Project > Add/Remove Files in Project를 선택한다. 다른 방법으로, Project Navigator 창에서 Files 라벨이 있는 폴더를 우측-클릭하고 팝업 메뉴에서 Add/Remove Files in Project를 선택할 수 있다.

이것은 Setting 창에서 Files Category를 불러 올 것이다. 이 창에서, 추가할 파일을 수동으로 파일이름을 기입하거나 디렉토리를 열람하여 찾아 선택한다. Add 버튼을 클릭하여 각 파일을 추가하거나 Add All 버튼을 클릭하여 선택된 디렉토리에 모든 파일을 추가한다.

B.3.5 프로젝트로부터 설계 파일 삭제

프로젝트에서 설계 파일을 삭제하기 위해 Project Navigator 창에서 해당 파일을 선택하고 Delete 키를 누른다. 다른 방법으로, 삭제하려는 파일파일을 우측-클릭하고 팝업 메뉴에서 Remove Files in Project를 선택할 수 있다.

B.3.6 최상위 수준 엔티티(Entity) 설계 파일의 설정

새로운 프로젝트를 생성할 때 최상위 수준 설계 파일의 이름을 명시해야 한다. 최상위 수준의 엔티티를 다른 설계 파일로 변경하려면 파일을 우측-클릭하여 Project Navigator 창에서 최상위 수준의 엔티티가 되도록 할 수 있다. 팝업 메뉴에서 Set as Top-Level Entity를 선택한다.

B.3.7 프로젝트 저장

File > Save Project를 선택하여 프로젝트와 관련된 모든 파일들을 저장한다.

B.4 분석 및 합성

Graphic Editor로 회로를 그린 후, 다음 단계는 분석하고 합성하는 것이다. 이 단계에서, Quartus II는 회로에 대한 필요한 모든 정보를 수집하고 넷리스트를 산출한다.

- Quartus II 메뉴에서 Processing > Start > Start Analysis & Synthesis를 선택하여 회로를 합성한다. 다른 방법으로 아이콘 을 클릭할 수 있다.
- 회로에 오류가 없다면 Message 창 맨 아래에 "Quartus II Analysis & Synthesis was successful"이라는 메시지가 나온다.

회로에서 발견된 오류는 Message 창에 보고되며 붉은 색으로 강조될 것이다. 오류 메시지를 더블-클릭하여 오류가 회로에 어디에 있는지 볼 수 있다. 뒤로 돌아가서 그림 B.9에 나타낸 회로를 더블-클릭하여 모든 오류를 수정한다.

B.5 논리 심볼의 생성 및 사용

회로도에서 이 회로를 다른 회로의 일부로 사용하려면 이 회로에 대한 논리 심볼을 생성할 수 있다. 논리 심볼은 상세한 회로를 숨긴 블랙박스와 같다. 단지 회로의 입력과 출력만 나타낸다. 논리 심볼에 대한 입력 및 출력 신호는 회로에 연결되어 있는 입력 및 출력 연결기로 부터 직접 얻어진다.

회로에 대한 논리 심볼을 생성하기 위해, 활성 창으로 하려는 회로를 포함하고 있는 Block Editor 창을 선택한다. File > Create/Update > Create Symbol Files for Current File을 선택한다. 심볼 파일의 이름은 Graphic Editor에서 현재 활성 회로도의 이름과 같으나, 파일의 확장자가 `.bsf` (block symbol file)이다.

`.bsf` 파일을 열어 논리 심볼을 보거나 편집할 수 있다. File > Open을 선택하고 파일명을 기입한다. Open 버튼을 클릭한다. 그림 B.11과 유사한 창이 논리 심볼을 나타내면서 열릴 것이다.

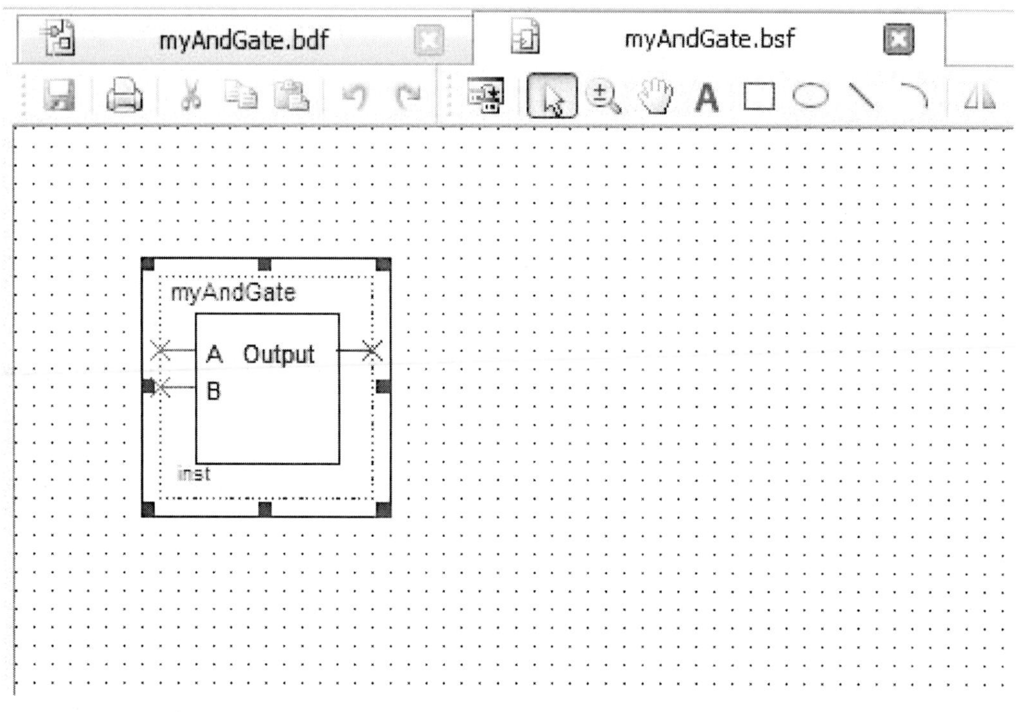

그림 B.11 myAndGate 회로의 논리 심볼.

입력 및 출력 신호의 배치는 심볼 박스 주변의 신호 연결선을 드래깅하여 다른 위치로 이동할 수 있다. 신호 라벨 또한 이동 될 수 있다. 원하는 다른 위치로 라벨을 드래그할 수 있다. 심볼의 크기 또한 심볼 박스의 에지를 드래그하여 변경할 수 있다.

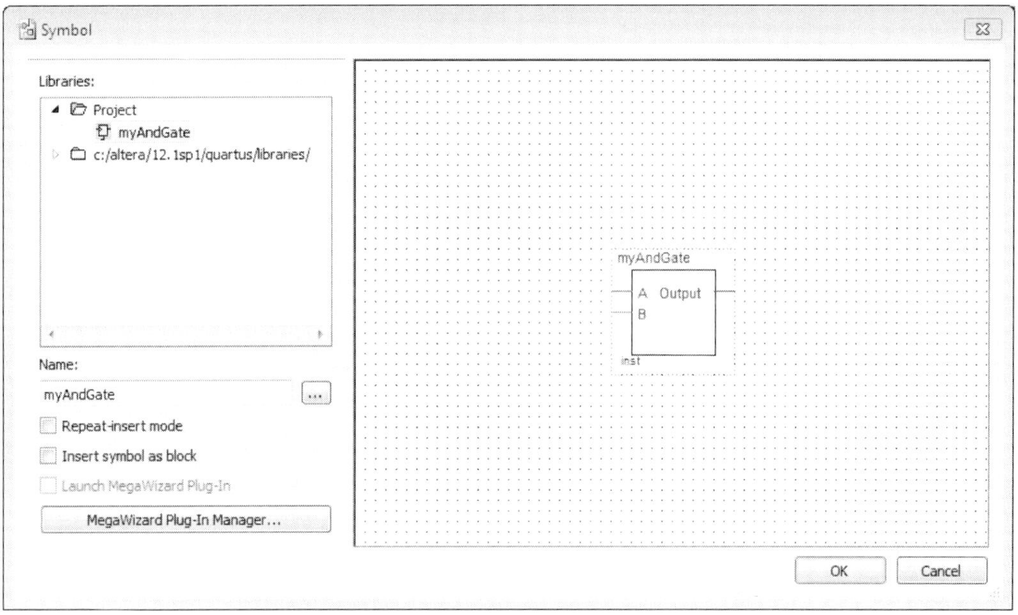

그림 B.12 다른 회로 설계에 삽입되기 위한 myAndGate 논리 심볼의 선택.

지금 새로운 심볼이 Block Editor에서 사용될 수 있다. 그림 B.12에 나타낸 것처럼 Project 폴더 아래에 Symbol 창에 나타난다. 내장형 논리 심볼을 다른 개략 회로 설계로 삽입하는 것은 전에 논의한 것처럼 동일한 단계를 따른다.

다른 프로젝트에서 논리 심볼로 표현한 회로를 사용하기 위해, 먼저 .bsf 심볼 파일과 해당하는 .bsf 회로 설계 파일을 다른 프로젝트의 디렉터리로 복사한다. 그림 B.12에 나타낸 것처럼 Project 폴더 안에서 Symbol 창을 사용할 수 있다.

이 구성요소를 라이브러리로부터 표준 구성요소와 같이 선택하고 사용할 수 있다.

B.6 I/O 신호들의 매핑

회로를 FPGA에 구현하고자, 회로로부터 FPGA상에 실제 핀으로 모든 I/O 신호들을 할당하거나 매핑하여야 한다. 다음 명령들은 I/O 신호들을 DE1 개발 보드상에 Cyclone II EP2C20F484C7 FPGA에 매핑하는 것이다. 다른 FPGA 개발 보드를 사용한다면 정확한 핀 할당을 위해 해당 개발 보드의 문서를 참조해야 한다.

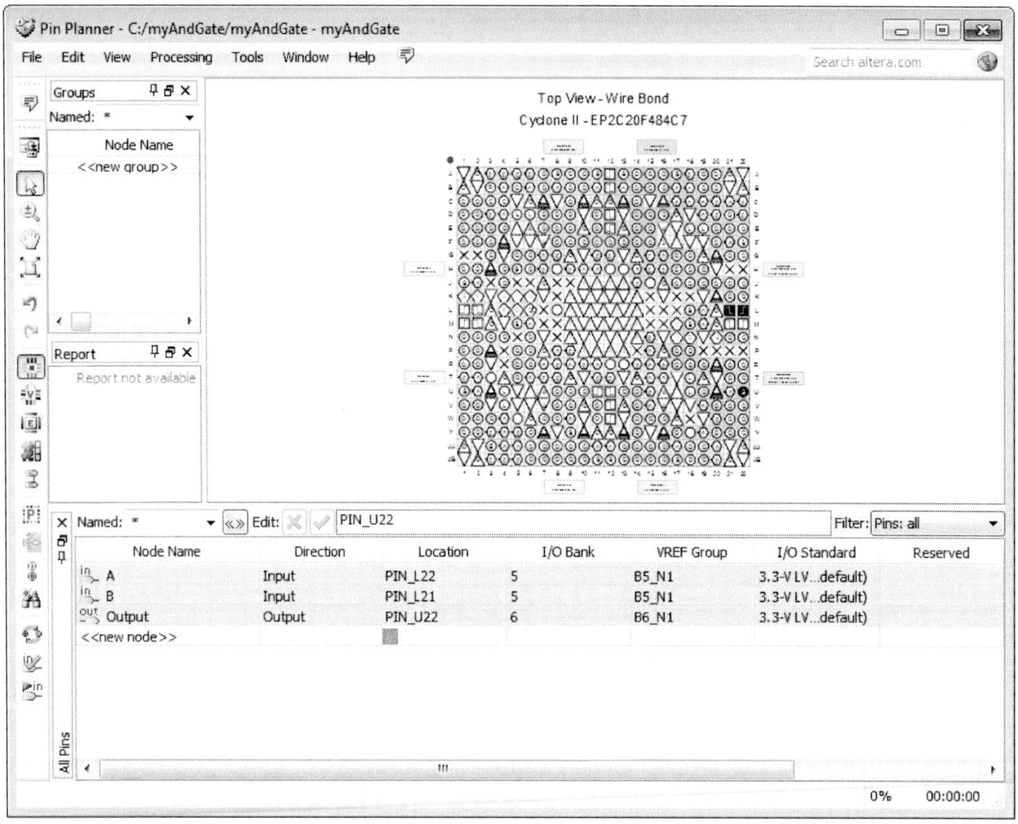

그림 B.13 EP2C20F484C7 칩의 핀 할당을 나타내는 Pin Planner.

우리는 회로로부터 Cyclone II 칩 상의 핀으로 I/O 신호들을 매핑하기 위해 Pin Planner를 사용할 것이다. Quartus II 메뉴에서 **Assignments** > **Pin Planner**를 선택하면 그림 B.13과 유사한 Pin Planner가 나타난다.

1. 다른 방법으로, **Pin Planner** 아이콘  를 클릭한다.
2. 회로로부터 모든 유용한 I/O 신호들은 **Node Name** 열 아래에 나열될 것이다. I/O 신호들이 나열되지 않으면 뒤로 돌아가서 B.4절의 분석 및 합성단계를 실행한다.
3. 각 I/O 신호 이름에 대해, **Location** 열 아래의 신호 이름 옆에 있는 셀을 더블-클릭하면 FPGA에서 할당 할 수 있는 모든 핀의 팝업 목록이 나타난다. 해당 I/O 신호로 할당하려는 핀 숫자를 선택한다.

그림 B.13은 Pin L22가 신호 A에 할당된 것을 나타낸다. 팝업 목록을 사용하는 대신에 L22와 같이 핀 숫자를 기입할 수 있다.

• FPGA 칩에 대한 다음 신호 대 핀 매핑을 실행한다.

Node Name (I/O Signal)	Location (Pin)
A	L22
B	L21
Output	U22

B.6.1 핀 매핑에 대한 보다 신속한 대체 방법

훨씬 빠른 핀 매핑 방법은 핀 매핑 파일을 직접 편집하는 것이다. 이 파일의 이름은 프로젝트 디렉터리에 위치한 `<project name>.qsf`이다. Windows Notepad와 같은 텍스트 편집기를 이용하여 이 파일을 열고 편집한다. 각 매핑에 대해 `set_location_assignment` 라인이 있다. 핀 매핑을 변경하기 위해, 단지 해당 노드 이름을 새로운 핀 위치에 기입한다. 파일의 다른 라인을 수정하거나 삭제하지 않는다. 우리 프로젝트의 핀 매핑의 경우, 파일에서 다음 세 라인을 가지고 있다.

```
set_location_assignment PIN_L22  - to A
set_location_assignment PIN_L21  - to B
set_location_assignment PIN_U22  - to Output
```

이 파일을 저장한 후, 새로운 핀 매핑이 변경될 것이다.

B.7 FPGA에 넷리스트와 핀의 피팅 (fitting)

이제(B.4 절)회로의 넷리스트를 만들었으며, 모든 I/O 신호들을(B.6 절) FPGA 상의 실제 핀에 할당하였으며, 다음 단계는 FPGA에 넷리스트와 핀 할당을 피팅하는 것이다. 이 과정은 회로의 전체 컴파일이 필요하며, Analysis & Synthesis, Fitter, Assembler, 및 Timing Analyzer의 네 개의 각 단계를 포함한다.

1. Quartus II 메뉴에서 Processing > Start Compilation을 선택하여 회로를 전

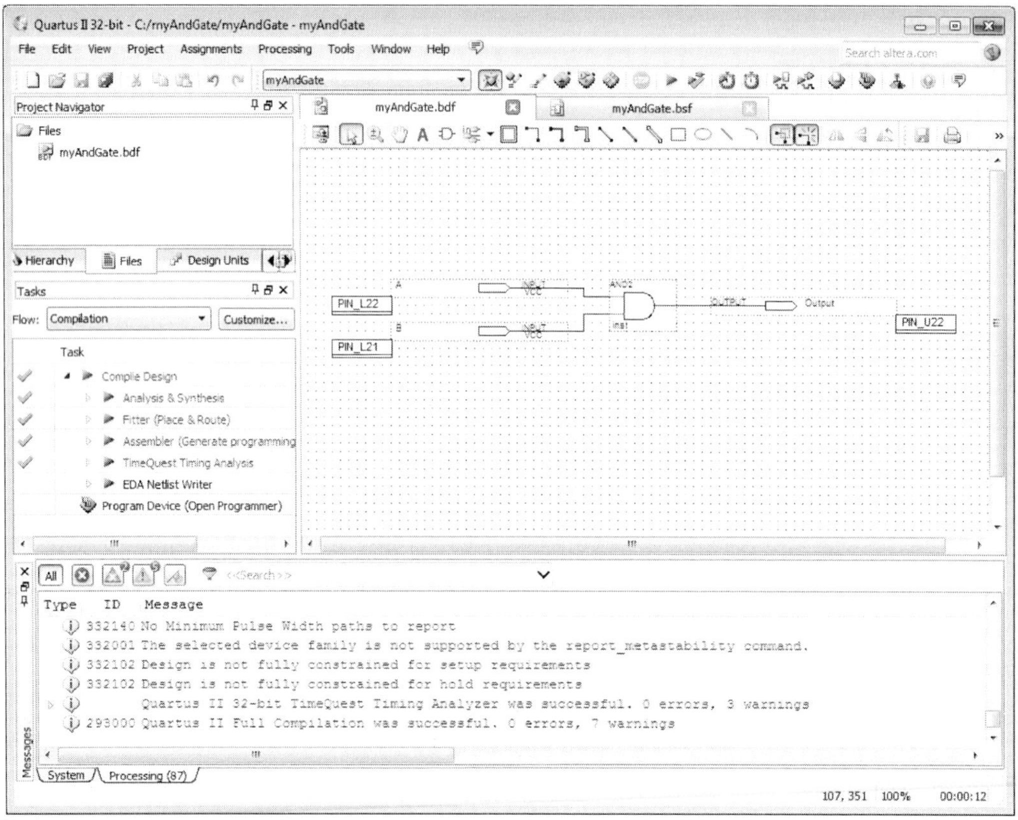

그림 B.14 회로의 성공적인 컴파일 결과.

체 컴파일을 시작하거나, **Start Compilation** 아이콘 을 클릭한다. 전체 컴파일은 자동적으로 네 단계를 통과한다. 회로가 오류가 없다면 그림 B.14에 나타낸 것처럼 0 오류와 많은 경고(warning)들이 나열되어 있는 메시지의 끝에 "Full Compilation was successful"이라는 메시지가 나타난다. 대부분의 경우, 많은 경고가 있는 것은 정상이며 안전하게 무시할 수 있다.

B.8 FPGA에 회로의 프로그래밍

1. DE1 보드를 컴퓨터에 USB 케이블을 사용하여 연결하고 DE1 보드를 켠다.
2. Quartus II 메뉴에서 **Tools > Programmer**를 그림 B.15에 나타낸 것처럼 Programmer 창을 띄우거나 Programmer 아이콘 을 클릭한다.

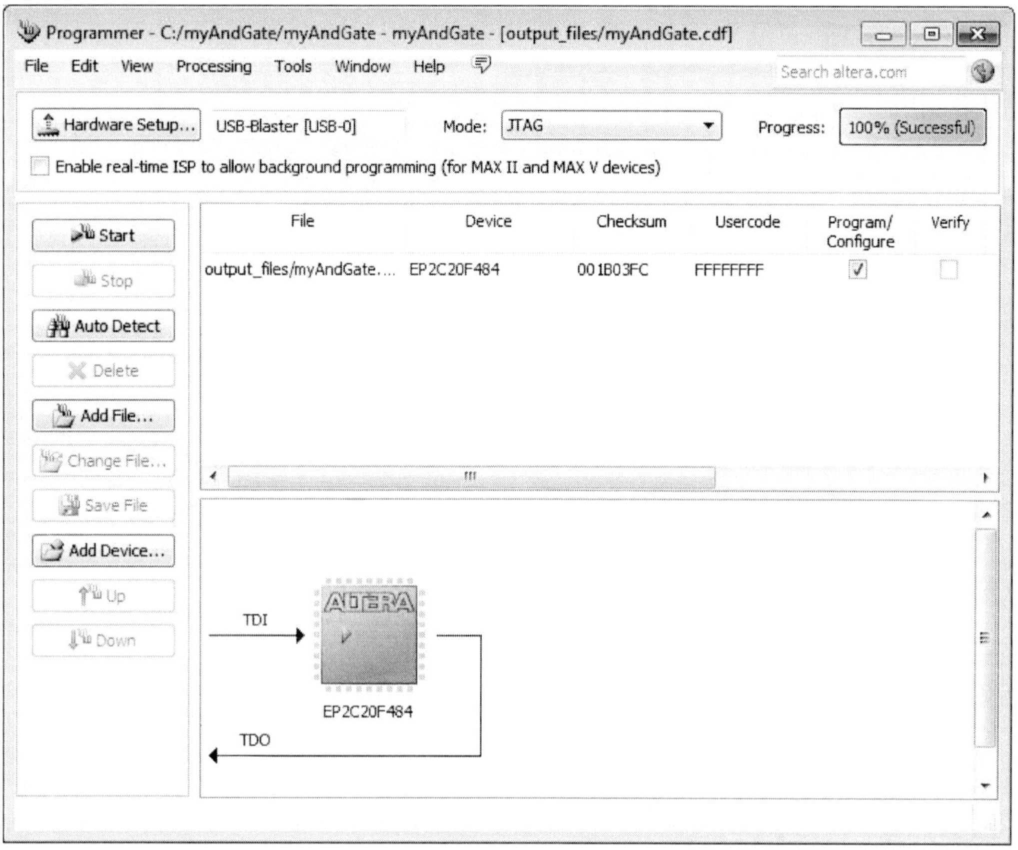

그림 B.15 칩이 회로에 성공적으로 프로그램된 것을 나타내는 Programmer 창.

3. Hardware Setup 버튼 옆에 나열된 장치는 USB-Blaster이어야 한다. 그렇지 않다면, Hardware Setup 버튼을 클릭하고 변경한다.
4. Start 버튼 Start 을 클릭하여 회로의 프로그래밍을 시작하고 진행 바를 주목한다.
5. 진행 바가 100%가 되면 프로그래밍이 완료되고 Message 창은 동작이 성공적으로 실행되었다는 메시지를 포함하여야 한다.

B.9 연습문제

B.1 DE1 보드에는 10개의 스위치가 있다. 스위치는 업(up) 위치에서 스위치는 온(on)되고, 다운(down) 위치에서 스위치는 오프(off)된다. 두 개의 스위치(SW0 및 SW1)를 온 혹은 오프로 설정하고 녹색 출력 LED(LEDG0)가 온 혹은 오프인지 관찰하라. 유도한 이 표는 2-입력 AND 게이트의 진리표이다

A	B	Output
0 (off)	0 (off)	
0 (off)	1 (on)	
1 (on)	0 (off)	
1 (on)	1 (on)	

B.2 회로에서 2-입력 AND 게이트를 2-입력 OR 게이트로 대체하라. 아래 표를 작성하여 2-입력 OR 게이트에 대한 진리표를 유도하라.

A	B	Output
0	0	
0	1	
1	0	
1	1	

B.3 회로를 NOT(인버터) 게이트로 대체하라. 한 개의 입력 핀을 제거해야 한다. 아래 표를 작성하여 NOT(인버터) 게이트에 대한 진리표를 유도하라.

A	Output
0	
1	

B.4 회로를 3-입력 AND 게이트로 대체하라. 세 개의 입력 핀이 필요하게 된다. DE1 핀 매핑 문서를 참조하여 세 번째 스위치(SW2)를 찾아라. 아래 표를 작성하여 3-입력 AND 게이트에 대한 진리표를 유도하라.

A	B	C	Output
0	0	0	
0	0	1	
0	1	0	
0	1	1	
1	0	0	
1	0	1	
1	1	0	
1	1	1	

B.5 회로를 3-입력 OR 게이트로 대체하라. 아래 표를 작성하여 3-입력 OR 게이트에 대한 진리표를 유도하라.

A	B	C	Output
0	0	0	
0	0	1	
0	1	0	
0	1	1	
1	0	0	
1	0	1	
1	1	0	
1	1	1	

B.6 다음 회로 그리고 구현하라. 이 회로는 멀티플렉서 혹은 간단히 MUX로 알려져 있다. 이 회로에 대한 진리표를 유도하라. 가능한 짧게 이 회로의 동작을 설명하라. 입력 중의 하나인 문자 s는 무엇을 의미한다고 생각하는가?

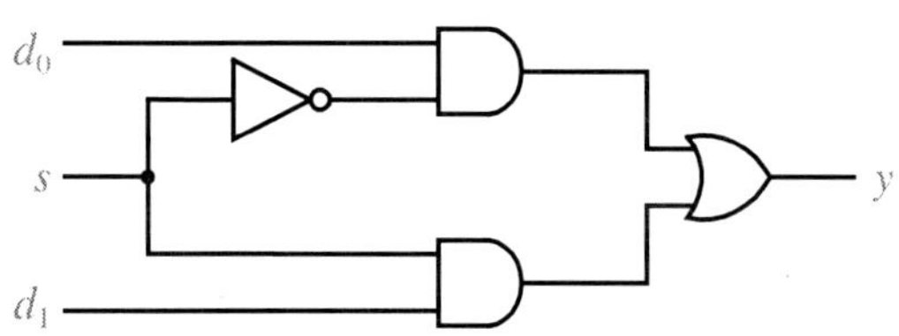

s	d_1	d_0	y (Output)
0	0	0	
0	0	1	
0	1	0	
0	1	1	
1	0	0	
1	0	1	
1	1	0	
1	1	1	

B.7 두 개의 스위치 대신에 두 개의 푸쉬 버튼(PB0 및 PB1)를 사용하여 문제 B.1을 반복하라. 푸쉬 버튼의 동작에 대해 무엇을 알 수 있는가?

B.8 한 개의 스위치와 한 개의 LED가 있는 회로를 연결하라. 스위치가 온 되면 LED가 켜지고, 그렇지 않으면 꺼지게 만들어라.

B.9 각 디지트에 적절한 LED들을 턴-온 시켜 숫자 256을 표시하는 7-세그먼트(HEX) 표시장치를 만들어라. 각 디지트에 대한 일곱 개의 LED들의 이름은 다음과 같다.

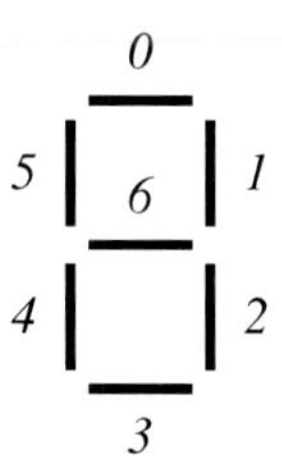

7-세그먼트 표시장치에서 LED들은 개별 LED에서처럼 1이 아닌 0으로 턴-온 된다. 가장 우측 디지트는 개발보드에서 이름이 HEX0이다.

B.10 세 개의 입력과 한 개의 출력을 갖는 무작위 회로를 그려라. 무작위로 몇 개의 AND 게이트, OR 게이트, 및 NOT 게이트들을 입력과 출력사이에 서로 연결하라. 세 개의 입력을 스위치에, 출력을 LED에 연결하고 진리표를 유도하라.

APPENDIX C

Verilog 요약

Verilog 언어는 단순한 게이트의 연결로부터 복잡한 시스템에 이르기까지 다양한 디지털 회로를 모델링하는 하드웨어 기술 언어(HDL)이다. 원래 Verilog는 등록 상표가 붙은 검증 및 시뮬레이션 도구로 설계되었다. 나중에 논리 및 행위적 합성 도구가 추가되었다. 이 언어는 1995년에 IEEE에 의해 표준화되었으며 2001년에 개정되었다. 이 부록은 기본적인 Verilog 요소 및 구문에 대한 간략한 요약이다. 이 언어의 많은 고급 기능들은 생략되었다. 관심있는 독자들은 자세한 내용을 담은 다른 참고문헌을 참조하자.

C.1 기본 언어 요소

C.1.1 키워드 (Keyword)

변환 루틴(Conversion Routines)Verilog 언어는 대소문자를 구별하며, 모든 키워드들은 소문자이다. 그림 C.1은 Verilog 키워드의 일부 목록이다.

always	and	assign	automatic	begin	buf
bufif0	bufif1	case	casex	casez	default
defparam	else	end	endcase	endfunction	endgenerate
endmodule	endtask	event	for	forever	function
generate	genvar	if	include	initial	inout
input	integer	library	module	nand	negedge
nor	not	notif0	notif1	or	output
parameter	posedge	reg	signed	supply0	supply1
task	tri	tri0	tri1	unsigned	wand
while	wire	wor	xnor	xor	@

그림 C.1 Verilog 키워드의 부분 목록.

C.1.2 주석(Comments)

단일 라인 주석은 앞에는 두 개의 연속적인 슬래시 (//)가 있고 줄 끝에서 종료된다.

예제

```
// This is a single line comment
```

다중 라인 주석은 두 개의 문자 /*으로 시작하며 두 개의 문자 */으로 종료된다.

예제

```
/* This is a
   multiple line comment
*/
```

C.1.3 식별자(Identifiers)

Verilog 식별자는 사용자 지정 이름(user-given name)이다. Verilog 식별자는 다음 구문을 사용해야 한다.

- 하나 이상의 대문자, 소문자, 디지트와 밑줄(_) 시퀀스

- 대문자와 소문자는 다르게 취급한다(즉, 대소문자 구분).
- 첫 번째 문자는 글자 혹은 밑줄이어야 한다.
- 식별자의 길이는 1024 문자 이하이어야 한다.

C.1.4 신호 (Signals)

Verilog에서 신호는 4개 값 중의 하나를 갖는다. 이것은:

- 논리 0의 0
- 논리 1의 1
- 무정의 혹은 미지값의 ?, X, 혹은 x
- 고 임피던스 3-상태의 Z 혹은 z

C.1.5 수와 스트링 (Numbers and Strings)

수

수 상수(number constants)는 10진, 16진, 8진, 혹은 2진 등의 네 가지 기수 중의 하나로 지정된다. 또한, 크기가 지정되지 않은 10진수도 0부터 9까지의 디지트들을 이용하여 지정될 수 있다.

Syntax:

a'sfn

여기서:

a 는 상수의 비트 수(부호가 없는 10진 수로 지정되는)

s 는 값이 부호있는 숫자로 간주하도록 선택적으로 지정한다.

f 는 숫자의 기수를 지정하며, 문자 d(10진), h(16진), o(8진), 혹은 b(2진) 중의 하나로 대체된다.

n 은 주어진 기수에 의해 지정되는 상수 값이다.

예제

```
48          // an unsized decimal number 48
4'b 1001    // a 4-bit binary number 1001
8'd 28      // an 8-bit decimal number 28
'o 537      // an unsized octal number 537
12'h 7e9    // a 12-bit hexadecimal number 7e9
```

스트링

스트링 상수(string constants)는 큰 따옴표(double quotes)로 묶인다.

예제

```
reg [1:8] MyString;
MyString = "This is a string";
```

C.1.6 상수 (Constants)

식별자는 상수로 정의될 수 있다. 정의된 후, 식별자는 상수 대신 사용할 수 있다. 작은 따옴표 (single quote) (')로 시작하여 define 단어로 이어지는 컴파일러 지침은 식별자를 정의하기 위해 사용된다. 식별자를 사용할 때, 작은 따옴표는 항상 식별자 앞에 와야 한다.

Syntax: definition:

'define identifier constant

Syntax: usage:

'identifier

예제

```
'define buswidth 'd8           // define buswidth to be constant 8
wire ['buswidth-1:0] databus;  // using buswidth
```

C.1.7 데이터 형식(Data Types)

Net와 register는 두 가지 주요 데이터 형식이다.

- 키워드 **wire**로 정의된 net는 구성요소들의 전기적 연결을 나타낸다. Net는 구성요소간의 논리 값을 전송하기 위해 개별적 요소들을 연결하는 데 사용한다. Net는 값을 저장하지 않고 연속적으로 구동되어야 한다. 비트 폭에 대한 범위 [시작:끝]는 선택적으로 지정할 수 있다.
- 키워드 **reg**로 정의된 registers는 저장 요소들을 표현하기 위해 사용한다. Registers는 하나의 할당으로부터 다음까지 값을 저장할 수 있다. 비트 폭에 대한 범위 [시작:끝]는 선택적으로 지정할 수 있다. 더욱이 선택적 키워드 **signed**는 register의 데이터가 부호있는 수(2의 보수)로 처리된다는 것을 나타내기 위해 사용될 수 있다.

Syntax:

> **wire** [range] identifier1, identifier2, ...;
> **reg** [**signed**] [range] identifier1, identifier2, ...;

예제

```
wire x, y;          // two 1-bit wire
wire [1:4] bus;     // a 4-bit wire with bit 1 being the most
                    // significant
reg z;              // a 1-bit register
reg [7:0] s;        // an 8-bit register with bit 7 being the most
                    // significant
```

C.1.8 데이터 연산자(Data Operators)

가장 일반적으로 사용하는 Verilog 연산자 중 일부를 그림 C.2에 열거하였다.

C.1.9 모듈(Module)

Verilog에서 **module**은 디지털 시스템에서 논리적 구성요소를 나타낸다. 각 모듈은 다른 모듈과 통신하기 위한 신호를 지정하기 위한 인터페이스를 가지고 있다. 이러한 port 신호는 괄호안에 선언되며, **input**, **output**, 혹은 **inout**(양방향 통신을

Logical Operators	Operation	Example
&&	Logical AND	if ((a > b) && (c < d))
||	Logical OR	if ((a > b) || (c < d))
!	Logical NOT	if !(a > b)
&	Bitwise AND of individual bits	n = a & b
|	Bitwise OR of individual bits	n = a | b
~	Bitwise NOT of individual bits	n = ~a
^	Bitwise XOR of individual bits	n = a ^ b
Arithmetic Operators	**Operation**	**Example**
+	Addition	n = a + b
−	Subtraction	n = a − b
*	Multiplication (integer or floating point)	n = a * b
/	Division (integer or floating point)	n = a / b
%	Modulus; remainder (integer)	n = a % b
**	Power	n = a ** 2
Relational Operators	**Operation**	**Example**
==	Logical equal	if (a == b)
!=	Logical not equal	if (a != b)
<	Less than	if (a < b)
<=	Less than or equal	if (a <= b)
>	Greater than	if (a > b)
>=	Greater than or equal	if (a >= b)
===	Bitwise equal. All bits must match. Can include **x** and **z** values.	if (a === b)
!==	Bitwise not equal. True if only one bit is different. Can include **x** and **z** values.	if (a !== b)
Shift and Other Operators	**Operation**	**Example**
<<	Logical left shift. Pad with zero	n = 7'b1001010 << 2
>>	Logical right shift. Pad with zero	n = a >> 1
<<<	Arithmetic left shift. Pad with zero	n = a <<< 3
>>>	Arithmetic right shift. Pad with sign bit	n = a >>> 2
{,}	String concatenation	n = {a, b, c}
{m{ }}	Repetition where m is repetition number	n = {3{a}}

그림 C.2 Verilog 내장형 데이터 연산자.

위한) 형식이 될 수 있다. 모듈의 바디(body)는 논리적 구성요소의 실제적인 동작을 설명하는 문장을 포함한다.

모듈의 동작 설명은 행위적, 데이터 흐름적, 혹은 구조적 세 가지 다른 모델 중의 하나를 이용하여 작성될 수 있다. 행위적 모델링은 고 수준(high-level) 구성을 이용하여 회로의 추상적인 동작을 설명하며 회로가 실제적으로 구현되는 방법에 대해 고려하지 않는다. 데이터 흐름적 모델링은 부울 방정식에 근접하게 관련된 형식으로 회로를 지정한다. 구조적 모델링은 기본 게이트들이 서로 연결된 방법으로 회로를 설명한다.

Syntax:

module module_name
  (**input** port_name_list,
  output port_name_list,
  inout port_name_list);

  statements;
endmodule

예제 행위적 모델

```
// a 4-bit wide 2-to-1 multiplexer written in behavioral model
module multiplexer (
  input s,
  input [3:0] d0,
  input [3:0] d1,
  output reg [3:0] y
);

  always @(s, d0, d1) begin
    if (~s)
      y = d0;                    // assign d0 to y
    else
      y = d1;
  end

endmodule
```

예제 데이터 흐름적 모델

```
// a 1-bit wide 2-to-1 multiplexer written in dataflow model
module multiplexer (
  input s,
  input d0,
  input d1,
```

```
  output reg y
);
  assign y = (~s & d0) | (s & d1);
endmodule
```

예제 구조적 모델

```
// a 1-bit wide 2-to-1 multiplexer written in structural model
module multiplexer (
  input s, d0, d1,
  output y
);

  wire sn, snd0, sd1;  // define 3 nets for connecting the components
  not U1(sn,s);        // an instance of the NOT gate. sn is the output
  and U2(snd0,d0,sn); // an AND gate. snd0 is the output
  and U3(sd1,d1,s);
  or U4(y,snd0,sd1);
endmodule
```

C.1.10 모듈 파라미터 (Module Parameter)

Module은 선택적 파라미터 목록을 갖는다. 선택적 기본값으로 파라미터 목록은 모듈에 대한 포괄적인 정보를 정의할 수 있다. 키워드 parameter는 할당된 선택적 기본 값으로 식별자를 지정하는 데 사용된다. 식별자는 모듈이 사례화 될 때 외부값을 할당하거나, 외부값이 주어지지 않을 때 기본값을 할당한다.

Syntax: Declaration:

module module_name
  #(parameter identifier = default_value, identifier = default_value)
  (**input** port_name_list,
  output port_name_list,
  inout port_name_list);

  statements;
endmodule

Syntax: Instantiation:

module_name #(constant) instance_name (parameter_list);

예제 선언

```
// a default 8-bit 2-to-1 multiplexer written in dataflow model
module multiplexer
  #(parameter width = 8)  // a parameter constant with a default
                             value of 8

  (input [width-1:0] d0, d1,
  input s,
  output [width-1:0] y);

  assign y = (~s) ? d0:d1;    // assigns d0 to y if s is 0,
                                 // otherwise assigns d1 to y
endmodule
```

예제 사례화

```
// instantiating a 4-bit 2-to-1 multiplexer
multiplexer #(4) U1(input1, input2, select, output);
```

C.2 행위적 모델

행위적 모델은 일반 컴퓨터 프로그램과 유사하게 문장이 순차적으로 실행되도록 한다. 한 개 이상의 순차적 문장을 포함한 always 블록은 기본적인 행위적 모델을 형성한다. always 블록은 독립적인 제어 쓰레드(thread)가 있는 프로세스와 같아서, 그 안에 있는 모든 문장들을 순차적으로 실행한다. 변수 할당, if-then-else, 및 loops와 같은 많은 기본 구성을 포함하여 모든 순차적 문장들은 always 블록안에서 작성되어야 한다.

C.2.1 할당(Assignment)

신호 할당은 블록킹(blocking)에 사용되는 심볼 =, 혹은 논블록킹(non-blocking)에 사용되는 심볼 <= 를 이용하여 실행된다. 이러한 할당문은 데이터 흐름적 모델에서 할당으로 사용되는 키워드 assign과 다르다.

Syntax:

```
register_identifier = expression;     // blocking (immediate) assignment
register_identifier <= expression;    // non-blocking (concurrent) assignment
```

이러한 할당문은 Always 블록이나 initial 블록 안에서 사용되어야 한다. 등호 표시의 좌측의 식별자는 reg 형식이어야 하지만, 메모리 요소가 항상 식별자로서 사용된 것을 의미하는 것은 아니다.

예제

```
reg a, c;

always begin
  a = b;
  c = a;
end
```

블록킹 할당문은 순차적으로 실행된다. 그래서 할당문의 순서는 중요하다. 좌측의 register 변수는 다음 문장이 계속되기 전에 즉시 우측으로부터 값을 할당한다. 위 예에서, 두 개의 블록킹 할당문의 결과는 변수 a와 c 모두 동일한 b 값을 갖게 될 것이다.

예제

```
reg a, c;

always begin
  a <= b;
  c <= a;
end
```

논블록킹 할당문은 병렬로 실행되어서, 할당문의 순서는 중요하지 않다. 위 예에서, 첫 번째 문장은 a가 b 값을 갖게 하지만, 두 번째 문장에서 c는 첫 번째 문장이 전혀 발생하지 않은 것처럼 원래 값을 갖게 될 것이다. 다시 말하면, 논블록킹 할당문에서 모든 우측 표현은 어떠한 좌측 register가 갱신되기 전에 평가된다. 그래서 이러한 문장의 순서는결과 출력에 영향을 미치지 않는다.

다음은 블록킹 할당문을 사용할 때와 논블록킹 할당문을 사용할 때 지켜야 할 일반적인 지침의 목록이다.

- always 블록 안에서 조합논리를 모델링할 때 블록킹 할당 (=)을 사용하라.
- always 블록 안에서 순차논리를 모델링할 때 논블록킹 할당 (<=)을 사용하라.
- always 감지 리스트 혹은 래치를 모델링할 때 posedge 혹은 negedge 항목이 있으면 논블록킹 할당 (<=)을 사용하라.
- 동일한 always 블록 안에서 순차 및 조합논리를 모두 모델링할 때 논블록킹 할당 (<=)을 사용하라.
- 동일한 always 블록 안에서 블록킹과 논블록킹 할당을 혼용하지 말아라.
- 한 개 이상의 **always로부터** 할당을 동일한 변수로 하지 말아라.

이 지침을 따르지 않는다면 코드는 여전히 합성될 것이지만 시뮬레이션이 잘못되었을 수 있다.

C.2.2 초기화 (initial)

initial 블록은 시작에서만 한번 실행되고 모든 문장이 실행된 후 끝난다. 블록내의 순차적 행위적 문장들은 순차적으로 실행된다. 논블록킹 (<=) 할당은 여전히 병렬로 실행될 것이다.

Syntax:

```
initial
    statement;
```

예제

```
reg [7:0] rom[2**4-1:0];

initial begin
  rom[0] <= 8'b01100000;
  rom[1] <= 8'b10000000;
  rom[2] <= 8'b10100000;
  rom[3] <= 8'b11000001;
  rom[4] <= 8'b11111111;
end
```

C.2.3 always

always 블록은 initial 블록과 유사하지만, 연속적으로 반복하여 무한 루프와 유사한 문장을 실행한다. always 블록 자체는 병행적 문장이어서, 행위적 모듈은 여러 개의 always 블록을 포함하며 병행적으로 실행될 것이다. 블록안에 있는 순차적 행위적 문장들은 순차적으로 실행된다. 논블록킹(<=) 할당은 여전히 병렬로 실행될 것이다.

Syntax:

```
always
    statement;
```

예제

```
always begin
   term_1 = D | V;
   S = term_1 & M;
end
```

일반적으로 always 구조는 조합 논리나 순차 논리를 생성하기 위한 이벤트 제어(event control)(@)와 함께 사용된다.

C.2.4 이벤트 제어 (Event Control)

심볼 @를 사용하는 이벤트 제어문은 발생할 특정한 이벤트를 기다리고 관련된 문장을 실행한다. 이벤트는 쉼표로 구분된 네트 목록인 감지 리스트의 형식으로 지정된다. 감지 리스트에서 신호가 값이 변할 때마다 관련된 문장이 실행될 것이다.

Syntax:

```
@ (sensitivity_list)
    statement;
```

예제

```
// synthesizes to a combinational logic
module Siren (
  input M, D, V,
  output reg S
);
  reg term_1;

  always @(M, D, V) begin
    term_1 = D | V;
    S = term_1 & M;
  end

endmodule
```

감지 리스트가 할당문 우측에 있는 모든 변수나 **if** 문에 있는 조건을 포함한다면, 조합논리가 생성된다. 별표(*) 심볼은 모든 변수를 나타내는 약칭 표기법으로 사용할 수 있다.

Syntax:

```
@ (*)
    statement;
```

예제

```
// synthesizes to a combinational logic
always @(*)      // equivalent to always @(a, b, c)
  if (a == 1)
    x = b;
  else
    x = c;
```

감지 리스트에서 지정된 네트는 키워드 posedge 혹은 negedge로 검증될 수 있으므로 제어문은 문장을 실행하기 전에 주어진 신호의 상승 및 하강 천이만을 감시한다. 이 경우, 논블록킹 할당 (<=) 문은 always 블록내에서 사용되어야 하며, 순차논리가 생성된다.

Syntax:

> @ (**posedge** signal)
> statement;
>
> @ (**negedge** signal)
> statement;

감지 리스트는 모든 에지 트리거드 신호(posedge 혹은 negedge 수식자가 있는)와 레벨 감지 신호(posedge 혹은 negedge 수식자가 없는)를 포함할 수 없다.

예제 기본 D 플립플롭의 예

```
module D_flipflop (
  input clock, data,
  output reg q
);

  always @(posedge clock)
    q <= data; // q gets the value of data at next rising clock edge
endmodule;
```

예제 동기식 고레벨 활성 인에이블 및 비동기식 고레벨 클리어 신호를 갖는 D 플립플롭의 예

```
module D_flipflop (
  input D,
  input Clock,
  input Enable,
  input Clear,
  output reg Q
);

  // execute on rising clock edge or Clear
  always @(posedge Clock or posedge Clear) begin
    if (Clear) begin
      Q <= 1'b0;                    // assign 0 to Q on clear
    end else if (Enable) begin
      Q <= D;  // assign value from D to Q only if Enable is asserted
    end
  end

endmodule
```

C.2.5 begin-end

순차문의 블록은 키워드 begin과 end의 사용하여 단일 블록을 형성하기 위해 그룹화 할 수 있다.

Syntax:

```
begin
    statement1;
    statement2;
    ...
end
```

예제

```
if (a == 1) begin
   x = 1'b0;
   y = 1'b1;
end
```

C.2.6 if-then-else

Syntax:

```
if (condition)
    statement1;
else
    statement2;
```

or

```
if (condition)
    statement1;
else if (condition)
    statement2;
else
    statement3;
```

예제

```
if (count != 10)  // not equal
  count = count + 1;
else
  count = 0;
```

C.2.7 case, casex, casez

Syntax:

case (expression)
  constant1: statement1;
  constant2: statement2;
  …
  default: statement3;
endcase

casex와 casez 문은 대치되는 키워드를 제외하고 case 문과 동일한 구문을 갖는다. casez 문은 z 값을 무정의 값으로 처리할 수 있도록 하며, 반면에 casex 문은 x와 z 값을 무정의 값으로 처리할 수 있도록 한다.

예제

```
module mux4
  #(parameter width = 8)
  (input [1:0] s,
  input [width-1:0] d3, d2, d1, d0,
  output reg [width-1:0] y);

  always @(s, d0, d1, d2, d3) begin
    case (s)
      2'b00: begin
        y = d0;
        end
      2'b01: begin
        y = d1;
        end
      2'b10: begin
        y = d2;
        end
      default: begin
        y = d3;
        end
    endcase
  end
endmodule
```

C.2.8 for

Syntax:

> **for** (id = low_range; id < high_range; id = id + step)
>   statement;

예제

```
module TestFOR
  (sum);

  inout reg [7:0] sum = 'd0;    // initialize with decimal 0
  reg [3:0] i;

  always
    begin
    for (i = 0; i < 10; i = i + 1)
      begin
      sum = sum + i;
    end
  end

endmodule
```

C.2.9 while

Syntax:

> **while** (condition)
>   statement;

예제

```
module TestWHILE
  (sum);

  inout reg [7:0] sum = 'd0;
  reg [3:0] i;

  always
    begin
    i = 0;
    while (i < 10)
```

```
      begin
      sum = sum + i;
      i = i + 1;
      end
    end

endmodule
```

C.2.10 function

Syntax: Function definition:

> **function** function_name (parameter_list);
> // register declarations
> // wire declarations
> **begin**
> statement;
> ...
> **end**
> **endfunction**

Syntax: Function call:

> function_name (parameters);

예제

```
module TestFunction
  (input [7:0] bitstring,
  output [7:0] result);

  assign result = Shiftright(bitstring);    // function call

// function to perform a shift right
function [7:0] Shiftright
  (input [7:0] string);

  Shiftright = {1'b0,string[7:1]};
endfunction

endmodule
```

C.2.11 행위적 모델의 예

다음 예는 2진 코드화 10진수(binary coded decimal)를 7-세그먼트 LED로 변환하는 복호기의 행위적 코드를 나타낸다.

예제 기본 D 플립플롭의 예

```
module decoder
  (input [3:0] I,
  output reg a,b,c,d,e,f,g);

  always @(*) begin
    case(I)
    4'b0000: {a,b,c,d,e,f,g} = 7'b1111110;    // 0
    4'b0001: {a,b,c,d,e,f,g} = 7'b0110000;    // 1
    4'b0010: {a,b,c,d,e,f,g} = 7'b1101101;    // 2
    4'b0011: {a,b,c,d,e,f,g} = 7'b1111001;    // 3
    4'b0100: {a,b,c,d,e,f,g} = 7'b0110011;    // 4
    4'b0101: {a,b,c,d,e,f,g} = 7'b1011011;    // 5
    4'b0110: {a,b,c,d,e,f,g} = 7'b1011111;    // 6
    4'b0111: {a,b,c,d,e,f,g} = 7'b1110000;    // 7
    4'b1000: {a,b,c,d,e,f,g} = 7'b1111111;    // 8
    4'b1001: {a,b,c,d,e,f,g} = 7'b1110011;    // 9
    4'b1010: {a,b,c,d,e,f,g} = 7'b1110111;    // A
    4'b1011: {a,b,c,d,e,f,g} = 7'b0011111;    // b
    4'b1100: {a,b,c,d,e,f,g} = 7'b1001110;    // C
    4'b1101: {a,b,c,d,e,f,g} = 7'b0111101;    // d
    4'b1110: {a,b,c,d,e,f,g} = 7'b1001111;    // E
    4'b1111: {a,b,c,d,e,f,g} = 7'b1000111;    // F
    default: {a,b,c,d,e,f,g} = 7'b0000000;    // all off
    endcase
  end
endmodule
```

C.3 데이터 흐름적 모델 (Dataflow Model)

데이터 흐름적 모델은 부울 대수와 유사한 형식으로 회로를 지정한다. 그래서 이 모델은 일련의 부울식들이 주어질 때 회로를 묘사하기에 가장 적합하다.

C.3.1 연속 할당(Continuous Assignment)

assign 문은 always 밖의 네트에 연속적으로 값을 할당하는 데 사용된다. assign 문은 입력이 변경될 때마다 평가되며 평가 결과는 출력 네트에 할당된다. 연속 할당문과 조건적 할당문은 병렬도 실행되어서 문장의 순서는 중요하지 않다.

Syntax

```
assign net_identifier = expression;     // assign statement
wire net_identifier = expression;       // declaration and initialization of net
```

등호 표시 좌측의 네트 식별자는 wire 형식이어야 한다. 우측의 표현은 논리 표현이나 산술표현이 될 수 있다.

예제

```
module logic (
  input a, b, c,
  output f
);

  wire w = a & b;

  assign f = w | c;

endmodule
```

C.3.2 조건적 할당(Conditional Assignment)

조건적 할당문은 네트에 할당할 두 개의 다른 값들 중 하나를 선택한다. 이 문장은 표현 혹은 조건에서 입력이 변할 때마다 실행된다. 연속 할당문과 조건적 할당문은 병렬도 실행되어서 문장의 순서는 중요하지 않다.

Syntax:

```
assign net_identifier = (condition) ? expression1:expression2;
```

조건이 참이라면 표현 1의 결과가 네트에 할당되고, 그렇지 않으면 표현 2의 결과가 네트에 할당된다.

예제

```
// assigns in to out if enable is true otherwise assigns a z to out
assign out = (enable) ? in:1'bz;
```

C.3.3 데이터 흐름적 모델의 예 (Dataflow Model Example)

이 예는 데이터 흐름적 모델을 이용한 전가산기(FA)를 나타낸다. 전가산기에 대한 부울식은 다음과 같다.

$$c_{out} = xy + c_{in}(x \oplus y)$$
$$sum = x \oplus y \oplus c_{in}$$

다음 예는 위의 두 식을 해당하는 두 개의 assign 문으로 변환한다.

예제 전가산기의 데이터 흐름적 코드

```
module fa
  (input x, y, cin,
  output cout, sum);

  assign cout = (x & y) | (cin & (x ^ y));
  assign sum = x ^ y ^ cin;
endmodule
```

C.4 구조적 모델 (Structural Model)

구조적 모델은 더 큰 모듈을 구축하기 위해 네트를 이용하여 기본 게이트들과 모듈 구성요소들을 수작업으로 연결할 수 있게 한다. 이 모델은 이미 구성요소의 도식도를 가지고 있고 정확히 도식도를 기반으로 구성요소를 재 생성하는 데 가장 적합하다.

C.4.1 내장형 게이트 (Built-in Gates)

모든 게이트들은 Verilog 언어에 내장되어 있다. 더욱이, 사용자-정의 모듈을 사레화하기 위해 동일한 구문을 사용할 수 있다. 이런 식으로 하위 수준에서 모듈을 정의할 수 있으며 상위 수준에서 모듈을 사용할 수 있다.

Syntax:

```
and      instance_name (parameter_list);      // implements the primitive logic function
nand     instance_name (parameter_list);
nor      instance_name (parameter_list);
or       instance_name (parameter_list);
xor      instance_name (parameter_list);
xnor     instance_name (parameter_list);
buf      instance_name (output, input);       // implements the noninverting buffer
not      instance_name (output, input);       // implements the inverter

bufif0   instance_name (output, input, enableN);   // implements the tri-state buffer with active-low enable
bufif1   instance_name (output, input, enable);    // implements the tri-state buffer with active-high enable
notif0   instance_name (output, input, enableN);   // implements the tri-state inverter with active-low enable
notif1   instance_name (output, input, enable);    // implements the tri-state inverter with active-high enable
```

게이트의 각 인스턴스는 선택적 인스턴스 이름을 갖을 수 있다. 파라미터 목록은 쉼표로 분리된 입역과 출력 신호들로 구성된다. 모든 입/출력 신호들은 wire 형식의 네트이다. 미리 정의된 기본 게이트의 경우, 첫 번째 파라미터는 항상 출력 신호를 지정하고, 다음에 여러 입력 네트들이 필요하다.

예제

```
and U1(out, in1, in2, in3, in4);    // a 4-input AND gate
or U2(out, in1, in2);               // a 2-input OR gate
```

C.4.2 사용자-정의 모듈(User-Defined Module)

사용자-정의 모듈은 계층적 형식에서 회로를 구축하는 데 사용될 수 있다.

사용자-정의 모듈을 사용하는 구문은 기본 게이트와 동일하다. 사용자-정의 모듈의 경우,파라미터 목록에서 입력과 출력은 모듈 정의에서 파라미터가 지정된 방식에 따른다. 파라미터 목록은 위치적이나 명명된 방식 중 하나를 이용하여 지정된다. 여기서 사용된 상수는 모듈 정의에서 파라미터 절에서 지정된 숫자보다 우선할 것이다.

Syntax:

user_defined_module_name instance_name (parameter_list);

or

user_defined_module_name #(constant) instance_name (parameter_list);

예제 위치적 연관

```
fa U2(X[0], Y[0], c[0], c[1], S[0]);
```

예제 명명 연관

```
fa U3(.x(X[0]), .y(Y[0]), .cin(c[0]), .cout(c[1]), .sum(S[0]));
```

예제 상수 파라미터

```
TriState_Buffer #(8) U4(.E(OE), .D(dp_sum), .Y(Output));
```

C.4.3 구조적 모델의 예(Structural Model Example)

구조적 모델의 예는 다음 회로를 기반으로 한 4-비트 리플-캐리 가산기에 대한 것이다. 전가산기(FA) 모듈은 C.3.3절에서 정의되었다.

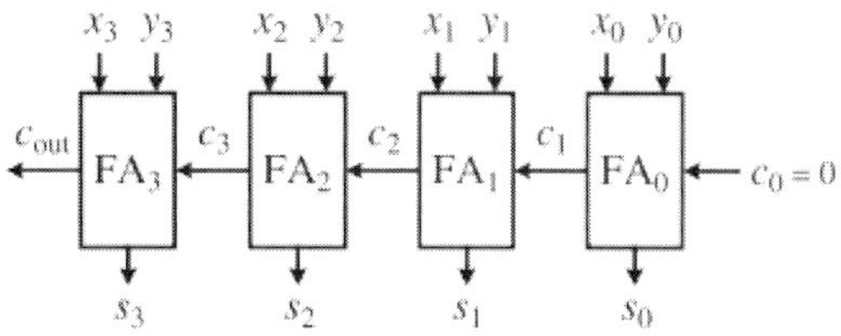

예제 4-비트 가산기의 구조적 코드

```
module adder (
  input [3:0] X, Y,
  output [3:0] S,
  output Cout
);
  wire [3:0] c;

  assign c[0] = 1'b0;

  fa U0(.x(X[0]), .y(Y[0]), .cin(c[0]), .cout(c[1]),
        .sum(S[0]));
  fa U1(.x(X[1]), .y(Y[1]), .cin(c[1]), .cout(c[2]),
        .sum(S[1]));
  fa U2(.x(X[2]), .y(Y[2]), .cin(c[2]), .cout(c[3]),
        .sum(S[2]));
  fa U3(.x(X[3]), .y(Y[3]), .cin(c[3]), .cout(Cout),
        .sum(S[3]));

endmodule
```

APPENDIX D

VHDL 요약

VHDL 언어는 단순한 게이트의 연결로부터 복잡한 시스템에 이르기까지 다양한 디지털 회로를 모델링하는 하드웨어 기술 언어(HDL)이다. VHDL VHSIC Hardware Description Language의 약자이며, VHSIC는 Very High Speed Integrated Circuits의 약자이다. 이 부록은 기본적인 VHDL 요소 및 구문에 대한 간략한 요약이다. 이 언어의 많은 고급 기능들은 생략되었다. 관심있는 독자들은 자세한 내용을 담은 다른 참고문헌을 참조하자.

D.1 기본 언어 요소

D.1.1 키워드 (Keyword)

VHDL 언어는 대소문자를 구별하지 않아서, 키워드들은 대문자 혹은 소문자로 사용할 수 있다. 그림 D.1은 VHDL 키워드의 일부 목록이다.

ABS	AND	ARCHITECTURE	ARRAY	BEGIN	BIT
BIT_VECTOR	BODY	BOOLEAN	CASE	COMPONENT	CONSTANT
DOWNTO	ELSE	ELSIF	END	ENTITY	EXIT
FOR	FUNCTION	GENERIC	IF	IN	INTEGER
IS	LIBRARY	LOOP	MAP	MOD	NAND
NATURAL	NEXT	NOR	NOT	OF	OR
OTHERS	PACKAGE	PORT	POSITIVE	PROCEDURE	PROCESS
RANGE	REM	RETURN	ROL	ROR	SELECT
SIGNAL	SLA	SLL	SRA	SRL	STD_LOGIC
STD_LOGIC_VECTOR	USE				

그림 D.1 VHDL 키워드의 부분 목록.

D.1.2 주석 (Comments)

주석은 앞에는 두 개의 두 개의 연속적인 하이픈 (--)이 있고 줄 끝에서 종료된다.

예제

```
-- This is a comment
```

D.1.3 식별자 (Identifiers)

VHDL 식별자는 구문:

- 하나 이상의 대문자, 소문자, 디지트와 밑줄 (_) 시퀀스
- 대문자와 소문자는 동일하게 취급한다(즉, 대소문자 구분하지 않음).
- 첫 번째 문자는 글자이어야 한다.
- 마지막 문자는 밑줄이 될 수 없다.
- 두 개의 밑줄은 함께 사용될 수 없다.

D.1.4 데이터 객체 (Data Objects)

신호, 변수 및 상수의세 가지 데이터 객체가 있다.

- 데이터 객체 SIGNAL은 회로에서 선의 논리 값을 나타낸다. 신호는 기억 요

소를 가는 것이 아니라서 신호의 소스가 제거되면 신호는 값을 갖지 않는다.

- VARIABLE 객체는 내용을 기억하고, 행위적 모델의 계산에 사용된다.
- CONSTANT 객체는 선언되었을 때 값으로 초기화되어야 하고, 이 값은 변결될 수 있다.

예제

```
SIGNAL x: BIT;
VARIABLE y: INTEGER;
CONSTANT one: STD_LOGIC_VECTOR(3 DOWNTO 0) := "0001";
```

D.1.5 데이터 형식 (Data Types)

BIT와 BIT_VECTOR

BIT와 BIT_VECTOR 형식은 VHDL에서 사전 정의되어 있다. 이 형식의 객체는 0 혹은 1 값을 가질 수 있다. BIT_VECTOR 형식은 단순히 BIT 형식의 벡터이다. 모든 비트가 동일한 값을 갖는 벡터는 OTHERS 키워드를 사용하여 얻을 수 있다.

예제

```
SIGNAL x: BIT;
SIGNAL y: BIT_VECTOR(7 DOWNTO 0);
x <= '1';
y <= "00000010";
y <= (OTHERS => '0'); -- same as "00000000"
```

STD_LOGIC과 STD_LOGIC_VECTOR

STD_LOGIC과 STD_LOGIC_VECTOR 형식은 실제 회로를 보다 정확하게 모델링하기 위해서 BIT 형식보다 많은 형식을 제공한다. 이러한 형식의 객체는 다음 값을 가질 수 있다.

‘0’ - normal 0

'1' - normal 1

'z' - 고 임피던스

'-' - dont't-care

'L' - weak 0

'H' - weak 1

'U' - uninitialized

'X' - unknown

'W' - weak unknown

STD_LOGIC과 STD_LOGIC_VECTOR 형식은 사전 정의된 것이 아니라서, 이 형식을 사용하기 위해서 다음 두 개의 라이브러리 문장이 포함되어야 한다.

```
LIBRARY IEEE;
USE IEEE.STD_LOGIC_1164.ALL;
```

STD_LOGIC_VECTOR 형식의 객체가 산술연산에서 2진수로 사용된다면 다음 두 개의 USE 문장 중의 하나가 반드시 포함되어야 한다.

부호가 있는 수의 연산의 경우

```
USE IEEE.STD_LOGIC_SIGNED.ALL;
```

부호가 없는 수의 연산의 경우

```
USE IEEE.STD_LOGIC_UNSIGNED.ALL;
```

모든 비트가 동일한 값을 갖는 벡터는 OTHERS 키워드를 사용하여 얻을 수 있으며, 다음 예에 나타내었다.

예제

```
LIBRARY IEEE;
USE IEEE.STD_LOGIC_1164.ALL;

SIGNAL x: STD_LOGIC;
SIGNAL y: STD_LOGIC_VECTOR(7 DOWNTO 0);

x <= 'Z';
y <= "0000001Z";
y <= (OTHERS => '0'); -- same as "00000000"
```

INTEGER

사전 정의된 INTEGER 형식은 산술연산에 사용하기 위해 2진수를 정의한다. 기본적으로 INTEGER 신호는 부호있는 수를 표현하기 위해 32 비트를 사용한다. 작은 비트를 사용하는 정수들은 RANGE 키워드를 사용하여 선언할 수 있다.

예제

```
SIGNAL x: INTEGER;
SIGNAL y: INTEGER RANGE -64 TO 64;
```

BOOLEAN

사전 정의된 BOOLEAN 형식은 두 개의 값 TRUE와 FALSE 값을 갖는 객체를 정의한다.

예제

```
SIGNAL x: BOOLEAN;
```

열거형 형식

열거형 형식은 사용자가 데이터 객체가 가지는 값을 지정할 수 있게 해준다.

Syntax:

TYPE identifier IS (value1, value2, …);

예제

```
TYPE state_type IS (S1, S2, S3);
SIGNAL state: state_type;
state <= S1;
```

ARRAY

ARRAY 형식은 동일한 형식의 단일 데이터 객체들을 일차원 혹은 다차원 배열로 그룹화한다.

Syntax:

TYPE identifier IS ARRAY (range) OF type;

예제

```
TYPE byte IS ARRAY(7 DOWNTO 0) OF BIT;
TYPE memory_type IS ARRAY(1 TO 128) OF byte;
SIGNAL memory: memory_type;
memory(3) <= "00101101";
```

SUBTYPE

SUBTYPE은 형식의 하위 집합, 즉 범위 제약 조건이 있는 형식이다.

Syntax:

SUBTYPE identifier IS type RANGE range;

예제

```
SUBTYPE integer4 IS INTEGER RANGE -8 TO 7;
SUBTYPE cell IS STD_LOGIC_VECTOR(3 DOWNTO 0);
TYPE memArray IS ARRAY(0 TO 15) OF cell;
```

일부 표준 하위형식에는 다음 사항이 포함된다.

- NATURAL-범위 0에서 INTEGER'HIGH까지의 정수
- POSITIVE-범위 1에서 INTEGER'HIGH까지의 정수

D.1.6 데이터 연산자(Data Operators)

VHDL 내장 연산자는 그림 D.2에 열거하였다.

Logical Operators	Operation	Example
AND	AND	n <= a AND b
OR	OR	n <= a OR b
NOT	NOT	n <= NOT a
NAND	NAND	n <= a NAND b
NOR	NOR	n <= a NOR b
XOR	XOR	n <= a XOR b
XNOR	XNOR	n <= a XNOR b
+	Addition	n <= a + b
−	Subtraction	n <= a − b
*	Multiplication (integer or floating point)	n <= a * b
/	Division (integer or floating point)	n <= a / b
MOD	Modulus (integer)	n <= a MOD b
REM	Remainder (integer)	n <= a REM b
**	Exponentiation	n <= a ** 2
&	Concatenation	n <= 'a' & 'b'
ABS	Absolute	
Relational Operators	**Operation**	**Example**
=	Equal	IF (n = 10) THEN
/=	Not equal	IF (n /= 10) THEN
<	Less than	IF (n < 10) THEN
<=	Less than or equal	IF (n <= 10) THEN
>	Greater than	IF (n > 10) THEN
>=	Greater than or equal	IF (n >= 10) THEN
Shift Operators	**Operation**	**Example**
SLL	Shift left logical	n <= "1001010" SLL 2
SRL	Shift right logical	n <= "1001010" SRL 1
SLA	Shift left arithmetic	n <= "1001010" SLA 2
SRA	Shift right arithmetic	n <= "1001010" SRA 1
ROL	Rotate left	n <= "1001010" ROL 2
ROR	Rotate right	n <= "1001010" ROR 3

그림 D.2 VHDL 내장 연 산자.

D.1.7 ENTITY

ENTITY 선언은 함수의 선언과 유사하게 모듈의 외부 혹은 사용자 인터페이스를 선언한다. 이것은 엔티티의 이름과 인터페이스를 지정한다. 인터페이스는 각각 IN과 OUT 키워드를 이용하여 엔티티로 들어오거나 나가는 신호로 구성된다.

Syntax:

ENTITY entity-name IS
  PORT (list-of-port-names-and-types);
END entity-name;

예제

```
LIBRARY IEEE;
USE IEEE.STD_LOGIC_1164.ALL;

ENTITY Siren IS PORT (
  M:  IN STD_LOGIC;
  D:  IN STD_LOGIC;
  V:  IN STD_LOGIC;
  S:  OUT STD_LOGIC);
END Siren;
```

D.1.8 ARCHITECTURE

ARCHITECTURE 바디(body)는 엔티티 기능의 실제 구현을 정의한다. 이것은 함수의 정의 혹은 구현과 유사하다. 아키텍쳐 구문은 사용하는(데이터 흐름적, 행위적, 혹은 구조적) 모델에 따라 다르다.

Syntax: Dataflow model:

ARCHITECTURE architecture-name OF entity-name IS
  signal-declarations;
BEGIN
  concurrent-statements;
END architecture-name;

The concurrent statements are executed concurrently.

병행문들은 병행적으로 실행된다.

예제

```
ARCHITECTURE Siren_Dataflow OF Siren IS
  SIGNAL term_1: STD_LOGIC;
BEGIN
  term_1 <= D OR V;
  S <= term_1 AND M;
END Siren_Dataflow;
```

Syntax: Behavioral model:

```
ARCHITECTURE architecture-name OF entity-name IS
   signal-declarations;
   function-definitions;
   procedure-definitions;
BEGIN
   PROCESS-blocks;
   concurrent-statements;
END architecture-name;
```

PROCESS 블록 내의 문장들은 순차적으로 실행된다. 그러나 PROCESS 블록 자체는 병행문이다.

예제

```
ARCHITECTURE Siren_Behavioral OF Siren IS
  SIGNAL term_1: STD_LOGIC;
BEGIN
  PROCESS (D, V, M)
  BEGIN
    term_1 <= D OR V;
    S <= term_1 AND M;
  END PROCESS;
END Siren_Behavioral;
```

Syntax: Structural model:

```
ARCHITECTURE architecture-name OF entity-name IS
   component-declarations;
   signal-declarations;
BEGIN
   instance-name: PORT MAP-statements;
   concurrent-statements;
END architecture-name;
```

사용된 모든 구성요소 선언은 해당 엔티티와 아키텍처를 가지고 있어야 한다. PORT MAP문은 병행문이다.

예제

```
ARCHITECTURE Siren_Structural OF Siren IS
  COMPONENT myOR PORT (
    in1, in2: IN STD_LOGIC;
    out1: OUT STD_LOGIC);
  END COMPONENT;

  SIGNAL term1: STD_LOGIC;

BEGIN
  U0: myOR PORT MAP (D, V, term1);
  S <= term1 AND M;
END Siren_Structural;
```

D.1.9 GENERIC

제네릭은 정보를 엔티티로 전달할 수 있다. 예를 들어, PORT 목록에서 벡터 크기는 정교화 시간(elaboration time)까지 알려질 필요가 없다. 엔티티의 제네릭은 엔티티에서 PORT 목록 선언 전에 GENERIC 키워드로 선언된다. GENERIC처럼 선언된 식별자는 읽을 수만 있는 상수이다. 식별자는 상수가 예상될 때마다 엔티티 선언과 해당 아키텍처에서 사용될 수 있다.

Syntax: In an ENTITY declaration:

```
ENTITY entity-name IS
GENERIC (identifier: type);            -- with no default value
...
```

or

```
ENTITY entity-name IS
GENERIC (identifier: type := constant);   -- with a default value given by
                                          -- the constant
...
```

예제

```
ENTITY Adder IS
-- declares the generic identifier n having a default value 4
GENERIC (n: INTEGER := 4);
PORT (
  -- the vector size is 3 downto 0 since n is 4
```

```
    A, B:  IN STD_LOGIC_VECTOR(n-1 DOWNTO 0);
    Cout:  OUT STD_LOGIC;
    SUM:  OUT STD_LOGIC_VECTOR(n-1 DOWNTO 0));
    S:  OUT STD_LOGIC);
  END Adder;
```

또한, 제네릭 상수에 대한 값은 구성요소 선언 혹은 구성요소 사례화 문장에서 지정될 수 있다.

Syntax: In a component declaration:

```
COMPONENT component-name
  GENERIC (identifier: type := constant);   -- with an optional value given
                                            -- by the constant
  PORT (list-of-port-names-and-types);
END COMPONENT;
```

Syntax: In a component instantiation:

label: component-name GENERIC MAP (constant) PORT MAP (association-list);

예제

```
ARCHITECTURE ...

  COMPONENT mux2 IS
    -- declares the generic identifier n having a default value 4

    GENERIC (n: INTEGER := 4);
    PORT (
      S: IN STD_LOGIC;              -- select line
      D1, D0: IN STD_LOGIC_VECTOR(n-1 DOWNTO 0);-- data bus input
      Y: OUT STD_LOGIC_VECTOR(n-1 DOWNTO 0));  -- data bus output
  END COMPONENT;

  ...

BEGIN

  U0: mux2 GENERIC MAP (8) PORT MAP (mux_select, A, B, mux_out);
  -- change vector to size 8

  ...
```

D.1.10 PACKAGE

PACKAGE는 함께 선언을 그룹화하고 몇몇 엔티티 유닛에서 공유하는 메케니즘을 제공한다. 패키지 자체는 선언을 포함하며 선택적으로 바디를 포함한다. 일반적으로 PACKAGE 선언과 바디는 나머지 설계 유닛과 별도의 파일로 저장된다. 이 파일의 주어진 이름은 패키지 이름과 동일해야 한다. Quartus II를 사용하여 설계를 정확하게 합성하기 위해서 분리된 유닛과 같이 패키지를 먼저 합성해야 한다. 그리고 난 후, 패키지를 사용하는 유닛을 합성할 수 있다.

PACKAGE 선언과 바디

PACKAGE 선언은 다른 엔티티 유닛 사이에 공유되는 선언들을 포함한다. 이것은 인터페이스, w,r 다른 엔티티 유닛에 보일 수 있는 항목을 제공한다. 선택적 PACKAGE BODY는 PACKAGE 선언에서 선언되는 기능과 절차의 구현을 포함한다.

Syntax:* PACKAGE *declaration

```
PACKAGE package-name IS
   type-declarations;
   subtype-declarations;
   signal-declarations;
   variable-declarations;
   constant-declarations;
   component-declarations;
   function-declarations;
   procedure-declarations;
END package-name;
```

Syntax:* PACKAGE BODY *declaration

```
PACKAGE BODY package-name IS
   function-definitions;     -- for functions declared in the package
                             -- declaration

   procedure-definitions;    -- for procedures declared in the package
                             -- declaration
END package-name;
```

예제

```
LIBRARY IEEE;
USE IEEE.STD_LOGIC_1164.ALL;

PACKAGE my_package IS
  SUBTYPE bit4 IS STD_LOGIC_VECTOR(3 DOWNTO 0);
  -- declare a function
  FUNCTION Shiftright (input: IN bit4) RETURN bit4;
  SIGNAL mysignal: bit4;  -- a global signal
END my_package;

PACKAGE BODY my_package IS
  -- implementation of the Shiftright function
  FUNCTION Shiftright (input: IN bit4) RETURN bit4 IS
  BEGIN
    RETURN '0' & input(3 DOWNTO 1);
  END shiftright;
END my_package;
```

PACKAGE 사용

패키지를 사용하기 위해서, 패키지에 대한 LIBRARY와 USE가 포함한다. 패키지를 사용하는 모듈을 합성하기 전에, 최 상위 엔티티처럼 패키지 자체를 먼저 합성해야 한다.

Syntax:

```
LIBRARY WORK;
USE WORK.package-name.ALL;
```

예제

```
LIBRARY WORK;
USE WORK.my_package.ALL;

ENTITY test_package IS PORT (
  x: IN bit4;
  z: OUT bit4);
END test_package;

ARCHITECTURE Behavioral OF test_package IS
BEGIN
  mysignal <= x;
  z <= Shiftright(mysignal);
END Behavioral;
```

D.2 행위적 모델–순차문

행위적 모델은 일반 컴퓨터 프로그램과 유사하게 문장이 순차적으로 실행되도록 한다. 순차문은 변수 할당, if-then-else 문과 loop와 같은 여러 표준 구성을 포함한다.

D.2.1 PROCESS

PROCESS 블록은 순차적으로 실행되는 문장들을 포함한다. 그러나, PROCESS 문 자체는 병행문이어서 아키텍처 안에 여러 개의 PROCESS 블록들이 동시에 실행될 것이다. 이러한 프로세스 블록은 다른 병행문들과 함께 결합될 수 있다.

Syntax:

```
process-name: PROCESS (sensitivity-list)
   variable-declarations;
BEGIN
   sequential-statements;
END PROCESS process-name;
```

감지 리스트는 프로세스가 감지할 신호들을 쉼표로 분리해 놓은 리스트이다. 다시 말해서, 리스트에서 신호가 변할 때 마다 프로세스는 실행(즉, 순차적 순서로 열거되어 있는 모든 문장들)될 것이다. 마지막 문장이 실행된 후, 프로세스는 감지 리스트에서 신호가 변하는 다음 시간까지 일시 정지할 것이며 그 후 다시 실행된다.

예제

```
Siren: PROCESS (D, V, M)
BEGIN
  term_1 <= D OR V;
  S <= term_1 AND M;
END PROCESS;
```

D.2.2 순차적 신호 할당(Sequential Signal Assignment)

순차적 신호 할당문은 신호에 값을 할당한다. 이 문장은 순차적으로 실행된다는 점을 제외하고(즉, 실행에 도달할 때만) 병행문에 대응하는 문장과 동일하다.

Syntax:

signal <= expression;

예제

```
y <= '1';
z <= y AND (NOT x);
```

D.2.3 변수 할당(Variable Assignment)

변수 할당문은 값 혹은 표현식의 평가 결과를 변수에 할당한다. 값은 항상 이 문장을 실행하자 마자 변수에 할당된다.

변수는 PROCESS 블록 내에서만 선언된다.

Syntax:

signal := expression;

예제

```
y := '1';
yn := NOT y;
```

D.2.4 WAIT

프로세스가 감지 리스트를 가지고 있을 때, 프로세스는 항상 마지막 문장을 실행한 후 일시 정지되며, 이 또한 프로세스의 첫 번째 문장에 있어야 한다.

Syntax:

WAIT UNTIL condition;

예제

```
-- suspend until a rising clock edge
WAIT UNTIL clock'EVENT AND clock = '1';
```

D.2.5 IF-THEN-ELSE

Syntax:

```
IF condition THEN
   sequential-statements1;
ELSE
   sequential-statements2;
END IF;
```

or

```
IF condition1 THEN
   sequential-statements1;
ELSIF condition2 THEN
   sequential-statements2;
...
ELSE
   sequential-statements3;
END IF;
```

예제

```
IF count /= 10 THEN  -- not equal
  count := count + 1;
ELSE
  count := 0;
END IF;
```

D.2.6 CASE

Syntax:

```
CASE expression IS
WHEN choices => sequential-statements;
WHEN choices => sequential-statements;
...
WHEN OTHERS => sequential-statements;
END CASE;
```

예제

```
CASE sel IS
WHEN "00" => z <= in0;
WHEN "01" => z <= in1;
WHEN "10" => z <= in2;
WHEN OTHERS => z <= in3;
END CASE;
```

D.2.7 NULL

NULL 문은 어떠한 동작도 실행하지 않는다.

Syntax:

```
NULL;
```

D.2.8 FOR

Syntax:

```
FOR identifier IN start [TO | DOWNTO] stop LOOP
   sequential-statements;
END LOOP;
```

Loop 문은 지역적으로 정적 경계를 가지고 있어야 한다. 식별자는 암시적으로 선언되어서, 변수의 명시적인 선언은 필요하지 않다.

예제

```
sum := 0;
FOR count IN 1 TO 10 LOOP
  sum := sum + count;
END LOOP;
```

D.2.9 WHILE

Syntax:

```
WHILE condition LOOP
   sequential-statements;
END LOOP;
```

D.2.10 LOOP

Syntax:

```
LOOP
    sequential-statements;
    EXIT WHEN condition;
END LOOP;
```

D.2.11 EXIT

EXIT 문은 루프 안에서만 사용될 수 있다. 이것은 실행이 가장 안쪽의 루프를 벗어나게 하며 일반적으로 LOOP 문과 함께 사용된다.

Syntax:

```
EXIT WHEN condition;
```

D.2.12 NEXT

NEXT 문은 루프 안에서만 사용될 수 있다. 이것은 실행이 현재 반복의 끝으로 건너뛰고 다음 반복의 시작으로 계속된다. FOR 문과 함께 사용된다.

Syntax:

```
NEXT WHEN condition;
```

예제

```
sum := 0;
FOR count IN 1 TO 10 LOOP
  NEXT WHEN count = 3;
  sum := sum + count;
END LOOP;
```

D.2.13 FUNCTION

Syntax: Function declaration:

```
FUNCTION function-name (parameter-list) RETURN return-type;
```

Syntax: Function definition:

```
FUNCTION function-name (parameter-list) RETURN return-type IS
BEGIN
   sequential-statements;
END function-name;
```

Syntax: Function call:

```
function-name (actuals);
```

파라미터 리스트의 파라미터는 IN 모드에서만 신호 또는 변수가 될 수 있다.

예제

```
LIBRARY IEEE;
USE IEEE.STD_LOGIC_1164.ALL;

ENTITY test_function IS PORT (
  x: IN STD_LOGIC_VECTOR(3 DOWNTO 0);
  z: OUT STD_LOGIC_VECTOR(3 DOWNTO 0));
END test_function;

ARCHITECTURE Behavioral OF test_function IS

  SUBTYPE bit4 IS STD_LOGIC_VECTOR(3 DOWNTO 0);

  FUNCTION Shiftright (input: IN bit4) RETURN bit4 IS
  BEGIN
    RETURN '0' & input(3 DOWNTO 1);
  END shiftright;

  SIGNAL mysignal: bit4;

BEGIN
  PROCESS
  BEGIN
    mysignal <= x;
    z <= Shiftright(mysignal);
  END PROCESS;
END Behavioral;
```

D.2.14 PROCEDURE

Syntax: Procedure declaration:

```
PROCEDURE procedure-name (parameter-list);
```

Syntax: Procedure definition:

```
PROCEDURE procedure-name (parameter-list) IS
BEGIN
```

```
        sequential-statements;
    END procedure-name;
```

Syntax: Procedure call:

```
    procedure-name (actuals);
```

파라미터 리스트의 파라미터는 IN, OUT 혹은 INOUT 모드의 신호 또는 변수가 될 수 있다.

예제

```
LIBRARY IEEE;
USE IEEE.STD_LOGIC_1164.ALL;

ENTITY test_procedure IS PORT (
  x: IN STD_LOGIC_VECTOR(3 DOWNTO 0);
  z: OUT STD_LOGIC_VECTOR(3 DOWNTO 0));
END test_procedure;

ARCHITECTURE Behavioral OF test_procedure IS

  SUBTYPE bit4 IS STD_LOGIC_VECTOR(3 DOWNTO 0);

  PROCEDURE Shiftright (input: IN bit4; output: OUT bit4) IS
  BEGIN
    output := '0' & input(3 DOWNTO 1);
  END shiftright;

BEGIN
  PROCESS

    VARIABLE mysignal: bit4;
  BEGIN
    Shiftright(x, mysignal);
    z <= mysignal;
  END PROCESS;
END Behavioral;
```

D.2.15 행위적 모델의 예

예제 BCD to 7 세그먼트 복호기의 행위적 코드

```
LIBRARY IEEE;
USE IEEE.STD_LOGIC_1164.ALL;

ENTITY bcd IS PORT (
  I: IN STD_LOGIC_VECTOR(3 DOWNTO 0);

  I: IN STD_LOGIC_VECTOR(3 DOWNTO 0);
  Segs: OUT STD_LOGIC_VECTOR(1 TO 7));
END bcd;

ARCHITECTURE Behavioral OF bcd IS
BEGIN
  PROCESS(I)
  BEGIN
    CASE I IS
    WHEN "0000" => Segs <= "1111110";
    WHEN "0001" => Segs <= "0110000";
    WHEN "0010" => Segs <= "1101101";
    WHEN "0011" => Segs <= "1111001";
    WHEN "0100" => Segs <= "0110011";
    WHEN "0101" => Segs <= "1011011";
    WHEN "0110" => Segs <= "1011111";
    WHEN "0111" => Segs <= "1110000";
    WHEN "1000" => Segs <= "1111111";
    WHEN "1001" => Segs <= "1110011";
    WHEN OTHERS => Segs <= "0000000";
    END CASE;
  END PROCESS;
END Behavioral;
```

D.3 데이터 흐름적 모델-병행문(Dataflow Model-Concurrent Statements)

데이터 흐름적 모델에서 사용되는 병행문은 병행적으로 실행되어서, 순서는 결과 출력에 영향을 주지 않는다.

D.3.1 병행 신호 할당(Concurrent Signal Assignment)

병행 신호 할당문은 평가된 신호의 값 혹은 결과를 신호에 할당한다. 이 문장은 표현의 신호가 변할 때마다 실행된다. 그러나 신호에 대한 실제 값의 할당은 약간의 지연 후에 발생하며 변수 할당의 경우처럼 즉각적으로 발생하지 않는다. 표현은 어떠한 논리 혹은 산술 표현일 수 있다.

Syntax:

signal <= expression;

예제

```
y <= '1';
z <= y AND (NOT x);
```

동일한 값을 갖는 모든 비트의 벡터는 다음에 나타낸 것처럼 키워드 OTHERS를 이용하여 얻을 수 있다.

예제

```
SIGNAL x: STD_LOGIC_VECTOR(7 DOWNTO 0);
x <= (OTHERS => '0');  -- 8-bit vector of 0, same as "00000000"
```

D.3.2 조건적 신호 할당(Conditional Signal Assignment)

조건적 신호 할당문은 다른 조건을 기반으로 신호를 할당하기 위해 여러 개 다른 값의 하나를 선택한다. 이 문장은 값 혹은 조건 중의 어느 하나가 변할 때마다 실행된다.

Syntax:

```
signal <= value1 WHEN condition ELSE
          value2 WHEN condition ELSE
          …
          value3;
```

예제

```
z <=  in0 WHEN sel = "00" ELSE
      in1 WHEN sel = "01" ELSE
      in2 WHEN sel = "10" ELSE
      in3;
```

D.3.3 선택된 신호 할당(Selected Signsl Assignment)

선택된 신호 할당문은 선택 표현 값을 기반으로 신호를 할당하기 위해 여러 개 다른 값의 하나를 선택한다. 표현에 대한 모든 가능한 선택이 주어져야 한다. 키워드 OTHERS는 나머지 모든 선택을 나타내는 데 사용될 수 있다. 이 문장은 표현에서 신호 혹은 값 중의 어느 하나가 변할 때마다 실행된다.

Syntax:

```
WITH expression SELECT
   signal <= value1 WHEN choice1,
             value2 WHEN choice2 | choice3,
             ...
             value4 WHEN OTHERS;
```

위 구문에서, *expression*이 *choice1*과 같다면 *value1*이 *signal*에 할당된다. 그렇지 않으면, *expression*이 *choice2* 혹은 *choice3*과 같다면 *value2*가 *signal*에 할당된다. *expression*이 위 선택 중의 어느 것과도 일치하지 않으면 조건적 WHEN OTHERS 조항에 있는 *value4*가 *signal*에 할당된다.

예제

```
WITH sel SELECT
  z <= in0 WHEN "00",
       in1 WHEN "01",
       in2 WHEN "10",
       in3 WHEN OTHERS;
```

D.3.4 데이터 흐름적 모델의 예(Dataflow Model Example)

이 예는 데이터 흐름적 모델을 이용한 전가산기(FA)를 나타낸다. 전가산기에 대한 부울식은 다음과 같다.

$$c_{out} = xy + c_{in}(x \oplus y)$$
$$sum = x \oplus y \oplus c_{in}$$

다음 예는 위의 두 식을 해당하는 두 개의 병행 신호 할당문으로 변환한다.

예제

```
LIBRARY IEEE;
USE IEEE.STD_LOGIC_1164.ALL;

ENTITY fa IS PORT (
  x, y, cin: IN STD_LOGIC;
  cout, sum: OUT STD_LOGIC);
END fa;

ARCHITECTURE Dataflow OF fa IS
BEGIN
  cout <= (x AND y) OR (cin AND (x XOR y));
  sum <= x XOR y XOR cin;
END Dataflow;
```

D.4 구조적 모델–병행문 (Structural Model–Concurrent Statements)

구조적 모델은 신호를 사용하여 여러 개의 구성요소들을 수작업으로 연결할 수 있게 한다. 사용된 모든 구성요소들은 각각 ENTITY와 ARCHITECTURE에서 먼저 정의되어야 하며, 이것은 동일한 파일이거나 분리된 파일이 될 수 있다.

최 상위 모듈에서, 넷리스트에서 사용된 각 구성요소는 COMPONENT 문을 사용하여 먼저 정의된다. 선언된 구성요소들은 PORT MAP 문을 사용하여 회로의 실제 구성요소들을 사례화 한다. SIGNAL은 도식도를 기반으로 구성요소들을 함께 연결하는 데 사용된다.

D.4.1 COMPONENT 선언 (COMPONENT Declaraton)

COMPONENT 선언문은 회로 묘사에 사용된 구성요소의 이름과 인터페이스를 선언한다. 사용된 각 COMPONENT 선언의 경우, 해당하는 ENTITY와 ARCHITECTURE가 있어야 한다. COMPONENT에서 선언 이름과 인터페이스는 ENTITY 부분에서 지정된 이름과 인터페이스에 정확히 일치해야 한다.

Syntax:

COMPONENT component-name IS
  PORT (list-of-port-names-and-types);
END COMPONENT;

or

COMPONENT component-name IS
  GENERIC (identifier: type := constant);
  PORT (list-of-port-names-and-types);
END COMPONENT;

키워드 IS는 선택적이다.

예제

```
COMPONENT fa IS PORT (
  xi, yi, cin: IN STD_LOGIC;
  cout, si: OUT STD_LOGIC);
END COMPONENT;
```

예제

```
COMPONENT TriState_Buffer IS
  GENERIC (n: INTEGER := 4);
  PORT (
    E: IN STD_LOGIC;
    D: IN STD_LOGIC_VECTOR(n-1 DOWNTO 0);
    Y: OUT STD_LOGIC_VECTOR(n-1 DOWNTO 0));
END COMPONENT;
```

D.4.2 PORT MAP

PORT MAP 문은 구성요소의 인스턴스 연결 방법을 지정하여 회로의 실제 구성요소와 선언된 구성요소를 사례화 한다.

Syntax:

label: component-name PORT MAP (association-list);

or

label: component-name GENERIC MAP (constant) PORT MAP (association-list);

연관 리스트는 위치적 혹은 명명 방법을 사용하여 지정될 수 있다. GENERIC MAP에서 사용된 상수는 COMPONENT 선언에서 GENERIC 조항에서 지정된 숫자보다 우선한다.

예제

```
SIGNAL x0, x1, y0, y1, c0, c1, c2, s0, s1: STD_LOGIC;
U1: fa PORT MAP (x0, y0, c0, c1, s0);
```

예제

```
SIGNAL x0, x1, y0, y1, c0, c1, c2, s0, s1: STD_LOGIC;
U1: fa PORT MAP (cout=>c1, si=>s0, cin=>c0, xi=>x0, yi=>y0);
```

예제

```
U1: TriState_Buffer GENERIC MAP(8) PORT MAP(E=>OE, D=>dp_sum,
                                            Y=>Output);
```

D.4.3 OPEN

키워드 OPEN은 특정한 출력 포트가 연결되지 않았거나 사용되지 않았음을 나타내기 위해 PORT MAP 연관 리스트에서 사용된다.

예제

```
U1: fa PORT MAP (x0, y0, c0, OPEN, s0);
```

D.4.4 GENERATE

GENERATE 문은 매크로 확장과 유사하게 동작한다. 이것은 유사한 구성요소들을 복제하는 단순한 방법을 제공한다.

Syntax:

label: FOR identifier IN start [TO | DOWNTO] stop GENERATE
  port-map-statements;
END GENERATE label;

예제

```
-- using a FOR-GENERATE statement to generate four instances of the
-- full adder component for a 4-bit adder
LIBRARY IEEE;
USE IEEE.STD_LOGIC_1164.ALL;

ENTITY Adder4 IS PORT (
  Cin: IN STD_LOGIC;
  A, B: IN STD_LOGIC_VECTOR(3 DOWNTO 0);
  Cout: OUT STD_LOGIC;
  SUM: OUT STD_LOGIC_VECTOR(3 DOWNTO 0));
END Adder4;

ARCHITECTURE Structural OF Adder4 IS
  COMPONENT fa IS PORT (
    ci, xi, yi: IN STD_LOGIC;
    co, si: OUT STD_LOGIC);
  END COMPONENT;

  SIGNAL Carryv: STD_LOGIC_VECTOR(4 DOWNTO 0);

BEGIN
  Carryv(0) <= Cin;

  Adder: FOR k IN 3 DOWNTO 0 GENERATE
    FullAdder: fa PORT MAP (Carryv(k), A(k), B(k), Carryv(k+1),
                            SUM(k));
  END GENERATE Adder;

  Cout <= Carryv(4);
END Structural;
```

D.4.5 구조적 모델의 예 (Structural Model Example)

구조적 모델의 예는 다음 회로를 기반으로 한 4-비트 리플-캐리 가산기에 대한 것이다. 전가산기(FA) 모듈은 D.3.4절에서 정의되었다.

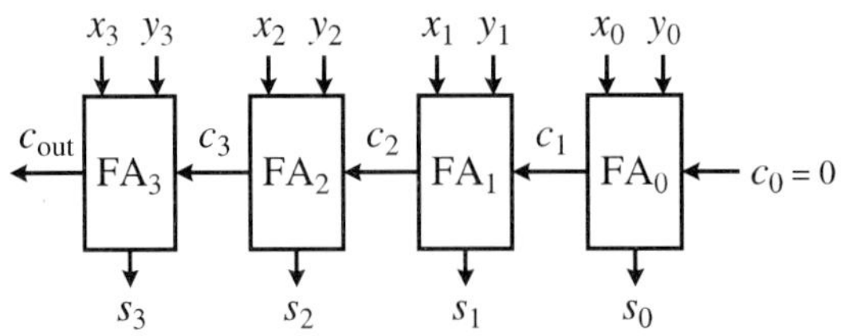

예제

```
LIBRARY IEEE;
USE IEEE.STD_LOGIC_1164.ALL;

ENTITY adder IS
GENERIC (n: INTEGER := 4);
PORT(
  X, Y: IN STD_LOGIC_VECTOR(n-1 DOWNTO 0);
  S: OUT STD_LOGIC_VECTOR(n-1 DOWNTO 0);
  Cout: OUT STD_LOGIC);
END adder;

ARCHITECTURE Structural OF adder IS
  COMPONENT fa IS PORT (
    x, y, cin: IN STD_LOGIC;
    cout, sum: OUT STD_LOGIC);
  END COMPONENT;

  SIGNAL c: STD_LOGIC_VECTOR(n-1 DOWNTO 0);

BEGIN
    U0: fa PORT MAP (x=>X(0), y=>Y(0), cin=>c(0), cout=>c(1),
                     sum=>S(0));
    U1: fa PORT MAP (x=>X(1), y=>Y(1), cin=>c(1), cout=>c(2),
                     sum=>S(1));
    U2: fa PORT MAP (x=>X(2), y=>Y(2), cin=>c(2), cout=>c(3),
                     sum=>S(2));
    U3: fa PORT MAP (x=>X(3), y=>Y(3), cin=>c(3), cout=>Cout,
                     sum=>S(3));
END Structural;
```

D.5 변환 루틴 (Conversion Routines)

D.5.1 CONV_INTEGER( )

CONV_INTEGER( ) 루틴은 STD_LOGIC_VECTOR 형식을 INTEGER 형식으로 변환

한다. 사용하려면 다음 라이브러리가 포함되어야 한다.

LIBRARY IEEE

USE IEEE.STD_LOGIC_UNSIGNED.ALL

Syntax:

CONV_INTEGER(std_logic_vector)

예제

```
LIBRARY IEEE;
USE IEEE.STD_LOGIC_UNSIGNED.ALL;

SIGNAL four_bit: STD_LOGIC_VECTOR(3 DOWNTO 0);
SIGNAL n: INTEGER;

n := CONV_INTEGER(four_bit);
```

D.5.2 CONV_STD_LOGIC_VECTOR(,)

CONV_STD_LOGIC_VECTOR(,) 루틴은 INTEGER 형식을 STD_LOGIC_VECTOR 형식으로 변환한다. 사용하려면 다음 라이브러리가 포함되어야 한다.

LIBRARY IEEE

USE IEEE.STD_LOGIC_ARITH.ALL

Syntax:

CONV_STD_LOGIC_VECTOR (integer, number_of_bits)

예제

```
LIBRARY IEEE;
USE IEEE.STD_LOGIC_ARITH.ALL;

SIGNAL four_bit: STD_LOGIC_VECTOR(3 DOWNTO 0);
SIGNAL n: INTEGER;

four_bit := CONV_STD_LOGIC_VECTOR(n, 4);
```

찾아보기

ㅅ

ㅇ

ㅈ

ㅊ

ㅋ

ㅌ

디지털 논리와
마이크로프로세서 설계 2판

초판 1쇄 발행 | 2021년 3월 2일
초판 2쇄 발행 | 2025년 9월 5일

지은이 | Enoch O. Hwang
옮긴이 | 김정범 · 김준민 · 정완영 · 최호용
펴낸이 | 조승식
펴낸곳 | (주)도서출판 북스힐

등 록 | 1998년 7월 28일 제22-457호
주 소 | 서울시 강북구 한천로 153길 17
전 화 | (02) 994-0071
팩 스 | (02) 994-0073

홈페이지 | www.bookshill.com
이메일 | bookshill@bookshill.com

정가 30,000원

ISBN 979-11-5971-334-7

Published by bookshill, Inc. Printed in Korea.